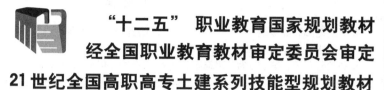

"十二五" 职业教育国家规划教材

经全国职业教育教材审定委员会审定

21世纪全国高职高专土建系列技能型规划教材

建筑工程计量与计价

（第 3 版）

主　编	肖明和	简　红	关永冰
副主编	孙圣华	刘德军	冯松山
	柴　琦	谭　爽	
参　编	姜利妍	赵　莉	杨　勇
	谷莹莹		
主　审	冯　钢		

U0352623

北京大学出版社
PEKING UNIVERSITY PRESS

中国农业大学出版社
CHINA AGRICULTURAL UNIVERSITY PRESS

内 容 简 介

本书根据高职高专院校土建类专业的人才培养目标、教学计划、"建筑工程计量与计价"课程的教学特点和要求，并按照国家颁布的有关新规范、新标准编写而成。

本书共分两篇，第1篇为"建筑工程工程量定额计价办法及应用"，第2篇为"建设工程工程量清单计价规范及应用"。本书重点介绍了建筑工程定额编制、建筑工程工程量计算与定额应用、建设工程工程量清单计价规范和建设工程工程量清单计价办法的应用等内容，旨在培养学生的建筑工程计量与计价的实践能力。本书结合高等职业教育的特点，立足基本理论的阐述，注重实践技能的培养，将"案例教学法"的思想贯穿于整个编写过程中，具有"实用性""系统性"和"先进性"的特色。

本书可作为高职高专建筑工程技术、工程造价、工程监理及相关专业的教学用书，也可作为中专、函授及土建类工程技术人员的参考用书。

图书在版编目（CIP）数据

建筑工程计量与计价/肖明和，简红，关永冰主编 . —3 版 . —北京：北京大学出版社；中国农业大学出版社，2015.7
（21 世纪全国高职高专土建系列技能型规划教材）
ISBN 978 - 7 - 301 - 25344 - 1

Ⅰ. ①建… Ⅱ. ①肖… ②简… ③关… Ⅲ. ①建筑工程—计量—高等职业教育—教材 ②建筑造价—高等职业教育—教材 Ⅳ. ①TU723.3

中国版本图书馆 CIP 数据核字（2015）第 005603 号

书　　　名	建筑工程计量与计价（第3版）	
著作责任者	肖明和　简 红　关永冰　主编	
策 划 编 辑	赖 青　杨星璐	
责 任 编 辑	杨星璐　冯雪梅	
数 字 编 辑	孟 雅	
标 准 书 号	ISBN 978 - 7 - 301 - 25344 - 1	
出 版 发 行	北京大学出版社　中国农业大学出版社	
地　　　址	北京市海淀区成府路 205 号　100871 （北大社）	
	北京市海淀区圆明园西路 2 号　100193 （农大社）	
网　　　址	http://www.pup.cn 新浪微博：@北京大学出版社	
	http://www.cau.edu.cn/caup（农大社）	
电 子 信 箱	pup_6@163.com	
电　　　话	邮购部 62752015　发行部 62750672　编辑部 62750667 （北大社）	
	编辑部 62732617　营销中心 62731190　读者服务部 62732336 （农大社）	
印 刷 者	北京溢漾印刷有限公司	
经 销 者	新华书店	
	787 毫米×1092 毫米　16 开本　33 印张　779 千字	
	2009 年 7 月第 1 版　2013 年 3 月第 2 版	
	2015 年 7 月第 3 版　2018 年 5 月第 8 次印刷（总第 24 次印刷）	
定　　　价	65.00 元	

第3版 前 言

    本书为"十二五"职业教育国家规划教材之一。为适应 21 世纪职业技术教育发展的需要，培养建筑行业具备建筑工程计量与计价知识的专业技术管理应用型人才，我们结合当前建筑工程计量与计价最新规范编写了本书。本书自第 1 版 2009 年 7 月问世以来，在广大读者的支持下，已经印刷了 20 次，受到了读者的一致好评。

    随着我国职业教育事业快速发展，体系建设稳步推进，国家对职业教育越来越重视，并先后发布了《国务院关于加快发展现代职业教育的决定》和《教育部关于学习贯彻习近平总书记重要指示和全国职业教育工作会议精神的通知》等文件。为适应职业教育新形式的要求，我们深入企业一线，结合企业需求，重新调整工程造价和建筑工程技术等专业的人才培养定位，使课程内容与职业标准、教学过程与生产过程、职业教育与终身学习对接，使课程结构和内容更加符合学生"双证书"的培养目标。结合以上目的，以及 2016年发布的《关于做好建筑业营改增建设工程计价依据调整准备工作的通知》（建办标〔2016〕4 号）和《关于全面推开营业税改证增值税试点的通知》（财税〔2016〕36 号）等文件，我们于 2016 年对第 3 版进行了修订并针对"工程造价"的课程特点，为了使学生快速的掌握建筑工程计量与计价的基本知识，也方便教师教学讲解，我们以"互联网＋教材"的模式开发了与本书配套的手机 APP 客户端"巧课力"。读者可通过扫描封二中所附的二维码进行手机 APP 下载。"巧课力"通过 AR 增强现实技术，将书中的一些结构图转化成可 720°旋转、可无限放大、缩小的三维模型。读者打开"巧课力"APP 客户端之后，将摄像头对准"切口"带有色块和"互联网＋"logo 的页面，即可在手机上多角度、任意大小、交互式查看页面结构图所对应的三维模型。除虚拟现实的三维模型技术之外，书中通过二维码的形式链接了拓展学习资料、相关法律法规等内容，读者通过手机的"扫一扫"功能，扫描书中的二维码，即可在课堂内外进行相应知识点的拓展学习，节约了搜集、整理学习资料的时间。作者也会根据行业发展情况，及时更新二维码所链接的资源，以便书中内容与行业发展结合更为紧密。

    本书根据高职高专院校土建类专业的人才培养目标、教学计划、"建筑工程计量与计价"课程的教学特点和要求，结合山东省精品课程"建筑工程计量与计价"的建设经验，并以《建筑工程建筑面积计算规范》（GB/T 50353—2013）、《建设工程工程量清单计价规范》（GB 50500—2013）、《山东省建设工程消耗量定额》（2003 年版及 2004 年、2006 年、2008年、2016 年补充定额）、《山东省建筑工程量计算规则》（2003 年版及 2004 年、2006 年、2008 年、2016 年补充册）、《山东省建设工程费用项目组成及计算规则》（2011 年）、《山东省建筑工程价目表》（2016 年）、《山东省建设工程工程量清单计价规则》（2011 年）、《山东省建筑工程工程量清单计价办法》（2004 年）、《山东省装饰装修工程工程量清单计价办法》（2004 年）以及山东省《建筑业营改增建设工程计价依据调整实施意见》（鲁建办公字〔2016〕20 号）等为主要依据修订而成。本书理论联系实际，重点突出案例教学，多数章节设置了实际综合案例，以提高学生的应用能力，具有实用性、系统性和先进性的特色。

目前，传统的定额计价办法和工程量清单计价办法共存于招投标活动中，为此本书在内容的编排上共分 2 篇，第 1 篇为《建筑工程工程量定额计价办法及应用》，第 2 篇为《建设工程工程量清单计价规范及应用》。

本书适用于"建筑工程计量与计价"或"建筑工程概预算"等相关课程，建议工程造价专业学生学习时，安排 128～144 学时；建筑工程技术、工程监理等相关专业学生学习时，安排 64～72 学时。此外，结合"建筑工程计量与计价"课程的实践性教学特点，针对培养学生实际技能的要求，我们另外组织编写了本书的配套实训教材《建筑工程计量与计价实训（第 3 版）》（肖明和、关永冰主编）同步出版，该书理论联系实际，突出案例教学法教学，采用真题实做、任务驱动模式，以提高学生的实际应用能力，与本书相辅相成，有助于读者更好地掌握建筑工程计量与计价的实践技能。

本书由济南工程职业技术学院肖明和、漳州职业技术学院简红和济南工程职业技术学院关永冰担任主编，山东职业学院孙圣华、济南工程职业技术学院刘德军、山东城建职业技术学院冯松山、柴琦，天津城市建设管理职业技术学院谭爽担任副主编，济南工程职业技术学院姜利妍、赵莉、杨勇和谷莹莹参编。济南工程职业技术学院冯钢担任本书的主审，他对本书进行了认真的审阅，并提出很多建设性的宝贵意见，在此向他表示感谢！

本书第 1 版由肖明和、简红担任主编，孙圣华、刘德军、冯松山、柴琦担任副主编，济南工程职业技术学院姜利妍、赵莉、杨勇、刘宇、朱锋、谷莹莹和滨州职业学院赵培民、淄博职业学院张骞参编，冯钢担任主审；本书第 2 版由肖明和、简红和关永冰担任主编，孙圣华、刘德军、冯松山和柴琦担任副主编，姜利妍、赵莉、杨勇和谷莹莹参编，冯钢担任主审。本书是在前两版的基础上修订而成，在此向前两版的编者致以衷心的谢意！

本书在编写过程中参考了国内外同类教材和相关资料，在此一并向原作者表示感谢！并对为本书付出辛勤劳动的编辑同志们表示衷心的感谢！

由于编者水平有限，书中难免有不足之处，恳请广大读者批评指正。有关意见和建议可发至主编电子信箱 minghexiao@163.com。

编　者

2016 年 9 月

【资源索引】

CONTENTS

目录

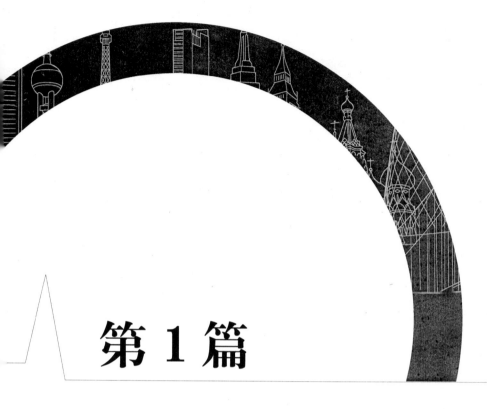

第1篇

建筑工程工程量定额计价办法及应用

本篇共分15章。其中第1~3章主要阐述了建筑工程定额及编制方法，内容包括绪论、建筑工程定额及建筑工程定额计价办法等内容；第4~14章主要阐述了山东省建筑工程工程量计算与定额应用，内容包括定额说明、工程量计算规则、工程量计算与定额应用等内容；第15章主要阐述了建筑工程费用的有关内容。

第1篇

第1章

⚫⚪⚫

绪　　论

❀教学目标

　　掌握建设项目的组成及相关概念；掌握建设工程项目总费用构成；熟悉建设项目的分类；熟悉建设程序和建设程序的各个阶段主要工作内容；熟悉建筑工程预算的分类、概念和作用；熟悉建筑工程预算与建设程序、建设项目之间的关系。

❀教学要求

能力目标	知识要点	相关知识	权重
正确认识建筑工程计价与基本建设的关系	熟悉基本概念	建设项目及其分解、基本建设程序、工程造价、工程造价计价等内容	0.3
初步了解建筑工程计价	熟悉基本原理	施工图预算的概念及分类，编制依据、内容、方法等内容	0.3
具备对建设项目各类费用构成的分析能力	掌握建筑工程费用构成	建设项目费用构成、建筑安装工程费用构成等内容	0.4

章 节 导 读

　　基本建设是指固定资产扩大再生产的新建、扩建、改建、恢复工程及与之有关的其他工作。实质上，基本建设就是人们使用各种施工机具对各种建筑材料、机械设备等进行建造和安装，使之成为固定资产的过程。在基本建设过程中就要出现诸如施工图预算、施工预算、工程结算及竣工决算等概念，如图1.1所示。如何正确区分和理解这些概念？在本章中将重点阐述。

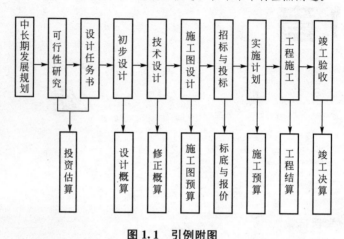

图1.1　引例附图

1.1　概　　述

1.1.1　基本建设程序

【标准规范】

1. 建设项目的分解

1）建设项目

　　建设项目是指在一个总体设计或初步设计范围内进行施工，在行政上具有独立的组织形式，经济上实行独立核算，有法人资格与其他经济实体建立经济往来关系的建设工程实体。一个建设项目可以是一个独立工程，也可能包括更多的工程，一般以一个企业事业单位或独立的工程作为一个建设项目。例如，在工业建设中，一座工厂即是一个建设项目；在民用建设中，一所学校便是一个建设项目，一个大型体育场馆也是一个建设项目。

2）单项工程

　　单项工程又称工程项目，是指在一个建设项目中，具有独立的设计文件，可独立组织施工，建成后能够独立发挥生产能力或效益的工程。工业建设项目的单项工程，一般是指各个生产车间、办公楼、食堂、住宅等；非工业建设项目中每幢住宅楼、剧院、商场、教学楼、图书馆、办公楼等各为一个单项工程。单项工程是建设项目的组成部分。

3）单位工程

　　单位工程是指具有独立的设计文件，可独立组织施工，但建成后不能独立发挥生产或效益的工程，是单项工程的组成部分。

　　民用项目的单位工程较容易划分，以一幢住宅楼为例，其中，一般土建工程、装饰工程、给排水、采暖、通风、照明工程等各为一个单位工程。

工业项目工程内容复杂，且有时出现交叉，因此单位工程的划分比较困难。以一个车间为例，其中，土建工程、工艺设备安装、工业管道安装、给排水、采暖、通风、电气安装、自控仪表安装等各为一个单位工程。

4）分部工程

分部工程是单位工程的组成部分，一般是指按单位工程的结构部位，使用的材料、工种或设备种类与型号等的不同而划分的工程，是单位工程的组成部分。

一般土建工程可以划分为土石方工程，桩与地基基础工程，砌筑工程，混凝土及钢筋混凝土工程，厂库房大门、特种门、木结构工程，金属结构工程，屋面及防水工程，防腐、保温、隔热工程等分部工程。

【参考视频】

5）分项工程

分项工程是指按照不同的施工方法、不同的材料及构件规格，将分部工程分解为一些简单的施工过程，它是建设工程中最基本的单位内容，单独地经过一定施工工序就能完成，并且可以采用适当计量单位计算的建筑或安装工程，即通常所指的各种实物工程量。

分项工程是分部工程的组成部分，如土方分部工程，一般可以分为人工平整场地、人工挖土方、人工挖地槽（地坑）等分项工程。

综上所述，一个建设项目是由若干个单项工程组合而成的，一个单项工程是由若干个单位工程组合而成的，一个单位工程是由若干个分部工程组合而成的，一个分部工程又是由若干个分项工程组合而成的。

2. 基本建设程序

基本建设程序是指建设项目在工程建设的全过程中各项工作所必须遵循的先后顺序，它是基本建设过程及其规律性的反映。

基本建设程序由决策阶段、设计阶段、建设准备阶段、建设施工阶段和竣工验收阶段等主要阶段组成。各个主要阶段所包括的具体工作内容如下。

1）项目决策阶段

决策阶段包括项目建议书阶段和可行性研究阶段。

（1）项目建议书阶段。项目建议书是建设单位向国家提出建设某一项目的建议性文件，是对拟建项目的初步设想。项目建议书是确定建设项目和建设方案的重要文件，也是编制设计文件的依据。按照国家有关部门的规定，所有新建、扩建和改建项目，列入国家中长期计划的重点建设项目，以及技术改造项目，均应向有关部门提交项目建议书，经批准后，才可进行下一步的可行性研究工作。

（2）可行性研究阶段。可行性研究是指在项目决策之前，对与拟建项目有关的社会、技术、经济、工程等方面进行深入细致的调查研究，对可能的多种方案进行比较论证，同时对项目建成后的经济、社会效益进行预测和评价的一种投资决策分析研究方法和科学分析活动。

可行性研究的内容应能满足作为项目投资决策的基础和重要依据的要求，可行性研究的基本内容和研究深度应符合国家规定，可以根据不同行业的建设项目，有不同的侧重点。其内容可概括为市场研究、技术研究和效益研究三大部分内容。

由建设单位或委托的具有编制资质的工程咨询单位根据我国现行的工程项目建设程序

和国家颁布的《关于建设项目进行可行性研究试行管理办法》进行可行性研究报告的编制。可行性研究报告是项目最终决策立项的重要文件，也是初步设计的重要依据。

可行性研究报告均要按规定报相关职能部门审批。可行性研究报告经批准后，不得随意修改和变更。如果在建设规模、产品方案、主要协作关系等方面有变动，以及突破投资控制限额时，应经原批准单位同意。可行性研究报告批准后，工程建设进入设计阶段。经过批准的可行性研究报告，作为初步设计的依据。

2）项目设计阶段

我国大中型建设项目，一般是采用两阶段设计，即初步设计（或扩大初步设计）阶段和施工图设计阶段。

（1）初步设计。初步设计是根据批准的可行性研究报告和必要的设计基础资料，拟定工程建设实施的初步方案；阐明工程在指定的时间、地点和投资控制限额内，拟建工程在技术上的可行性和经济上的合理性；并编制项目的总概算。建设项目的初步设计文件由设计说明书、设计图纸、主要设备原料表和工程概算书四部分组成。初步设计必须报送有关部门审批，经审查批准的初步设计，一般不得随意修改。凡涉及总平面布置、主要工艺流程、主要设备、建筑面积、建筑标准、总定员和总概算等方面的修改，需报经原设计审批机构批准。

（2）施工图设计。施工图设计是把初步设计中确定的设计原则和设计方案根据建筑安装工程或非标准设备制作的需要，进一步具体化、明确化，是把工程主要施工方法和设备各构成部分的尺寸、布置，以图样及文字的形式加以确定的设计文件。施工图设计根据批准的初步设计文件编制。

3）项目建设准备阶段

项目建设准备阶段要进行工程开工的各项准备工作，其内容如下。

（1）征地和拆迁：征用土地工作是根据我国的土地管理法规和城市规划进行的，通常由征地单位支付一定的土地补偿费和安置补助费。

（2）五通一平：包括工程施工现场的路通、水通、电通、通信通、气通和场地平整工作。

（3）组织建设工程施工招投标工作，择优选择施工单位。

（4）建造建设工程临时设施。

（5）办理工程开工手续。

（6）施工单位的进场准备。

4）项目建设施工阶段

项目建设施工阶段是设计意图的实现，也是整个投资意图的实现阶段。这是项目决策的实施、建成投产发挥效益的关键环节。新开工建设时间，是指建设项目计划文件中规定的任何一项永久性工程第一次破土开槽开始施工的日期。不需要开槽的工程，以建筑物的基础打桩作为正式开工时间。铁路、公路、水利等需要大量土石方工程的工程，以开始进行土石方工程作为正式开工时间。分期建设的项目，分别按各期工程开工的日期计算。施工活动应按设计要求、合同条款、预算投资、施工程序和顺序、施工组织设计，在保证质量、工期、成本计划等目标的前提下进行，达到竣工标准要求，经过竣工验收后，移交给建设单位。

5）项目竣工验收阶段

项目竣工验收阶段是建设项目建设全过程的最后一个程序，它是全面考核建设工作，检查工程是否符合设计要求和质量好坏的重要环节，是投资成果转入生产或使用的标志。竣工验收对促进建设项目及时投产，发挥投资效果，总结建设经验，都有着重要作用。

国家对建设项目竣工验收的组织工作，一般按隶属关系和建设项目的重要性而定。大中型项目，由各部门、各地区组织验收；特别重要的项目，由国务院批准组织国家验收委员会验收；小型项目，由主管单位组织验收。竣工验收可以是单项工程验收，也可以是全部工程验收。经验收合格的项目，写出工程验收报告，办理移交固定资产手续后，交付生产使用，标志着工程建设项目的建设过程结束。

1.1.2　工程计价概述

1. 工程造价的概念

工程造价从不同的角度定义有个不同含义，通常有如下两种定义。

一是从投资者——业主的角度定义，工程造价是指建设一项工程预期开支或实际开支的全部固定资产投资费用，包括建筑安装工程费、设备及工具器具购置费、工程建设其他费用、预备费、建设期贷款利息与固定资产方向调节税；二是从市场的角度来定义，工程造价是指工程价格，即为建成一项工程，预计或实际在土地市场、设备市场、技术劳务市场，以及承包市场等交易活动中所形成的建筑安装工程的价格和建设工程总价格。这种定义是将工程项目作为特殊的商品形式，通过招投标、承发包和其他交易方式，在多次预估的基础上，最终由市场形成价格。

建筑安装工程费用是指承建建筑安装工程所发生的全部费用，即通常所说的工程造价。

2. 工程造价的特点

1）大额性

建设工程项目体积庞大，而且消耗的资源巨大，因此，一个项目少则几百万元，多则数亿乃至数百亿元。工程造价的大额性一方面事关重大经济利益，另一方面也使工程承受了重大的经济风险；同时也会对宏观经济的运行产生重大的影响。因此，应当高度重视工程造价的大额性特点。

2）个别性和差异性

任何一项工程项目都有特定的用途、功能、规模，这导致了每一项工程项目的结构、造型、内外装饰等都会有不同的要求，直接表现为工程造价上的差异性。即使是相同的用途、功能、规模的工程项目，由于处在不同的地理位置或不同的建造时间，其工程造价都会有较大差异。工程项目的这种特殊的商品属性具有单件性的特点，即不存在完全相同的两个工程项目。

3）动态性

工程项目从决策到竣工验收直到交付使用，都有一个较长的建设周期，而且由于来自社会和自然的众多不可控因素的影响，必然会导致工程造价的变动。如物价变化、不利的自然条件、人为因素等均会影响到工程造价。因此，工程造价在整个建设期内都处在不确定的状态之中，直到竣工结算才能最终确定工程的实际造价。

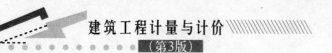

4）层次性

工程造价的层次性取决于工程的层次性。工程造价可以分为建设工程项目总造价、单项工程造价和单位工程造价。单位工程造价还可以细分为分部工程造价和分项工程造价。

5）兼容性

工程造价的兼容性特点是由其内含的丰富性所决定的。工程造价既可以指建设工程项目的固定资产投资，也可以指建筑安装工程造价；既可以指招标的招标控制价，也可以指投标的报价。同时，工程造价的构成因素非常广泛、复杂，包括成本因素、建设用地支出费用、项目可行性研究和设计费用等。

3. 工程造价计价的特点

工程造价计价就是计算和确定建设工程项目的工程造价，简称工程计价，也称工程估价。具体是指工程造价人员在项目实施的各个阶段，根据各个阶段的不同要求，遵循计价原则和程序，采用科学的计价方法，对投资项目最可能实现的合理价格做出科学的计算，从而确定投资项目的工程造价，编制工程造价的经济文件。

由于工程造价具有大额性、个别性、差异性、动态性、层次性及兼容性等特点，所以工程计价的内容、方法及表现形式也就各不相同。业主或其委托的咨询单位编制的工程项目投资估算、设计概算、咨询单位编制的招标控制价、承包商及分包商提出的报价，都是工程计价的不同表现形式。

工程造价的特点，决定了工程造价有如下计价特点。

1）单件性

建设工程产品的个别差异性决定了每项工程都必须单独计算造价。每项建设工程都有其特点、功能与用途，因而导致其结构不同，工程所在地的气象、地质、水文等自然条件不同，建设的地点、社会经济等不同都会直接或间接地影响工程的计价。因此每一个建设工程都必须根据工程的具体情况，进行单独计价，任何工程的计价都是指特定空间一定时间的价格，即便是完全相同的工程，由于建设地点或建设时间不同，仍必须进行单独计价。

2）多次性

建设工程项目建设周期长、规模大、造价高，这就要求在工程建设的各个阶段多次计价，并对其进行监督和控制，以保证工程造价计算的准确性和控制的有效性。多次性计价特点决定了工程造价不是固定、唯一的，而是随着工程的进行逐步深化、细化和接近实际造价的过程。

（1）投资估算。在编制项目建议书、进行可行性研究阶段，根据投资估算指标、类似工程的造价资料、现行的设备材料价格并结合工程的实际情况，对拟建项目的投资需要量进行估算。投资估算是可行性研究报告的重要组成部分，是判断项目可行性、进行项目决策、筹资、控制造价的主要依据之一。经批准的投资估算是工程造价的目标限额，是编制概预算的基础。

（2）设计总概算。在初步设计阶段，根据初步设计的总体布置，采用概算定额或概算指标等编制项目的总概算。设计总概算是初步设计文件的重要组成部分。经批准的设计总概算是确定建设工程项目总造价、编制固定资产投资计划、签订建设工程项目承包合同和贷款合同的依据，是控制拟建项目投资的最高限额。概算造价可分为建设工程项目概算总造价、单项工程概算综合造价和单位工程概算造价三个层次。

（3）修正概算。当采用三阶段设计时，在技术设计阶段，随着对初步设计的深化，建设规模、结构性质、设备类型等方面可能要进行必要的修改和变动，因此初步设计概算随之需要做必要的修正和调整。但一般情况下，修正概算造价不能超过概算造价。

（4）施工图预算。在施工图设计阶段，根据施工图纸、各种计价依据和有关规定编制施工图预算，它是施工图设计文件的重要组成部分。经审查批准的施工图预算，是签订建筑安装工程承包合同、办理建筑安装工程价款结算的依据，它比设计概算造价或修正概算造价更为详细和准确，但不能超过设计概算造价。

（5）合同价。工程招投标阶段，在签订总承包合同、建筑安装工程施工承包合同、设备材料采购合同时，由发包方和承包方共同协商一致作为双方结算基础的工程合同价格。合同价属于市场价格的性质，它是由发、承包双方根据市场行情共同议定和认可的成交价格，但它并不等同于最终决算的实际工程造价。

（6）结算价。在合同实施阶段，以合同价为基础，同时考虑实际发生的工程量增减、设备材料价差等影响工程造价的因素，按合同规定的调价范围和调价方法对合同价进行必要的修正和调整，确定结算价。结算价是该单项工程的实际造价。

（7）竣工决算价。在竣工验收阶段，根据工程建设过程中实际发生的全部费用，由建设单位编制竣工决算，反映工程的实际造价和建成交付使用的资产情况，作为财产交接、考核交付使用财产和登记新增财产价值的依据，它才是建设工程项目的最终实际造价。

工程的计价过程是一个由粗到细、由浅入深、由粗略到精确，多次计价后最后达到实际造价的过程。各计价过程之间是相互联系、相互补充、相互制约的关系，前者制约后者，后者补充前者。

3）组合性

工程造价的计算是逐步组合而成的。一个建设工程项目总造价由各个单项工程造价组成；一个单项工程造价由各个单位工程造价组成；一个单位工程造价按分部分项工程计算得出；这充分体现了计价组合的特点。可见，工程计价过程和顺序是：分部分项工程造价—单位工程造价—单项工程造价—建设工程项目总造价。

4）计价方法的多样性

工程造价在各个阶段具有不同的作用，而且各个阶段对建设工程项目的研究深度也有很大的差异，因而工程造价的计价方法是多种多样的。在可行性研究阶段，工程造价的计价多采用设备系数法、生产能力指数估算法等。在设计阶段，尤其是施工图设计阶段，设计图纸完整，细部构造及做法均有大样图，工程量已能准确计算，施工方案比较明确，则多采用定额法或实物法计算。

5）计价依据的复杂性

由于工程造价的构成复杂，影响因素多，且计价方法也多种多样，因此计价依据的种类也多，主要可分为以下7类。

（1）设备和工程量的计算依据，包括项目建议书、可行性研究报告、设计文件等。

（2）计算人工、材料、机械等实物消耗量的依据，包括各种定额。

（3）计算工程单价的依据，包括人工单价、材料单价、机械台班单价等。

（4）计算设备单价的依据。

（5）计算各种费用的依据。

（6）政府规定的税、费依据。

（7）调整工程造价的依据，如文件规定、物价指数、工程造价指数等。

4．建筑工程计价方法

1）定额计价模式

定额计价模式是我国长期以来在工程价格形成中采用的计价模式，是国家通过颁布统一的估价指标、概算定额、预算定额和相应的费用定额，对建筑产品价格有计划管理的一种方式。在计价中以定额为依据，按定额规定的分部分项子目，逐项计算工程量，套用定额单价（或单位估价表）确定直接费，然后按规定取费标准确定构成工程价格的其他费用和利税，获得建筑安装工程造价。建设工程概预算书就是根据不同设计阶段设计图纸和国家规定的定额、指标及各项费用取费标准等资料，预先计算的新建、扩建、改建工程的投资额的技术经济文件。由建设工程概预算书所确定的每一个建设工程项目、单项工程或单位工程的建设费用，实质上就是相应工程的计划价格。

长期以来，我国发承包计价以工程概预算定额为主要依据。因为工程概预算定额是我国几十年计价实践的总结，具有一定的科学性和实践性，所以用这种方法计算和确定工程造价过程简单、快速、准确，也有利于工程造价管理部门的管理。但预算定额是按照计划经济的要求制定、发布、贯彻执行的，定额中工、料、机的消耗量是根据"社会平均水平"综合测定的，费用标准是根据不同地区平均测算的，因此企业采用这种模式报价时就会表现为平均主义，企业不能结合项目具体情况、自身技术优势、管理水平及材料采购的渠道和价格进行自主报价，不能充分调动企业加强管理的积极性，也不能充分体现市场公平竞争的基本原则。

2）工程量清单计价模式

工程量清单计价模式，是建设工程招投标中，按照国家统一的工程量清单计价规范，招标人或其委托的有资质的咨询机构编制反映工程实体消耗和措施消耗的工程量清单；并作为招标文件的一部分提供给投标人，由投标人依据工程量清单，根据各种渠道所获得的工程造价信息和经验数据，结合企业定额自主报价的计价方式。

与定额计价模式相比，采用工程量清单计价，能够反映出承建企业的工程个别成本，有利于企业自主报价和公平竞争；同时，实行工程量清单计价，工程量清单作为招标文件和合同文件的重要组成部分，对于规范招标人计价行为，在技术上避免招标中弄虚作假和暗箱操作及保证工程款的支付结算都会起到重要作用。由于工程量清单计价模式需要比较完善的企业定额体系，以及较高的市场化环境，短期内难以全面铺开。因此，目前我国建设工程造价实行"双轨制"计价管理办法，即定额计价法和工程量清单计价法同时实行。工程量清单计价作为一种市场价格的形成机制，主要在工程招投标和结算阶段使用。

定额计价作为一种计价模式，在我国使用了多年，具有一定的科学性和实用性，今后将继续存在于工程发承包计价活动中，即便工程量清单计价方式占据主导地位，它仍是一种补充方式。由于目前是工程量清单计价模式的实施初期，大部分施工企业还不具备建立和拥有自己的企业定额体系，建设行政主管部门发布的定额，尤其是当地的消耗量定额，仍然是企业投标报价的主要依据。也就是说，工程量清单计价活动中，仍存在着定额计价的成分。

1.2 基本建设预算

1.2.1 基本建设预算的分类及作用

在工程建设程序的不同阶段需对建设工程中所支出的各项费用进行准确合理的计算和确定。各种基本建设预算的主要内容和作用如下。

1. 投资估算

投资估算是指在整个投资决策过程中，依据现有的资料和一定的方法，对建设项目的投资数额进行的估计计算的费用文件。

由于投资决策过程可进一步划分为项目建议书阶段、可行性研究阶段，所以，投资估算工作也相应分为上述几个阶段。不同阶段所具备的条件和掌握的资料不同，投资估算的准确程度不同，进而每个阶段投资估算所起的作用也不同。项目建议书阶段编制的初步投资估算，作为相关权力职能部门审批项目建议书的依据之一，相关职能部门批准后，作为拟建项目列入国家中长期计划和开展项目前期工作中控制工程预算的依据；可行性研究阶段的投资估算可作为对项目是否真正可行做出最后决策的依据之一，经相关职能部门批准后，是编制投资计划、进行资金筹措及申请贷款的主要依据，也是控制初步设计概算的依据。

2. 设计概算

设计概算是指在初步设计或扩大初步设计阶段，由设计单位根据初步设计图纸、概算定额或概算指标、设备价格、各项费用定额或取费标准、建设地区的技术经济条件等资料，对工程建设项目费用进行概略计算的文件，它是设计文件的组成部分。其内容包括建设项目从筹建到竣工验收的全部建设费用。

设计概算是确定和控制建设项目总投资的依据，是编制基本建设计划的依据，是实行投资包干和办理工程拨款、贷款的依据，是评价设计方案的经济合理性、选择最优设计方案的重要尺度，同时也是控制施工图预算、考核建设成本和投资效果的依据。

3. 施工图预算

施工图预算是指根据施工图纸、预算（消耗量）定额、取费标准、建设地区技术经济条件和相关规定等资料编制的，用来确定建筑安装工程全部建设费用的文件。

施工图预算主要是作为确定建筑安装工程预算造价和承发包合同价的依据；同时也是建设单位与施工单位签订施工合同，办理工程价款结算的依据；是落实和调整年度基本建设投资计划的依据；是设计单位评价设计方案的经济尺度；是发包单位编制招标控制价的依据；是施工单位加强经营管理、实行经济核算、考核工程成本，以及进行施工准备、编制投标报价的依据。

4. 施工预算

施工预算是在施工前，根据施工图纸、施工（企业）定额，结合施工组织设计中的平面布置、施工方案、技术组织措施和现场实际情况等，由施工单位编制的、反映完成一个单

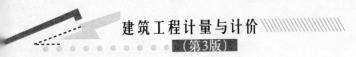

位工程所需费用的经济文件。

施工预算是施工企业内部的一种技术经济文件，主要是计算工程施工中人工、材料及施工机械台班所需要的数量。施工预算是施工企业进行施工准备、编制施工作业计划、加强内部经济核算的依据，是向班组签发施工任务单、考核单位用工、限额领料的依据，也是企业开展经济活动分析、进行"两算"对比、控制工程成本的主要依据。

5. 工程结算

工程结算是指对建设工程的发承包合同价款进行约定和依据合同约定进行工程预付款、工程进度款、工程竣工结算的活动。按工程施工进度的不同，工程结算有中间结算与竣工结算之分。

中间结算就是在工程的施工过程中，由施工单位按月度或按施工进度划分不同阶段进行工程量的统计，经建设单位核定认可，办理工程进度价款的一种工程结算。待将来整个工程竣工后，再做全面的、最终的工程价款结算。

竣工结算是在施工单位完成它所承包的工程项目，并经建设单位和有关部门验收合格后，施工企业根据施工时现场实际情况记录、工程变更通知书、现场签证、定额等资料，在原有合同价款的基础上编制的、向建设单位办理最后应收取工程价款的文件。工程竣工结算是施工单位核算工程成本、分析各类资源消耗情况的依据，是施工企业取得最终收入的依据，也是建设单位编制工程竣工决算的主要依据之一。

6. 竣工决算

工程竣工决算是在整个建设项目或单项工程完工并经验收合格后，由建设单位根据竣工结算等资料，编制的反映整个建设项目或单项工程从筹建到竣工交付使用全过程实际支付的建设费用的文件。

竣工决算是基本建设经济效果的全面反映，是核定新增固定资产价值和办理固定资产交付使用的依据，是考核竣工项目概预算与基本建设计划执行水平的基础资料。

1.2.2 基本建设预算与建设程序的关系

建设工程周期长、规模大、造价高，因此按建设程序要求要分阶段进行，相应地也要在不同阶段分别计算基本建设预算，以保证工程造价确定与控制的科学性和合理性。

基本建设预算与建设程序的各个阶段对应关系见表1-1。

表1-1 基本建设预算与建设程序的各个阶段对应关系表

序 号	建设程序各个阶段	基本建设预算	编 制 主 体
1	决策阶段	投资估算	建设单位
2	设计阶段	设计概算、施工图预算	设计单位
3	建设准备阶段	施工图预算	建设单位、施工单位
4	实施阶段	施工预算、工程结算	施工单位、建设单位
5	竣工验收阶段	竣工决算	建设单位

通过本章的学习，要求学生掌握以下内容。

（1）基本建设程序是指建设项目在工程建设的全过程中各项工作所必须遵循的先后顺序，它是基本建设过程及其规律性的反映。基本建设程序由决策阶段、设计阶段、准备阶段、施工阶段和竣工验收阶段等主要阶段组成。

（2）工程造价通常有两种定义：一是从投资者——业主的角度定义，二是从市场的角度来定义。建筑安装工程费用是指承建建筑安装工程所发生的全部费用，即通常所说的工程造价。

（3）工程计价即工程估价，是指计算和确定建设工程项目的工程造价。由于工程造价具有大额性、个别性、差异性、动态性、层次性及兼容性等特点，与之相对应工程计价具有单件性、多次性、组合性、方法的多样性和依据的复杂性等特点。

（4）基本建设预算与基本建设程序存在着对应关系，建筑安装工程计价方法有传统的定额计价模式和与国际接轨的工程量清单计价模式两种。

习 题

一、选择题

1. 工程造价第一种含义是从（   ）角度定义的。
   A. 建筑安装工程
   B. 建筑安装工程承包商
   C. 设备供应商
   D. 建设项目投资者

2. 工程之间千差万别，在用途、结构、造型、坐落位置等方面都有较大的不同，这体现了工程造价（   ）的特点。
   A. 动态性
   B. 个别性和差异性
   C. 层次性
   D. 兼容性

3. 工程实际造价是在（   ）阶段确定的。
   A. 招投标
   B. 合同签订
   C. 竣工验收
   D. 施工图设计

4. 工程造价的两种管理是指（   ）。
   A. 建设工程投资费用管理和工程造价计价依据管理
   B. 建设工程投资费用管理和工程价格管理
   C. 工程价格管理和工程造价专业队伍建设管理
   D. 工程价格管理和工程造价计价依据管理

5. 建筑安装工程费由（   ）组成。
   A. 直接费、间接费、利润和税金
   B. 直接工程费、间接费、措施费和税金
   C. 直接费、间接费、法定利润和规费
   D. 直接工程费、间接费、法定利润和税金

6. 预算造价是在( )阶段编制的。

A. 初步设计   B. 技术设计

C. 施工图设计   D. 招投标

二、简答题

1. 什么是基本建设程序？由哪些主要阶段组成？

2. 简述建设项目的分解过程。

3. 简述工程造价的含义及特点。

4. 简述工程计价的含义及特点。

5. 简述基本建设预算与基本建设程序的对应关系。

第 2 章

建筑工程定额

教学目标

通过本章的学习，培养学生正确使用施工定额、预算定额的技能，为学生熟练应用建筑工程施工定额、预算定额进行建筑工程计价工作奠定扎实的理论基础。

教学要求

能力目标	知识要点	相关知识	权重
正确认识建筑工程定额及其分类	熟悉定额相关概念	建筑工程定额概念、定额水平、定额特性及定额分类	0.2
具备编制施工定额和企业定额的初步能力	熟悉施工定额的编制方法	施工定额和企业定额的编制依据、内容、方法，及劳动定额、材料消耗定额、机械台班定额编制	0.3
具备确定和应用预算定额的基本能力	掌握预算定额的编制方法和应用	预算定额的人材机消耗量的确定和人材机单价的确定	0.5

在第 1 章中我们讲到，一个工程的基本建设过程中，要涉及投资估算、设计概算、施工图预算、施工预算、工程结算等基本建设预算，针对这些预算，我们会用到概算定额、概算指标、施工定额（企业定额）、预算定额（消耗量定额）等。由于这些定额的形式、内容和种类是根据生产建设的需要而制订的，不同的定额及其在使用中的作用不完全一样，但它们之间又是相互联系的。因此，如何正确地区分各类定额之间的差异性，准确地把握定额显得尤为重要。

2.1 建筑工程定额概述

2.1.1 建筑工程定额

定额可以理解为规定的限额，是社会物质生产部门在生产经营活动中，根据一定的技术组织条件，在一定的时间内，为完成一定数量的合格产品所规定的各种资源消耗的数量标准。

建筑工程定额是指工程建设中，在正常的施工条件和合理劳动组织、合理使用材料及机械的条件下，完成单位合格建筑产品所必须消耗的人工、材料、机械、资金等资源的数量标准。例如，每砌筑 $1m^3$ 砖基础消耗人工综合工日数 1.218 工日，红砖 0.524 千块，M5 水泥砂浆 $0.236m^3$，水 $0.105m^3$，200L 灰浆搅拌机 0.039 台班。建筑工程定额是质与量的统一体，不同的产品有不同的质量要求，因此，建筑工程定额除规定各种资源消耗的数量标准外，还要规定应完成的产品规格、工作内容，以及应达到的质量标准和安全要求。

2.1.2 定额水平

定额水平就是为完成单位合格产品由定额规定的各种资源消耗应达到的数量标准，它是衡量定额消耗量高低的指标。

建筑工程定额是动态的，它反映的是当时的生产力发展水平。定额水平是一定时期社会生产力水平的反映，它与一定时期生产的机械化程度、操作人员的技术水平、生产管理水平、新材料、新工艺和新技术的应用程度以及全体人员的劳动积极性有关，所以它不是一成不变的，而是随着社会生产力水平的变化而变化的。随着科学技术和管理水平的进步，生产过程中的资源消耗减少，相应地定额所规定的资源消耗量降低，称之为定额水平提高。但是，在一定时期内，定额水平又必须是相对稳定的。定额水平是制订定额的基础和前提，定额水平不同，定额所规定的资源消耗量也就不同。在确定定额水平时，应综合考虑定额的用途、生产力发展水平、技术经济合理性等因素。需要注意的是，不同的定额编制主体，定额水平是不一样的。政府或行业编制的定额水平，采用的是社会平均水平；而企业编制的定额水平反映的是自身的技术和管理水平，一般为平均先进水平。

2.1.3 定额的特性

定额的特性体现在以下几个方面。

1. 科学性和系统性

定额的科学性，首先表现在用科学的态度制订定额，在研究客观规律的基础上，采用可靠的数据，用科学的方法编制定额；其次表现在制订定额的技术方法上，利用现代科学管理的成就，形成一套行之有效的、完整的方法；再次表现在定额制订与贯彻的一体化上。

建设工程定额是相对独立的系统，它是由多种定额结合而成的有机的整体，它的结构复杂，有着鲜明的层次和明确的目标。

2. 法令性

定额的法令性是指定额一经国家或授权机关批准颁发，在其执行范围内必须严格遵守和执行，不得随意变更定额内容与水平，以保证全国或某一地区范围有一个统一的核算尺度，从而使比较、考核经济效果和有效地监督管理有了统一的依据。

3. 群众性

定额的群众性是指定额的制订和执行都是建立在广大生产者和管理者基础上的。首先，群众是生产消费的直接参加者，他们了解生产消耗的实际水平，所以通过管理科学的方法和手段对群众中的先进生产经验和操作方法，进行系统的分析、测定和整理，充分听取群众的意见，并邀请专家及技术熟练工人代表直接参加定额制订活动；其次，定额要依靠广大生产者和管理者积极贯彻执行，并在生产消费活动中检验定额水平，分析定额执行情况，为定额的调整与修订提供新的基础资料。

4. 相对稳定性和时效性

任何一种定额都是一定时期社会生产力发展水平的反映，在一定时期内应是稳定的。保持定额的稳定性，是定额的法令性所必需的；同时也是更有效地执行定额所必需的。如果定额处于经常修改的变动状态中，势必造成执行中的困难与混乱，使人们对定额的科学性与法令性产生怀疑。此外，由于定额的修改与编制是一项十分繁重的工作，它需要动用和组织大量的人力和物力，而且需要收集大量资料、数据，需要反复地研究、试验、论证等，这些工作的完成周期很长，所以也不可能经常性地修改定额。然而，定额的稳定性又是相对的，任何一种定额仅能反映一定时期的生产力水平，生产力始终处在不断地发展变化之中，当生产力向前发展了许多，定额水平就会与之不适应，定额就无法再发挥出其作用，此时就需要有更高水平的定额问世，以适应新生产力水平下企业生产管理的需要。所以，从一个长期的过程来看，定额又是不断变动的，具有时效性。

2.1.4　建筑工程定额的分类

建筑工程定额是工程建设中各类定额的总称，它包括许多种类的定额。为了对建筑工程定额能有一个全面的了解，可以按照不同的原则和方法对它进行科学的分类。

1. 按定额反映的物质消耗内容分类

按定额反映的物质消耗内容分类，可分为劳动定额、材料消耗定额和机械台班消耗定额。

1）劳动定额

劳动定额是指在正常的生产条件下，完成单位合格工程建设产品所需消耗的活劳动的数量标准。劳动定额反映的是活劳动的消耗，按照反映方式的不同，劳动定额有时间定额

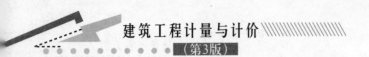

和产量定额两种形式。时间定额是指为完成单位合格产品所需消耗生产工人的工作时间标准；产量定额是指生产工人在单位时间里必须完成的合格产品的产量标准。为了便于核算，劳动定额大多采用时间定额的形式。

2）材料消耗定额

材料消耗定额是指在正常的生产条件下，完成单位合格产品所需消耗的材料的数量标准。其包括工程建设中使用的各类原材料、成品、半成品、配件、燃料，以及水、电等动力资源等。材料作为劳动对象构成工程的实体，需用数量大、种类多。所以材料消耗量多少，消耗是否合理，不仅关系到资源的有效利用，影响市场供求状况，而且直接关系到建设工程的项目投资、建筑产品的成本控制。

3）机械台班消耗定额

机械台班消耗定额是指在正常的生产条件下，完成单位合格产品所需消耗的机械的数量标准。按反映机械消耗的方式不同，机械台班消耗定额同样有时间定额和产量定额两种形式，但以时间定额为主要形式。我国习惯以一台机械一个工作班为机械消耗的计量单位。

任何工程建设都要消耗大量人工、材料和机械，所以我们把劳动消耗定额、材料消耗定额、机械台班消耗定额称为三大基本定额。

2. 按定额编制的程序和用途分类

按照定额编制的程序和用途，可以把工程定额分为施工定额、预算定额、概算定额、概算指标、投资估算指标等。

1）施工定额

施工定额是施工企业内部用来进行组织生产和加强管理的一种定额，它是以同一性质的施工过程为标定对象编制的计量性定额。施工定额反映了企业的施工与管理水平，是编制预算定额的重要依据。

2）预算定额

预算定额是以各分部分项工程为标定对象编制的计价性定额，它是由政府工程造价主管部门根据社会平均的生产力发展水平，综合考虑施工企业的整体情况，以施工定额为基础组织编制的一种社会平均资源消耗标准。

3）概算定额

概算定额是在预算定额基础上的综合和扩大，是以扩大结构构件、分部工程或扩大分项工程为标定对象编制的计价性定额，其定额水平一般为社会平均水平，主要用于在初步设计阶段进行设计方案技术经济比较、编制设计概算，是投资主体控制建设项目投资的重要依据。

4）概算指标

概算指标主要用于编制投资估算或设计概算，是以每个建筑物或构筑物为对象规定人工、材料或机械台班耗用量及其资金消耗的数量标准。概算指标是初步设计阶段编制概算、确定工程造价的依据，是进行技术经济分析、衡量设计水平、考核建设成本的标准。

5）投资估算指标

投资估算指标非常粗略，往往以独立的单项工程或完整的工程项目为计算对象，只在项目建议书和可行性研究阶段编制投资估算，计算投资需要时使用的一种定额，投资估算指标往往根据历史的预、决算资料和价格变动资料编制。

3. 按投资的费用性质分类

按照投资的费用性质，工程定额可分为建筑工程定额、安装工程定额、工器具定额、建筑安装工程费用定额和工程建设其他费用定额等。

1）建筑工程定额

建筑工程定额是建筑工程施工定额（企业定额）、预算定额（消耗量定额）、概算定额、概算指标的统称。在我国的固定资产投资中，建筑工程投资占的比例约有 60％，因此，建筑工程定额在整个工程定额中是一种非常重要的定额。

2）安装工程定额

安装工程定额是安装工程施工定额（企业定额）、预算定额（消耗量定额）、概算定额和概算指标的统称。在工业生产性项目中，机械设备安装工程、电气设备安装工程和热力设备安装工程占有重要地位；在非工业生产性项目中，随着社会生活和城市设施的日益现代化，设备安装工程量也在不断增加。所以安装工程定额也是工程定额的重要组成部分。

3）工器具定额

工器具定额是为新建或扩建项目投产运转首次配置的工器具数量标准。工器具是指按照有关规定不够固定资产标准但起着劳动手段作用的工具、器具和生产用家具，如工具箱、容器、仪器等。

4）建筑安装工程费用定额

建筑安装工程费用定额主要包括措施费定额、间接费定额等。

5）工程建设其他费用定额

工程建设其他费用定额是独立于建筑安装工程、设备和工器具购置费之外的其他费用开支的标准。工程建设其他费用的发生和整个项目的建设密切相关，一般占项目总投资的 10％左右。其他费用定额是按各项独立费用分别制订的，以便合理控制这些费用的开支。

4. 按照定额管理权限和适用范围分类

按照定额管理权限和适用范围，工程定额可以分为全国统一定额、行业统一定额、地区统一定额、企业定额和补充定额五种。

1）全国统一定额

全国统一定额是由国家建设行政主管部门综合全国工程建设的技术和施工组织管理水平编制，并在全国范围内执行的定额，如全国统一建筑工程基础定额、全国统一安装工程预算定额等。

2）行业统一定额

行业统一定额是由国务院行业行政主管部门制订发布的，一般只在本行业和相同专业性质的范围内使用，如冶金工程定额、水利工程定额等。

3）地区统一定额

地区统一定额是由省、自治区、直辖市建设行政主管部门制订发布的，在规定的地区范围内使用。它一般考虑各地区不同的气候条件、资源条件、建设技术与施工管理水平等编制。

4）企业定额

企业定额是由施工企业根据自身的管理水平、技术水平、机械装备能力等情况制定的，只在企业内部范围内使用。企业定额水平一般应高于国家和地区的现行定额。

5）补充定额

补充定额是指随着设计、施工技术的发展，现行定额不能满足实际需要的情况下，有关部门为了补充现行定额中变化和缺项部分而进行修改、调整和补充制订的。

5. 按照专业分类

按照专业分类，工程定额可分为全国通用定额、行业通用定额、专业专用定额三种。全国通用定额是指在部门间和地区间都可以使用的定额；行业通用定额是指具有专业特点并在行业部门内可以通用的定额；专业专用定额是指特殊专业的定额，只能在指定专业范围内使用。

2.2 施 工 定 额

2.2.1 施工定额概述

1. 施工定额的概念

施工定额是以同一性质的施工过程或工序为制订对象，确定完成一定计量单位的某一施工过程或工序所需人工、材料和机械台班消耗的数量标准。施工定额的标准，一方面反映国家对建筑安装企业在增收节约和提高劳动生产率的要求下，为完成一定的合格产品必须遵守和达到的最高限额；另一方面也是衡量建筑安装企业工人或班组完成施工任务多少和取得个人劳动报酬多少的重要尺度。因此，施工定额是建筑行业和基本建设管理中最重要的定额之一。

2. 施工定额的作用

（1）施工定额是企业编制施工组织设计和施工作业计划的依据。

（2）施工定额是项目经理部向施工班组签发施工任务单和限额领料单的基本依据。

（3）施工定额是计算工人劳动报酬的依据。

（4）施工定额是提高生产率的手段。

（5）施工定额有利于推广先进技术。

（6）施工定额是编制施工预算，加强企业成本管理和经济核算的基础。

（7）施工定额是编制预算定额的基础。

3. 施工定额的编制

1）施工定额的编制原则

（1）平均先进性原则。所谓平均先进水平，就是在正常的施工条件下，大多数施工班组和大多数生产者经过努力能够达到或超过的水平。一般应低于先进水平，而略高于平均水平。

（2）简明适用性原则。该原则要求施工定额内容要具有多方面的适应性，能满足组织施工生产和计算工人劳动报酬等各种需要；同时又要简单明了，容易为使用者所掌握，便于查阅、计算和携带。

（3）贯彻专群结合，以专为主的原则。施工定额的编制工作量大，工作周期长，又具有很强的技术性和政策性，这就要求有一支经验丰富、技术与管理知识全面、有一定政策水平的稳定的专家队伍，负责组织协调，掌握政策，制订编制定额工作方案，系统地积累和分析整理定额资料，调查现行定额的执行情况，以及新编定额的试点和征求各方面意见等工作。贯彻以专家为主编制施工定额原则的同时，必须注意走群众路线，因为广大建筑安装工人既是施工生产的实践者，又是定额的执行者。

2）施工定额编制依据

施工定额的编制原则确定后，确定施工定额的编制依据是关系到定额编制质量和贯彻定额编制原则的重要问题。其主要编制依据有以下几点。

（1）经济政策和劳动制度方面的依据。

① 建筑安装工人技术等级标准。

② 建筑安装工人及管理人员的工资标准。

③ 工资奖励制度。

④ 用工制度及劳动保护制度等。

（2）技术依据，主要是指各类技术规范、规程、标准和技术测定数据、统计资料等。

（3）经济依据，主要是指各类定额，特别是现行的施工定额及各省、市、自治区乃至企业的有关现行和历史的定额资料、数据。其次要依据日常积累的有关材料，机械台班、能源消耗等资料、数据。

3）施工定额的编制程序

由于编制施工定额是一项政策性强、专业技术要求高、内容繁杂的细致工作，为了保证编制质量和计算的方便，必须采取各种有效的措施、方法，拟定合理的编制程序。

（1）拟定编制方案。

① 明确编制原则、方法和依据。

② 确定定额项目。

③ 选择定额计量单位。定额计量单位包括定额产品的计量单位和定额消耗量中的人工、材料、机械台班的计量单位。定额产品的计量单位和人工、材料、机械消耗的计量单位，都可能使用几种不同的单位。

（2）拟定定额的适用范围。首先，应明确定额适用于何种经济体制的施工企业，不适用于何种经济体制的施工企业，应给予明确的划定和说明，使编制定额有所依据；其次，应结合施工定额的作用和一般工业、民用建筑安装施工的技术经济特点，在定额项目划分的基础上，对各类施工过程或工序定额，拟定出适用范围。

（3）拟定定额的结构形式。定额结构是指施工定额中各个组成部分的配合组织方式和内容构造。定额结构形式必须贯彻简明适用性原则，适合计划、施工和定额管理的需要，并应便于施工班组的执行。定额结构形式的内容主要包括定额表格式样，定额中的册、章、节的安排，项目划分，文字说明，计算单位的选定和附录等内容。

（4）定额水平的测算。在新编定额或修订单项定额工作完成之后，均需进行定额水平的测算对比，为上级有关部门及时了解新编定额的编制过程，反映新编定额的水平或降低的幅度等变化情况做出分析和说明。只有经过新编定额与现行定额可比项目的水平测算对比，才能对新编定额的质量和可行性做出评价，决定可否颁布执行。

2.2.2 劳动定额

1. 劳动定额的概念

劳动定额也称人工定额，它是建筑安装工人在正常的施工技术组织条件下，在平均先进水平上制订的、完成单位合格产品所必须消耗的活劳动的数量标准。劳动定额按其表现形式和用途不同，可分为时间定额和产量定额。

1）时间定额

时间定额是指某种专业、某种技术等级的工人班组或个人，在合理的劳动组织、合理地使用材料和合理的施工机械配合条件下，完成某单位合格产品所必需的工作时间，包括准备与结束时间、基本生产时间、辅助生产时间、不可避免的中断时间，以及工人必要的休息时间。

时间定额的计量单位以完成单位产品（如 m^3、m^2、m、t、个等）所消耗的工日来表示，每工日按 8 小时计算。

$$单位产品时间定额（工日）=\frac{需要消耗的工日数}{生产的产品数量} \tag{2-1}$$

2）产量定额

产量定额是指在合理的使用材料和合理的施工机械配合条件下，某一工种、某一等级的工人在单位工日内完成的合格产品的数量。产量定额的单位以 m^3、m^2、m、台、套、块、根等自然单位或物理单位来表示。

$$单位产品产量定额=\frac{生产的产品数量}{消耗的工日数} \tag{2-2}$$

3）时间定额与产量定额的关系

时间定额与产量定额互为倒数，即

$$产量定额=\frac{1}{时间定额} \tag{2-3}$$

或

$$时间定额×产量定额=1 \tag{2-4}$$

2. 劳动定额的工作时间

劳动定额中将工人的工作时间分为定额时间和非定额时间。

1）定额时间

定额时间，即必需消耗时间，是作业者在正常施工条件下，为完成一定产品（或工作任务）所必须消耗的时间。这部分时间属于定额时间，它包括有效工作时间、休息时间和不可避免的中断时间，是制定定额的主要根据。

（1）有效工作时间是与产品生产直接有关的工作时间，包括基本工作时间、辅助工作时间、准备与结束时间。

① 基本工作时间是指在施工过程中，工人完成基本工作所消耗的时间，也就是完成能生产一定产品的施工工艺过程所消耗的时间，是直接与施工过程的技术作业发生关系的时间消耗。基本工作时间的消耗与生产工艺、操作方法、工人的技术熟练程度有关，并与工程量的大小成正比。

② 辅助工作时间是指与施工过程的技术作业没有直接关系，而是为保证基本工作的顺利进行而做的辅助性工作所需消耗的时间。辅助工作不能使产品的形状、性质、结构位置等发生变化，如工作过程中工具的校正和小修，搭设小型的脚手架等所消耗的时间等。

③ 准备与结束时间是指基本工作开始前或完成后进行准备与整理等所需消耗的时间。它通常与工程量大小无关，而与工作性质有关，一般分为班内准备与结束时间、任务内准备与结束时间。班内准备与结束时间具有经常性消耗的特点，如领取材料和工具、工作地点布置、检查安全技术措施、工地交接班等；任务内的准备与结束时间，与每个工作日交替无关，仅与具体任务有关，多由工人接受任务的内容决定。

（2）休息时间是工人在工作过程中，为了恢复体力所必需的短暂休息，以及由于自身生理需要（如喝水、上厕所等）所消耗的时间。这种时间是为了保证工人精力充沛地进行工作，所以应作为定额时间。休息时间的长短与劳动条件、劳动强度、工作性质等有关。

（3）不可避免的中断时间是由于施工过程中技术、组织或施工工艺特点原因，以及独有的特性而引起的不可避免的或难以避免的工作中断所必需消耗的时间，如汽车司机在汽车装卸货时消耗的时间、起重机吊预制构件时安装工人等待的时间等。

2）非定额时间

非定额时间，即损失时间，是指与产品生产无关，而和施工组织、技术上的缺陷有关，与工人在施工过程中的个人过失或某些偶然因素有关的时间消耗，包括多余或偶然工作时间、停工时间、违反劳动纪律而造成的工时损失。

（1）多余或偶然工作时间，是指在正常施工条件下，作业者进行了多余的工作；或由于偶然情况，作业者进行任务以外的作业（不一定是多余的）所消耗的时间。所谓多余工作，就是工人进行任务以外的不能增加产品数量的工作，如质量不合格而返工造成的多余时间消耗。

（2）停工时间，是指由于工作班内停止工作而造成的工时损失。停工时间按其性质可分为施工本身造成的停工时间和非施工本身造成的停工时间两种。施工本身造成的停工时间是指由于施工组织不善，材料供应不及时，准备工作不善，工作地点组织不良等情况引起的停工时间；非施工本身造成的停工时间是指由于气候条件和水源、电源中断等情况引起的停工时间。

（3）违反劳动纪律而造成的工时损失，是指工人不遵守劳动纪律而造成的时间损失，如上班迟到、下班早退、擅自离开工作岗位、工作时间内聊天或办私事，以及由于个别人违章操作而引起别的工人无法正常工作等的时间损失。违反劳动纪律的工时损失是不应存在的，所以也是在定额中不予考虑的。

3）工作时间的确定方法

确定劳动定额的工作时间通常采用技术测定法、经验估计法、统计分析法和类推比较法。

（1）技术测定法，是指根据先进合理的生产技术、操作工艺、合理的劳动组织和正常的施工条件，对施工过程中的具体活动进行实地观察，详细记录工人和机械的工作时间消耗，完成产品的数量，以及有关影响因素，将记录结果加以整理，客观地分析各种因素对产品的工作时间消耗的影响，获得各个项目的时间消耗资料，通过分析计算来确定劳动定额的方法。这种方法准确性和科学性较高，是制订新定额和典型定额的主要方法。

技术测定通常采用的方法有测时法、写实记录法、工作日写实法、简易测定法。

（2）经验估计法，是指根据有经验的工人、技术人员和定额专业人员的实践经验，参照有关资料，通过座谈讨论，反复平衡来制定定额的一种方法。

（3）统计分析法，是指根据过去一定时间内，实际生产中的工时消耗量和产品数量的统计资料或原始记录，经过整理，并结合当前的技术、组织条件，进行分析研究来制订定额的方法。

（4）类推比较法，也称典型定额法，是以同类型工序、同类型产品的典型定额项目水平为标准，经过分析比较，类推出同一组定额中相邻项目定额水平的一种方法。

3. 劳动定额的应用

1）劳动定额的表现形式

（1）单式表示法。针对某些耗工量大，计量单位为台、件、套等自然计量单位的定额，以及部分按工种分列的项目，仅表示时间定额，不表示产量定额。

（2）复式表示法。在同一栏内用分式列出时间定额和产量定额，分子表示时间定额，分母表示产量定额。在《全国建筑安装工程统一劳动定额》中，多采用复式表示法。

2）劳动定额的应用

时间定额和产量定额是同一个劳动定额的两种不同的表达方式，但其用途各不相同。

（1）时间定额便于综合，便于计算劳动量、编制施工计划和计算工期。

（2）产量定额具有形象化的优点，便于分配施工任务、考核工人的劳动生产率和签发施工任务单。

 应用案例 2-1

某工程砖基础工程量为 $120m^3$，每天有 25 名工人投入施工，时间定额为 0.89 工日/m^3，试计算完成该项砖基础工程的定额施工天数。

解：

完成该砖基础工程需要的总工日数 $= 0.89 \times 120 = 106.80$（工日）

完成该砖基础工程需要的定额施工天数 $= 106.8 \div 25 \approx 4.27$（天）

 应用案例 2-2

某抹灰班组由 13 名工人组成，抹某住宅楼的白灰砂浆墙面，施工 25 天完成任务。产量定额为 $10.20m^2$/工日，试计算抹灰班应完成的抹灰面积。

解：

抹灰班应完成的抹灰面积 $= 10.20 \times (13 \times 25) = 3315$（$m^2$）

2.2.3 材料消耗定额

1. 材料消耗定额的概念

材料消耗定额是指在合理使用材料的条件下，生产单位合格产品所必须消耗的一定品种、规格的原材料、燃料、半成品、配件和水、动力等资源的数量标准。在我国的建设工程成本构成中，材料费比重最高，平均占60％左右。材料消耗量多少，消耗是否合理，不仅关系到资源的有效利用，影响市场供求状况，而且对建设项目的投资及建筑产品的成本控制都起着决定性的影响。因此，制定合理的材料消耗定额，是组织材料的正常供应、合理利用资源的必要前提。

必须消耗的材料是指在合理用料的条件下，完成单位合格工程建设产品所必须消耗的材料，包括直接用于工程的材料（即直接构成工程实体或有助于工程形成的材料）、不可避免的施工废料、不可避免的材料损耗。其中，直接用于工程的材料称为材料净耗量，编制材料净用量定额；不可避免的施工废料及材料损耗称为材料合理损耗量，编制材料损耗定额。

材料消耗定额包括材料的净用量和必要的材料损耗量两部分。材料净用量是指直接用于产品上的，构成产品实体的材料消耗量；必要的材料损耗量是指材料从工地仓库、现场加工堆放地点至操作或安放地点的运输损耗、施工操作损耗和临时堆放损耗等。

材料的损耗一般按损耗率计算：

$$损耗率 = \frac{损耗量}{总耗量} \times 100\% \qquad (2-5)$$

$$总耗量 = 净用量 + 损耗量 = \frac{净用量}{1-损耗率} \qquad (2-6)$$

实际工作中，为了简化计算，常以损耗量与净用量的比率作为损耗率：

$$损耗率 = \frac{损耗量}{净耗量} \times 100\% \qquad (2-7)$$

则

$$总耗量 = 净用量 \times (1+损耗率) \qquad (2-8)$$

2. 主要材料消耗定额的确定

主要材料消耗定额是通过在施工过程中对材料消耗进行观测、试验，以及根据技术资料的统计与计算等方法确定的，主要有以下四种方法。

1）现场观测法

现场观测法是对施工过程中实际完成产品的数量与所消耗的各种材料数量进行现场观测、计算，而确定各种材料消耗定额的一种方法。观测法适宜制定材料的损耗定额。

2）实验室试验法

实验室试验法是在实验室内通过专门的试验仪器设备，制定材料消耗定额的一种方法。由于试验具有比施工现场更好的工作条件，可更深入细致地研究各种因素对材料消耗的影响。

3）资料统计法

资料统计法是根据施工过程中材料的发放和退回数量及完成产品数量的统计资料，进行分析计算以确定材料消耗定额的方法。统计分析法简便易行，容易掌握，适用范围广，但用统计法得出的材料消耗含有不合理的材料浪费，其准确性不高，它只能反映材料消耗的基本规律。

4）理论计算法

理论计算法是通过对工程结构、图纸要求、材料规格及特性、施工规范、施工方法等进行研究，用理论计算拟定材料消耗定额的一种方法。适用于不易产生损耗，且容易确定废料的规格材料，如块料、锯材、油毡、玻璃、钢材、预制构件等的消耗定额，材料的损耗量仍要在现场通过实测取得。

（1）1m³ 砖砌体材料消耗量的计算。

$$标准砖净用量 = \frac{2 \times 墙厚砖数}{墙厚 \times (砖长 + 灰缝) \times (砖厚 + 灰缝)} \qquad (2-9)$$

$$砂浆净用量 = 1 - 砖净用量 \times (砖长 \times 砖宽 \times 砖厚) \qquad (2-10)$$

$$标准砖消耗量 = \frac{标准砖净用量}{1 - 损耗率} \qquad (2-11)$$

$$砂浆消耗量 = \frac{砂浆净用量}{1 - 损耗率} \qquad (2-12)$$

 应用案例 2-3

试计算每立方米一砖厚（240mm）标准砖砌体中普通砖和砂浆的消耗量（砖和砂浆损耗率均为 1%）。

解：

根据式（2-9）～式（2-12），得

$$1m³ 砌体中砖的净用量（块）= 2 \times \frac{1}{0.24 \times (0.24 + 0.01) \times (0.053 + 0.01)} \approx 529（块）$$

$$1m³ 砌体中砂浆的净用量 = 1 - 529 \times (0.24 \times 0.115 \times 0.053) \approx 0.226（m³）$$

$$1m³ 砌体中标准砖消耗量 = \frac{529}{1 - 1\%} \approx 534（块）$$

$$1m³ 砌体中砂浆消耗量 = \frac{0.226}{1 - 1\%} \approx 0.228（m³）$$

（2）每 100m² 块料面层材料消耗量的计算。

块料面层材料指瓷砖、锦砖、缸砖、大理石、花岗岩板等。

$$块料净用量 = \frac{100}{(块料长 + 灰缝) \times (块料宽 + 灰缝)} \qquad (2-13)$$

$$灰缝砂浆净用量 = (100 - 块料净用量 \times 块料长 \times 块料宽) \times 灰缝深 \qquad (2-14)$$

$$结合层砂浆净用量 = 100 \times 结合层厚度 \qquad (2-15)$$

$$块料消耗量 = \frac{块料净用量}{1 - 损耗率} \qquad (2-16)$$

$$砂浆消耗量 = \frac{砂浆总净用量}{1 - 损耗率} \qquad (2-17)$$

 **应用案例 2-4**

用 1:2 水泥砂浆贴 300mm×200mm×8mm 缸砖地面，结合层 5mm 厚，灰缝 2mm 宽，缸砖损耗率 1.8%，砂浆损耗率 1.1%。试计算每 100m² 地面缸砖和砂浆的总消耗量（灰缝宽 2mm）。

解：

$$缸砖净用量 = \frac{100}{(0.30+0.002)\times(0.20+0.002)} \approx 1639.24（块）$$

$$灰缝砂浆净用量 = (100-1639.24\times0.3\times0.2)\times0.008 \approx 0.013（m^3）$$

$$结合层砂浆净用量 = 100\times0.005 = 0.50（m^3）$$

$$块料消耗量 = \frac{1639.24}{1-1.8\%} \approx 1669（块）$$

$$砂浆总消耗量 = \frac{0.013+0.50}{1-1.1\%} \approx 0.519（m^3）$$

上述四种建筑材料消耗量定额的制订方法都有一定的优缺点，在实际工作中应根据所测定的材料的不同，分别选择其中的一种或两种以上的方法结合使用。

3. 周转材料消耗定额的确定

周转材料是指在建筑安装工程中不直接构成工程实体，可多次周转使用的工具性材料，如脚手架、模板和挡土板等。这类材料在施工中都是一次投入多次使用，每次使用后都有一定程度的损耗，经过修复再投入使用。

周转性使用材料消耗定额一般是按多次使用，分次摊销的方法确定。一般根据完成一定分部分项工程的一次使用量，现场调研、观测、分析确定的周转次数，以及统计确定的损耗率而计算得出。

1）现浇混凝土构件模板用量的计算

（1）补损率，是指周转性材料使用一次后为了修补难以避免的损耗所需要的材料量占一次使用量的百分数，一般用平均补损率表示。

（2）周转次数，是指周转材料可以重复使用的次数。

（3）一次使用量，是指周转材料一次使用的投入量。

$$一次使用量 = \frac{单位混凝土构件的模板接触面积\times单位接触面积模板用量}{1-损耗率} \tag{2-18}$$

（4）周转使用量，是指周转性材料在周转使用和补充消耗的条件下，每周转一次平均所消耗的材料量。

$$周转使用量 = 一次使用量 \cdot K_1 \tag{2-19}$$

$$K_1 = \frac{1+(周转次数-1)\times补损率}{周转次数} \tag{2-20}$$

式中：K_1——周转使用系数。

（5）回收量，指周转材料每周转一次去掉损耗后，平均可以回收的量。

（6）摊销量，指周转性材料每使用一次，扣除回收量后，应分摊在单位产品上的消耗数量，即定额规定的平均一次消耗量。

$$摊销量 = 一次使用量 \cdot K_2 \tag{2-21}$$

$$K_2 = K_1-(1-补损率)\times\frac{回收折价率}{周转次数} \tag{2-22}$$

式中：K_2——摊销系数。

对所有的周转性材料，可根据不同的施工部位、周转次数、损耗率、回收折旧率等，计算出相应的 K_1 和 K_2，并制成表格可直接查用，见表2-1。

表 2 - 1 木模板系数 K_1、K_2

模板周转次数	补损率（%）	K_1	K_2
4	15	0.3625	0.2726
5	10	0.2800	0.2039
5	15	0.3200	0.2481
6	10	0.2500	0.1866
6	15	0.2917	0.2318
8	10	0.2125	0.1649
8	15	0.2563	0.2124
9	15	0.2444	0.2044
10	10	0.1900	0.1519

特 别 提 示

施工定额的材料消耗定额中，周转材料消耗指标一般用摊销量表示。

 应用案例 2-5

某钢筋混凝土圈梁按选定的模板设计图纸，每 $10m^3$ 混凝土模板接触面积 $96m^2$，每 $10m^2$ 接触面积需木方板材 $0.705m^3$，损耗率为 5%，周转次数 8，每次周转补损率为 10%，试计算该圈梁现浇模板一次使用量、周转使用量和摊销量。

解：

$$现浇模板一次使用量 = \frac{\frac{0.705 \times 96}{10}}{1 - 5\%} \approx 7.124(m^3)$$

$$现浇模板周转使用量 = 7.124 \times K_1 = 7.124 \times 0.2125 \approx 1.514(m^3)$$

$$现浇模板摊销量 = 7.124 \times K_2 = 7.124 \times 0.1649 \approx 1.175(m^3)$$

2）预制混凝土构件模板摊销量的计算

生产预制混凝土构件所用的模板也属于周转性材料，是按照多次使用、平均摊销的方法计算，但是摊销量的计算方法不同于现浇构件。

$$预制模板摊销量 = \frac{一次使用量}{周转次数} \tag{2-23}$$

3）脚手架主要材料用量的计算

脚手架主要材料是指脚手架所用钢管、脚手架板等材料，其定额用量按摊销量计算。

$$摊销量 = \frac{一次使用量 \times (1 - 残值率) \times 使用期限}{耐用期限} \tag{2-24}$$

2.2.4 施工机械台班定额

施工机械台班定额是指在合理使用机械和合理的施工组织条件下，完成单位合格产品所需机械消耗的数量标准。其计量单位以台班表示，每台班按8小时计算。

按反映机械台班消耗方式的不同，机械消耗定额同样有时间定额和产量定额两种形式。时间定额表现为完成单位合格产品所需消耗机械的工作时间标准；产量定额表现为机械在单位时间里所必须完成的合格产品的数量标准。从数量上看，时间定额与产量定额互为倒数关系。

1. 施工机械台班定额的表现形式

机械台班定额与劳动定额的表现形式类似，可分为时间定额和产量定额两种形式。

1) 机械时间定额

机械时间定额是指在正常施工生产条件下，某种机械完成单位合格产品所必须消耗的工作时间。

$$机械时间定额 = \frac{1}{机械台班产量定额} \tag{2-25}$$

$$配合机械的工人小组的人工时间定额 = \frac{台班内小组成员工日数}{机械台班产量定额} \tag{2-26}$$

 应用案例 2-6

斗容量1m³反铲挖土机挖二类土，深度2m以内，装车小组2人，其台班产量500m³，试计算机械时间定额和人工时间定额。

解：

挖土机械时间定额 $= \frac{1}{5} = 0.2$(台班/100m³)

人工时间定额 $= \frac{2}{5} = 0.4$(工日/100m³)

2) 机械台班产量定额

机械台班产量定额是指在合理的施工组织和正常的施工生产条件下，某种机械在每台班内完成合格产品的数量。

$$机械台班产量定额 = \frac{1}{机械时间定额} \tag{2-27}$$

或

$$机械台班产量定额 = \frac{台班内小组成员工日数}{人工时间定额} \tag{2-28}$$

3) 机械台班定额的表示方法

在《全国建筑安装工程统一劳动定额》中，机械台班定额通常以复式表示。同时表示时间定额和台班产量定额，形式为 $\frac{时间定额}{台班产量}$。

运输机械台班定额除同时表示时间定额和产量定额外，还应表示台班车次，形式为

$$\frac{时间定额}{台班产量} \times 台班车次$$

其中，台班车次是指完成定额台班产量每台班内每车需要往返次数。

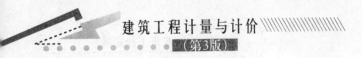

2. 施工机械台班定额的确定

施工机械台班定额是编制机械需用量计划和考核机械工作效率的依据，也是对操作机械的工人班组签发施工任务书、实行计件奖励的依据。

确定施工机械台班定额，具体确定步骤如下。

1）拟定机械工作的正常条件

机械操作和人工操作相比，劳动生产率受施工条件的影响更大，因此编制机械消耗定额时更应重视拟定出机械工作的正常条件。拟定机械工作正常条件，主要是拟定工作地点的合理组织和合理的工人编制。

（1）工作地点的合理组织，就是对施工地点机械和材料的放置位置、工人从事操作的场所做出科学合理的平面布置和空间安排。

（2）拟定合理的工人编制，就是根据施工机械的性能和设计能力、工人的专业分工和劳动工效，合理确定操纵机械的工人和直接参加机械化施工过程的工人人数，确定维护机械的工人人数及配合机械施工的工人人数等。

2）确定机械纯工作1h正常生产率

机械纯工作时间，就是指机械的必需消耗时间，包括在满负荷和有根据地降低负荷下的工作时间、不可避免的无负荷工作时间和必要的中断时间。机械1h纯工作正常生产率，就是在正常施工组织条件下，具有必需的知识和技能的技术工人操纵机械1h的生产率。

根据机械工作特点的不同，机械1h纯工作正常生产率的确定方法也有所不同。

（1）循环动作机械纯工作1h正常生产率，就是在正常的施工组织条件下，具有必需的知识和技能的技术工人操纵机械1h的生产率。计算公式为

$$机械一次循环的正常延续时间 = \sum（循环各组成部分正常延续时间）- 交叠时间 \qquad (2-29)$$

$$机械纯工作1h的循环次数 = \frac{60 \times 60}{机械一次循环的正常延续时间} \qquad (2-30)$$

$$机械纯工作1h正常生产率 = 机械纯工作1h的循环次数 \times 一次循环生产的产品数量$$
$$(2-31)$$

（2）连续动作机械纯工作1h正常生产率，主要是根据机械性能、结构特征和工作过程的特点来进行。机械纯工作1h正常生产率是通过试验或观察取得机械在一定工作时间内的产品数量而确定的，计算公式为

$$机械纯工作1h正常生产率 = \frac{工作时间内生产的产品数量}{工作时间(h)} \qquad (2-32)$$

3）确定施工机械的正常利用系数

施工机械的正常利用系数是指机械在工作班内对工作时间的利用率。机械的利用系数和机械在工作班内的工作状况有着密切关系。所以，要确定施工机械的正常利用系数，必须拟定机械工作班的正常状况，关键是保证合理利用工时。

$$机械正常利用系数 = \frac{机械在一个工作班内纯工作时间}{一个工作班延续时间(8h)} \qquad (2-33)$$

4）计算施工机械的产量定额

确定了机械工作正常条件、机械纯工作1h正常生产率、机械的正常利用系数之后采

用以下公式计算施工机械的产量定额。

台班产量定额＝机械纯工作 1h 正常生产率×工作班延续时间×正常利用系数　　（2-34）

应用案例 2-7

工程现场采用出料容量为 400L 的混凝土搅拌机，每循环一次，装料、搅拌、卸料、中断需要的时间分别为 50s、180s、40s、30s，机械正常利用系数为 0.9，则该机械的台班产量为多少？

解：

依据式(2-29)、式(2-30)和式(2-34)，则机械的台班产量为

$$\frac{60×60}{50+180+40+30}×0.4×8×0.9＝34.56(\text{m}^3/\text{台班})$$

2.2.5　企业定额

1. 企业定额的概念

企业定额是建筑安装工人在正常施工条件下，为完成单位合格产品所需人工、机械、材料消耗的数量及费用标准。企业定额反映企业的施工水平、装备水平和管理水平，作为考核建筑安装企业劳动生产率水平、管理水平的标尺和确定工程成本、投标报价的依据。

2. 企业定额的性质

企业定额是建筑安装企业内部管理的定额，其影响范围涉及企业内部管理的方方面面，包括企业生产经营活动的计划、组织、协调、控制和指挥等各个环节。企业应根据国家有关政策、法律和规范、制度，结合本企业的具体条件和可挖掘的潜力、市场的需求和竞争环境，编制企业定额，自行决定定额的水平。

3. 企业定额的构成及表现形式

企业定额应包括工程实体性消耗定额、措施性消耗定额和费用定额。

企业定额的构成及表现形式应视编制的目的而定，可参照中华人民共和国建设部颁发的《全国统一建筑工程基础定额》，也可采用灵活多变的形式，以满足需要和便于使用为准。

企业定额的构成及表现形式主要有以下几种。

（1）企业劳动定额。

（2）企业材料消耗定额。

（3）企业机械台班使用定额。

（4）企业机械台班租赁价格。

（5）企业周转材料租赁价格。

4. 企业定额的编制步骤

1）制订编制计划

（1）企业定额编制的目的。编制目的决定了企业定额的适用范围，同时也决定了企业

定额的表现形式，因此，企业定额编制的目的一定要明确。

（2）定额水平的确定。企业定额应能真实地反映本企业的消耗量水平，企业定额水平确定的准确与否，是企业定额能否实现编制目的的关键。定额水平过高或过低，背离企业现有水平，对项目成本核算和企业参与投标竞争都不利。

（3）确定编制方法和定额形式。定额的编制方法很多，对不同形式的定额，其编制方法也不相同。例如，劳动定额的编制方法有技术测定法、统计分析法、类比推算法、经验估算法等；材料消耗定额的编制方法有观察法、试验法、统计法等。因此，定额编制究竟采取哪种方法应根据具体情况而定，可综合应用多种方法进行编制。企业定额应形式灵活、简明适用，并具有较强的可操作性，以满足投标报价与企业内部管理的要求。

（4）成立专门机构，由专人负责。企业定额的编制工作是一个系统性的工作，在一开始，就应设置一个专门的机构（中小企业也可由相关部门代管），并由专人负责，而定额的编制应该由定额管理人员、现场管理人员和技术工人完成。

（5）明确应收集的数据和资料。要尽量多地收集与定额编制有关的各种数据。在编制计划书中，要制订一份按门类划分的资料明细表。

（6）确定编制进度目标。定额的编制工作量大，应确定一个合理的工期和进度计划表，可根据定额项目使用的概率有重点的编制，采用循序渐进、逐步完善的方式完成。这样，既有利于编制工作的开展，又能保证编制工作的效率和及时的投入使用。

2）资料的收集

收集的资料包括以下几个方面。

（1）有关建筑安装工程的设计规范、施工及验收规范、工程质量检验评定标准和安全操作规程。

（2）现行定额，包括基础定额、预算定额、消耗量定额和工程量清单计价规范。

（3）本企业近几年各工程项目的财务报表、公司财务总报表，以及历年收集的各类项目经验数据。

（4）本企业近几年所完成工程项目的施工组织设计、施工方案，以及工程成本资料与结算资料。

（5）企业现有机械设备状况、机械效率、寿命周期和价格，机械台班租赁。

（6）本企业近几年主要承建的工程类型及所采用的主要施工方法。

（7）本企业目前工人技术素质、构成比例。

（8）有关的技术测定和经济分析数据。

（9）企业现有的组织机构、管理跨度、管理人员的数量及管理水平。

3）拟定企业定额的编制方案

（1）确定企业定额的内容及专业划分。

（2）确定企业定额的章、节的划分和内容的框架。

（3）确定合理的劳动组织、明确劳动手段和劳动对象。

（4）确定企业定额的结构形式及步距划分原则。

4）企业定额消耗量的确定及定额水平的测算

企业定额消耗量的确定及定额水平的测算与施工定额类似。

2.3 预算定额

2.3.1 预算定额概述

1. 预算定额的作用

预算定额是完成一定计量单位质量合格的分项工程或结构构件的人工、材料、机械台班的数量标准，也是计算建筑安装工程产品造价的基础，是国家及地区编制和颁发的一种法令性指标。

预算定额在我国工程建设中具有以下重要作用。

(1) 预算定额是编制施工图预算、确定和控制建筑安装工程造价的基本依据，是确定一定计量单位工程分项人工、材料、机械消耗量的依据，也是计算分项工程单价的基础。

(2) 预算定额是施工企业编制人工、材料和机械台班需要量计划，统计完成工程量，考核工程成本，实行经济核算的依据。

(3) 预算定额是对设计方案进行技术经济比较，对新结构、新材料进行技术经济分析的依据。

(4) 预算定额是合理编制招标控制价、投标报价的依据。

(5) 预算定额是建设单位和银行拨付工程价款、建设资金贷款和竣工结(决)算的依据。

(6) 预算定额是编制地区单位估价表、概算定额和概算指标的基础资料。

2. 预算定额的编制

1) 预算定额的编制原则

(1) 按社会平均水平编制。预算定额是确定和控制建筑安装工程造价的主要依据，因此，它必须依据生产过程中所消耗的社会必要劳动时间来确定定额水平。预算定额所表现的平均水平，是在正常的施工条件，合理的施工组织、工艺条件、平均劳动熟练程度和劳动强度下，完成单位分项工程基本构造要素所需要的劳动时间。预算定额的水平是以施工定额水平为基础，但预算定额中包含了更多的可变因素。因此，预算定额是平均水平，施工定额是平均先进水平，两者相比，预算定额水平相对要低一些。

(2) 简明适用的原则。预算定额通常将建筑物分解为分部、分项工程。对于主要的、常用的、价值量大的项目分项工程划分宜细；对于次要的、不常用的、价值量相对较小的项目则可以划分粗一些。要注意补充那些因采用新技术、新结构、新材料和先进经验而出现的新定额项目。项目不全，缺漏项多，就会使建筑安装工程价格缺少充足可靠的依据。

对定额的"活口"要设置适当。所谓活口，是在定额中规定当符合一定条件时，允许该定额另行调整。在编制中尽量不留活口，对实际情况变化较大、影响定额水平幅度大的项目，的确需要留的，也应该从实际出发尽量少留；即使留有活口，也要注意尽量规定换算方法，避免采取按实计算。

合理确定预算定额的计量单位，简化工程量的计算，尽可能避免同一种材料用不同的计量单位。尽量减少定额附注和换算系数。

（3）统一性和差别性相结合的原则。统一性是指计价定额的制订规划和组织实施由国务院建设行政主管部门归口，并负责全国统一定额的制订与修订，颁发有关工程造价管理的规章制度与办法等；差别性是指在各部门和省、自治区、直辖市主管部门可以在自己的管辖范围内，根据本部门和地区的具体情况制订部门和地区性定额、补充性管理办法，以适应我国地区间、部门间发展不平衡和差异大的实际情况。

2）预算定额的编制依据

编制预算定额主要依据以下资料。

（1）现行施工定额。预算定额是在现行施工定额的基础上编制的。预算定额中人工、材料、机械台班消耗水平，需要根据施工定额取定；预算定额的计量单位选择，也要以施工定额为参考，从而保证两者的协调和可比性，减轻预算定额的编制工作量，缩短编制时间。

（2）现行设计规范、施工及验收规范、质量评定标准和安全操作规程。预算定额在确定人工、材料、机械台班消耗数量时，必须考虑上述各项规范的要求和规定。

（3）具有代表性的典型工程施工图及有关标准图。对这些图纸进行仔细分析研究，并计算出工程数量，作为编制定额时选择施工方法、确定定额含量的依据。

（4）新技术、新结构、新材料和先进的施工方法等。这类资料是调整定额水平和增加新的定额项目所必需的依据。

（5）有关科学实验、技术测定的统计、经验资料。这类工作是确定定额水平的重要依据。

（6）现行的预算定额、材料预算价格及有关文件规定等，包括过去定额编制过程中积累的基础资料，也是编制预算定额的依据和参考。

3）预算定额的编制程序

预算定额的编制，大致可分为五个阶段，即准备阶段、收集资料阶段、编制定额初稿阶段、审核报批阶段和定稿整理资料阶段。

（1）准备阶段。这个阶段的主要任务是拟定编制方案，抽调人员组成专业组；确定编制定额的目的和任务；确定定额编制范围及编制内容；明确定额的编制原则、水平要求、项目划分和表现形式及定额的编制依据；提出编制工作的规划及时间安排等。

（2）收集资料阶段。这个阶段的主要任务是：在已确定的编制范围内，采用表格化收集基础资料，以统计资料为主，注明所需要的资料内容，填表要求和时间范围；邀请建设单位、设计单位、施工单位和管理部门有经验的专业人员，开座谈会，收集他们的意见和建议；收集现行的法律、法规资料，现行的施工及验收规范、设计标准、质量评定标准、安全操作规程等；收集以往的预算定额及相关解释，定额管理部门积累的相关资料；专项测定及科学试验，这主要是指混凝土配合比和砌筑砂浆试验资料等。

（3）编制定额初稿阶段。这个阶段的主要任务是：确定编制细则，包括统一编制表格及编制方法、统一计量单位和小数点位数的要求、统一名称、统一符号、统一用字等；确定项目划分及工程量计算规则；定额人工、材料、机械台班耗用量的计算、复核和测算。

（4）审核报批阶段。这个阶段的主要任务是审核定稿，测算总水平，准备汇报材料。

（5）定稿整理资料阶段。这个阶段的主要任务是印发征求意见稿，修改整理报批，撰写编制说明，立档、成卷。

4) 预算定额的编制方法

在基础资料完备可靠的条件下，编制人员应反复熟悉各项资料，确定各项目名称、工作内容、施工方法和预算定额的计量单位等。在此基础上计算各个分部分项工程的人工、材料和机械的消耗量。

(1) 确定各项目的名称、工作内容及施工方法。在编制预算定额时，应根据有关编制参考资料，参照施工定额分项项目，进一步综合确定预算定额的名称、工作内容和施工方法，使编制的预算定额简明适用。同时，还要使施工定额和预算定额两者之间协调一致。

(2) 确定预算定额的计量单位。预算定额的计量单位，应与工程项目内容相适应，主要是根据分项工程的形体和结构构件特征及变化规律来确定的。预算定额的计量单位按公制或自然计量单位确定。一般地，结构的三个度量都发生变化时，选用体积作为计量单位，如混凝土工程；结构的两个度量发生变化，选用面积为单位，如楼地面工程；若结构断面形状大小固定，则采用延长米作为计量单位，如管道工程。

(3) 按典型设计图纸和资料计算工程量。预算定额是在施工定额的基础上编制的一种综合性定额，一个分项工程包含了必须完成的全部工作内容。例如，砖柱预算定额中包括了砌砖、调制砂浆、材料运输等工作内容，而施工定额中上述三项内容是分别单独列项的。因此，为了能利用施工定额编制预算定额，就必须分别计算典型设计图纸所包括的施工过程的工程量，才能综合出预算定额中每一个项目的人工、材料、机械消耗指标。

2.3.2 预算定额消耗量的确定

预算定额中的人工消耗量(定额人工工日)是指完成某一计量单位的分项工程或结构构件所需的各种用工量总和。

定额人工工日不分工种、技术等级一律以综合工日表示，包括基本用工和其他用工，其中其他用工又包括超运距用工、辅助用工和人工幅度差。

1. 预算定额人工消耗量的确定方法

1) 基本用工

基本用工是指完成一定计量单位的分项工程或结构构件的主要用工量。

$$基本工工日数量 = \sum (工序工程量 \times 时间定额) \tag{2-35}$$

2) 超运距用工

超运距用工是指预算定额取定的材料、成品、半成品等运距超过劳动定额规定的运距应增加的用工量。计算时，先求每种材料的超运距，然后在此基础上根据劳动定额计算超运距用工。

$$超运距 = 预算定额规定的运距 - 劳动定额规定的运距 \tag{2-36}$$

$$超运距用工 = \sum (超运距材料数量 \times 时间定额) \tag{2-37}$$

3) 辅助用工

辅助用工是指劳动定额中未包括的各种辅助工序用工，如材料加工等的用工，可根据材料加工数量和时间定额进行计算。

$$辅助用工数量 = \sum (材料加工数量 \times 时间定额) \tag{2-38}$$

4）人工幅度差

人工幅度差是指在劳动定额中未包括，而在一般正常施工条件下不可避免的，但又无法计量的用工。一般包括以下几方面内容。

（1）在正常施工条件下，土建各工种工程之间的工序搭接，以及土建工程与水电安装工程之间的交叉配合所需停歇时间。

（2）施工过程中，移动临时水电线路而造成的影响工人操作的时间。

（3）同一现场内单位工程之间因操作地点转移而影响工人操作的时间。

（4）工程质量检查及隐蔽工程验收而影响工人操作的时间。

（5）施工中不可避免的少量零星用工等。

在确定预算定额用工量时，人工幅度差按基本用工、超运距用工、辅助用工之和的一定百分率计算。

$$人工幅度差 =（基本用工 + 超运距用工 + 辅助用工）\times 人工幅度差系数 \qquad (2-39)$$

国家现行规定人工幅度差系数为 $10\% \sim 15\%$。此外，在编制人工消耗量时，由于各种基本用工和其他用工的工资等级不一致，为了准确求出预算定额用工的平均工资等级，必须根据劳动定额规定的劳动小组成员数量、各种用工量和相应等级的工资系数，求出各种用工的工资等级总系数，然后与总工量相除，可得出平均工资等级系数，进而可以确定预算定额用工的平均工资等级，以便正确计算人工费用和编制地区单位估价表。目前，国家现行建筑工程基础定额和安装工程预算定额均以综合工日表示。

$$
\begin{aligned}
预算定额人工消耗量 &= 基本用工 + 其他用工 \qquad\qquad (2-40)\\
&=基本用工 +（超运距用工 + 辅助用工 + 人工幅度差）\\
&=（基本用工 + 超运距用工 + 辅助用工）\times（1+人工幅度差系数）
\end{aligned}
$$

2. 预算定额材料消耗量的确定

1）预算定额主要材料消耗量的确定

预算定额主要材料消耗量确定方法与施工定额材料消耗量的确定方法基本相同，常用的方法主要有现场观测法、实验室试验法、资料统计法和理论计算法等。

2）预算定额周转性材料消耗量的确定

编制预算定额时，对于周转性材料的消耗定额，与施工定额一样，也是按多次使用，分次摊销的方法计算。

3）次要零星材料消耗指标的确定

在编制预算定额时，次要零星材料在定额中若是以"其他材料费"表示，其确定方法有两种：一是可直接按其占主要材料的百分比计算；二是如同主要材料，先分别确定其消耗数量，然后乘以相应的材料单价，并汇总后求得"其他材料费"。

3. 预算定额机械台班消耗量的确定

1）预算定额机械台班消耗定额的概念

预算定额机械台班消耗定额是指在合理使用机械和合理的施工组织条件下，按机械正常使用配置综合确定的完成定额计量单位合格产品所必须消耗的机械台班数量标准。

机械台班消耗量是以"台班"为单位计算的，一台机械工作 8 小时为一个台班。预算定额机械台班消耗量是确定定额项目基价的基础。

2）机械台班消耗量的确定方法

预算定额中的施工机械台班消耗量是在劳动定额或施工定额中相应项目的机械台班消耗量指标基础上确定的，在确定过程中还应考虑增加一定的机械幅度差。机械幅度差是指在劳动定额或施工定额中所规定的范围内没有包括，而在实际施工中又不可避免产生的影响机械效率或使机械停歇的时间，其内容包括以下几个方面。

（1）施工中机械转移工作面及配套机械互相影响损失的时间。

（2）在正常施工条件下，机械在施工中不可避免的工序间歇。

（3）工程开工或收尾时工程量不饱满所损失的时间。

（4）检查工程质量影响机械操作的时间。

（5）临时停机、停电影响机械操作的时间。

（6）机械维修引起的停歇时间等。

在确定预算定额机械台班消耗量指标时，机械幅度差以机械幅度差系数表示。大型机械的幅度差系数通常为：土方机械 25％；打桩机械 33％；吊装机械 30％。其他中小型机械的幅度差系数一般取 10％。

2.3.3 建筑工程人工、材料、机械台班单价的确定

施工资源包括人工、材料和施工机械。在概预算制度下，单位估价表中使用的是人工、材料和机械台班的预算单价，它们是定额编制当时当地的资源单价。一般来说，各地多采用定额编制地区省会城市的人工、材料和机械台班的预算价格。在定额使用期内，由于使用时间、地点的不同，需要按工程造价管理部门测算下达的调整文件，对人工、材料、机械台班的预算价格进行调整，以适应实际情况。

随着工程造价管理体制和工程计价模式的改革，量价分离的计价模式和工程量清单计价模式的推广使用，越来越需要编制动态的人工、材料和机械台班的预算价格。本节所讲的施工资源单价的概念，就是指施工过程中人工、材料和机械台班的动态价格或市场价格的确定。

建筑安装工程费用的确定基础是正确计算人工费、材料费和施工机械使用费。这三部分费用的确定取决于两个方面，一是确定人工、材料、机械台班消耗量；二是确定人工、材料、机械台班单价。

$$人工费 = \sum（工日消耗量 \times 日工资单价） \qquad (2-41)$$

$$材料费 = \sum（材料消耗量 \times 材料单价）+ 检验试验费 \qquad (2-42)$$

$$机械使用费 = \sum（机械台班消耗量 \times 机械台班单价） \qquad (2-43)$$

1. 人工单价的确定

人工单价是指一个建筑安装生产工人一个工作日中应计入的全部人工费用。它基本上反映了建筑安装生产工人的工资水平和一个工人在一个工作日中可以得到的报酬。合理确定人工单价是正确计算人工费的前提和基础。

1）人工单价的组成

人工单价由基本工资、工资性津贴、辅助工资、职工福利费及劳动保护费组成，现行生产工人的人工单价组成如图 2.1 所示。

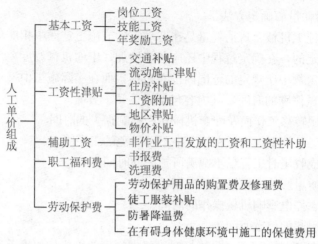

图 2.1 人工单价组成

（1）基本工资，是指生产工人将一定时间的劳动消耗在生产上所得到的劳动报酬。一般由岗位工资、技能工资等组成。岗位工资和技能工资可以根据有关部门制定的《全民所有制大中型建筑安装企业岗位技能工资制试行方案》中的规定加以确定。

（2）工资性津贴，是指由于市场物价上涨等因素造成工人实际收入下降，按照国家有关规定应当列入工资中的各种补贴，如交通补贴、流动施工津贴、住房补贴、工资附加、地区津贴和物价补贴等。

（3）辅助工资，是指生产工人年有效施工天数以外非作业天数的工资，包括职工学习、培训期间的工资，调动工作、探亲、休假期间的工资，因气候影响的停工工资，女工哺乳时间的工资，病假在六个月以内的工资及产、婚、丧假期的工资。

（4）职工福利费，是指按规定标准计提的职工福利费。

（5）劳动保护费，是指按规定标准发放的劳动保护用品的购置费及修理费、徒工服装补贴、防暑降温费，以及在有碍身体健康环境中施工的保健费用等。

人工单价在各地区并不完全相同，因此，计入预算定额的人工单价一般是按某一平均技术等级为标准的日工资单价。目前，多数地区预算定额的人工单价均采用不分工种、不分技术等级，按综合工日给出人工单价。

2）影响人工单价的因素

（1）社会平均工资水平。建筑安装工人人工单价必然和社会平均工资水平趋于一致，社会平均工资水平取决于经济发展水平。由于我国改革开放以来经济迅速增长，社会平均工资也有大幅增长，从而使人工单价大幅提高。

（2）生活消费指数。生活消费指数的提高会带来人工单价的提高，它的变动取决于物价的变动，尤其是生活消费品物价的变动。

（3）人工单价的组成内容，如住房消费、养老保险、医疗保险、失业保险的列入等，会使人工单价提高。

（4）劳动力市场供需变化。劳动力市场中如果需求大于供给，人工单价就会提高；供给大于需求，市场竞争激烈，人工单价就会下降。

（5）政府推行的社会保障和福利政策也会影响人工单价的变动。

2. 材料单价的确定

材料单价（预算价格）是指材料（包括构件、成品及半成品等）从其来源地或交货地点到达施工工地仓库或施工现场存放地点的出库价格。

1）材料单价的组成

材料单价由材料原价、运杂费、运输损耗费、采购及保管费及检验试验费等内容组成。

（1）材料原价，是指材料的出厂价格或销售部门的批发价和零售价，进口材料的抵岸价。在确定原价时，凡同一种材料因来源地、交货地、供货单位、生产厂家不同，而有几种价格（原价）时，根据不同来源地供货数量比例，采取加权平均的方法确定其综合原价。

$$加权平均原价 = \frac{\sum（各来源地材料采购数量 \times 采购价格）}{\sum 各来源地材料采购数量} \qquad (2-44)$$

（2）运杂费，是指材料由采购地点或交货地点至施工现场的仓库或工地存放地点的过程中所发生的全部费用，含外埠中转运输过程中所发生的一切费用和过境过桥费用，包括调车和泊船费、装卸费、运输费及附加工作费等。

材料运杂费的取费标准，应根据材料的来源地、运输里程、运输方法，并根据国家有关部门或地方政府交通运输管理部门规定的运价标准分别计算。外埠运输费是指材料由来源地或交货地运至本市仓库的全部费用，包括调车费、装卸费、车船运费、保险费等，按交通部门规定费用标准计算；市内运费是由本市仓库至工地仓库的运费，按市有关规定，结合建设任务分布情况加权平均计算。

$$加权平均运杂费 = \frac{\sum（各来源地材料采购数量 \times 各来源地采购材料运杂费）}{\sum 各来源地材料采购数量}$$
$$(2-45)$$

（3）运输损耗费，是指材料在运输及装卸过程中不可避免的损耗费用。

$$运输损耗费 =（材料原价 + 运杂费）\times 运输损耗率 \qquad (2-46)$$

（4）采购及保管费，是指材料供应部门（包括工地仓库及其以上各级材料主管部门）在组织采购、供应和保管材料过程中所需的各项费用，包括工资、职工福利费、办公费、差旅及交通费、固定资产使用费、工具用具使用费、劳动保护费、检验试验费、材料储存损耗及其他费用。

$$采购及保管费 =（材料原价 + 运杂费 + 运输损耗费）\times 采购及保管费率 \qquad (2-47)$$

（5）检验试验费，是指对建筑材料、构件和建筑安装物进行一般鉴定、检查所发生的费用，包括自设实验室进行试验所耗用的材料和化学药品等费用，不包括新结构、新材料的试验费和建设单位对具有出厂合格证明的材料进行试验，对构件作破坏性试验及其他特殊要求检验试验的费用。

$$检验试验费 = \sum（单位材料量检验试验费 \times 材料消耗量）\qquad (2-48)$$

或

$$检验试验费 = 材料原价 \times 检验试验费率 \qquad (2-49)$$

（6）材料单价的计算如下。

$$材料单价 =（材料原价 + 运杂费 + 运输损耗费）\times（1 + 采购及保管费率）\qquad (2-50)$$

应用案例 2-8

某工地某种钢筋的购买资料见表 2-2，试计算该钢筋单价（运输损耗率为 1%，采购及保管费率

为3.0%，检验试验费率为2%）。

表2-2 购买资料表

来 源 地	数量/吨	购买价/(元/吨)	运距/km	运输费/(元/吨·km)	装卸费/(元/吨)
甲地	100	3200	60	0.6	16
乙地	200	3300	50	0.7	15
丙地	300	3400	40	0.8	14

解：

(1) 材料原价 $= \dfrac{100 \times 3200 + 200 \times 3300 + 300 \times 3400}{100 + 200 + 300} \approx 3333.33(元/吨)$

(2) 运杂费 $= \dfrac{(60 \times 0.6 + 16) \times 100 + (50 \times 0.7 + 15) \times 200 + (40 \times 0.8 + 14) \times 300}{100 + 200 + 300} \approx 48.33(元/吨)$

(3) 运输损耗费 $= (3333.33 + 48.33) \times 1\% \approx 33.82(元/吨)$

(4) 采购及保管费 $= (3333.33 + 48.33 + 33.82) \times 3\% \approx 102.46(元/吨)$

(5) 检验试验费 $= 3333.33 \times 2\% \approx 66.67(元/吨)$

(6) 钢筋单价 $= 3333.33 + 48.33 + 33.82 + 102.46 + 66.67 = 3584.61(元/吨)$

2) 影响材料预算价格变动的因素

影响材料预算价格的因素很多，主要包括以下几种。

(1) 市场供需变化。

(2) 材料生产成本的变动直接涉及材料预算价格的波动。

(3) 流通环节的多少和材料供应体制也会影响材料预算价格。

(4) 运输距离和运输方法的改变会影响材料运输费用的增减，从而也会影响材料预算价格。

(5) 国际市场行情会对进口材料价格产生影响。

3. 机械台班单价的确定

机械台班单价是指一台施工机械，在正常运转条件下，工作8h所应分摊和支出的各项费用，即一台施工机械在正常条件下运转一个工作班所发生的全部费用。

施工机械台班单价由七项费用组成，包括折旧费、大修理费、经常修理费、安拆费及场外运费、燃料动力费、人工费、养路费及车船使用税等。

1) 折旧费

折旧费是指施工机械在规定使用期限内，每一台班所分摊的机械原值及支付贷款利息的费用，即

$$台班折旧费 = \frac{机械预算价格 \times (1 - 残值率) \times 贷款利息系数}{耐用总台班} \qquad (2-51)$$

机械预算价格按机械出厂价格（或到岸价），及机械从交货地点或口岸运至使用单位机械管理部门的全部运杂费计算。

贷款利息系数是为补偿企业贷款购置机械设备所支付的利息，它合理反映资金的时间价值，以大于1的贷款利息系数，将贷款利息（单利）分摊在台班折旧费中，即

$$贷款利息系数 = 1 + \frac{(n+1)}{2} \cdot i \qquad (2-52)$$

式中：n——国家有关文件规定的此类机械折旧年限；

　　i——当年银行贷款利率。

　　耐用总台班是指机械在正常施工作业条件下，从投入使用直到报废止，按规定应达到的使用总台班数。《全国统一施工机械台班费用定额》中的耐用总台班是以经济使用寿命为基础，并依据国家有关固定资产折旧年限规定，结合施工机械工作对象和环境，以及年能达到的工作台班确定，即

$$耐用总台班＝折旧年限×年工作台班＝大修间隔台班×大修周期 \qquad (2-53)$$

式中：年工作台班——根据有关部门对各类主要机械最近三年的统计资料分析确定；

　　　　大修间隔台班——机械自投入使用起至第一次大修止或自上一次大修后投入使用起至下一次大修止，应达到的使用台班数。

　　大修周期是指机械在正常的施工作业条件下，将其寿命期（即耐用总台班）按规定的大修理次数划分为若干个周期，即

$$大修周期＝寿命期大修理次数＋1 \qquad (2-54)$$

　　2）大修理费

　　大修理费是指机械设备按规定的大修间隔台班必须进行大修理，以恢复机械正常功能所需的费用。

　　台班大修理是对机械进行全面的修理，更换其磨损的主要部件和配件，大修理费包括更新零配件和其他材料费、修理工时费等。

$$台班大修理费＝\frac{一次大修理费×寿命期内大修次数}{耐用总台班} \qquad (2-55)$$

　　一次大修理费是指机械设备规定的大修理范围和工作内容，进行一次全面修理所需消耗的工时、配件、辅助材料、燃料和送修运输等全部费用。

　　寿命期大修理次数是指为恢复原机械功能按规定在寿命期内需要进行的大修理次数。

　　3）经常修理费

　　经常修理费是指机械在寿命期内除大修理以外的各级保养，以及临时故障排除和机械停置期间的维护等所需各项费用，为保障机械正常运转所需替换设备，随机工具、器具的摊销费用及机械日常保养所需润滑擦拭材料费之和，是按大修理间隔台班分摊提取的。

$$台班经常修理费＝台班大修理费×经常修理费系数 \qquad (2-56)$$

　　各级保养一次费用是指机械在各个使用周期内为保证机械处于完好状况，必须按规定的各级保养间隔周期、保养范围和内容进行的一、二、三级保养或定期保养所消耗的工时、配件、辅料、燃料等费用。

　　寿命期各级保养总次数是指一、二、三级保养或定期保养在寿命期内各个使用周期中保养次数之和。

　　临时故障排除费是指机械除规定的大修理及各级保养以外，临时故障所需费用和机械在工作日以外的保养维护所需润滑擦拭材料费，可按各级保养（不包括例保辅料费）费用之和的3％计算。

　　4）安拆费及场外运输费

　　安拆费指机械在施工现场进行安装、拆卸所需人工、材料、机械和试运转费用，包括机械辅助设施（如基础、底座、固定锚桩、行走轨道、枕木等）的折旧、搭设、拆除等费用。

　　场外运费指机械整体或分体自停置地点运至现场或某一工地运至另一工地的运输、装卸、辅助材料和架线等费用。定额台班单价内所列安拆费及场外运费，分别按不同机械型号、

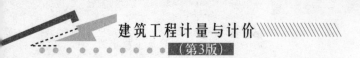

重量、外形体积，以及不同的安拆和运输方式测算其工、料、机械的耗用量综合计算取定的。

5）机械人工费

机械人工费是指司机或副司机、司炉的基本工资和其他工资性津贴等。

6）燃料动力费

燃料动力费是指机械在运转或施工作业中所耗用的固体燃料（煤炭、木材）、液体燃料（汽油、柴油）、电力、水和风等费用。

7）其他费用

其他费用包括保险费、养路费及车船使用税等。

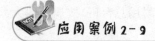 应用案例 2-9

某 10t 载重汽车有关资料如下：汽车购买价格为 120000 元/辆，残值率 5％；耐用总台班为 960 台班，修理间隔台班为 240 台班；一次性修理费用为 8600 元，经常修理系数为 3.6；机械 2.5 工日，人工单价 23 元/工日；年工作台班为 240，养路费为 60 元/（月·吨）；每台消耗柴油 40kg，柴油单价为 3.25 元/kg。试确定该载重汽车台班单价。

解：

（1）折旧费＝120000×（1－5％）/960＝118.75（元/台班）

（2）大修理费＝8600×（960/240－1）/960≈26.88（元/台班）

（3）经常修理费＝26.88×3.6≈96.77（元/台班）

（4）机械人工费＝2.5×23＝57.50（元/台班）

（5）燃料动力费＝40.0×3.25＝130.00（元/台班）

（6）养路费＝10×60×12/240＝30.00（元/台班）

（7）该载重汽车台班单价＝118.75＋26.88＋96.77＋57.50＋130.00＋30.00＝459.90（元/台班）

2.3.4 预算定额手册的组成

预算定额一般由目录、总说明、建筑面积计算规则、分部工程说明、工程量计算规则、分项工程项目表及附录组成。

以上内容可以归纳为以下两大部分。

（1）文字说明部分，主要包括总说明和分部工程说明。总说明主要阐述预算定额的用途、编制依据和原则、适用范围，定额中已考虑的因素和未考虑的因素，使用中应注意的事项和有关问题的说明；分部工程说明是预算定额的重要内容，主要阐述分部工程定额中所包括的主要分项工程定额项目表的使用方法。

（2）分项工程定额项目表，是以各分部工程进行归类，又按照不同的设计型式、施工方法、用料和施工机械等因素划分为若干个分项工程定额项目表。其中按一定顺序排列的分项工程项目表是预算定额的核心内容。

预算定额组成的最后一个部分是附录，包括建筑机械台班费用定额表，各种砂浆、混凝土、三合土、灰土等配合比表，脚手架费用定额表，建筑材料、成品、半成品场内运输及操作损耗系数表等。

分项工程定额表一般由以下内容组成。

（1）人工消耗定额，反映了完成某一分项工程的单位产品所耗用的各工种的工日数

（目前一般用综合工日表示），有些地区预算定额中还列有相应的平均工资等级。

（2）材料消耗定额，规定了完成某一分项工程的单位产品所耗用或摊销的各种主要材料、半成品、配件或周转材料的数量。

（3）机械台班消耗定额，规定了完成某一分项工程的单位产品所耗用的各种施工机械台班的数量。

（4）预算定额基价，一般都列有单位产品基价，它反映了某一分项工程单位产品的预算价格。

$$预算定额基价＝人工费＋材料费＋机械使用费 \tag{2-57}$$

为了加强工程造价动态管理实行量价分离，全国统一建筑工程基础定额不再列有单位产品基价。

基础定额是完成规定计量单位分项工程计价的人工、材料、施工机械台班消耗量标准。建设部1995年颁发的《全国统一建筑工程基础定额》（土建工程GJD-101-95）是统一全国建筑工程预算工程量计算规则、项目划分、计量单位的依据，也是编制各地区单位估价表确定工程造价、编制概算定额及投资估算指标的依据，也可以作为制订企业定额和投标报价的基础。其内容主要包括目录、总说明、分部工程说明、定额项目表和附录。其中，工程项目被划分为土石方工程，桩基础工程，脚手架工程，砌筑工程，钢筋混凝土工程，构件运输及安装工程，门窗及木结构工程，楼地面工程，屋面及防水工程，防腐、保温、隔热工程，装饰工程，金属结构制作工程，建筑工程垂直运输和建筑物超高增加人工、机械等十四个分部工程。

2.3.5　预算定额的应用

预算定额是编制施工图预算、确定工程造价的主要依据，定额应用的正确与否直接影响建筑工程预算的结果。为了熟练、正确地应用预算定额编制施工图预算，必须对组成定额的各个部分全面了解，充分掌握定额的总说明、章说明、各章的工程内容与计算规则，从而达到正确使用预算定额的要求。

预算定额的使用方法有预算定额的直接套用和预算定额的换算。

1. 预算定额的直接套用

当施工图纸的设计要求与预算定额的项目内容完全一致时，可以直接套用预算定额。

 应用案例 2-10

某土方工程人工平整场地的工程量是1250m²，每平方米人工平整场地的综合工日数为0.048工日，试计算该土方工程人工平整场地的综合工日数是多少？

解：

该土方工程人工平整场地的综合工日数＝1250×0.048＝60.00（工日）

2. 预算定额的换算

1）预算定额乘以系数的换算

这类换算是根据预算定额章说明或附注的规定对定额子目的某消耗量乘以规定的换算

系数，从而确定新的定额消耗量。

2）利用定额的附属子目换算

预算定额为了体现定额的简明实用原则，常常设置一些附属子目，提供一个简捷换算的平台。这样，一方面大大压缩了定额项目表的数量，另一方面使定额换算更方便。

3）定额基价的换算

预算定额如果包含有预算定额基价时，常常因为图纸中的材料与定额不一致，而施工技术和工艺没有变化而发生换算，如砂浆等级与定额不符、混凝土等级与定额不符等这类换算均属于定额基价的换算。

$$换算后的基价＝换算前的定额基价\pm（混凝土或砂浆的定额用量$$
$$\times 两种强度等级的混凝土或砂浆的单价差） \tag{2-58}$$

其换算步骤如下。

（1）从预算定额附录的混凝土、砂浆配合比表中找出该分项工程项目与其相应定额规定不相符并需要进行换算的不同强度等级混凝土、砂浆每立方米的单价。

（2）计算两种不同强度等级混凝土或砂浆单价的价差。

（3）从定额项目表中找出该分项工程需要进行换算的混凝土或砂浆定额消耗量及该分项工程的定额基价。

（4）计算该分项工程由于混凝土或砂浆强度等级的不同而影响定额原基价的差值。

（5）计算该分项工程换算后的定额基价。

 应用案例 2-11

某工程构造柱设计为 C25 钢筋混凝土现浇，试确定其预算基价。

解：

首先，查询某省现行预算定额项目表中"C20 现浇钢筋混凝土构造柱"项目的定额基价为 952.28 元/m³，混凝土的定额用量为 1.015m³；

其次，查询该省预算定额中附录表中的混凝土配合比表，得知 C20 混凝土预算单价为 204.05 元/m³，C25 混凝土预算单价为 226.17 元/m³。

【参考视频】

最后，将上述有关数据代入换算公式，得

换算后的 C25 现浇钢筋混凝土构造柱定额基价＝952.28＋1.015×（226.17－204.05）≈974.73（元/m³）

4）材料断面换算

当木门窗的设计尺寸与定额规定的截面尺寸不同时，可根据设计的门窗框、扇的断面，以及定额断面和定额材积进行定额换算。其换算公式为

$$换算后的木材体积＝\frac{设计断面}{定额断面}\times 定额材积 \tag{2-59}$$

式中：定额断面大小可参见预算定额的说明，其中框断面以边框断面为准，扇料以立梃断面为准。换算的步骤如下。

（1）从相应的预算定额中查出该门窗框（扇）的定额基价、定额材积和定额断面。

（2）根据设计的门窗框（扇）的断面和定额材积按换算公式计算该门窗框（扇）所需木材体积。

（3）从预算定额的"材料预算价格"中查出相应的木材单价。

（4）按式(2-60)计算换算后的定额基价。

换算后的基价＝换算前的定额基价±(换算后的材积－换算前的定额材积)×

相应的木材单价 (2-60)

5）其他换算

定额允许换算的项目是多种多样的，除了上面介绍的几种以外，还有由于材料的品种、规格发生变化而引起的定额换算，由于砌筑、浇筑或抹灰等厚度发生变化而引起的定额换算等，这些换算可以参照以上介绍的换算方法灵活进行。

3. 预算定额的补充

当工程项目在预算定额中没有对应子目可以套用，也无法通过对某一子目进行换算得到时，就只有按照定额编制的方法编制补充项目，经建设单位或监管单位审查认可后，可用于本项目预算的编制，也称为临时定额或一次性定额。编制的补充定额项目应在定额编号的部位注明"补"字，以示区别。

本章小结

通过本章的学习，要求学生应掌握以下内容。

（1）建设工程定额是指工程建设中，在正常的施工条件和合理劳动组织、合理使用材料及机械的条件下，完成单位合格建筑产品所必须消耗的人工、材料、机械、资金等资源的数量标准。

（2）定额水平就是为完成单位合格产品由定额规定的各种资源消耗应达到的数量标准，它是衡量定额消耗量高低的指标。

（3）建设工程定额可以按照不同的原则和方法对它进行科学的分类。按定额反映的物质消耗内容分类，可分为劳动定额、材料消耗定额和机械台班消耗定额；按照定额编制的程序和用途，可以把工程定额分为施工定额、预算定额、概算定额、概算指标、投资估算指标等。

（4）施工定额是以同一性质的施工过程或工序为制订对象，确定完成一定计量单位的某一施工过程或工序所需人工、材料和机械台班消耗的数量标准，是编制预算定额的基础。企业定额是建筑安装企业内部管理的定额，反映企业的施工水平、装备水平和管理水平，作为考核建筑安装企业劳动生产率水平、管理水平的标尺和确定工程成本、投标报价的依据。

（5）预算定额是完成一定计量单位质量合格的分项工程或结构构件的人工、材料、机械台班的数量标准，也是计算建筑安装工程产品造价的基础，是国家及地区编制和颁发的一种法令性指标。

（6）预算定额是编制施工图预算、确定工程造价的主要依据，一般由目录、总说明、建筑面积计算规则、分部工程说明、工程量计算规则、分项工程项目表及附录组成，定额应用的正确与否直接影响建筑工程预算的结果。

（7）预算定额在使用中有预算定额的直接套用和预算定额的换算两种情况。

习 题

一、选择题

1. 工程建设定额中的基础性定额是（　　）。
   - A. 概算定额
   - B. 预算定额
   - C. 施工定额
   - D. 概算指标

2. 企业定额的编制水平反映（　　）。
   - A. 社会平均水平
   - B. 社会平均先进水平
   - C. 社会先进水平
   - D. 企业实际水平

3. 设 $1m^3$ 分项工程，其中基本用工为 a 工日，超运距用工为 b 工日，辅助用工为 c 工日，人工幅度差系数为 d，则该工程预算定额人工消耗量为（　　）工日。
   - A. $a \times b + a + b + c$
   - B. $(a+b) \times d + a + b + c$
   - C. $(a+b+c) \times d + a + b + c$
   - D. $(a+c) \times d + a + b + c$

4. 某材料原价为 148 元/吨，供销部门手续费率为 1%，运输中不需包装，运输费为 32 元/吨，运输损耗率为 0.5%，采购及保管费率为 2.4%，则该材料预算价格为（　　）元/吨。
   - A. 186
   - B. 186.59
   - C. 185.77
   - D. 185.19

5. 下列不属于材料预算价格的费用是（　　）。
   - A. 材料原价
   - B. 材料二次搬运费
   - C. 材料采购保管费
   - D. 材料包装费

6. 建筑安装工程直接费中的人工费是指（　　）。
   - A. 施工现场所有人员的工资性费用
   - B. 施工现场与建筑安装工程施工直接有关人员的工资性费用
   - C. 从事建筑安装工程施工的生产工人及机械操作人员开支的各项费用
   - D. 直接从事安装工程施工的生产工人开支的各项费用

7. 预算定额中的人工幅度差主要是指（　　）。
   - A. 预算定额人工工日消耗量与施工定额中的劳动定额消耗量之差
   - B. 预算定额人工工日消耗量与概算定额消耗量之差
   - C. 预算定额人工工日消耗量测定带来的误差
   - D. 预算定额人工工日消耗量与其消耗量之差

8. 已知水泥必需消耗量是 41200t，损耗率为 3%，那么水泥的净用量是（　　）t。
   - A. 39964
   - B. 42436
   - C. 40000
   - D. 42474

9. 根据材料消耗的性质划分，施工材料可以划分为（　　）。
   - A. 实体材料和非实体材料
   - B. 必须消耗的材料和损失的材料
   - C. 主要材料和辅助材料
   - D. 一次性消耗材料和周转材料

10. 以建筑物或构筑物各个分部分项工程为对象编制的定额是（　　）。

A. 施工定额　　　　　　　　　　　B. 预算定额

C. 概算定额　　　　　　　　　　　D. 概算指标

11. 工程建设定额按其反映的生产要素内容，可分为（　　）。

A. 施工定额、预算定额、概算定额

B. 建筑工程定额、设备安装工程定额、建筑安装工程费用定额

C. 劳动消耗定额、机械消耗定额、材料消耗定额

D. 概算指标、投资估算指标、概算定额

12. 下列关于作业时间表述正确的是（　　）。

A. 作业时间＝基本工作时间

B. 作业时间＝基本工作时间＋辅助工作时间

C. 作业时间＝基本工作时间＋辅助工作时间＋准备与结束时间

D. 作业时间＝基本工作时间＋辅助工作时间＋不可避免的中断时间

13. 已知某挖土机挖土的一次正常循环工作时间是 2min，每循环工作一次挖土 $0.5m^3$，工作班的延续时间为 8h，机械正常利用系数为 0.8，则其产量定额为（　　）m^3/台班。

A. 96　　　　　　　　　　　　　B. 120

C. 150　　　　　　　　　　　　D. 300

14. 根据计时观察法测得某工序工人工作时间：基本工作时间 48min，辅助工作时间 5min，准备与结束工作时间 4min，休息时间 3min，则定额时间是（　　）min。

A. 56　　　　　　　　　　　　　B. 60

C. 61.06　　　　　　　　　　　D. 64

15. 下列各项工作时间，其长短与所负担的工作量无关，但与工作内容有关的是（　　）。

A. 辅助工作时间

B. 由于施工工艺特点引起的工作中断时间

C. 施工本身造成的停工时间

D. 准备与结束工作时间

16. 预算定额的人工工日消耗量包括（　　）。

A. 基本用工、其他用工　　　　　B. 基本用工、辅助用工

C. 基本用工、人工幅度差　　　　D. 基本用工、其他用工、人工幅度差

17. 在人工单价的组成内容中，生产工人探亲、休假期间的工资属于（　　）。

A. 基本工资　　　　　　　　　　B. 工资性津贴

C. 辅助工资　　　　　　　　　　D. 职工福利费

18. 根据《建筑安装工程费用项目组成》（建标［2003］206 号）文件的规定，已知某材料供应价格为 50000 元，运杂费 5000 元，采购保管费率 1.5%，运输损耗率 2%，则该材料的基价为（　　）万元。

A. 5.085　　　　　　　　　　　B. 5.177

C. 5.618　　　　　　　　　　　D. 5.694

19. 关于预算定额，以下表述正确的是（　　）。

A. 预算定额是编制概算定额的基础

B. 预算定额是以扩大的分部分项工程为对象编制的

C. 预算定额是概算定额的扩大与合并

D. 预算定额中人工工日消耗量的确定不考虑人工幅度差

20. 已知某施工机械耐用总台班为 5000 台班，大修间隔台班为 500 台班，一次大修理费为 10000 元，则该施工机械的台班大修理费为（　　）元/台班。

A. 10 　　　　　　　　　　　　　B. 20

C. 18 　　　　　　　　　　　　　D. 2

21. 某机械预算价格为 10 万元，耐用总台班为 4000 台班，残值率 5%，折旧年限 10 年，时间价值系数为 10%，则台班折旧费为（　　）元。

A. 2.375 　　　　　　　　　　　B. 10000

C. 36.81 　　　　　　　　　　　D. 1000

22. 预算定额中人工消耗量的人工幅度差是指（　　）。

A. 预算定额消耗量与概算定额消耗量的差额

B. 预算定额消耗量自身的误差

C. 预算定额中人工定额必需消耗量与全部工时消耗量的差额

D. 在施工定额作业时间之外，在预算定额中应考虑在正常施工条件下所发生的各种工时损失

23. 某装修公司采购 1000m² 花岗岩，运至施工现场。已知该花岗岩出厂价为 1000 元/m²，运杂费 30 元/m²，当地供销部门手续费率为 1%，当地造价管理部门规定材料采购及保管的费率为 1%，单位材料量检验试验费为 3 元/m²，则这批花岗岩的材料费用为（　　）万元。

A. 104 　　　　　　　　　　　　B. 152

C. 105 　　　　　　　　　　　　D. 102

24. 施工机械台班单价中的人工费是指（　　）。

A. 司机和其他操作人员的工作日人工费

B. 司机和其他操作人员的在施工机械规定的年工作台班外的人工费

C. 司机和其他操作人员在工作日和在施工机械规定的年工作台班外的人工费

D. 司机在工作日和在施工机械规定的年工作台班外的人工费

二、简答题

1. 什么是建筑工程定额？它有哪些特点？

2. 建筑工程定额按生产因素及编制程序和用途如何分类？

3. 预算定额与施工定额有什么区别和联系？

4. 什么是劳动定额？它有几种表现形式？

5. 什么是材料消耗定额？它有哪些制定方法？

6. 什么是人工单价？有哪些内容组成？

7. 什么是材料单价？如何计算？

8. 什么是机械台班单价？由哪些内容组成？

9. 预算定额手册由哪些内容组成？在应用时会遇到哪些情况？

三、案例分析

砌筑一砖半厚砖墙的有关技术资料如下。

1. 完成 1m³ 砖砌体所需基本工作时间为 15.5h，休息时间、辅助工作时间、准备与结束工作时间、不可避免的中断时间分别占工作延续时间的 3%、3%、2% 和 16%，人工幅度差系数为 10%，超运距运砖每千块需耗时 2.5h。

2. 砖砌体采用 M5 水泥砂浆砌筑，实体体积与虚体体积之间的折算系数为 1.07，标准机砖和砂浆的损耗率均为 1%，完成每立方米砌体施工需耗水 0.8m³，其他材料费占上述材料费的 2%。

3. 砂浆采用 400L 搅拌机进行现场搅拌。运料需 200s，装料需 50s，搅拌需 80s，卸料需 30s，不可避免的中断时间为 10s，搅拌机的投料系数为 0.65，机械利用系数为 0.8，机械幅度差系数为 15%。

4. 人工单价为 21 元/工日，M5 水泥砂浆单价为 120 元/m³，机砖单价为 190 元/千块，水为 0.6 元/m³，400L 搅拌机的单价为 100 元/台班。

试确定：

(1) 砌筑每立方米砖墙的施工定额。

(2) 砌筑每 10m³ 砖墙预算定额的消耗量指标和定额基价。

第3章

建筑工程定额计价办法

❀ 教学目标

了解建筑工程定额的计价依据；掌握建筑施工图预算书的编制内容和步骤；掌握建筑工程工程量的计算顺序、计算方法和计算步骤。

❀ 教学要求

能力目标	知识要点	相关知识	权重
了解建筑工程定额的计价依据	建筑工程定额的计价依据	施工图设计文件、施工组织设计、预算定额等	0.2
掌握施工图预算书的编制内容和步骤	预算书封面、编制说明、取费程序、单位工程预(结)算表、工程量计算表、工料机分析及汇总表	施工图设计文件、施工组织设计及标准图集等	0.4
掌握工程量的计算方法和计算步骤	工程量计算的方法和步骤、"四线"、"两面"	基础平面图和详图，建筑平面图、立面图、剖面图和详图	0.4

导 入 案 例

某工程建筑平面图如图3.1所示，在计算该工程外墙条形基础垫层工程量时，应按外墙中心线长度乘以垫层设计断面面积计算；在计算外墙条形基础工程量时，应按外墙中心线长度乘以基础设计断面面积计算；在计算外墙工程量时，应按外墙中心线长度乘以墙体高度再乘以墙体厚度计算。可见，在计算工程量时，有许多子项工程量的计算都会用到像外墙中心线长度等这样的基数，它们在整个工程量的计算过程中要反复多次使用。因此，在计算工程量时，可以根据设计图纸的尺寸将这些基数先计算好，然后再分别计算与它们各自相关子项的工程量。这类基数还有哪些？如何计算？这些是本章要重点解决的问题。

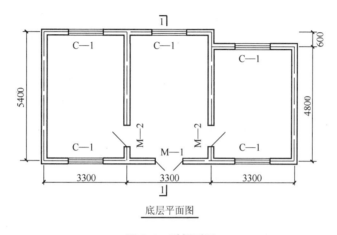

底层平面图

图3.1 引例附图

3.1 建筑工程定额计价依据

建筑工程定额计价依据非常广泛，不同建设阶段的计价依据不完全相同，不同形式的承发包方式的计价依据也有差别。下面主要介绍在编制施工图概预算和工程招标控制价时的依据。

1. **经过批准和会审的全部施工图设计文件及相关标准图集**

经审定的施工图纸、说明书和相关图集，完整地反映了工程的具体情况内容、各部分的具体做法、结构尺寸、技术特征和施工方法，是编制施工图预算、计算工程量的主要依据。

2. **经过批准的工程设计概算文件**

经批准的设计概算是建设项目投资的最高限额，设计单位必须按照批准的初步设计和总概算进行施工图设计，施工图预算不得突破设计概算。如确需突破总概算时，应按规定程序报请批准。

3. **经过批准的施工组织设计或施工方案**

施工组织设计或施工方案中包含编制施工图预算必不可少的有关文件资料，如建设地点的土质、地质情况，土石方开挖的施工方法及余土外运方式和运距，施工机械使用情况，重要的梁柱板的施工方案等，是编制施工图预算的重要依据。

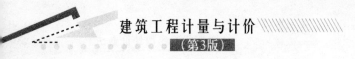
4. 建筑工程消耗量定额或计价规范

现行建筑工程消耗量定额及建设工程工程量清单计价办法，都详细地规定了分项工程项目划分及定额编号（项目编码），分项工程名称及工程内容，工程量计算规则等内容，是编制施工图预算和招标控制价的主要依据。

5. 建筑工程估价表或价目表

建筑工程估价表或价目表是确定分项工程费用的重要文件，是编制建筑安装工程招标控制价（投标报价）的主要依据，是计算各项费用的基础和换算定额单价的主要依据。

6. 人工工资单价、材料预算单价和施工机械台班单价

人工、材料、机械台班预算单价是预算定额的三要素，是构成直接工程费的主要因素，尤其是材料费在工程成本中的比重大，而且在市场经济条件下其价格随市场变化，为使预算造价尽可能接近实际，各地区的相关部门对此都有明确的调价规定。因此合理确定人工、材料、机械台班预算价格及其调价规定是编制施工图预算的重要依据。

7. 建筑工程费用定额及计算规则

建筑工程费用定额及计算规则规定了建筑安装工程费用中措施费、规费、企业管理费、利润和税金的取费标准和取费方法，它是在建筑安装工程人工费、材料费和机械台班使用费计算完毕后，计算其他各项费用的主要依据。

8. 工程承发包合同文件

施工单位和建设单位签订的工程承发包合同文件的若干条款，如工程承包形式、材料设备供应方式、材料差价结算、工程款结算方式、费率系数和包干系数等，是编制施工图预算和工程招标控制价的重要依据。

9. 预算（造价）工作手册

预算工作手册是预算人员必备的预算资料，主要包括各种常用数据和计算公式、各种标准构件的工程量和材料量、金属材料规格和计量单位之间的换算。它能为准确、快速编制施工图预算提供方便。

3.2 建筑工程施工图预算书的编制

建筑工程施工图预算，是指在施工图设计阶段，设计全部完成并经过会审之后，工程开工之前，咨询单位或施工单位根据施工图纸，施工组织设计，消耗量定额，各项费用取费标准，建设地区的自然、技术经济条件等资料，预先计算和确定单项工程和单位工程全部建设费用的经济文件。它是建设单位招标和施工单位投标的依据，也是签订工程合同、确定工程造价的依据。

3.2.1 施工图预算的分类

1. 按建设项目组成分类

（1）单位工程施工图预算。

（2）单项工程综合预算。

（3）建设项目总预算。

2. 按建设项目费用组成分类

（1）建筑工程预算。

（2）设备安装工程预算。

（3）设备购置预算。

（4）工程建设其他预算。

3. 按专业不同分类

（1）建筑工程预算。

（2）装饰装修工程预算。

（3）安装工程预算。

（4）市政工程预算。

（5）园林绿化工程预算。

（6）房屋修缮工程预算。

3.2.2　施工图预算的作用

施工图预算的作用有如下几个方面。

（1）施工图预算是落实或调整年度建设计划的依据。

（2）施工图预算是签订工程承包合同的依据。签订工程承包合同时，发包方和承包方可以施工图预算为基础，确定工程承包的合同价格及双方与此有关的经济责任。

（3）施工图预算是办理工程结算的依据。建设单位与施工单位一般依据已经审核过的施工图预算、已经批准的工程施工进度计划、工程变更文件和施工现场签证办理工程结算。

（4）施工图预算是施工单位编制施工准备计划的依据。编制施工图预算时，可根据分部分项工程的工程量和预算定额，计算、汇总出单位工程所需各项人工、材料和机械的数量，施工单位可据此编制劳动力、材料供应计划，进行施工准备，并且也可参考施工图预算中有关工程量和造价数据，拟定工程进度计划和成本控制计划。

（5）施工图预算是加强施工企业经济核算的依据。施工图预算是工程的预算造价，是建筑安装企业产品的预算价格，建筑安装企业必须在施工图预算的范围内加强经济核算，采取各种技术措施降低工程成本，提高施工企业盈利空间。

（6）施工图预算是实行招标、投标的参考依据。施工图预算是建设单位在实行工程招标时确定招标控制价的依据，也是施工单位参加投标时报价的主要参考依据。

（7）施工图预算是"两算"对比的依据。"两算"对比是指施工图预算和施工预算的对比。

3.2.3　单位工程施工图预算书的编制内容

单位工程施工图预算是单项工程施工图预算的组成部分，根据单项工程内容不同可分为建筑工程施工图预算、安装工程施工图预算、装饰装修工程施工图预算。其内容按装订顺序主要包括：预算书封面、编制说明、取费程序表、单位工程预（结）算表、工程量计算

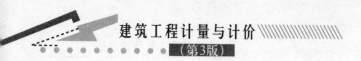
表、工料机分析及汇总表等。

1. 预算书封面

预算书封面有统一的表式，分为建筑、安装、装饰等不同种类。每一单位工程预算用一张封面，在封面空格位置填写相应内容，如结构类型应填写砖混结构、框架结构等；在编写人位置加盖造价师或造价员印章；在公章位置加盖单位公章，预算书即时产生法律效力。预算书封面内容如下。

建筑工程预(结)算书封面内容

工程名称：_____   工程地点：_____

建筑面积：_____   结构类型：_____

工程造价：_____   单方造价：_____

建设单位：_____   施工单位：_____

       （公章）   （公章）

审批部门：_____   编 制 人：_____

       （公章）   （印章）

                                年   月   日

2. 编制说明

每份单位工程预算前面，都列有编制说明。编制说明的内容没有统一的要求，一般包括以下几点。

（1）编制依据。

① 所编预算的工程名称及概况。

② 采用的图纸名称和编号。

③ 采用的消耗量定额和单位估价表。

④ 采用的费用定额。

⑤ 按几类工程计取费用。

⑥ 采用了项目管理实施规划或施工组织设计方案的哪些措施。

（2）是否考虑了设计变更或图纸会审记录的内容。

（3）特殊项目的补充单价或补充定额的编制依据。

（4）遗留项目或暂估项目有哪些，并说明其原因。

（5）存在的问题及以后处理的办法。

（6）其他应说明的问题。

3. 取费程序表

按工料单价法计算工程费用，需按取费程序计算各项费用。其取费程序及计算方法详见本书第15章内容。建筑工程费用定额计价计算程序见表3-1。

4. 单位工程预(结)算表

单位工程预(结)算表也有标准表式，必须按要求认真填写。定额编号应按分部分项工程从小到大填写，以便于预算的审核。单位应和定额单位统一，工程量保留的位数应按定额要求保留。单位工程预算表的格式见表3-2。

表3-1 建筑工程费用定额计价计算程序

序号	费用项目名称	计算方法
一	直接费	(一)+(二)
	(一) 直接工程费	$\sum\{$工程量$\times\sum[($定额工日消耗数量$\times$人工单价$)+($定额材料消耗数量$\times$材料单价$)+($定额机械台班消耗数量$\times$机械台班单价$)]\}$
	计费基础 JF_1	$\sum($工程量$\times$省基价$)$
	(二) 措施费	1.1+1.2+1.3+1.4
	1.1 参照定额规定计取的措施费	按定额规定计算
	1.2 参照省发布费率计取的措施费	计费基础 $JF_1\times$相应费率
	1.3 按施工组织设计(方案)计取的措施费	按施工组织设计(方案)计取
	1.4 总承包服务费	专业分包工程费(不包括设备费)$\times$费率
	计费基础 JF_2	按照省价人、材、机单价计算的措施费与按照省发布费率及规定计取的措施费之和
二	企业管理费	$(JF_1+JF_2)\times$管理费费率
三	利润	$(JF_1+JF_2)\times$利润率
四	规费	4.1+4.2+4.3+4.4+4.5
	4.1 安全文明施工费	(一+二+三)$\times$费率
	4.2 工程排污费	按工程所在地相关规定计算
	4.3 社会保障费	(一+二+三)$\times$费率
	4.4 住房公积金	按工程所在地相关规定计算
	4.5 危险作业意外伤害保险	按工程所在地相关规定计算
五	税金	(一+二+三+四)$\times$税率
六	建筑工程费用合计	一+二+三+四+五

表3-2 单位工程预(结)算表

定额编号	项目名称	单位	工程量	省定额价		其中					
						人工费		材料费		机械费	
				基价	合价	单价	合价	单价	合价	单价	合价

特 别 提 示

有关措施费的说明:

参照定额规定计取的措施费是指消耗量定额中列有相应子目或规定有计算方法的措施项目费用，如建筑工程中混凝土、钢筋混凝土模板及支架费，混凝土泵送费，脚手架费，垂直运输机械费，构件吊装机械费等（本类中的措施费有些要结合施工组织设计或技术方案计算）。

参照省发布费率计取的措施费是指按省建设行政主管部门根据建筑市场状况和多数企业经营管理情况、技术水平等测算发布的费率的措施项目费用，包括夜间施工费、冬雨季施工增加费、二次搬运费和已完工程及设备保护费等。

按施工组织设计（方案）计取的措施费是指按施工组织设计（技术方案）计算的措施项目费用，如大型机械进出场及安拆费，施工排水、降水费，以及按拟建工程实际需要采取的其他措施性项目费用等。

措施费中的总承包服务费不计入计费基础 JF_2，并且不计取企业管理费和利润。

5. 工程量计算表

工程量应采用表格形式进行计算，表格有横开、竖开两种，由于工程量计算式子较大，横开表格比较好用。定额编号和工程名称要与定额一致；单位以个位单位填写；工程量应按宽、高、长、数量、系数列式；如果只有一个式子，其计算结果直接填到工程量栏内即可，等号后面可不写结果；如果有多个分式出现，每个分式后面都应该有结果，工程量合计数填到工程量栏内。工程量计算表见表3-3。

表3-3　工程量计算表

定 额 编 号	项 目 名 称	计 算 公 式	单 位	工 程 量

6. 工料机分析及汇总表

工料机分析表的前半部分项目栏的填写，与单位工程预（结）算表基本相同；后半部分从左到右分别填写工料机名称及规格、单位、定额单位用量及工料机数量。如果格子太小，数字放不下，可沿格子对角线方向斜着写。工料机分析表见表3-4。将每一列的工料机数量合计数填到该列最下面的表格内，然后将该页工料机合计数汇总到单位工程工料机分析汇总表中。单位工程工料机分析汇总表见表3-5。

表3-4　工料机分析表

定额编号	项目名称	单位	工程量	综合工日		机　砖		灰浆搅拌机	
				工日		千块		台班	
				定额单位用量	数量	定额单位用量	数量	定额单位用量	数量

表3-5　单位工程工料机分析汇总表

序　号	工料机名称	规　格	单　位	数　量	备　注

7. 人材机差价调整表

将表3-5中汇总的各种人材机名称和数量填入表3-6中，进行人材机差价的计算，例如，材料差价＝(材料市场单价－材料预算单价)×材料用量。

表3-6　人材机差价调整

序号	工料名称	单位	数量	预算单价	市场单价	单价差	差价合计

 应用案例 3-1

某单位工程施工图预算书编制实例见表3-7～表3-12。

1. 预算书封面

建筑工程预(结)算书封面内容如下。

工程名称：	某小区6号住宅楼	工程地点：	某市
建筑面积：	5901m²	结构类型：	砖混结构
工程造价：	6218065.68元	单方造价：	1053.73元/m²
建设单位：	××单位	施工单位：	××单位
	(公章)		(公章)
审批部门：	××单位	编制人：	×××
	(公章)		(印章)
	××××年××月××日		

2. 编制说明

(1) 编制依据。

① 所编预算的工程名称及概况：

本工程为某小区6号住宅楼，地处闹市区，建筑面积为5901m²，地上6层、地下1层，地下一层层高为3.6m、地上各层层高为3.3m。建筑檐高为20.8m。结构类型：主体为砖混结构，基础为钢筋混凝土条形基础。

② 采用的图纸名称和编号：

本次预算编制范围为施工图(图纸编号：×××，日期：×年×月×日)范围内除室内精装修、外墙装饰等分包项目以外的建筑工程。

③ 采用的消耗量定额和单位估价表：

采用《山东省建筑工程消耗量定额》(2003年)及相应计算规则、《山东省建筑工程价目表》(2016年)。

④ 采用的费用定额：《山东省建筑工程费用项目组成及计算规则》(2011年)、山东省《建筑业营改增建设工程计价依据调整实施意见》(2016年)。

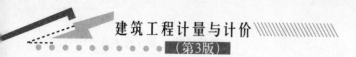
⑤ 按Ⅲ类工程计取费用。

⑥ 脚手架、模板及支撑、施工排水与降水等按施工组织设计进行计算。

（2）考虑了设计变更或图纸会审记录的内容。

（3）本预算不包括室内精装修和外墙装饰内容，该部分由建设单位单独分包（假定市价直接工程费为5000000元）。

3. 取费程序表

表3-7 建筑工程费用定额计价计算程序 （单位：元）

序 号	费用项目名称		计 算 方 法
一		直接费	5000000＋52428.70＝5052428.70
		（一）直接工程费	5000000
		计费基础 JF_1	2289803.00
		（二）措施费	908.13＋51520.57＝52428.70
	1.1	参照定额规定计取的措施费	908.13
	1.2	参照省发布费率计取的措施费	$JF_1×2.25\%＝2289803.00×2.25\%≈51520.57$
	1.3	按施工组织设计（方案）计取的措施费	—
	1.4	总承包服务费	—
		计费基础 JF_2	908.13＋51520.57＝52428.70
二		企业管理费	$(JF_1＋JF_2)×5.85\%＝(2289803.00＋52428.70)×5.85\%$ $≈137020.55$
三		利润	$(JF_1＋JF_2)×3.43\%＝(2289803.00＋52428.70)×3.43\%$ $≈80338.55$
四		规费	（一＋二＋三）×4.39%（济南） $＝(5052428.70＋137020.55＋80338.55)×4.39\%$ $≈231343.68$
五		税金	（一＋二＋三＋四）×11% $＝(5052428.70＋137020.55＋80338.55＋231343.68)×11\%$ $≈605124.46$
六		建筑工程费用合计	一＋二＋三＋四＋五＝6106255.94

4. 单位工程预（结）算表

表3-8 单位工程预（结）算表

定额编号	项目名称	单位	工程量	省定额价/元		其 中					
				基价（除税）	合价	人工费/元		材料费/元		机械费/元	
						单价（除税）	合价	单价（除税）	合价	单价（除税）	合价
4-1-5	现浇构件圆钢筋 $\phi12$	t	200	4731.43	946286.00	703.76	140752.00	3946.75	789350.00	80.92	16184.00

（续）

定额编号	项目名称	单位	工程量	省定额价/元		其 中					
				基价（除税）	合价	人工费/元		材料费/元		机械费/元	
						单价	合价	单价（除税）	合价	单价（除税）	合价
4-1-8	现浇构件圆钢筋 φ18	t	300	4478.39	1343517.00	467.40	140220.00	3949.11	1184733.00	61.88	18564.00
4-4-10	梁泵送混凝土	10m³	0.227	671.33	152.39	568.48	129.04	47.67	10.82	55.18	12.53
10-1-103	钢管脚手架	10m²	8.966	84.29	755.74	43.32	388.41	31.57	283.06	9.40	84.28
以下略											
合计					2290711.13						

5. 工程量计算表

表 3-9 工程量计算表

定额编号	项目名称	计算公式	单位	工程量
4-4-10	梁泵送混凝土	18.68×0.2×0.6×10.15/10	m³	2.27
10-1-103	钢管脚手架	18.68×4.8	m²	89.66
以下略				

6. 工料机分析及汇总表

表 3-10 工料机分析表

定额编号	项目名称	单位	工程量	综合工日		钢筋		交流电焊机 30kVA	
				工日		t		台班	
				定额	数量	定额	数量	定额	数量
4-1-5	现浇构件圆钢筋 φ12	t	200	9.26	1852.00	1.02	204.00	0.363	72.60
4-1-8	现浇构件圆钢筋 φ18	t	300	6.15	1845.00	1.02	306.00	0.341	102.30
以下略									

注：表中只列出部分人工、材料、机械名称。

表 3-11 单位工程工料机分析汇总表

序号	工料机名称	规格	单位	数量	备注
1	综合工日		工日	3697.00	
2	钢筋	φ12	t	204.00	
3	钢筋	φ18	t	306.00	

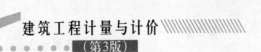

（续）

序号	工料机名称	规格	单位	数量	备注
4	交流电焊机	30kVA	台班	174.90	
	（以下略）				

7. 工料机差价调整表

表 3 - 12　工料机差价调整表

序号	工料机名称	单位	数量	预算单价	市场单价	单价差	差价合计
1	综合工日	工日	3697.00	76	80	4	14788.00
2	钢筋 $\phi12$	t	204.00	4500	5000	500	102000.00
	（以下略）						
合计							

3.2.4　单位工程施工图预算的编制方法和步骤

编制施工图预算的方法有单价法编制施工图预算和实物法编制施工图预算，下面分别介绍。

1. 单价法编制施工图预算

单价法是指对于某单项工程，应根据工程所在地区统一单位估价表中的各分项工程综合单价（或预算定额基价），乘以该工程与之对应的各分项工程的工程数量并汇总，即得该单项工程的各个单位工程直接工程费；再以某一单位工程的直接工程费（或人工费）为基数，乘以企业管理费、措施费、规费、利润和税金等的费率，分别求出所取单位工程的企业管理费、措施费、规费、利润和税金，将以上各项内容汇总即可得到该单位工程的施工图预算。同理可得该单项工程的其他单位工程施工图预算。将各单位工程的施工图预算汇总即得该单项工程综合施工图预算，其具体步骤如下。

（1）收集编制预算的基础文件和资料。在编制施工图预算书之前，应首先搜集各种依据资料，施工图预算的主要依据资料包括：施工图设计文件、施工组织设计文件、设计概算文件、建筑安装工程消耗量定额、建筑工程费用定额、工程承包合同文件、材料预算价格及设备预算价格表、人工和机械台班单价，以及预算工作手册等文件和资料。

（2）熟悉施工图设计文件。施工图纸是编制单位工程预算的基础。在编制工程预算之前，必须结合"图纸会审纪要"，对工程结构、建筑做法、材料品种及其规格质量、设计尺寸等进行充分熟悉和详细审查。如发现问题，预算人员有责任及时向设计部门和设计人员提出修改意见，其处理结果应取得设计签认，作为编制预算的依据。当遇到设计图纸和说明书的规定与消耗量定额规定不同时，要详细记录下来，以便编制施工图预算书时进行调整和补充。

（3）熟悉施工组织设计和施工现场情况。施工组织设计是由施工单位根据工程特点、建筑工地的现场情况等各种有关条件编制的。它与施工图预算的编制有密切关系。预算人员必须熟悉施工组织设计，对分部分项工程施工方案和施工方法、预制构件的加工方法、运输方式和运距、大型预制构件的安装方案和起重机选择、脚手架形式和安装方法、生产设备订货和运输方式等与编制预算有关的内容都应该了解清楚。

预算人员还必须掌握施工现场的实际情况，如场地平整状况，土方开挖和基础施工状况，工程地质和水文地质状况，主要建筑材料、构配件和制品的供应状况，以及施工方法和技术组织措施的实施状况等。这对单位工程预算的准确性影响很大。

（4）划分工程项目与计算工程量。合理划分工程项目，工程项目的划分主要取决于施工图纸的要求、施工组织设计所采用的方法和消耗量定额规定的工程内容。一般情况下，项目内容、排列顺序和计量单位均应与消耗量定额一致。这样不仅能够避免重复和漏项，也有利于选套消耗量定额和确定分项工程单价。正确计算工程量：工程量计算一般采用表格形式，即根据划分的工程项目，按照相应工程量计算规则，逐个计算出各个分项工程的工程量。

（5）套用预算定额单价。工程量计算完毕并核对无误后，用所得到的分部分项工程量与单位估价表中相应的定额基价相乘后汇总，便可求出单位工程的直接工程费。

（6）编制工料机分析表。根据各分部分项工程的实物工程量和建筑工程消耗量定额，计算出各分部分项工程所需的人工、材料及机械数量，相加汇总便可得出单位工程所需的各类人工、材料和机械的数量。

（7）计算各项费用。按定额计价计算程序计算各项费用并汇总，计算出单位工程总造价。

（8）复核计算。

（9）编制说明、填写封面并装订。

● 特 别 提 示

施工图预算书一般应编写说明，主要用来叙述所编制的工程预算在预算工程项目上所表达不了的，而又需要使审核或使用预算单位知道的内容。

预算书封面是一份重要的提要，如建筑面积、总造价、单方造价、工程名称、施工单位、建设单位等一目了然。在编制人位置加盖造价师或造价员印章，在公章位置加盖单位公章，预算书即成为一份具有法律效力的经济文件。

2. 实物法编制施工图预算

实物法是指对于某单项工程，应根据工程所在地区统一预算定额，先计算出该工程的各个分项工程的实物工程量，并分别套用预算定额，按类相加，求出各单位工程所需的各种人工、材料、施工机械台班的消耗量；再分别乘以当时当地各种人工、材料、施工机械台班的市场单价，求得各单位工程的人工费、材料费和施工机械使用费，汇总求和得各单位工程的直接工程费。各单位工程的企业管理费、措施费、规费、利润和税金等费用的计算方法均与单价法相同，可得各单位工程的施工图预算。最后将各单位工程的施工图预算汇总即得该单项工程综合施工图预算。其具体步骤如下。

（1）收集编制预算的基础文件和资料。

（2）熟悉施工图设计文件。

（3）熟悉施工组织设计和施工现场情况。

（4）划分工程项目与计算工程量。

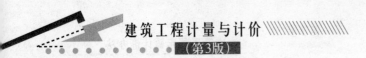

（5）工程量计算后，套用建筑工程消耗量定额，求出各分项工程人工、材料、机械台班消耗量，并汇总单位工程所需各类人工、材料、机械台班的消耗量。

（6）按当地当时的人工、材料、机械单价，汇总人工费、材料费和机械费。

● 特 别 提 示 ....

在市场经济条件下，人工、材料、机械台班单价是随市场而变化的，而且它们是影响工程造价最活跃、最重要的因素。用实物法编制施工图预算，是采用工程所在地的当时人工、材料、机械台班价格，较好地反映实际价格水平，使工程造价的准确性较高。

....

（7）计算各项费用。

（8）复核计算。

（9）编制说明、填写封面并装订。

3.3　建筑工程工程量的计算

3.3.1　工程量的概念和作用

1. 工程量的概念

工程量是以规定的物理计量单位或自然计量单位所表示建筑各个分部分项工程或结构构件的实物数量的多少。在编制单位工程预算过程中，工程量计算是既费力又费时的工作，其计算快慢和准确程度直接影响预算速度和质量。因此，必须认真、准确、快速地计算工程量。

2. 工程量的作用

工程量是确定建筑安装工程费用、编制建设工程投标文件、编制施工组织设计、安排工程施工进度、编制材料供应计划、进行建筑统计和经济核算的依据，也是编制基本建设计划和基本建设管理的重要依据。

3.3.2　工程量计算的依据和要求

1. 工程量计算的依据

（1）施工图及设计说明、相关图集、设计变更等。

（2）工程施工合同、招投标文件。

（3）建筑安装工程消耗量定额。

（4）建筑工程工程量清单计价规范。

（5）建筑安装工程工程量计算规则。

（6）造价工作手册。

2. 工程量计算的要求

（1）工程量计算应采取表格形式，定额编号要正确，项目名称要完整，单位要用国际单位制表示，应与消耗量定额中各个项目的单位一致，还要在工程量计算表中列出计算公式，以便于计算和审查。

（2）工程量计算必须在熟悉和审查图纸的基础上进行，要严格按照定额规定的计算规则，结合施工图纸所注位置与尺寸进行计算，数字计算要精确。在计算过程中，小数点要保留三位，汇总时位数的保留应按有关规定要求确定。

（3）工程量计算要按一定的顺序进行，防止重复和漏算，要结合图纸，尽量做到结构分层计算，内装饰分层分房间计算，外装饰分立面计算或按施工方案的要求分段计算。

（4）计算底稿要整齐，数字清楚，数值准确，切忌草率零乱，辨认不清。工程量计算表是预算的原始单据，计算时要考虑可修改和补充的余地，一般每一个分部工程计算完后，可留一部分空白。

3.3.3　工程量计算顺序

1. 单位工程工程量计算顺序

一个单位工程，其工程量计算顺序一般有以下几种。

（1）按施工图顺序计算。根据施工图排列的先后顺序，由建施到结施；每个专业施工图由前到后，先算平面，后算立面，再算剖面；先算基本图，再算详图。用这种方法计算工程量要求对消耗量定额的章节内容要很熟，否则容易漏项。

（2）按预算定额的分部分项顺序计算。按消耗量定额的章、节、子目次序，由前到后，定额项与施工图设计内容能对应的都计算。使用这种方法时一要熟悉施工图；二要熟练掌握定额，适用初学者。

（3）按施工顺序计算。按施工顺序计算工程量，即由平整场地、挖基础土方、钎探算起，直到装饰工程等全部施工内容结束为止。用这种方法计算工程量，要求编制人具有一定的施工经验，能掌握组织施工的全过程，并且要求对定额及施工图内容十分熟悉，否则容易漏项。

（4）按统筹图计算。工程量运用统筹法计算时，必须先行编制"工程量计算统筹图"和"工程量计算手册"。其目的是将定额中的项目、单位、计算公式和计算次序，通过统筹安排后反映在统筹图上，既能看到整个工程计算的全貌及其重点，又能看到每一个具体项目的计算方法和前后关系。编好工程量计算手册，并且将多次应用的一些数据，按照标准图册和一定的计算公式，先行算出，纳入手册中。这样可以避免临时进行复杂的计算，以缩短计算过程，做到一次计算，多次应用。

（5）按预算软件程序计算。计算机计算工程量的优点是：快速、准确、简便、完整。造价人员必须掌握预算软件。

（6）管线工程一般按下列顺序进行。水、电、暖工程管道和线路系统是有来龙去脉的。计算时，应由进户管线开始，沿着管线的走向，先主管线，后支管线，最后设备，依次进行计算。

2. 分项工程量计算顺序

在同一分项工程内部各个组成部分之间，为了防止重复计算或漏算，也应该遵循一定的计算顺序。分项工程量计算通常采用以下四种不同的顺序。

（1）按照顺时针方向计算。它是从施工图纸左上角开始，自左至右，然后由上而下，再重新回到施工图纸左上角的计算方法。如外墙挖沟槽土方量、外墙条形基础垫层工程量、外墙条形基础工程量、外墙墙体工程量等。

（2）按照横竖分割计算。先横后竖、先左后右、先上后下的计算顺序。在横向采用先左后右、从上到下；在竖向采用先上后下、从左到右。如内墙挖沟槽土方量、内墙条形基础垫层工程量、内墙墙体工程量等。

（3）按照图纸分项编号计算。主要用于图纸上进行分类编号的钢筋混凝土结构、门窗、钢筋等构件工程量的计算。

（4）按照图纸轴线编号计算。对于造型或结构复杂的工程，可以根据施工图纸轴线变化确定工程量计算顺序。

3.3.4 工程量计算的方法和步骤

1. 工程量计算的方法

在建筑工程中，工程量计算的原则是"先分后合，先零后整"。分别计算工程量后，如果各部分均套用同一定额，可以合并套用。例如，某工程柱子用 $\phi25$ 钢筋、梁用 $\phi25$ 钢筋，在计算钢筋工程量时，可以分别计算，合并套用定额 4-1-19。

工程量计算的一般方法有分段法、分层法、分块法、补加补减法、平衡法或近似法。

（1）分段法。若基础断面不同，则所有基础垫层和基础等都应分段计算。

（2）分层法。若遇有多层建筑物的各楼层建筑面积不等，或者各层的墙厚及砂浆强度等级不同时，则要分层计算。

（3）分块法。若楼地面、天棚、墙面抹灰等有多种构造和做法，则应分别计算。即先计算小块，然后在总面积中减去这些小块面积，得最大的一块面积。

（4）补加补减法。若每层墙体都一样，只是顶层多一隔墙，则可按每层都有（无）这一隔墙计算，然后在其他层补减（补加）这一隔墙。

（5）平衡法或近似法。当工程量不大或因计算复杂难以计算时，可采用平衡抵消或近似计算的方法。如复杂地形土方工程就可以采用近似法计算。

2. 工程量计算的步骤

工程量计算的步骤，大体上可分为熟悉图纸、基数计算、计算分项工程量、计算其他不能用基数计算的项目、整理与汇总 5 个步骤。

在掌握了基础资料，熟悉了图纸之后，不要急于计算，应该先把在计算工程量中需要的数据统计并计算出来，其内容包括如下几个方面。

（1）计算出基数。所谓基数，是指在工程量计算中需要反复使用的基本数据。常用的基数有"四线"、"两面"。

（2）编制统计表。所谓统计表，在土建工程中主要是指门窗洞口面积统计表和构件体积统计表。另外，还应统计好各种预制构件的数量、体积及所在的位置。

（3）编制预制构件加工委托计划。为了不影响正常的施工进度，一般都需要把预制构件或订购计划提前编出来。这些工作多由预算员来做，需要注意的是，此项委托计划应把施工现场自己加工的、委托预制厂加工的或去厂家订购的分开编制，以满足施工的实际需要。

（4）计算工程量。计算工程量要按照一定的顺序计算，根据各分项工程的相互关系统筹安排，即能保证不重复、不漏算，还能加快预算速度。

（5）计算其他项目。不能用线面基数计算其他项目工程量，如水槽、花台、阳台、台阶等，这些零星项目应分别计算，列入各章节内，要特别注意清点，防止漏算。

（6）工程量整理、汇总。最后按章节对工程量进行整理、汇总，核对无误，为套用定额做准备。

3.3.5　运用统筹法原理计算工程量

1. 统筹法在计算工程量中的运用

统筹法是按照事物内部固有的规律性，逐步地、系统地、全面地解决问题的一种方法。利用统筹法原理计算工程量，就是利用工程量计算中各分部分项工程量计算之间的固有规律和相互之间的依赖关系来计算工程量，这样可以节约时间，提高工效并准确地计算出工程量。

2. 统筹法计算工程量的基本要求

统筹法计算工程量的基本要点：①统筹程序、合理安排；②利用基数、连续计算；③一次算出、多次应用；④结合实际、灵活机动。

（1）统筹程序、合理安排。按以往习惯，工程量大多数是按施工顺序或定额顺序进行计算，往往不能利用数据间的内在联系而形成重复计算。按统筹法计算，突破了这种习惯的做法。例如，按定额顺序应先计算墙体后计算门窗，墙体工程量应扣除门窗所占墙体体积，这样会出现在计算墙体工程量时先计算一遍门窗工程量，计算门窗工程量时又计算一遍，增加了劳动量。利用统筹法可打破这个顺序，先计算门窗再计算墙体。

（2）利用基数、连续计算。就是根据图纸的尺寸，把"四线"、"两面"先算好，作为基数，然后利用基数分别计算与它们各自有关的分项工程量。前面的计算项目为后面的计算项目创造条件，后面的计算项目利用前面计算项目的数量连续计算，就能减少许多重复劳动，提高计算速度。

（3）一次算出、多次应用。就是预先组织力量，把不能用基数进行连续计算的项目一次编好，汇编成工程量计算手册，供计算工程量时使用。如定额需要换算的项目，一次性换算出，以后就可以多次使用，因此这种方法方便易行。

（4）结合实际、灵活机动。由于建筑物造型、各楼层面积大小、墙厚、基础断面、砂浆强度等级等都可能不同，不能都用以上基数进行计算，具体情况要结合图纸灵活计算。

3. 基数计算

一般线面基数的计算包括以下几个内容。

四线：

$L_{中}$——建筑平面图中设计外墙中心线的总长度。

$L_{内}$——建筑平面图中设计内墙净长线长度。

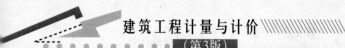
$L_{外}$——建筑平面图中外墙外边线的总长度。

$L_{净}$——建筑基础平面图中内墙混凝土基础或垫层净长度。

两面：

$S_{底}$——建筑物底层建筑面积。

$S_{房}$——建筑平面图中房心净面积。

一册（或一表）：

一册——工程量计算手册（造价手册）。

一表——门窗统计表或构件统计表。

知 识 链 接

1. 常用各基数之间的相互关系：

① $L_{中}=L_{外}-4\times$墙厚

② $S_{房}=S_{底}-L_{中}\times$外墙厚$-L_{内}\times$内墙厚

2. 各基数参考计算项目

(1) $L_{中}$：

① 外墙沟槽土方工程量 $V=L_{中}\times$沟槽断面积

② 外墙基础工程量 $V=L_{中}\times$基础断面积

③ 外墙基础垫层工程量 $V=L_{中}\times$垫层断面积

④ 外墙基础圈梁工程量 $V=L_{中}\times$圈梁断面积

⑤ 外墙基础防潮层工程量 $S=L_{中}\times$外墙厚

⑥ 外墙上部圈梁工程量 $V=L_{中}\times$圈梁断面积$\times$层数$-V_{扣}$

⑦ 外墙体工程量 $V=L_{中}\times$外墙高$\times$外墙厚$-V_{扣}$

⑧ 女儿墙工程量 $V=L_{中}\times$女儿墙高$\times$女儿墙厚$-V_{扣}$（女儿墙与外墙同厚）

⑨ 外墙沟槽钎探工程量 $N=L_{中}\times$每米钎探点数量（具体根据施工组织设计确定）

(2) $L_{外}$：

① 外脚手架工程量 $S=L_{外}\times$外脚手架高度

② 外墙装饰工程量 $S=L_{外}\times$外墙装饰高度$-S_{扣}$

③ 外墙勒脚工程量 $S=L_{外}\times$勒脚高度$-S_{扣}$

④ 散水工程量 $S=L_{散水中}\times$散水宽度$-S_{扣}$，$L_{散水中}=L_{外}+4\times$散水宽度

⑤ 外墙脚散水伸缩缝 $L=L_{外}-L_{扣}$

⑥ 场地平整工程量 $S=S_{底}+L_{外}\times2+16$

⑦ 女儿墙工程量 $V=L_{女儿墙中}\times$女儿墙高$\times$女儿墙厚度$-V_{扣}$（女儿墙与外墙不同厚），$L_{女儿墙中}=L_{外}-4\times$女儿墙厚

⑧ 建筑物垂直封闭工程量 $S=(L_{外}+8\times1.5)\times$（建筑物脚手架高度$+1.5$护栏高）

⑨ 平挂式安全网工程量 $S=(L_{外}\times1.5+4\times1.5\times1.5)\times$（建筑物层数$-1$）

(3) $L_{内}$：

① 内墙砌筑基础工程量 $V=L_{内}\times$基础断面积

② 内墙基础圈梁工程量 $V=L_{内}\times$圈梁断面积

③ 内墙基础防潮层工程量 $S=L_{内}\times$内墙厚

④ 内墙上部圈梁工程量 $V=L_{内}\times$圈梁断面积$\times$层数$-V_{扣}$

⑤ 内墙体工程量 $V=L_{内}\times$内墙高$\times$内墙厚度$-V_{扣}$

⑥ 里脚手架工程量 $S = L_{内} \times$ 里脚手架高度

⑦ 内墙装饰工程量 $S = L_{内} \times$ 内墙装饰高度 $\times$ 面数 $- S_{扣}$

⑧ 内墙踢脚线工程量 $L = L_{内} \times$ 面数 $- L_{扣}$

（4）$L_{净}$：

① $L_{净基础}$：计算内墙混凝土基础工程量

② $L_{净垫层}$：

（a）内墙沟槽土方工程量 $V = L_{净垫层} \times$ 沟槽断面积

（b）内墙基础垫层工程量 $V = L_{净垫层} \times$ 垫层断面积

（c）内墙沟槽钎探工程量 $N = L_{净垫层} \times$ 每米钎探点数量（具体根据施工组织设计确定）

（5）$S_{底}$：

① 场地平整工程量 $S = S_{底} + L_{外} \times 2 + 16$

② 多层建筑物建筑面积 $S = S_{底} \times$ 层数

③ 竣工清理工程量 $V = S_{底} \times$ 檐口高度

④ 建筑物垂直运输机械工程量 $S -$ 建筑物建筑面积

⑤ 塔式起重机混凝土基础座数：（招标控制价）建筑物首层建筑面积 $600m^2$ 以内，计 1 座，超过 $600m^2$，每增加 $400m^2$ 以内，增加 1 座。

（6）$S_{房}$：

① 房心回填土工程量 $V = S_{房} \times$ 回填土厚度

② 地面垫层工程量 $V = S_{房} \times$ 地面垫层厚度

③ 地面面层工程量 $S = S_{房}$，（对块料面层需增加门口处工程量）

④ 地面保温层工程量 $V = S_{房} \times$ 保温层厚度

（7）门窗统计表：

① 利用门窗统计表可直接计算门窗工程量

② 计算墙体工程量时可利用门窗统计表直接扣减门窗洞口体积

③ 门窗运输工程量 $S =$ 门窗工程量 $\times$ 系数（木门：0.975；木窗：0.9715；铝合金门窗：0.9668）

④ 门窗油漆工程量 $S =$ 门窗工程量 $\times$ 油漆系数

 应用案例 3-2

某工程底层平面图（如本章引例附图）所示，墙厚均为 240mm，试计算有关基数。

解：

$L_{中} = (3.3 \times 3 + 5.4) \times 2 = 30.60(m)$

$L_{内} = 5.4 - 0.24 + 4.8 - 0.24 = 9.72(m)$

$L_{外} = L_{中} + 0.24 \times 4 = 30.6 + 0.24 \times 4 = 31.56(m)$

$S_{底} = (3.3 \times 3 + 0.24) \times (5.4 + 0.24) - 3.3 \times 0.6 \approx 55.21(m^2)$

$S_{房} = (3.3 - 0.24) \times (5.4 - 0.24) \times 2 + (3.3 - 0.24) \times (4.8 - 0.24) \approx 45.53(m^2)$

 应用案例 3-3

某工程底层平面图、基础平面图及断面图如图 3.2 所示，门窗尺寸如下：

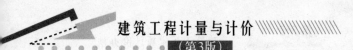
M—1：1200mm×2400mm（带纱镶木板门，单扇带亮）；

M—2：900mm×2100mm（无纱胶合板门，单扇无亮）；

C—1：1500mm×1500mm（铝合金双扇推拉窗，带亮、带纱，纱扇尺寸800mm×950mm）；

C—2：1800mm×1500mm（铝合金双扇推拉窗，带亮、带纱，纱扇尺寸900mm×950mm）；

C—3：2000mm×1500mm（铝合金三扇推拉窗，带亮、带纱，纱扇每扇尺寸700mm×950mm，2扇）。

要求：（1）计算"四线"、"两面"；（2）计算散水工程量；（3）编制门窗统计表。

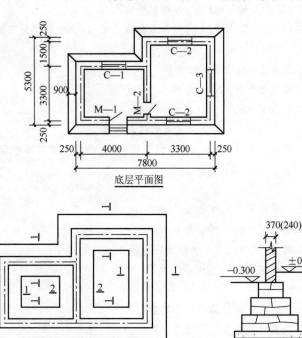

底层平面图

基础平面图

图 3.2　应用案例 3‑3 附图

解：

（1）计算"四线"、"两面"。

$L_外＝(7.80＋5.30)×2＝26.20(m)$

$L_中＝L_外－4×墙厚＝26.20－4×0.37＝24.72(m)$

$L_内＝3.30－0.24＝3.06(m)$

$L_{净垫层}＝L_内＋墙厚－垫层宽＝3.06＋0.37－1.50＝1.93(m)$

$S_底＝7.80×5.30－4.00×1.50＝35.34(m^2)$

$S_房＝S_底－L_中×墙厚－L_内×墙厚＝35.34－24.72×0.37－3.06×0.24≈25.46(m^2)$

（2）计算散水工程量。

散水中心线长度 $L_{散水中}＝L_外＋4×散水宽＝26.20＋4×0.9＝29.80(m)$

$S_散水＝29.80×0.9－1.2×0.9＝25.74(m^2)$

（3）编制门窗统计表，见表 3‑13。

表 3-13　门窗统计表

类别	门窗编号	洞口尺寸		数量	备注
		宽/mm	高/mm		
门	M—1	1200	2400	1	带纱镶木板门，单扇带亮
	M—2	900	2100	1	无纱胶合板门，单扇无亮
窗	C—1	1500	1500	1	铝合金双扇推拉窗，带亮、带纱，纱扇尺寸 800mm×950mm
	C—2	1800	1500	2	铝合金双扇推拉窗，带亮、带纱，纱扇尺寸 900mm×950mm
	C—3	2000	1500	1	铝合金三扇推拉窗，带亮、带纱，纱扇每扇尺寸 700mm×950mm，2 扇

本 章 小 结

通过本章学习，要求学生掌握以下内容。

（1）了解建筑工程定额的计价依据。

（2）掌握施工图预算书编制内容和步骤，其中，施工图预算包括预算书封面、编制说明、取费程序表、单位工程预（结）算表、工程量计算表、工料机分析及汇总表等。

（3）掌握工程量计算，其中要求重点掌握工程量的计算顺序、计算方法及"四线"、"两面"的计算。

习 题

一、填空题

1. 编制单位工程施工图预算书的方法有_____和_____两种。

2. 施工图预算书主要内容包括：预算书封面、编制说明、_____、单位工程预结算表、_____、工料机分析及汇总表。

3. "四线"包括_____、_____、_____、_____；"两面"包括_____、_____。

4. _____是指对于某单项工程，应根据工程所在地区统一单位估价表中的各分项工程综合单价（或预算定额基价），乘以该工程与之对应的各分项工程的工程数量并汇总，即得该单项工程的各个单位工程直接工程费。

5. 管线工程计算时，应由_____开始，沿着管线的走向，先_____，后_____，最后设备，依次进行计算。

6. 在编制工程预算之前，必须结合_____，对工程结构、建筑做法、材料品种及其规格质量、设计尺寸等进行充分熟悉和详细审查。

二、简答题

1. 编制施工图预算的依据资料有哪些？

2. 建筑工程单位工程施工图预算书主要包括哪些内容？

3. 简述单位工程施工图预算书的编制步骤。

4. 工程量计算依据有哪些？

5. 工程量计算的一般方法有哪些？

6. 简述一般线面基数的含义。

三、案例分析

1. 某工程底层平面图如图3.3所示，墙厚均为240mm，试计算有关基数。

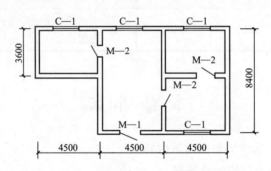

图3.3　某工程底层平面图

2. 某工程基础平面图和断面图如图3.4所示，试计算有关基数。

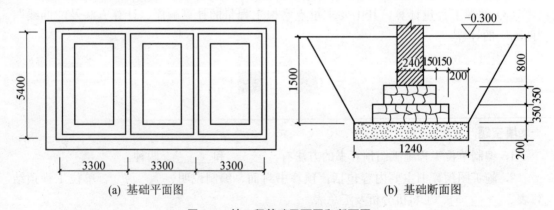

(a) 基础平面图　　　　　　　　(b) 基础断面图

图3.4　某工程基础平面图和断面图

3. 某工程底层平面图和墙身节点详图如图3.5所示，外墙370mm（轴线居中），内墙240mm，女儿墙240mm，门窗尺寸如下。

M—1：900mm×2400mm（带纱胶合板门，单扇带亮）；

M—2：1000mm×2400mm（带纱胶合板门，单扇带亮）；

C—1：1500mm×1500mm（塑钢推拉窗，带纱扇，成品）；

C—2：1800mm×1500mm（塑钢推拉窗，带纱扇，成品）。

要求：（1）计算基数；（2）计算散水、女儿墙工程量；（3）编制门窗统计表。

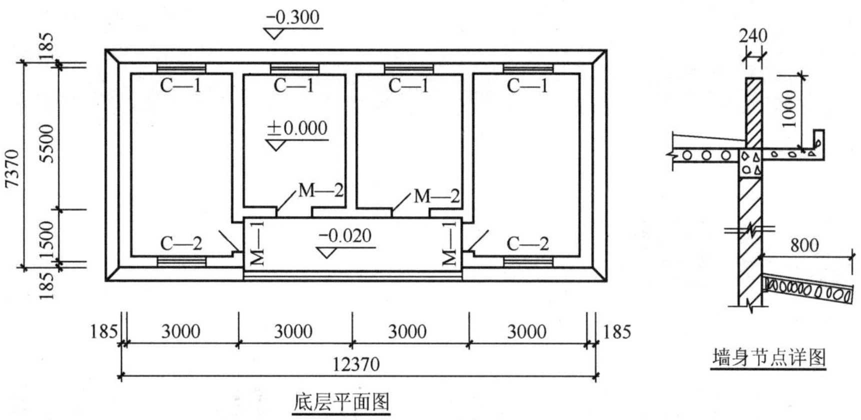

图 3.5　某工程底层平面图和墙身节点详图

第4章

建筑工程工程量计算与定额应用概述

教学目标

了解建筑工程工程量计算规则总则、建筑工程消耗量定额总说明包含的内容；掌握建筑工程费用项目组成及计算规则总说明包含的内容；掌握建筑工程价目表说明中人工费、材料费和机械费单价的确定原则；掌握计算建筑面积的范围和不应计算建筑面积的范围。

教学要求

能力目标	知识要点	相关知识	权重
掌握建筑工程价目表说明中人工费、材料费和机械费单价的确定原则	人工工日单价、材料单价和机械台班单价的确定	《山东省建筑工程消耗量定额》 《山东省统一机械台班费用编制规则》	0.2
掌握建筑工程费用项目组成及计算规则总说明包含的内容	(1) 规费中的社会保障费、安全文明施工费的确定 (2) 管理费费率、利润率和措施费费率的确定 (3) 工程费用计算程序的确定	(1) 省政府鲁政发［1995］101 号文件和省政府办公厅鲁政办发［1995］77 号文件 (2)《山东省建筑工程消耗量定额》及 2011 年版《山东省建筑工程价目表》	0.1
掌握计算建筑面积的范围和不应计算建筑面积的范围	(1) 不同结构形式建筑面积的计算方法 (2) 计算全面积、1/2 面积层高界限的划分 (3) 不应计算建筑面积的范围	国家标准《建筑工程建筑面积计算规范》(GB/T 50353—2013)	0.7

导入案例

某五层建筑物(顶层为坡屋顶),轴线间尺寸为27000mm×12000mm,墙体厚度为240mm,一至四层层高为3000mm,顶层坡屋顶檐口净高为1200mm,屋面坡度为30°,一至四层每层的建筑面积应按外墙结构外围的水平面积计算,即 $S_{每层}=(27+0.24)\times(12+0.24)\approx333.42(m^2)$,在计算坡屋顶部分的建筑面积时,其计算结果是否也为333.42m²?

4.1 建筑工程工程量计算规则总则

为统一山东省建筑工程工程量的计算,特制定本规则。

(1)凡在山东省行政区域内一般工业与民用建筑的新建、扩建和改建工程计价活动中的工程量计算,应依据本规则。

(2)本规则可与《山东省建筑工程消耗量定额》配套使用,除第八章有综合项外,全部定额项目均为单项。

(3)工程量计算除依据本规则及《山东省建筑工程消耗量定额》有关规定外,尚应依据以下文件:①经审定的施工设计图纸及其说明;②经审定的施工组织设计或施工技术措施方案;③经审定的其他有关技术经济文件。

(4)本规则的计算尺寸,以设计图纸表示的尺寸或设计图纸能读出的尺寸为准。除另有规定外,工程量的计量单位应按以下规定计算:①以体积计算的为立方米;②以面积计算的为平方米;③以长度计算的为米;④以重量计算的为吨或千克;⑤以件(个或组)计算的为件(个或组)。

(5)汇总工程量时,其准确度取值为:立方米、平方米、米取小数点后两位;吨取小数点后三位;千克、件取整数。

4.2 建筑工程消耗量定额总说明

(1)《山东省建筑工程消耗量定额》(以下简称本定额)是在《全国统一建筑工程基础定额》的基础上,依据国家现行有关工程建设标准,结合山东省的实际情况编制的。本定额共分十章,包括:土石方工程;地基处理与防护工程;砌筑工程;钢筋及混凝土工程;门窗及木结构工程;屋面防水、保温及防腐工程;金属结构制作工程;构筑物及其他工程;装饰工程及施工技术措施项目。

(2)本定额适用山东省行政区域内的一般工业与民用建筑的新建、扩建和改建工程及新建装饰工程。

● 特 别 提 示 ●

二次装修工程、修缮工程中300m²以内的零星添建工程执行修缮定额(超过300m²的添建工程,执行建筑定额)。

(3)本定额是完成规定计量单位分部分项工程所需人工、材料、机械台班消耗量的标准；是编制招标控制价的依据；是编制施工图预算，确定工程造价，以及编制概算定额、估算指标的基础。

（4）本定额是按照正常的施工条件，合理的施工工期、施工组织设计编制的，反映社会平均消耗水平。如超出上述条件时，应增加有关费用项目或调整消耗量定额中的相应项目水平。例如，在非合理施工工期内施工所发生的抢工费用，应在施工合同中约定。

（5）本定额中人工工日消耗量以 1985 年《全国建筑安装工程统一劳动定额》为基础计算，内容包括：基本用工、辅助用工、超运距用工及人工幅度差。人工工日不分工种、技术等级，以综合工日表示。

（6）本定额中材料消耗：①本定额材料（成品、半成品、配件等）按符合质量标准和设计要求的合格产品确定；②本定额包括主要材料及其他材料，其他材料以占材料费百分比表示；③本定额中包括材料施工损耗、材料（成品、半成品、配件等）从工地仓库至加工地点或操作地点的运输损耗等。

（7）本定额中机械消耗：①本定额机械台班消耗量包括机械台班消耗量和机械幅度差，以不同种类的机械分别表示；②本定额中其他机械（超高机械增加中的其他机械降效除外）以占机械费百分比表示；③大型机械安拆及场外运输，按《山东省建筑工程费用项目构成及计算规则》中的有关规定计算。

（8）本定额的工作内容仅对其主要施工工序进行了说明，次要工序虽未说明，但均已包含在定额中。

定额中主要材料未计价的子目，分为下列两种情况：

① 子目中列有"（××）"者，如 2-3-1，钢筋混凝土方桩（10.1000）等，括号中的数量为主要材料（方桩）的定额消耗量，括号表示主要材料价格未进入相应价目表基价。

② 子目中未体现主要材料，如金属结构构件安装子目等。

以上两类子目，若主要材料为现场制作，其制作应另套相应制作子目；若主要材料为成品进场材料，该子目的基价应予换算。

（9）本定额中凡注有"×××以内"或"×××以下"者，均包括"×××"本身；凡注有"×××以外"或"×××以上"者，则不包括"×××"本身。

（10）本说明未尽事宜，详见各章说明。

● 特 别 提 示 ●●●

建筑工程消耗量定额各章之间的主要分界如下。

消耗量定额所有子目，无论单项、还是综合项，均不包括土方内容，实际发生时按消耗量定额第 1 章相应规定计算。

消耗量定额中凡涉及钢筋混凝土的子目（第 8 章第 7 节构筑物综合项目除外），均不包括钢筋内容，实际发生时按消耗量定额第 4 章第 1 节相应规定计算。

消耗量定额中凡涉及混凝土的子目（定额综合解释中构筑物的补充子目除外），均不包括混凝土搅拌、制作及泵送内容，实际发生时按消耗量定额第 4 章第 4 节相应规定计算。

消耗量定额中凡涉及砂浆、混凝土的子目，均不包括掺加剂内容，实际发生时，泵送混凝土的泵送剂按消耗量定额综合解释第 4 章第 4 节相应规定计算。

消耗量定额中凡涉及油漆的子目，均不包括设计文件规定的油漆内容，实际发生时按消耗量定额第 9 章第 4 节相应规定计算，定额子目中的防护性油漆工料不扣除。

消耗量定额所有子目(第8章第7节构筑物综合项目除外),均不包括脚手架及其相关内容,实际发生时按消耗量定额第10章第1节相应规定计算。

消耗量定额所有子目,均不包括垂直运输机械及超高增加内容,实际发生时按消耗量定额第10章第2节相应规定计算。

消耗量定额中凡涉及预制加工厂加工的半成品构件的子目,如预制混凝土构件、金属构件、成型钢筋、木门窗等,其场外运输内容,实际发生时按消耗量定额第10章第3节相应规定计算。

消耗量定额中凡涉及混凝土的子目(第8章第7节构筑物综合项目除外),均不包括模板内容,实际发生时按消耗量定额第10章第4节相应规定计算。

消耗量定额中大型机械安装、拆除及场外运输内容,实际发生时按消耗量定额综合解释第10章第5节相应规定计算。

4.3 建筑工程价目表说明

【标准规范】

(1)《山东省建筑工程价目表》(以下简称本价目表)是依据《山东省建筑工程消耗量定额》中的人工、材料、机械台班消耗数量,计入现行人工、材料、机械台班单价计算而成的。

(2)本价目表中的项目名称、编号与《山东省建筑工程消耗量定额》相对应,与《山东省建筑工程消耗量定额》《山东省建筑工程工程量计算规则》《山东省建筑工程费用项目组成及计算规则》配套使用。

(3)本价目表是编制建筑工程招标控制价的依据,是发承包双方确定合同价、编制工程预算时的参考。

(4)本价目表是实行政府对工程造价的宏观控制和提供市场价格信息服务的一种表现形式,作为企业管理费和利润的计算基础。编制工程结算时,应以当时当地市场价格为准。

(5)本价目表中的人工工日单价按76元计入(2016年价目表)。

(6)本价目表中的材料单价(除税),是以山东省现行价格为基础取定的。

(7)本价目表中的施工机械台班单价(除税),是根据山东省现行的机械设备、动力燃料单价及有关规定,按照《山东省统一机械台班费用编制规则》计算而成。大型机械安拆及场外运费,按《山东省建筑工程消耗量定额》综合解释和《山东省统一机械台班费用编制规则》的规定计算。

(8)本价目表中的材料单价及机械台班单价取定见《山东省建设工程价目表材料机械单价》。

4.4 建筑工程费用项目组成及计算规则总说明

山东省住房和城乡建设厅于2011年下发了鲁建标字[2011]19号《关于印发〈山东省建设工程费用项目组成及计算规则〉的通知》。本费用计算规则自2011年8月1日起施行。

(1)根据建设部、财政部《关于印发建筑安装工程费用项目组成的通知(建标[2003]206号)》和省建设厅、省财政厅《关于印发山东省建筑安装工程费用项目组成的通知(鲁建标字[2004]3号)》,为统一山东省建筑工程费用项目组成、计算程序并发布山东省建筑工程费率,制定本规则。

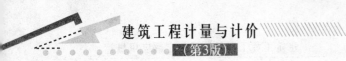
特 别 提 示

2013年3月，住房和城乡建设部、财政部在总结（建标〔2003〕206号）执行情况的基础上，印发了《建筑安装工程费用项目组成》（建标〔2013〕44号）。

【标准规范】

（2）本规则适用于山东省行政区域内一般工业与民用建筑、装饰装修工程的新建、扩建和改建工程的计价活动，与《山东省建筑工程消耗量定额》（2003年版及2004年、2006年、2008年、2016年补充定额）、《山东省建筑工程价目表》（2016年版）及《山东省建设工程工程量清单计价规则》（2011年版）配套使用。

（3）本规则涉及的建筑工程计价活动包括编制施工图预算、招标控制价（招标标底）、投标报价和签订施工合同价，以及确定工程竣工结算等内容。

（4）规费中的社会保障费，按鲁建办字〔2016〕20号《建筑业营改增建设工程计价依据调整实施意见》规定执行（社会保障费按建安工程费的3.09％计取），在工程开工前由建设单位向建筑企业劳保机构交纳。编制招标控制价、投标报价时，应包括社会保障费。编制竣工结算时，若建设单位已按规定交纳社会保障费的，该费用仅作为计税基础，结算时不包括该费用；若建设单位未交纳社会保障费的，结算时应包括该费用。

特 别 提 示

2016年4月，山东省住房和城乡建设厅印发了《建筑业营改增建设工程计价依据调整实施意见》（鲁建办字〔2016〕20号）。

（5）规费中的安全施工费，在工程发包时，按规定计取。该费用的确认与支付按工程所在地工程造价管理机构的有关规定执行。

例如，在工程施工时，该项费用可由工程发包单位、市建筑安全监督机构、工程造价管理机构对施工现场设置的安全设施内容进行确认，并由市工程造价管理机构核定其费用，作为工程结算的依据。

（6）本规则中的费用计算程序是计算山东省建筑工程费用的依据。其中，包括按定额计价和按工程量清单计价两种方式。

按定额计价计算程序详见本书第15章；按工程量清单计价计算程序详见本书第17章。

（7）本规则中的费率（措施费费率、企业管理费费率、利润率、规费费率和税金费率），作为编制招标控制价（招标标底）的依据，也是其他计价活动的重要参考（其中规费和税金必须按本规则及有关规定执行，不得作为竞争性费用）。

（8）工程类别划分标准，是根据不同的单位工程，按其施工难易程度，结合山东省实际情况确定的。

（9）工程类别划分标准中缺项时，拟定为Ⅰ类工程的项目由山东省工程造价管理机构核准；Ⅱ、Ⅲ类工程项目由市工程造价管理机构核准，并同时报省工程造价管理机构备案。

4.5 建 筑 面 积 计 算 规 范

【标准规范】

4.5.1 概述

（1）为规范工业与民用建筑工程建设全过程的建筑面积计算，统一计算方法，特制定《建筑工程建筑面积计算规范》(GB/T 50353—2013)。

(2) 本规范适用于新建、扩建、改建的工业与民用建筑工程建设全过程的建筑面积计算。

> **特 别 提 示**
>
> 《建筑工程建筑面积计算规范》(GB/T 50353—2013)自 2014 年 7 月 1 日起实施，原《建筑工程建筑面积计算规范》(GB/T 50353—2005)同时废止。
>
> 鉴于建筑发展中出现的新结构、新材料、新技术、新的施工方法，为了解决建筑技术的发展产生的面积计算问题，本着不重算、不漏算的原则，特对建筑面积的计算范围和计算方法进行了修改统一和完善。
>
> "建设全过程"是指从项目建议书、可行性研究报告至竣工验收、交付使用的过程。

(3) 建筑工程的建筑面积计算，除应符合本规范外，尚应符合国家现行有关标准的规定。

4.5.2　计算建筑面积的范围

(1) 建筑物的建筑面积应按自然层外墙结构外围水平面积之和计算。结构层高在 2.20m 及以上的，应计算全面积；结构层高在 2.20m 以下的，应计算 1/2 面积。

> **特 别 提 示**
>
> 自然层：按楼地面结构分层的楼层。
>
> 结构层高：楼面或地面结构层上表面至上部结构层上表面之间的垂直距离。
>
> 建筑面积：建筑物(包括墙体)所形成的楼地面面积。建筑面积包括附属于建筑物的室外阳台、雨篷、檐廊、室外走廊、室外楼梯等。
>
> 建筑面积计算，在主体结构内形成的建筑空间，满足计算面积结构层高要求的均应计算建筑面积。主体结构外的室外阳台、雨篷、檐廊、室外走廊、室外楼梯等按相应条款计算建筑面积。当外墙结构本身在一个层高范围内不等厚时，以楼地面结构标高处的外围水平面积计算。

(2) 建筑物内设有局部楼层时(如图 4.1 所示)，对于局部楼层的二层及以上楼层，有围护结构的应按其围护结构外围水平面积计算，无围护结构的应按其结构底板水平面积计算，且结构层高在 2.20m 及以上的，应计算全面积，结构层高在 2.20m 以下的，应计算 1/2 面积。

> **特 别 提 示**
>
> 围护结构：围合建筑空间的墙体、门、窗。

(3) 对于形成建筑空间的坡屋顶，结构净高在 2.10m 及以上的部位应计算全面积；结构净高在 1.20m 及以上至 2.10m 以下的部位应计算 1/2 面积；结构净高在 1.20m 以下的部位不应计算建筑面积。

图 4.1　建筑物内的局部楼层

1—围护设施；2—围护结构；3—局部楼层

⬤ 特 别 提 示 ••

建筑空间：以建筑界面限定的、供人们生活和活动的场所。凡具备可出入、可利用条件（设计中可能标明了使用用途，也可能没有标明使用用途或使用用途不明确）的围合空间，均属于建筑空间。

结构净高：楼面或地面结构层上表面至上部结构层下表面之间的垂直距离。

•••

（4）对于场馆看台下的建筑空间，结构净高在 2.10m 及以上的部位应计算全面积；结构净高在 1.20m 及以上至 2.10m 以下的部位应计算 1/2 面积；结构净高在 1.20m 以下的部位不应计算建筑面积。室内单独设置的有围护设施的悬挑看台，应按看台结构底板水平投影面积计算建筑面积。有顶盖无围护结构的场馆看台应按其顶盖水平投影面积的 1/2计算面积（如图 4.2 所示）。

(a) 场馆看台立体示意图

图 4.2　场馆看台示意图

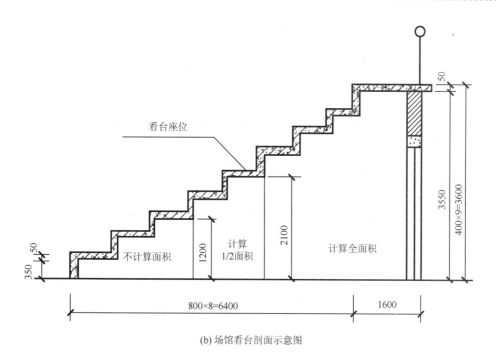

(b) 场馆看台剖面示意图

图 4.2 场馆看台示意图(续)

特别提示

围护设施:为保障安全而设置的栏杆、栏板等围挡。

场馆看台下的建筑空间因其上部结构多为斜板,所以采用净高的尺寸划定建筑面积的计算范围和对应规则。

室内单独设置的有围护设施的悬挑看台,因其看台上部设有顶盖且可供人使用,所以按看台板的结构底板水平投影计算建筑面积。

"有顶盖无围护结构的场馆看台"所称的"场馆"为专业术语,指各种"场"类建筑,如:体育场、足球场、网球场、带看台的风雨操场等。

(5) 地下室、半地下室应按其结构外围水平面积计算。结构层高在 2.20m 及以上的,应计算全面积;结构层高在 2.20m 以下的,应计算 1/2 面积(如图 4.3 所示)。

特别提示

地下室:室内地平面低于室外地平面的高度超过室内净高的 1/2 的房间。

半地下室:室内地平面低于室外地平面的高度超过室内净高的 1/3,且不超过 1/2 的房间。

地下室作为设备、管道层按第 26 条执行;地下室的各种竖向井道按第 19 条执行;地下室的围护结构不垂直于水平面的按第 18 条规定执行。

(6) 出入口外墙外侧坡道有顶盖的部位,应按其外墙结构外围水平面积的 1/2 计算面积,如图 4.4 所示。

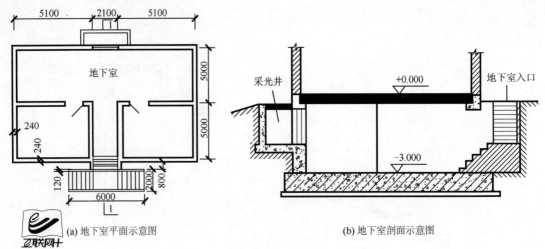

(a) 地下室平面示意图   (b) 地下室剖面示意图

图 4.3　地下室平面和剖面示意图

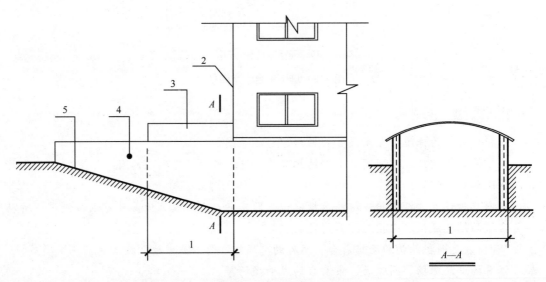

图 4.4　地下室出入口

1—计算 1/2 投影面积部位；2—主体建筑；3—出入口顶盖；4—封闭出入口侧墙；5—出入口坡道

特 别 提 示

　　出入口坡道分有顶盖出入口坡道和无顶盖出入口坡道，出入口坡道顶盖的挑出长度，为顶盖结构外边线至外墙结构外边线的长度；顶盖以设计图纸为准，对后增加及建设单位自行增加的顶盖等，不计算建筑面积。顶盖不分材料种类（如钢筋混凝土顶盖、彩钢板顶盖、阳光板顶盖等）。

　　（7）建筑物架空层及坡地建筑物吊脚架空层，应按其顶板水平投影计算建筑面积。结构层高在 2.20m 及以上的，应计算全面积；结构层高在 2.20m 以下的，应计算 1/2 面积。

● 特 别 提 示

架空层：仅有结构支撑而无外围护结构的开敞空间层。

本条既适用于建筑物吊脚架空层、深基础架空层建筑面积的计算，也适用于目前部分住宅、学校教学楼等工程在底层架空或在二楼或以上某个甚至多个楼层架空，作为公共活动、停车、绿化等空间的建筑面积的计算。架空层中有围护结构的建筑空间按相关规定计算。建筑物吊脚架空层如图 4.5 所示。

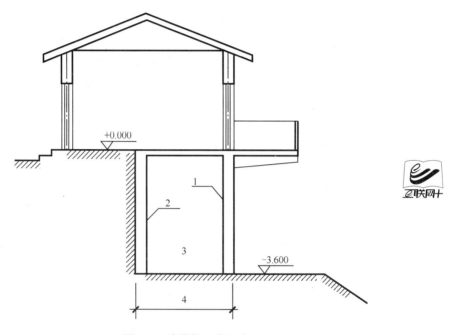

图 4.5　建筑物吊脚架空层
1—柱；2—墙；3—吊脚架空层；4—计算建筑面积部位

（8）建筑物的门厅、大厅应按一层计算建筑面积，门厅、大厅内设置的走廊应按走廊结构底板水平投影面积计算建筑面积。结构层高在 2.20m 及以上的，应计算全面积；结构层高在 2.20m 以下的，应计算 1/2 面积（如图 4.6 所示）。

图 4.6　门厅、大厅示意图

（9）对于建筑物间的架空走廊，有顶盖和围护设施的，应按其围护结构外围水平面积计算全面积；无围护结构、有围护设施的，应按其结构底板水平投影面积计算 1/2 面积。

特 别 提 示

架空走廊：专门设置在建筑物的二层或二层以上，作为不同建筑物之间水平交通的空间。

无围护结构的架空走廊如图 4.7 所示。有围护结构的架空走廊如图 4.8 所示。

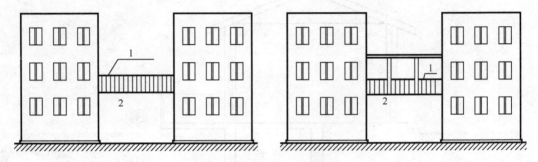

图 4.7 无围护结构的架空走廊
1—栏杆；2—架空走廊

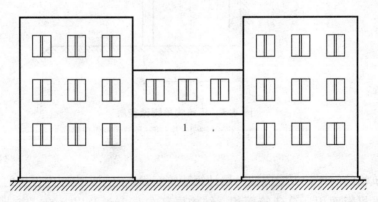

图 4.8 有围护结构的架空走廊
1—架空走廊

（10）对于立体书库、立体仓库、立体车库（如图 4.9 所示），有围护结构的，应按其围护结构外围水平面积计算建筑面积；无围护结构、有围护设施的，应按其结构底板水平投影面积计算建筑面积。无结构层的应按一层计算，有结构层的应按其结构层面积分别计算。结构层高在 2.20m 及以上的，应计算全面积；结构层高在 2.20m 以下的，应计算 1/2 面积。

特 别 提 示

本条主要规定了图书馆中的立体书库、仓储中心的立体仓库、大型停车场的立体车库等建筑的建筑面积计算规定。起局部分隔、存储等作用的书架层、货架层或可升降的立体

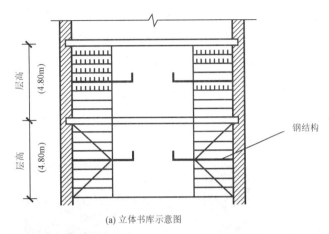

(a) 立体书库示意图

(b) 立体仓库示意图

(c) 立体车库示意图

图 4.9　立体书库、仓库、车库示意图

钢结构停车层均不属于结构层，故该部分分层不计算建筑面积。

（11）有围护结构的舞台灯光控制室（如图 4.10 所示），应按其围护结构外围水平面积计算。结构层高在 2.20m 及以上的，应计算全面积；结构层高在 2.20m 以下的，应计算 1/2 面积。

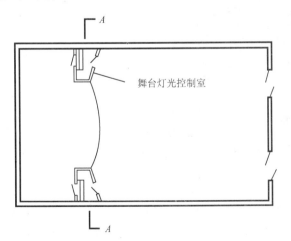

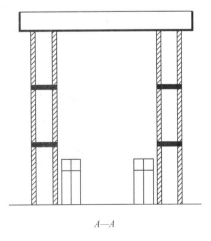

A—A

图 4.10　舞台灯光控制室示意图

（12）附属在建筑物外墙的落地橱窗，应按其围护结构外围水平面积计算。结构层高在2.20m及以上的，应计算全面积；结构层高在2.20m以下的，应计算1/2面积。

● 特 别 提 示

落地橱窗：突出外墙面且根基落地的橱窗（如图4.11所示）。

落地橱窗是指在商业建筑临街面设置的下槛落地、可落在室外地坪也可落在室内首层地板，用来展览各种样品的玻璃窗。

图4.11　落地橱窗示意图

（13）窗台与室内楼地面高差在0.45m以下且结构净高在2.10m及以上的凸（飘）窗，应按其围护结构外围水平面积计算1/2面积。

● 特 别 提 示

凸窗（飘窗）：凸出建筑物外墙面的窗户（如图4.12所示）。

图4.12　凸窗（飘窗）示意图

凸窗（飘窗）既作为窗，就有别于楼（地）板的延伸，也就是不能把楼（地）板延伸出去的窗称为凸窗（飘窗）。凸窗（飘窗）的窗台应只是墙面的一部分且距（楼）地面应有一定的高度。

（14）有围护设施的室外走廊（挑廊），应按其结构底板水平投影面积计算 1/2 面积；有围护设施（或柱）的檐廊，应按其围护设施（或柱）外围水平面积计算 1/2 面积（如图 4.13、图 4.14 所示）。

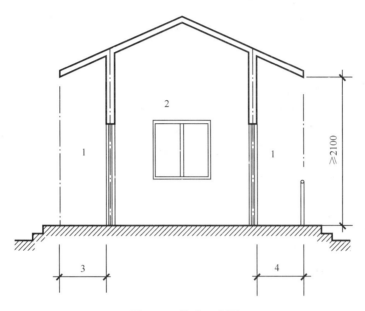

图 4.13　檐廊示意图

1—檐廊；2—室内；3--不计算建筑面积部位；4—计算 1/2 建筑面积部位

图 4.14　挑廊示意图

特 别 提 示

走廊：建筑物中的水平交通空间。

挑廊（室外走廊）：挑出建筑物外墙的水平交通空间。

檐廊：建筑物挑檐下的水平交通空间。檐廊是附属于建筑物底层外墙有屋檐作为顶盖，其下部一般有柱或栏杆、栏板等的水平交通空间。

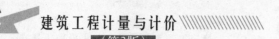
（15）门斗应按其围护结构外围水平面积计算建筑面积，且结构层高在 2.20m 及以上的，应计算全面积；结构层高在 2.20m 以下的，应计算 1/2 面积。

● 特 别 提 示 ……………………………………………………………………………

门斗：建筑物入口处两道门之间的空间（如图 4.15 所示）。

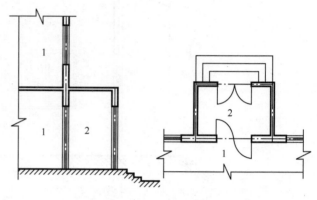

(a) 门斗示立体意图   (b) 门斗平面、局部剖面图

图 4.15　门斗示意图
1—室内；2—门斗

（16）门廊应按其顶板水平投影面积的 1/2 计算建筑面积；有柱雨篷应按其结构板水平投影面积的 1/2 计算建筑面积；无柱雨篷的结构外边线至外墙结构外边线的宽度在 2.10m 及以上的，应按雨篷结构板的水平投影面积的 1/2 计算建筑面积。

● 特 别 提 示 ……………………………………………………………………………

门廊：建筑物入口前有顶棚的半围合空间。门廊是在建筑物出入口，无门，三面或两面有墙，上部有板（或借用上部楼板）围护的部位。

雨篷：建筑出入口上方为遮挡雨水而设置的部件。雨篷是指建筑物出入口上方、凸出墙面、为遮挡雨水而单独设立的建筑部件。雨篷划分为有柱雨篷（包括独立柱雨篷、多柱雨篷、柱墙混合支撑雨篷、墙支撑雨篷）和无柱雨篷（悬挑雨篷）。如凸出建筑物，且不单独设立顶盖，利用上层结构板（如楼板、阳台底板）进行遮挡，则不视为雨篷，不计算建筑面积。对于无柱雨篷，如顶盖高度达到或超过两个楼层时，也不视为雨篷，不计算建筑面积。

【参考视频】

雨篷分为有柱雨篷和无柱雨篷。有柱雨篷，没有出挑宽度的限制，也不受跨越层数的限制，均计算建筑面积。无柱雨篷，其结构板不能跨层，并受出挑宽度的限制，设计出挑宽度大于或等于 2.10m 时才计算建筑面积。出挑宽度，系指雨篷结构外边线至外墙结构外边线的宽度，弧形或异形时，取最大宽度。

……………………………………………………………………………………………………

（17）设在建筑物顶部的、有围护结构的楼梯间、水箱间、电梯机房等，结构层高在

2.20m 及以上的应计算全面积；结构层高在 2.20m 以下的，应计算 1/2 面积（如图 4.16 所示）。

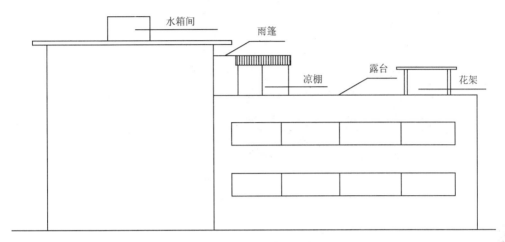

图 4.16　屋顶水箱间示意图

（18）围护结构不垂直于水平面的楼层，应按其底板面的外墙外围水平面积计算。结构净高在 2.10m 及以上的部位，应计算全面积；结构净高在 1.20m 及以上至 2.10m 以下的部位，应计算 1/2 面积；结构净高在 1.20m 以下的部位，不应计算建筑面积。

● 特 别 提 示 ●

本条规定对于围护结构向内、向外倾斜均适用。在划分高度上，本条使用的是"结构净高"，与其他正常平楼层按层高划分不同，但与斜屋面的划分原则相一致。由于目前很多建筑设计追求新、奇、特，造型越来越复杂，很多时候根本无法明确区分什么是围护结构、什么是屋顶，因此对于斜围护结构与斜屋顶采用相同的计算规则，即只要外壳倾斜，就按结构净高划段，分别计算建筑面积。斜围护结构如图 4.17、图 4.18 所示。

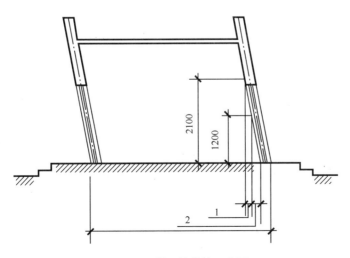

图 4.17　斜围护结构示意图

1—计算 1/2 建筑面积部位；2—不计算建筑面积部位

图4.18　围护结构不垂直于水平面建筑物示意图

（19）建筑物的室内楼梯、电梯井、提物井、管道井、通风排气竖井、烟道，应并入建筑物的自然层计算建筑面积。有顶盖的采光井应按一层计算面积，且结构净高在2.10m及以上的，应计算全面积；结构净高在2.10m以下的，应计算1/2面积。

特　别　提　示

建筑物的楼梯间层数按建筑物的层数计算。有顶盖的采光井包括建筑物中的采光井和地下室采光井。如图4.19、图4.20所示。

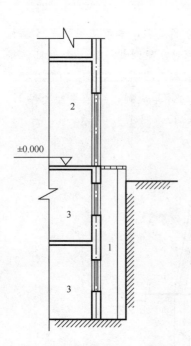

图4.19　地下室采光井示意图

1—采光井；2—室内；3—地下室

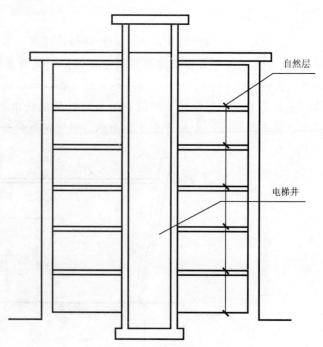

图4.20　电梯井示意图

（20）室外楼梯应并入所依附建筑物自然层，并应按其水平投影面积的 1/2 计算建筑面积（如图 4.21 所示）。

图 4.21　室外楼梯示意图

💠 特　别　提　示 ⋯⋯⋯⋯⋯⋯⋯⋯⋯⋯⋯⋯⋯⋯⋯⋯⋯⋯⋯⋯⋯⋯⋯⋯⋯⋯⋯

室外楼梯作为连接该建筑物层与层之间交通不可缺少的基本部件，无论从其功能、还是工程计价的要求来说，均需计算建筑面积。层数为室外楼梯所依附的楼层数，即梯段部分投影到建筑物范围的层数。利用室外楼梯下部的建筑空间不得重复计算建筑面积；利用地势砌筑的为室外踏步，不计算建筑面积。

⋯⋯⋯⋯⋯⋯⋯⋯⋯⋯⋯⋯⋯⋯⋯⋯⋯⋯⋯⋯⋯⋯⋯⋯⋯⋯⋯⋯⋯⋯⋯⋯⋯⋯⋯⋯⋯⋯

（21）在主体结构内的阳台，应按其结构外围水平面积计算全面积；在主体结构外的阳台，应按其结构底板水平投影面积计算 1/2 面积。

💠 特　别　提　示 ⋯⋯⋯⋯⋯⋯⋯⋯⋯⋯⋯⋯⋯⋯⋯⋯⋯⋯⋯⋯⋯⋯⋯⋯⋯⋯⋯

主体结构：接受、承担和传递建设工程所有上部荷载，维持上部结构整体性、稳定性和安全性的有机联系的构造。

阳台：附设于建筑物外墙，设有栏杆或栏板，可供人活动的室外空间。建筑物的阳台，不论其形式如何，均以建筑物主体结构为界分别计算建筑面积（如图 4.22 所示）。

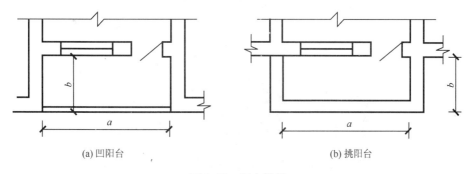

(a)凹阳台　　　　　　　　　　　　　　　　(b)挑阳台

图 4.22　阳台种类

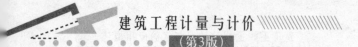

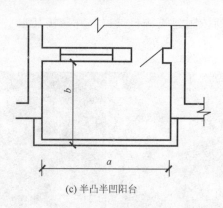

(c)半凸半凹阳台

图 4.22　阳台种类(续)

（22）有顶盖无围护结构的车棚、货棚、站台、加油站、收费站等，应按其顶盖水平投影面积的 1/2 计算建筑面积（如图 4.23 所示）。

图 4.23　有顶盖无围护结构的车棚、加油站示意图

（23）以幕墙作为围护结构的建筑物，应按幕墙外边线计算建筑面积。

　　幕墙以其在建筑物中所起的作用和功能来区分，直接作为外墙起围护作用的幕墙，按其外边线计算建筑面积（如图 4.24 所示）；设置在建筑物墙体外起装饰作用的幕墙，不计算建筑面积。

【参考视频】

图 4.24　围护性幕墙示意图

（24）建筑物的外墙外保温层，应按其保温材料的水平截面积计算，并计入自然层建筑面积。

● 特 别 提 示 ……………………………………………………………………………

为贯彻国家节能要求，鼓励建筑外墙采取保温措施，本规范将保温材料的厚度计入建筑面积。建筑物外墙外侧有保温隔热层的，保温隔热层以保温材料的净厚度乘以外墙结构外边线长度按建筑物的自然层计算建筑面积，其外墙外边线长度不扣除门窗和建筑物外已计算建筑面积构件（如阳台、室外走廊、门斗、落地橱窗等部件）所占长度。当建筑物外已计算建筑面积的构件（如阳台、室外走廊、门斗、落地橱窗等部件）有保温隔热层时，其保温隔热层也不再计算建筑面积。外墙是斜面者按楼面楼板处的外墙外边线长度乘以保温材料的净厚度计算。外墙外保温以沿高度方向满铺为准，某层外墙外保温铺设高度未达到全部高度时（不包括阳台、室外走廊、门斗、落地橱窗、雨篷、飘窗等），不计算建筑面积。保温隔热层的建筑面积是以保温隔热材料的厚度来计算的，不包含抹灰层、防潮层、保护层（墙）的厚度。建筑外墙外保温如图4.25所示。

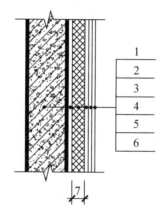

(a) 外墙外保温示意图　　　　　(b) 外墙外保温构造层次

图 4.25　建筑外墙外保温构造示意图

1—墙体；2—粘结胶浆；3—保温材料；4—标准网；5—加强网；6—抹面胶浆；7—计算建筑面积部位

（25）与室内相通的变形缝，应按其自然层合并在建筑物建筑面积内计算。对于高低联跨的建筑物，当高低跨内部连通时，其变形缝应计算在低跨面积内。

● 特 别 提 示 ……………………………………………………………………………

变形缝：防止建筑物在某些因素作用下引起开裂甚至破坏而预留的构造缝（如图4.26所示）。

本条所指的与室内相通的变形缝，是指暴露在建筑物内、在建筑物内可以看得见的变形缝。

变形缝是指在建筑物因温差、不均匀沉降以及地震而可能引起结构破坏变形的敏感部位或其它必要的部位，预先设缝将建筑物断开，令断开后建筑物的各部分成为独立的单元，或者是划分为简单、规则的段，并令各段之间的缝达到一定的宽

【参考图文】

【参考视频】

图 4.26　变形缝示意图

度，以能够适应变形的需要。根据外界破坏因素的不同，变形缝一般分为伸缩缝、沉降缝、抗震缝三种。

（26）对于建筑物内的设备层、管道层、避难层等有结构层的楼层，结构层高在2.20m 及以上的，应计算全面积；结构层高在 2.20m 以下的，应计算 1/2 面积。

● 特 别 提 示

设备层、管道层虽然其具体功能与普通楼层不同，但在结构上及施工消耗上并无本质区别，且本规范定义自然层为"按楼地面结构分层的楼层"，因此设备、管道楼层归为自然层，其计算规则与普通楼层相同。在吊顶空间内设置管道的，则吊顶空间部分不能被视为设备层、管道层。

4.5.3　不应计算建筑面积的范围

（1）与建筑物内不相连通的建筑部件。

● 特 别 提 示

本条指的是依附于建筑物外墙外不与户室开门连通，起装饰作用的敞开式挑台（廊）、平台，以及不与阳台相通的空调室外机搁板（箱）等设备平台部件。

（2）骑楼、过街楼底层的开放公共空间和建筑物通道（如图 4.27 所示）。

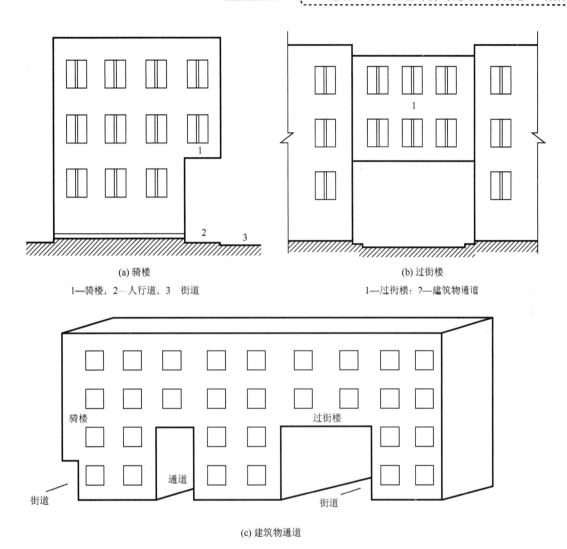

(a) 骑楼

1—骑楼；2—人行道；3—街道

(b) 过街楼

1—过街楼；2—建筑物通道

(c) 建筑物通道

图4.27 骑楼、过街楼和建筑物通道示意图

特 别 提 示

骑楼：建筑底层沿街面后退且留出公共人行空间的建筑物。骑楼是指沿街二层以上用承重柱支撑骑跨在公共人行空间之上，其底层沿街面后退的建筑物。

过街楼：跨越道路上空并与两边建筑相连接的建筑物。过街楼是指当有道路在建筑群穿过时为保证建筑物之间的功能联系，设置跨越道路上空使两边建筑相连接的建筑物。

建筑物通道：为穿过建筑物而设置的空间。

（3）舞台及后台悬挂幕布和布景的天桥、挑台等。

特 别 提 示

本条指的是影剧院的舞台及为舞台服务的可供上人维修、悬挂幕布、布置灯光及布景等搭设的天桥和挑台等构件设施；

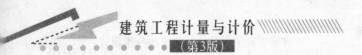
（4）露台、露天游泳池、花架、屋顶的水箱及装饰性结构构件。

⬤ 特 别 提 示 ‧‧

露台：设置在屋面、首层地面或雨篷上的供人室外活动的有围护设施的平台。

露台应满足四个条件：一是位置，设置在屋面、地面或雨篷顶，二是可出入，三是有
围护设施，四是无盖，这四个条件须同时满足。如果设置在首层并有围护设施的平台，且
其上层为同体量阳台，则该平台应视为阳台，按阳台的规则计算建筑面积。

‧‧‧

（5）建筑物内的操作平台、上料平台、安装箱和罐体的平台。

⬤ 特 别 提 示 ‧‧

建筑物内不构成结构层的操作平台、上料平台（包括：工业厂房、搅拌站和料仓等建
筑中的设备操作控制平台、上料平台等），其主要作用为室内构筑物或设备服务的独立上
人设施，因此不计算建筑面积。

‧‧‧

（6）勒脚、附墙柱、垛、台阶、墙面抹灰、装饰面、镶贴块料面层、装饰性幕墙，主
体结构外的空调室外机搁板（箱）、构件、配件，挑出宽度在 2.10m 以下的无柱雨篷和顶
盖高度达到或超过两个楼层的无柱雨篷。

⬤ 特 别 提 示 ‧‧

附墙柱是指非结构性装饰柱。

室外台阶包括与建筑物出入口连接处的平台。

‧‧‧

（7）窗台与室内地面高差在 0.45m 以下且结构净高在 2.10m 以下的凸（飘）窗，窗台
与室内地面高差在 0.45m 及以上的凸（飘）窗。

（8）室外爬梯、室外专用消防钢楼梯。

⬤ 特 别 提 示 ‧‧

室外钢楼梯需要区分具体用途，如专用于消防楼梯，则不计算建筑面积，如果是建筑
物唯一通道，兼用于消防，则需要按本规范的第 20 条计算建筑面积。

‧‧‧

（9）无围护结构的观光电梯。

（10）建筑物以外的地下人防通道，独立的烟囱、烟道、地沟、油（水）罐、气柜、水
塔、贮油（水）池、贮仓、栈桥等构筑物。

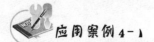 应用案例 4-1

某单层建筑物内设有局部楼层，尺寸如图 4.28 所示，$L=9240mm$，$B=8240mm$，$a=3240mm$，
$b=4240mm$，试计算该建筑物的建筑面积。

解：

建筑面积 $S=LB+ab=9.24\times8.24+3.24\times4.24=89.88(\mathrm{m}^2)$

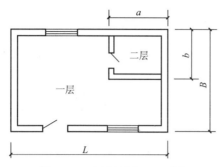

图 4.28 应用案例 4-1 附图

 应用案例 4-2

某建筑物六层，建筑物内设有电梯，建筑物顶部设有围护结构的电梯机房，层高为2.2m，其平面如图4.29所示，试计算该建筑物的建筑面积。

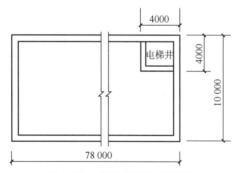

图 4.29 应用案例 4-2 附图

解：

建筑面积 $S=78\times10\times6+4\times4=4696.00(\mathrm{m}^2)$

 应用案例 4-3

某单层工业厂房平面如图4.30所示，该厂房总长60.5m，高低跨柱的中心线长分别为15m和9m，中柱和高跨边柱断面尺寸为 400mm×600mm，低跨边柱断面尺寸为 400mm×400mm，墙厚为370mm，试分别计算该工业厂房高跨和低跨部分的建筑面积。

解：

高跨部分的建筑面积 $S=60.5\times(15+0.3+0.3+0.37)$
$=966.19(\mathrm{m}^2)$

低跨部分的建筑面积 $S=60.5\times(9-0.3+0.2+0.37)$
$=560.84(\mathrm{m}^2)$

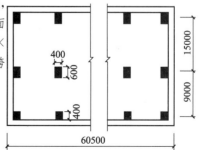

图 4.30 应用案例 4-3 附图

应用案例 4-4

某工程底层平面图与 1—1 剖面图如图 4.31 所示（该工程为两坡同坡屋面，坡屋顶内空间加以利用），图中未注明墙体厚度均为 240mm，现浇板厚均为 120mm，试计算其建筑面积。

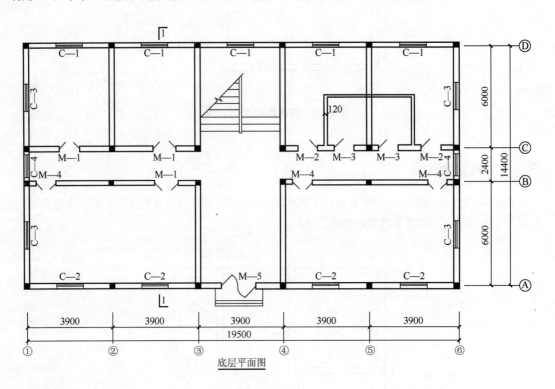

底层平面图

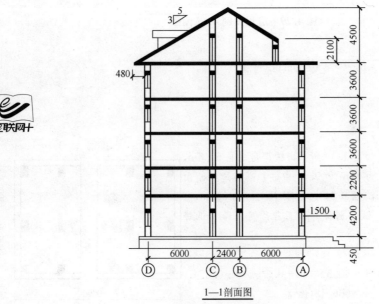

1—1 剖面图

图 4.31 应用案例 4-4 附图

解：

(1) 计算一至五层建筑面积。

$S = (19.5 + 0.24) \times (14.4 + 0.24) \times 5 \approx 1444.97 (\text{m}^2)$

注意：二层层高正好为 2.2m，根据建筑面积计算规则应计算全面积。

(2) 计算坡屋顶内空间建筑面积。

根据建筑面积计算规则：多层建筑坡屋顶内，当设计加以利用时净高超过 2.10m 的部位应计算全面积；净高在 1.20m 至 2.10m 的部位应计算 1/2 面积；室内净高不足 1.20m 时不应计算建筑面积。

如图 4.32 所示：

$H_1 = 2.1 - \sqrt{5^2 + 3^2} \times 0.12/5 + 0.24 \times 3/5 \approx 2.104 \ (\text{m})$

Ⓑ轴右侧建筑面积应算至 ⓘ/Ⓐ 轴墙体的外边线。

$B_1 = 2.4 \times 5/3 = 4(\text{m})$，$B_2 = (2.4 - 0.14) \times 5/3 \approx 3.77(\text{m})$，$B_3 = 0.9 \times 5/3 = 1.5(\text{m})$

因此，

坡屋顶内空间建筑面积 $= (19.5 + 0.24)(4 + 3.77) + (19.5 + 0.24) \times 1.5/2 \approx 168.18 (\text{m})^2$

(3) 总建筑面积 $= 1444.97 + 168.18 = 1613.15 (\text{m}^2)$

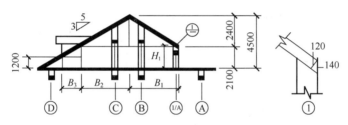

图 4.32　应用案例 4-4 节点详图

通过本章的学习，应了解、掌握以下内容。

(1) 了解建筑工程工程量计算规则总则、建筑工程消耗量定额总说明包含的内容。

(2) 掌握建筑工程费用项目组成及计算规则中：①规费中的社会保障费、安全文明施工费的确定；②管理费费率、利润率和措施费费率的确定；③工程费用计算程序的确定。

(3) 掌握建筑工程价目表说明中人工费、材料费和机械费单价的确定原则。

(4) 掌握计算建筑面积的范围和不应计算建筑面积的范围。

习　题

一、填空题

1. 某单层建筑物高度为 2.1m，在计算建筑面积时，应计算_____面积。

2. 单层建筑物利用坡屋顶内空间时，净高超过_____ m 的部位应计算全面积；净高在 1.20m 至_____ m 的部位应计算 1/2 面积。

3. 地下室、半地下室的建筑面积，应按_____水平面积计算。

4. 设计加以利用、无围护结构的建筑吊脚架空层的建筑面积，应按_____计算。

5. 建筑物顶部有围护结构的楼梯间、水箱间、电梯机房等，层高在_____ m 及以上者应计算全面积；层高不足_____ m 者应计算 1/2 面积。

6. 雨篷结构的外边线至外墙结构外边线的宽度超过_____ m 者，应按雨篷结构板水平投影面积的 1/2 计算。

7. 高低联跨的建筑物，应以_____为界分别计算建筑面积；建筑物高低跨内部连通时，其变形缝应计算在_____跨面积内。

8. 建筑物外墙外侧有保温隔热层的，应按_____外边线计算建筑面积。

二、简答题

1. 建筑工程工程量计算规则中，其计量单位有哪些规定？

2. 在确定定额人工工日消耗量时，其内容包括哪几部分？

3. 简述建筑工程价目表中机械台班单价的确定方法。

4. 简述规费中的社会保障费和安全文明施工费是如何确定的。

5. 简述挑廊、檐廊、回廊的区别，地下室、半地下室的区别。

三、案例分析

1. 某民用住宅如图 4.33 所示，雨篷水平投影面积为 3300mm×1500mm，试计算其建筑面积。

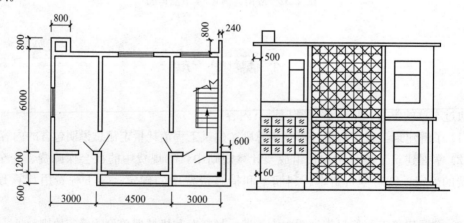

图 4.33　案例分析 1 附图

2. 某工程地下室平面和剖面如图 4.34 所示，试计算其建筑面积。

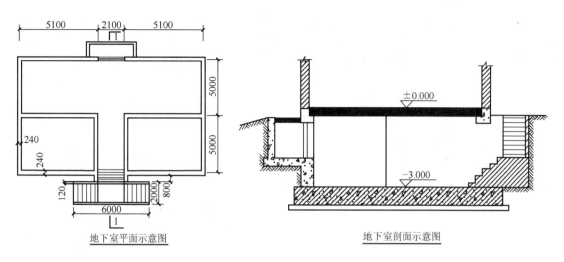

地下室平面示意图

地下室剖面示意图

图 4.34 案例分析 2 附图

第5章

土石方工程

🎯教学目标

了解土壤及岩石的分类；掌握单独土石方定额、人工土石方定额、机械土石方定额及其他定额包含的内容；熟练掌握单独土石方、沟槽（包括管道沟槽）、地坑、一般土石方、场地平整、土方回填（运输）及竣工清理等项目工程量的计算规则及定额套项。

🎯教学要求

能力目标	知识要点	相关知识	权重
了解土壤及岩石的分类	普通土、坚土、松石、坚石	土壤及岩石的名称	0.1
掌握消耗量定额包含的内容	定额说明及定额项目名称	各定额项目包含的工作内容	0.4
熟练掌握土石方工程量的计算并能正确套用定额项目	单独土石方工程量的计算规则、人工土石方工程量的计算规则及机械土石方工程量的计算规则	土方平衡竖向布置图、基础开挖深度、基础工作面、土方放坡系数	0.5

导 入 案 例

某墙下钢筋混凝土条形基础平面图及断面图如图 5.1 所示，垫层为混凝土，基础埋深范围内，距离室外地坪 0.6m 处遇到了地下水。在开挖基坑时，如果采用人工挖土或机械挖土，则地下水位以上的土层开挖和地下水位以下的土层开挖，其人工或机械费用有何差异？

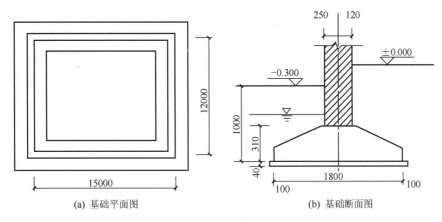

(a) 基础平面图   (b) 基础断面图

图 5.1 引例附图

5.1 土石方工程定额说明

本章的土壤及岩石按普通土、坚土、松石和坚石分类，其具体分类见表 5-1。

表 5-1 土壤及岩石(普氏)分类表

定额分类	普氏分类	土壤及岩石名称	天然湿度下平均密度/(kg/m³)	极限压碎强度/kPa	用轻钻孔机钻进1m耗时/min	开挖方法及机具	紧固系数(f)
普通土	I	砂	1500			用尖锹开挖	0.5~0.6
		砂壤土	1600				
		腐殖土	1200				
		泥炭	600				
	II	轻壤土和黄土类土	1600			用锹开挖并少数用镐开挖	0.6~0.8
		潮湿而松散的黄土，软的盐渍土和碱土	1600				
		平均 15mm 以内的松散面软的砾石	1700				
		含有草根的密实腐殖土	1400				
		含有直径在 30mm 以内根类的泥炭和腐殖土	1100				
		含有卵石、碎石和石屑的砂和腐殖土	1650				
		含有卵石和碎石杂质的胶结成块的填土	1750				
		含有卵石、碎石和建筑料杂质的砂壤土	1900				

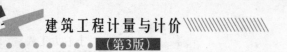
（续）

定额分类	普氏分类	土壤及岩石名称	天然湿度下平均密度/(kg/m³)	极限压碎强度/kPa	用轻钻孔机钻进1m耗时/min	开挖方法及机具	紧固系数(f)
坚土	Ⅲ	肥黏土，其中包括石炭纪、侏罗纪的黏土冰黏土	1800			用尖锹并同时用镐开挖(30%)	0.81～1.0
		重壤土、粗砾石、粒径为15～40mm的碎石和卵石	1750				
		干黄土和掺有碎石或卵石的自然含水量黄土	1790				
		含有直径大于30mm根类的腐殖土和泥炭	1400				
		含有碎石、卵石和建筑碎料的土壤	1900				
	Ⅳ	土含碎石生黏土，其中包括石炭纪、侏罗纪的硬的黏土	1950			用尖锹并同时用镐和撬棍(30%)	1.0～1.5
		含有碎石、卵石、建筑碎料的重量达25kg的顽石(含量占总体积10%以内)等杂质的肥黏土和重壤土	1950				
		冰渍黏土，含有重量在50kg以内的巨砾(含量占总体积10%以内)	2000				
		泥板岩	2000				
		不含或含有重达10kg的顽石	1950				
松石	Ⅴ	含有重量在50kg以内的巨砾(含量占体积10%以上)的冰渍石	2100	小于2	小于3.5	部分用手凿工具部分用爆破方法开挖	1.5～2.0
		硅藻岩和软白垩岩	1800				
		胶结力弱的砾岩	1900				
		各种不坚实的片岩	2600				
		石膏	2200				
	Ⅵ	凝灰岩和浮石	1100	2～4	3.5	用风镐和爆破方法开挖	2～4
		松软多孔和裂隙严重的石灰岩和介质石灰岩	1200				
		中等硬变的片岩	2700				
		中等硬变的泥灰岩	2300				
坚石	Ⅶ	石灰石胶结的带有卵石和沉积岩的砾石	2200	4～6	6	用爆破方法开挖	4～6
		风化的和有大裂缝的黏土质砂岩	2000				
		坚实的泥板岩	2800				
		坚实的泥灰岩	2500				
	Ⅷ	砾质花岗石	2300	6～8	8.5	用爆破方法开挖	6～8
		泥灰质石灰岩	2300				
		黏土质砂岩	2200				
		砂质云片石	2300				
		硬石膏	2900				

（续）

定额分类	普氏分类	土壤及岩石名称	天然湿度下平均密度/(kg/m³)	极限压碎强度/kPa	用轻钻孔机钻进1m耗时/min	开挖方法及机具	紧固系数(f)
坚石	IX	严重风化的软弱的花岗石、片麻岩和正长岩	2500	8～10	11.5	用爆破方法开挖	8～10
		滑石化的蛇纹岩	2400				
		致密的石灰岩	2500				
		含有卵石、沉积岩的碴质胶结的砾岩	2500				
		砂岩	2500				
		砂质石灰质片岩	2500				
		菱镁矿	3000				
	X	白云石	2700	10～12	15	用爆破方法开挖	10～12
		坚固的石灰岩	2700				
		大理石	2700				
		石灰质胶结的致密砾石	2600				
		坚固砂质片岩	2600				
	XI	粗花岗石	2800	12～14	18.5	用爆破方法开挖	12～14
		非常坚硬的白云岩	2900				
		蛇纹岩	2600				
		石灰岩胶结的含有火成岩之卵石的砾石	2800				
		石英胶结的坚固砂岩	2700				
		粗粒正长岩	2700				
	XII	具有风化痕迹的安山岩和玄武岩	2700	14～16	22	用爆破方法开挖	14～16
		片麻岩	2600				
		非常坚固的石炭岩	2900				
		硅质胶结的含有火成岩之卵石的砾石	2900				
		粗石岩	2600				
	XIII	中粒花岗岩	3100	16～18	27.5	用爆破方法开挖	16～18
		坚固的片麻岩	2800				
		辉绿岩	2700				
		玢岩	2500				
		坚固的粗面岩	2800				
		中粒正长岩	2800				
	XIV	非常坚硬的细粒花岗岩	3300	18～20	32.5	用爆破方法开挖	18～20
		花岗岩麻岩	2900				
		闪长岩	2900				
		高硬度的石灰岩	3100				
		坚固的玢岩	2700				
	XV	安山岩、玄武岩、坚固的角页岩	3100	20～25	46	用爆破方法开挖	20～25
		高硬度的辉绿岩和闪长岩	2900				
		坚固的辉长岩和石英岩	2800				
	XVI	拉长玄武岩和橄榄玄武岩	3300	大于25	大于60	用爆破方法开挖	大于25
		特别坚固的辉长辉绿岩、石英岩和玢岩	3300				

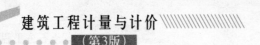
本章包括单独土石方、人工土石方、机械土石方及其他四项内容。

（1）单独土石方定额，包括人工挖土方、推土机推土方、装载机装运土方、铲运机铲运土方、挖掘机挖土自卸汽车运土方、石方爆破及石渣清运、回填及碾压七项内容，适用于自然地坪与设计室外地坪之间，且挖方或填方工程量大于 $5000m^3$ 的土石方工程。本章其他定额项目，适用于设计室外地坪以下的土石方（包括基础土石方）工程，以及自然地坪与设计室外地坪之间小于 $5000m^3$ 的土石方工程。单独土石方定额项目不能满足需要时，可以借用其他土石方定额项目，但应乘以系数 0.90。

特 别 提 示

单独土石方工程，是指建筑物、构筑物、市政设施等基础土石方以外的，且需要单独编制预、结算的土石方工程。它包括土石方的挖、填、运等项目。

单独土石方项目，除定额说明中的适用范围外，还适用于市政、安装、修缮工程中的单独土石方工程。

（2）人工土石方定额，包括人工挖土方、人工挖冻土、人工挖沟槽、人工挖地坑、人工挖桩孔、人工凿岩石、人工修整爆破后基底与边坡、人工运土方、人工清运石渣及人工装车十项内容。

① 人工土石方定额是按干土（天然含水率）编制的。干、湿土的划分，以地质勘测资料的地下常水位为界，以上为干土，以下为湿土。采取降水措施后，地下常水位以下的挖土，执行挖干土相应定额项目，人工乘以系数 1.10。

② 挡土板下挖槽坑土时，相应定额人工乘以系数 1.43。

③ 桩间挖土，系指桩顶设计标高以下的挖土及设计标高以上 0.5m 范围内的挖土。挖土时不扣除桩体体积，相应定额项目人工、机械乘以系数 1.30。

④ 人工修整基底与边坡，系指岩石爆破后人工对底面和边坡（厚度在 0.3m 以内）的清检和修整。人工凿石开挖石方，不适用本项目。

⑤ 人工装车定额适用于已经开挖出的土石方的装车。

特 别 提 示

定额 1-2-（1～7）子目中的装土，是指人工边挖土、边装土筐（人工运土）或人力车（人力车运土）。

人工或人力车运土，运土另套 1-2-（43～50）子目；机械（机械翻斗车等）运土，装土另套装车相应子目；人工挖土子目中的装土用工，均不扣除。

【参考图文】

（3）机械土石方定额，包括推土机推土方、装载机装运土方、铲运机铲运土方、挖掘机挖土方、挖掘机挖土自卸汽车运土方、人工打孔爆破岩石、机械打孔爆破岩石、控制爆破岩石、静力爆破岩石、机械破碎岩石、机械清运石渣、机械装车、机械翻斗车运土石方、拖拉机运土石方、自卸汽车运土石方、垂直运输土石方、运输钻孔桩泥浆十七项内容。

① 机械土方定额项目是按土壤天然含水率编制的。开挖地下常水位以下的土方时，

定额人工、机械乘以系数 1.15（采取降水措施后的挖土不再乘以该系数）。

② 机械挖土方，应满足设计砌筑基础的要求，其挖土总量的 95%，执行机械土方相应定额；其余按人工挖土。人工挖土执行相应定额时乘以系数 2.00。如果建设单位单独发包机械挖土方，挖方企业只能计算挖方总量的 95%，其余 5% 由基础施工单位人工修整底边，单位结算。

③ 人力车、汽车的重车上坡降效因素，已综合在相应的运输定额中，不另行计算。挖掘机在垫板上作业时，相应定额的人工、机械乘以系数 1.25。挖掘机下的垫板、汽车运输道路上需要铺设的材料，实际施工中遇到时，其人工和材料均按实另行计算。

④ 石方爆破定额项目按下列因素考虑，设计或实际施工与定额不同时，可按下列办法调整。

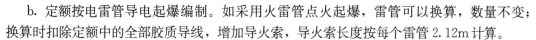

【参考图文】

a. 定额按炮眼法松动爆破（不分明炮、闷炮）编制，并已综合了开挖深度、改炮等因素。如设计要求爆破粒径时，其人工、材料、机械按实另行计算。

b. 定额按电雷管导电起爆编制。如采用火雷管点火起爆，雷管可以换算，数量不变；换算时扣除定额中的全部胶质导线，增加导火索，导火索长度按每个雷管 2.12m 计算。

c. 定额按炮孔中无地下渗水编制。如炮孔中出现了地下渗水，处理渗水的人工、材料、机械按实另行计算。

d. 定额按无覆盖爆破（控制爆破岩石除外）编制。如爆破时需要覆盖炮被、草袋，以及架设安全屏障等，其人工、材料按实另行计算。

知 识 链 接

消耗量定额中石方爆破分为人工打孔爆破岩石、机械打孔爆破岩石、控制爆破岩石、静力爆破岩石、风镐破碎岩石和液压锤破碎岩石。

(1) 控制爆破：控制爆破是相对于不规则爆破而言的。在建筑工程中，为了获得设计要求的边坡或断面形状，为了减少振动对周边建筑物和环境的影响，避免超、欠爆，边线控制爆破法是比较传统的控制爆破方法之一。其作业方法为：在爆破区域的外边缘，沿设计要求的开挖线，钻一排密孔，孔距一般为正常孔距的 1/6，密孔内不装药；在密孔内侧、排距约为正常排距的 1/3～1/2 处，钻一排亚密孔，孔距一般为正常孔距的 60%，装药量一般为正常装药量的 50% 左右；亚密孔的内侧，为正常排距、孔距、装药量的炮孔。亚密孔与正常炮孔同时起爆，由于密孔阻碍了爆震波的传递，从而沿密孔一线能够形成比较规则的断裂面，使爆破能够控制在预定范围之内。控制爆破的打孔量和装药量，一般比常规爆破大。

(2) 静力爆破：静力爆破是相对于有声爆破而言的。常规爆破的爆破力，依据炸药的瞬间化学变化和体积膨胀，因此必然产生剧烈的振动和声响。静力爆破的爆破力，依靠破碎剂拌和后较缓慢的化学变化和体积膨胀，没有明显的振动和声响，也无需覆盖，因此它适用于不能产生剧烈振动的爆破场所，同时也避免了燥声污染。静力爆破适宜在岩层均匀密实、层面破碎带少的情况下使用，并且炮孔封闭要求密实、牢固。由于破碎剂效力的原因，静力爆破与常规爆破相比，爆破孔眼密、装药量也大。

(3) 液压锤破碎岩石：液压锤是一种新型的岩石破碎机械，它实际上是一个机头。卸下液压挖掘机的铲斗，装上液压锤，将液压挖掘机的液压油路与液压锤接通，具有一定压力的油推动液压锤内的气泵运动，利用被压缩的氮气瞬间产生的极强的爆发力，驱动液压锤产生剧烈振动，从而破碎岩石。液压锤破碎岩石，适用于岩石开挖量小、不易爆破，或场地狭小、周边环境不允许施爆的岩石开挖场所。

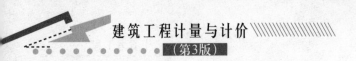

定额1-1-(11~14)、1-1-(18~19)、1-3-(14~17)、1-3-44子目中的装土
(渣)，是指挖掘机边挖土(渣)边装车。装土(渣)不能另套装车子目。

拖拉机和自卸汽车运输土石方，定额部分子目中虽未限定运距上限，但仅适用于2km
以内的土石方运输。运距超过2km时，全部运距执行当地有关部门相应规定。

（4）其他定额，包括场地平整与竣工清理、打夯与碾压及回填等内容。

① 场地平整，是指建筑物所在现场厚度在0.3m以内的就地挖、填及平整；带地下
室、半地下室的建筑物的场地平整，应按地下室、半地下室的结构外边线，每边各加2m
计算工程量；若挖填土方厚度超过0.3m时，挖填土工程量应按相应规定计算，但仍应计
算场地平整。

② 竣工清理，是指建筑物及四周2m范围内的建筑垃圾清理、场内运输和指定地点的
集中堆放。不包括建筑垃圾的装车和场外运输。

③ 填土子目中，均已包括碎土，但不包括筛土。若设计要求筛土时，夯填土、填土
碾压、回填碾压子目，每定额单位增加筛土用工1.73工日；松填土子目，每定额单位增
加筛土用工1.38工日；槽坑回填灰土子目，已包括筛土用工，套用1-4-12、13定额子
目时，每定额单位增加人工3.12工日，3：7灰土10.1m³，灰土配合比不同，可以换算，
其他不变。回填灰土就地取土时，应扣除灰土配合比中的黏土；地坪回填灰土，执行
2-1-1垫层子目。

本章未包括地下常水位以下的施工降水、排水和防护，实际发生时，根据施工组织设
计，按消耗量定额第2章的相应规定，另行计算。

本章未包括大型土石方机械的进出场、安拆及场外运输费用，实际发生时，根据施工
组织设计，按"定额综合解释"第10章第5节的相应规定，另行计算。

5.2　土石方工程量计算规则

工程量计算规则有如下几个方面。

（1）土石方的开挖、运输，均按开挖前的天然密实体积，以立方米计算。土方回填，
按回填后的竣工体积以立方米计算，不同状态的土方体积，按表5-2换算。

表5-2　土方体积换算系数表

虚　方	松　填	天然密实	夯　填
1.00	0.83	0.77	0.67
1.20	1.00	0.92	0.80

（续）

虚　方	松　填	天然密实	夯　填
1.30	1.08	1.00	0.87
1.50	1.25	1.15	1.00

（2）自然地坪与设计室外地坪之间的土石方，依据设计土方平衡竖向布置图，以立方米计算。

（3）基础沟槽、地坑和一般土石方的划分。

① 沟槽：槽底宽度（设计图示的基础或垫层的宽度，下同）3m 以内，且槽长大于 3 倍槽宽的为沟槽。例如，槽底宽度为 2.6m，槽长为 12m，即为沟槽。

② 地坑：底面积 20m² 以内，且底长边小于 3 倍短边的为地坑。例如，底短边为 2m，长边为 5m，即为地坑。

③ 一般土石方：不属于沟槽、地坑或场地平整的为一般土石方。

特 别 提 示

基础土石方适用于设计室外地坪以下的土石方工程，以及自然地坪与设计室外地坪之间，挖方或填方工程量小于 5000m³ 的土石方工程。基础土石方工程并入建筑物（构筑物）主体编制预、结算。

条形基础中有独立基础时，土方工程量应分别计算。

（4）基础土石方开挖深度，自设计室外地坪计算至基础底面，有垫层时计算至垫层底面（如遇爆破岩石，其深度应包括岩石的允许超挖深度）。如图 5.2 所示，H 即为土方开挖深度。

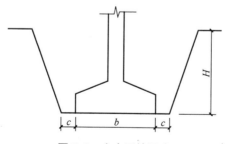

图 5.2　土方开挖深度

（5）基础施工所需的工作面，按表 5-3 计算。

表 5-3　基础工作面宽度表

基 础 材 料	单边工作面宽度/m	基 础 材 料	单边工作面宽度/m
砖基础	0.20	基础垂直面防水层	（自防水层面）0.80
毛石基础	0.15	支挡土板	0.10
混凝土基础	0.30		

> **特 别 提 示**
>
> 混凝土垫层工作面宽度按支挡土板计算，即工作面宽度为 0.1m；如果垫层厚度大于 200mm 时，其工作面宽度按混凝土基础计算。
>
> 基础工作面宽度（开挖时需要放坡）是指该部分基础底坪外边线至放坡后同标高的土方边坡之间的水平宽度，如图 5.2 中 c 值，即为基础单边工作面宽度。
>
> 基础由几种不同的材料组成时，其工作面宽度是指按各自要求的工作面宽度的最大值，如图 5.3 中的 c、c' 值。
>
> 槽坑开挖需要支挡土板时，单边的开挖增加宽度是按基础材料确定的工作面宽度与支挡土板的工作面宽度之和。

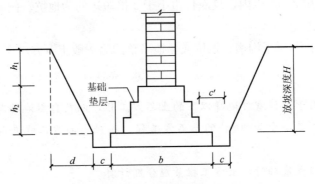

图 5.3　基础工作面宽度

（6）土方开挖的放坡深度和放坡系数，按设计规定计算，设计无规定时，按表 5-4 计算。

表 5-4　土方放坡系数表

土　类	放　坡　系　数		
	人 工 挖 土	机 械 挖 土	
		坑 内 作 业	坑 上 作 业
普通土	1∶0.50	1∶0.33	1∶0.65
坚土	1∶0.30	1∶0.20	1∶0.50

> **特 别 提 示**
>
> 图 5.3 中，H 表示放坡深度；由于 $H:d=1:(d/H)=1:K$，故土方工程中常用 $1:K$ 表示土方的放坡坡度，其中 $K=d/H$，称为放坡系数，$d=K \cdot H$，称为放坡宽度。
>
> 坑内作业是指从设计室外地坪开始至基础底，机械一直在坑内作业，并设有机械上下坡道（或采用其他措施运送机械）；反之，机械一直在设计室外地坪上作业（不下坑），称为坑上作业。

① 当土类为单一土质，普通土开挖深度大于 1.2m，坚土开挖深度大于 1.7m 时，允许放坡。

② 当土类为混合土质，开挖深度大于 1.5m 时，允许放坡。其放坡系数按不同土类厚度加权平均计算综合放坡系数。如图 5.3 所示，其综合放坡系数为：

$$K=\frac{K_1\times h_1+K_2\times h_2}{H}$$

式中：K——综合放坡系数；

K_1、K_2——分别表示不同土质的放坡系数；

h_1、h_2——分别表示不同放坡土质的对应深度。

③ 计算土方放坡深度时，如基础垫屋厚度小于 200mm，不计算基础垫层的厚度，即从垫层上面开始放坡。如垫层厚度大于 200mm，土方放坡深度应计算基础垫层厚度，即从垫层下面开始放坡。

④ 放坡与支挡土板，相互不得重复计算。

⑤ 计算放坡时，放坡交义处的重复工程量，不予扣除。若单位工程中内墙过多、过密，交叉处重复工程量过大时(大于大开挖工程量)，则应按大开挖计算土方工程量，执行地坑开挖的相应子目。

⑥ 如果实际工程中未放坡，或实际放坡系数小于定额规定时，仍应按规定的放坡系数计算土方工程量。

(7) 爆破岩石允许超挖量分别为：松石 0.20m，坚石 0.15m。

特 别 提 示

允许超挖量系指槽坑的四面及底部共五个方向的超挖量，其超挖体积并入槽杭相应土石方工程量内。

(8) 挖沟槽。

① 外墙沟槽，按外墙中心线长度(即 $L_{中}$)计算；内墙沟槽，按图示基础(含垫层)底面之间净长度($L_{净基础}$ 或 $L_{净垫层}$)计算(不考虑工作面和超挖宽度)；外、内墙凸出部分的沟槽体积，按凸出部分的中心线长度并入相应部位工程量内计算。

a. 挖沟槽工程量。如图 5.3 所示，假定在垫层上表面放坡，垫层厚度为 h，则
$$V=[(b+2c)\times h+(b+2c+kH)\times H]\times L$$
式中：L——外墙为中心线长度(即 $L_{中}$)；内墙为基础(或垫层)底面之间的净长度(即 $L_{净基础}$ 或 $L_{净垫层}$)(m)。

b. 基础大开挖、地坑工程量。如图 5.3 所示，假定基础垫层长边为 a，则
$$基坑底面积\ S_{底}=(a+2c)\times(b+2c)$$
$$基坑顶面积\ S_{顶}=(a+2c+2kH)\times(b+2c+2kH)$$
$$基坑体积\ V=(a+2c)\times(b+2c)\times h+\frac{H}{3}\times(S_{底}+S_{顶}+\sqrt{S_{底}\times S_{顶}})。$$
$$或基坑体积\ V=(a+2c)\times(b+2c)\times h+(a+2c+kH)\times(b+2c+kH)\times h+\frac{k^2H^3}{3}$$

② 管道沟槽的长度 L，按图示的中心线长度(不扣除井池所占长度)计算。管道宽度(b)、深度(H)按设计规定计算。设计无规定时，其宽度按表 5-5 计算，即 $V=bHL$。

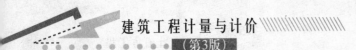
③ 各种检查井和排水管道接口等处，因加宽而增加的工程量均不计算，但底面积（不含工作面）大于 20m² 的井池除外；铸铁给水管道接口处的土方工程量，应按铸铁管道沟槽全部土方工程量增加 2.5% 计算。

（9）人工修整基底与边坡，是指岩石爆破后人工对底面和边坡（厚度在 0.3m 以内）的清检和修整，按岩石爆破的有效尺寸（含工作面宽度和允许超挖量），以平方米计算。

表 5-5　管道沟槽底宽度表　　　　　　　　　　　　　　（单位：m）

管道公称直径 （mm 以内）	钢管、铸铁管、铜管、铝塑管、塑料管 （Ⅰ类管道）	混凝土管、水泥管、陶土管 （Ⅱ类管道）
100	0.60	0.80
200	0.70	0.90
400	1.00	1.20
600	1.20	1.50
800	1.50	1.80
1000	1.70	2.00
1200	2.00	2.40
1500	2.30	2.70

特别提示

人工凿石开挖石方，不得计算人工修整基底与边坡工程量。

（10）人工挖桩孔，按桩的设计断面面积（不另加工作面）乘以桩孔中心线深度，以立方米计算。

（11）人工开挖冻土、爆破开挖冻土的工程量，按冻结部分的土方工程量以立方米计算。

特别提示

在冬季施工发生冻土时，只能计算一次挖冻土工程量。

爆破后人工挖冻土项目（定额 1-2-9）中已包括爆破内容。

（12）机械土石方的运距，按挖土区重心至填方区（或堆放区）重心的最短距离计算。推土机、装载机、铲运机重车上坡时，其运距按坡道斜长与表 5-6 系数相乘计算。

表 5-6　重车上坡运距系数表

坡度（%）	5-10	15 以内	20 以内	25 以内
系数	1.75	2.00	2.25	2.50

特别提示

各类基础土石方开挖均包括挖土、提土（提土方式不同不得调整）、抛土于槽边 1m 以外，以及修整边底(爆破石方的基础边底修整另计)。槽边1m以外土石方外运另计(机械挖运土定额除外)。

机械行驶坡道的土石方工程量，按批准的施工组织设计，并入相应的工程量内计算。

(13) 运输钻孔泥浆，按桩的设计断面面积乘以桩孔中心线深度，以立方米计算。

(14) 场地平整按下列规定以平方米计算。

① 建筑物(构筑物)按首层结构外边线，每边各加2m计算。

$$场地平整工程量\ S = S_底 + L_外 \times 2 + 16 (m^2)$$

② 无柱檐廊、挑阳台、独立柱雨篷等，按其水平投影面积计算。

③ 封闭或半封闭的曲折形平面，其场地平整的区域，不得重复计算，如矩形内天井，其相邻两边每边各加2m时，拐角处的重叠区域，不得重复计算。

④ 道路、停车场、绿化地、围墙、地下管线等不能形成封闭空间的构筑物，不得计算。

(15) 原土夯实与碾压按设计尺寸，以平方米计算；填土碾压按设计尺寸，以立方米计算。

（特）（别）（提）（示）

"人工挖沟槽、地坑"项目，定额内容包括槽(坑)底打夯，其他挖土均不包括，打夯按平方米计算后套用定额1-4-5或1-4-6。

(16) 回填与余土运输。

回填按下列规定以立方米计算夯填体积。

① 槽坑回填体积，按挖方体积减去设计室外地坪以下的地下建筑物(构筑物)或基础(含垫层)的体积计算。

② 管道沟槽回填体积，按挖方体积减去表5-7所含管道回填体积计算。

③ 房心回填体积，以主墙间净面积乘以夯填厚度，计算夯填体积。

【参考视频】

（特）（别）（提）（示）

如使用天然密实度的土进行回填时，其土方用量应进行换算，松填应乘以系数0.92，夯填应乘以系数1.15。

余土运输按下式以立方米计算(天然密实体积)。

$$余土运输体积 = 挖土总体积 - 回填土(天然密实)总体积$$

（特）（别）（提）（示）

若回填土为松填，则余土运输体积 = 挖土总体积 - 回填土竣工总体积×0.92

若回填土为夯填，则余土运输体积 = 挖土总体积 - 回填土竣工总体积×1.15

式中的计算结果为正值时，为余土外运；为负值时，为取土内运。

表5-7 管道折合回填体积表   （单位：m³/m）

管道公称直径 （mm 以内）	500	600	800	1000	1200	1500
Ⅰ类管道	—	0.22	0.46	0.74	—	—
Ⅱ类管道	—	0.33	0.60	0.92	1.15	1.45

（17）竣工清理按下列规定以立方米计算。

① 建筑物勒脚以上外墙外围水平面积乘以檐口高度（从首层室内地坪算起）；有山墙者以山尖 1/2 高度计算。

② 地下室（包括半地下室）的建筑体积，按地下室上口外围水平面积（不包括地下室采光井及敷贴外部防潮层的保护砌体所占面积）乘以地下室地坪至建筑物第一层地坪间的高度；地下室出入口的建筑体积并入地下室建筑体积内计算。

⬤ 特 别 提 示

定额1-4-3竣工清理子目，系指对施工过程中所产生的建筑垃圾的清理。因此，建筑物内、外凡产生建筑垃圾的空间，均应按其全部空间体积计算竣工清理。

① 建筑物内按 1/2 计算建筑面积的建筑空间，如：设计利用的净高在 1.2～2.1m 的坡屋顶内、场馆看台下、设计利用的无围护结构的坡地吊脚架空层、深基础架空层等，应计算竣工清理。

② 建筑物内不计算建筑面积的建筑空间，如：设计不利用的坡屋顶内、场馆看台下、坡地吊脚架空层、深基础架空层、建筑物通道等，应计算竣工清理。

③ 建筑物外可供人们正常活动的、按其水平投影面积计算场地平整的建筑空间，如：有永久性顶盖无围护结构的无柱檐廊、挑阳台、独立柱雨篷等，应计算竣工清理。

④ 建筑物外可供人们正常活动的、不计算场地平整的建筑空间，如：有永久性顶盖无围护结构的架空走廊、楼层阳台、无柱雨篷（篷下做平台或地面）等，应计算竣工清理。

⑤ 能够形成封闭空间的构筑物，如：独立式烟囱、水塔、贮水（油）池、贮仓、筒仓等，应按照建筑物竣工清理的计算原则，计算竣工清理。

⑥ 化粪池、检查井、给水阀门井，以及道路、停车场、绿化地、围墙、地下管线等构筑物，不计算竣工清理。

5.3 土石方工程量计算与定额应用

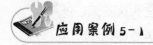

应用案例 5-1

某工程设计室外地坪与自然地坪之间的土石方施工，土壤为普通土，用反铲挖掘机挖土，挖土方体积为 6000m³，自卸汽车运土，运距 2km，确定定额项目。

解:

(1) 用反铲挖掘机挖普通土,$V=6000(\text{m}^3)$

套用定额 $1-1-13$,反铲挖掘机挖普通土自卸汽车运土 1km 以内

定额基价 $=95.13(\text{元}/10\text{m}^3)$

故定额直接工程费 $=\dfrac{6000}{10}\times95.13=57078.00(\text{元})$

(2) 自卸汽车运土每增运 1km,套用定额 $1-1-15$

定额基价 $=14.82(\text{元}/10\text{m}^3)$

故定额直接工程费 $=\dfrac{6000}{10}\times14.82=8892.00(\text{元})$

 应用案例 5-2

某工程基础平面图和断面图如图 5.4 所示,土质为普通土,采用人工挖土(挖沟槽),人力车运土方,运距为 200m,试计算该条形基础土石方工程量,确定定额项目。

解:

(1) 计算工程量。

$L_{\text{中}}=(3.3\times3+5.4)\times2=30.60(\text{m})$

$L_{\text{净垫层}}=(5.4-1.24)\times2=8.32(\text{m})$

利用公式 $V=[(b+2c)\times h+(b+2c+kH)\times H]\times L$,得

该条形基础土石方工程量 $V=[1.24\times0.2+(1.24+0.5\times1.5)\times1.5]\times(30.6+8.32)\approx125.83(\text{m}^3)$

(2) 套定额项目。

① 人工挖普通土 2m 以内,套用定额 $1-2-10$

定额基价 $=245.15(\text{元}/10\text{m}^3)$

故定额直接工程费 $=\dfrac{125.83}{10}\times245.15\approx3084.72(\text{元})$

② 人力车运土方运距 50m 以内,套用定额 $1-2-47$

定额基价 $=120.08(\text{元}/10\text{m}^3)$

人力车运土方每增运 50m(共增运 150m),套用定额 $1-2-48$

定额基价 $=19\times3=57.00(\text{元}/10\text{m}^3)$

故定额直接工程费 $=\dfrac{125.83}{10}\times120.08+\dfrac{125.83}{10}\times57.00\approx2228.20(\text{元})$

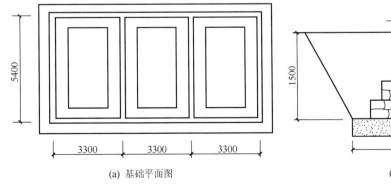

(a) 基础平面图

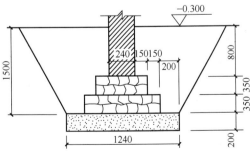

(b) 基础断面图

图 5.4 应用案例 5-2 附图

 应用案例 5-3

某小区室外陶土管排水管道，长 68m，管道公称直径为 200mm，用挖掘机挖沟槽，自卸汽车运土方，运距 1km，挖土深度为 1.2m，土质为普通土，试计算该沟槽挖土方工程量，确定定额项目。

解：

查表 5-5，陶土管管道为 Ⅱ 类管道，管道沟槽底宽为 0.9m，由于该土质为普通土，挖土深度为 1.2m，故不用放坡。

挖土方工程量 $V=0.9\times1.2\times68=73.44(\text{m}^3)$

套用定额 1-3-16，挖掘机挖沟槽，自卸汽车运土方 1km 以内普通土。

定额基价 $=109.65(\text{元}/10\text{m}^3)$

故定额直接工程费 $=\dfrac{73.44}{10}\times109.65\approx805.27(\text{元})$

应用案例 5-4

某工程基础平面图和断面图如图 5.4 所示，土质为普通土，采用挖掘机挖土（大开挖，坑内作业），自卸汽车运土，运距为 500m，试计算该基础土石方工程量（不考虑坡道挖土），确定定额项目。

解：

（1）计算挖土方总体积。

基坑底面积 $S_{底}=(a+2c)\times(b+2c)=(3.3\times3+1.24)\times(5.4+1.24)\approx73.97(\text{m}^2)$

基坑顶面积 $S_{顶}=(a+2c+2kH)\times(b+2c+2kH)=(3.3\times3+1.24+2\times0.33\times1.5)\times(5.4+1.24+2\times0.33\times1.5)\approx92.55(\text{m}^2)$

挖土方总体积 $V=(a+2c)\times(b+2c)\times h+\dfrac{H}{3}\times(S_{底}+S_{顶}+\sqrt{S_{底}\times S_{顶}})=73.97\times0.2+1.5/3\times(73.97+92.55+\sqrt{73.97\times92.55})\approx139.42(\text{m}^3)$

（2）计算挖掘机挖土、自卸汽车运土方工程量 $=139.42\times95\%\approx132.45(\text{m}^3)$

套用定额 1-3-14

定额基价 $=112.29(\text{元}/10\text{m}^3)$

故定额直接工程费 $=\dfrac{132.45}{10}\times112.29\approx1487.28(\text{元})$

（3）计算人工挖土方工程量 $=139.42\times5\%\approx6.97(\text{m}^3)$

套用定额 1-2-1，人工挖土方 2m 以内普通土

定额基价 $=173.28\times2=346.56(\text{元}/10\text{m}^3)$

故定额直接工程费 $=\dfrac{6.97}{10}\times346.56\approx241.55(\text{元})$

（4）计算人工装车工程量 $=6.97(\text{m}^3)$

套用定额 1-2-56，人工装车

定额基价 $=118.56(\text{元}/10\text{m}^3)$

故定额直接工程费 $=\dfrac{6.97}{10}\times118.56\approx82.64(\text{元})$

（5）计算自卸汽车运土方工程量 $=6.97(\text{m}^3)$

套用定额 1-3-57，自卸汽车运土方，运距 1km 以内

定额基价＝63.64(元/10m³)

故定额直接工程费＝$\frac{6.97}{10}$×63.64≈44.36(元)

特　别　提　示

机械挖土方，应满足设计砌筑基础的要求，其挖土总量的95%，执行机械土方相应定额项目；其余按人工挖土，人工挖土执行相应定额项目时乘以系数2。

应用案例 5－5

某建筑物平面图、1—1剖面图如图5.5所示，墙厚为240mm，试计算人工场地平整工程量，确定定额项目。

解：

(1) 计算$S_底$、$L_外$。

$S_底$＝(3.3×3＋0.24)×(5.4＋0.24)－3.3×0.6≈55.21(m²)

$L_外$＝(3.3×3＋0.24＋5.4＋0.24)×2＝31.56(m)

(2) 计算场地平整工程量S。

$S＝S_底＋L_外×2＋16＝55.21＋31.56×2＋16＝134.33(m²)$

套用定额1－4－1，人工场地平整

定额基价＝47.88(元/10m²)

故定额直接工程费＝$\frac{134.33}{10}$×47.88≈643.17(元)

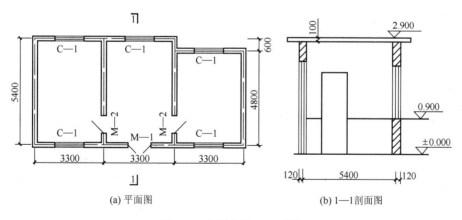

(a) 平面图　　　　　　(b) 1—1剖面图

图5.5　应用案例 5－5 附图

应用案例 5－6

某建筑物平面图、1—1剖面图如图5.5所示，墙厚为240mm，试计算竣工清理工程量，确定定额项目。

解：

竣工清理工程量$V＝S_底×2.9＝55.21×2.9≈160.11(m³)$

套用定额1－4－3

定额基价＝12.16(元/10m³)

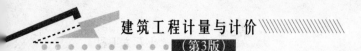

故定额直接工程费 $= \dfrac{160.11}{10} \times 12.16 \approx 194.69$（元）

综合应用案例

某工程基础平面图和柱基详图如图5.6所示，其做法说明如下。

（1）室外标高为 -0.300m；

（2）土壤类别：-1.000m 以上为普通土，以下为坚土；

（3）垫层混凝土 C15(40)，基础混凝土 C25(40)，柱混凝土 C25(40)，假设垫层混凝土体积为 33.67m³，基础混凝土体积为 135.47m³，室外地坪以下柱混凝土体积为 10.0m³；

（4）根据施工组织设计要求，基础土方人工开挖（场内堆放），槽边回填为就地取土、人工夯填，房心回填为场外取土、人工夯填，余土采用人工装车、自卸汽车外运，运距 2km，基坑开挖后原土人工夯实，基底钎探 1 眼/m²。

试计算土方开挖、回填、运输、基底钎探及钎探灌砂工程量，确定定额项目，并采用 2016 年价目表计算定额直接工程费。

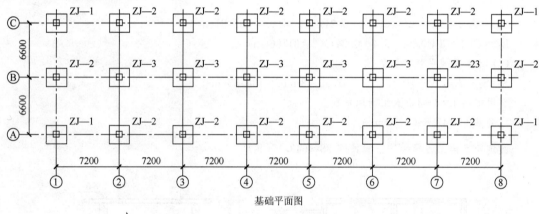

基础平面图

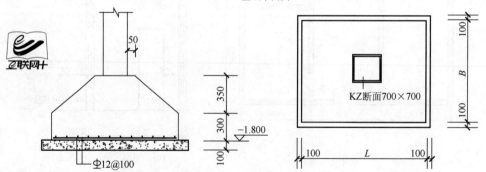

柱基详图(ZJ—1：$L=B=2700$；ZJ—2：$L=B=3600$mm；ZJ—3：$L=B=3900$mm)

图 5.6　应用案例 5-7 附图

解：

（1）计算土方开挖工程量。

① 计算综合放坡系数 $= (0.5 \times 0.7 + 0.3 \times 0.8)/1.5 \approx 0.39$

② $V_{ZJ-1} = \{(2.7 + 0.1 \times 2 + 0.1 \times 2) \times (2.7 + 0.1 \times 2 + 0.1 \times 2) \times 0.1 + \dfrac{1.5}{3} \times$

$[(2.7 + 0.3 \times 2)^2 + (2.7 + 0.3 \times 2 + 2 \times 0.39 \times 1.5)^2 +$

$$\sqrt{(2.7+0.3\times2)^2\times(2.7+0.3\times2+2\times0.39\times1.5)^2}]\}\times4$$

$$\approx(0.96+22.81)\times4\approx95.08(m^3)$$

其中：$V_{ZJ-1坚土}=\{(2.7+0.1\times2+0.1\times2)\times(2.7+0.1\times2+0.1\times2)\times0.1+\dfrac{0.8}{3}\times$

$$[(2.7+0.3\times2)^2+(2.7+0.3\times2+2\times0.39\times0.8)^2+$$

$$\sqrt{(2.7+0.3\times2)^2\times(2.7+0.3\times2+2\times0.39\times0.8)^2}]\}\times4$$

$$\approx(0.96+10.46)\times4\approx45.68(m^3)$$

$V_{ZJ-1普通土}=95.08-45.68=49.40(m^3)$

$V_{ZJ-2}=\{(3.6+0.1\times2+0.1\times2)\times(3.6+0.1\times2+0.1\times2)\times0.1+\dfrac{1.5}{3}\times$

$$[(3.6+0.3\times2)^2+(3.6+0.3\times2+2\times0.39\times1.5)^2+$$

$$\sqrt{(3.6+0.3\times2)^2\times(3.6+0.3\times2+2\times0.39\times1.5)^2}]\}\times14$$

$$\approx(1.6+34.52)\times14\approx505.68(m^3)$$

其中：$V_{ZJ-2坚土}=\{(3.6+0.1\times2+0.1\times2)\times(3.6+0.1\times2+0.1\times2)\times0.1+\dfrac{0.8}{3}\times$

$$[(3.6+0.3\times2)^2+(3.6+0.3\times2+2\times0.39\times0.8)^2+$$

$$\sqrt{(3.6+0.3\times2)^2\times(3.6+0.3\times2+2\times0.39\times0.8)^2}]\}\times14$$

$$\approx(1.6+16.31)\times14\approx250.74(m^3)$$

$V_{ZJ-2普通土}=505.68-250.74=254.94(m^3)$

$V_{ZJ-3}=\{(3.9+0.1\times2+0.1\times2)\times(3.9+0.1\times2+0.1\times2)\times0.1+\dfrac{1.5}{3}\times$

$$[(3.9+0.3\times2)^2+(3.9+0.3\times2+2\times0.39\times1.5)^2+$$

$$\sqrt{(3.9+0.3\times2)^2\times(3.9+0.3\times2+2\times0.39\times1.5)^2}]\}\times6$$

$$\approx(1.85+38.96)\times6\approx244.86(m^3)$$

其中：$V_{ZJ-3坚土}=\{(3.9+0.1\times2+0.1\times2)\times(3.9+0.1\times2+0.1\times2)\times0.1+\dfrac{0.8}{3}\times$

$$[(3.9+0.3\times2)^2+(3.9+0.3\times2+2\times0.39\times0.8)^2+$$

$$\sqrt{(3.9+0.3\times2)^2\times(3.9+0.3\times2+2\times0.39\times0.8)^2}]\}\times6$$

$$\approx(1.85+18.55)\times6\approx122.40(m^3)$$

$V_{ZJ-3普通土}=244.86-122.40=122.46(m^3)$

③ 工程量汇总。

$V_{总}=95.08+505.68+244.86=845.62(m^3)$

$V_{坚土}=45.68+250.74+122.40=418.82(m^3)$

套用定额 1-2-18

定额基价＝543.88(元/10m³)

$V_{普通土}=49.40+254.94+122.46=426.80(m^3)$

套用定额 1-2-16

定额基价＝272.56(元/10m³)

（2）计算土方回填工程量。

$V_{回填}=V_{挖方总}-V_{垫层、基础、柱}=845.62-(33.67+135.47+10.0)=666.48(m^3)$

套用定额 1-4-12

定额基价＝152.66(元/10m³)

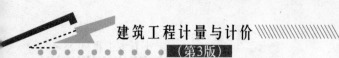

（3）计算土方外运工程量。

$V_{土方外运} = V_{挖方总} - V_{回填} \times 1.15 = 845.62 - 666.48 \times 1.15 \approx 79.17(m^3)$

人工装车，套用定额 1-2-56

定额基价＝118.56（元/10m³）

自卸汽车运土方

套用定额 1-3-57（运距 1km 以内）

定额基价＝63.64（元/10m³）

套用定额 1-3-58（每增运 1km）

定额基价＝10.95（元/10m³）

（4）钎探工程量＝(0.96×4＋1.6×14＋1.85×6)/0.1×1≈374（眼）

套用定额 1-4-4

定额基价＝86.64（元/10 眼）

（5）钎探灌砂工程量＝374（眼）

套用定额 1-4-17

定额基价＝2.63（元/10 眼）

（6）计算定额直接工程费，见表 5-8。

表 5-8 定额直接工程费计算表

序号	定额编号	项目名称	单位	工程量	省定额价/元	
					基价（除税）	合价
1	1-2-18	人工挖地坑坚土深 2m 内	10m³	41.882	543.88	22778.78
2	1-2-16	人工挖地坑普通土深 2m 内	10m³	42.68	272.56	11632.86
3	1-4-12	槽、坑人工夯填土	10m³	66.648	152.66	10174.48
4	1-2-56	人工装车土方	10m³	7.917	118.56	938.64
5	1-3-57	自卸汽车运土方 1km 内	10m³	7.917	63.64	503.84
6	1-3-58	自卸汽车运土方增运 1km	10m³	7.917	10.95	86.69
7	1-4-4	基底钎探	10 眼	37.4	86.64	3240.34
8	1-4-17	钎探灌砂	10 眼	37.4	2.63	98.36
		省价直接工程费合计	元			49453.99

知 识 链 接 ●●

基底钎探工程量计算规定：

沟槽、地坑、大开挖基底钎探个数计算应以施工组织设计为准。做预算或编制招标控制价（招标标底）无施工组织设计时，可依槽底宽为准进行计算，即：

（1）槽底宽 1m 以内每米槽长打 1 个钎；

（2）槽底宽 2m 以内每米槽长打 3 个钎；

（3）槽底宽 3m 以内每米槽长打 7 个钎；

（4）槽底宽 4m 以内每米槽长打 9 个钎；

（5）槽底宽 5m 以内每米槽长打 11 个钎；

（6）如为全部大开挖的基础坑底，可按沿建筑物外墙外边线每 1.5m 打 1 个，建筑物坑底两个方向打钎个数的乘积即为打钎个数。

本章小结

通过本章的学习，要求学生掌握以下内容。

（1）本章的土壤及岩石分为普通土、坚土、松石、坚石四大类。

（2）单独土石方定额，包括人工挖土方、推土机推土方、装载机装运土方、铲运机铲运土方、挖掘机挖土自卸汽车运土方、石方爆破及石渣清运、回填及碾压七项内容，适用于自然地坪与设计室外地坪之间，且挖方或填方工程量大于 5000m^3 的土石方工程。

（3）人工土石方定额，包括人工挖土方、人工挖冻土、人工挖沟槽、人工挖地坑、人工挖桩孔、人工凿岩石、人工修整爆破后基底与边坡、人工运土方、人工清运石渣及人工装车十项内容。

（4）机械土石方定额，包括推土机推土方、装载机装运土方、铲运机铲运土方、挖掘机挖土方、挖掘机挖土自卸汽车运土方、人工打孔爆破岩石、机械打孔爆破岩石、控制爆破岩石、静力爆破岩石、机械破碎岩石、机械清运石渣、机械装车、机械翻斗车运土石方、拖拉机运土石方、自卸汽车运土石方、垂直运输土石方、运输钻孔桩泥浆十七项内容。

（5）其他定额，包括场地平整与竣工清理、打夯与碾压及回填三项内容。

（6）能够熟练地掌握单独土石方、人工土石方及机械土石方工程量的计算规则，并能正确地套用定额项目。

习题

一、选择题

1．采取降水措施后，地下常水位以下的挖土，执行挖干土相应定额项目，人工乘以系数（　　）。

    A．1.1　　　　　　　B．1.2　　　　　　　C．1.3

2．挖掘机在垫板上作业时，相应定额的人工、机械乘以系数（　　）。挖掘机下的垫板、汽车运输道路上需要铺设的材料，实际施工中遇到时，其人工和材料均按实另行计算。

    A．1.2　　　　　　　B．1.25　　　　　　C．1.3

3．槽底宽度3m以内，且槽长大于3倍槽宽的为（　　）。

    A．地坑　　　　　　　B．沟槽　　　　　　C．一般土石方

4．混凝土基础工作面宽度为（　　）m。

    A．0.15　　　　　　　B．0.2　　　　　　　C．0.3

5．当土类为单一土质，普通土开挖深度大于（　　）m，坚土开挖深度大于（　　）m时，允许放坡。

    A．1.2　　　　　　　B．1.5　　　　　　　C．1.7

6．铸铁给水管道接口处的土方工程量，应按铸铁管道沟槽全部土方工程量增加（　　）计算。

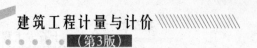

A. 2%　　　　　　　　B. 2.5%　　　　　　　　C. 5%

7. 场地平整按建筑物（构筑物）首层结构外边线，每边各加（　　）m计算。

A. 2　　　　　　　　　B. 2.5　　　　　　　　C. 3

8. 余土运输体积等于挖土总体积减去回填土（　　）总体积。

A. 松填　　　　　　　　B. 天然密实　　　　　　　　C. 夯填

二、简答题

1. 什么是单独土石方？

2. 机械挖土方的工程量应该怎样计算？

3. 土石方的开挖、运输、回填的体积是按什么状态确定的？

4. 基础土石方、沟槽、地坑是怎样划分的？

5. 土方开挖的放坡深度和放坡系数定额是怎样规定的？

6. 挖沟槽的工程量是怎样计算的？

7. 如何计算回填土工程量？

8. 如何计算竣工清理工程量？

三、案例分析

1. 某墙下钢筋混凝土条形基础平面图及断面图如图5.1所示，垫层为混凝土，基础埋深范围内，距离室外地坪0.6m处遇到了地下水，在开挖沟槽时，如果采用人工挖土，土质为普通土，试计算挖土方工程量，确定定额项目。

2. 某工程基础平面图和断面图如图5.7所示，土质为普通土，采用挖掘机挖土，自卸汽车运土（大开挖，坑内作业），运距为1km，试计算该基础土石方工程量，确定定额项目。

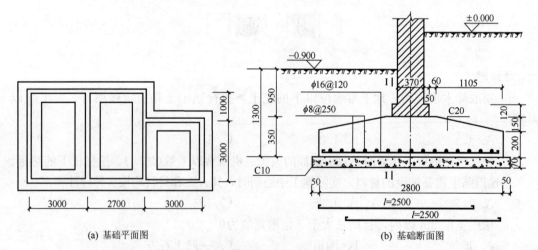

(a) 基础平面图　　　　　　　　　　(b) 基础断面图

图5.7　案例分析2附图

3. 某工程建筑物平面图如图5.8所示，试计算人工场地平整工程量，确定定额项目。

4. 某工程建筑平面图和1—1剖面图如图5.9所示，试计算竣工清理工程量，确定定额项目。

5. 计算如图5.7所示工程房心回填土工程量（假定地面垫层及面层厚度为100mm），确定定额项目。

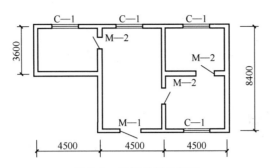

图 5.8　案例分析 3 附图

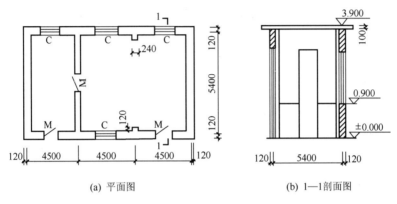

(a) 平面图　　　　　(b) 1—1剖面图

图 5.9　案例分析 4 附图

第 6 章

地基处理与防护工程

教学目标

正确理解定额说明及工程量的计算规则；熟练掌握垫层、填料加固、各种桩基础、强夯、防护及基坑排水与降水工程量的计算与定额套项。

教学要求

能力目标	知识要点	相关知识	权重
掌握垫层、填料加固工程量的计算与正确套用定额项目	地面垫层、基础垫层、填料加固工程量的计算	定额说明；垫层的种类	0.4
掌握桩基础工程工程量的计算与正确套用定额项目	各种桩基础工程量的计算	预制桩、灌注桩、灰土桩、砂石桩、水泥桩、接桩、截桩等	0.3
掌握强夯、防护、基坑、排水与降水工程量的计算与正确套用定额项目	定额说明；工程量的计算规则	夯击能量、夯点密度；各种支护结构；排水与降水的方法	0.3

某工程基础平面图与断面图如图6.1所示,试考虑在计算混凝土垫层工程量时,可以用到哪些基数?在套用定额项目时,定额是按地面垫层编制的,定额中没有相对应的基础垫层,应该如何处理?

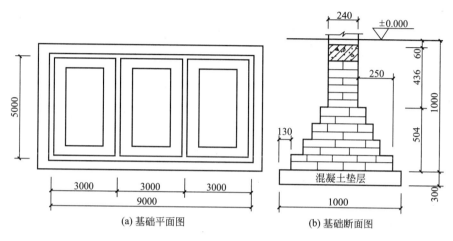

图 6.1　引例附图

6.1　地基处理与防护工程定额说明

本章包括垫层、填料加固、桩基础、强夯、防护、排水与降水六项内容。

(1) 垫层定额是按地面垫层编制。若为基础垫层,人工、机械分别乘以下列系数:条形基础乘以1.05;独立基础乘以1.10;满堂基础乘以1.00。

(2) 填料加固定额用于软弱地基挖土后的换填材料加固工程。

知 识 链 接 ··

填料加固与垫层的区别

垫层:平面尺寸比基础略大(一般≤200mm),总体厚度较填料加固小(一般≤500mm),垫层与槽(坑)边有一定的间距(不呈满填状态);

填料加固:用于软弱地基整体或局部大开挖后的换填,其平面尺寸由建筑物地基的整体或局部尺寸,以及地基的承载力决定,总体厚度较大(一般>500mm),一般呈满填状态。

灰土垫层及填料加固夯填灰土就地取土时,应扣除灰土配合比中的黏土。

爆破岩石增加垫层的工程量,按现场实测结果计算。

··

(3) 桩基础工程按设计桩长,确定其工程类别,执行相应的费率。桩基础工程应单独编制工程预、结算。

① 单位工程的桩基础工程量在表6-1数量以内时,相应定额人工、机械乘以小型工程系数1.05。

表 6-1　小型工程系数表

项　　目	单位工程的工程量
预制钢筋混凝土桩	100m³
灌注桩	60m³
钢工具桩	50t

② 打桩工程按陆地打垂直桩编制。设计要求打斜桩时，斜度小于 1：6 时，相应定额人工、机械乘以系数 1.25；斜度大于 1：6 时，相应定额人工、机械乘以系数 1.43。

特 别 提 示

如图 6.2 所示，斜度 d/h 表示在竖直方向上，每前进单位高度所偏离的水平距离。

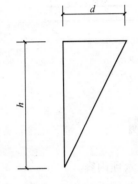

图 6.2　斜度示意图

③ 桩间补桩或在强夯后的地基上打桩时，相应定额人工、机械乘以系数 1.15。

④ 打试验桩时，相应定额人工、机械乘以系数 2.00。

⑤ 预制钢筋混凝土桩工程预、结算的主要内容，除打(压)桩执行本章相应项目，另外：

a. 预制钢筋混凝土桩成品桩体的费用，按双方认可的价格列入；现场预制钢筋混凝土桩(包括桩体混凝土、混凝土搅拌、模板、钢筋及其连接铁件、场外运输等)，执行消耗量定额第 4 章及第 10 章相应项目。

b. 预制钢筋混凝土桩在桩位半径 15m 范围内的移动、起吊和就位，已包括在打桩项目内。超过 15m 时的场内运输，执行消耗量定额第 10 章构件运输 1km 项目。

c. 预制钢筋混凝土桩的桩长，应按设计规定确定。预制钢筋混凝土桩截桩，长度≤1m 时，不扣减打桩工程量；长度>1m 时，其超过 1m 以外部分按实扣减打桩工程量，但不应扣减桩体及其场内运输工程量。

d. 预制钢筋混凝土桩的截桩不包括凿桩头，截桩和凿桩头均不包括桩头钢筋的整理，桩头钢筋的整理，按所整理的桩的根数计算。

预制混凝土桩凿桩头，按桩体高 40d(d 为桩体主筋直径，主筋直径不同时取大者)乘以桩体断面面积，以立方米计算。灌注混凝土桩凿桩头，设计无规定时，其工程量按桩体断面面积乘以 0.5m，以立方米计算。

e. 本章不包括静测、动测的测桩项目，测桩只能计列一次，实际发生时，按合同约定价格计入。

⑥ 打送桩时，相应定额人工、机械乘以表 6-2 系数。预制混凝土桩的送桩深度，按设计送桩深度另加 0.5m 计算。

⑦ 灌注桩已考虑了桩体充盈部分的消耗量，其中灌注砂、石桩还包括级配密实的消耗量。

表 6-2 送桩深度系数表

送桩深度	系　数
2m 以内	1.12
4m 以内	1.25
4m 以外	1.50

【参考图文】

人工挖孔灌注混凝土桩桩壁和桩芯子目,定额未考虑混凝土的充盈因素。人工挖孔的桩孔侧壁需要充盈时,桩壁混凝土的充盈系数按 1.25 计算;灌注混凝土桩无桩壁,直接用桩芯混凝土填充桩孔时,充盈系数按 1.1 计算。

特别提示

灌注混凝土桩的混凝土搅拌、钢筋及连接铁件等,执行消耗量定额第 4 章及相应项目。

螺旋钻机钻孔桩土方的场内运输、回旋钻机钻孔桩的泥浆运输、人工挖孔桩的人工挖桩孔,以及土方的场内运输等,执行消耗量定额第 1 章的相应项目。

打孔灌注桩的桩尖,如使用活瓣桩尖,不另计费用;如使用成品桩尖,按双方确定的价格列入;如采用现场预制,混凝土桩尖执行消耗量定额第 4 章小型构件及相应项目。

灌注混凝土桩不考虑截桩的情况,凿桩头及桩头钢筋整理,同预制钢筋混凝土桩。

⑧ 现场制作的钢工具桩,其制作执行消耗量定额第 7 章金属结构制作工程中钢桩制作相应子目;成品进场的钢工具桩,其单价应包括桩体、除锈、刷油和进出场费等有关费用。钢工具桩在桩体半径 15m 范围内的移动、起吊和就位,已包括在打桩项目中,超过 15m 时的场内运输,按消耗量定额第 10 章 10.3 节构件运输 1km 以内子目的相应规定计算。

(4) 强夯定额中每百平方米夯点数,指设计文件规定单位面积内的夯点数量。

(5) 挡土板定额分为疏板和密板。疏板是指间隔支挡土板,且板间净空小于 150cm 的情况;密板是指满支挡土板或板间净空小于 30cm 的情况。

(6) 排水与降水。

① 抽水机集水井排水定额,以每台抽水机工作 24h 为一台日。

② 井点降水分为轻型井点、喷射井点、大口径井点、水平井点、电渗井点和射流泵井点。井管间距应根据地质条件和施工降水要求,依施工组织设计确定。施工组织设计无规定时,可按轻型井点管距 0.8~1.6m、喷射井点管距 2~3m 确定。

特别提示

井点设备使用套的组成如下:轻型井点 50 根/套;喷射井点 30 根/套;大口径井点45 根/套;水平井点 10 根/套;电渗井点 30 根/套。

井点设备的使用,以每昼夜 24h 为一台日,其中 1 台日等于 3 台班。

(7) 其他。

① 灌注混凝土桩的钢筋笼、防护工程的钢筋锚杆制作安装,均按相应章节的有关规定执行。

② 本章所有混凝土项目，均未包括混凝土搅拌，如垫层、填料加固、喷射混凝土护坡等，实际发生时，按消耗量定额第 4 章的相应规定，另行计算。

③ 本章未包括锚喷使用的脚手架费用，实际发生时，根据施工组织设计的规定，按消耗量定额第 10 章的相应规定，另行计算。

④ 本章未包括大型机械进出场、安拆及场外运输费用（如打桩机械、强夯机械、锚喷中的钻孔机械等），实际发生时，按"定额综合解释"第十章第五节的相应规定，另行计算。

6.2　地基处理与防护工程量计算规则

6.2.1　垫层

（1）地面垫层按室内主墙间净面积乘以设计厚度，以立方米计算。计算时应扣除凸出地面的构筑物、设备基础、室内铁道、地沟，以及单个面积在 0.3m² 以上的孔洞、独立柱等所占体积；不扣除间壁墙、附墙烟囱、墙垛，以及单个面积在 0.3m² 以内的孔洞等所占体积，门洞、空圈、暖气壁龛等开口部分也不增加。

地面垫层工程量：

$$V_{地面垫层}=[S_{房}-独立柱面积-\sum(构筑物、设备基础、地沟等面积)]×垫层厚度$$

其中

$$S_{房}=S_{底}-\sum(L_{中}×外墙厚)-\sum(L_{内}×内墙厚)$$

（2）基础垫层按下列规定，以立方米计算。

① 条形基础垫层，外墙按外墙中心线长度、内墙按其设计净长度乘以垫层平均断面面积计算。柱间条形基础垫层，按柱基垫层之间的设计净长度计算。

条形基础垫层工程量：

$$V_{基础垫层}=\sum(L_{中}×垫层断面积)+\sum(L_{净}×垫层断面积)$$

② 独立基础垫层和满堂基础垫层，按设计图示尺寸乘以平均厚度计算。

6.2.2　填料加固

填料加固按设计尺寸，以立方米计算。

6.2.3　桩基础

（1）预制钢筋混凝土桩按设计桩长（包括桩尖）乘以桩断面面积，以立方米计算。管桩的空心体积应扣除，如按设计要求加注填充材料时，填充部分另按相应规定计算。

（2）打孔灌注混凝土桩、钻孔灌注混凝土桩，按设计桩长（包括桩尖，设计要求入岩时，包括入岩深度）另加 0.5m，乘以设计桩外径截面积，以立方米计算。

灌注桩混凝土工程量：

$$V_{桩}=(L+0.5)×3.14×\frac{D^2}{4}$$

打孔灌注混凝土桩设计桩外径，是指打孔钢管的钢管箍外径。

（3）夯扩成孔灌注混凝土桩，按设计桩长增加 0.3m，乘以设计桩外径截面积，另加设计夯扩混凝土体积 $V_{扩}$，以立方米计算。

夯扩成孔灌注桩工程量：

$$V_{桩}=(L+0.3)\times 3.14\times \frac{D^2}{4}+V_{扩}$$

（4）人工挖灌注混凝土桩的桩壁和桩芯，分别按设计尺寸以立方米计算。标准圆形断面，如图 6.3 所示。

桩壁混凝土工程量：

$$V_{桩壁}=H_{桩壁}\times 3.14\times \frac{D^2}{4}-H_{桩芯}\times 3.14\times \frac{d^2}{4}$$

桩芯混凝土工程量：

$$V_{桩芯}=H_{桩芯}\times 3.14\times \frac{d^2}{4}$$

（5）灰土桩、砂石桩、水泥桩，均按设计桩长（包括桩尖）乘以设计桩外径截面积，以立方米计算。

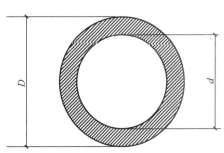

图 6.3　人工挖灌注混凝土桩断面

（6）电焊接桩按设计要求接桩的根数计算。硫磺胶泥接桩按桩断面积，以平方米计算。桩头钢筋整理按所整理的桩的根数计算。

6.2.4　强夯

地基强夯区别不同夯击能量和夯点密度，按设计图示夯击范围，以平方米计算；设计无规定时，按建筑物基础外围轴线每边各加 4m，以平方米计算。

夯击能量$(t\cdot m)$＝重锤质量$(t)\times$重锤落差(m)。

夯击密度$(夯点/100m^2)$＝$\dfrac{设计夯击范围内的夯点个数}{夯击范围(m^2)}\times 100$。

夯击击数是指强夯机械就位后，夯锤在同一夯点上下夯击的次数（落锤高度应满足设计夯击能量的要求，否则按低锤满拍计算）。

低锤满拍工程量＝设计夯击范围。

地基强夯工程量＝设计图示面积；设计无规定时，地基强夯工程量＝$S_{轴包}+L_{外轴}\times 4+4\times 16(m^2)$。

6.2.5　防护

（1）挡土板按施工组织设计规定的支挡范围，以平方米计算。

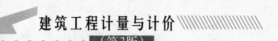
（2）钢工具桩按桩体重量，以吨计算。未包括桩体制作、除锈和刷油。安、拆导向夹具，按设计图示长度，以米计算。

（3）砂浆土钉防护、锚杆机钻孔防护（不包括锚杆），按施工组织设计规定的钻孔入土（岩）深度，以米计算。喷射混凝土护坡区分土层与岩层，按施工组织设计规定的防护范围，以平方米计算。

6.2.6　排水与降水

排水与降水项目，根据"费用项目构成及计算规则"的规定，属施工技术措施项目。编制预、结算时，排水与降水项目应该与消耗量定额第 10 章一起合并为施工技术措施项目。

（1）抽水机基底排水分不同排水深度，按设计基底面积，以平方米计算。

（2）集水井按不同成井方式，分别以施工组织设计规定的数量，以座或米计算。抽水机集水井排水按施工组织设计规定的抽水机台数和工作天数，以台日计算。

特 别 提 示

每台抽水机工作 24h 为一台日。

（3）井点降水区分不同的井管深度，其井管安拆，按施工组织设计规定的井管数量，以根计算；设备使用按施工组织设计规定的使用时间，以每套使用的天数计算。

6.3　地基处理与防护工程量计算与定额应用

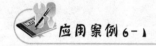

应用案例 6-1

某工程基础平面图及断面图如图 6.4 所示，地面为水泥砂浆地面，100 厚 C15 混凝土垫层；基础为 M10.0 水泥砂浆砌筑砖基础。计算垫层工程量，确定定额项目。

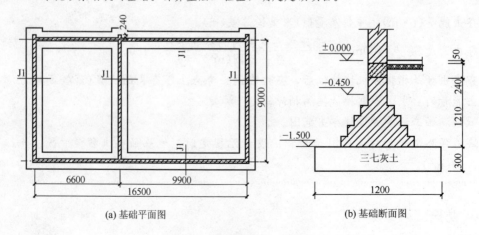

(a) 基础平面图　　　　(b) 基础断面图

图 6.4　应用案例 6-1 附图

解：

(1) 计算地面垫层工程量。

$V_{地面垫层} = (16.5 - 0.24 \times 2) \times (9.00 - 0.24) \times 0.10 \approx 14.03(m^3)$

套用定额2-1-13，C15素混凝土地面垫层

定额基价 $= 2485.25(元/10m^3)$

定额直接工程费 $= \dfrac{14.03}{10} \times 2485.25 \approx 3486.81(元)$

(2) 计算条形基础3:7灰土垫层工程量。

$V_{基础垫层} = 1.2 \times 0.30 \times [(9.00 + 16.5) \times 2 + 0.24 \times 3] + 1.20 \times 0.30 \times (9.00 - 1.20) \approx 21.43(m^3)$

套用定额2-1-1(换)，条形基础3:7灰土垫层

定额价格 $= 1435.59 + (636.12 + 10.46) \times 0.05 \approx 1467.92(元/10m^3)$

定额直接工程费 $= \dfrac{21.43}{10} \times 1467.92 \approx 3145.75(元)$

（ 特 别 提 示 ） ··

条形基础垫层套用定额时人工、机械分别乘以系数1.05。

··

 应用案例 6-2

某建筑物基础采用预制钢筋混凝土桩，设计混凝土桩170根，将桩送至地面以下0.6m，桩尺寸如图6.5所示。计算打桩工程量，打送桩工程量，确定定额项目。

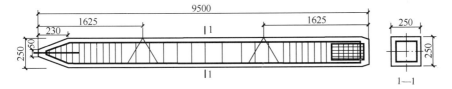

图6.5 应用案例6-2附图

解：

(1) 计算打桩工程量。

$V = S \times L \times N = 0.25 \times 0.25 \times 9.5 \times 170 \approx 100.94(m^3)$

套用定额2-3-1，打混凝土预制方桩12m内

定额基价 $= 2102.82(元/10m^3)$

定额直接工程费 $= \dfrac{100.94}{10} \times 2102.82 \approx 21225.87(元)$

(2) 计算打送桩工程量。

送桩深度 = 设计送桩深度 + 0.50 = 1.1(m)

送桩工程量 $= 0.25 \times 0.25 \times 1.1 \times 170 \approx 11.69(m^3)$

套用定额2-3-1-6，打混凝土方桩12m内(送桩2m内)

定额基价 $= 2102.82 + (603.44 + 1450.18) \times 0.12 \approx 2349.25(元/10m^3)$

定额直接工程费 $= \dfrac{11.69}{10} \times 2349.25 \approx 2746.27(元)$

特别提示

预制混凝土桩的送桩深度，按设计送桩深度另加 0.5m 计算。

打送桩时，相应定额人工、机械乘以系数 1.12（2m 以内）。

应用案例 6-3

如图 6.6 所示，自然地面标高 −0.300m，设计桩顶标高 −2.800m，设计桩长（包括桩尖）17.6m。设计 C30 预制钢筋混凝土桩共 79 根，采用硫磺胶泥接桩。计算打桩、送桩与接桩的工程量，确定定额项目。

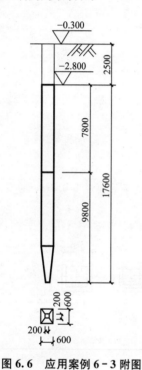

图 6.6 应用案例 6-3 附图

解：

（1）计算打桩工程量。

$V = 0.6 \times 0.6 \times 17.6 \times 79 = 500.54 (\text{m}^3)$

套用定额 2-3-2，打混凝土方桩 18m 内

定额基价 = 1918.68（元/10m³）

定额直接工程费 = $\dfrac{500.54}{10} \times 1918.68 \approx 96037.61$（元）

（2）计算送桩工程量。

$V = 0.6 \times 0.6 \times (2.5 + 0.5) \times 79 = 85.32 (\text{m}^3)$

套用定额 2-3-2-7，打混凝土方桩 18m 内（送桩 4m 内）

定额基价 = $1918.68 + (405.84 + 1463.64) \times 0.25 \approx 2386.05$（元/10m³）

定额直接工程费 = $\dfrac{85.32}{10} \times 2386.05 \approx 20357.78$（元）

（3）计算接桩工程量。

$S = 0.6 \times 0.6 \times 79 = 28.44 (\text{m}^2)$

套用定额 2-3-63，预制钢筋混凝土桩接桩硫磺胶泥

定额基价 = 25412.64（元/10m²）

定额直接工程费 = $\dfrac{28.44}{10} \times 25412.64 \approx 72273.55$（元）

应用案例 6-4

某工程地基，设计要求强夯处理，强夯面积为 1200m²。要求夯击能量为 200t·m，每百平方米内夯击点为 22，每点位 5 击。计算强夯工程量，确定定额项目。

解：

$S = 1200 (\text{m}^2)$

夯击能 200t·m 以内，23 夯点以内，每点 4 击，套用定额 2-4-14

定额基价 = 1743.84（元/100m²）

定额直接工程费 = $\dfrac{1200}{100} \times 1743.84 = 20926.08$（元）

夯击能 200t·m 以内，23 夯点以内，每增减 1 击，套用定额 2-4-15

定额基价$=319.28(元/100m^2)$

定额直接工程费$=\dfrac{1200}{100}\times319.28=3831.36(元)$

 应用案例6-5

某工程采用轻型井点降水，降水范围长为75m，宽为16m，井点间距4.0m，降水40d。计算轻型井点降水工程量，确定定额项目。

解：

(1) 井管安装、拆除工程量$=(75+16)\times2\div4.0\approx46(根)$

井管安装、拆，套用定额2-6-12

定额基价$=2560.52(元/10根)$

定额直接工程费$=\dfrac{46}{10}\times2560.52\approx11778.39(元)$

(2) 设备使用套数$=46\div50\approx1(套)$

设备使用工程量$=1\times40=40(套·天)$，套用定额2-6-13

定额基价$=1394.90(元/套·天)$

定额直接工程费$=40\times1394.90=55796.00(元)$

 应用案例6-6

某工程降水范围长为40m，宽为25m，施工组织设计采用大口径井点降水，环形布置，井点间距5m，抽水时间45天。计算大口径井点降水工程量，确定定额项目。

解：

(1) 井管数量$=(40+25)\times2\div5=26(根)$

井管安、拆，套用定额2-6-22

定额基价$=45722.01(元/10根)$

定额直接工程费$=\dfrac{26}{10}\times45722.01\approx118877.23(元)$

(2) 设备套数$=26\div45\approx1(套)$

设备使用工程量$=1\times45=45(套·天)$

设备使用，套用定额2-6-23

定额基价$=2574.94(元/套·天)$

定额直接工程费$=45\times2574.94=115872.30(元)$

本章小结

通过本章的学习，要求学生掌握以下内容。

(1) 垫层、填料加固、桩基础、强夯、防护及排水和降水等项目的定额说明。

(2) 定额中垫层是按地面垫层编制的，计算基础垫层时，人工、机械的消耗量要进行相应的换算。

(3) 垫层、填料加固、桩基础、强夯、防护及排水和降水等项目工程量的计算规则。

其中填料加固和地基强夯按照设计要求进行计算；桩基础要按照设计和定额有关规定计算；防护工程和排水、降水按照施工组织设计和定额有关规定计算。

习 题

一、选择题

1. 条形基础垫层在套用定额垫层项目时，人工、机械应乘以（ ）进行调整。
   A. 1.05　　　　　 B. 1.10　　　　　 C. 1.08　　　　　 D. 1.15

2. 计算地面垫层时，应扣除的体积有（ ）。
   A. 凸出地面的构筑物　　　　　　 B. 室内的地沟
   C. 设备基础　　　　　　　　　　 D. 墙垛

3. 打（钻）孔灌注混凝土桩的工程量，是按设计桩长另加（ ）m，乘以设计桩外径截面积计算。
   A. 0.3　　　　　 B. 0.4　　　　　 C. 0.5　　　　　 D. 0.6

4. 计算下列各桩的工程量，不是用设计桩长（包括桩尖）乘以设计桩外径截面积的是（ ）。
   A. 预制钢筋混凝土桩　　　　　　 B. 夯扩成孔灌注桩
   C. 灰土桩　　　　　　　　　　　 D. 水泥桩

5. 打孔灌注混凝土桩、钻孔灌注混凝土桩，按设计桩长（包括桩尖，设计要求入岩时，包括入岩深度）另加（ ）m，乘以设计桩外径截面积，以立方米计算。
   A. 0.5　　　　　 B. 0.3　　　　　 C. 0.6　　　　　 D. 1

二、简答题

1. 什么是送桩？其工程量如何计算？
2. 什么是接桩？其工程量如何计算？
3. 单位工程的桩基础工程量小于多少即属于小型工程？
4. 条形基础垫层的工程量应如何计算？
5. 预制混凝土桩的工程量应如何计算？
6. 地基强夯工程量应如何计算？
7. 施工排水与降水工程量应如何计算？

三、案例分析

1. 某工程基础平面图与断面图如图 6.1 所示，如果基础垫层为 C15 混凝土，试计算基础垫层工程量，确定定额项目；如果地面垫层为 C20 混凝土，厚度为 60mm，试计算地面垫层工程量，确定定额项目。

2. 某建筑物基础采用预制钢筋混凝土方桩 60 根，将桩送至地面以下 1m 处，桩长 30m（包括桩尖），桩的断面尺寸为 500mm×500mm。计算打桩工程量，打送桩工程量，确定定额项目。

第 7 章

砌 筑 工 程

❀ 教学目标

　　了解砖砌体、石砌体、轻质砖和砌块、轻质墙板等砌筑的常用材料、做法及相关知识；掌握基础、墙体及其他砌筑工程工程量的计算规则；学会正确套用相应定额项目。

❀ 教学要求

能力目标	知识要点	相关知识	权重
掌握基础砌筑工程量的计算规则和定额套项	基础砌筑工程量的计算规则；定额说明	定额中基础砌筑包括的内容；基础与墙身的划分界限、大放脚的概念	0.4
掌握墙体砌筑工程量的计算规则和定额套项	墙体砌筑工程量的计算规则；定额说明	定额中墙体砌筑包括的内容；内、外墙高度和长度的界定	0.4
掌握其他砌筑项目工程量的计算规则和定额套项	其他砌筑工程量的计算规则；定额说明	定额中其他砌筑包括的内容；砖平碹、平砌砖过梁的概念	0.2

导 入 案 例

某建筑物平面图和墙身详图如图7.1所示，层高3.3m，M2.5混浆砌筑混水砖墙，内外墙墙厚240mm，M1：1000mm×2400mm，M2：1200mm×2400mm，C1：1500mm×1500mm，C2：1800mm×1500mm，门窗上安装钢筋混凝土过梁，过梁断面为240mm×240mm，根据所学知识，计算墙体工程量。在计算过程中，考虑墙体的砌筑体积和门窗、过梁体积之间有什么样的扣减关系？

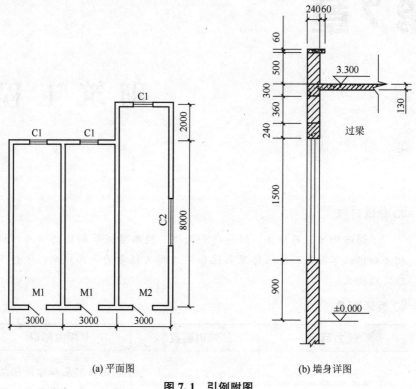

(a) 平面图　　　　　　　　(b) 墙身详图

图7.1　引例附图

7.1　砌 筑 工 程 定 额 说 明

本章共包括砌砖、砌石、砌块、轻质墙板四部分内容，如图7.2所示。

7.1.1　砌砖、砌石和砌块

（1）砌筑砂浆的强度等级、砂浆的种类，设计与定额不同时可以换算，消耗量不变。

（2）定额中砖规格是按240mm×115mm×53mm标准砖编制的，空心砖、多孔砖、砌块规格是按常用规格编制的，轻质墙板选用常用材质和板型编制的。设计采用非标准砖、非常用规格砌筑材料，与定额不同时可以换算，但每定额单位消耗量不变。轻质墙板的材质、板型设计等，与定额不同时可以换算，但定额消耗量不变。

●（特）（别）（提）（示）

（1）多孔砖墙、空心砖墙和空心砌块墙，按相应规定计算墙体外形体积，不扣除砌体材料中的孔洞和空心部分的体积。

（2）砌筑材料的规格，设计与定额不同时，可以换算，但消耗量不变，系指定额材料块数折合体积与定额砂浆体积的总体积不变。

（3）砌轻质砖和砌块子目，若实际掺砌普通黏土砖或其他砖（砖璇、砖过梁除外）时，按以下规定执行：

① 已掺砌了普通黏土砖或黏土多孔砖的子目，掺砌砖的种类和规格，设计与定额不同时，可以换算，掺砌砖的消耗量（块数折合体积）及其他均不变。

② 未掺砌砖的子目，按掺砌砖的体积换算，其他不变。掺砌砖执行砖零星砌体子目。

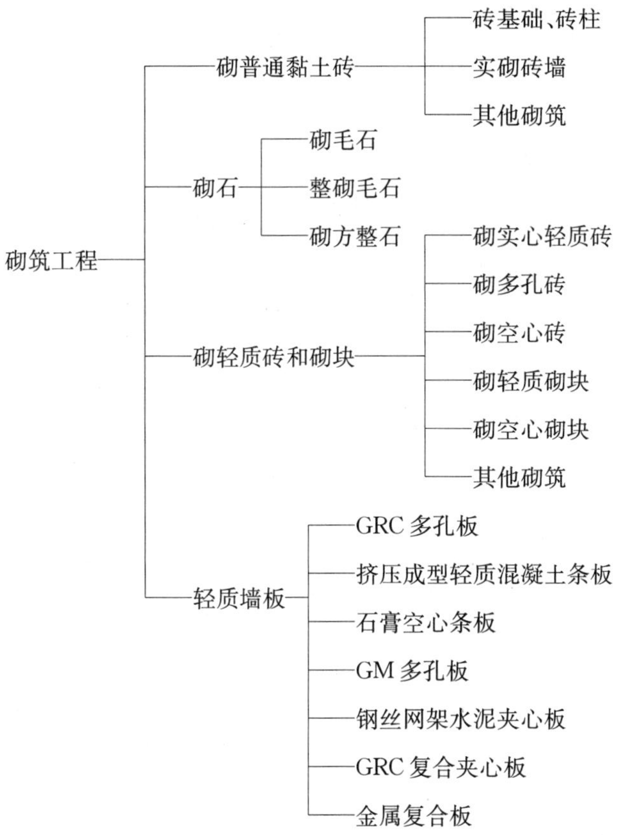

```
砌筑工程
├─ 砌普通黏土砖
│   ├─ 砖基础、砖柱
│   ├─ 实砌砖墙
│   └─ 其他砌筑
├─ 砌石
│   ├─ 砌毛石
│   ├─ 整砌毛石
│   └─ 砌方整石
├─ 砌轻质砖和砌块
│   ├─ 砌实心轻质砖
│   ├─ 砌多孔砖
│   ├─ 砌空心砖
│   ├─ 砌轻质砌块
│   ├─ 砌空心砌块
│   └─ 其他砌筑
└─ 轻质墙板
    ├─ GRC 多孔板
    ├─ 挤压成型轻质混凝土条板
    ├─ 石膏空心条板
    ├─ GM 多孔板
    ├─ 钢丝网架水泥夹心板
    ├─ GRC 复合夹心板
    └─ 金属复合板
```

图 7.2 砌筑工程项目划分

知 识 链 接 7-1

（1）普通黏土砖的用量计算公式：

砖的用量（块/m³）＝2×墙厚砖数÷[墙厚×（砖长＋灰缝）×（砖厚＋灰缝）]×（1＋损耗率）

或

砖的用量（块/m³）＝127×墙厚砖数÷墙厚×（1＋损耗率）

砂浆用量（m³/ m³）＝[1－砖单块体积（m³/块）×砖净用量（块/m³）]×（1＋损耗率）

（2）不同厚度的每立方米砖墙中砖的用量见表 7-1。

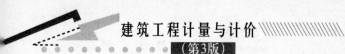

表7-1 不同厚度的每立方米砖墙中砖的用量

墙厚(砖数)	1/4	1/2	3/4	1	1.5	2	2.5	3
墙厚/m	0.053	0.115	0.180	0.240	0.365	0.490	0.615	0.740
净用量	589.98	552.10	529.10	529.10	521.85	518.30	516.20	514.80
定额消耗量	615.85	564.11	551.00	531.40	535.00	530.90	—	—

常见砌筑材料的定额损耗率见表7-2。

表7-2 常见砌筑材料的定额损耗率

材料名称	工程类别	定额损耗率(%)
普通黏土砖	砖基础	0.5
	地面、屋面	1.5
	实砌砖墙	2.0
	矩形砖柱、砖水塔	3.0
	砖烟囱	4.0
	异性砖柱	7.0
毛 石		2.0
轻质砌体	多孔砖	2.0
	加气混凝土砌块	7.0
	轻质混凝土砌块	2.0
	硅酸盐砌块	2.0
	混凝土空心砌块	2.0
	煤渣空心砌块	3.0
砌筑砂浆	砖砌体	1.0
	毛石、方整石	1.0
	多孔砖	10.0
	加气混凝土砌块	2.0
	硅酸盐砌块	2.0

（3）砌砖。

① 砖砌体均包括原浆勾缝用工，加浆勾缝时，按装饰工程相应项目另行计算。

② 黏土砖砌体计算厚度，按表7-3规定计算。

【参考视频】

表7-3 黏土砖砌体计算厚度表

砖数(厚度)	1/4	1/2	3/4	1	1.5	2	2.5	3
计算厚度/mm	53	115	180	240	365	490	615	740

③ 女儿墙按外墙计算，砖垛、附墙烟囱、三皮砖以上的腰线和挑檐等体积，按其外形尺寸并入墙身体积计算。不扣除每个横截面积在 $0.1m^2$ 以下的孔洞所占体积，但洞内的抹灰工程量亦不增加。

④ 零星项目系指小便池槽、蹲台、花台、隔热板下砖墩、石墙砖立边和虎头砖等。

⑤ 2砖以上砖挡土墙执行砖基础项目，2砖以内执行砖墙相应项目。

⑥ 设计砖砌体中的拉结钢筋，按消耗量定额第4章的规定另行计算。

⑦ 多孔砖包括黏土多孔砖和粉煤灰、煤矸石等轻质多孔砖，定额中列出KP型砖和模数砖两种规格，并考虑了不够模数部分由其他材料填充。

⑧ 黏土空心砖按其孔隙率大小分承重型空心砖和非承重型空心砖。

⑨ 空心砖和空心砌块墙中的混凝土芯柱、混凝土压顶及圈梁等，按消耗量定额第4章的规定另行计算。

⑩ 多孔砖、空心砖和砌块，砌筑弧形墙时，人工乘以系数1.10、材料乘以系数1.03。

多孔砖墙、空心砖墙和空心砌块墙，按相应规定计算墙体外形体积，不扣除砌体材料中的孔洞和空心部分的体积。

特 别 提 示

原浆勾缝就是利用在砌墙时砖缝里挤出来的灰进行勾缝，原浆勾缝只能在砌墙时同步进行。加浆勾缝则是在墙砌好后，再进行勾缝，由于砌墙时的砂浆已经硬化，所以必须另外配制砂浆，因此叫加浆勾缝；加浆勾缝属于清水墙的装饰，应套用消耗量定额第9章装饰工程。

特 别 提 示

砖砌体中的拉结筋，按设计、施工规范要求，按钢筋的计算方法计算。构造柱与墙体拉结筋如图7.3所示。

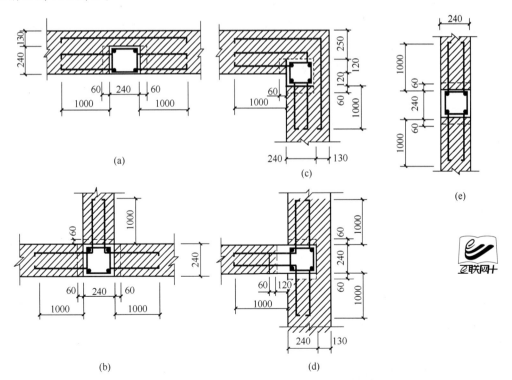

图7.3　构造柱与墙体拉结筋

（4）砌石。

① 定额中石材按其材料加工程度，分为毛石、整毛石和方整石。使用时应根据石料名称、规格分别套用。

② 方整石柱、墙中石材按 400mm（长）×200mm（照面高）×220mm（厚）规格考虑，设计不同时，可以换算。块料和砂浆的总体积不变。

③ 毛石护坡高度超过 4m 时，定额人工乘以系数 1.15。

④ 砌筑弧形基础、墙时，按相应定额项目人工乘以系数 1.1。

⑤ 整砌毛石墙（有背里的）项目中，毛石整砌厚度为 200mm；方整石墙（有背里的）项目中，方整石整砌厚度为 220mm，定额均已考虑了拉结石和错缝搭砌。

⑥ 3-2-（6～9）整砌毛石墙（带背里）子目，系指毛石墙单面整砌，若双面整砌毛石墙（不带背里），另执行补充项目 3-2-21；乱毛石挡土墙外表面整砌时，另执行补充项目 3-2-22。

（5）砌块。

① 小型空心砌块墙定额选用 190 系列（砌块宽 $b=190mm$），若设计选用其他系列时，可以换算。

② 砌块墙中用于固定门窗或吊柜、窗帘盒、暖气片等配件所需的灌注混凝土或预埋构件，按消耗量定额第 4 章的规定另行计算。

7.1.2 轻质墙板

轻质墙板，适用于框架、框剪结构中的内外墙或隔墙，定额按不同材质和墙体厚度分别列项。轻质条板墙，不论空心条板或实心条板，均按厂家提供墙板半成品（包括板内预埋件，配套吊挂件，U 形卡等），现场安装编制。轻质条板墙中与门窗连接的钢筋码和钢板（预埋件），定额已综合考虑，但钢柱门框、铝门框、木门框及其固定件（或连接件）按消耗量定额第 4 章的相应项目另行计算。

● 特 别 提 示 ……………………………………………………………………………

钢丝网架水泥夹心板厚是指钢丝网架厚度，不包括抹灰厚度。括号内尺寸为保温芯材厚度。

● 知 识 链 接 7-2 ……………………………………………………………………………

各种轻质墙板综合内容如下：

（1）GRC 轻质多孔板适用于圆孔板、方孔板，其材质适用于水泥多孔板、珍珠岩多孔板、陶粒多孔板。

（2）挤压成型混凝土多孔板即 AC 板，适用于普通混凝土多孔板和粉煤灰混凝土多孔板、陶粒混凝土多孔板、炉渣与膨胀珍珠岩多孔板等。

（3）石膏空心条板适用于石膏珍珠岩空心条板、石膏硅酸盐空心条板。

（4）GRC 复合夹芯板适用于水泥珍珠岩夹芯板、岩棉夹芯板。

7.2 砌筑工程量计算规则

7.2.1 砌筑界限的划分

1. 基础与墙(柱)身的界限划分

(1) 基础与墙(柱)身采用同一种材料时,以设计室内地面为界(有地下室的,以地下室室内设计地面为界),以下为基础,以上为墙(柱)身,如图 7.4(a)所示。

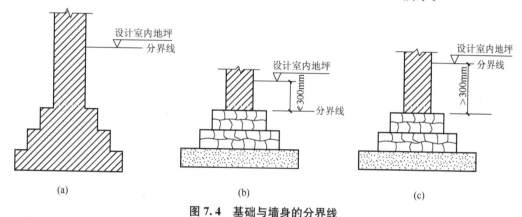

图 7.4 基础与墙身的分界线

(2) 基础与墙(柱)身使用不同材料时,若两种材料的交界处在设计室内地面±300mm 以内时,以交界处为分界线,以下为基础,以上为墙(柱)身,如图 7.4(b)所示;若超过±300mm 时,以设计室内地面为分界线,以下为基础,以上为墙(柱)身,如图 7.4(c)所示。

(3) 砖、石围墙和挡土墙,以设计地坪标高低的一侧为界,以下为基础,以上为墙身。

2. 墙体高度与长度的确定

(1) 外墙高度,下起点为基础与墙身的分界线,上止点分以下几种情况考虑。

① 平屋面算至钢筋混凝土板顶,如图 7.5(a)和图 7.5(b)所示。

② 坡屋面无檐口顶棚者算至屋面板底,如图 7.5(c)所示。

③ 有屋架无顶棚者算至屋架下弦底加 300mm,如图 7.5(d)所示。

④ 有屋架且室内外均有顶棚者,高度算至屋架下弦底加 200mm,如图 7.5(e)所示。

⑤ 山墙高度按其平均高度计算,如图 7.5(f)所示。

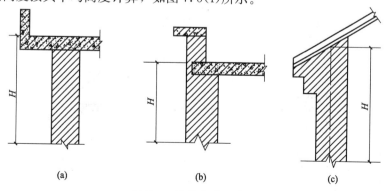

图 7.5 外墙高度示意图

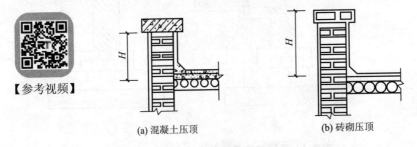

图 7.5　外墙高度示意图(续)

⑥ 女儿墙高度自外墙顶面算至混凝土压顶底部，如图 7.6 所示。

【参考视频】

(a) 混凝土压顶　　　　　　(b) 砖砌压顶

图 7.6　女儿墙高度示意图

（2）内墙高度，下起点以楼板面为起点(底层为基础与墙身的分界线)，上止点分以下几种情况考虑。

① 位于屋架下弦者，算至屋架下弦底，如图 7.7(a)所示。

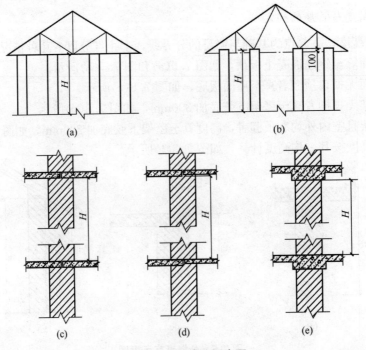

图 7.7　内墙高度示意图

② 无屋架者算至顶棚底另加 100mm，如图 7.7(b)所示。

③ 有钢筋混凝土楼板隔层者，算至楼板底，如图 7.7(c)所示。

④ 不同板厚压在同一个墙上时，按平均高度计算，如图 7.7(d)所示。

⑤ 位于梁下的内墙高度算至梁底面，如图 7.7(e)所示。

（3）外墙长度：按设计外墙中心线长度计算。

（4）内墙长度：按设计墙间净长计算。

（5）女儿墙长度：按女儿墙中心线长度计算。

特 别 提 示

框架间墙体高度，自框架梁顶面算至上一层框架梁底面，框架间墙长度按设计框架柱间净长线计算，如图 7.8 所示。

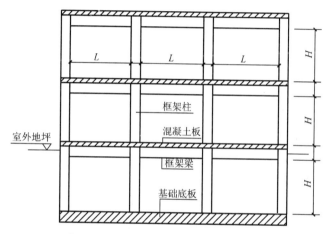

图 7.8 框架间墙体高度、长度示意图

7.2.2 工程量的计算

1. 基础

计算原则：各种基础均以图示尺寸按立方米计算体积。

$$基础砌筑工程量 = S_{外墙基础断面} \times L_中 + S_{内墙基础断面} \times L_内 - V_{扣除} + V_{增加}$$

式中：$V_{扣除}$——指面积在 $0.3m^2$ 以上的孔洞、伸入墙体的混凝土构件(梁、柱)的体积。

$V_{增加}$——指附墙垛、基础宽出的部分体积。

特 别 提 示

基础大放脚 T 形接头处的重叠部分，以及嵌入基础的钢筋、铁件、管道、基础防潮层、单个面积在 $0.3m^2$ 以内的孔洞所占体积不予扣除，但靠墙暖气沟的挑檐亦不增加，附墙垛基础宽出部分体积并入基础工程量内。

独立基础，按设计图示尺寸，以立方米计算。

柱间条形基础，按柱间墙体的设计净长度计算。

知 识 链 接 7-3

砖基础的砌筑通常采用等高式或者间隔式两种方法，如图7.9所示。

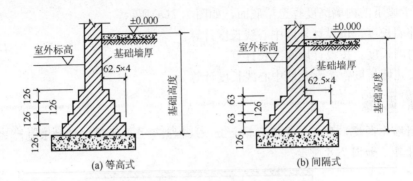

(a) 等高式　　　　　　　　　(b) 间隔式

图 7.9　等高式与间隔式基础大放脚示意图

对砖基础而言：基础工程量计算分为两部分，一是将基础墙的体积算至基础底，二是将基础两侧大放脚体积算出。因此，断面面积可以按下式计算。

$$S_{基础断面}=基础墙宽×基础高+大放脚增加面积$$

大放脚增加的断面面积、折加高度可按大放脚形式查表7-4计算。

表 7-4　基础大放脚折加高度和大放脚增加断面面积表

放脚层数	折加高度/m								增加断面面积/m²	
	1/2 砖（0.115）		1 砖（0.24）		1.5 砖（0.365）		2 砖（0.49）		等高	不等高
	等高	不等高	等高	不等高	等高	不等高	等高	不等高		
一	0.137	0.137	0.066	0.066	0.043	0.043	0.032	0.032	0.0158	0.0079
二	0.411	0.342	0.197	0.164	0.129	0.108	0.096	0.08	0.0473	0.0394
三			0.394	0.328	0.259	0.216	0.193	0.161	0.0945	0.0945
四			0.656	0.525	0.432	0.345	0.321	0.253	0.1575	0.126
五			0.984	0.788	0.647	0.518	0.482	0.38	0.2363	0.189
六			1.378	1.083	0.906	0.712	0.672	0.53	0.3308	0.2599

2. 墙体

计算原则：各种砌砖、砌石、砌块的墙体以图示尺寸按立方米计算体积；轻质墙板按设计图示尺寸以平方米计算面积。

砌体墙工程砌筑工程量＝（墙体长度×墙体高度－$S_{扣}$）× 墙体设计厚度－$V_{扣}$

式中：$S_{扣}$——指门窗洞口、过人洞、空圈等所占墙体的面积；

$V_{扣}$——指嵌入墙身的钢筋混凝土柱、梁等构件所占墙体的体积。

特别提示 ··

计算墙体时，应扣除门窗洞口、过人洞、空圈、嵌入墙身的钢筋混凝土柱、梁(包括过梁、圈梁、挑梁)、砖平璇、砖过梁、暖气包壁龛的体积;不扣除梁头、外墙板头、檩头、垫木、木楞头、沿椽木、木砖、门窗走头、墙内的加固钢筋、木筋、铁件、钢管及每个面积在0.3m²以内的孔洞等所占体积;突出墙面的窗台虎头砖、压顶线、山墙泛水、烟囱根、门窗套及三皮砖以内的腰线和挑檐体积亦不增加。墙垛、三皮砖以上的腰线和挑檐等体积，并入墙身体积内计算。

框架外表面的贴砖，并入框架间墙体工程量内计算。附墙烟囱(包括附墙通风道、垃圾道)，按其外形体积并入所附墙体内计算。计算时不扣除每一孔洞横截面在0.1m²以内所占的体积，但孔洞内抹灰工程是亦不增加。

混凝土过梁按门窗洞口宽加500mm乘以设计高度乘以设计厚度计算，砖平璇按门窗洞口宽度加100mm乘以高度(洞口宽小于1500mm时，高度按240mm;大于1500mm时，高度按365mm)乘以设计厚度计算(如图7.10所示)。平砌砖过梁按门窗洞口宽度加500mm，高度按440mm计算(如图7.11所示)。普通黏土砖平(拱)璇或过梁(钢筋除外)与普通黏土砖砌成一体时，其工程量并入相应砖砌体内，不单独计算。方整砖平(拱)璇，与无背里的方整石砌为一体时，其工程量并入相应方整石砌体内，不单独计算。

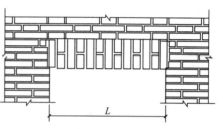

$V=(L+0.1)\times 0.24\times b$ 当 $L\leqslant 1.5$m 时;

$V=(L+0.1)\times 0.365\times b$ 当 $L>1.5$m 时。

式中: b——墙体厚度

图 7.10 砖平璇

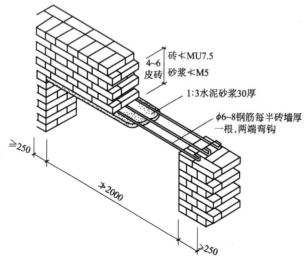

图 7.11 平砌砖过梁

···

知识链接 7-4 ····························

混凝土过梁的长度按照图纸规定计算，如果图纸未作规定，则按门窗洞口宽度两侧各加250mm计算过梁长度，如图7.12所示。

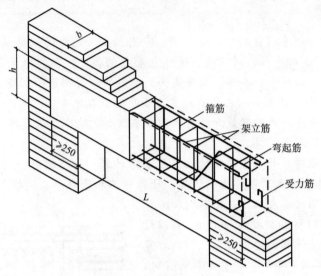

图7.12 钢筋混凝土过梁

3. 其他砌筑

(1) 砖台阶按设计图示尺寸以立方米计算。

(2) 砖砌栏板按设计图示尺寸扣除混凝土压顶、柱所占的面积，以平方米计算。

(3) 预制水磨石隔断板、窗台板，按设计图示尺寸以平方米计算。

(4) 砖砌地沟不分沟底、沟壁按设计图示尺寸以立方米计算。

(5) 石砌护坡按设计图示尺寸以立方米计算。

(6) 乱毛石表面处理，按所处理的乱毛石表面积或延长米，以平方米或延长米计算。

(7) 厕所蹲台、小便池槽、水槽腿、花台、隔热板下砖墩、炉灶、锅台，以及石墙和轻质墙体中的墙角、窗台、门窗洞口立边、窗间墙、梁垫、楼板上、楼板或梁下的零星砌砖等定额未列的零星项目，按设计图示尺寸以立方米计算，套用砖零星砌体项目。方整石零星砌体子目，适用于窗台、门窗洞口立边、压顶、台阶、墙面点缀石等定额未列项目的方整石的砌筑。

(8) 变压式排气烟道，自设计室内地坪或安装起点，计算至上一层楼板的上表面，顶端遇坡屋面时，按其高点计算至屋面板上表面，以延长米计算。

(9) 混凝土烟风道，按设计体积(扣除烟风道孔洞所占体积)，以立方米计算。计算墙体工程量时，应按混凝土烟风道工程量，扣除其所占墙体体积。

(10) 漏空花格墙，按设计空花部分的外形面积(空花部分不予扣除)，以平方米计算。混凝土漏空花格按半成品考虑。

特 别 提 示 ....

定额3-5-5砖砌屋面排烟气道口子目，按山东省建筑标准设计L01J202编制，同时适用于平屋面和坡屋面两种情况。

计算屋面防水、保温时，排烟气道口所占面积不扣除，防水层及其之下的找平层在排烟气道口四周的上翻高度，不另计算。

定额 3-5-6 砂浆用砂过筛子目,系指砌筑砂浆,抹灰砂浆等各种砂浆用砂的过筛用工,按 $10m^3$ 定额砂(过筛净砂)体积计算。

混凝土(商品混凝土)用砂,以及除砂浆以外的其他用砂,不计算过筛用工。

7.3 砌筑工程量计算与定额应用

应用案例 7-1

某工程基础平面图和剖面图如图 7.13 所示,已知该工程土壤为二类土,M5.0 砂浆砌筑,试计算该砖基础工程量,确定定额项目。

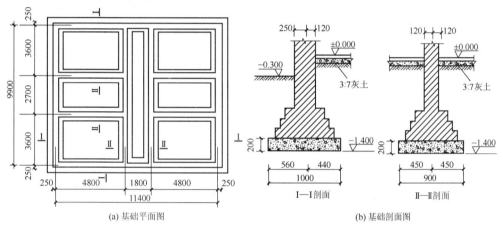

(a) 基础平面图	(b) 基础剖面图

图 7.13 应用案例 7-1 附图

解:

(1) 计算基数。

$L_{中}=(11.40+0.5-0.37+9.90+0.5-0.37)\times2=43.12(m)$

$L_{内}=(4.8-0.12\times2)\times4+(9.9-0.12\times2)\times2=37.56(m)$

(2) 计算基础体积。

基础体积 = 墙厚×(设计基础高度+折加高度)×基础长度

基础设计高度为 $1.40-0.20=1.20(m)$,内、外墙均采用等高三层砌筑方法,基础墙厚分别为 0.24m 和 0.365m,查表,知其折加高度分别是 0.394m 和 0.259m

外墙基础体积 $V_{外}=0.365\times(1.20+0.259)\times43.12\approx22.96(m^3)$

内墙基础体积 $V_{内}=0.24\times(1.20+0.394)\times37.56\approx14.37(m^3)$

$V_{总}=22.96+14.37=37.33(m^3)$

套用定额 3-1-1,M5.0 砂浆砖基础

定额基价=2637.67 (元/$10m^3$)

定额直接工程费$=\dfrac{37.33}{10}\times2637.67\approx9846.42$ (元)

应用案例 7-2

某工程基础平面图和断面图如图 7.14 所示，M5.0 砂浆砌筑，试计算基础工程量，确定定额项目。

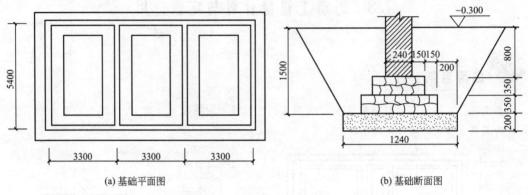

(a) 基础平面图　　　　　　　　　　(b) 基础断面图

图 7.14　应用案例 7-2 附图

解：

(1) 计算基数。

$L_{中}=(3.30×3+5.40)×2=30.60(m)$

$L_{内}=(5.40-0.24)×2=10.32(m)$

(2) 计算砖基础工程量。

砖基础工程量$=(0.80+0.30)×0.24×(30.60+10.32)≈10.80(m^3)$

套用定额 3-1-1，M5 砂浆砖基础

定额基价$=2637.67(元/10 m^3)$

定额直接工程费$=\dfrac{10.80}{10}×2637.67≈2848.68(元)$

(3) 计算毛石基础工程量。

毛石基础工程量$=[(1.24-0.20×2)×0.35+(0.84-0.15×2)×0.35]×(30.60+10.32)≈$
$19.76(m^3)$

套用定额 3-2-1，M5 砂浆乱毛石基础

定额基价$=2109.46(元/10 m^3)$

定额直接工程费$=\dfrac{19.76}{10}×2109.46≈4168.29(元)$

应用案例 7-3

已知条件同引例，外墙设圈梁、内墙不设，根据所学知识，计算墙体工程量，确定定额项目。

解：

$L_{中}=(3.00×3+8.00+2.00)×2=38.00(m)$

$L_{内}=(8.00-0.240)×2=15.52(m)$

240 砖外墙工程量$=[38×(3.3-0.3)-1.00×2.4×2-1.20×2.4-1.5×1.5×3-1.80×$

$1.50-(1.5\times2+1.7+2.0\times3+2.3)\times0.24]\times0.24=22.50(m^3)$

240 砖内墙工程量$=15.52\times(3.3-0.13)\times0.24\approx11.81(m^3)$

240 女儿墙工程量$=38\times0.5\times0.24=4.56(m^3)$

240 砖墙工程量$=22.50+11.81+4.56=38.87(m^3)$

套用定额 3-1-14，M2.5 混浆混水砖墙

定额基价$=2899.45(元/10\ m^3)$

定额直接工程费$=\dfrac{38.87}{10}\times2899.45=11270.16(元)$

应用案例 7-4

已知某建筑物平面图和剖面图如图 7.15 所示，三层，层高均为 3.0m，M2.5 混浆砌筑混水砖墙，内外墙厚均为 240mm；外墙有女儿墙，高 900mm，厚 240mm；现浇钢筋混凝土楼板、屋面板厚度均为 120mm。门窗洞口尺寸：M1:1400mm×2700mm，M2:1200mm×2700mm，C1:1500mm×1800mm，（二、三层 M1 换成 C1）。门窗上设置圈梁兼过梁，240mm×300mm，计算墙体工程量，并确定定额项目。

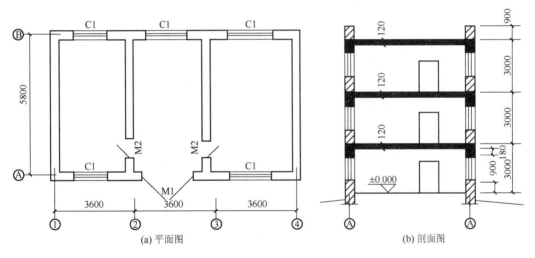

(a) 平面图   (b) 剖面图

图 7.15 应用案例 7-4 附图

解：

$L_{中}=(3.6\times3+5.8)\times2=33.2(m)$

$L_{内}=(5.8-0.24)\times2=11.12(m)$

240 砖外墙工程量$=\{33.2\times[3-(0.18+0.12)]\times3-1.4\times2.7-1.5\times1.8\times17\}\times0.24$
$\approx52.62(m^3)$

240 砖内墙工程量$=[11.12\times(3-0.3)\times3-1.2\times2.7\times6]\times0.24\approx16.95(m^3)$

240 砖砌女儿墙工程量$=33.2\times0.9\times0.24\approx7.17(m^3)$

240 混水砖墙工程量$=52.62+16.95+7.17=76.74(m^3)$

套用定额 3-1-14，M2.5 混浆混水砖墙

定额基价$=2899.45(元/10m^3)$

定额直接工程费$=\dfrac{76.74}{10}\times2899.45=22250.38(元)$

应用案例 7-5

某工程基础平面图和断面图如图 7.16 所示，M5.0 砂浆砌筑，试计算毛石基础、砖基础工程量，确定定额项目。

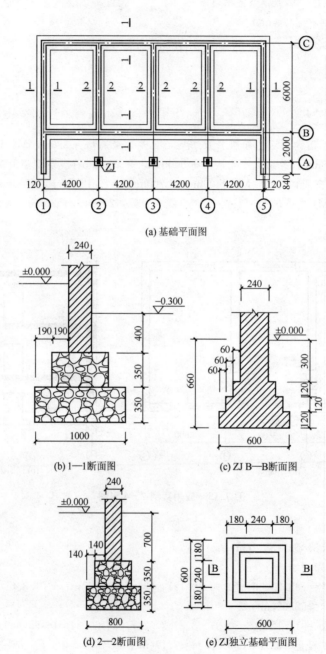

(a) 基础平面图

(b) 1—1断面图   (c) ZJ B—B断面图

(d) 2—2断面图   (e) ZJ独立基础平面图

图 7.16　应用案例 7-5 附图

解：

（1）计算基数。

$$L_{中}=(2+6+0.84)\times 2+4.2\times(4+4)-0.24=51.04(\text{m})$$

$L_{内}=(6-0.24)\times 3=17.28(\text{m})$

(2) 计算毛石条形基础工程量。

$V_1=51.04\times(1.0+0.62)\times0.35+17.28\times(0.8+0.52)\times0.35\approx36.92(\text{m}^3)$

套用定额 3-2-1

定额基价 $=2109.46(\text{元}/10\text{m}^3)$

定额直接工程费 $=\dfrac{36.92}{10}\times 2109.46\approx 7788.13(\text{元})$

(3) 计算砖条形基础工程量。

$V_2=51.04\times0.70\times0.24+17.28\times0.70\times0.24\approx11.48(\text{m}^3)$

砖独立基础工程量

$V_3=[(0.6\times0.6+0.48\times0.48+0.36\times0.36)\times0.12+0.24\times0.24\times0.3]\times3\approx0.31(\text{m}^3)$

砖基础工程量合计 $=11.48+0.31=11.79(\text{m}^3)$

套用定额 3-1-1

定额基价 $=2637.67(\text{元}/10\text{m}^3)$

定额直接工程费 $=\dfrac{11.79}{10}\times 2637.67\approx 3109.81(\text{元})$

 应用案例 7-6

某建筑物平面图、墙体剖面图如图 7.17 所示，M5.0 混浆砌筑混水砖墙 M1:1800mm×2700mm，C1:1500mm×1800mm，试计算墙体工程量(不考虑柱马牙槎，墙垛不伸入女儿墙)，确定定额项目。

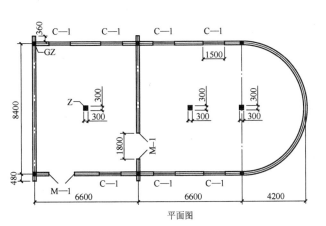 

图 7.17 应用案例 7-6 附图

解：

(1) 计算基数。

$L_{中直形}=(6.60+6.60)\times2+8.40-0.24\times5+0.36\times4=35.04(\text{m})$

$L_{中弧形}=3.14\times4.2-0.24\approx12.95(\text{m})$

$L_{内}=8.40-0.24=8.16(\text{m})$

$L_{中女儿墙}=(6.60+6.60)\times2+8.4-0.24\times6+3.14\times4.20\approx46.55(\text{m})$

(2) 计算墙体工程量。

直形外墙工程量 $=[35.04\times3.3-1.50\times1.80\times7-1.80\times2.70-(1.50+0.50)\times0.18\times7-$

$(1.80+0.50) \times 0.18] \times 0.24 \approx 21.35 (\text{m}^3)$

内墙工程量 $= [8.16 \times (3.30-0.13)-1.80 \times 2.70-(1.80+0.50) \times 0.18] \times 0.24 \approx 4.94 (\text{m}^3)$

弧形外墙工程量 $= 12.95 \times 0.24 \times 3.3 \approx 10.26 (\text{m}^3)$

240 女儿墙工程量 $= 46.55 \times 0.60 \times 0.24 \approx 6.70 (\text{m}^3)$，其中弧形女儿墙工程量 $= 12.95 \times 0.24 \times 0.6 \approx 1.86 (\text{m}^3)$

墙体工程量合计 $= 21.35+4.94+10.26+6.70 = 43.25 (\text{m}^3)$

套用定额 3-1-14

定额基价 $= 2899.45 (\text{元}/10\text{m}^3)$

定额直接费 $= \dfrac{43.25}{10} \times 2899.45 \approx 12540.12 (\text{元})$

弧形外墙另加工料，套用定额 3-1-17

定额基价 $= 140.34 (\text{元}/10\text{m}^3)$

定额直接费 $= \dfrac{10.26+1.86}{10} \times 140.34 \approx 170.09 (\text{元})$

 综合应用案例

某工程施工图如图 7.18 所示（三个单元相同），试计算该工程各项工程量，并按山东省建筑工程价目表（2016 年版）计算定额直接工程费。

做法说明：毛石基础采用 M5.0 水泥砂浆砌筑；砖墙体采用 M5.0 混合砂浆砌筑；混凝土均为 C25（石子粒径<20）；门窗尺寸为 M—1：1000×2400，M—2：900×2100，M—3：700×2100（胶合板门），M—4：1200×2400（钢防盗门），C—1：1500×1500，C—2：2100×1500，C—3：1800×1500，C—4：1500×1800（塑钢窗）。

备注：计算参考项目。

（1）计算基数。

（2）土石方工程计算参考项目：

① 计算设计室外地坪以上土方开挖工程量（开挖范围：建筑物四周 4m 范围；土质为杂填土；开挖方式：挖掘机挖土、自卸汽车运土方，运距 2km）。

② 计算人工挖沟槽土方工程量（土层分布：普通土厚 0.5m，其余为坚土）。

③ 计算场地平整工程量（人工平整场地）。

④ 计算基底钎探工程量（基底钎探按施工组织设计每米打两个眼）。

⑤ 计算槽边回填土工程量（机械夯填）。

⑥ 计算余土外运工程量（房心为买土回填；土方外运 1.5km，装载机装土，自卸汽车运土）。

（3）计算 3:7 灰土垫层工程量（灰土为就地取土）。

（4）计算毛石基础工程量。

解：

1. 计算基数："四线两面一表"

（1）计算外墙中心线长 $L_{中}$。

1—1 外墙中心线长 $L_{中} = (25.6+12.8+0.25 \times 2-0.37+15.6+0.25 \times 2-0.37) \times 2+1.5 \times 4+11.1 \times 2 = 136.72 (\text{m})$

（2）计算外墙外边线长 $L_{外}$。

$L_{外} = 136.72+4 \times 0.37 = 138.20 (\text{m})$

(3) 计算基础垫层净长 $L_{净垫层}$。

① 2—2 基础垫层净长 $L_{净垫层2—2}$＝113.43(m)

(4.5－0.635－0.7)×3×3≈28.49(m)

(9.6－0.635－0.7)×2×3＝49.59(m)

14.1－0.635×2＝12.83(m)

3－0.635×2＝1.73(m)

(4.8－0.635－0.7)×6＝20.79(m)

小计：113.43m

② 3—3 基础垫层净长 $L_{净垫层3—3}$＝55.92(m)

(12.8－0.635－0.8)×2＝22.73(m)

12.8－0.635×2＝11.53(m)

(5.1－0.635－0.8)×4＝14.66(m)

(5.1－0.8×2)×2＝7.00(m)

小计：55.92m

③ 4—4 基础垫层净长 $L_{净垫层4—4}$＝9.3(m)

(2.7－1.6)×6＝5.40(m)

(3.1－1.6)×3＝3.90(m)

小计：9.3m

(4) 计算基础内墙净长度 $L_{内}$。

① 2—2 基础内墙净长度 $L_{内2—2}$＝138.48(m)

(4.5－0.24)×3×3＝38.34(m)

(9.6－0.24)×2×3＝56.16(m)

14.1－0.24＝13.86(m)

3－0.24＝2.76(m)

(4.8－0.24)×6＝27.36(m)

小计：138.48m

② 3—3 基础内墙净长度 $L_{内3—3}$＝66.84(m)

(12.8－0.24)×3＝37.68(m)

(5.1－0.24)×6＝29.16(m)

小计：66.84m

③ 4—4 基础内墙净长度 $L_{内4—4}$＝23.34(m)

(2.7－0.24)×6＝14.76(m)

(3.1－0.24)×3＝8.58(m)

小计：23.34m

(5) 计算建筑物底层建筑面积 $S_{底}$。

$S_{底}$＝(25.6＋0.5)×14.6＋(2.6＋0.5)×1.5×3＋(12.8＋0.5)×14.6－3.5×0.5

　　　＝587.44(m^2)

(6) 计算建筑平面图中房心建筑面积 $S_{房}$。

$S_{房}$＝$S_{底}$－$L_{中}$×外墙厚－$L_{内}$×内墙厚

　　　＝587.44－136.72×0.37－138.48×0.24－66.84×0.24－23.34×0.12≈484.78(m^2)

(7) 计算门窗尺寸，见表 7－5。

表7-5　门窗统计表

序号	编号	洞口尺寸 (宽×高)/(m×m)	数量				备注
			一层	二层	三层	合计	
1	M—1	1000×2400	6	6	6	18	胶合板门
2	M—2	900×2100	15	15	15	45	胶合板门
3	M—3	700×2100	18	18	18	54	胶合板门
4	M—4	1200×2400	3	0	0	3	钢防盗门
5	C—1	1500×1500	12	12	12	36	塑钢窗
6	C—2	2100×1500	4	4	4	12	塑钢窗
7	C—3	1800×1500	12	12	12	36	塑钢窗
8	C—4	1500×1800	0	3	3	6	塑钢窗
合　计			70	70	70	210	

2. 计算土石方工程

(1) 计算设计室外地坪以上土方工程量。

① 土方开挖范围（面积）$S = S_底 + L_外 \times 4 + 4 \times 4 \times 4 = 587.44 + 138.2 \times 4 + 64 = 1204.24(m^2)$

② 土方开挖深度 $= 55.20 - 54.00 + 0.45 = 1.65(m)$

③ 土方开挖体积 $V_挖 = 1204.24 \times 1.65 = 1987.00(m^3)$

④ 套用定额 1-3-14 挖掘机挖普通土自卸汽车运土 1km 以内

定额基价 $= 112.29(元/10m^3)$

增运 1km，套用 1-3-58，自卸汽车运土方每增运 1km

定额基价 $= 10.95(元/10m^3)$

(2) 计算人工挖沟槽土方工程量。

① 计算挖坚土工程量。

a. 挖土深度：$2.02 - 0.45 = 1.57m > 1.5m$，故应计算沟槽挖土放坡。

b. 综合放坡系数：$K = (0.5 \times 0.5 + 0.3 \times 1.07)/1.57 \approx 0.364$

c. 挖坚土工程量 $V_坚 = 612.32(m^3)$

1—1 外墙基础：$(1.4 + 0.364 \times 1.07) \times 1.07 \times 136.72 \approx 261.78(m^3)$

2—2 内墙基础：$(1.6 + 0.364 \times 1.07) \times 1.07 \times 113.43 \approx 241.46(m^3)$

3—3 内墙基础：$(1.4 + 0.364 \times 1.07) \times 1.07 \times 55.92 \approx 107.07(m^3)$

4—4 内墙基础：$0.9 \times 0.24 \times 9.3 \approx 2.01(m^3)$（不计算放坡）

小计：$612.32m^3$

② 计算挖普通土工程量。

$V_普 \approx 377(m^3)$

1—1 外墙基础：

$1.4 + 0.364 \times 1.07 \times 2 \approx 2.18(m)$

$(2.18 + 0.364 \times 0.5) \times 0.5 \times 136.72 \approx 161.47(m^3)$

2—2 内墙基础：

$1.6 + 0.364 \times 1.07 \times 2 \approx 2.38(m)$

$(2.38 + 0.364 \times 0.5) \times 0.5 \times 113.43 \approx 145.3(m^3)$

3—3 内墙基础：

1.4＋0.364×1.07×2≈2.18(m)

(2.18＋0.364×0.5)×0.5×55.92≈66.04(m³)

4—4 内墙基础：

0.9×0.5×9.3≈4.19(m³)(不计算放坡)

小计：377m³

③ 套用定额。

普通土套用定额 1－2－10，人工挖沟槽普通土深 2m 内

定额基价＝245.15(元/10m³)

坚土套用定额 1－2－12，人工挖沟槽坚土深 2m 内

定额基价＝483.03(元/10m³)

(3) 计算场地平整工程量。

场地平整面积 $S＝S_底＋L_外×2＋16＝587.44＋138.2×2＋16＝879.84(m²)$

套用定额 1－4－1，人工场地平整

定额基价＝47.88(元/10m²)

(4) 计算基底钎探工程量。

① 基底钎探工程量＝(136.72＋113.43＋55.92＋9.3)×2≈631(眼)

套用定额 1－4－4，基底钎探

定额基价＝86.64(元/10 眼)

② 钎探灌砂工程量＝631(眼)

套用定额 1－4－17，钎探灌砂

定额基价＝2.63(元/10 眼)

(5) 计算槽边回填土工程量。

① $V_{挖总}＝612.32$（坚土）＋377（普通土）＝989.32(m³)

② 扣除设计室外地坪以下基础和垫层体积

$V_{3:7灰土}＝136.62m³$

$V_{毛石基础}＝393.77－$地坪以上毛石体积＝366.18－0.5×0.03×(136.72＋138.48＋66.84)－0.3×

0.21×23.34≈359.58(m³)

③ 槽边夯填土工程量 $V_{夯填}＝989.32－136.62－359.58＝493.12(m³)$

套用定额 1－4－13，槽坑机械夯填土

定额基价＝72.17（元/10m³）

(6) 计算余土外运工程量。

① $V_{挖总}＝612.32$（坚土）＋377（普通土）＝989.32(m³)

② 夯填土体积（天然密实）＝493.12×1.15≈567.09(m³)

③ 3:7 灰土用土体积（天然密实）＝136.62×1.15≈157.11(m³)

④ 外运土方体积（天然密实）＝989.32－567.09－157.11＝265.12(m³)

装载机装土方套用定额 1－3－45

定额基价＝19.93(元/10m³)

自卸汽车外运土方套用定额 1－3－57 和 1－3－58

定额基价＝63.64(元/10m³)和定额基价＝10.95(元/10m³)

3. 计算 3:7 灰土垫层工程量

3:7 灰土垫层工程量 $V_{垫层}＝136.62(m³)$

1—1 外墙基础垫层：$0.3 \times 1.4 \times 136.72 \approx 57.42 (m^3)$

2—2 内墙基础垫层：$0.3 \times 1.6 \times 113.43 \approx 54.45 (m^3)$

3—3 内墙基础垫层：$0.3 \times 1.4 \times 55.92 \approx 23.49 (m^3)$

4—4 内墙基础垫层：$0.15 \times 0.9 \times 9.3 \approx 1.26 (m^3)$

小计：$136.62 m^3$

套用定额 2-1-1，3：7 灰土垫层

定额基价（换算）$= 636.12 \times 1.05 + 789.01 + 10.46 \times 1.05 - 78.12 \times 10.1 + 46.86 \times 10.1$
$$\approx 1152.19 \ (元/10 m^3)$$

4. 计算毛石基础工程量

毛石基础工程量 $V_{毛石} = 393.77 m^3$

1—1 外墙基础：$(0.5 \times 0.4 + 0.8 \times 0.4 + 1.1 \times 0.5) \times 136.72 \approx 146.29 (m^3)$

2—2 内墙基础：$(0.5 \times 0.4 + 0.9 \times 0.4 + 1.3 \times 0.5) \times 138.48 \approx 167.56 (m^3)$

3—3 内墙基础：$(0.5 \times 0.4 + 0.8 \times 0.4 + 1.1 \times 0.5) \times 66.84 \approx 71.52 (m^3)$

4—4 内墙基础：$(0.3 \times 0.4 + 0.6 \times 0.4) \times 23.34 \approx 8.4 (m^3)$

小计：$393.77 m^3$

套用定额 3-2-1，M5.0 砂浆乱毛石基础

定额基价 $= 2109.46 (元/10 m^3)$

5. 计算定额直接工程费

计算定额直接工程费，见表 7-6。

表 7-6 定额直接工程费计算表

序号	定额编号	项目名称	单位	工程量	省定额价/元	
					基价（除税）	合价
1	1-3-14	挖掘机挖普通土自卸汽车运土 1km 以内	10m³	198.7	112.29	22312.02
2	1-3-58	自卸汽车运土方每增运 1km	10m³	198.7	10.95	2175.77
3	1-2-10	人工挖沟槽普通土深 2m 内	10m³	37.7	245.15	9242.16
4	1-2-12	人工挖沟槽坚土深 2m 内	10m³	61.232	483.03	29576.89
5	1-4-1	人工场地平整	10m²	87.984	47.88	4212.67
6	1-4-4	基底钎探	10眼	63.1	86.64	5466.98
7	1-4-17	钎探灌砂	10眼	63.1	2.63	165.95
8	1-4-13	槽坑机械夯填土	10m³	49.312	72.17	3558.85
9	1-3-45	装载机装土方	10m³	26.512	19.93	528.38
10	1-3-57	自卸汽车外运土方运距 1km 以内	10m³	26.512	63.64	1687.22
11	1-3-58	自卸汽车外运土方每增运 1km	10m³	26.512	10.95	290.31
12	2-1-1(H)	3：7 灰土垫层	10m³	13.662	1152.19	15741.22
13	3-2-1	M5.0 砂浆乱毛石基础	10m³	39.377	2109.46	83064.21
		省价直接工程费合计	元			178022.63

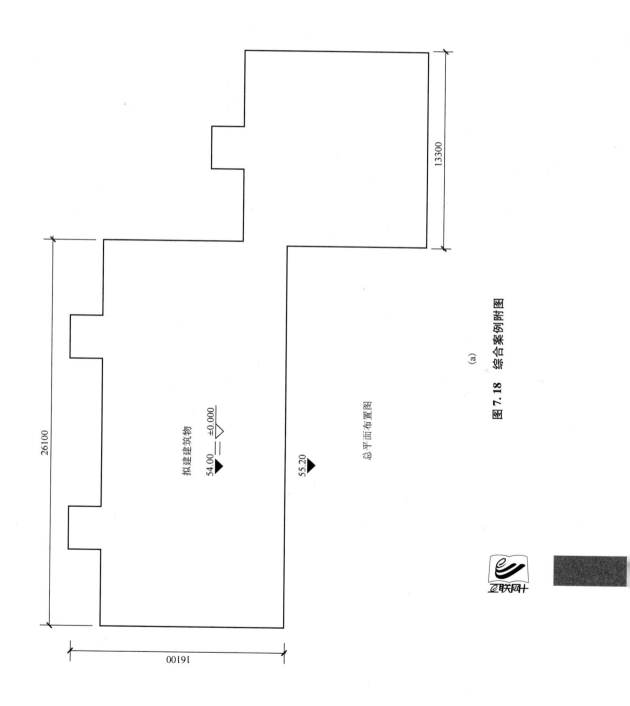

图 7.18 综合案例附图

(a)

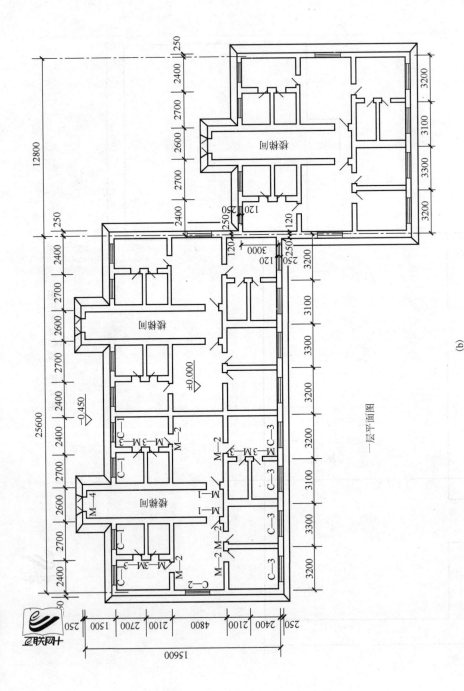

一层平面图

(b)

图 7.18 综合案例附图（续）

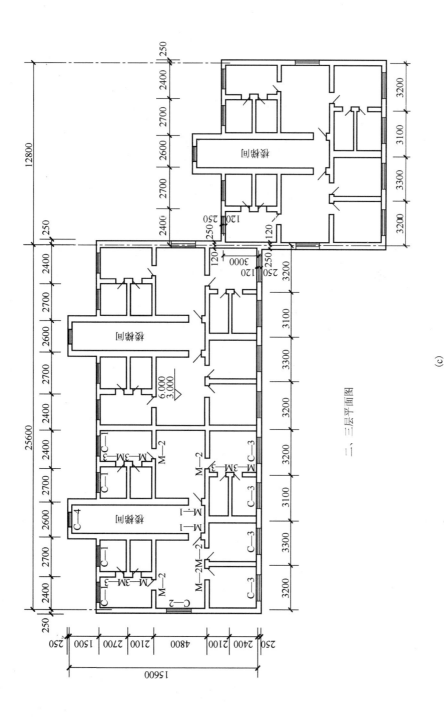

二、三层平面图

图7.18 综合案例附图（续）

(c)

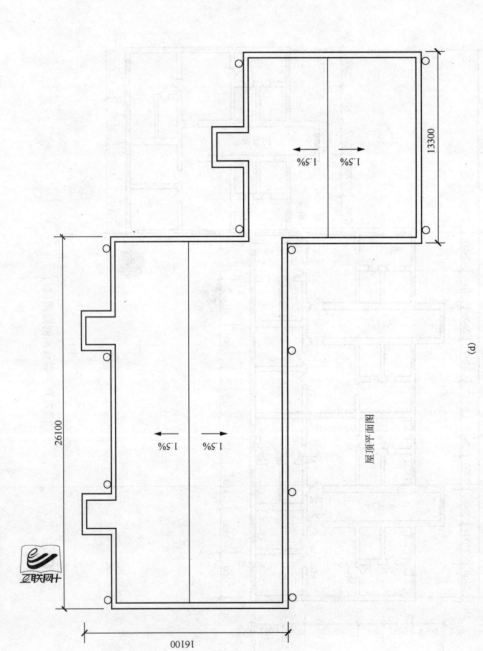

屋顶平面图

(d)

图 7.18　综合案例附图（续）

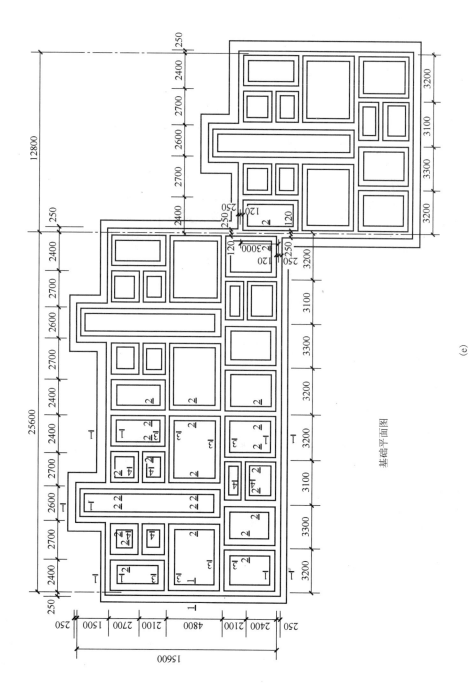

基础平面图

(e)

图7.18 综合案例附图（续）

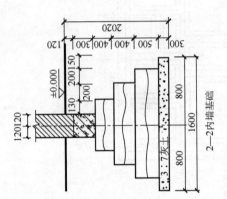

2—2内墙基础

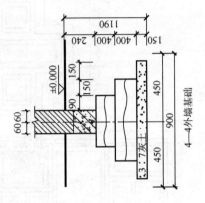

4—4外墙基础

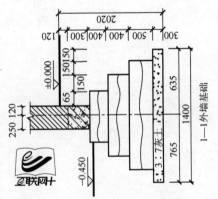

1—1外墙基础

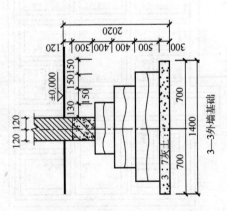

3—3外墙基础

图 7.18　综合案例附图（续）

（f）

本章小结

本章主要介绍了砌筑工程的常见材料、主要形式、做法及相应的工程量计算，其中基础、墙体的计算是本章的重点，通过本章的学习，要求学生应掌握以下内容。

1. 基础与墙身的界限划分

（1）基础与墙身采用同一种材料时，以设计室内地面为界（有地下室的，以地下室室内设计地面为界），以下为基础，以上为墙身。

（2）基础与墙身使用不同材料时，若两种材料的交界处在设计室内地面±300mm以内时，以交界处为分界线，若超过±300mm时，以设计室内地面为分界线。

（3）砖、石围墙和挡土墙，以设计地坪标高低的一侧为界，以下为基础，以上为墙身。

2. 墙体高度与长度的确定

（1）外墙高度，下起点为基础与墙身的分界线，上止点分以下几种情况考虑。

① 平屋面算至钢筋混凝土板顶。

② 坡屋面无檐口顶棚者算至屋面板底。

③ 有屋架无顶棚者算至屋架下弦底加300mm。

④ 有屋架且室内外均有顶棚者，高度算至屋架下弦底加200mm。

⑤ 山墙高度按其平均高度计算。

⑥ 女儿墙高度自外墙顶面算至混凝土压顶底部。

（2）内墙高度，下起点以楼板面为起点（底层为基础与墙身的分界线），上止点分以下几种情况考虑。

① 位于屋架下弦者，算至屋架下弦底。

② 无屋架者算至顶棚底另加100mm。

③ 有钢筋混凝土楼板隔层者，算至楼板底。

④ 不同板厚压在同一个墙上时，按平均高度计算。

⑤ 位于梁下的内墙高度算至梁底面。

（3）外墙长度，按设计外墙中心线长度计算。

（4）内墙长度，按设计墙间净长计算。

（5）女儿墙长度，按女儿墙中心线长度计算。

3. 套用定额项目时注意事项

（1）多孔砖、空心砖和砌块砌筑弧形墙时，人工乘以1.1，材料乘以1.03系数。

（2）砌筑毛石弧形基础墙时，按相应定额项目人工乘以系数1.1。

（3）砌筑弧形砖墙时，按直形墙套用定额项目，然后再套用3-1-17另加工料的定额项目。

（4）砌筑砂浆的强度等级、砂浆的种类，设计与定额不同时可以换算，定额消额量不变。

习 题

一、选择题

1. 按照"建筑工程工程量计算规则"，计算砖墙体工程量时应扣除（ ）体积。
   A. 梁头　　　　　　　　　　　　B. 外墙板头
   C. 暖气包壁龛　　　　　　　　　D. 门窗走头

2. 多孔砖、空心砖和砌块，砌筑弧形墙时，人工乘以系数（ ），材料乘以系数（ ）。
   A. 1.2　1.05　　B. 1.1　1.00　　C. 1.1　1.03　　D. 1.03　1.1

3. 定额中，下列应该套用零星砌体项目的是（ ）。
   A. 台阶　　　　　B. 花台　　　　　C. 锅台　　　　　D. 楼梯栏板

4. 毛石护坡高度超过 4m 时，定额人工需乘以系数（ ）。
   A. 1.5　　　　　B. 1.15　　　　　C. 1.1　　　　　D. 1.00

5. 当墙体和基础采用同一种材料时，其分界线是以（ ）。
   A. 设计室外地面　　　　　　　　B. 设计室内地面
   C. 勒脚　　　　　　　　　　　　D. 设计室内地面 300mm 以下

二、填空题

1. 基础与墙身采用同一种材料时，以_____为界（有地下室的，以地下室_____为界），以下为基础，以上为墙身。

2. 计算墙体时，应扣除_____、过人洞、空圈、嵌入墙的_____、砖平碹、砖过梁、暖气包壁龛的体积；不扣除_____、外墙板头、檩头、垫木、木楞头、沿椽木、木砖、门窗走头、_____、木筋、铁件、钢管及每个面积在_____以内的孔洞等所占体积。

3. 砖台阶按设计图示尺寸以_____计算。砖砌栏板按设计图示尺寸扣除混凝土压顶、柱所占的面积，以_____计算。

4. 外墙高度，有屋架无顶棚者算至屋架下弦底加_____；有屋架且室内外均有顶棚者，高度算至屋架下弦底加_____。内墙高度，无屋架者算至顶棚底另加_____。

5. 女儿墙高度自_____算至混凝土压顶_____；长度按_____计算。

三、简答题

1. 墙体的高度定额规则是如何规定的？
2. 每立方米砌体砖和砂浆的用量是多少？写出计算公式。
3. 条形基础怎样计算工程量？
4. 墙体怎样计算工程量？

四、案例分析

1. 某工程基础平面图和断面图如图 7.19 所示，试计算毛石基础、砖基础工程量，确定定额项目。

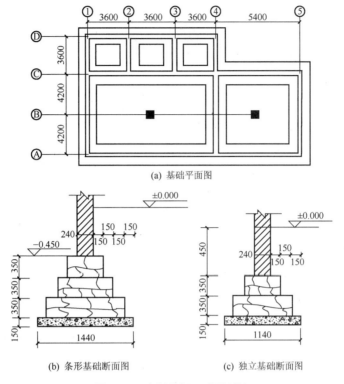

(a) 基础平面图

(b) 条形基础断面图

(c) 独立基础断面图

图 7.19 案例分析 1 附图(续)

2. 如图 7.20 所示,某建筑物框架结构,一层,层高 3.6m,墙身用 M5.0 混合砂浆砌筑加气混凝土砌块,墙厚均为 240mm,女儿墙砌筑煤矸石空心砖,高 550mm,混凝土压顶 240mm×50mm,框架柱断面 240mm×240mm,到女儿墙顶,框架梁断面 240mm×500mm,门窗洞口上面均设置钢筋混凝土过梁 240mm×180mm,M1:2200mm×2700mm,M2:1000mm×2700mm,C1:1800mm×1800m,C2:2200mm×1800mm。试计算墙体砌筑工程量,确定定额项目。

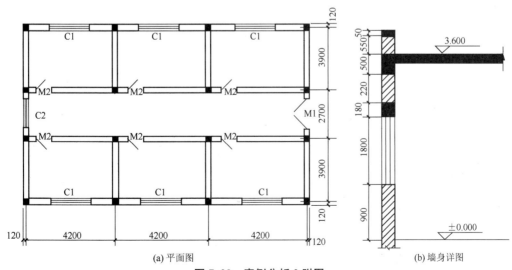

(a) 平面图

(b) 墙身详图

图 7.20 案例分析 2 附图

第8章

钢筋及混凝土工程

教学目标

通过本章学习，理解相应定额说明并熟悉定额项目；掌握构件计算界限的划分(柱、梁、板、墙及其他构件)；掌握钢筋工程量的计算和正确套用定额项目；掌握现浇混凝土与预制混凝土工程量的计算和正确套用定额项目。

教学要求

能力目标	知识要点	相关知识	权重
掌握钢筋工程量的计算和定额套项	定额说明；钢筋工程量的计算规则	构件长度、保护层、弯钩长度、锚固长度、搭接长度、线密度的概念；钢筋施工图的阅读	0.4
掌握现浇混凝土工程量的计算和定额套项	定额说明；现浇混凝土工程量的计算规则	基础、柱、梁、板、墙、楼梯、阳台、雨篷等构件施工图的阅读	0.4
掌握预制混凝土工程量的计算和定额套项	定额说明；预制混凝土工程量的计算规则	预制构件施工图的阅读	0.2

导 入 案 例

某现浇花篮梁如图 8.1 所示，混凝土为 C25，梁垫尺寸为 490×600×240。试计算该花篮梁混凝土和钢筋工程量。在计算钢筋工程量时，试考虑混凝土保护层如何选择？弯起钢筋的增加长度如何计算？箍筋的间距有什么要求？

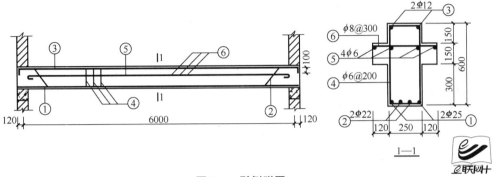

图 8.1　引例附图

8.1　钢筋及混凝土工程定额说明

本章包括钢筋、现浇混凝土、预制混凝土、混凝土搅拌制作及泵送四项内容。

8.1.1　钢筋

（1）钢筋工程，定额分现浇和预制构件，按不同钢种和规格进行计算。

（2）本章钢筋项目中包括了施工损耗因素，因此钢筋项目一律按设计要求计算设计图示钢筋用量，执行相应规格的钢筋项目。

【参考视频】

（3）钢筋工程的人工消耗量包括除锈、制作、绑扎、接头、看护钢筋和材料超运距用工等。

（4）钢筋的混凝土保护层厚度，按设计规定计算；设计无规定时，按规范规定计算。

（5）设计规定钢筋搭接，按设计规定计算；设计未规定的钢筋锚固、结构性搭接，按施工规范计算；设计、施工规范均未规定的，不单独计算。

（6）预应力构件中非预应力钢筋按预制钢筋相应项目计算。

（7）锚喷护壁钢筋、钢筋网，按设计用量，以吨计算，执行现浇构件钢筋项目。

（8）绑扎低碳钢丝、成型点焊和接头焊接用的电焊条已综合在定额项目内，不另行计算。

（9）非预应力钢筋不包括冷加工，如设计要求冷加工时，另行计算。

（10）预应力钢筋如设计要求人工实效处理时，另行计算。

（11）后张法钢筋的锚固是按钢筋帮条焊、U 形插垫编制的。如采用其他方法锚固时，可另行计算。

（12）预制混凝土构件中，如果不同直径的钢筋点焊成一体时，应按各自的直径计算钢筋工程量，并应按不同直径钢筋的总工程量，执行最小直径钢筋的点焊子目；如果最大与最小钢筋的直径比大于 2 时，最小直径钢筋点焊子目的人工还应乘以系数 1.25。

（13）表 8-1 所列构件，其钢筋可按表 8 1 内系数调整人工、机械用量。

表 8-1　人工、机械调整系数

项　　目	预制构件钢筋		现浇构件钢筋	
系数范围	拱梯形屋架	托架梁	小型构件(或小型池槽)	构筑物
人工、机械调整系数	1.16	1.05	2	1.25

【参考视频】

8.1.2　混凝土

（1）定额内混凝土搅拌项目包括筛砂子、筛洗石子、搅拌、前台运输上料等内容；混凝土浇注项目包括润湿模板、浇灌、捣固、养护等内容。

（2）毛石混凝土，系按毛石占混凝土总体积20%计算的。如设计要求不同时，可以换算。

（3）小型混凝土构件，系指单件体积在 0.05m³ 以内的定额未列项目。

（4）预制构件定额内仅考虑现场预制的情况。若实际采用成品构件时，其构件价格按合同约定。运输、吊装等内容执行消耗量定额第 10 章的相应安装项目。

（5）现浇钢筋混凝土梁、板、墙和基础底板的后浇带定额项目，定额综合了底部灌注1：2水泥砂浆用量，按各自相应规则和施工组织设计规定的尺寸，以立方米计算。

（6）定额中已列出常用混凝土强度等级，如与设计要求不同时，可以换算，但消耗量不变。

特　别　提　示

本章混凝土项目中未包括各种添加剂，若设计规定需要增加时，按设计混凝土配合比换算；若使用泵送混凝土，其泵送混凝土中的泵送剂在泵送混凝土单价中，混凝土单价按合同约定；若在冬季施工，混凝土需提高强度等级或掺入抗冻剂、减水剂、早强剂时，设计有规定的，按设计规定换算配合比，设计无规定的，按施工规范的要求计算，其费用在冬季施工增加费中考虑。

本章未包括混凝土工程的模板、脚手架和垂直运输费用，实际发生时，应按消耗量定额第 10 章的相应规定，另行计算；本章未包括预制混凝土工程的安装费用，实际发生时，按消耗量定额第 10 章的相应规定，另行计算。

8.2　钢筋及混凝土工程量计算规则

8.2.1　钢筋工程工程量计算规则

（1）钢筋工程，应区别现浇、预制构件，不同钢种和规格；计算时分别按设计长度乘以单位理论重量，以吨计算。钢筋电渣压力焊接、套筒挤压等接头，以个计算。钢筋机械连接的接头，按设计规定计算。设计无规定时，按施工规范或施工组织设计规定的实际数量计算。

（2）计算钢筋工程量时，钢筋保护层厚度，按设计规定计算；设计无规定时，按施工规范规定计算。钢筋的弯钩增加长度和弯起增加长度，按设计规定计算。已执行了本章钢筋接头子目的钢筋连接，其连接长度不另行计算。施工单位为了节约材料所发生的钢筋搭接，其连接长度或钢筋接头不另行计算。

现浇混凝土构件钢筋图示用量＝（构件长度－两端保护层＋弯钩长度＋锚固增加长度＋弯起增加长度＋钢筋搭接长度）×线密度（钢筋单位长度理论质量）

● 特 别 提 示 ··

混凝土保护层：指最外层钢筋边缘至混凝土表面的距离，见表8-2。

表8-2 混凝土保护层的最小厚度 （单位：mm）

环境类别	板、墙、壳	梁、柱、杆
一	15	20
二 a	20	25
二 b	25	35
三 a	30	40
三 b	40	50

注：
（1）表中混凝土保护层厚度适用于设计使用年限为50年的混凝土结构。
（2）构件中受力钢筋的保护层厚度不应小于钢筋的公称直径。
（3）设计使用年限为100年的混凝土结构，一类环境中，最外层钢筋的保护层厚度不应小于表中数值的1.4倍，二、三类环境中，应采取专门的有效措施。
（4）混凝土强度等级不大于C25时，表中保护层厚度数值应增加5mm。
（5）基础底面钢筋的保护层厚度，有混凝土垫层时应从垫层顶面算起，且不应小于40mm，无垫层时不应小于70mm

● 知 识 链 接 8-1 ··

混凝土结构的环境类别见表8-3。

表8-3 混凝土结构的环境类别

环境类别		条 件
一		室内正常环境
二	a	室内潮湿环境；非严寒和非寒冷地区的露天环境、与无侵蚀性的水或土壤直接接触的环境
	b	严寒和寒冷地区的露天环境、与无侵蚀性的水或土壤直接接触的环境
三		使用除冰盐的环境；严寒和寒冷地区冬季水位变动的环境；滨海室外环境

弯钩增加长度、弯起钢筋增加长度如图8.2所示。板中上皮筋直钩长度一般为板厚减一个保护层。

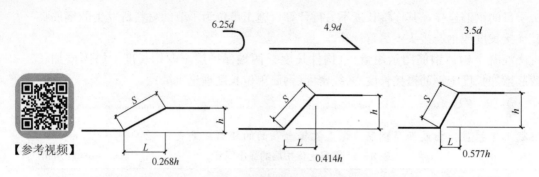

图 8.2 钢筋弯钩、弯起钢筋增加长度

钢筋的锚固及搭接长度计算见表 8-4~表 8-7。

表 8-4 受拉钢筋基本锚固长度 l_{ab}、l_{abE}

钢筋种类	抗震等级	混凝土强度等级								
		C20	C25	C30	C35	C40	C45	C50	C55	≥C60
HPB300	一、二级(l_{abE})	45d	39d	35d	32d	29d	28d	26d	25d	24d
	三级(l_{abE})	41d	36d	32d	29d	26d	25d	24d	23d	22d
	四级(l_{abE}) 非抗震(l_{ab})	39d	34d	30d	28d	25d	24d	23d	22d	21d
HRB335 HRBF335	一、二级(l_{abE})	44d	38d	33d	31d	29d	26d	25d	24d	24d
	三级(l_{abE})	40d	35d	31d	28d	26d	24d	23d	22d	22d
	四级(l_{abE}) 非抗震(l_{ab})	38d	33d	29d	27d	25d	23d	22d	21d	21d
HRB400 HRBF400 RRB400	一、二级(l_{abE})	—	46d	40d	37d	33d	32d	31d	30d	29d
	三级(l_{abE})	—	42d	37d	34d	30d	29d	28d	27d	26d
	四级(l_{abE}) 非抗震(l_{ab})	—	40d	35d	32d	29d	28d	27d	26d	25d
HRB500 HRBF500	一、二级(l_{abE})	—	55d	49d	45d	41d	39d	37d	36d	35d
	三级(l_{abE})	—	50d	45d	41d	38d	36d	34d	33d	32d
	四级(l_{abE}) 非抗震(l_{ab})	—	48d	43d	39d	36d	34d	32d	31d	30d

表 8-5 受拉钢筋锚固长度 l_a、抗震锚固长度 l_{aE}

非抗震	抗震	注：
$l_a = \zeta_a l_{ab}$	$l_{aE} = \zeta_{aE} l_a$	（1）l_a 不应小于 200mm。 （2）锚固长度修正系数按下表取用，当多于一项时，可按连乘计算，但不应小于 0.6。 （3）ζ_{aE} 为抗震锚固长度修正系数，对一、二级抗震等级取 1.15，对三级抗震等级取 1.05，对四级抗震等级取 1.00

表8-6 受拉钢筋锚固长度修正系数 ζ_a

锚固条件		ζ_a	
带肋钢筋的公称直径大于25		1.10	
环氧树脂涂层带肋钢筋		1.25	
施工过程中易受扰动的钢筋		1.10	
锚固区保护层厚度	$3d$	0.80	注：中间时按内插值，d 为锚固钢筋直径
	$5d$	0.70	

表8-7 纵向受拉钢筋绑扎搭接长度 l_l、l_{lE} 和纵向受拉钢筋搭接长度修正系数 ζ_l

纵向受拉钢筋绑扎搭接长度 l_l、l_{lE}			注：
抗震	非抗震		（1）当直径不同的钢筋搭接时，l_l、l_{lE} 按直径较小的钢筋计算。
$l_{lE} = \zeta_l l_{aE}$	$l_l = \zeta_l l_a$		（2）任何情况下不应小于300mm。
纵向受拉钢筋搭接长度修正系数 ζ_l			（3）式中 ζ_l 为纵向受拉钢筋搭接长度修正系数。当纵向钢筋搭接接头百分率为表的中间值时，可按内插取值
纵向钢筋搭接接头面积百分率（%）	$\leqslant 25$	50	100
ζ_l	1.2	1.4	1.6

箍筋长度：箍筋长度＝构件截面周长－8×保护层厚－4×箍筋直径＋2×钩长。单钩长度＝$1.9d+\max\{10d, 75\}$。

箍筋根数：箍筋根数＝配置范围/@＋1，如图8.3所示。

 特 别 提 示

配置范围/@有小数时，应遇小数进为1。

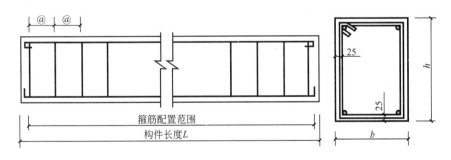

图8.3 梁的配筋图

知 识 链 接 8-2

钢筋单位理论质量：钢筋每米理论质量＝$0.006165 \times d^2$，或按表8-8计算。

表 8-8　钢筋单位理论质量表

钢筋直径 d	$\phi4$	$\phi6.5$	$\phi8$	$\phi10$	$\phi12$	$\phi14$	$\phi16$
理论质量/(kg/m)	0.099	0.260	0.395	0.617	0.888	1.208	1.578
钢筋直径 d	$\phi18$	$\phi20$	$\phi22$	$\phi25$	$\phi28$	$\phi30$	$\phi32$
理论质量/(kg/m)	1.998	2.466	2.984	3.850	4.830	5.550	6.310

【参考图文】

【参考视频】

（3）先张法预应力钢筋，按构件外形尺寸计算长度；后张法预应力钢筋按设计规定的预应力预留孔道长度，并区别不同的锚具类型，分别按下列规定计算。

① 低合金钢筋两端采用螺杆锚具时，预应力钢筋按预留孔道减 0.35m，螺杆另行计算。

② 低合金钢筋一端采用镦头插片，另一端为螺杆锚具时，预应力钢筋长度按预留孔道长度计算，螺杆另行计算。

③ 低合金钢筋一端采用镦头插片，另一端采用帮条锚具时，预应力钢筋长度增加 0.15m；两端均采用帮条锚具时，预应力钢筋长度共增加 0.3m。

④ 低合金钢筋采用后张混凝土自锚时，预应力钢筋长度增加 0.35m。

⑤ 低合金钢筋或钢绞线采用 JM、XM、QM 型锚具，孔道长度在 20m 以内时，预应力钢筋长度增加 1m；孔道长度在 20m 以上时，预应力钢筋长度增加 1.8m。

⑥ 碳素钢丝采用锥形锚具，孔道长度在 20m 以内时，预应力钢筋长度增加 1m；孔道长度在 20m 以上时，预应力钢筋长度增加 1.8m。

⑦ 碳素钢丝两端采用镦粗头时，预应力钢丝长度增加 0.35m。

特　别　提　示

定额项目中"无粘结预应力钢丝束"是指外表面刷涂料、包塑料管的钢丝束，直接预埋于混凝土中，待混凝土达到一定强度后，进行后张法施工。预应力钢丝束的张拉应力，通过其两端的锚具，传递给混凝土构件。由于钢丝束外表面的塑料管，阻断了钢丝束与混凝土的接触，因此钢丝束与混凝土之间不能形成粘结，故称无粘结。

定额项目中"有粘结预应力钢绞线"是指浇筑混凝土时，用波纹管在混凝土中预留孔道，混凝土达到一定强度时，在波纹管中穿入钢质裸露的钢绞线，然后进行后张法施工，最后在波纹管中加压灌浆，用锚具锚固钢筋。由于混凝土、波纹管、砂浆、钢绞线能够相互黏结成牢固的整体，故称有粘结。

（4）其他。

① 马凳钢筋质量，设计有规定的按设计规定计算；设计无规定时，马凳的材料应比底板钢筋降低一个规格，若底板钢筋规格不同时，按其中规格大的钢筋降低一个规格计算，长度按底板厚度的 2 倍加 200mm 计算，每平方米 1 个，计入钢筋总量。

② 墙体拉结 S 钩钢筋质量，设计有规定的按设计规定计算，设计无规定按 $\phi8$ 钢筋，长度按墙厚加 150mm 计算，每平方米 3 个，计入钢筋总量。

特别提示

马凳是指用于支撑现浇混凝土板或现浇雨篷板中的上皮钢筋的铁件。

墙体拉结S钩是指用于拉结现浇钢筋混凝土墙内受力钢筋的单支箍。

③ 砌体加固钢筋按设计用量以吨计算。砌体加固筋,定额按焊接连接编制,实际采用非焊接方式连接时,不得调整。

④ 防护工程的钢筋锚杆、锚喷护壁钢筋、钢筋网按设计用量以吨计算,执行现浇构件钢筋子目。

⑤ 混凝土构件预埋铁件工程量,按设计图纸尺寸,以吨计算。计算铁件工程量时,不扣除孔眼、切肢、切边的重量,焊条的重量不另计算。对于不规则形状的钢板,按其最长对角线乘以最大宽度所形成的矩形面积计算。

⑥ 冷轧扭钢筋,执行冷轧带肋钢筋子目。

⑦ 现浇构件箍筋采用Ⅱ级钢时,执行现浇构件Ⅰ级钢箍筋子目,换算钢筋种类,机械乘以系数1.25。

⑧ Ⅰ级钢筋电渣压力焊接头,执行Ⅱ级钢筋电渣压力焊接头子目,换算钢筋种类,其他不变。

8.2.2 现浇混凝土工程工程量计算规则

(1) 混凝土工程量除另有规定者外,均按图示尺寸以立方米计算。不扣除构件内钢筋、预埋件及墙、板中0.3m² 以内的孔洞所占体积。

(2) 基础。

① 带形基础,外墙按设计外墙中心线长度($L_{中}$)、内墙按设计内墙基础图示长度乘以设计断面计算。

带形基础工程量:$V_{带形基础} = L_{中} \times 设计断面 + 设计内墙基础图示长度 \times 设计断面$

② 有肋(梁)带形混凝土基础,其肋高与肋宽之比在4:1以内的按有梁式带形基础计算。超过4:1时,起肋部分按墙计算,肋以下按无梁式带形基础计算。如图8.4(a)所示。

【参考图文】

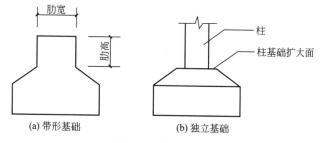

(a) 带形基础   (b) 独立基础

图8.4 基础示意图

③ 箱式满堂基础分别按无梁式满堂基础、柱、墙、梁、板有关规定计算,套用相应定额子目。

④ 有梁式满堂基础,肋高大于0.4m时,套用有梁式满堂基础定额项目;肋高小于0.4m或设有暗梁、下翻梁时,套用无梁式满堂基础项目。

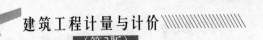

⑤ 独立基础，包括各种形式的独立基础及柱墩，其工程量按图示尺寸以立方米计算。柱与柱基的划分以柱基的扩大顶面为分界线。如图 8.4(b)所示。

⑥ 带形桩承台按带形基础的计算规则计算，独立桩承台按独立基础的计算规则计算。

⑦ 设备基础。

a. 设备基础，除块体基础套用设备基础定额子目外，其他形式设备基础分别按基础、柱、梁、板、墙等有关规定计算，套用相应定额子目。

b. 楼层上的钢筋混凝土设备基础，按有梁板项目计算。

（3）柱。按图示断面尺寸乘以柱高，以立方米计算。

柱高按下列规定确定。

① 有梁板的柱高，按柱基上表面（或楼板上表面）至上一层楼板上表面之间的高度计算，如图 8.5(a)所示。

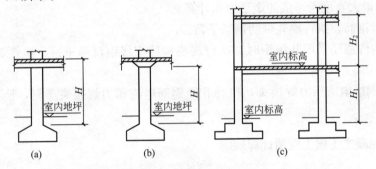

图 8.5 柱高的确定（一）

② 无梁板的柱高，按柱基上表面（或楼板上表面）至柱帽下表面之间的高度计算，如图 8.5(b)所示。

③ 框架柱的柱高，按柱基上表面至柱顶高度计算，如图 8.5(c)所示。

④ 构造柱按设计高度计算，构造柱与墙嵌结部分（马牙槎）的体积，按构造柱出槎长度的一半（有槎与无槎的平均值）乘以构造柱宽度，再乘以构造柱柱高，并入构造柱体积内计算，如图 8.6(a)所示。

⑤ 依附柱上的牛腿、升板的柱帽，并入柱体积内计算，如图 8.6(b)所示。

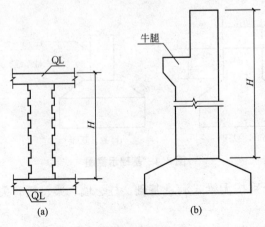

图 8.6 柱高的确定（二）

⑥ 薄壁柱，也称隐壁柱，在框剪结构中，隐蔽在墙体中的钢筋混凝土柱，抹灰后不再有柱的痕迹。薄壁柱按钢筋混凝土墙计算。

特 别 提 示 ‖‖

　　定额中"轻体墙填充混凝土"项目，适用于空心砌块墙的空心内填充混凝土的情况。空心砌块墙的转角处，在水平方向的一定范围内，向墙体的空心灌注混凝土，并配以竖向钢筋（与水平方向的墙体拉结筋连接），形成与构造柱作用相同的芯柱，加强空心砌块墙的拉结力和牢固性。芯柱在墙厚方向上的宽度，为空心同方向的内径尺寸；在墙长方向上的长度，根据建筑物高度和抗震设防的要求，不尽相同，但最少不得小于 3 个空心孔洞；芯柱在平面上的设置部位，按设计规定。

　　（4）梁。按图示断面尺寸乘以梁长以立方米计算。

　　梁长及梁高按下列规定计算。

　　① 梁与柱连接时，梁长算至柱侧面，如图 8.7（a）所示。圈梁与构造柱连接时，圈梁长度算至构造柱侧面。构造柱有马牙槎时，圈梁长度算至构造柱主断面的侧面。

　　② 主梁与次梁连接时，次梁长算至主梁侧面。伸入墙体内的梁头、梁垫体积并入梁体积内计算，如图 8.7（b）所示。

【参考图文】

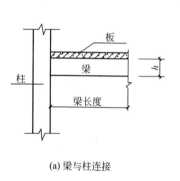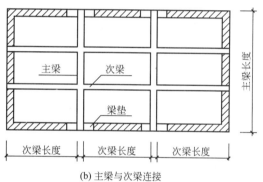

(a) 梁与柱连接　　　　　　(b) 主梁与次梁连接

图 8.7　梁长的确定

【参考视频】

　　③ 圈梁与过梁连接时，分别套用圈梁、过梁定额。过梁长度按设计规定计算，设计无规定时，按门窗洞口宽度，两端各加 250mm 计算。

特 别 提 示 ‖‖

　　房间与阳台连通，洞口上坪与圈梁连成一体的混凝土梁，按过梁的计算规则计算工程量，执行单梁子目。

　　基础圈梁，按圈梁计算。

　　④ 圈梁与梁连接时，圈梁体积应扣除伸入圈梁内的梁体积（即圈梁与梁的公共部分按梁计算）。

　　⑤ 在圈梁部位挑出外墙的混凝土梁，以外墙外边线为界线，挑出部分按图示尺寸以立方米计算，套用单梁、连续梁项目。

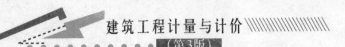

⑥ 梁（单梁、框架梁、圈梁、过梁）与板整体现浇时，梁高计算至板底，如图 8.7(a) 所示。

（5）板。按图示面积乘以板厚，以立方米计算。柱、墙与板相交时，板的宽度按外墙间净宽度（无外墙时，按板边缘之间的宽度）计算，不扣除柱、垛所占板的面积。

各种板按以下规定计算。

① 有梁板包括主、次梁及板，工程量按梁、板体积之和计算，如图 8.8 所示。

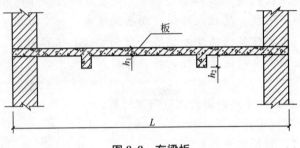

图 8.8　有梁板

现浇有梁板混凝土工程量：

$$V_{现浇有梁板混凝土}＝图示长度×图示宽度×板厚＋V_{主梁及次梁}$$

$$V_{主梁及次梁}＝主梁长度×主梁宽度×肋高＋次梁净长度×次梁宽度×肋高$$

② 无梁板按板和柱帽体积之和计算，如图 8.9 所示。

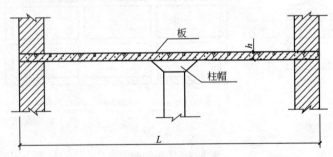

图 8.9　无梁板

③ 平板是指直接支撑在墙上的现浇楼板。平板按板图示体积计算，伸入墙内的板头、平板边沿的翻檐，均并入平板体积内计算，如图 8.10 所示。

④ 斜屋面板是指斜屋面铺瓦用的钢筋混凝土基层板。斜屋面板按板断面积乘以板纵向长度，有梁时，梁板合并计算。屋脊处八字脚的加厚混凝土（素混凝土）已包括在消耗量内，不单独计算，如图 8.11 所示。

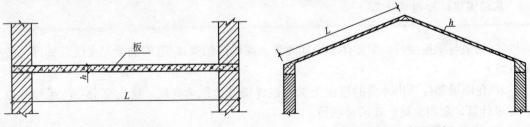

图 8.10　平板　　　　　　　　　　图 8.11　斜屋面板

特 别 提 示

若屋脊处八字脚的加厚混凝土配置钢筋作梁使用，应按设计尺寸并入斜板工程量内计算。

⑤ 圆弧形老虎窗顶板是指坡屋面阁楼部分为了采光而设计的圆弧形老虎窗的钢筋混凝土顶板。圆弧形老虎窗顶板套用拱板子目，如图 8.12 所示。

图 8.12　圆弧形老虎窗

⑥ 现浇挑檐与板（包括屋面板）连接时，以外墙外边线为界限，如图 8.13 所示。与圈梁（包括其他梁）连接时，以梁外边线为界限，外边线以外为挑檐，如图 8.14 所示。

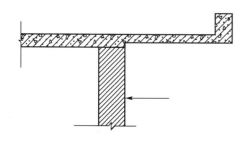

图 8.13　现浇挑檐与板连接

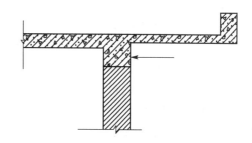

图 8.14　现浇挑檐与梁连接

特 别 提 示

密肋板，按板与肋体积之和计算。

预制板补现浇板缝，板底缝宽大于 100mm 时，按平板计算；板底缝宽大于 40mm 时，按小型构件计算。

（6）混凝土墙按图示中心线长度尺寸乘以设计高度及墙体厚度，以立方米计算。扣除门窗洞口及单个面积在 0.3m² 以上孔洞的体积，墙垛、附墙柱及突出部分并入墙体积内计算。混凝土墙中的暗柱、暗梁，并入相应墙体内计算，不单独计算。电梯井壁，工程量计算执行外墙的相应规定。

特 别 提 示

现浇混凝土墙（柱）与基础的划分，以基础扩大面的顶面为分界线，以下为基础，以上为墙（柱）身。

墙、墙相交时，外墙按外墙中心线长度计算；内墙按墙间净长度计算。

柱、墙和板相交时，柱和外墙的高度算至板上坪，内墙的高度算至板底。

梁、墙连接时，墙高算至梁底。

定额中"轻型框剪墙"项目，是与混凝土框架结构比较相似的一种新的结构形式，它有混凝土用量小、结构框架灵活、施工方便等特点，一般用于高层住宅工程。轻型框剪墙中的柱、梁、墙厚度相同、且与其间的砌体（多为新型墙体材料）厚度相同，柱（靠暗配钢筋体现）的断面形式可根据需要做成 T、L、一、十字等形状，与上部梁（靠暗配钢筋体现）相边。柱、梁、墙之间没有明显的界限区分。由于轻型框剪墙中的混凝土柱、梁、墙浇筑内容相差不大，故仅设一个子目。

(7) 楼梯。

① 整体楼梯包括休息平台、平台梁、楼梯底板、斜梁及楼梯的连接梁、楼梯段，按水平投影面积计算，不扣除宽度小于 500mm 的楼梯井，伸入墙内部分不另增加。

特 别 提 示

混凝土楼梯（含直形和旋转形）与楼板的分界，以楼梯顶部与楼板的连接梁为界，连接梁以外为楼板；楼梯基础，按基础的相应规定计算。

踏步旋转楼梯，按其楼梯（不包括中心柱）部分的设计图示水平投影面积乘以周数，以平方米计算。

弧形楼梯按旋转楼梯项目执行。

② 混凝土楼梯子目，按踏步底板（不含踏步和踏步底板下的梁）和休息平台板厚均为 100mm 编制。若踏步底板、休息平台的板厚设计与定额不同时，按定额 4-2-46（板厚每增减 10mm）子目调整。踏步底板、休息平台的板厚不同时，应分别计算。踏步底板的水平投影面积包括底板和连接梁；休息平台的投影面积包括平台板和平台梁。

③ 独立式单跑楼梯间，楼梯踏步两端的板，均视为楼梯的休息平台板。非独立式楼梯间的单跑楼梯，楼梯踏步两端宽度（自连接梁外边沿起）1.2m 以内的板，均视为楼梯的休息平台板。单跑楼梯侧面与楼板之间的空隙，视为单跑楼梯的楼梯井。

(8) 阳台、雨篷按伸出外墙的水平投影面积计算，伸出外墙的牛腿不另计算，其嵌入墙内的梁另按梁有关规定单独计算；混凝土挑檐、阳台、雨篷的翻檐，总高度在 300mm 以内时，按展开面积并入相应工程量内，超过 300mm 时，按栏板计算。井字梁雨篷，按有梁板计算规则计算。三面梁式雨篷，按有梁式阳台计算。

特 别 提 示

混凝土阳台（含板式和挑梁式）子目，按阳台板厚 100mm 编制。混凝土雨篷子目，按板式雨篷、外沿（不含翻檐）板厚 80mm 编制。若阳台、雨篷板厚设计与定额不同时，按补充子目 4-2-65（阳台、雨篷板厚每增减 10mm）调整。

(9) 栏板以立方米计算，伸入墙内的栏板，合并计算。

(10) 预制混凝土框架柱的现浇接头（包括梁接头）按设计规定断面和长度以立方米计算。

(11) 单件体积在 0.05m³ 以内，定额未列子目的构件，按小型构件，以立方米计算。

如钢木屋架下现浇混凝土梁垫。

（12）飘窗左右的混凝土立板，按混凝土栏板计算。

飘窗上下的混凝土挑板、空调室外机的混凝土搁板，按混凝土挑檐计算。

⬤ 特 别 提 示 ••

混凝土搅拌制作和泵送子目，按各混凝土构件的混凝土消耗量之和，以立方米计算，单独套用混凝土搅拌制作子目和泵送混凝土补充定额。

施工单位自行制作泵送混凝土，其泵送剂以及由于混凝土塌落度增大和使用水泥砂浆润滑输送管道而增加的水泥用量等内容，执行补充子目 4-4-18（泵送混凝土增加材料）。子目中的水泥强度等级、泵送剂的规格和用量，设计与定额不同时，可以换算，其他不变。

施工单位自行泵送混凝土，其管道输送混凝土（输送高度 50m 以内），执行补充子目 4-4-19（基础输送混凝土管道安拆 50m 内）、4-4-20（柱、墙、梁、板输送混凝土管道安拆 50m 内）、4-4-21（其他构件输送混凝土管道安拆 50m 内）。输送高度在 100m 内，其超过部分乘以系数 1.25 即执行补充子目 4-4-19-1～4-4-21-1；输送高度在 150m 内，其超过部分乘以系数 1.60 即执行补充子目 4-4-19-2～4-4-21-2。

泵送混凝土中的外加剂，如使用复合型外加剂（同一种材料兼做泵送剂、减水剂、速凝剂、早强剂、抗冻剂等），应按材料的技术性能和泵送混凝土的技术要求计算掺量。按泵送剂换算定额 4-4-18 用量。外加剂所具备的除泵送剂以外的其他功能因素不单独计算费用，冬雨季施工增加费，仍按规定计取。

••

8.2.3 预制混凝土工程量计算规则

（1）混凝土工程量均按图示尺寸以立方米计算，不扣除构件内钢筋、铁件、预应力钢筋预留孔洞及小于 300mm×300mm 以内孔洞所占的体积。

（2）预制桩按桩全长（包括桩尖）乘以桩断面面积以立方米计算（不扣除桩尖虚体积）工程量。

（3）混凝土与钢杆件组合的构件，混凝土部分按构件实体积以立方米计算，钢构件部分按吨计算，分别套用相应的定额项目。

（4）预制混凝土过梁、预制混凝土桩尖如需现场预制，执行预制混凝土小型构件子目。

8.3 钢筋及混凝土工程量计算与定额应用

应用案例 8-1

某现浇混凝土条形基础，如图 8.15 所示，C20 混凝土，场外集中搅拌量为 25m³/h，运距为 3km 计算，管道泵送混凝土（15m³/h）。试计算现浇钢筋混凝土条形基础混凝土工程量，确定定额项目。

解：

（1）计算现浇钢筋混凝土（C20）条形基础工程量。

$V=\lfloor(9.20+4.90)\times2+4.90-1.20\rfloor\times(1.20\times0.15+0.90\times0.10)+(0.6\times0.30\times0.10+0.30\times$

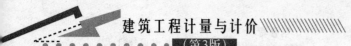

0.10÷2×0.30÷3×4)[内外条基搭接处体积，如图8.15所示]≈8.64(m³)

无梁式现浇钢筋混凝土(C20)条形基础，套用定额4-2-4

定额基价=2372.58(元/10m³)

$$定额直接工程费=\frac{8.64}{10}×2372.58≈2049.91(元)$$

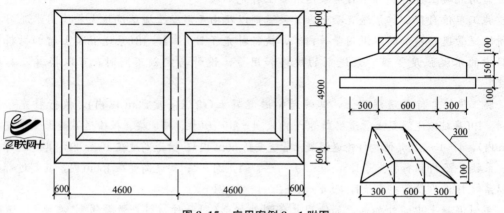

图8.15　应用案例8-1附图

(2) 拌制、运输、管道泵送混凝土工程量$=\frac{8.64}{10}×10.15≈8.77(m³)$

① 场外集中搅拌混凝土(25m³/h)，套用定额4-4-2

定额基价=287.60(元/10m³)

$$定额直接工程费=\frac{8.77}{10}×287.60=252.23(元)$$

② 混凝土运输车运输混凝土(运距5km内)，套用定额4-4-3

定额基价=270.25(元/10m³)

$$定额直接工程费=\frac{8.77}{10}×270.25≈237.01(元)$$

③ 基础泵送混凝土(15m³/h)，套用定额4-4-6

定额基价=486.29(元/10m³)

$$定额措施费=\frac{8.77}{10}×486.29≈426.48(元)$$

④ 泵送混凝土增加材料，套用定额4-4-18

定额基价=169.39(元/10m³)

$$定额措施费=\frac{8.77}{10}×169.39≈148.56(元)$$

⑤ 管道输送基础混凝土，套用定额4-4-19

定额基价=37.93(元/10m³)

$$定额措施费=\frac{8.77}{10}×37.93≈33.26(元)$$

 **应用案例8-2**

某框架结构设备基础如图8.16所示，有40根框架柱，柱下采用独立基础，基础混凝土C20，柱

混凝土 C25，尺寸和配筋如图所示，柱基和柱的保护层厚度分别为 40mm 和 25mm。试计算：(1)独立基础和柱混凝土工程量；(2)基础和柱钢筋工程量，确定定额项目。

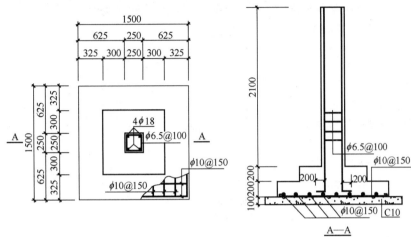

图 8.16　应用案例 8-2 附图

解：

(1) 计算混凝土工程量。

① 计算独立基础混凝土工程量。

$V=(1.5\times1.5\times0.2+0.85\times0.85\times0.2)\times40=23.78(m^3)$

套用定额 4-2-7

定额基价=2482.15(元/10m³)

定额直接工程费=$\dfrac{23.78}{10}\times2482.15\approx5902.55(元)$

② 计算柱混凝土工程量。

$V=0.25\times0.25\times2.1\times40=5.25(m^3)$

套用定额 4-2-17

定额基价=3439.33(元/10m³)

定额直接工程费=$\dfrac{5.25}{10}\times3439.33\approx1805.65(元)$

(2) 计算钢筋工程量。

① 计算独立基础钢筋工程量。

$\phi10@150$ 双向，$L=1.5-0.04\times2+6.25\times0.01\times2=1.545(m)$

$n=\dfrac{1.5-0.04\times2}{0.15}+1\approx11(根)$

$\phi10$ 钢筋重量=$1.545\times11\times2\times0.617\times40\approx838.87(kg)\approx0.839(t)$

② 计算独立柱钢筋工程量。

主筋 $4\phi18$，$L=2.1+0.2+0.2+0.2-0.04-0.025=2.635(m)$

$n=4(根)$

$\phi18$ 重量=$2.635\times4\times1.998\times40\approx842.36(kg)\approx0.842(t)$

箍筋 $\phi6.5@100$，$L=2\times(0.25+0.25)-0.05=0.95(m)$

$n=2+[(2.1-0.025)\div0.1+1]\approx24(根)$

$\phi6.5$ 重量=$0.95\times24\times0.26\times40-237.12(kg)\approx0.237(t)$

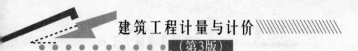

③ 计算基础、柱钢筋合计。

$\phi6.5$ 重量 $=0.237(t)$

套用定额 4-1-52，现浇构件箍筋

定额基价 $=6150.94$（元/t）

定额直接工程费 $=0.237\times6150.94\approx1457.77$（元）

$\phi10$ 重量 $=0.839(t)$

套用定额 4-1-4，现浇构件圆钢筋

定额基价 $=4755.65$（元/t）

定额直接工程费 $=0.839\times4755.65\approx3989.99$（元）

$\phi18$ 重量 $=0.842(t)$

套用定额 4-1-8，现浇构件圆钢筋

定额基价 $=4478.39$（元/t）

定额直接工程费 $=0.842\times4478.39\approx3770.80$（元）

 应用案例 8-3

某砖混结构屋顶平面布置图如图 8.17 所示，外墙厚为 370mm，内墙厚为 240mm，混凝土强度等级为 C25，内外墙圈梁高均为 240mm。（假设梁的保护层厚 25mm，板的保护层 15mm）试计算：(1)圈梁混凝土工程量；(2)屋面板混凝土工程量；(3)①～②轴屋面板钢筋工程量（未注明分布筋为 $\phi6.5@250$），并确定定额项目。

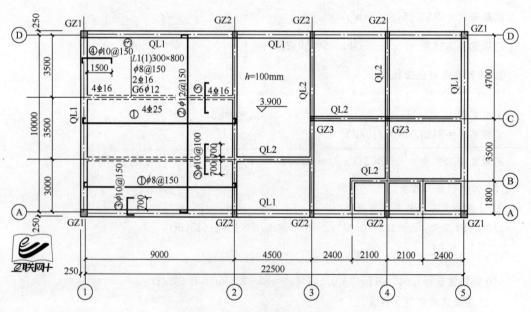

图 8.17 应用案例 8-3 附图

解：

(1) 计算圈梁混凝土工程量。

QL1 长度 $L_1=(10.00+0.065\times2+22.50+0.065\times2)\times2=65.52(m)$

扣除GZ1 $0.37\times4=1.48(m)$

GZ2 $0.24\times6=1.44(m)$

　　$L1$　$0.3 \times 2 = 0.6(m)$

$V_{QL1} = (65.52 - 1.48 - 1.44 - 0.6) \times 0.37 \times 0.14 \approx 3.21(m^3)$

QL2　长度 $L_2 = 29.28 + 8.52 + 4.26 + 6.24 + 3.24 = 51.54(m)$

扣除GZ3　$0.24 \times 2 = 0.48(m)$

　　L_1　$0.3 \times 2 = 0.6(m)$

$V_{QL2} = (51.54 - 0.48 - 0.6) \times 0.24 \times 0.14 \approx 1.7(m^3)$

圈梁工程量合计 $= 3.21 + 1.7 = 4.91(m^3)$

套用定额 4-2-26，现浇圈梁

定额基价 $= 3699.58(元/10m^3)$

定额直接工程费 $= \dfrac{4.91}{10} \times 3699.58 \approx 1816.49(元)$

(2) 计算屋面板混凝土工程量。

a. ①~②轴为有梁板。

板混凝土工程量 $= (9 + 0.25 + 0.12) \times (10 + 0.25 + 0.25) \times 0.1 \approx 9.84(m^3)$

梁混凝土工程量 $= (9 + 0.25 + 0.12) \times (0.8 - 0.1) \times 0.3 \times 2 \approx 3.94(m^3)$

有梁板工程量合计 $= 9.84 + 3.94 = 13.78(m^3)$

套用定额 4-2-36，现浇有梁板

定额基价 $= 2940.13(元/10m^3)$

定额直接工程费 $= \dfrac{13.78}{10} \times 2940.13 \approx 4051.50(元)$

b. ②~⑤轴为平板。

平板工程量 $= 10.5 \times (4.5 + 4.5 \times 2 + 0.25 - 0.12) \times 0.1 \approx 14.31(m^3)$

套用定额 4-2-38，现浇平板

定额基价 $= 2986.12(元/10m^3)$

定额直接工程费 $= \dfrac{14.31}{10} \times 2986.12 \approx 4273.14(元)$

(3) 计算①~②轴屋面板钢筋工程量(板下部受力筋布置到梁中线，暂不计算②轴板上负筋)。

①号 $\phi 8@150$，$L = 9 + 0.065 + 12.5 \times 0.008 \approx 9.17(m)$

$n = [(3 - 0.12 - 0.15) \div 0.15 + 1] + [(3.5 - 0.3 - 0.15) \div 0.15 + 1] + [(3.5 - 0.15 - 0.12 - 0.15) \div 0.15 + 1] \approx 63(根)$

$\phi 8$ 长度 $= 9.17 \times 63 = 577.71(m)$

②号 $\phi 12@150$，$L = 10 + 0.065 \times 2 + 12.5 \times 0.012 = 10.28(m)$

$n = (9 - 0.12 \times 2 - 0.15) \div 0.15 + 1 \approx 59(根)$

$\phi 12$ 长度 $= 10.28 \times 59 = 606.52(m)$

③号 $\phi 10@150$，$L = 0.7 + 0.37 - 0.025 + 15 \times 0.01 + 0.1 - 0.015 \approx 1.28(m)$

$n = (9 - 0.12 \times 2 - 0.15) \div 0.15 + 1 \approx 59(根)$

$\phi 10$ 长度 $= 1.22 \times 59 \times 2 = 143.96(m)$

分布筋 $\phi 6.5@250$，$L = 9 - 0.24 - 1.5 \times 2 + 0.15 \times 2 + 12.5 \times 0.0065 \approx 6.14(m)$

$n = (0.7 - 0.125) \div 0.25 + 1 \approx 4(根)$

$\phi 6.5$ 长度 $= 6.14 \times 4 \times 2 = 49.12(m)$

④号 $\phi 10@150$，$L = 1.5 + 0.37 - 0.025 + 15 \times 0.01 + 0.1 - 0.015 \approx 2.08(m)$

$n = 63$ 根(同①号筋)

$\phi 10$ 长度 $= 2.02 \times 63 = 127.26(m)$

分布筋 $\phi 6.5@250$，$L=10-0.24-0.7\times 2+0.15\times 2+12.5\times 0.0065\approx 8.74(m)$

$n=(1.5-0.125)\div 0.25+1\approx 7(根)$

$\phi 6$ 长度 $=8.74\times 7=61.18(m)$

⑤ 号 $\phi 10@100$，$L=0.7\times 2+0.3+(0.1-0.015)\times 2=1.87(m)$

$n=(9-0.24-0.1)\div 0.1+1\approx 88(根)$

$\phi 10$ 长度 $=1.87\times 88\times 2=329.12(m)$

分布筋 $\phi 6.5@250$，$L=6.14(m)$（同③号筋）

$n=[(0.7-0.125)\div 0.25+1]\times 2\approx 7(根)$

$\phi 6.5$ 长度 $=6.14\times 7\times 2=85.96(m)$

①～②轴屋面板钢筋工程量合计：

$\phi 6.5$ 重量 $=(49.12+61.18+85.96)\times 0.26\approx 0.051(t)$

套用定额 $4-1-2$

定额基价 $=5702.54(元/t)$

定额直接工程费 $=0.051\times 5702.54\approx 290.83(元)$

$\phi 8$ 重量 $=577.71\times 0.395\approx 0.228(t)$

套用定额 $4-1-3$

定额基价 $=5069.50(元/t)$

定额直接工程费 $=0.228\times 5069.50\approx 1155.85(元)$

$\phi 10$ 重量 $=(143.96+127.26+329.12)\times 0.617\approx 0.37(t)$

套用定额 $4-1-4$

定额基价 $=4755.65(元/t)$

定额直接工程费 $=0.37\times 4755.65\approx 1759.59(元)$

$\phi 12$ 重量 $=606.52\times 0.888\approx 0.539(t)$

套用定额 $4-1-5$

定额基价 $=4731.43(元/t)$

定额直接工程费 $=0.539\times 4731.43\approx 2550.24(元)$

 应用案例 8-4

某工程楼梯如图 8.18 所示，该楼梯无斜梁，板厚 120mm，混凝土强度等级为 C20。求现浇混凝土整体楼梯工程量（该工程共五层），确定定额项目。

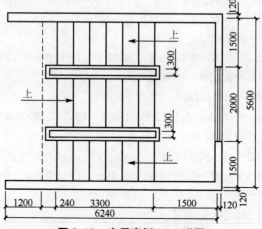

图 8.18　应用案例 8-4 附图

解：

混凝土楼梯工程量＝$(6.24-1.20-0.12) \times (5.60-0.24) \times (5-1) \approx 105.48(m^2)$

套用定额 4－2－42，现浇 C20 混凝土楼梯（无斜梁，板厚100mm）

定额基价＝$770.80(元/10m^2)$

套用定额 4－2－46，现浇楼梯板厚±10mm

定额基价＝$38.63(元/10m^2)$

定额直接工程费＝$\dfrac{105.48}{10} \times 770.80 + \dfrac{105.48}{10} \times 38.63 \times 2 \approx 8537.87(元)$

某预制钢筋混凝土吊车梁，共 17 根，混凝土强度等级为 C30，如图 8.19 所示，试计算吊车梁工程量，确定定额项目。

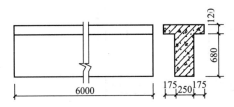

图 8.19 应用案例 8－5 附图

解：

吊车梁工程量 $V= [0.25 \times (0.68+0.12) + 0.175 \times 2 \times 0.12] \times 6.0 \times 17 \approx 24.68(m^3)$

套用定额 4－3－7，预制混凝土吊车梁

定额基价＝$3059.46(元/10m^3)$

定额直接工程费＝$\dfrac{24.68}{10} \times 3059.46 \approx 7550.75(元)$

某预制平板，混凝土强度等级 C30，如图 8.20 所示，试计算预制平板工程量，确定定额项目。

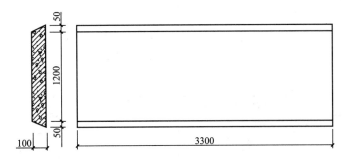

图 8.20 应用案例 8－6 附图

解：

工程量 $V=3.30 \times 0.1 \times (1.2+0.1+1.2) \div 2 \approx 0.413(m^3)$

套用定额 4－3－16，预制平板

定额基价＝3368.95(元/10m³)

$$定额直接工程费＝\frac{0.413}{10}×3368.95≈139.14(元)$$

综合应用案例 8－1

某现浇钢筋混凝土条形基础平面图和断面图如图 8.21 所示，已知 1—1 断面①筋 $\phi12@150$，②筋 $\phi10@200$，2—2 断面①筋 $\phi14@150$，②筋 $\phi10@200$，试计算钢筋工程量，并按山东省建筑工程价目表（2016 年版）计算定额直接工程费。

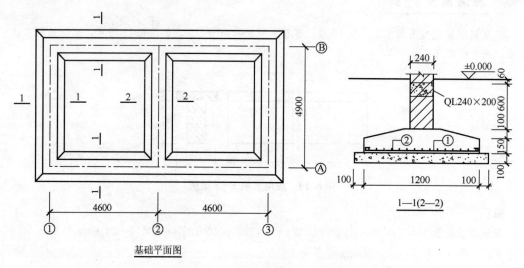

图 8.21 综合应用案例 8－1 附图

解：

1. 计算钢筋工程量

钢筋工程量计算结果见表 8－9。

表 8－9 钢筋工程量计算表

轴线编号	钢筋种类	钢筋简图	单根钢筋长度/m	根数	总长度/m	钢筋线密度/(kg/m)	总重量/kg
①	$\phi12$		$1.2-0.04×2+12.5×0.012=1.27$	$(4.9+1.2-0.04×2)/0.15+1≈42$	53.34	0.888	47
	$\phi10$		$4.9-1.2+0.04×2+0.15×2+12.5×0.01≈4.21$	$(1.2-0.04×2)/0.2+1≈7$	29.47	0.617	18
②	$\phi14$		$1.2-0.04×2+12.5×0.014≈1.3$	$(4.9-0.6)/0.15+1≈30$	39	1.208	47
	$\phi10$		同①＝4.21	同①＝7	29.47	0.617	18
③	$\phi12$		同①＝1.27	同①＝42	53.34	0.888	47
	$\phi10$		同①＝4.21	同①＝7	29.47	0.617	18

（续）

轴线编号	钢筋种类	钢筋简图	单根钢筋长度/m	根数	总长度/m	钢筋线密度/(kg/m)	总重量/kg
Ⓐ	$\phi12$	⌐___⌐	同①＝1.27	$(9.2+1.2-0.04\times2)/0.15+1\approx70$	88.9	0.888	79
	$\phi10$	⌐___⌐	$9.2-1.2+0.04\times2+0.15\times2+12.5\times0.01\approx8.51$	同①＝7	59.57	0.617	37
Ⓑ	$\phi12$	⌐___⌐	同Ⓐ＝1.27	同Ⓐ＝70	88.9	0.888	79
	$\phi10$	⌐___⌐	同Ⓐ＝8.51	同Ⓐ＝7	59.57	0.617	37
合　计							$\phi12$：252 $\phi10$：128 $\phi14$：47

2. 计算定额直接工程费

定额直接工程费计算结果见表 8-10。

表 8-10　定额直接工程费计算表

序号	定额编号	项目名称	单位	工程量	省定额价/元 基价（除税）	省定额价/元 合价
1	4-1-5	现浇构件圆钢筋 $\phi12$	t	0.25	4731.43	1182.86
2	4-1-4	现浇构件圆钢筋 $\phi10$	t	0.128	4755.65	608.72
3	4-1-6	现浇构件圆钢筋 $\phi14$	t	0.047	4610.24	216.68
		省价直接工程费合计	元			2008.26

● 特 别 提 示 ··

【标准规范】

在计算条形基础钢筋工程量时，需结合"平法"G101 图集或山东省 L04G312 图集（钢筋混凝土条形基础图集）进行计算。"平法"G101 图集中钢筋混凝土条形基础底板钢筋构造如图 8.22 所示。

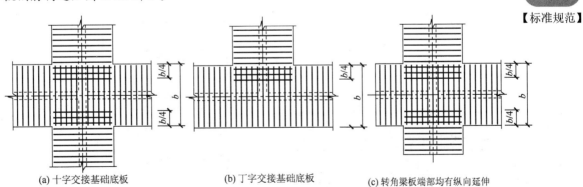

(a) 十字交接基础底板　　　　(b) 丁字交接基础底板　　　　(c) 转角梁板端部均有纵向延伸

图 8.22　钢筋混凝土条形基础底板钢筋构造

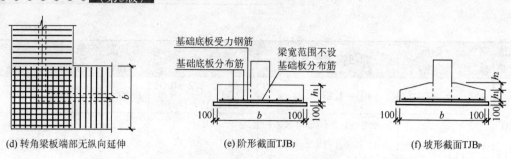

(d) 转角梁板端部无纵向延伸   (e) 阶形截面TJBʲ   (f) 坡形截面TJBᵖ

图 8.22 钢筋混凝土条形基础底板钢筋构造(续)

当条形基础设有基础梁或圈梁时，基础底板的分布钢筋在梁宽范围内不设置。

在基础底板中未表示出的分布钢筋，在两向受力钢筋交接处的网状部位与同向受力钢筋的构造搭接长度为 150mm。

综合应用案例 8-2

某现浇钢筋混凝土独立基础详图如图 8.23 所示，已知基础混凝土强度等级 C30，垫层混凝土强度等级 C20，石子粒径均<20mm，混凝土为现场搅拌，泵送 $15m^3/h$；J—1 断面配筋为：①筋 $\phi12@100$，②筋 $\phi14@150$；J—2 断面配筋为：③筋 $\Phi12@100$，④筋 $\Phi14@150$，试计算独立基础钢筋及混凝土工程量，并按山东省建筑工程价目表（2016 年版）计算定额直接费。

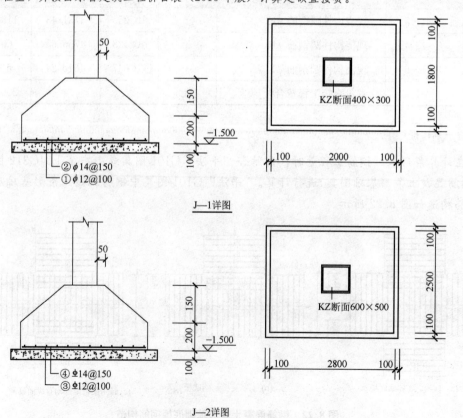

J—1详图

J—2详图

图 8.23 综合应用案例 8-2 附图

解：

1. 计算钢筋工程量

钢筋工程量计算结果见表 8－11。

表 8－11　钢筋工程量计算表

钢筋编号	钢筋种类	钢筋简图	单根钢筋长度/m	根数	总长度/m	钢筋线密度/(kg/m)	总重量/kg
①	φ12		$1.8-0.04\times2+12.5$ $\times0.012=1.87$	$(2-0.04\times2)/0.1+1$ ≈20	37.4	0.888	33
②	φ14		$2-0.04\times2+12.5\times$ $0.014\approx2.1$	$(1.8-0.04\times2)/0.1$ $+1\approx19$	39.9	1.208	48
③	φ12		两边：$2.5-0.04\times2=2.42$	2	65.59	0.888	58
			中间：$2.5\times0.9=2.25$	$(2.8-0.04\times2)/0.1$ $-1\approx27$			
④	φ14		两边：$2.8-0.04\times2=2.72$	2	65.92	1.208	80
			中间：$2.8\times0.9=2.52$	$(2.5-0.04\times2)/0.1$ $-1\approx24$			
			合　　计			φ12：33 φ14：48 Φ12：58 Φ14：80	

🔴 特别提示 ▪▪▪

在计算独立基础钢筋工程量时：

当独立基础底板长度≥2500mm 时，除外侧钢筋外，底板配筋长度可减短 10％配置。

当非对称独立基础底板长度≥2500mm 时，但该基础某侧从柱中心至基础底板边缘的距离＜1250mm 时，钢筋在该侧不应减短，如图 8.24 所示。

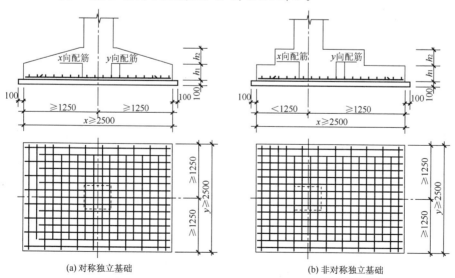

(a) 对称独立基础　　　　　　　　(b) 非对称独立基础

图 8.24　独立基础底板配筋长度减短 10％构造

$\phi 12$ 钢筋套用定额 $4-1-5$

定额基价 $=4731.43$（元/t）

$\phi 14$ 钢筋套用定额 $4-1-6$

定额基价 $=4610.24$（元/t）

$\Phi 12$ 钢筋套用定额 $4-1-13$

定额基价 $=4769.54$（元/t）

$\Phi 14$ 钢筋套用定额 $4-1-14$

定额基价 $=4611.64$（元/t）

2. 计算混凝土工程量

(1) 浇注混凝土工程量 $=2.8\times2.5\times0.2+0.15/3\times(0.7\times0.6+2.8\times2.5+\sqrt{0.7\times0.6\times2.8\times2.5})+$
$\qquad (2\times1.8\times0.2+0.15/3\times(0.5\times0.4+2\times1.8+\sqrt{0.5\times0.4\times2\times1.8})$
$\qquad \approx2.81$（m^3）

套用定额 $4-2-7$

定额基价（换算）$=2482.15+(217.87-181.49)\times10.15$
$\qquad \approx2851.41$（元/$10m^3$）

(2) 搅拌混凝土工程量 $=2.81\times10.15/10\approx2.85$（$m^3$）

套用定额 $4-4-15$

定额基价 $=268.88$（元/$10m^3$）

(3) 泵送混凝土工程量 $=2.85$（m^3）

套用定额 $4-4-6$

定额基价 $=486.29$（元/$10m^3$）

(4) 泵送混凝土增加材料工程量 $=2.85$（m^3）

套用定额 $4-4-18$

定额基价 $=169.39$（元/$10m^3$）

(5) 管道输送基础混凝土工程量 $=2.85$（m^3）

套用定额 $4-4-19$

定额基价 $=37.93$（元/$10m^3$）

3. 计算定额直接费

定额直接费计算结果见表 $8-12$。

表 8-12 定额直接费计算

序号	定额编号	项目名称	单位	工程量	省定额价/元	
					基价（除税）	合价
1	4-1-5	现浇构件圆钢筋 $\phi12$	t	0.033	4731.43	156.14
2	4-1-6	现浇构件圆钢筋 $\Phi14$	t	0.046	4610.24	212.07
3	4-1-13	现浇构件螺纹钢筋 $\Phi12$	t	0.056	4769.54	267.09
4	4-1-14	现浇构件螺纹钢筋 $\Phi14$	t	0.077	4611.64	355.10
5	4-2-7（H）	现浇混凝土独立基础 C30(20)	$10m^3$	0.281	2851.41	801.25
6	4-4-15	现场搅拌基础混凝土	$10m^3$	0.285	268.88	76.63

（续）

序号	定额编号	项目名称	单位	工程量	省定额价/元	
					基价（除税）	合价
7	4－4－6	基础泵送混凝土 15m³/h	10m³	0.285	486.29	138.59
8	4－4－18	泵送混凝土增加材料	10m³	0.285	169.39	48.28
9	4－4－19	基础输送混凝土管道安拆 50m 内	10m³	0.285	37.93	10.81
		省价直接费合计	元			2065.96

 综合应用案例 8-3

某工程 KL 平面布置如图 8.25(a)所示，Ⓐ轴线 KZ 断面尺寸为 600mm×500mm，轴线居中，混凝土强度等级 C30，一类环境，三级抗震，试结合 G101 计算 KL 钢筋工程量，并按山东省建筑工程价目表(2016 年版)计算定额直接工程费。

分析：

(1) 为便于阅读框架梁的配筋图，可绘出梁的断面配筋情况，其断面 1—1～4—4 配筋如图 8.25(b)所示。

(2) 结合 G101 阅读框架梁的立面配筋情况，梁的立面配筋构造如图 8.25(c)所示。

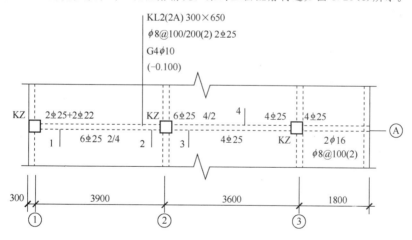

框架梁平面布置图

(a)

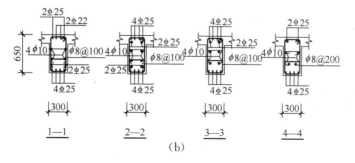

(b)

图 8.25　应用案例 8-3 附图

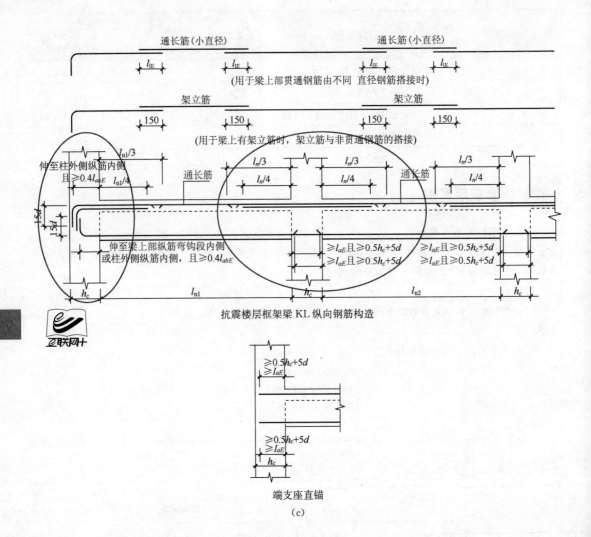

抗震楼层框架梁 KL 纵向钢筋构造

端支座直锚

(c)

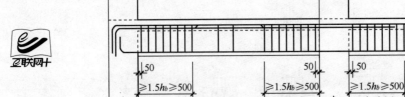

二至四级抗震等级框架梁KL加密区构造(h_b为梁截面高度)

(d)

图 8.25　应用案例 8–3 附图（续）

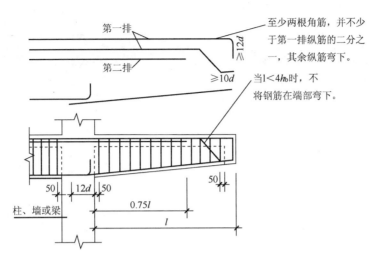

悬挑梁端部配筋构造

(梁下部肋形钢筋锚长为12d，当为光面钢筋时，其锚长为15d)

(e)

图8.25 应用案例8-3附图（续）

（3）梁侧构造筋其搭接锚固长度可取15d，拉筋直径，当梁宽≤350mm时，拉筋直径为6mm；梁宽＞350mm时，拉筋直径为8mm；拉筋间距为非加密区箍筋间距的两倍。

解：

1. 计算钢筋工程量

1）计算几个参数

（1）$l_{abE}=29d$，$l_a=\zeta_a l_b=1.0\times29d=29d$，$l_{aE}=\zeta_{aE}l_a=1.05\times29d=30.45d$，当钢筋直径为25mm时，$l_{aE}=30.45\times25=761.25(mm)>600-20=580(mm)$，必须弯锚；当钢筋直径为22mm时，$l_{aE}=30.45\times22=669.9(mm)>600-20=580(mm)$，必须弯锚。

（2）加密区长度：取$\max\{1.5h_b, 500\}=\max\{1.5\times650, 500\}=975(mm)$。

（3）当钢筋直径为25mm时，$0.5h_c+5d=0.5\times600+5\times25=425(mm)$，当钢筋直径为22mm时，$0.5h_c+5d=0.5\times600+5\times22=410(mm)$。

2）计算钢筋工程量

钢筋工程量计算结果见表8-13。

表8-13 钢筋工程量计算表

计算部位	钢筋种类	钢筋简图	单根钢筋长度/m	根数	总长度 m	钢筋线密度/(kg/m)	总重量/kg
①～②轴下部	Φ25	└	$3.9-0.6+0.58+15\times0.025+0.761\approx5.02$	6	30.12	3.85	116
②～③轴下部	Φ25	─	$3.6-0.6+0.814\times2\approx4.52$	4	18.08	3.85	71
③轴外侧下部	φ16	⌐─┐	$1.8-0.3-0.02+15\times0.016+12.5\times0.016\approx1.92$	2	3.84	1.578	6

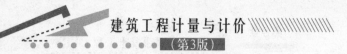

（续）

计算部位	钢筋种类	钢筋简图	单根钢筋长度/m	根数	总长度 m	钢筋线密度/(kg/m)	总重量/kg
上部通长筋	Φ25		$3.9+3.6+1.8-0.3-0.02+0.58+15\times0.025+12\times0.025=10.23$	2	20.46	3.85	79
上部①轴节点	Φ22		$3.3/3+0.58+15\times0.022=2.01$	2	4.02	2.984	12
上部②轴节点	Φ25		$3.3/3\times2+0.6=2.8$	2	5.6	3.85	22
	Φ25		$3.3/4\times2+0.6=2.25$	2	4.5	3.85	17
③轴节点	Φ25		$3/3+0.6+1.8-0.3-0.02+12\times0.025\approx3.38$	2	6.76	3.85	26
梁侧构造筋	φ10		$3.3+15\times0.01\times2+12.5\times0.01+3+15\times0.01\times2+12.5\times0.01+1.8-0.3-0.02+15\times0.01+12.5\times0.01=8.9$	4	35.6	0.617	22
主筋箍筋	φ8		$2\times(0.3+0.65)-8\times0.02-4\times0.008+2\times11.9\times0.008\approx1.9$	$[(0.975-0.05)/0.1+1]\times2+(3.3-0.975\times2)/0.2-1+[(0.975-0.05)/0.1+1]\times2+(3-0.975\times2)/0.2-1+(1.8-0.3-0.05-0.025)/0.1+1=67$	127.30	0.395	50
构造拉筋	φ6		$0.3-2\times0.02+2\times(1.9\times0.006+0.075)\times=0.43$	$(3.3-2\times0.05)/0.4+1+(3-2\times0.05)/0.4+1+(1.8-0.3-0.05-0.02)/0.4+1\approx22$	9.46	0.222	2
合计							Φ25：330 Φ22：12 φ16：6 φ10：22 φ8：50 φ6：2

2. 计算定额直接工程费

定额直接工程费计算结果见表 8-14。

表 8-14 定额直接工程费计算表

序号	定额编号	项目名称	单位	工程量	省定额价/元	
					基价（除税）	合价
1	4-1-19	现浇构件螺纹钢筋Φ25	t	0.330	4311.29	1422.73
2	4-1-18	现浇构件螺纹钢筋Φ22	t	0.012	4353.99	52.25
3	4-1-7	现浇构件圆钢筋 $\phi16$	t	0.006	4532.53	27.20
4	4-1-4	现浇构件圆钢筋 $\phi10$	t	0.022	4755.65	104.62
5	4-1-53	现浇构件箍筋 $\phi8$	t	0.050	5363.93	268.20
6	4-1-52	现浇构件箍筋 $\phi6$	t	0.002	6150.94	12.30
		省价直接工程费合计	元			1887.30

 综合应用案例 8-4

某现浇混凝土平板如图 8.26 所示，混凝土强度等级为 C25，一类环境，石子粒径≤16mm，场外集中搅拌量为 $25m^3/h$，运距 7km，管道泵送混凝土 $15m^3/h$，试计算钢筋及混凝土工程量，并按山东省建筑工程价目表(2016 年版)计算定额直接费。

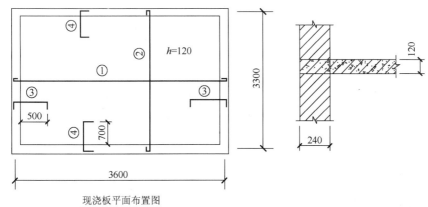

现浇板平面布置图

说明：① $\phi12@100$ ② $\phi10@150$
③ $\phi10@100$ ④ $\phi12@150$

图中未注明的分布筋为 $\phi6.5@250$

图 8.26 某现浇板配筋图

解：

1. 计算钢筋工程量

钢筋工程量计算结果见表 8-15。

表 8－15 钢筋工程量计算表

钢筋编号	钢筋种类	钢筋简图	单根钢筋长度/m	根数	总长度/m	钢筋线密度/(kg/m)	总重量/kg
①	$\phi12$		$3.6+0.24-0.015\times2$ $+12.5\times0.012=3.96$	$(3.3+0.24-0.015$ $\times2)/0.1+1\approx37$	146.52	0.888	130
②	$\phi10$		$3.3+0.24-0.015\times2$ $+12.5\times0.01\approx3.64$	$(3.6+0.24-0.015$ $\times2)/0.15+1\approx27$	98.28	0.617	61
③	$\phi10$		$0.5+0.24-0.015+2$ $\times(0.12-0.015)\approx0.94$	$[(3.3+0.24-0.015$ $\times2)/0.1+1]\times2\approx74$	69.56	0.617	43
④	$\phi12$		$0.7+0.24-0.015+2$ $\times(0.12-0.015)\approx1.14$	$[(3.6+0.24-$ $0.015\times2)/0.15+1]$ $\times2=27\times2\approx54$	61.56	0.888	55
⑤	$\phi6.5$		与③筋连接分布筋 $3.3-0.24-0.7\times2+$ $2\times0.15+12.5\times0.0065$ ≈2.04	$[(0.5+0.24-$ $0.015)/0.25+1]\times2=$ $14\times2=8$			
⑤	$\phi6.5$		与④筋连接分布筋 $3.6-0.24-0.5\times2+$ $2\times0.15+12.5\times0.0065$ ≈2.74	$[(0.7+0.24-$ $0.015)/0.25+1]\times2$ ≈10	43.72	0.26	11
⑥	$\phi10$		$2\times0.12+0.2=0.44$	$(3.6+0.24-2\times$ $0.015)\times(3.3+0.24$ $-2\times0.015)-(3.6-$ $0.24-1)\times(3.3-$ $0.24-1.4)\approx10$	4.4	0.617	3
合　　计							$\phi12$：185 $\phi10$：107 $\phi6.5$：11

注：分布筋记为⑤；马凳筋记为⑥。

$\phi12$ 钢筋套用定额 4－1－5

定额基价＝4731.43(元/t)

$\phi10$ 钢筋套用定额 4－1－4

定额基价＝4755.65(元/t)

钢筋套用定额 4－1－2

定额基价＝5702.54(元/t)

2. 计算混凝土工程量

(1) 浇注混凝土工程量＝(3.6+0.24)×(3.3+0.24)×0.12≈1.63(m³)

套用定额 4－2－38

定额基价(换算)＝2986.12+(209.83－202.62)×10.15≈3059.30(元/10m³)

(2) 搅拌混凝土工程量＝1.63×10.15/10≈1.65(m³)

套用定额 4-4-2

定额基价＝287.60(元/10m³)

(3) 运输混凝土工程量＝1.65(m³)

套用定额 4-4-3(运距 5km 以内)

定额基价＝270.25(元/10m³)

套用定额 4-4-4(每增运 1km,共增运 2km)

定额基价＝38.16(元/10m³)

(4) 泵送混凝土工程量＝1.65(m³)

套用定额 4-4-9

定额基价＝847.00(元/10m³)

(5) 泵送混凝土增加材料工程量＝1.65(m³)

套用定额 4-4-18

定额基价＝169.39(元/10m³)

(6) 管道输送板混凝土工程量＝1.65(m³)

套用定额 4-4-20

定额基价＝45.75(元/10m³)

3. 计算定额直接费

定额直接费计算结果见表 8-16。

表 8-16 定额直接费计算表

序号	定额编号	项目名称	单位	工程量	省定额价/元	
					基价（除税）	合价
1	4-1-5	现浇构件圆钢筋 ϕ12	t	0.185	4731.43	875.31
2	4-1-4	现浇构件圆钢筋 ϕ10	t	0.104	4755.65	494.59
3	4-1-2	现浇构件圆钢筋 ϕ6.5	t	0.011	5702.54	62.73
4	4-2-38	现浇平板 C251	10m³	0.163	3059.30	498.67
5	4-4-2	场外集中搅拌混凝土 25m³/h	10m³	0.165	287.60	47.45
6	4-4-3	混凝土运输车运混凝土 5km 内	10m³	0.165	270.25	44.59
7	4-4-4	混凝土运输车运混凝土每增 1km(共增 2km)	10m³	0.33	38.16	12.59
8	4-4-9	柱、墙、梁、板泵送混凝土 15m³/h	10m³	0.165	847.00	139.76
9	4-4-18	泵送混凝土增加材料	10m³	0.165	169.39	27.95
10	4-4-20	柱、墙、梁、板输送混凝土管道安拆50m内	10m³	0.165	45.75	7.55
		省价直接费合计	元			2211.19

本章小结

通过本章的学习，要求学生掌握以下内容。

（1）理解相应定额说明并熟悉定额项目。

（2）掌握柱、梁、板、墙及其他构件计算界限的划分。

（3）掌握钢筋工程量的计算和正确套用定额项目。对于钢筋工程，应区别现浇、预制构件，不同钢种和规格，计算时分别按设计长度乘以单位理论重量，以吨计算。

（4）掌握现浇混凝土与预制混凝土工程量的计算和正确套用定额项目。混凝土工程除另有规定者除外，均按图示尺寸以立方米计算。

习题

一、选择题

1. 计算钢筋工程时，应按（　　）加以区别。

    A. 现浇、预制构件　　　B. 不同钢种　　　C. 不同规格　　　　D. 构件的种类

2. 计算钢筋工程量时，下列不需要计算的增加长度是（　　）。

    A. 钢筋弯钩增加长度　　　　　　　　B. 钢筋弯起增加长度

    C. 钢筋定尺搭接长度　　　　　　　　D. 已经执行了钢筋接头子目的钢筋连接

3. 计算混凝土工程量时，下列不需要扣除的是（　　）。

    A. 构件内的钢筋体积　　　　　　　　B. 构件内的预埋件体积

    C. 墙、板中 $0.3m^2$ 内的孔洞所占体积　　D. 伸入圈梁内的梁的体积

4. 整体楼梯不包括的部分是（　　）。

    A. 休息平台　　　　　　　　　　　　B. 平台梁

    C. 楼梯的连接梁　　　　　　　　　　D. 宽度为 520mm 的楼梯井

5. 现浇混凝土整体楼梯水平投影面积包括休息平台、平台梁、斜梁和楼梯的连接梁，当无连接梁时，以楼梯的最后一个踏步边缘加（　　）mm 计算。

    A. 200　　　　　　　B. 300　　　　　　　C. 350　　　　　　　D. 250

6. 小型混凝土构件，系指单件体积在（　　）m^3 以内的定额未列项目。

    A. 0.1　　　　　　　B. 0.15　　　　　　C. 0.05　　　　　　D. 0.5

二、简答题

1. 现浇混凝土构件钢筋工程量如何计算？

2. 现浇有梁板的工程量如何计算？

3. 混凝土平板的工程量如何计算？

4. 箍筋长度应怎样计算？

5. 什么是"S"钩？工程量怎样计算？

6. 什么是"马凳"？工程量怎样计算？

7. 钢筋混凝土整体楼梯踏步底板、休息平台的板厚设计与定额不同时应怎样处理？

三、案例分析

1. 某现浇钢筋混凝土单层厂房，如图 8.27 所示，梁、板、柱均采用 C30 混凝土，

场外集中搅拌量为 $25m^3/h$，运距 5km，管道泵送混凝土（$15m^3/h$），板厚 100mm，柱基础顶面标高 $-0.5m$，柱顶标高 6.0m；柱截面尺寸为：$Z_1 = 300mm \times 500mm$，$Z_2 = 400mm \times 500mm$，$Z_3 = 300mm \times 400mm$。试计算现浇钢筋混凝土构件的工程量，并确定定额项目。

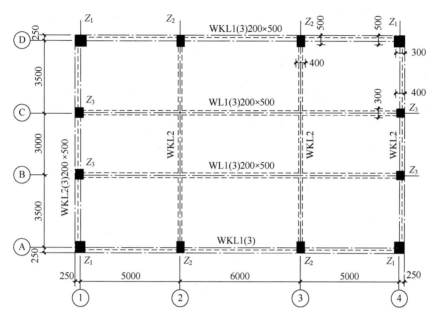

图 8.27 案例分析 1 附图

2. 某现浇混凝土梁，尺寸如图 8.28 所示，混凝土强度等级 C25，混凝土保护层 25mm，混凝土现场搅拌。试计算该梁钢筋和混凝土浇筑、搅拌工程量，确定定额项目（不考虑梁垫）。

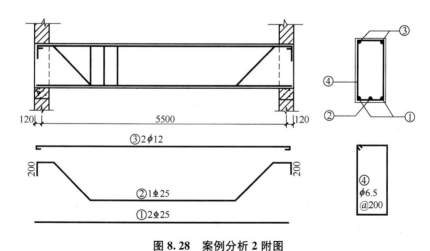

图 8.28 案例分析 2 附图

3. 某现浇独立基础 J_1、J_2 平面图和断面图如图 8.29 所示，混凝土强度等级 C25，下设 C10 素混凝土垫层。试计算该基础钢筋工程量，确定定额项目。

4. 条件同引例，试计算混凝土和钢筋工程量，确定定额项目。

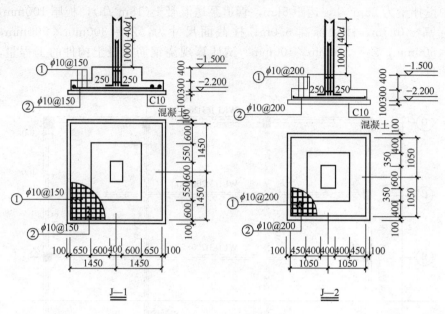

图 8.29 案例分析 3 附图

5. 某现浇混凝土连续平板如图 8.30 所示，条件同综合应用案例 8‑4，试计算钢筋及混凝土工程量，并按山东省建筑工程价目表（2016 年版）计算定额直接费。

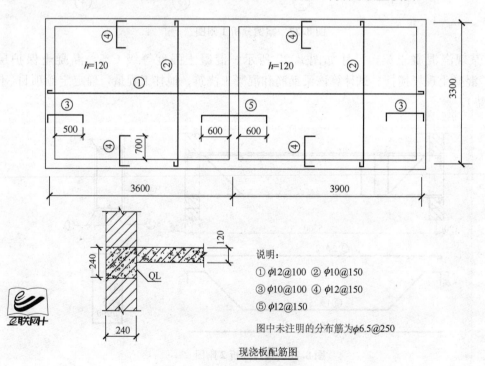

说明：
① $\phi12@100$ ② $\phi10@150$
③ $\phi10@100$ ④ $\phi12@150$
⑤ $\phi12@150$

图中未注明的分布筋为 $\phi6.5@250$

现浇板配筋图

图 8.30 某现浇板配筋图

第9章

门窗及木结构工程

教学目标

掌握木门、木窗工程量的计算方法及定额套项；掌握钢门窗、铝合金门窗、塑料门窗及彩板门窗工程量的计算方法及定额套项；掌握木结构工程量的计算方法及定额套项；掌握门窗配件工程量的计算及定额套项。

教学要求

能力目标	知识要点	相关知识	权重
掌握木门、木窗工程量的计算方法	定额说明；计算规则；定额套项	木门框、扇的制作和安装；木窗框、扇的制作和安装；纱扇的制作和安装	0.3
掌握钢门窗、铝合金门窗、塑料门窗及彩板门窗工程量的计算方法	定额说明；计算规则；定额套项	钢门窗制作和安装；铝合金门窗（成品）安装；铝合金门窗制作和安装；塑料门窗、彩板门窗安装	0.3
掌握木结构工程量的计算方法	定额说明；计算规则；定额套项	钢木屋架组成；屋面木基层的构造层次	0.2
掌握门窗配件工程量的计算	定额套项	门窗种类	0.2

导 入 案 例

某工程设计有胶合板门，门上安装通风小百叶，刷底油一遍，设计洞口尺寸为 700mm×2100mm，小百叶尺寸为 400mm×300mm，在计算门扇工程量时，小百叶部分所占的门窗材如何处理？在计算小百叶工程量时，是按门洞口面积计算，还是按小百叶的实际尺寸计算？本章将重点介绍不同种类门窗工程量的计算方法及定额套项。

9.1 门窗及木结构工程定额说明

【参考视频】

本章包括木门、厂库房大门、特种门、木窗、钢门窗、铝合金门窗、塑料门窗安装、彩板门窗安装、木结构及门窗配件九项内容。

① 木门分为门框制作、门框安装，门扇制作、门扇安装两部分。

② 厂库房大门包括平开、推拉木板大门及钢木大门。

③ 特种门包括冷藏库门、冷藏冻结间门、保温隔声门、变电室门、折叠门及防火门。

④ 木窗分为单层玻璃窗、双层玻璃窗、双裁口单层玻璃窗、矩形百叶窗、天窗，以及门窗框包镀锌铁皮、钉橡皮条、钉毛毡、门窗扇包镀锌铁皮等项目。

【参考视频】

⑤ 钢门窗分为钢门窗安装及钢门制作、安装两部分。

⑥ 铝合金门窗分为铝合金门窗成品安装、铝合金卷闸门安装及铝合金门窗制作安装三部分。

⑦ 塑料门窗安装包括平开门、塑料窗、百叶窗成品安装项目。

⑧ 彩板门窗安装包括彩板门及彩板窗成品安装项目。

⑨ 木结构包括钢木屋架及屋面木基层两部分。

（1）本章是按机械和手工操作综合编制的。不论实际采用何种操作方法，均按本定额执行。

（2）木材木种均以一、二类木种为准，如采用三、四类木种时，分别乘以下列系数：木门窗制作，按相应定额项目人工和机械乘以系数 1.3；木门窗安装，按相应定额项目人工和机械乘以系数 1.35。

●（特）别（提）示

现场制作的木结构项目，不论采用何种木材，均按定额执行，不另调整。

应用此条时需注意，此条是指现场制作的情况，不适用于按商品价购进的门窗。

（3）木材木种分类如下。

一类：红松、水桐木、樟子松；二类：白松（方杉、冷杉）、杉木、杨木、柳木、椴木；三类：青松、黄花松、秋子木、马尾松、东北榆木、柏木、苦木、梓木、黄菠萝、椿木、楠木、柚木、樟木；四类：栎木（柞木）、檀木、色木、槐木、荔木、麻栗木、桦木、荷木、水曲柳、华北榆木。

（4）定额中木材以自然干燥条件下的含水率编制的，需人工干燥时，另行计算。

特 别 提 示

定额中的木材，为符合规范要求的合格木材，进入施工现场的木材，应符合规范的要求，由于进场的木材不符合规范要求所导致的烘干费用，由木材的采购供应方承担。

定额中不包括木材的人工干燥费用，需要人工干燥时，其费用另计。

干燥费用包括干燥时发生的人工费、燃料费、设备费及干燥损耗。其费用可按制作安装木材定额用量折合成锯材的木材体积乘以每立方米设计干燥费列入木材价格内。

（5）定额木结构中的木材消耗量均包括后备长度及刨光损耗，使用时不再调整。

（6）定额木门框、扇制作、安装项目中的木材消耗量，均按山东省建筑标准设计《木门》(L92J601)所示木料断面计算，使用时不再调整。木窗木材用量已综合考虑，使用时不再调整。

特 别 提 示

定额中木门窗框、扇的木料耗用量是按标准图集所示尺寸加上各种损耗后综合取定的，凡设计采用标准图集的，均按定额相应项目套用，不另调整。

各种损耗包括木材后备长度、刨光损耗、制作及安装损耗。

（7）定额中木门扇制作、安装项目中均不包括纱扇、纱亮内容，纱扇、纱亮按相应定额项目另行计算。

特 别 提 示

定额中木门扇均按无纱门扇列项，另外列有纱门扇、纱亮扇项目。若设计有纱扇时，另套用纱扇项目。

纱门窗扇定额是按塑料纱编制的，如为铁丝纱，需换算基价。

（8）定额中木门窗框、窗扇制作子目中，均包括制作工序的防护性底油一遍。

特 别 提 示

根据《木结构工程施工质量验收规范》规定，门窗及细木作构件制作，制作完成即应刷防护性底油一遍，故定额中木门窗制作均包括刷防护性底油一遍。

设计文件规定的木门窗油漆，另按消耗量定额第9章9.4节的相应规定计算。

木门窗制作、安装中的带亮子目，系指木门扇和门上亮均为现场制作和安装。

【标准规范】

（9）成品木门扇安装，执行5－1－107(普通成品门扇安装)子目；门上亮，无论单扇、双扇、固定扇、开启扇，制作执行5－3－3子目，安装执行5－3－4子目；门上亮框上装玻璃，执行5－3－74子目，五金均另计。门上亮的工程量，计算至门框中横框上面的裁口线。

● 特 别 提 示

成品门扇安装子目工作内容未包括刷油漆，油漆按消耗量定额第9章9.4节相应规定计算。

(10) 木门窗不论现场或附属加工厂制作，均执行本定额。现场以外至安装地点的水平运输另行计算。

● 特 别 提 示

木门窗定额内已综合考虑了场内运输，无论远近不另计算场内运输费用。

场外运输无论框、扇，均按消耗量定额第10章10.3节构件运输及安装工程相应定额项目套用。

(11) 玻璃厚度、颜色设计与定额不同时可以换算。

(12) 成品门窗安装项目中，门窗附件包含在成品门窗单价内考虑；铝合金门窗制作、安装项目中未含五金配件，五金配件按消耗量定额第5章门窗配件选用。

● 特 别 提 示

成品门窗安装定额中包括普通成品门窗安装、钢门窗安装、铝合金门窗（成品）安装、铝合金卷闸门安装、塑料门窗及彩板门窗安装。五金配件按包括在其成品预算价中考虑。

铝合金制作安装项目中未含五金配件，是指配套的五金配件未包括在定额项目内，应另套五金配件项目（但安装用工已包括在相应定额项目中）。

塑钢门窗安装，执行塑料门窗安装补充子目（5-6-5、5-6-6）。

(13) 铝合金门窗制作型材按国标92SJ编制，其中地弹门采用100系列；平开门、平开窗采用70系列；推拉窗、固定窗采用90系列。如实际采用的型材断面及厚度与定额不同时，可按设计图示尺寸乘以线密度加5%损耗调整。

(14) 定额门窗配件是按标准图用量计算的，其现场制作、安装的各种门窗，已计入五金配件的安装用工，不再另行计算（但不包括五金配件的材料用量）。五金配件的材料用量，另按消耗量定额第5章相应规定计算，当设计门窗配件的种类和用量与定额不同时，可以换算。

● 特 别 提 示

门窗配件项目中不包括门锁安装，普通执手木门锁安装另按"5-1-110普通门锁安装"的定额单位计算。

若门上安装门锁，则应在门窗配件定额中减去150mm封闭铁插销及M4×20木螺钉每10樘80个。

成品门门锁安装包括在成品门预算价格内。

木制自由门如采用365型地弹簧时，应扣除定额子目5-9-5～5-9-10中的200mm双弹簧合页。

（15）其他说明。

① 厂库房大门、特种门定额不包括固定铁件的混凝土垫块及门框或梁柱内的预埋铁件（定额第 212 页末注）。

② 平开钢木大门钢骨架用量如与设计不同时，应按施工图调整，损耗率 6%（定额第 214 页末注）。

③ 特种门钢骨架为半成品，未包括电焊条、氧气、乙炔气及油漆材料；钢骨架用量与设计不同时，应按施工图调整，损耗率 6%；保温材料不同时，可换算（定额第 217 页末注）。

④ 矩形百叶窗带铁纱，如设计要求不带铁纱时，5-3-49 项扣除人工 0.51 工日，5-3-50 项扣除铁窗纱用量及人工 0.97 工日，5-3-51 项扣除人工 0.44 工日，5-3-52 项扣除铁窗纱用量及人工 0.73 工日（定额第 234 页末注）。如设计为塑料纱时，定额允许调整，定额用量不变。

⑤ 门窗扇包镀锌铁皮以双面包为准，如设计为单面包铁皮时，工程量乘以系数 0.67；钢门窗安装子目，定额按成品安装编制，成品内包括五金配件及铁脚；钢天窗安装角铁横档及连接件，设计与定额用量不同时，可以调整，损耗率 6%。组合窗、钢天窗拼装缝需满刮油灰时，每 $10m^2$ 洞口面积增加人工 0.554 工日、油灰 5.58kg（定额第 242～244 页末注）。

⑥ 钢门窗安玻璃，如采用塑料、橡胶条，按门窗安装工程量每 $10m^2$ 计算压条 73.6m；安装型钢附框，定额不包括墙体内预埋混凝土块或预埋铁件；钢门制作不包括门框和小门制作，如带小门者，人工乘以系数 1.25；铁窗栅制作以扁、方、圆钢为准，如带花饰者，人工乘以系数 1.2；成品铝合金门窗含五金配件、附件（定额第 246～249 页末注）。

⑦ 普通木窗设计有框上装玻璃时，框上装玻璃部分按框的外围面积计算后，套用 5-3-73、5-3-74 子目。

⑧ 本章中的木门是根据山东省建筑标准设计 L92J601 编制；木窗是根据山东省建筑标准设计 LJ22 编制；折叠门是根据国家建筑标准 J623 编制；防火门是根据山东省建筑标准图集 L92J606 编制；铝合金门窗是根据国家建筑标准图集 JH（九）编制（其中型材线密度是按国家建筑标准 94SJ714《门窗用铝型材截面及几何参数图集》编制；地弹门根据 92SJ607（二），100 系列铝合金地弹簧门；平开门根据 92SJ605（三），70 系列平开铝合金门；平开窗根据 92SJ712（三），70 系列平开铝合金窗；推拉窗根据 92SJ713（四），90 系列推拉铝合金窗）。

9.2 门窗及木结构工程量计算规则

（1）各类门窗制作、安装工程量，除注明外，均按图示门窗洞口面积计算。

特别提示 ·······

木门计算时，由于框的项目设置与扇的项目设置不完全一致，例如自由门门框按单扇带亮、双扇带亮、四扇带亮等列项；而自由门扇按半玻带亮、半玻无亮、全玻带亮、全玻无亮等列项。因此，框、扇的工程量应分别计算。

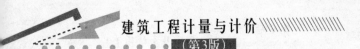

厂库房大门、特种门均按门洞口面积计算。

钢门制作兼安装项目按门洞口面积计算。

弧形门窗制作、安装，按门窗图示展开面积计算。

（2）木门扇设计有纱扇者，纱扇按扇外围面积计算，套用相应定额项目。

特别提示

本章定额中门框是按带纱、无纱列项，而门扇均按无纱扇列项，若设计有纱扇时，另套纱扇项目。

凡按标准图集设计的，按图集所示的纱扇尺寸计算纱扇的工程量。

（3）普通窗上部带有半圆窗者，工程量按普通窗和半圆窗分别计算。

特别提示

半圆窗的工程量以普通窗和半圆窗之间的横框上面的裁口线为分界线。

（4）木制门连窗按门窗洞口面积之和计算。

（5）普通木窗设计有纱扇者，纱扇按扇外围面积计算，套用纱窗扇相应定额项目。

（6）门窗框包镀锌铁皮、钉橡皮条、钉毛毡，按图示门窗洞口尺寸以延长米计算；门窗扇包镀锌铁皮，按图示门窗洞口面积计算；门扇包铝合金、铜踢脚板，定额均按2mm厚编制，设计不同时定额允许调整，定额内消耗量不变，其工程量按图示设计面积计算。门窗披水条、盖口条按图示尺寸以延长米计算，套用补充定额项目5-3-83、5-3-84。

（7）钢门窗安装项目中，密闭钢门、厂库房钢大门、钢折叠门、射线防护门、钢制防火门、变压器室门、钢防盗门等安装项目均按扇外围面积计算。

（8）铝合金门窗制作、安装（包括成品安装）设计有纱扇时，纱扇按扇外围面积计算，套用相应定额项目。

（9）铝合金卷闸门安装按洞口高度增加600mm乘以卷闸门实际宽度（设计宽度）以平方米计算。电动装置安装以套计算，小门安装以个计算。

$$卷闸门安装工程量＝（洞口高度＋0.6）×卷闸门宽$$

（10）型钢附框安装按图示构件钢材重量以吨计算。

特别提示

型钢附框安装是为了保证钢门窗与轻质墙牢固连接而设的附框。定额中包括附框与钢门窗及墙内预埋件焊接的用工及材料，但不包括轻质墙内的预埋件；定额中型钢附框是按槽钢考虑的，若实际采用方钢或角钢时，可以换算钢材单价，定额含量不变。

（11）钢木屋架按竣工木料以立方米计算。其后备长度及配置损耗已包括在定额内，不另计算。钢木屋架示意图如图9.1所示。

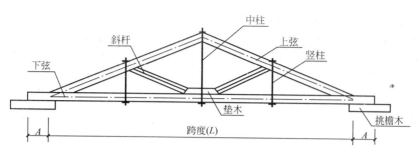

图9.1 钢木屋架示意图

（特）别 提 示

钢木屋架按设计尺寸，只计算木杆件的材积量，附属于屋架的垫木等已并入屋架制作项目中，不另计算；若设计有与屋架相连的方木挑檐，其工程量按竣工木料体积以立方米计算，另套用方木檩条定额项目。钢木屋架（5－8－1～5－8－6）每10m²定额内包括钢拉杆的用量，若设计钢杆件用量与定额不同时，可以调整，其他不变（钢杆件的损耗率为6%）。

（12）屋架的制作安装应区别不同跨度，其跨度以屋架上下弦杆的中心线交点之间的长度为准。

（13）带气楼屋架的气楼部分及马尾、折角和正交部分半屋架，并入相连接屋架的体积内计算，如图9.2所示。

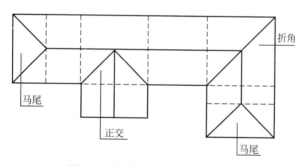

图9.2 马尾、正交、折角示意图

（14）支撑屋架的混凝土垫块，按消耗量定额第4章钢筋及混凝土工程中的有关规定计算，套用相应的定额项目。

（15）檩木按竣工木料以立方米计算。檩垫木或钉在屋架上的檩托木已包括在定额内，不另计算。简支檩长度按设计规定计算，如设计未规定者，按屋架或山墙中距增加200mm计算，如两端出山，檩条长度算至博风板；连续檩长度按设计长度计算，其接头长度按全部连续檩的总体积增加5%计算。

（特）别 提 示

连续檩由于檩木太长，通常檩木在中间对接，增加了对接接头长度，此部分搭接体积按全部连续檩总体积的5%计算，并入檩木工程量内。

（16）屋面板制作、檩木上钉屋面板、油毡挂瓦条、钉橡板项目按屋面的斜面积计算。天窗挑檐重叠部分按设计规定计算，屋面烟囱及斜沟部分所占面积不扣除。

● 特 别 提 示 ••

屋面板及板上铺设均按坡屋面的斜面积计算，即屋面斜面积＝屋面水平投影面积×延尺系数（延尺系数见本教材第10章计算规则中屋面坡度系数表）。

屋面板厚度定额中是按15mm计算的，如设计板厚不同时，板材量可以调整，损耗率平口为4.4%，错口为13%。

屋面板制作项目（5-8-9～5-8-12），不包括安装工料，它只作为檩木上钉屋面板、铺油毡挂瓦条项目（5-8-13～5-8-14）中的屋面板的单价使用。一般不单独套用，即在执行定额时应将屋面板制作计入屋面板铺钉项目内。

•••

（17）封檐板按图示檐口外围长度计算，博风板按斜长度计算，每个大刀头增加长度500mm。

● 特 别 提 示 ••

封檐板、博风板，定额按25mm厚考虑，刨光损耗系数1.186，拼接长度系数1.012，木板材损耗率为23%，若设计与定额不同时，板材量可以换算，其他不变。

•••

（18）套用定额项目时应注意的问题。

① 木门部分项目是按照框、扇、带纱、无纱、带亮、无亮设置的，因此套用时要分清框扇的形式，分别套用。

② 木门窗中门窗扇安装、铝合金门窗安装项目中，均不包括纱扇安装内容，设计有纱扇时，另套用纱扇项目。

③ 镶板门、纤维板（胶合板）门扇安装小百叶项目（5-1-108和5-1-109），项目中单位每10m² 指的是相应门的洞口面积，而不是小百叶的面积。例如：无纱、无亮、单扇镶板门带小百叶，首先套用5-1-37门扇制作项目，再套用5-1-108小百叶制作安装项目，然后减去消耗量定额第211页末注释中所示的木材用量。

● 特 别 提 示 ••

镶木板门安装小百叶时，扣除相应定额子目制作部分木薄板0.0191m³，门窗材0.0071m³；胶合板（纤维板）门安装小百叶时，扣除相应定额子目胶合板（纤维板）0.82m²，门窗材0.0117m³。

•••

④ 厂库房大门、特种门项目中，木门框扇、门钢骨架采用工厂制作、现场安装方式。钢骨架按半成品计入定额，如果设计用量与定额不一致时，可以调整，损耗率按6%考虑。定额内木材用量设计与定额不同时不得调整。

● 特 别 提 示

该项目内不包括固定铁件的混凝土垫块及门框或梁柱内的预埋铁件，实际发生时，混凝土垫块套用消耗量定额第 4 章 4-2-55 或 4-3-22 小型构件，预埋铁件套用消耗量定额第 4 章 4-1-96 铁件项目。

厂库房大门、特种门的定额内均不包括五金材料消耗量，五金材料的消耗量按大门的樘数计算工程量后套用 5-9-16～5-9-35 子目。

⑤ 钢门窗安装均按成品安装考虑，成品内包括附件及铁脚，但不包括安装玻璃的用工及材料，设计需要时，另按 5-4-15 "钢门窗安玻璃"定额项目套用。工程量按窗玻璃面积计算。

⑥ 木门框安装是按后塞框考虑的，上框不做走头，边框与墙体连接采用墙内预埋木砖形式，框与墙体间缝隙用石灰麻刀砂浆填满。使用时不论先立框或后立框，均执行定额。

铝合金门窗的框边间隙比木门窗大，木门窗间隙按 10mm，铝合金门窗间隙按 25mm 考虑，均按洞口尺寸计算，无论先塞框或后塞框，均执行定额。

⑦ 5-4-12 钢质防火门、5-4-14 钢防盗门，其工作内容均包括门洞修整、成品门框及门扇安装、周边塞缝等。其成品价中包括门框、门扇及配套五金件。

⑧ 本章各项目中均未包括面层的油漆或装饰，发生时按消耗量定额第 9 章 9.4 节有关项目套用。

⑨ 定额中或交底资料中凡提到"可以调整"的，指主材种类或数量可以调整，人工、机械及其他辅材除特别注明外，均不另调整。

⑩ 冷藏库门、冷藏冻结间门项目中不包括门槛的制作、安装内容。需要时，可套用补充定额项目 5-2-40、5-2-41。其工程量按图示洞口面积，以平方米来计算。

⑪ 定额中的玻璃用量，凡现场制作安装的，均包括配置损耗和安装损耗，损耗率为 18.45%；凡成品安装的，只包括安装损耗。

⑫ 由于消耗量定额第 10 章脚手架工程量按外墙外边线乘以高度计算，故本章安装各部分不单独计算脚手架；由于消耗量定额第 10 章垂直运输按不同建筑物的结构以平方米计算，故本章各定额项目不单独计算垂直运输机械。

⑬ 本章各项目内均未包括半成品的场外运输费用，木门窗、铝合金门窗场外运输费用均按消耗量定额第 10 章 10.3 节构件运输及安装工程有关定额项目套用。成品铝合金卷闸门、塑料门窗、彩板门窗、钢门窗的场外运输费用计入其成品预算价格中。

● 特 别 提 示

本章门窗工程量是按洞口面积计算的，而定额第 10 章门窗运输工程量是按门窗框外围面积计算的，故两者之间存在一定的差数。为了方便工程量的计算，两者之间的折算系数可参考下列数值：木门，框外围面积/洞口面积＝0.975；木窗，框外围面积/洞口面积＝0.9715；铝合金门窗，框外围面积/洞口面积＝0.9668。

9.3 门窗及木结构工程量计算与定额应用

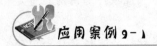 **应用案例 9-1**

某工程设计木自由门 2 樘，为四扇带亮全玻门，洞口尺寸为 3000mm×2700mm，试计算该木自由门制作、安装工程量，确定定额项目。

解：

(1) 四扇带亮全玻自由门框制作工程量＝$3×2.7×2＝16.2(m^2)$

套用定额 5-1-21，四扇带亮自由门木门框制作

定额基价＝410.17(元/10m²)

定额直接工程费＝$\dfrac{16.2}{10}×410.17≈664.48(元)$

(2) 四扇带亮全玻自由门框安装工程量＝$3×2.7×2＝16.2(m^2)$

套用定额 5-1-22，四扇带亮自由门木门框安装

定额基价＝68.08(元/10m²)

定额直接工程费＝$\dfrac{16.2}{10}×68.08≈110.29(元)$

(3) 全玻带亮自由门门扇制作工程量＝$3×2.7×2＝16.2(m^2)$

套用定额 5-1-93，全玻带亮自由门门扇制作

定额基价＝716.47(元/10m²)

定额直接工程费＝$\dfrac{16.2}{10}×716.47≈1160.68(元)$

(4) 全玻带亮自由门门扇安装工程量＝$3×2.7×2＝16.2(m^2)$

套用定额 5-1-94，全玻带亮自由门门扇安装

定额基价＝222.85(元/10m²)

定额直接工程费＝$\dfrac{16.2}{10}×222.85≈361.02(元)$

 **应用案例 9-2**

某工程设计有木制门连窗，共 10 樘，不带纱扇，刷底油一遍，门上安装普通门锁，洞口尺寸为：门，900mm×2400mm；窗（双扇），1500mm×1500mm。试计算门连窗制作、安装、门锁及门窗配件工程量，确定定额项目。

解：

(1) 门连窗框制作工程量＝$(0.90×2.40+1.5×1.50)×10＝44.10(m^2)$

套用定额 5-1-31，无纱门连窗框制作

定额基价＝400.23(元/10m²)

定额直接工程费＝$\dfrac{44.1}{10}×400.23≈1765.01(元)$

(2) 门连窗框安装工程量＝$(0.90×2.40+1.5×1.50)×10＝44.10(m^2)$

套用定额 5-1-32，无纱门连窗框安装

定额基价＝89.10(元/10m²)

定额直接工程费＝$\frac{44.1}{10}$×89.10≈392.93(元)

(3) 门连窗扇制作工程量＝(0.90×2.40＋1.5×1.50)×10＝44.10(m²)

套用定额 5-1-99，门连窗(双扇窗)扇制作

定额基价＝590.58(元/10m²)

定额直接工程费＝$\frac{44.1}{10}$×590.58≈2604.46(元)

(4) 门连窗扇安装工程量＝(0.90×2.40＋1.5×1.50)×10＝44.10(m²)

套用定额 5-1-100，门连窗(双扇窗)扇安装

定额基价＝242.46(元/10m²)

定额直接工程费＝$\frac{44.1}{10}$×242.46≈1069.25(元)

(5) 门连窗普通门锁安装工程量＝10(把)

套用定额 5-1-110，普通门锁安装

定额基价＝828.44(元/10 把)

定额直接工程费＝$\frac{10}{10}$×828.44＝828.44(元)

(6) 门连窗配件工程量＝10(樘)

套用定额 5-9-12(换)，无纱门连窗(双扇窗)配件

定额价格＝605.96－10×1.62－80×$\frac{3.33}{100}$＝584.96(元/10 樘)

定额直接工程费＝$\frac{10}{10}$×584.96＝584.96(元)

特 别 提 示

门上安装门锁，应在门窗配件定额中减去 150mm 封闭铁插销及 M4×20 木螺钉每 10 樘 80 个。

应用案例 9-3

某工程设计有无纱镶板门(单扇无亮)，共 10 樘，门上安装通风小百叶，刷底油一遍，设计洞口尺寸为 700mm×2100mm，小百叶尺寸为 400mm×300mm。试计算工程量，确定定额项目。

解:

(1) 无纱镶板门框制作工程量＝0.7×2.1×10＝14.70(m²)

套用定额 5-1-13，无纱镶板门框，单扇无亮制作

定额基价＝380.74(元/10m²)

定额直接工程费＝$\frac{14.7}{10}$×380.74≈559.69(元)

(2) 无纱镶板门框安装工程量＝0.7×2.1×10＝14.70(m²)

套用定额 5-1-14，无纱镶板门框，单扇无亮安装

定额基价＝203.90(元/10m²)

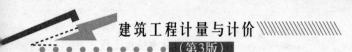

定额直接工程费 $=\dfrac{14.7}{10}\times 203.90\approx 299.73$（元）

（3）无纱镶板门扇制作工程量 $=0.7\times 2.1\times 10=14.70$（m²）

套用 5-1-37，无纱镶板门，单扇无亮，门扇制作

定额基价 $=866.73-0.0191\times 1239.32-0.0071\times 1854.70\approx 829.89$（元/10m²）

定额直接工程费 $=\dfrac{14.7}{10}\times 829.89\approx 1219.94$（元）

（4）无纱镶板门扇安装工程量 $=0.7\times 2.1\times 10=14.70$（m²）

套用 5-1-38，无纱镶板门，单扇无亮，门扇安装

定额基价 $=72.96$（元/10m²）

定额直接工程费 $=\dfrac{14.7}{10}\times 72.96\approx 107.25$（元）

（5）镶板门扇安装小百叶工程量 $=0.7\times 2.1\times 10=14.70$（m²）

套用定额 5-1-108

定额基价 $=191.87$（元/10m²）

定额直接工程费 $=\dfrac{14.7}{10}\times 191.87\approx 282.05$（元）

特 别 提 示

镶木板门安装小百叶时，扣除相应定额子目制作部分木薄板 0.0191m^3，门窗材 0.0071m^3。

镶板门、纤维板（胶合板）门扇安装小百叶项目（5-1-108 和 5-1-109），项目中单位每 10m^2 指的是相应门的洞口面积，而不是小百叶的面积。

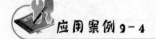

应用案例 9-4

某工程设计有全板钢大门（折叠门），共 1 樘，扇的外围尺寸为 3000mm×2100mm，试计算折叠门门扇制作、安装和配件工程量，确定定额项目。

解：

（1）钢折叠门门扇制作工程量 $=3\times 2.1=6.3$（m²）

套用定额 5-4-22

定额基价 $=2096.33$（元/10m²）

定额直接工程费 $=\dfrac{6.3}{10}\times 2096.33\approx 1320.69$（元）

（2）钢折叠门门扇安装工程量 $=3\times 2.1=6.30$（m²）

套用定额 5-4-23

定额基价 $=469.28$（元/10m²）

定额直接工程费 $=\dfrac{6.3}{10}\times 469.28\approx 295.65$（元）

（3）钢折叠门配件工程量 $=1$（樘）

套用定额 5-9-28

定额基价 $=2551.75$（元/10 樘）

定额直接工程费 $=\dfrac{1}{10}\times 2551.75=255.18$（元）

应用案例 9-5

某工程设计有铝合金单扇地弹门(带上亮),共 10 樘,洞口尺寸为 1000mm×2700mm;设计有铝合金三扇推拉窗(带亮,无纱扇),共 10 樘,洞口尺寸为 2400mm×1800mm。试计算工程量,确定定额项目。

解:

(1) 铝合金单扇地弹门制作安装工程量 $=1×2.7×10=27(m^2)$

套用定额 5-5-15,铝合金单扇地弹门,带上亮

定额基价 $=3270.11(元/10m^2)$

定额直接工程费 $=\dfrac{27}{10}×3270.11=8829.30(元)$

(2) 铝合金单扇地弹门配件工程量 $=10(樘)$

套用定额 5-9-45

定额基价 $=1645.70(元/10樘)$

定额直接工程费 $=\dfrac{10}{10}×1645.70=1645.70(元)$

(3) 铝合金三扇推拉窗(带亮)制作安装工程量 $=2.4×1.8×10=43.2(m^2)$

套用定额 5-5-31

定额基价 $=2784.71(元/10m^2)$

定额直接工程费 $=\dfrac{43.2}{10}×2784.71≈12029.95(元)$

(4) 铝合金三扇推拉窗配件工程量 $=10(樘)$

套用定额 5-9-50

定额基价 $=196.20(元/10樘)$

定额直接工程费 $=\dfrac{10}{10}×196.20=196.20(元)$

应用案例 9-6

某工程设计有方木钢屋架一榀(如图 9.1 所示),各部分尺寸如下:下弦 $L=9000mm$,$A=450mm$,断面尺寸为 250mm×250mm;上弦轴线长 5148mm,断面尺寸为 200mm×200mm;斜杆轴线长 2516mm,断面尺寸为 100mm×120mm;垫木尺寸为 350mm×100mm×100mm;挑檐木长 600mm,断面尺寸为 200mm×250mm。试计算该方木钢屋架、挑檐木工程量,确定定额项目。

解:

(1) 方木钢屋架工程量 $V=(9+0.45×2)×0.25×0.25+5.148×0.2×0.2×2+2.516×0.1×0.12×2+0.35×0.1×0.1=1.095(m^3)$

套用定额 5-8-4,方木钢屋架 15m 内

定额基价 $=43756.80(元/10m^3)$

定额直接工程费 $=\dfrac{1.095}{10}×43756.80≈4791.37(元)$

(2) 挑檐木工程量 $V=0.6×0.2×0.25×2=0.06(m^3)$

套用定额 5-8-7,方木檩条(竣工木料)

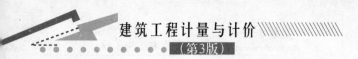

定额基价＝20125.45（元/10m³）

$$定额直接工程费 = \frac{0.06}{10} \times 20125.45 \approx 120.75（元）$$

 综合应用案例

某工程门窗统计表如表9-1所示，试计算工程量，并按山东省建筑工程价目表（2016年版）计算定额直接工程费。

表9-1　某工程门窗统计表

类别	门窗编号	洞口尺寸		数量	备　注
		宽/mm	高/mm		
门	M—1	1200	2700	30	带纱胶合板门，双扇带亮，门上安装门锁（执手锁），纱门尺寸1140mm×2070mm，纱亮尺寸1140mm×570mm（单扇）
	M—2	700	2100	30	无纱纤维板门，单扇无亮，门上安装小百叶（小百叶尺寸300mm×400mm），门上安装门锁（球形门锁566全铜）
	M—3	1500	2400	10	铝合金卷闸门，设计宽度1800mm，带电动装置
	M—4	1500	2400	10	铝合金双扇地弹门，带上亮无侧亮
门连窗	MLC—1	2400	2400	2	木制门连窗，无纱，双扇窗，门尺寸900mm×2400mm，窗尺寸1500mm×1500mm，门上安装门锁（插芯弹子门锁9141—S8）
窗	C—1	1800	1500	8	木制双层玻璃窗，无纱，三扇带亮，木材木种为马尾松
	C—2	1000	900	20	矩形百叶窗不带纱
	C—3	1500	1500	30	铝合金双扇推拉窗，带上亮，带纱，纱扇尺寸800mm×1400mm，平板玻璃厚6mm
	C—4	1500	1500	30	塑钢推拉窗，带纱扇

1. 计算工程量

工程量计算结果见表9-2。

表9-2　工程量计算表

定额编号	项目名称	计算公式	单位	工程量
5-1-3	双扇带亮带纱木门框制作	1.2×2.7×30＝97.2	m²	97.2
5-1-4	双扇带亮带纱木门框安装	1.2×2.7×30＝97.2	m²	97.2
5-1-75	双扇带亮胶合板门扇制作	1.2×2.7×30＝97.2	m²	97.2
5-1-76	双扇带亮胶合板门扇安装	1.2×2.7×30＝97.2	m²	97.2
5-1-103	纱门扇制作（扇面积）	1.14×2.07×30≈70.79	m²	70.79
5-1-104	纱门扇安装（扇面积）	1.14×2.07×30≈70.79	m²	70.79
5-1-105	纱亮扇制作（扇面积）	1.14×0.57×30≈19.49	m²	19.49

（续）

定额编号	项目名称	计算公式	单位	工程量
5-1-106	纱亮扇安装（扇面积）	$1.14\times0.57\times30\approx19.49$	m²	19.49
5-1-110	普通门锁安装		把	30
5-9-2（H）	双扇带亮木门配件		樘	30
5-9-14	纱门配件		扇	60
5-9-15	纱亮配件		扇	30
5-1-13	单扇木门框制作	$0.7\times2.1\times30=44.1$	m²	44.1
5-1-14	单扇木门框安装	$0.7\times2.1\times30=44.1$	m²	44.1
5-1-61（H）	单扇纤维板门扇制作	$0.7\times2.1\times30=44.1$	m²	44.1
5-1-62	单扇纤维板门扇安装	$0.7\times2.1\times30=44.1$	m²	44.1
5-1-109	胶合板.纤维板门扇安装小百叶	$0.7\times2.1\times30=44.1$	m²	44.1
5-1-110（H）	普通门锁安装		把	30
5-9-3（H）	单扇木门配件		樘	30
5-5-9	铝合金卷闸门安装	$(2.4+0.6)\times1.8\times10=54$	m²	54
5-5-12	卷闸门电动装置安装		套	10
5-5-18	铝合金双扇带上无侧亮地弹门制安	$1.5\times2.4\times10=36$	m²	36
5-9-46	双扇铝合金地弹门配件		樘	10
5-1-31	连窗木门框制作	$(0.9\times2.4+1.5\times1.5)\times2=8.82$	m²	8.82
5-1-32	连窗木门框安装	$(0.9\times2.4+1.5\times1.5)\times2=8.82$	m²	8.82
5-1-99	双扇门连窗门窗扇制作	$(0.9\times2.4+1.5\times1.5)\times2=8.82$	m²	8.82
5-1-100	双扇门连窗门窗扇安装	$(0.9\times2.4+1.5\times1.5)\times2=8.82$	m²	8.82
5-1-110（H）	普通门锁安装		把	2
5-9-12（H）	双扇门连窗配件		樘	2
5-3-25（H）	三扇带亮双玻璃木窗框制作	$1.8\times1.5\times8=21.6$	m²	21.6
5-3-26（H）	三扇带亮双玻璃木窗框安装	$1.8\times1.5\times8=21.6$	m²	21.6
5-3-27（H）	三扇带亮双玻璃木窗扇制作	$1.8\times1.5\times8=21.6$	m²	21.6
5-3-28（H）	三扇带亮双玻璃木窗扇安装	$1.8\times1.5\times8=21.6$	m²	21.6
5-9-42	三扇带亮双玻璃窗配件		樘	8
5-3-49（H）	矩形百叶窗带纱0.9m²内窗框制作	$1\times0.9\times20=18$	m²	18
5-3-50（H）	矩形百叶窗带纱0.9m²内窗框安装	$1\times0.9\times20=18$	m²	18
5-5-29（H）	铝合金双扇带上亮推拉窗制安	$1.5\times1.5\times30=67.5$	m²	67.5
5-5-36	铝合金纱窗扇制安（扇面积）	$0.8\times1.4\times30=33.6$	m²	33.6
5-9-49	双扇铝合金推拉窗配件		樘	30
5-6-6	塑钢推拉窗（带纱扇）安装	$1.5\times1.5\times30=67.5$	m²	67.5

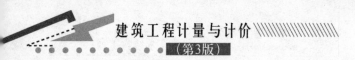

2. 计算定额直接工程费

定额直接工程费计算结果见表9-3。

表9-3 定额直接工程费计算表

序号	定额编号	项目名称	单位	工程量	省定额价/元	
					基价（除税）	合价
1	5-1-3	双扇带亮带纱木门框制作	10m²	9.72	408.43	3969.94
2	5-1-4	双扇带亮带纱木门框安装	10m²	9.72	123.40	1199.45
3	5-1-75	双扇带亮胶合板门扇制作	10m²	9.72	1379.09	13404.75
4	5-1-76	双扇带亮胶合板门扇安装	10m²	9.72	128.18	1245.91
5	5-1-103	纱门扇制作（扇面积）	10m²	7.079	483.75	3424.47
6	5-1-104	纱门扇安装（扇面积）	10m²	7.079	176.86	1251.99
7	5-1-105	纱亮扇制作（扇面积）	10m²	1.949	534.90	1042.52
8	5-1-106	纱亮扇安装（扇面积）	10m²	1.949	297.03	578.91
9	5-1-110	普通门锁安装	10把	3	828.44	2485.32
10	5-9-2（H）	双扇带亮木门配件	10樘	3	549.21	1647.63
11	5-9-14	纱门配件	10扇	6	66.53	399.18
12	5-9-15	纱亮配件	10扇	3	90.05	270.15
13	5-1-13	单扇木门框制作	10m²	4.41	380.74	1679.06
14	5-1-14	单扇木门框安装	10m²	4.41	203.90	899.20
15	5-1-61（H）	单扇纤维板门扇制作	10m²	4.41	789.09	3479.89
16	5-1-62	单扇纤维板门扇安装	10m²	4.41	72.96	321.75
17	5-1-109	胶合板、纤维板门扇安装 小百叶	10m²	4.41	138.68	611.58
18	5-1-110（H）	普通门锁安装	10把	3	374.54	1123.62
19	5-9-3（H）	单扇木门配件	10樘	3	185.82	557.46
20	5-5-9	铝合金卷闸门安装	10m²	5.4	2799.25	15115.95
21	5-5-12	卷闸门电动装置安装	套	10	2053.78	20537.80
22	5-5-18	铝合金双扇带上无侧亮地弹门制安	10m²	3.6	2792.11	10051.60
23	5-9-46	双扇铝合金地弹门配件	10樘	1	3385.40	3385.40
24	5-1-31	连窗木门框制作	10m²	0.882	400.23	353.00
25	5-1-32	连窗木门框安装	10m²	0.882	89.10	78.59
26	5-1-99	双扇门连窗门窗扇制作	10m²	0.882	590.58	520.89
27	5-1-100	双扇门连窗门窗扇安装	10m²	0.882	242.46	213.85
28	5-1-110（H）	普通门锁安装	10把	0.2	467.74	93.55

（续）

序号	定额编号	项目名称	单位	工程量	省定额价/元	
					基价（除税）	合价
29	5-9-12（H）	双扇门连窗配件	10樘	0.2	584.96	116.99
30	5-3-25（H）	三扇带亮双玻璃木窗框制作	10m²	2.16	737.19	1592.33
31	5-3-26（H）	三扇带亮双玻璃木窗框安装	10m²	2.16	208.96	451.35
32	5-3-27（H）	三扇带亮双玻璃木窗扇制作	10m²	2.16	966.59	2087.83
33	5-3-28（H）	三扇带亮双玻璃木窗扇安装	10m²	2.16	852.37	1841.12
34	5-9-42	三扇带亮双玻璃窗配件	10樘	0.8	573.63	458.90
35	5-3-49（H）	矩形百叶窗带纱0.9m²内窗框制作	10m²	1.8	1536.18	2765.12
36	5-3-50（H）	矩形百叶窗带纱0.9m²内窗框安装	10m²	1.8	303.12	545.62
37	5-5-29（H）	铝合金双扇带上亮推拉窗制安	10m²	6.75	3030.80	20457.90
38	5-5-36	铝合金纱窗扇制安（扇面积）	10m²	3.36	929.84	3124.26
39	5-9-49	双扇铝合金推拉窗配件	10樘	3	191.40	574.20
40	5-6-6	塑钢推拉窗（带纱扇）安装	10m²	6.75	2123.73	14335.18
	合　计					138314.21

注：（1）H为换算基价

（2）M—1木门配件5-9-2基价需换算，换算基价 $=568.07-10\times1.62-80\times\dfrac{3.33}{100}=549.21$（元/10樘）

（3）M—2门上安装小百叶，扣除相应定额子目纤维板0.82m²，门窗材0.0117m³。

5-1-61换算基价 $=818.57-0.82\times9.49-0.0117\times1854.70\approx789.09$（元/10m²）

（4）5-1-110定额是按执手锁编制，M—2门锁价格需换算。

换算基价 $=828.44+(31.45-76.84)\times10=374.54$（元/10把）

（5）M—2木门配件5-9-3基价需换算，换算基价 $=204.68-10\times1.62-80\times\dfrac{3.33}{100}=185.82$（元/10樘）

（6）5-1-110定额是按执手锁编制，MLC—1门锁价格需换算。

换算基价 $=828.44+(40.77-76.84)\times10=467.74$（元/10把）

（7）MLC配件5-9-12基价需换算，换算基价 $=605.96-10\times1.62-80\times\dfrac{3.33}{100}=584.96$（元/10樘）

（8）C—1木材木种为马尾松（三类木种），木门窗制作，相应定额项目人工和机械乘以系数1.3，木门窗安装，相应定额项目人工和机械乘以系数1.35。

5-3-25换算基价 $=683.32+(167.96+11.6)\times0.3\approx737.19$（元/10m²）

5-3-26换算基价 $=172.21+(104.88+0.12)\times0.35\approx208.96$（元/10m²）

5-3-27换算基价 $=890.17+(227.24+27.05)\times0.3\approx966.59$（元/10m²）

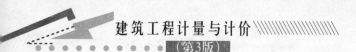
5-3-28 换算基价＝695.43＋448.40×0.35≈852.37（元/10m²）

（9）C—2 不带纱，5-3-49 扣除人工 0.51 工日，

换算基价＝1574.94－0.51×76＝1536.18（元/10m²）

5-3-50 扣除铁窗纱用量及 0.97 工日，

换算基价＝421.97－11.721×3.85－0.97×76≈303.12（元/10m²）

（10）C—3 玻璃厚度需换算，

5-5-29 换算基价＝2967.83＋（24.62－17.86）×9.315≈3030.80（元/10m²）

本章小结

通过本章的学习，要求学生掌握以下内容。

（1）掌握木门框制作、门框安装，门扇制作、门扇安装工程量的计算与定额套项。

（2）掌握厂库房大门包括平开、推拉木板大门及钢木大门工程量的计算与定额套项。

（3）掌握冷藏库门、冷藏冻结间门、保温隔声门、变电室门、折叠门及防火门工程量的计算与定额套项。

（4）掌握单层玻璃窗、双层玻璃窗、双裁口单层玻璃窗、矩形百叶窗、天窗，以及门窗框包镀锌铁皮、钉橡皮条、钉毛毡、门窗扇包镀锌铁皮等项目工程量的计算与定额套项。

（5）掌握钢门窗安装及钢门制作、安装工程量的计算与定额套项。

（6）掌握铝合金门窗成品安装、铝合金卷闸门安装及铝合金门窗制作安装三部分工程量的计算与定额套项。

（7）掌握塑料门窗安装包括平开门、塑料窗、百叶窗成品安装项目工程量的计算与定额套项。

（8）掌握彩板门及彩板窗成品安装项目工程量的计算与定额套项。

（9）掌握钢木屋架及屋面木基层两部分工程量的计算与定额套项。

（10）掌握门窗配件的定额套项。

习题

一、填空题

1. 普通木窗设计有纱扇者，纱扇按_____面积计算，套用纱窗扇相应定额项目。

2. 木材木种均以一、二类木种为准，如采用三、四类木种时，分别乘以下列系数：木门窗制作，按相应定额项目人工和机械乘以系数_____；木门窗安装，按相应定额项目人工和机械乘以系数_____。

3. 玻璃_____、_____设计与定额不同时可以换算。

4. 若门上安装门锁，则应在门窗配件定额中减去_____及_____。

5. 铝合金卷闸门安装按洞口高度增加_____乘以卷闸门实际宽度（设计宽度）以平方米计算；电动装置安装以_____计算，小门安装以_____计算。

6. 简支檩长度按设计规定计算，如设计未规定，按屋架或山墙中距增加_____计算，如两端出山，檩条长度算至博风板；连续檩长度按设计长度计算，其接头长度按全部连续檩的_____增加 5% 计算。

7. 镶木板门安装小百叶时，扣除相应定额子目制作部分木薄板＿＿＿＿＿＿＿ m³，门窗材＿＿＿＿＿＿＿ m³；胶合板（纤维板）门安装小百叶时，扣除相应定额子目胶合板（纤维板）＿＿＿＿＿＿＿ m²，门窗材＿＿＿＿＿＿＿ m³。

二、简答题

1. 定额木门窗制作子目是否包括刷油漆？
2. 现场制作、安装的各种门窗是否包括门窗配件？
3. 木屋面板的厚度不同时是否可以换算？
4. 定额是否考虑木门窗的运输内容？
5. 定额中或交底资料中提到"可以调整"的内容包括哪些？
6. 屋架上气楼、马尾、折角和正交部分的半屋架应怎样计算？
7. 钢门窗安装项目中是否包括安装玻璃？
8. 檩木工程量应怎样计算？

三、案例分析

1. 某工程设计用带纱镶木板门，共 20 樘（单扇无亮），洞门尺寸为 900mm×2100mm，纱扇尺寸为 860mm×2070mm。试计算带纱镶木板门制作、安装、门锁及配件工程量，确定定额项目。

2. 某工程设计有铝合金双扇地弹门（带上亮、带侧亮），共 10 樘，设计洞口尺寸为 1800mm×2700mm，计算铝合金制作、安装及配件工程量，确定定额项目。

3. 某工程设计有铝合金卷闸门一张，洞口尺寸为 2700mm×3000mm，卷闸门设计宽为 3000mm，试计算铝合金卷闸门工程量，确定定额项目。

4. 某工程设计有全板钢大门（平开式），共 10 樘，扇的外围尺寸为 3000mm×3300mm，试计算门扇制作、安装及配件工程量，确定定额项目。

第 10 章

屋面、防水、保温及防腐工程

⚙ **教学目标**

了解屋面、防水、保温、防腐及隔热的做法及相关知识；掌握屋面及防水工程分项工程量的计算方法；掌握保温、隔热、防腐等工程分项工程量的计算方法。熟练掌握相应项目的定额套项。

⚙ **教学要求**

能力目标	知识要点	相关知识	权重
掌握屋面、防水工程量的计算方法及定额套项	定额说明；工程量计算规则	屋面的种类；刚性防水、柔性防水	0.4
掌握保温、隔热项目工程量的计算方法及定额套项	工程量计算规则；保温层厚度的计算	板上保温、板下保温、立面保温；混凝土板上架空隔热	0.4
掌握防腐等项目工程量的计算方法及定额套项	工程量计算规则；防腐材料及厚度	防腐材料的种类；整体面层、块料面层	0.2

导入案例

某工程轴线间尺寸为 57000mm×18000mm，墙厚为 240mm，四周女儿墙，檐口节点详图如图 10.1 所示。试考虑：在计算屋面防水层工程量时，泛水部位如何计算？卷材铺设时的搭接、防水薄弱处的附加层如何计算？

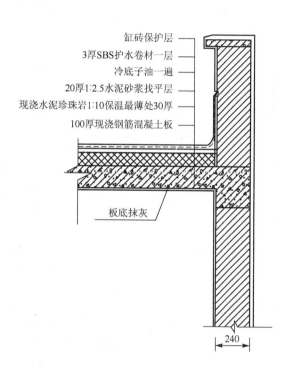

【参考视频】

缸砖保护层
3厚SBS护水卷材一层
冷底子油一遍
20厚1:2.5水泥砂浆找平层
现浇水泥珍珠岩1:10保温最薄处30厚
100厚现浇钢筋混凝土板

板底抹灰

240

图 10.1　引例附图

10.1　屋面、防水、保温及防腐工程定额说明

定额内容共包括屋面、防水、保温、排水、变形缝与止水带、耐酸防腐六部分内容。

10.1.1　屋面

定额中屋面项目包括黏土瓦、水泥瓦、石棉瓦、西班牙瓦、英红瓦、三曲瓦、琉璃瓦、波形瓦、镀锌铁皮、彩钢压型板屋面。

知识链接 10－1 ....

定额中波纹瓦的铺设，采用镀锌螺栓钩固定在钢檩条上，如图 10.2 所示。

另外，彩钢压型板屋面是以镀锌钢板为主要原料，经轧制并敷以防腐耐蚀涂层与彩色烤漆而制成的轻型屋面材料。

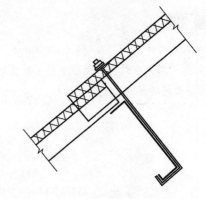

(a) 螺钉固定在木檩条上　　　　　　(b) 螺栓固定在型钢檩条上

图 10.2　波纹瓦的铺设

（1）设计屋面材料规格与定额规格（定额未注明具体规格的除外）不同时，可以换算，其他不变。

$$每 10m^2 瓦的用量公式 = \frac{10m^2}{[(瓦的长度-长向搭接)\times(瓦的宽度-短向搭接)]} \times (1+损耗率)$$

定额中各种瓦的损耗率见表 10-1。

表 10-1　各种瓦的损耗率

瓦 的 名 称	损耗率(%)	瓦 的 名 称	损耗率(%)
黏土瓦 0.387×0.218	3.5	西班牙瓦 0.31×0.31	5
水泥瓦 0.387×0.218	3.5	英红瓦 0.42×0.332	5
小波水泥石棉瓦 1.872×0.72	4	玻璃钢瓦 1.80×0.74	4
大波石棉瓦 2.8×0.994	4		

● 特 别 提 示 ●

水泥瓦或黏土瓦若穿铁丝钉元钉，每 $10m^2$ 增加 1.1 工日，镀锌低碳钢丝 22#0.35kg，元钉 0.25kg，分别乘以单价计入定额基价中。

（2）彩钢压型板屋面定额是按挂在檩条上（钢檩包含在定额内）编制。其中檩条定额按间距 1~1.2m 编制，设计与定额不同时，檩条数量可以换算，其他不变。

调整用量=设计每平方米檩条用量×$10m^2$×（1+损耗率），损耗率按 3‰计算。

 应用案例 10-1

某工程彩钢压型板屋面，设计每平方米 S 形钢檩条为 11.26kg，则换算数量为 11.26×10×1.03=115.98kg=0.116(t)。

（3）黏土瓦铺在苇箔上，定额是按三层铺设编制的，如设计铺设层数与定额不同时，苇箔数量允许换算，其他不变。

10.1.2　防水

定额中防水项目包括刚性防水、卷材防水、高分子卷材防水和涂膜防水。

知识链接 10-2

高分子卷材防水是以合成橡胶、合成树脂或两者的共混体为基料，加入适当化学助剂和填充料等经混炼、压延或挤出成型等工序加工而成。该卷材抗拉、抗撕裂程度高、耐腐蚀、耐老化，是一种新型防水材料。

（1）定额防水项目不分室内、室外及防水部位，使用时按设计做法套用相应定额。

（2）卷材防水的接缝、收头、附加层及找平层的嵌缝、冷底子油等人工、材料，已计入定额中，不另行计算。

（3）细石混凝土防水层，使用钢筋网时，按消耗量定额第4章的规定另行计算。

10.1.3　保温

定额 6-3-40～75 保温子目，按山东省建筑标准设计《建筑工程做法》（L06J002）和《居住建筑保温构造详图》（L06J113）编制。按原定额口径，根据保温屋所处部位分为：混凝土板上保温、混凝土板上架空隔热、顶棚保温和立面保温。

【参考视频】

知识链接 10-3

定额中架空隔热板项目，是用方形砖或预制混凝土板，用砖砌架空铺设在防水层上，如图10.3所示。

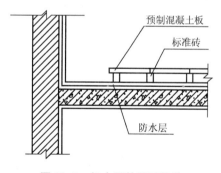

图 10.3　架空隔热屋面构造

（1）本节定额适用于中温、低温及恒温的工业厂（库）房保温工程，以及一般保温工程。

本章定额中保温工程可用于工业、民用建筑中屋面、顶棚、墙面、地面、池、槽、柱、梁等工程的保温。一般工业和民用建筑，主要是屋面和外墙保温；冷库、恒温车间、试验室等建筑物，则包括屋面、墙面、楼地面等保温工程。

（2）保温层种类和保温材料配合比，设计与定额不同时可以换算，其他不变。

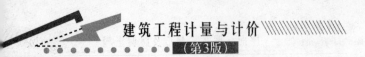

① 若保温材料的配合比与定额取定不同时（主要指散状、有配合比的保温材料），可按定额附录中的配合比表换算相应材料，定额中的材料用量不变。

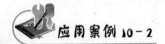

② 若保温材料种类与定额取定不同时（成品保温砌块除外），可按与定额中施工方法相同的项目换算材料种类，材料用量不变。加气混凝土块、泡沫混凝土块，若设计使用的规格与定额不同时，可按设计规格调整用量，损耗率按7%计算。

（3）混凝土板上保温和架空隔热，适用于楼板、屋面板、地面的保温和架空隔热。

（4）立面保温，适用于墙面和柱面的保温。

（5）本节定额不包括保护层或衬墙等内容，发生时按相应章节套用。

应用案例 10-2

某冷库墙面做法如图10.4所示，套用相应定额项目。

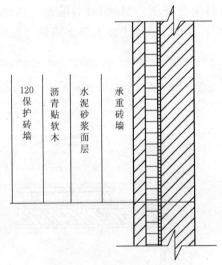

图10.4 某冷库墙面做法

解：

墙贴软木套用定额6-3-32

水泥砂浆面层套用定额9-2-20

保护墙120砖墙套用定额3-1-19

（6）隔热层铺贴，除松散保温材料外，其他均以石油沥青做胶结材料。松散材料的包装材料及包装用工已包含在定额中。

　　铺贴聚苯乙烯泡沫板或铺贴软木板保温层时，均用石油沥青作为胶结材料，石油沥青已包含在定额内。矿渣棉、玻璃棉等松散材料用塑料薄膜作为包装材料，已包含在定额内。

　　(7) 墙面保温铺贴块体材料，包括基层涂石油沥青一遍。

10.1.4　变形缝与止水带

　　(1) 变形缝与止水带包括建筑物的伸缩缝、沉降缝及抗震缝，适用于屋面、墙面、地基等部位。

　　变形缝断面定额取定如下：建筑油膏、聚苯乙烯胶泥 30mm×20mm；油浸木丝板 150mm×25mm；木板盖板 200mm×25mm；紫铜板展开宽 450mm；氯丁橡胶片宽 300mm；涂刷式氯丁胶贴玻璃纤维布止水片宽 350mm；其他均为 150mm×30mm。若设计断面尺寸与定额取定不同时，主材用量可以调整，人工及辅材不变。调整量可按下式计算。

$$调整用量 = \frac{设计缝口断面积}{定额缝口断面积} \times 定额用量$$

　　(2) 变形缝铁皮及木盖板定额内不包括刷面漆。防腐漆已包括在定额内。计算刷漆费用可按铁皮及盖板工程量乘以相应刷油系数，计算出刷油工程量后按设计要求，套用刷油定额项目。

10.1.5　耐酸防腐

　　定额中耐酸防腐项目包括整体面层、块料面层和耐酸防腐涂料三项。

　　(1) 整体面层定额项目，适用于平面、立面、沟槽的防腐工程。

　　(2) 块料面层定额项目按平面铺砌编制。铺砌立面时，相应定额人工乘以系数 1.30，块料乘以系数 1.02，其他不变。

　　在本定额中，不再区分平面、立面，只是铺立面时，相应定额乘以系数即可。

　　(3) 花岗石板以六面剁斧的板材为准。如底面为毛面者，每 10m² 定额单位耐酸沥青砂浆增加 0.04m³。

　　(4) 各种砂浆、混凝土、胶泥的种类、配合比及各种整体面层的厚度，设计与定额不同时可以换算，但块料面层的结合层砂浆、胶泥用量不变。若整体面层的厚度与定额不同时，可按设计厚度调整用量，调整方法如下：调整用量=10m²×铺筑厚度×(1+损耗率)，损耗率如下：耐酸沥青砂浆 1%，耐酸沥青胶泥 1%，耐酸沥青混凝土 1%，环氧砂浆 2%，环氧稀胶泥 5%，钢屑砂浆 1%。块料面层中的结合层是按规范取定的，不另调整。块料中耐酸瓷砖和耐酸瓷板，若设计规格与定额不同时，用量可以调整，方法如下：调整用量 = [10m²/(块料长+灰缝)×(块料宽+灰缝)]×一块块料面积×(1+损耗率)，损耗率耐酸瓷砖为 2%，耐酸瓷板为 4%。

10.2 屋面、防水、保温及防腐工程量计算规则

10.2.1 屋面

（1）各种瓦屋面（包括挑檐部分），均按设计图示尺寸的水平投影面积乘以屋面坡度系数，以平方米计算。不扣除房上烟囱、风帽底座、风道、屋面小气窗、斜沟和脊瓦等所占面积，屋面小气窗的出檐部分也不增加。

① 屋面坡度的表示方法，如图 10.5 所示。屋面坡度有三种表示方法。

a. 用屋顶的高度与屋顶的跨度之比（简称高跨比）表示，即 H/L。

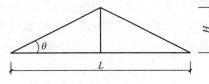

图 10.5 屋面坡度的表示方法

b. 用屋顶的高度与屋顶的半跨之比（简称坡度）表示，即 $i=H/(L/2)$。

c. 用屋面的斜面与水平面的夹角 θ 表示。

② 屋面坡度系数。

a. 屋面坡度系数表见表 10-2。

表 10-2 屋面坡度系数表

坡度			延尺系数 C	隅延尺系数 D
坡度 $B/A(A=1)$	高跨比 $B/2A$	角度 α		
1	1/2	45°	1.4142	1.7321
0.75		36°52′	1.2500	1.6008
0.70		35°	1.2207	1.5779
0.666	1/3	33°40′	1.2015	1.5620
0.65		33°01′	1.1926	1.5564
0.60		30°58′	1.6620	1.5362
0.577		30°	1.1547	1.5270
0.55		28°49′	1.1431	1.5170
0.50	1/4	26°34′	1.1180	1.5000
0.45		24°14′	1.0966	1.4839
0.40	1/5	21°48′	1.0770	1.4697
0.35		19°17′	1.0594	1.4569
0.30		16°42′	1.0440	1.4457
0.25	1/8	14°02′	1.0308	1.4362
0.20	1/10	11°19′	1.0198	1.4283
0.15		8°32′	1.0112	1.4221
0.125	1/16	7°8′	1.0078	1.4191
0.100	1/20	5°42′	1.0050	1.4177
0.083	1/24	4°45′	1.0035	1.4166
0.066	1/30	3°49′	1.0022	1.4157

b. 利用屋面坡度系数计算工程量。

如图 10.6 所示，对于坡屋面，无论两坡还是四坡屋面，均按下式计算工程量：

$$坡屋面工程量＝檐口宽度×檐口长度×延尺系数$$
$$＝屋面水平投影面积×延尺系数$$

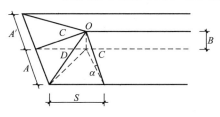

图 10.6 坡屋面示意图

特 别 提 示

$A=A'$，且 $S=0$ 时，为等两坡屋面；$A=A'=S$ 时，为等四坡屋面。

屋面斜铺面积＝屋面水平投影面积×C。

等两坡屋面山墙泛水斜长：$A×C$。

等四坡屋面斜脊长度：$A×D$。

式中：C——屋面坡度延尺系数；

D——屋面坡度隅延尺系数。

坡屋面形式如图 10.7 所示。

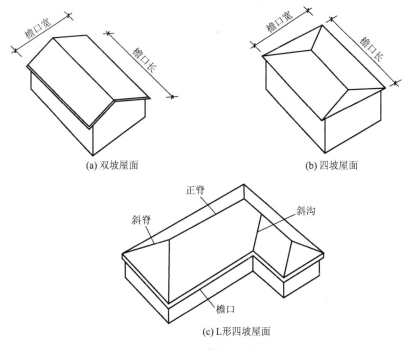

图 10.7 坡屋面形式

表 10-2 中列出了常用的屋面坡度延尺系数 C 及隅延尺系数 D，可直接查表应用。当

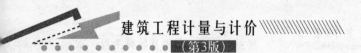
各坡的坡度不同或当设计坡度表中查不到时，应利用以下公式计算 C、D 值。

$$C=\frac{1}{\cos\alpha};\quad C=\frac{(A^2+B^2)^{\frac{1}{2}}}{A}$$

$$D=(1+C^2)^{\frac{1}{2}}$$

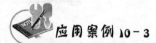 **应用案例 10-3**

某坡屋面斜坡高度 $B=1.9\text{m}$，水平长 $A=4.8\text{m}$，则 $B/A=0.3958$，不在定额屋面坡度系数表中，则计算 $C=\frac{(1.9^2+4.8^2)^{\frac{1}{2}}}{4.8}\approx1.075$

隔延尺系数 D 按下式计算：$D=(1+C^2)^{\frac{1}{2}}$

隔延尺系数 D 可用于计算四坡屋面斜脊长度。

斜脊长＝斜坡水平长×D

如上例，计算 $D=(1+1.075^2)^{\frac{1}{2}}\approx1.468$

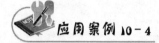 **应用案例 10-4**

某四坡水屋面平面如图 10.8 所示，设计屋面坡度 0.5，试计算斜面积、斜脊长。

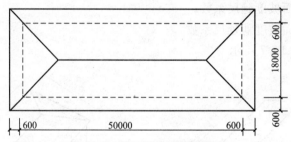

图 10.8　某四坡水屋面平面图

解：

屋面坡度＝$B/A=0.5$，查屋面坡度系数表得 $C=1.118$

屋面斜面积＝$(50+0.6\times2)\times(18+0.6\times2)\times1.118\approx1099.04(\text{m}^2)$

查屋面坡度系数表，得 $D=1.5$

则斜脊总长＝$A\times D\times4=9.6\times1.5\times4=57.60(\text{m})$

（2）脊瓦。琉璃瓦屋面的琉璃瓦脊、檐口线，按设计图示尺寸，以米计算。设计要求安装勾头（卷尾）或博古（宝顶）等时，另按个计算。

10.2.2　防水

（1）屋面防水，按设计图示尺寸的水平投影面积乘以坡度系数，以平方米计算，不扣除房上烟囱、风帽底座、风道和屋面小气窗等所占面积，屋面的女儿墙、伸缩缝和天窗等处的弯起部分，按设计图示尺寸并入屋面工程量内计算；设计无规定时，伸缩缝、女儿墙的弯起部分按 250mm 计算，天窗弯起部分按 500mm 计算，如图 10.9 所示。

屋面防水工程量＝设计总长度×总宽度×坡度系数＋弯起部分面积

【参考视频】

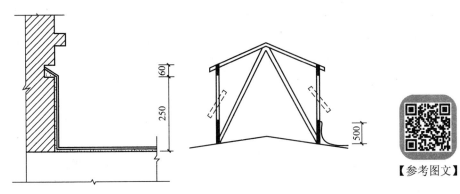

图 10.9 女儿墙、天窗等弯起部分构造

（特）（别）（提）（示）

本章定额中屋面防水，坡屋面工程量按斜铺面积加弯起部分；平屋面工程量按水平投影面积加弯起部分，坡度小于 1/20 的屋面均按平屋面计算。卷材铺设时的搭接、防水薄弱处的附加层，均包括在定额内，其工程量不单独计算。

应用案例 10-5

某建筑物中心线尺寸 60m×40m，墙厚 240mm，四周女儿墙，无挑檐。屋面做法：水泥珍珠岩保温层，最薄处 60mm，屋面坡度 $i=1.5\%$，1:3 水泥砂浆找平层 15 厚，刷冷底子油一道，二毡三油防水层，弯起 250mm，试计算防水层工程量。

解：

由于屋面坡度小于 1/20，因此按平屋面防水计算。

平面防水面积＝$(60-0.24)\times(40-0.24)\approx2376.06(\text{m}^2)$

上卷面积＝$[(60-0.24)+(40-0.24)]\times2\times0.25=49.76(\text{m}^2)$

由于冷底子油已包括在定额内容中，不另计算。

因此防水工程量＝$2376.06+49.76=2425.82(\text{m}^2)$

（2）地面防水、防潮层按主墙间净面积，以平方米计算。扣除凸出地面的构筑物、设备基础等所占面积，不扣除柱、垛、间壁墙、烟囱，以及单个面积在 0.3m² 以内的孔洞所占面积。平面与立面交接处，上卷高度在 500mm 以内时，按展开面积并入平面工程量内计算，超过 500mm 时，按立面防水层计算。

地面防水、防潮层工程量＝主墙间净长度×主墙间净宽度±增减面积

（3）墙基防水、防潮层，外墙按外墙中心线长度、内墙按墙体净长度乘以宽度，以平方米计算。

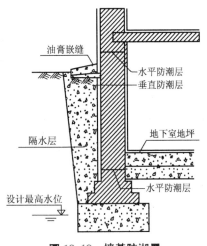

油膏嵌缝
水平防潮层
垂直防潮层
地下室地坪
隔水层
水平防潮层
设计最高水位

图 10.10 墙基防潮层

墙基防水、防潮层工程量＝外墙中心线长度×实铺宽度＋内墙净长度×实铺宽度

特别提示

墙基侧面及墙立面防水、防潮层，不论内墙、外墙，均按设计防水长度乘以高度，以平方米计算。

定额 6－2－5 防水砂浆 20mm 厚项目，只适用于基础做防潮层的情况。

（4）涂膜防水的油膏嵌缝、屋面分格缝，按设计图示尺寸，以米计算。

特别提示

本章定额中，卷材防水中，防水薄弱处的附加层、卷材接缝、收头及冷底子油基层均包括在定额内，不再另套用项目。

聚氨酯防水每增减一遍，执行补充子目 6－2－92；防水层表面撒粒砂，执行补充子目 6－2－98。

10.2.3 保温

保温按不同部位分别列项，使用时，按保温位置及设计做法套用相应定额即可。

楼板上、屋面板上、地面、池槽的池底等保温、执行混凝土板上保温子目；梁保温，执行顶棚保温中的混凝土板下保温子目；柱帽保温，并入顶棚保温工程量内，执行顶棚保温子目；墙面、柱面、池槽的池壁等保温，执行立面保温子目。

（1）保温层按设计图示尺寸以立方米计算（另有规定的除外）。

保温层的厚度按保温材料的净厚度计算，胶结材料不包括在内。

特别提示

聚氨酯发泡项目，根据不同的发泡厚度，按设计图示的保温尺寸，以平方米计算。定额按喷三遍考虑，每遍喷涂厚度按 10～15mm 考虑，厚度不同可调整。

混凝土板上架空隔热，不论架空高度如何，均按设计架空隔热面积计算。

（2）屋面保温层按设计图示面积乘以平均厚度，以立方米计算。不扣除房上烟囱、风帽底座、风道和屋面小气窗等所占体积。

$$屋面保温层平均厚度＝保温层宽度÷2×坡度÷2＋最薄处厚度$$

或

$$屋面保温层平均厚度＝保温层宽度×坡度÷2＋最薄处厚度$$

保温层、找坡层最薄处厚度如图 10.11 所示。

$$屋面保温层工程量＝保温层设计长度×设计宽度×平均厚度$$

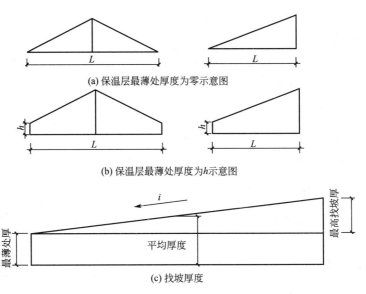

(a) 保温层最薄处厚度为零示意图

(b) 保温层最薄处厚度为h示意图

(c) 找坡厚度

图 10.11 保温层、找坡层最薄处厚度示意图

平均厚度指保温层兼做找坡层时，其保温层的厚度按平均厚度计算。

（3）地面保温层按主墙间净面积乘以设计厚度，以立方米计算。扣除凸出地面的构筑物、设备基础等所占体积，不扣除柱、垛、间壁墙、烟囱等所占体积。

地面保温层工程量＝（主墙间净长度×主墙间净宽度－应扣面积）×设计厚度

（4）顶棚保温层按主墙间净面积乘以设计厚度，以立方米计算。不扣除保温层内各种龙骨等所占体积，柱帽保温按设计图示尺寸并入相应顶棚保温工程量内。

顶棚保温层工程量＝主墙间净长度×主墙间净宽度×设计厚度＋柱帽保温层体积

顶棚保温中混凝土板下沥青铺贴项目，包括木龙骨的制作安装内容，木龙骨不再另套项目。

（5）墙体保温层，外墙按保温层中心线长度（如果设计注明了粘结层厚度的，按保温层与粘结层总厚度的中心线长度）、内墙按保温层净长度乘以设计高度及厚度，以立方米计算。扣除冷藏门洞口和管道穿墙洞口所占体积，门洞口侧壁周围的保温，按设计图示尺寸并入相应墙面保温工程量内。

墙体保温层工程量＝（外墙保温层中心线长度×设计高度－洞口面积）×厚度＋
（内墙保温层净长度×设计高度－洞口面积）×厚度＋
洞口侧壁体积

（6）柱保温层按保温层中心线展开长度（如果设计注明了粘结层厚度的，按保温层与粘结层总厚度的中心线展开宽度）乘以设计高度及厚度，以立方米计算。

柱保温层工程量＝保温层中心线展开长度×设计高度×厚度

（7）池槽保温层按设计图示长、宽净尺寸乘以设计厚度，以立方米计算。池壁按立面计算，池底按地面计算。

$$池槽壁保温层工程量＝设计图示净长×净高×设计厚度$$
$$池底保温层工程量＝设计图示净长×净宽×设计厚度$$

特 别 提 示

定额 6-3-46 混凝土板上聚氨酯发泡保温子目，6-3-70 立面聚氨酯发泡保温子目，均包括界面对浆和防潮底漆，保温层厚度按 30mm 编制。设计保温层厚度与定额不同时，按 6-3-14 子目调整。

定额 6-3-68、6-3-69 立面胶粉聚苯颗粒粘贴保温板子目，包括界面砂浆和胶粉聚苯颗粒粘结层，粘结层厚度按 15mm 编制。设计粘结层厚度与定额不同时，按 6-3-72 子目调整。

定额 6-3-71、6-3-72 立面胶粉聚苯颗粒保温子目，适用于 L06J113-F 体系胶粉聚苯颗粒作保温层的情况。

10.2.4 排水

水落管、镀锌铁皮天沟、檐沟，按设计图示尺寸，以米计算。

水斗、下水口、雨水口、弯头、短管等，均以个计算。

特 别 提 示

定额 6-4-26、6-4-27 泄水管子目，适用于阳台、雨篷无组织排水时泄水的情况。

10.2.5 变形缝与止水带

按设计图示尺寸，以米计算。

10.2.6 耐酸防腐

耐酸防腐工程区分不同材料及厚度，按设计实铺面积以平方米计算。扣除凸出地面的构筑物、设备基础、门窗洞口等所占面积，墙垛等突出墙面部分按展开面积并入墙面防腐工程量内。

$$耐酸防腐平面工程量＝设计图示净长×净宽－应扣面积$$

平面铺砌双层防腐块料时，按单层工程量乘以系数 2 计算。

$$铺砌双层防腐块料工程量＝（设计图示净长×净宽－应扣面积）×2$$

10.3 屋面、防水、保温及防腐工程量计算与定额应用

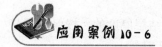

应用案例 10-6

某工厂木工车间屋面为两坡瓦屋面，水平投影面积 280.48m²，屋面纵剖图如图 10.12 所示，试

计算其屋面工程量。

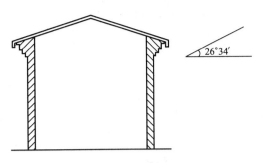

图 10.12 房屋剖面图

解：

坡屋面工程量＝屋面水平投影面积×延尺系数

式中屋面坡度为 $26°34'$，查表得其坡度系数为 1.118

坡屋面工程量＝$280.48×1.118≈313.58(m^2)$

应用案例 10-7

设某车间跨度为 18 米，双坡排水，坡度为 12%，如图 10.13 所示，试求该车间屋面坡度系数。

图 10.13 应用案例 10-7 附图

解：

$$AB=\frac{18}{2}=9.00(m)$$

$$AC=9×12\%=1.08(m)$$

$$BC=\sqrt{9^2+1.08^2}≈9.065(m)$$

则该屋面的坡度系数$=\frac{9.065}{9}≈1.0072$

注：BC 斜长也可以用三角函数求出。

应用案例 10-8

如图 10.14 所示，四坡顶金属压型板建筑带小窗，四坡坡度均为 $26°34'$。试计算屋面工程量和屋脊长度。

解：

1）屋面工程量

设计图示尺寸的水平投影面积乘以屋面坡度系数，以平方米计算。不扣除房上烟囱、风帽底座、风道、屋面小气窗、斜沟和脊瓦等所占面积，屋面小气窗的出檐部分也不增加。由坡度系数表知，$C=1.118$，$D=1.500$。

屋面工程量＝$(5.8+0.2×2)×(2.4+0.2×2)×1.118≈19.41(m^2)$

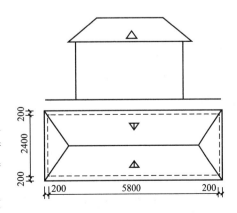

图 10.14 金属压型板屋面坡度图

2) 屋脊长度

(1) 若 $S=A$，则正脊长度 $= 5.8-2.4\div2\times2=3.40$(m)

(2) 斜脊长度 $=(2.4+0.2\times2)\div2\times1.5\times4=8.40$(m)

屋脊总长度 $=3.4+8.4=11.80$(m)

应用案例 10-9

某别墅四坡屋面平面如图 10.15 所示，设计规定屋面坡度为 0.5，试应用屋面坡度系数计算屋面三元乙丙橡胶卷材防水层工程量，套用相应定额并计算其合价。

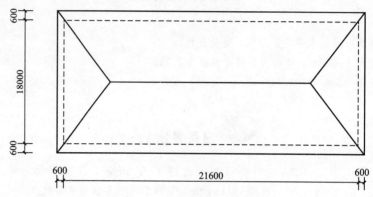

图 10.15 应用案例 10-9 附图

解：

四坡屋面工程量计算公式为：坡屋面工程量 = 檐口宽度×檐口长度×延尺系数

查屋面坡度系数表得：$C=1.118$

由此得：三元乙丙橡胶卷材防水层工程量 $=(21.6+2\times0.6)\times(18+2\times0.6)\times1.118=22.8\times19.2\times1.118\approx489.42$(m²)

套用定额 6-2-40

定额基价 $=742.55$(元/10m²)

定额直接工程费 $=\dfrac{489.42}{10}\times742.55\approx36341.88$(元)

应用案例 10-10

计算如图 10.16 所示某幼儿园卷材屋面工程量(女儿墙与楼梯间出屋面墙交接处卷材弯起高度取 250mm)。如屋面铺设高强 APP 改性沥青卷材二层，确定定额项目。

解：

该屋面为平屋面(坡度小于 5%)，工程量按水平投影面积计算，弯起部分并入屋面工程量内。

(1) 计算水平投影面积。

$S_1=(3.3\times2+8.4-0.24)\times(4.2+3.6-0.24)+(8.4-0.24)\times1.2+(2.7-0.24)\times1.5-(4.2+2.7)\times2\times0.24=14.76\times7.56+8.16\times1.2+2.46\times1.5-3.31\approx121.76$(m²)

(2) 计算弯起部分面积。

$S_2=[(14.76+7.56)\times2+1.2\times2+1.5\times2]\times0.25+(4.2+0.24+2.7+0.24)\times2\times0.25+(4.2-0.24+2.7-0.24)\times2\times0.25=12.51+3.69+3.21=19.41$(m²)

（3）计算屋面卷材工程量。

$S = S_1 + S_2 = 121.76 + 19.41 = 141.17(\text{m}^2)$

（4）套用定额 6-2-36。

定额基价 $= 584.53(\text{元}/10\text{m}^2)$

定额直接工程费 $= \dfrac{141.17}{10} \times 584.53 \approx 8251.81(\text{元})$

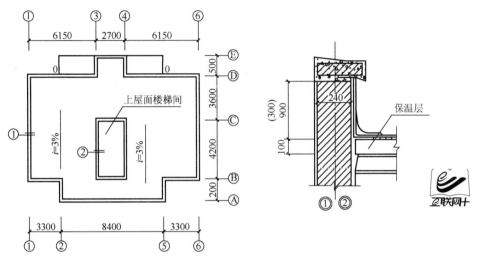

图 10.16　应用案例 10-10 附图

应用案例 10-11

如图 10.17 所示，屋面铸铁水落管共 6 根，并装有铸铁落水口，铸铁水斗和弯头，试计算它们的工程量。

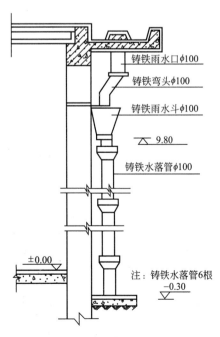

图 10.17　应用案例 10-11 附图

解：

铸铁水落管工程量＝10.1×6＝60.60(m)

铸铁落水口＝6(个)

铸铁水斗＝6(个)

铸铁弯头＝6(个)

 应用案例 10-12

如图 10.18 所示，屋面共有 9 个落水管，并配有水斗、雨水口，求落水管、水斗、雨水口的工程量并计算其合价。

解：

(1) 落水管＝(10.8＋0.3－0.25)×9＝97.65(m)

套用定额 6-4-19

定额基价＝875.86(元/10m)

定额直接工程费＝$\frac{97.65}{10}$×875.86≈8552.77(元)

(2) 水斗＝1×9＝9(个)

套用定额 6-4-21

定额基价＝625.76(元/10 个)

定额直接工程费＝$\frac{9}{10}$×625.76≈563.18(元)

(3) 雨水口＝1×9＝9(个)

套用定额 6-4-20

定额基价＝820.44(元/10 个)

定额直接工程费＝$\frac{9}{10}$×820.44≈738.40(元)

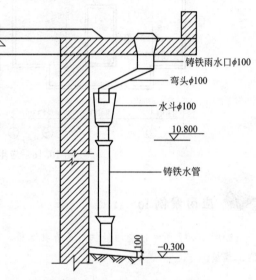

图 10.18 应用案例 10-12 附图

 应用案例 10-13

如图 10.19 所示，某冷库保温隔热工程，设计采用软木隔热保温材料，分别计算其地面、墙体、顶棚工程量，确定定额项目。

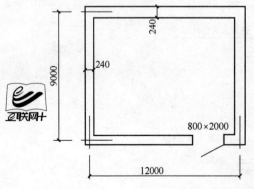
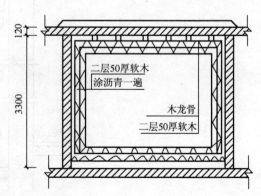

图 10.19 应用案例 10-13 附图

解：

(1) 地面隔热工程量＝[(9−0.24)×(12−0.24)+0.8×0.24]×0.1≈10.32(m³)

套用定额 6−3−2

定额基价＝10479.40(元/10m³)

定额直接工程费＝$\frac{10.32}{10}$×10479.40≈10814.74(元)

(2) 墙体隔热工程量＝{[(12−0.24−0.1)+(9−0.24−0.1)]×2×(3.3−0.1×2)−0.8×1.9+[(2−0.1×2)×2+0.8]×(0.24+0.1)}×0.1≈12.60(m³)

套用定额 6−3−32

定额基价＝9863.12(元/10m³)

定额直接工程费＝$\frac{12.60}{10}$×9863.12≈12427.53(元)

(3) 顶棚隔热工程量＝(9−0.24)×(12−0.24)×0.1≈10.30(m³)

套用定额 6−3−26

定额基价＝11755.97(元/10m³)

定额直接工程费＝$\frac{10.30}{10}$×11755.97≈12108.65(元)

 综合应用案例

已知某屋面平面如图 10.20 所示，女儿墙详图如图 10.1 所示。试计算保温层，防水层工程量，确定定额项目。

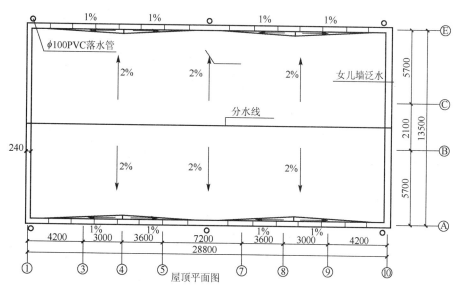

图 10.20　综合应用案例附图

分析：(1) 屋面保温层按设计图示面积乘以平均厚度，以立方米计算。不扣除房上烟囱、风帽底座、风道和屋面小气窗等所占体积。

屋面坡度一般由保温隔热层形成，计算时保温找坡的平均厚度可按图 10.11 所示方法进行计算，即

屋面保温层平均厚度＝保温层宽度÷2×坡度÷2＋最薄处厚度

或

$$屋面保温层平均厚度＝保温层宽度×坡度÷2＋最薄处厚度$$

（2）屋面防水，按设计图示尺寸的水平投影面积乘以坡度系数，以平方米计算，不扣除房上烟囱、风帽底座、风道和屋面小气窗等所占面积，屋面的女儿墙、伸缩缝和天窗等处的弯起部分，按设计图示尺寸并入屋面工程量内计算；设计无规定时，伸缩缝、女儿墙的弯起部分按 250mm 计算，天窗弯起部分按 500mm 计算。

（找平层计算参照第 13 章 13.1 节内容）

解：

（1）计算保温层工程量。

面积＝$(13.5-0.24)×(28.8-0.24)≈378.71(\text{m}^2)$

平均厚度＝$0.03+(13.5-0.24)÷2×2\%÷2≈0.096(\text{m})$

保温层工程量＝$378.71×0.096≈36.36(\text{m}^3)$

套用定额 6-3-15

定额基价＝$1959.63(元/10\text{m}^3)$

定额直接工程费＝$\dfrac{36.36}{10}×1959.63≈7125.21(元)$

（2）计算防水层工程量。

平面＝$(13.5-0.24)×(28.8-0.24)≈378.71(\text{m}^2)$

立面＝$(13.5-0.24+28.8-0.24)×2×0.25=20.91(\text{m}^2)$

防水层工程量＝平面＋立面＝$378.71+20.91=399.62(\text{m}^2)$

套用定额 6-2-30

定额基价＝$385.98(元/10\text{m}^2)$

定额直接工程费＝$\dfrac{399.62}{10}×385.98≈15424.53(元)$

本章小结

通过本章的学习，要求学生应掌握以下内容。

（1）了解屋面、防水、保温、防腐及隔热的做法及相关知识。

（2）掌握屋面及防水工程分项工程量的计算方法，其中防水层的计算是本章的重点内容之一，其内容包括：刚性防水、卷材防水、高分子卷材防水及涂膜防水。

（3）掌握保温、隔热、防腐等工程分项工程量的计算方法，其中保温层的计算也是本章的重点内容之一，其内容包括：混凝土板上保温、混凝土板上架空隔热、顶棚保温及立面保温。

（4）熟练掌握相应项目的定额套项。

一、选择题

1. 变形缝与止水带，按设计图示尺寸，以（　　　）计算。

A. 米   B. 平方米   C. 立方米   D. 不确定

2. 设计无规定时，伸缩缝、女儿墙的防水工程量，弯起部分按( )mm 计算，天窗防水弯起部分按( )mm 计算。

     A. 500 250   B. 250 500

     C. 250 250   D. 500 500

3. 地面防水、防潮层按主墙间净面积，以平方米计算，扣除( )等所占面积。

     A. 柱、垛

     B. 间壁墙、烟囱

     C. 凸出地面的构筑物、设备基础

     D. 单个面积在 $0.3m^2$ 以内的孔洞

4. 耐酸防腐工程中，块料面层定额项目按平面铺砌编制。铺砌立面时，相应定额人工乘以系数( )，块料乘以系数( )，其他不变。

     A. 1.3   B. 1.2   C. 1.02   D. 1.1

5. 加气混凝土块、泡沫混凝土块，若设计使用的规格与定额不同时，可按设计规格调整用量。损耗率按( )计算。

     A. 6%   B. 7%   C. 3%   D. 5%

二、简答题

1. 屋面防水工程量应怎样计算？

2. 屋面保温工程量应怎样计算？

3. 墙面防水工程量应怎样计算？

4. 墙面保温工程量应怎样计算？

5. 地面防水、防潮层工程量应怎样计算？

6. 墙基防水、防潮层工程量应怎样计算？

三、案例分析

1. 计算如图 10.21 所示双坡屋面黏土瓦(混凝土板上浆贴)的工程量，确定定额项目($\alpha = 33°40'$)。

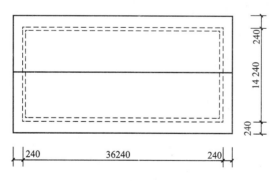

图 10.21 案例分析 1 附图

2. 有一带屋面小气窗的四坡水英红瓦屋面，尺寸及坡度如图 10.22 所示，试计算其屋面工程量及屋脊长度，确定定额项目(提示：屋脊长度包括正脊和斜脊长度之和)。

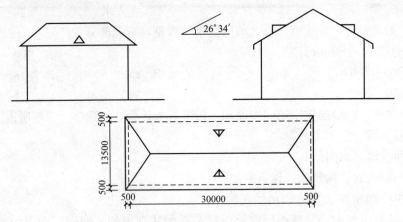

图 10.22　带屋面小气窗的四坡水屋面

3. 某工程屋面如图 10.23 所示，计算其防水工程量，确定定额项目。

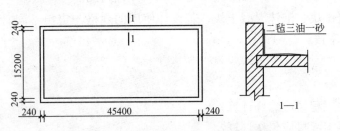

图 10.23　案例分析 3 附图

4. 某工程女儿墙厚 240mm。屋面卷材在女儿墙处卷起 250mm，屋顶平面图如图 10.24所示，屋面做法如下，计算其屋面防水及保温工程量，确定定额项目。

（1）SBS 改性沥青卷材一层。

（2）20mm 厚 1∶3 水泥砂浆找平层。

（3）1∶8 现浇水泥珍珠岩找坡，最薄处 40 厚。

（4）60mm 厚聚苯乙烯泡沫塑料板保温层。

（5）现浇钢筋混凝土屋面板。

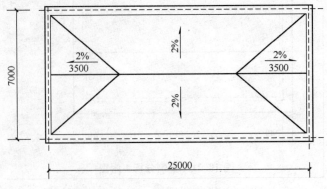

图 10.24　案例分析 4 附图

第11章

金属结构制作工程

教学目标

掌握钢柱制作、钢屋架(钢托架)制作、钢吊车梁(钢制动梁、吊车钢车挡)制作、钢支撑(钢檩条、钢墙架)制作、钢平台(钢梯子、钢栏杆)制作、钢漏斗、H形钢制作、无损探伤检验及钢屋架、钢托架制作平台摊销等的定额说明、工程量计算方法及定额套项。

教学要求

能力目标	知识要点	相关知识	权重
掌握钢柱、钢屋架、钢托架等的定额说明	金属构件的制作内容及适用范围	钢结构的组成;消耗量定额包含的子项内容	0.4
掌握各种金属构件工程量的计算方法及定额套项	不同金属构件工程量的计算规则	钢结构详图;不同形状钢材重量的计算;除锈、探伤的分类	0.6

导 入 案 例

某单层工业厂房设计有钢屋架 10 榀，每榀重量 3t，由企业附属加工厂加工，场外运输 8km，现场拼装，采用汽车吊跨外安装，安装高度 9m，在计算该钢屋架工程量时，金属构件的制作项目中是否包括构件运输费用？如果不包括，如何考虑？构件的现场拼装和安装在套用定额项目时，应注意什么？这些都是本章要重点解决的问题。

11.1 金属结构制作工程定额说明

本章包括钢柱制作、钢屋架（钢托架）制作、钢吊车梁（钢制动梁、吊车钢车挡）制作、钢支撑（钢檩条、钢墙架）制作、钢平台（钢梯子、钢栏杆）制作、钢漏斗、H 形钢制作、无损探伤检验及钢屋架、钢托架制作平台摊销九项内容；金属构件的安装按消耗量定额第 10 章 10.3 节有关项目执行。本章金属构件制作只适用于现场加工或企业附属加工厂制作的构件，不适用于按商品价格定价、加工厂制作的构件。

（1）定额内包括整段制作、分段制作和整体预装配所需的人工材料及机械台班用量。整体预装配用的螺栓及锚固杆件用的螺栓，已包含在定额内。

（特）（别）（提）示

定额中金属构件制作包括各种杆件的制作，以及各种杆件拼装成整体构件的全部过程。

本章定额中各种杆件的连接以焊接为主。焊接前连接两组相邻构件使其固定，以及构件运输时为避免出现误差而使用的螺栓，已包括在制作子目内，不另计算。

（2）本章除注明者外，均包括现场内（工厂内）的材料运输、号料、加工、组装及成品堆放、装车出厂等全部工序。

（3）本章未包括加工点至安装点的构件运输，构件由加工点至安装点的运输，不论场内或场外运输，均按消耗量定额第 10 章 10.3 节有关项目另行套用。

（特）（别）（提）示

定额中轻钢屋架（7-2-1）、钢屋架（7-2-2～7-2-5）、钢天窗架（7-4-5）子目，均包括各种杆件的制作、连接及整体的拼装，在套用消耗量定额第 10 章 10.3 节安装项目时，不再套用拼装子目，只套用相应项目的安装项目即可。

（4）金属构件制作子目中，均包括除锈（为刷防锈漆而进行的简单除尘、除锈）、刷一遍防锈漆（制作工序的防护性防锈漆）内容。若设计文件规定构件需要刷其他面层油漆，应按消耗量定额第 9 章 9.4 节规定计算，除锈、防锈漆工料不扣除。除锈工程的工程量，依据定额单位，分别按除锈构件的重量或表面积计算。

● 特 别 提 示

除锈的目的是为了除净金属表面的锈蚀及杂质，增加防腐蚀层与表面的粘接强度。除锈的方法定额中列有手工除锈、工具除锈、喷砂除锈及化学除锈。

① 手工除锈是用废旧砂轮片、破布、铲刀、钢丝刷等简单工具，以磨、敲、铲、刷等方法除掉金属表面的氧化物及杂质，一般用于金属表面刷油前的除锈。

② 工具除锈是指人工使用砂轮机、钢丝刷机等机械进行除锈。

③ 喷砂除锈是采用无油压缩空气为动力，将干燥的石英砂、河砂喷射到金属表面上，达到除锈目的，适用于大面积及除锈质量要求高的工程。

④ 化学除锈是利用一定浓度的无机酸水溶液对金属表面起溶蚀作用，除掉表面氧化物。一般适用于小面积、形状复杂的构件除锈。

（5）钢筋混凝土组合屋架钢拉杆，按屋架钢支撑计算。钢梁执行钢制动梁子目，钢支架执行屋架钢支撑（十字）子目。轻钢檩条间的钢拉条的制作、安装，执行屋架钢支撑相应子目。

（6）轻钢屋架是指每榀重量小于1t，且用小型角钢或钢筋、管材作为支撑、拉杆的钢屋架。

● 特 别 提 示

本章钢屋架、钢托架制作中，每榀屋架重1t以内的应套用轻钢屋架项目，1t以上的要套用钢屋架项目。

7-5-10钢零星构件，是指定额未列项的、单体重量在0.2t以内的钢构件。

（7）钢屋架、钢托架制作平台摊销子目中的单位t是指钢屋架、钢托架的重量。定额分为钢屋架、钢托架1.5t以内、3t以内、5t以内、8t以内四种情况。

● 特 别 提 示

钢屋架、钢托架制作平台摊销子目，是与钢屋架、钢托架制作子目配套使用的子目，其工程量与钢屋架、钢托架制作工程量相同。

本章金属构件制作只计算钢屋架、钢托架的平台摊销，其他构件的制作不计算摊销费用。

制作平台摊销是指构件制作中发生的平台摊销。由于钢屋架、钢托架等构件跨度大、质量重，运输困难，一般都在施工现场制作。为了防止构件纵向弯曲，应在平整坚固的钢平台上施焊。

定额中制作平台摊销考虑制作平台的搭设，内容包括场地平整夯实、砌砖地垄墙、铺设钢板及拆除、材料装运等。

钢屋架制作平台尺寸，长度等于屋架跨度加2m，宽度等于屋架脊高的2倍加2m。

（8）金属构件制作子目中，钢材的规格和用量，设计与定额不同时，可以调整，其他不变（钢材的损耗率为6%）。

11.2 金属结构制作工程量计算规则

（1）金属结构制作工程量，按图示钢材尺寸以吨计算，不扣除孔眼、切肢、切边等重量。焊条、铆钉、螺栓等重量，已包含在定额中，不另计算。在计算不规则或多边形钢板重量时，均按其几何图形的外接矩形面积计算，如图11.1所示，$S=A\times B$，钢板重量$=S\times$面密度（kg/m^2）。

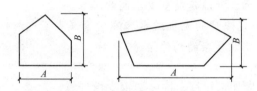

图11.1 多边形钢板面积计算

（2）实腹柱、吊车梁、H形钢等均按图示尺寸计算，其中腹板及翼板宽度按每边增加25mm计算。

⬤ 特 别 提 示 ⬤⬤⬤⬤⬤⬤⬤⬤⬤⬤⬤⬤⬤⬤⬤⬤⬤⬤⬤⬤⬤⬤⬤⬤⬤⬤⬤

用钢板焊接成工字形构件的腹板及翼缘板，经氧割后边口不齐，需经刨边机加工，因此计算时每边增加25mm计算。

型钢混凝土柱、梁中的H形钢制作，执行定额7-6-3子目。

（3）制动梁的制作工作量包括制动梁、制动桁架、制动板重量；墙架的制作工程量包括墙架柱、墙架梁及连接柱杆重量；钢柱制作工程量包括依附于柱上的牛腿及悬臂梁和柱脚连接板的重量。

（4）铁栏杆制作，仅适用于工业厂房中平台、操作台的钢栏杆。工业厂房中的楼梯、阳台、走廊的装饰性铁栏杆，民用建筑中的各种装饰性铁栏杆，均按消耗量定额第9章第9.5节的相应规定计算。

（5）钢漏斗的制作工程量，矩形按图示分片，圆形按图示展开尺寸，并以钢板宽度分段计算，每段均以其上口长度（圆形以分段展开上口长度）与钢板宽度，按矩形计算，依附漏斗的型钢并入漏斗重量内计算。

⬤ 特 别 提 示 ⬤⬤⬤⬤⬤⬤⬤⬤⬤⬤⬤⬤⬤⬤⬤⬤⬤⬤⬤⬤⬤⬤⬤⬤⬤⬤⬤

在计算漏斗工程量时，不是依漏斗形状的实际尺寸计算的，而应按计算规则第1条规定，以拼接漏斗各块钢板长宽方向的最大尺寸进行计算。

（6）计算钢屋架、钢托架、天窗架工程量时，依附其上的悬臂梁、檩托、横档、支爪、檩条爪等分别并入相应构件内计算。

（7）金属板材对接焊缝超声波探伤，以焊缝长度为计量单位。

（8）X射线焊缝无损探伤，按不同板厚，以"10张"（胶片）为单位。拍片张数按设计规定计算的探伤焊缝总长度除以定额取定的胶片有效长度（250mm）计算。

11.3 金属结构制作工程量计算与定额应用

 **应用案例 11-1**

某工程设计有实腹钢柱 10 根，每根重 4.5t，由企业附属加工厂制作，刷防锈漆一遍。试计算实腹钢柱制作工程量，确定定额项目。

解：

实腹钢柱制作工程量＝10×4.5＝45(t)

套用定额 7-1-2，实腹钢柱制作 5t 以内

定额基价＝7441.78(元/t)

定额直接工程费＝45×7441.78＝334880.10(元)

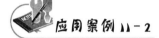 **应用案例 11-2**

某厂房设计有钢屋架 12 榀，每榀重 1.1t，由现场加工制作而成，刷防锈漆一遍。试计算钢屋架制作工程量，确定定额项目。

解：

钢屋架制作工程量＝12×1.1＝13.2(t)

套用定额 7-2-2，钢屋架制作 1.5t 以内

定额基价＝6702.49(元/t)

定额直接工程费＝13.2×6702.49≈88472.87(元)

● 特 别 提 示

钢屋架、钢托架制作中，每榀屋架重 1t 以内的应套用轻钢屋架项目，1t 以上的要套用钢屋架项目。

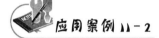 **应用案例 11-3**

某工程设计有型钢檩条(槽钢 80×43×5)20 根，每根长 3.6m，刷防锈漆一遍，试计算型钢檩条制作工程量，确定定额项目。

解：

型钢檩条工程量＝20×3.6×8.04(线密度：kg/m)＝578.88(kg)

套用定额 7-4-4，型钢檩条制作

定额基价＝6131.22(元/t)

定额直接工程费＝$\frac{578.88}{1000}$×6131.22≈3549.24(元)

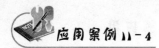

应用案例小-4

某钢结构工程需要用 X 射线对焊缝进行无损探伤检验，如果焊缝长为 100m，钢板厚为 25mm，试计算工程量，确定定额项目。

解：

焊缝探伤工程量 $=\dfrac{100}{0.25}=400$（张）

套用定额 7-7-2，X 射线探伤，检验板厚 30 以内

定额基价 $=611.28$（元/10 张）

定额直接工程费 $=\dfrac{400}{10}\times611.28=24451.20$（元）

本章小结

通过本章的学习，要求学生掌握以下内容。

（1）掌握钢柱制作、钢屋架（钢托架）制作、钢吊车梁（钢制动梁、吊车钢车挡）制作、钢支撑（钢檩条、钢墙架）制作、钢平台（钢梯子、钢栏杆）制作、钢漏斗、H 形钢制作等的定额说明及注意事项。

（2）掌握无损探伤检验的定额说明，其中无损探伤检验包括 X 射线探伤和超声波探伤两种。

（3）掌握金属构件的除锈种类，其包括手工除锈、动力工具除锈、喷射除锈及化学除锈。

（4）掌握各种金属构件工程量的计算方法及正确套用定额项目。

习题

一、填空题

1. 定额未包括加工点至安装点的构件运输，构件运输按_____计算。

2. 金属构件制作子目中，钢材的规格和用量，设计与定额不同时，可以调整，其他不变，钢材的损耗率为_____。

3. 钢零星构件，是指_____的钢构件。

4. 钢屋架制作平台尺寸，长度等于_____，宽度等于_____。

5. 定额中制作平台摊销考虑制作平台的搭设，内容包括场地平整夯实、_____、铺设钢板及拆除、_____等。

6. 用钢板焊接成工字形构件的腹板及翼缘板，经氧割后边口不齐，需经刨边机加工，因此计算时每边增加_____ mm 计算。

二、简答题

1. 什么叫轻钢屋架?

2. 简述除锈按方法不同分为哪几种。

3. 简述金属结构制作工程量的计算方法。

4. 实腹柱、吊车梁、H形钢等工程量应怎样计算？

5. 简述 X 射线焊缝无损探伤工程量应怎样计算。

三、案例分析

1. 某工程设计有钢屋架 10 榀，每榀重 0.9t，由现场加工制作而成，刷防锈漆一遍。试计算钢屋架制作工程量，确定定额项目。

2. 某工程操作平台栏杆如图 11.2 所示，扶手用 $L50×4$ 的角钢，横衬用—$50×5$ 的扁钢，竖杆用 $\phi16$ 的钢筋，间距为 250mm，试计算栏杆工程量，确定定额项目。

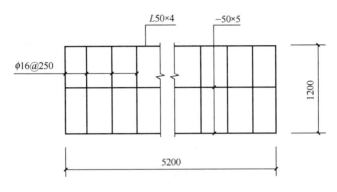

图 11.2 案例分析 2 附图

第 **12** 章

⬤〇⬤

构筑物及其他工程

⚙ **教学目标**

掌握烟囱、水塔、贮水(油)池、贮仓、检查井、化粪池、室外排水管道、场区道路等的计算规则和相应的定额子目。

⚙ **教学要求**

能力目标	知识要点	相关知识	权重
掌握烟囱、水塔、贮水(油)池、贮仓工程量计算和定额套项	定额说明、工程量计算规则	基础与筒身的划分、筒壁厚度、筒壁中心线的平均直径;砖砌水塔基础与塔身的划分、混凝土水塔的筒身与槽底的划分;国标、省标	0.5
掌握检查井、化粪池、室外排水管道、场区道路工程量的计算和定额套项	定额说明、工程量计算规则	渗井的划分;室内、室外排水管道的划分;垫层、路面的划分	0.5

导入案例

某小区铺设室外排水管道，管道净长度为120m，陶土管直径φ300，水泥砂浆接口，管底铺设黄砂垫层，管道中设有砖砌圆形检查井(S231，φ700，无地下水)12个，井深2m，钢筋混凝土化粪池[S214(一)，3#，无地下水] 1个，不考虑土方，混凝土为现场搅拌。在套用室外排水管道定额项目时，定额中的沟深是按2m以内考虑的，如果沟深大于2m，则排水管道铺设和排水管道垫层应如何处理？

12.1 构筑物及其他工程定额说明

本章包括烟囱、水塔、贮水(油)池、贮仓、检查井、化粪池及其他、室外排水管道、场区道路及构筑物综合项目七项内容。

(1) 本章包括单项及综合项目定额。综合项目是按国标、省标的标准做法编制，使用时对应标准图号直接套用，不再调整。设计文件与标准图做法不同时，套用单项定额。

(2) 本章定额了目不论单项还是综合项，均不包括土方内容，发生时按消耗量定额第1章相应定额执行。

(3) 烟囱内衬项目也适用于烟道内衬。

(4) 室外排水管道的试水所需工料，已包括在定额内，不得另行计算。

(5) 室外排水管道定额，其沟深是按2m以内(平均自然地坪至垫层上表面)考虑的，当沟深在2～3m时，综合工日乘以系数1.1；3m以外时，综合工日乘以系数1.18。

●●● 特 别 提 示

此条是指陶土管和混凝土管的铺设项目；对于排水管道混凝土基础、砂基础及砂石基础不考虑沟深的影响。

排水管道混凝土基础、砂石基础90°、120°、180°是指基础表面与管道的两个接触点的中心角的大小。如180°是指管道基础埋半个管子的深度。

(6) 室外排水管道无论人工或机械铺设，均执行定额，不得调整。

(7) 毛石混凝土，系按毛石占混凝土体积20%计算的。如设计要求不同时，可以换算。其中毛石损耗率为2%；混凝土损耗率为1.5%。

(8) 排水管道砂石基础中砂：石按1：2考虑；如设计要求不同时可以换算材料单价，定额消耗量不变。

(9) 其他。

① 本章定额内，所有混凝土或钢筋混凝土项目，均不包括混凝土搅拌、制作内容，发生时按混凝土用量套用消耗量定额第4章相应定额项目。

② 本章单项定额内，钢筋混凝土项目均不包括钢筋绑扎用工及材料用量，发生时套用消耗量定额第4章相应定额项目；综合项目内已包括钢筋内容。

③ 本章单项定额内，均不包括脚手架及安全网的搭拆内容、不包括模板内容、不包括垂直运输机械及超高内容，发生时均按消耗量定额第10章有关项目套用。

④ 本章定额内各种砖、砂浆及混凝土均按常用规格及强度等级列出，若设计与定额不同时，均可换算材料及配合比，但定额中的消耗量不变。

12.2 构筑物及其他工程量计算规则

12.2.1 烟囱

1. 烟囱基础

基础与筒身的划分以基础大放脚为界，大放脚以下为基础，以上为筒身（若砖基以下有混凝土或钢筋混凝土底板，底板另按混凝土或钢筋混凝土计算规则计算）；钢筋混凝土基础包括基础底板及筒座，筒座以上为筒身。工程量按设计图纸尺寸以立方米计算。

2. 烟囱筒身

（1）圆形、方形筒身按图示筒壁平均中心线周长乘以厚度并扣除筒身 $0.3m^2$ 以上孔洞、钢筋混凝土圈梁、过梁等体积以立方米计算，其筒壁周长不同时，可按下式分段计算：

$$V = \sum \left[H \times C \times (3.14 \times D) \right]$$

式中：V——筒身体积；

H——每段筒身垂直高度；

C——每段筒壁厚度；

D——每段筒壁中心线的平均直径。

> 烟囱筒身的厚度由下而上逐渐减少，计算时，不论圆形、方形，均按实砌体积计算，均按筒身高度执行相应定额子目；筒身内的钢筋混凝土结构另按钢筋混凝土项目计算。

（2）砖烟囱筒身原浆勾缝和烟囱帽抹灰已包括在定额内，不另计算。如设计要求加浆勾缝时，套用勾缝项目，原浆勾缝所含工料不予扣除。

$$S_{勾缝} = 0.5 \times 3.14 \times H_{烟囱} \times (D_{上口} + D_{下口})$$

> 加浆勾缝套用消耗量定额第9章9-2-64子目。

（3）烟囱的混凝土集灰斗（包括分隔墙、水平隔墙、梁、柱）、轻质混凝土填充砌块及混凝土地面，按有关章节规定计算，套用相应的定额项目。

（4）砖烟囱、烟道及其砖内衬，如设计要求采用楔形砖时，其数量按设计规定计算，并套用相应定额项目。加工标准半砖和楔形半砖时，按楔形整砖定额的1/2计算。

> 楔形砖一般在现场加工，筒身、烟道均未包括砖加工所需工料，如设计要求楔形砖砌筑，按设计规定计算，套用砖加工定额。

（5）砖烟囱砌体内采用钢筋加固时，其钢筋用量按设计规定计算，套用相应定额项目。

3. 烟囱内衬及内表面涂刷隔绝层

（1）烟囱内衬，按不同内衬材料并扣除孔洞后，以实体积计算。

（2）烟囱内表面涂刷隔绝层，按筒身内壁并扣除各种孔洞后的面积以平方米计算。

（3）填料按烟囱筒身与内衬之间的体积以立方米计算，不扣除连接横砖（防沉带）的体积。

●（特）别（提）示

内衬伸入筒身的连接横砖已包括在内衬定额内，不另行计算。

为防止酸性凝液渗入内衬及筒身间，而在内衬上抹水泥砂浆排水坡的工料，已包括在定额内，不单独计算。

筒身与内衬之间留有一定空隙作隔绝层。定额按空气隔绝层编制的，若采用填充料，填充料另计，所需人工已包括在内衬定额内，不另计算。为防止填充料下沉，从内衬每隔一定间距排出一圈砌体作防沉带，防沉带工料已包括在定额内，不另计算。

4. 烟道砌砖

（1）烟道与炉体的划分以第一道闸门为界，炉体内的烟道部分列入炉体工程量计算。

（2）烟道中的混凝土构件，按相应定额项目计算。

（3）混凝土烟道以立方米计算（扣除各种孔所占体积），套用地沟定额（架空烟道除外）。

12.2.2 水塔

1. 砖水塔

（1）水塔基础与塔身的划分：以砖砌体的扩大部分顶面为界，以下为基础，以上为塔身，工程量按设计图纸尺寸以立方米计算。砖水塔基础套用烟囱基础项目。

（2）塔身以图示实砌体积计算，扣除门窗洞口（$0.3m^2$ 以上洞口）和混凝土构件的体积，砖平拱璇及砖出檐等并入塔身体积内计算。

（3）砖水箱内外壁，不分壁厚，均以图示实砌体积计算，套用消耗量定额第3章相应定额项目。

●（特）别（提）示

定额内已包括原浆勾缝，如设计要求加浆勾缝，套用勾缝定额，原浆勾缝的工料不予扣除。

2. 混凝土水塔

（1）筒身与槽底以槽底连接的圈梁底为界，以上为槽底，以下为筒身。槽底是指水箱底。

（2）筒式塔身及依附于筒身的过梁，雨篷挑檐等并入筒身体积内计算，柱式塔身、柱、梁合并计算。

（3）塔顶及槽底，塔顶（不论锥形、球形）包括顶板和圈梁，槽底（不论平底、拱底）包括底板挑出的斜壁板和圈梁等合并计算。

（4）混凝土水塔按设计图示尺寸以立方米计算工程量，分别套用相应定额项目。

● 特 别 提 示

倒锥壳水塔中的水箱，定额按地面上浇筑编制。水箱的提升，另按消耗量定额第10章相应规定计算。

12.2.3 贮水（油）池、贮仓

（1）贮水（油）池、贮仓以立方米计算。

（2）贮水（油）池不分平底、锥底、坡底，均按池底计算；壁基梁、池壁不分圆形壁和矩形壁，均按池壁计算。

● 特 别 提 示

沉淀池水槽，系指池壁上的环形溢水槽，纵横、U形水槽，但不包括与水槽相连接的矩形梁。矩形梁按相应定额子目计算。

贮仓不分矩形仓壁、圆形仓壁均套用混凝土立壁定额项目，混凝土斜壁（漏斗）套用混凝土漏斗定额项目；立壁和斜壁以相互交点的水平线为界，壁上圈梁并入斜壁工程量内，仓顶板与其顶板梁合并计算，套用仓顶板定额项目；基础、支撑漏斗的柱和柱之间的连系梁按有关章节规定计算，套用相应定额项目。

12.2.4 检查井、化粪池及其他

（1）砖砌井（池）壁不分厚度均以立方米计算，洞口上的砖平璇等并入砌体体积内计算。与井壁相连接的管道及其内径在20cm以内的孔洞所占体积不予扣除。

（2）混凝土井（池）按实体积以立方米计算，与井壁相连接的管道及其内径在20cm以内的孔洞所占体积不予扣除。

（3）铸铁盖板（带座）安装以套计算。

● 特 别 提 示

渗井系指上部浆砌、下部干砌的渗水井。干砌部分不分方形、圆形，均以立方米计算。计算时不扣除渗水孔所占体积。浆砌部分套用砖砌井（池）壁定额项目。

12.2.5 室外排水管道

（1）室外排水管道与室内排水管道的分界，以室内至室外第一个排水检查井为界。检查井至室内一侧为室内排水管道，另一侧为室外排水（厂区、小区内）管道。

（2）排水管道铺设以延长米计算，扣除其检查井所占的长度。

（3）排水管道基础按不同管径及基础材料分别以延长米计算。

建筑工程室外排水管道与市政工程室外排水管道的分界，是以厂区或小区范围内接入市政管网的第一个污水井为界，第一个污水井及以外的管道属于市政排水管道，通向厂区或小区的管道属于建筑工程室外排水管道。若厂区或小区范围内的道路，按城市道路有关规范设计，位于道路之下的排水管道，也属于市政工程排水管道。

12.2.6 厂区道路

（1）道路垫层按设计图示尺寸以平方米计算。

（2）路面工程量按设计图示尺寸以平方米计算，定额中已包括伸缩缝及嵌缝的工料。

建筑工程道路与市政工程道路的分界，是以厂区或小区范围为界，厂区、小区以内的道路为建筑工程道路，以外的属于城镇管辖范围的道路属于市政工程道路。若厂区、小区内的道路按城市道路有关规范设计，也属市政工程道路。

12.2.7 构筑物综合项目

钢筋混凝土化粪池：根据国家建筑标准设计《给水排水标准图集》S_2-92S_{214}编制；砖砌化粪池：根据国家建筑标准设计《给水排水标准图集》S_2-92S_{213}编制；砖砌圆形检查井：根据国家建筑标准设计《给水排水标准图集》S_2-S_{231}编制；散水及坡道：根据山东省建筑标准设计 L96J002《建筑做法说明》编制。

【参考视频】

用滑升钢模浇筑的钢筋混凝土烟囱、倒锥壳水塔筒身及筒仓，是按无井架施工考虑的，使用时不再套用脚手架项目。滑升钢模板的安装、拆除等内容不包括在定额内，另套用消耗量定额第10章第4节相应项目。

烟囱内衬项目也适应于烟道内衬。

8-2-1砖水塔，是指砖砌塔身内容，基础按烟囱基础有关项目套用；砖水箱内外壁套用消耗量定额第3章中实砌砖墙有关项目，若是混凝土水箱，则套用本章定额有关子目。

8-2-2子目，塔顶及槽底，是指水箱的顶板(包括上圈梁)及底板。

贮水池，池底不论平底还是锥底，均套用8-3-1池底定额项目；池壁不论圆形还是矩形，均套用8-3-2池壁定额项目；池盖不论肋形盖、球形盖、无梁柱帽，均套用8-3-3池盖定额项目。

贮仓，不论矩形仓壁还是圆形仓壁，均套用8-3-5立壁定额项目；壁上圈梁及斜壁合并计算，套用8-3-6漏斗定额项目；仓顶板及顶板梁合并计算，套用8-3-8顶板定额项目。

8-4-1～8-4-8检查井、化粪池定额项目，适用于不按标准图集设计的工程，使用时，不论砌筑深度，均按实砌体积套用相应定额项目。

排水管道混凝土基础、砂基础及砂石基础，均是按国家建筑标准设计图集编制的，凡设计采用标准图集的，均按管道管径及基础形式套用相应定额项目，不另调整。工作内容包括基础材料运输及基础铺筑，土方内容不包括在内，另按消耗量定额第1章有关项目套用。

水表池、沉砂池、检查井等室外给排水小型构筑物，实际工程中，常依据省标图集LS设计和施工。为此，编制了室外给排水小型构筑物补充定额，共24项（见补充定额8-7-66～8-7-89）。

① 室外给水小型构筑物，依据省标图集LS02编制，包括 $\phi1000$ 圆形给水阀门井、LXS型水表池、地下式消防水泵接合器闸门井共7项。

② 室外排水小型构筑物，依据省标图集LS03编制，包括雨水沉砂池、雨水口沉砂池、 $\phi800$ 和 $\phi1000$ 圆形排水检查井、室外排水管道砂基础共17项。

凡依据省标准图集LS设计和施工的上述室外给排水小型构筑物，均执行上述补充定额，不做调整。

12.3 构筑物及其他工程量计算与定额应用

应用案例 12-1

某砖砌烟囱，M5混合砂浆砌筑，筒身高30m，筒身范围可分为三段：①下段高10m，下口中心直径2m，上口中心直径1.65m，壁厚250mm；②中段高10m，下口中心直径1.7m，上口中心直径1.4m，壁厚200mm；③上段高10m，下口中心直径1.45m，上口中心直径1.1m。试计算该烟囱筒身工程量，确定定额项目。

解：

（1）计算烟囱各段中心线平均直径。

下段： $D_1 = \dfrac{2.00+1.65}{2} = 1.825(\text{m})$

中段： $D_2 = \dfrac{1.70+1.40}{2} = 1.550(\text{m})$

上段： $D_3 = \dfrac{1.45+1.10}{2} = 1.275(\text{m})$

（2）计算烟囱各段体积。

下段： $V_1 = 10.00 \times 0.25 \times 1.825 \times 3.14 \approx 14.33(\text{m}^3)$

中段： $V_2 = 10.00 \times 0.20 \times 1.55 \times 3.14 \approx 9.73(\text{m}^3)$

山段： $V_3 = 10.00 \times 0.15 \times 1.275 \times 3.14 \approx 6.01(\text{m}^3)$

（3）计算烟囱工程量。

$V = V_1 + V_2 + V_3 = 14.33+9.73+6.01 = 30.07(\text{m}^3)$

套用定额8-1-6，砖砌烟囱40m内

定额基价＝3723.26(元/10m³)

定额直接工程费＝$\frac{30.07}{10}$×3723.26≈11195.84(元)

 应用案例 12-2

某砖砌水塔塔身，厚为370mm，外径为3.2m，高为25m，M5.0水泥砂浆砌筑。有门两个，底门为900mm×2500mm，平台门为700mm×2000mm；窗两个，为600mm×900mm；设圈梁两道，断面为240mm×370mm。计算砖砌塔身工程量，确定定额项目。

解：

塔身中心线长＝3.14×(3.2－0.37)≈8.89(m)

塔身中心线面积＝8.89×25＝222.25(m²)

门窗洞口面积＝0.9×2.5＋0.7×2＋0.6×0.9×2＝4.73(m²)

圈梁体积＝8.89×0.24×0.37×2≈1.58(m³)

则砖砌塔身工程量＝(222.25－4.73)×0.37－1.58≈78.90(m³)

套用定额8-2-1

定额基价＝3286.94(元/10m³)

定额直接工程费＝$\frac{78.90}{10}$×3286.94≈25933.96(元)

 应用案例 12-3

某贮油池，尺寸如图12.1所示，钢筋混凝土池底、池壁、池盖均采用C20混凝土，池盖留直径700mm的检查洞，并安装铸铁盖板。试计算池底、池壁、池盖及铸铁盖板工程量，确定定额项目。

解：

(1) 计算池底工程量＝3.14×(4.70/2)²×0.3＝5.20(m³)

套用定额8-3-1，C20现浇混凝土贮油池池底

定额基价＝2886.53(元/10m³)

定额直接工程费＝$\frac{5.20}{10}$×2886.53≈1501.00(元)

(2) 计算池壁工程量＝(4.00＋0.25)×3.14×0.25×(4.20－0.30－0.10)≈12.68(m³)

套用定额8-3-2，C20现浇混凝土贮油池池壁

定额基价＝3200.86(元/10m³)

定额直接工程费＝$\frac{12.68}{10}$×3200.86≈4058.69(元)

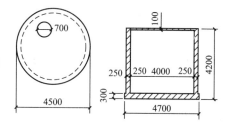

图 12.1 应用案例 12-3 附图

(3) 计算池盖工程量＝3.14×$\frac{4.50^2－0.7^2}{4}$×0.10≈1.55(m³)

套用定额8-3-3，C20现浇混凝土贮油池池盖

定额基价＝2975.80(元/10m³)

定额直接工程费＝$\frac{1.55}{10}$×2975.80≈461.25(元)

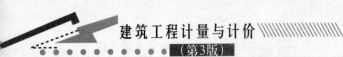
（4）计算铸铁盖板工程量＝1(套)

套用定额8-4-8，铸铁盖板安装(带盖座)

定额基价＝2139.20(元/10套)

定额直接工程费＝$\frac{1}{10}$×2139.20≈213.92(元)

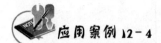**应用案例 12-4**

已知条件同引例。试计算室外排水管道铺设、排水管道基础工程量，确定定额项目。

解：

（1）承插式陶土管铺设工程量＝120(m)

套用定额8-5-5，室外承插(水泥砂浆接口)陶土管 $\phi300$

定额基价＝327.85(元/10m)

定额直接工程费＝$\frac{120}{10}$×327.85＝3934.20(元)

（2）计算排水管道砂基础工程量＝120(m)

套用定额8-5-65，排水管道砂基础120°，$\phi300$

定额基价＝351.23(元/10m)

定额直接工程费＝$\frac{120}{10}$×351.23＝4214.76(元)

**本章小结**

通过本章学习，要求学生掌握以下内容。

（1）掌握烟囱、水塔、贮水(油)池、贮仓工程量的计算规则和正确套用定额项目。

（2）掌握检查井、化粪池、室外排水管道、场区道路工程量的计算规则和正确套用定额项目。

（3）掌握构筑物综合项目的计算规则、适用范围及正确套用定额项目。

习题

一、填空题

1. 室外排水管道定额，其沟深是按2m以内(平均自然地坪至垫层上表面)考虑的，当沟深在2～3m时，综合工日乘以系数_____；3m以外时，综合工日乘以系数_____。

2. 排水管道砂基础90°、120°、180°是指_____角的大小。

3. 本章单项定额内，均不包括脚手架及安全网的搭拆内容、不包括模板内容、不包括垂直运输机械及超高内容，发生时均按_____项目套用。

4. 基础与筒身的划分以_____为界，大放脚以下为_____，以上为_____；钢筋混凝土基础包括基础底板及筒座。

5. 混凝土井(池)按实体积以立方米计算，与井壁相连接的管道及其内径在_____cm以内的孔洞所占体积不予扣除。

二、简答题

1. 砖砌烟囱筒身勾缝定额是怎样考虑的？

2. 贮水（油）池工程量应怎样计算？

3. 砖砌井（池）工程量应怎样计算？

4. 简述室内、室外排水管道的划分界限。

5. 简述建筑工程道路与市政工程道路的划分界限。

三、案例分析

1. 某砖砌烟囱高 21m，M5 混合砂浆砌筑，烟囱上口直径 1.2m，下口直径 2.4m，壁厚 240mm，出灰口设圈梁一道，直径 2.3m，断面 240mm×240mm。试计算筒身工程量，确定定额项目。

2. 已知条件同引例。试计算室外化粪池、检查井工作量，确定定额项目。

3. 某混凝土路面，路宽 8m，长 150m，路基地瓜石垫层厚 200mm，M2.5 混合砂浆灌缝，路面为 C25 混凝土整体路面，200mm 厚；砌筑预制混凝土路沿石 90m；散水长度为 50m，宽 0.80m，地瓜石垫层上浇筑 C15 混凝土，1∶2.5 水泥砂浆抹面。试计算垫层、路面、路沿石及散水工程量，确定定额项目。

第13章

装 饰 工 程

✿ 教学目标

通过本章的学习，应掌握楼地面工程、墙柱面工程、顶棚工程、油漆涂料裱糊工程、配套装饰工程等的工程量计算规则及定额套项的运用。本章知识点与《装饰材料》、《装饰构造》、《装饰施工工艺》联系密切，应在学习本章知识的同时，复习相关的材料、构造、施工的知识做铺垫。通过本章学习，应能具备编制一般装饰工程造价文件的能力。

✿ 教学要求

能力目标	知识要点	相关知识	权重
掌握楼地面工程量的计算方法与定额套项	找平层、整体面层、块料面层、木楼地面及其他饰面工程量的计算	楼地面的构造做法、工程量计算规则及消耗量定额	0.25
掌握墙柱面工程量的计算方法与定额套项	墙柱面抹灰、镶贴块料面层、墙柱面饰面及隔断幕墙工程量的计算	内外墙面的一般抹灰、装饰抹灰、块料面层、各类隔墙隔断的构造做法、工程量计算规则及消耗量定额	0.20
掌握顶棚工程量的计算方法与定额套项	顶棚抹灰、顶棚龙骨、顶棚饰面及采光顶棚工程量的计算	顶棚抹灰、顶棚龙骨及面层的构造做法、工程量计算规则及消耗量定额	0.20
掌握油漆、涂料及裱糊工程量的计算方法及定额套项	木材面油漆、金属面油漆、抹灰面油漆、涂料及裱糊工程量的计算	木材面、金属面、抹灰面的油漆涂料及裱糊工程的工程量计算规则及消耗量定额	0.15
掌握其他配套装饰项目工程量的计算方法及定额套项	零星木装饰、装饰线条、卫生间零星装饰等工程量的计算	门窗套、暖气罩等零星木装饰、装饰线条、工艺门扇、招牌、美术字等工程量计算规则及消耗量定额	0.20

导入案例

土建工程施工完毕，就需要对建筑物的地面、墙面、天棚进行抹灰、粉刷、镶贴、裱糊等装饰工序，装饰工程的计量和计价占整个工程造价相当大的比重。例如某会议室楼地面设计为大理石拼花图案，图案为圆形，直径2400mm，图案外边线3.2m×3.2m，如图13.1所示，大理石块料尺寸800mm×800mm，1：2.5水泥砂浆粘贴。在计算工程量时，图案以外、以内地面工程量如何计算，图案周边异形块料的铺贴及损耗率如何确定？在这一章我们将详细讲解装饰工程的计量规则和计价方法。

本章定额适用于新建工程中的装饰工程；工程建成使用后重新进行室内外设计，改变其原貌、

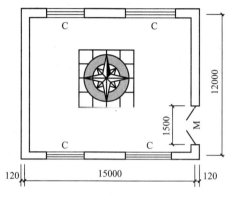

图13.1 某会议室地面平面图

改变其原有做法的二次装饰工程执行修缮工程预算定额。

本章有关问题说明：

（1）本章定额子目均未包括垂直运输机械消耗量，实际发生时，执行《山东省建筑工程消耗量定额》第10章10.2节有关规定。

（2）本章定额子目均未包括搭设高度在3.6m以内的脚手架的费用，实际发生时，执行《山东省建筑工程消耗量定额》第10章10.1节有关规定。

（3）本章定额不包括超高因素。

（4）本章定额按照费用构成独立取费，独立形成完整预结算。

13.1 楼、地面工程

13.1.1 定额说明

（1）本节包括楼地面找平层、整体面层、块料面层、木质楼地面及其他饰面等内容。定额划分如下。

① 楼地面找平层项目用于楼地面结构层平整程度达不到镶贴块料面层平整度要求时，在楼地面结构层上铺设找平层。整体面层如果设有结合层时，结合层套找平层定额。楼梯、台阶、踢脚线中含结合层。找平层材料分为水泥砂浆、细石混凝土、沥青砂浆。

② 整体面层项目是指现场作业时现浇为一个整体的楼地面做法。定额上按照材料有水泥砂浆、现浇水磨石、水泥豆石、细石混凝土、钢筋混凝土等定额子目。

③ 块料面层项目是指用一定规格的块状材料如全瓷地面砖、大理石板等，采用水泥砂浆结合层或者相应的胶结剂镶铺而成的面层。定额上按照材料有大理石、花岗岩、预制水磨石块、彩釉砖、全瓷地面砖等各类瓷砖楼地面子目。楼地面镶贴各种块料面层，定额分为水泥砂浆粘贴（湿做法）、干粉型胶粘剂粘贴、万能胶粘贴等做法。

【参考视频】

【参考视频】

 **特 别 提 示**

现浇水磨石楼地面应套用整体面层项目，预制水磨石楼地面应套用块料面层项目。在实际工程中应注意区分。

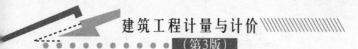

【参考视频】

知识链接 13-1

　　传统的楼地面镶贴块料面层，一般采用水泥砂浆或者干硬性水泥砂浆粘贴，这种做法通常称为湿做法。随着施工工艺的发展和变化，采用干粉型胶结剂作为黏结层的做法越来越多。干粉胶结剂是近年来国际建筑界普遍大量使用的一种多功能、无味、无毒的新型建筑材料，用于黏结面砖、花岗岩、大理石、瓷砖等饰面材料，不需埋桩、扎丝，也可作为填缝，找平材料。干粉剂黏结力强，保水性好，且具有较好的防水抗渗能力，也可应用于屋面、厕所、洗浴间、地下室和贮水池等。

　　④ 木质楼地面及其他饰面是指木楼地面、地毯及配件、橡胶塑料地板等。

　　（2）本节中的水泥砂浆、水泥石子浆、混凝土等配合比，设计规定与定额不同时，可以换算，其他不变。

　　如定额 9-1-1"水泥砂浆找平层"子目，打底材料为素水泥浆、找平层为 1:3 水泥砂浆，厚度 20mm，当实际工程中采用的砂浆材料、配比、厚度与此不同时，可以换算材料、调整厚度，改变砂浆单价，但保持砂浆的消耗数量不变。

　　（3）整体面层、块料面层中的楼地项目、楼梯项目，均不包括踢脚板、楼梯梁侧面、牵边；台阶不包括侧面、牵边；设计有要求时，按相应定额项目计算。细石混凝土、钢筋混凝土整体面层设计厚度与定额不同时，混凝土厚度可按比例换算。

　　（4）踢脚板（除缸砖、彩釉砖外）定额均按成品考虑编制的，其中异形踢脚板指非矩形的形式，如楼梯踏步板临墙一侧的踢脚板即为异形。

　　（5）定额中的"零星项目"适用于楼梯和台阶的牵边、侧面、池槽、蹲台等项目，除上述项目之外其他项目应按设计套用相应楼地面子目。

　　（6）块料面层拼图案项目，其图案材料定额按成品考虑。图案按最大几何尺寸算至外边线。图案外边线以内周边异形块料的铺贴，套用相应块料面层铺贴项目及图案周边异形块料铺贴另加工料项目。周边异形铺贴材料的损耗率，应根据现场实际情况，并入相应块料面层铺贴项目内。套用该定额项目时，注意：计算范围为"按最大几何尺寸算至图案外边线"，指铺贴图案所影响规格块料的最大范围；图案和图案周边异形块料工程量应分别计算；图案周边异形块料的消耗量应根据工程具体情况进行计算。计算方法详见应用案例 13-6。

特别提示

　　应注意地面点缀与块料面层拼图案的区别，如图 13.2 和图 13.3 所示。

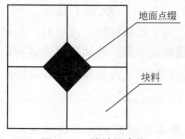

图 13.2　楼地面点缀

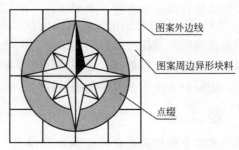

图 13.3　楼地面图案

（7）设计块料面层中有不同种类、材质的材料，应分别按相应定额项目执行。大理石、花岗石楼地面面层分色的子目，不同颜色、不同规格的块料按简单图案编制，其工程量应分别计算，均执行相应分色子目。

（8）硬木地板，定额按不带油漆考虑；若实际使用成品木地板(带油漆地板)，按其做法套用相应子目，扣除子目中刨光机械，其他不变。

13.1.2 工程量计算规则

（1）楼地面找平层和整体面层均按主墙间净面积以平方米计算。计算时应扣除凸出地面的构筑物、设备基础、室内铁道、室内地沟等所占面积，不扣除柱、垛、间壁墙、附墙烟囱及面积在 $0.3m^2$ 以内的孔洞所占面积，但门洞、空圈、暖气包槽、壁龛的开口部分亦不增加。

楼地面找平层和整体面层工程量＝主墙间净长度×主墙间净宽度－构筑物等所占面积

 什么是主墙？主墙间的净面积如何计算？

定额解释上这样讲：主墙是指砖墙、砌块墙厚度在 180mm 以上(含)或超过 100mm 以上(含)的钢筋混凝土剪力墙，其他非承重的间壁墙视为非主墙。

可以这样理解：主墙是指承重墙体和围护墙体，是有别于间壁墙而言的。在本节计算楼地面工程量时，主墙泛指有基础的墙体，也就是说除了自地面上设置的间壁墙以外的墙体。这样地面工程量自然要扣除主墙所占面积，而间壁墙因为是做好地面后再设置的，所以其所占面积不用扣减。

主墙间的净面积计算：主墙间的结构尺寸(不包括装饰层厚度)扣除墙厚度后的主墙的内边线所围合的面积即是主墙间的净面积。

地面上的构筑物是指什么？

同学们都知道构筑物的概念，通常情况下，所谓构筑物就是不具备、不包含或不提供人类居住功能的人工建造物，比如水塔、水池、过滤池、澄清池、沼气池等。此处"地面上的构筑物"是指在楼地面上的水池、过滤池、消毒池等设施。

什么是空圈？

空圈是指未装门的洞口也称垭口，可以由此进出房间。空圈的设置常见于客厅与过道之间、阳台与客厅(或卧室)之间。装修时可在空圈顶及两边装木门套；或者除门套加窗帘轨、布艺帘；或者在空圈内装推拉门。

（2）楼、地面块料面层，按设计图示尺寸实铺面积以平方米计算。门洞、空圈、暖气包槽和壁龛的开口部分的工程量并入相应的面层内计算。

楼地面块料面层工程量＝净长度×净宽度－不做面层面积＋增加其他面积

块料面积的计算规则是按照设计尺寸以实铺实贴面积计算，也就是说块料面层镶贴到哪里，镶贴了多少平方米工程量就计入多少。这是楼地面、内外墙柱面等块料面层工程量计算的通则。

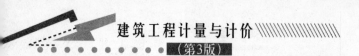
（3）楼梯面层（包括踏步及最后一级踏步宽、休息平台、小于 500mm 宽的楼梯井），按水平投影面积计算。

通常情况下，当楼梯井宽度≤500mm 时：

楼梯工程量＝楼梯间净宽×（休息平台宽＋踏步宽×步数)×（楼层数－1）

当楼梯井宽度＞500mm 时：

楼梯工程量＝(楼梯间净宽－楼梯井宽＋0.5)×（休息平台宽＋
踏步宽×步数)×（楼层数－1）

楼梯平面如图 13.4 所示。

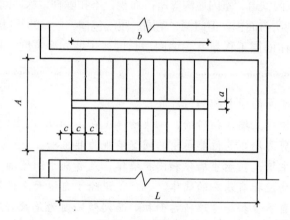

图 13.4　楼梯面层

当 $a \leqslant 500mm$ 时，楼梯面层工程量＝$L \times A \times (n-1)$，其中，n 为楼层数；

当 $a > 500mm$ 时，楼梯面层工程量＝$[L \times A - (a-0.5) \times b] \times (n-1)$。

● 特 别 提 示 ●

楼梯工程量计算按照楼梯间的水平投影面积计算，踏步踢面的工程量已包含在定额消耗量内；楼梯面层工程量还应包含楼面最后一个踏步宽度（此处应注意与本书第 8 章钢筋混凝土项目中楼梯混凝土工程量规则的细微不同）；不论楼梯面层为整体面层还是块料面层均按该规则计算。

（4）台阶面层（包括踏步及最上一层一个踏步宽）按水平投影面积计算。

台阶工程量＝台阶长×踏步宽×步数

台阶如图 13.5 所示，台阶工程量＝$L \times B \times 4$。

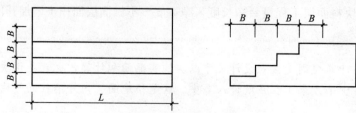

图 13.5　单面台阶面层

如果台阶为三面 U 形台阶，也依据此规则计算。三面台阶如图 13.6 所示，台阶工程量 $=L\times A-(L-8\times B)\times(A-4B)$，即工程量为图中虚线条与台阶外边线所围合的面积。

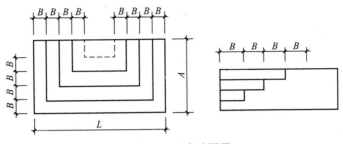

图 13.6　三面台阶面层

特别提示

台阶工程量按照水平投影面积计算，踏步踢面的工程量已包含在定额消耗量内；台阶面层工程量还应包含台阶最后一个踏步宽度；不论台阶面层为整体面层还是块料面层均按该规则计算。

(5) 踢脚板(线)根据设计做法，以定额单位的 m^2 或 m 计算工程量。

$$踢脚线工程量＝踢脚线净长度\times高度$$

或

$$踢脚线工程量＝踢脚线净长度$$

特别提示

定额中水泥砂浆踢脚线、水磨石踢脚线、彩釉砖缸砖踢脚板、塑料踢脚板均以长度 m 为单位计算；大理石踢脚板、花岗石踢脚板、木踢脚板均以面积 m^2 为单位计算。在实际工程中注意区分。

(6) 防滑条、地面分格嵌条按设计尺寸以延长米计算。

特别提示

楼梯踏面的防滑条、现浇水磨石地面的分格嵌条未包含在地面的定额子目内，均应单独计算。计算时按照设计尺寸以延长米计算。

知识链接 13－2

什么是延长米? 怎样计算延长米?

"延长米"是长度的一种计算单位，是指可连续累加的长度数量值，不因物体的不连续而中断计算，遇曲线和斜线应展开计算。防滑条、地面分格嵌条以延长米计算，就是说计算该工程量时各段防滑条、地面分格嵌条长度累加起来，遇到弧形防滑条或者折形、圆形的分格嵌条时用"延长米"比用"米"描述得要准确些，不易产生歧义。在装饰工程中以延长米计算的工程量还有门窗套线、

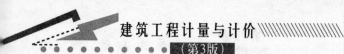
装饰线条、栏杆扶手等；在安装工程中水暖管道、电气线路也以延长米计算。注意区分延长米与投影长度的不同。

（7）地面点缀按点缀的面积计算，套用相应定额。计算地面铺贴面积时，不扣除点缀所占面积，主体块料加工用工亦不增加。

知 识 链 接 13 - 3

什么是地面点缀？

如图 13.2 所示，楼地面点缀是一种简单的楼地面块料拼铺方式，即在主体块料四角相交处各切去一个角，另镶一小块其他颜色块料。起到点缀作用。注意点缀与小方整块料（不需加工主体块料）的区别，也要注意点缀与"分格调色"的区别。

特 别 提 示

注意分格调色子目与点缀子目的区别

定额中楼地面的大理石、花岗石项目设置图案（图 13.1）、点缀（图 13.2）、分格调色（图 13.7）子目，在实际工程中要注意区分。分色是按几种不同规格、不同色差的规格块料拼简单图案考虑的。点缀子目按规格块料需在现场加工、拼铺考虑的，块料现场加工的人工、机械已综合在该子目内。

图 13.7　楼地面分格调色

13.1.3　工程量计算与定额应用

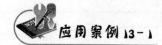

应用案例 13-1

某单层建筑的平面图如图 13.8 所示。内外砖墙厚为 240mm；M—1：1.8m×2.4m，C—1：

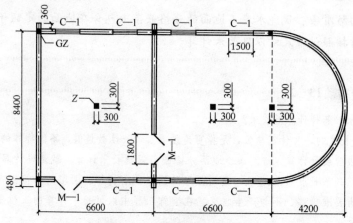

图 13.8　某单层建筑平面图

1.5m×1.8m；柱 Z 断面为 300mm×300mm；1∶3 水泥砂浆找平层 15mm 厚；1∶2.5 白水泥色石子现浇水磨石地面 15mm 厚，嵌铜条分格。试计算：找平层工程量；现浇水磨石地面工程量；确定定额项目。

解：

现浇水磨石地面为整体面层做法，找平层和整体面层均按照主墙间的净面积计算，不扣除柱所占面积，也不增加门洞的开口面积。

(1) 找平层工程量 $=(8.4-0.24)\times(6.6-0.24)+(8.4-0.24)\times(6.6-0.12)+\dfrac{1}{2}\pi\times(4.2-0.12)^2$

$\qquad\qquad\approx 130.92(\text{m}^2)$

套用定额 9-1-1，水泥砂浆厚度 20mm

定额基价 $=110.68(\text{元}/10\text{m}^2)$

再套用 9-1-3，每增减 5mm

定额基价 $=22.55(\text{元}/10\text{m}^2)$

定额直接费 $=\dfrac{130.92}{10}\times110.68+(-130.92/10)\times22.55\approx1153.80(\text{元})$

(2) 现浇水磨石地面工程量 $=130.92(\text{m}^2)$

套用定额 9-1-15

定额基价 $=604.20(\text{元}/10\text{m}^2)$

定额直接费 $=\dfrac{130.92}{10}\times604.20\approx7910.19(\text{元})$

◉ **特 别 提 示**

本题中水泥砂浆厚度 20mm，在套用定额时要注意调整厚度，在本题套用 9-1-3 "每增减 5mm" 子目时，工程量应为负值，砂浆厚度减去 5mm。

 **应用案例 13-2**

若上题的建筑物，地面做法：1∶2.5 水泥砂浆 20mm 厚，铺设大理石板(不分色)，边界至门扇外表面下(门居中，门框料厚 80mm)；大理石踢脚板高 150mm。试计算：大理石板地面；踢脚板工程量；确定定额项目。

解：

(1) 大理石地面属块料面层，工程量按设计图示尺寸实铺面积计算，在主墙间净面积上扣除柱所占面积，增加门洞的开口部分。

大理石地面工程量 $=130.92-3\times0.3\times0.3+1.8\times(0.24-0.08)$(内门口)$+1.8\times(0.12-0.08)$
(外门口)$=131.01(\text{m}^2)$

套用定额 9-1-36，水泥砂浆不分色大理石楼地面

定额基价 $=1679.63(\text{元}/10\text{m}^2)$

定额直接费 $=\dfrac{131.01}{10}\times1679.63=22004.83(\text{元})$

(2) 大理石踢脚板：定额计量单位为 m^2，以实铺实贴面积计算。

大理石踢脚板工程量 $=$(直墙)$0.15\times[(8.4-0.24)\times3+(6.6-0.24)\times2+(6.6-0.12)]\times2+$

（弧墙）$0.15 \times \pi (4.2-0.12) - $（门口）$0.15 \times 1.8 \times 3 + $（门口的侧壁）$0.15 \times (0.24-0.08) \times 3 + $（柱脚）$0.15 \times 0.3 \times 4 \times 3 \approx 13.104 + 1.923 - 0.81 + 0.072 + 0.54 \approx 14.83 (m^2)$

套用定额 9-1-45，踢脚板，直线形，水泥砂浆，大理石

定额基价 $= 1540.42$（元/10m²）

定额直接费 $= \dfrac{14.83}{10} \times 1540.42 \approx 2284.44$（元）

 特 别 提 示 ....

此处弧形墙上的踢脚板是直线形的，并非异形的。

注意计算工程量时内门、外门开口部分计算量的不同。

应用案例 13-3

某六层三单元砖混住宅，平行双跑楼梯如图 13.9 所示，楼梯面层为水泥砂浆粘贴花岗石板。试计算工程量，确定定额项目。

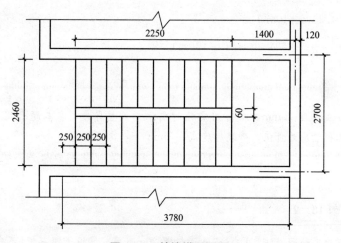

图 13.9　某楼梯平面图

解：

计算楼梯面层以水平投影面积。

花岗石楼梯工程量 $= (2.7-0.24) \times (1.4-0.12+2.25+0.25) \times 3 \times (6-1) = 2.46 \times 3.78 \times 3 \times 5 \approx 139.48 (m^2)$

套用定额 9-1-57

定额基价 $= 3039.12$（元/10m²）

定额直接费 $= \dfrac{139.48}{10} \times 3039.12 \approx 42389.65$（元）

 特 别 提 示 ....

六层的建筑物，如果未特别注明是上人屋面的话，楼梯层数为五层。

应用案例 13-4

某建筑物出入口处的台阶如图13.6所示。已知台阶踏步宽300mm，踏步高度150mm，台阶长度 L 为4500mm，宽度 A 为2400mm。台阶面层为1:2.5水泥砂浆粘贴麻面花岗石。试计算工程量；确定定额项目。

解：

台阶工程量 $=L\times A-(L-8\times B)\times(A-4B)=4.5\times2.4-(4.5-8\times0.3)\times(2.4-4\times0.3)=8.28(\text{m}^2)$

套用定额 9-1-59

定额基价 $=3150.04(\text{元}/10\text{m}^2)$

定额直接费 $=\dfrac{8.28}{10}\times3150.04\approx2608.23(\text{元})$

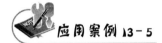

应用案例 13-5

某建筑物如图13.10所示。房间地面做法为：找平层C20细石混凝土30mm；面层为水泥砂浆粘贴规格块料点缀地面，规格块料为500mm×500mm浅色花岗岩地面，点缀100mm×100mm深色花岗岩（地面点缀的形式见图13.2）。试计算工程量；确定定额项目。

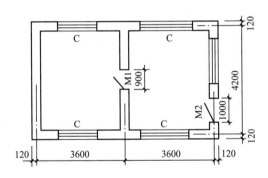

图13.10 应用案例13-5房间平面图

解：

（1）找平层属于整体面层，应按照主墙间的净面积计算。

找平层工程量 $=(3.6-0.24)\times(4.2-0.24)\times2\approx26.61(\text{m}^2)$

套用定额 9-1-4，细石混凝土找平层40mm厚

定额基价 $=171.58(\text{元}/10\text{m}^2)$

再套用定额 9-1-5，细石混凝土每增减5mm厚

定额基价 $=21.87(\text{元}/10\text{m}^2)$

定额直接费 $=\dfrac{26.61}{10}\times(171.58-21.87)\approx398.38(\text{元})$

（2）花岗岩属于块料面层，按照规则实铺实贴面积计算，不扣除点缀所占面积，主体块料加工用工亦不增加。另外，此题门框厚度忽略不计。

花岗岩地面 $=26.61+0.9\times0.24+1.0\times0.12\approx26.95(\text{m}^2)$

套用定额 9-1-51，楼地面，水泥砂浆，不分色，花岗石

定额基价 $=1972.90(\text{元}/10\text{m}^2)$

定额直接费 $=\dfrac{26.95}{10}\times1972.90\approx5316.97(\text{元})$

（3）地面点缀按点缀的面积计算。点缀每500mm×500mm面积即有一个点缀，所以

点缀面积 $=\left(\dfrac{26.61}{0.5\times0.5}\right)\times(0.1\times0.1)=1.064(\text{m}^2)$

套用定额 9-1-55，楼地面，点缀，花岗石

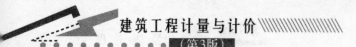

定额基价＝2005.40（元/10m²）

定额直接费＝$\frac{1.064}{10}$×2005.40≈213.37（元）

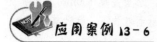

某会议室楼地面设计为大理石拼花图案，图案为圆形，直径 2400mm，图案外边线 3.2m×3.2m，如图 13.1 所示。大理石块料尺寸 800mm×800mm，1：2.5 水泥砂浆粘贴。试计算地面工程量，确定定额项目。

解：

按照定额规则：图案按最大几何尺寸算至图案外边线。图案外边线以内周边异形块料的铺贴，套用相应块料面层铺贴项目及图案周边异形块料铺贴另加工料项目。周边异形铺贴材料的损耗率，应根据现场实际情况，并入相应块料面层铺贴项目内。

（1）图案外边线：3.2×3.2＝10.24（m²）

套用定额 9－1－49 大理石，成品图案

定额基价＝2650.07（元/10m²）

定额直接费＝$\frac{10.24}{10}$×2650.07≈2713.67（元）

（2）图案周边异形块料：

异形块料面积＝$3.2×3.2-\pi×\left(\frac{2.4}{2}\right)^2$≈5.72（m²）

大理石规格料面积＝0.8×0.8×12＝7.68（m²）

图案周边异形块料消耗量＝$\frac{7.68}{5.72}$×10.2≈13.695（m²/10m²）

式中"10.2"为定额 9－1－36 中大理石消耗量，"13.695"为根据工程实际情况计算出的周边异形块料的消耗量，应按其调整定额基价。

套用定额 9－1－36 大理石，不分色，水泥砂浆

定额基价＝1679.63（元/10m²）

定额中大理石规格料单价（除税）＝139.39（元/m²）

调整定额 9－1－36 的基价＝1679.63＋（13.695－10.2）×139.39≈2166.80（元/10m²）

定额直接费＝$\frac{5.72}{10}$×2166.80≈1239.41（元）

图案周边异形块料另加工料

套用定额 9－1－50

定额基价＝349.30（元/10m²）

定额直接费＝$\frac{5.72}{10}$×349.30≈199.80（元）

（3）地面大理石：按实铺实贴面积计算。

工程量＝(15－0.24)×(12－0.24)－3.2×3.2＋0.12×1.5≈163.52（m²）

套用定额 9－1－36 大理石，不分色，水泥砂浆

定额基价＝1679.63（元/10m²）

定额直接费＝$\frac{163.52}{10}$×1679.63≈27465.31（元）

（4）该会议室地面定额直接费＝2713.67＋1239.41＋199.80＋27465.31＝31618.19（元）

13.2 墙、柱面工程

13.2.1 定额说明

（1）本节包括墙、柱面的一般抹灰、装饰抹灰、镶贴块料及饰面、隔断、幕墙等内容。

本节所有子目不分内外墙，使用时按设计饰面做法和不同材质墙体，分别执行相应定额子目。

墙柱面一般抹灰有水泥砂浆、混合砂浆、石灰砂浆，墙面基层有砖墙、混凝土墙、轻质墙、钢板网墙。墙柱面装饰抹灰有水刷石、干粘石、斩假石等。墙柱面镶贴块料是指干挂及镶贴石材、瓷砖等各类块料面层；墙柱饰面是由龙骨、基层板、造型板、饰面板组成的，材料有木龙骨、金属龙骨；细木工板、五夹板、九夹板、石膏板、铝塑板等。隔断是指木隔断、塑钢隔断、玻璃隔断；幕墙是指金属幕墙和玻璃幕墙。

（2）本节中凡注明砂浆种类、配合比、饰面材料型号规格的，设计与定额不同时，可按设计规定调整，但人工数量不变。

定额子目中注明砂浆种类、配合比、饰面材料型号规格的，可以按设计规定调整砂浆种类、砂浆配比、饰面材料型号规格，调整时人工的消耗数量和材料的消耗数量保持不变；未注明的子目不得调整。

（3）墙面抹石灰砂浆分二遍、三遍、四遍，其标准如下：

二遍：一遍底层，一遍面层。

三遍：一遍底层，一遍中层，一遍面层。

四遍：一遍底层，一遍中层，二遍面层。

抹灰等级与抹灰遍数、工序、外观质量的对应关系见表13-1。

表13-1 抹灰等级与抹灰遍数、工序、外观质量的对应关系

名　　　称	普 通 抹 灰	中 级 抹 灰	高 级 抹 灰
遍数	二遍	三遍	四遍
厚度不大于	18mm	20mm	25mm
主要工序	分层找平、修整、表面压光	阳角找方、设置标筋、分层找平、修整、表面压光	阳角找方、设置标筋、分层找平、修整、表面压光
外观质量	表面光滑、洁净，接槎平整	表面光滑，洁净，接槎平整，灰缝，清晰顺直	表面光滑，洁净，颜色均匀，无抹纹灰线平直方正，清晰

● 特 别 提 示

套用定额时注意：

① 定额中厚度为××mm者，抹灰种类为一种一层。

② 厚度为××mm+××mm者，抹灰种类为二种二层，前者数据为打底抹灰厚度，后者数据为罩面抹灰厚度。

③ 厚度为××mm+××mm+××mm者，抹灰种类为三种三层，前者数据为打底抹灰厚度，中者数据为中层抹灰厚度；后者数据为罩面抹灰厚度。

（4）抹灰厚度，设计与定额取定不同时，除定额有调整项目的可以换算外，其他不作调整。抹灰厚度，定额按不同的砂浆种类分别列在项目中，调整时按相应项目分别调整。

● 特 别 提 示

套用定额时，应根据设计抹灰种类、厚度执行相应定额项目；若设计抹灰厚度与定额不同时，应根据抹灰种类、层次，分别执行相应抹灰厚度调整项目。

（5）窗台（无论内、外）抹灰的砂浆种类和厚度，与墙面一致时，不另计算；否则，按其展开宽度，按相应零星项目或者装饰线条计算。

（6）圆弧形墙面的抹灰，圆弧形、锯齿形墙面镶贴块料、饰面，按相应项目人工乘以系数1.15。

● 特 别 提 示

抹灰类只有圆弧形墙面人工消耗量乘以系数。

（7）凸弧形装饰线条按下列规定执行补充定额。

① 凸弧形装饰线条，系指突出墙面、断面外形为弧形（由抹灰形成）的直线线条。

② 凸弧形装饰线条，区分不同断面，按设计长度，以米计算。

③ 突出墙面的矩形混凝土或砖外表面，抹灰形成凸弧形装饰线条，该线条的断面面积，应扣除混凝土或砖所占的矩形面积。

④ 线条纵向成弧形，或者纵向直线连续长度小于2m时，人工乘以系数1.15。

（8）墙面抹灰（含一般抹灰和装饰抹灰）的工程量，应扣除零星抹灰所占面积，不扣除各种装饰线条所占面积。

（9）外墙贴面砖项目，灰缝宽按5mm以内、10mm以内和20mm以内列项，其人工、材料已综合考虑。如灰缝超过20mm以上者，其块料及灰缝材料用量允许调整，其他不变。

（10）镶贴块料面层子目，除定额已注明留缝宽度的项目外，其余项目均按密缝编制。若设计留缝宽度与定额不同时，其相应项目的块料和勾缝砂浆用量可以调整，其他不变。

（11）墙、柱面干挂大理石、花岗岩子目，定额按块料挂在膨胀螺栓上编制。若设计挂在龙骨上，龙骨单独计算，执行相应龙骨项目；扣除子目中的膨胀螺栓消耗量，其余不变。

（12）定额内除注明者外，均未包括压条、收边、装饰线（板），设计有要求时，按相应定额计算。

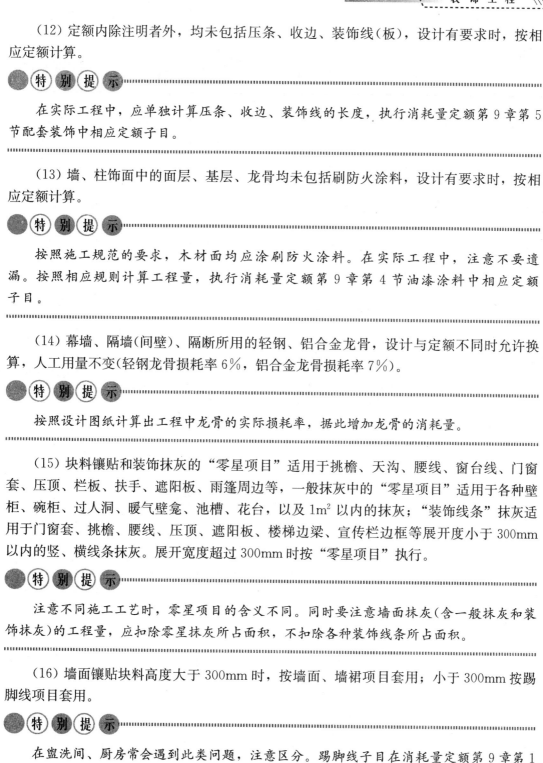

特 别 提 示

在实际工程中，应单独计算压条、收边、装饰线的长度，执行消耗量定额第9章第5节配套装饰中相应定额子目。

（13）墙、柱饰面中的面层、基层、龙骨均未包括刷防火涂料，设计有要求时，按相应定额计算。

特 别 提 示

按照施工规范的要求，木材面均应涂刷防火涂料。在实际工程中，注意不要遗漏。按照相应规则计算工程量，执行消耗量定额第9章第4节油漆涂料中相应定额子目。

（14）幕墙、隔墙（间壁）、隔断所用的轻钢、铝合金龙骨，设计与定额不同时允许换算，人工用量不变（轻钢龙骨损耗率6%，铝合金龙骨损耗率7%）。

特 别 提 示

按照设计图纸计算出工程中龙骨的实际损耗率，据此增加龙骨的消耗量。

（15）块料镶贴和装饰抹灰的"零星项目"适用于挑檐、天沟、腰线、窗台线、门窗套、压顶、栏板、扶手、遮阳板、雨篷周边等，一般抹灰中的"零星项目"适用于各种壁柜、碗柜、过人洞、暖气壁龛、池槽、花台，以及1m² 以内的抹灰；"装饰线条"抹灰适用于门窗套、挑檐、腰线、压顶、遮阳板、楼梯边梁、宣传栏边框等展开度小于300mm以内的竖、横线条抹灰。展开宽度超过300mm时按"零星项目"执行。

特 别 提 示

注意不同施工工艺时，零星项目的含义不同。同时要注意墙面抹灰（含一般抹灰和装饰抹灰）的工程量，应扣除零星抹灰所占面积，不扣除各种装饰线条所占面积。

（16）墙面镶贴块料高度大于300mm时，按墙面、墙裙项目套用；小于300mm按踢脚线项目套用。

特 别 提 示

在盥洗间、厨房常会遇到此类问题，注意区分。踢脚线子目在消耗量定额第9章第1节楼地面项目内。

（17）木龙骨基层项目中龙骨是按双向计算的，设计为单向时，人工、材料、机械消耗量乘以系数0.55。

（18）基层板上钉铺造型层，定额按不满铺考虑，若在基层板上满铺板时，可套用造型层相应项目，人工消耗量乘以系数0.85。

（19）玻璃幕墙、隔墙中设计有平开窗、推拉窗者，木隔断（间壁）、铝合金隔断（间壁）设计有门者，扣除门窗面积；门窗按相应章节规定计算。

特 别 提 示

玻璃幕墙、隔墙、隔断上开设门窗的，门窗单独计算，执行消耗量定额第5章门窗定额子目。

13.2.2 工程量计算规则

【参考视频】

（1）内墙抹灰工程量按以下规则计算。

① 内墙抹灰以平方米计算。

计算时应扣除：门窗洞口和空圈所占的面积。

不扣除：踢脚板、挂镜线、单个面积在0.3㎡以内的孔洞和墙与构件交接处的面积。

不增加：洞侧壁和顶面亦不增加。

合并计算：墙垛和附墙烟囱侧壁面积与内墙抹灰工程量合并计算。

特 别 提 示

为什么内墙面抹灰面积不扣减踢脚板面积？

内墙面的抹灰一般在踢脚板施工之前完成，也就是说在踢脚板位置也是要抹灰的，故此内墙面抹灰面积不扣减踢脚板面积。

知 识 链 接 13－4

什么是挂镜线？

在墙面上比天棚低30~50cm的某个位置上，沿房间内墙面一周所设置的木线、硬塑料装饰线等，它既可作为室内悬挂字画、装饰工艺品等使用，又可作为装饰线，起到美化墙面的作用。挂镜线按材质可分为木质挂镜线、塑料挂镜线、不锈钢或镀铁金等金属挂镜线。目前家庭装修中使用较多的是重量轻、易安装的木质及塑料挂镜线两种。

② 内墙面抹灰的长度，以主墙间的图示净长尺寸计算。其高度确定如下。

a. 无墙裙的，其高度按室内地面或楼面至顶棚底面之间距离计算。

b. 有墙裙的，其高度按墙裙顶至顶棚底面之间距离计算。

c. 有顶棚的，其高度至顶棚底面另加100mm计算。

内墙抹灰工程量＝主墙间净长度×墙面高度－门窗等面积＋垛的侧面抹灰面积

"有顶棚的"是指有悬吊顶棚的房间，墙面高度计算应由室内地面算至吊顶底再加100mm。无墙裙有踢脚板的，高度按室内地面至顶棚底之间的垂直高度计算，不扣除踢脚板所占高度。

（2）外墙一般抹灰工程量按以下规则计算。

① 外墙抹灰面积：按设计外墙抹灰的垂直投影面积以平方米计算。

计算时应扣除：门窗洞口、外墙裙和单个面积大于 $0.3m^2$ 孔洞所占面积。

不另增加：洞口侧壁面积。

并入计算：附墙垛、梁、柱侧面抹灰面积并入外墙面工程量内计算。

外墙抹灰工程量＝外墙面长度×墙面高度－门窗等面积＋垛梁柱的侧面抹灰面积

【参考视频】

上式中"外墙面长度"为外墙外边线长度；"墙面高度"为外墙面抹灰高度，自室外地坪或勒脚以上至女儿墙顶或挑檐底，计算时以具体工程的设计为准。

② 外墙裙抹灰面积按其长度乘以高度计算（扣除或不扣除内容同外墙抹灰）。

外墙裙抹灰工程量＝外墙面长度×墙裙高度－门窗所占面积＋垛梁柱的侧面抹灰面积

外墙面（裙）一般抹灰面积和装饰抹灰计算规则相同，均按设计外墙抹灰的垂直投影面积计算。垂直投影面积就是在垂直于地面的竖直平面上的投影面积，所以门窗洞口的侧壁面积不增加。

③ 其他抹灰。

展开宽度在 300mm 以内者，按延长米计算，展开宽度超过 300mm 以上时，按图示尺寸的展开面积计算。

其他抹灰工程量＝展开宽度在 300mm 以内的实际长度

或

其他抹灰工程量＝展开宽度在 300mm 以上的实际面积

此处"展开宽度"是指突出墙面的线条其三面展开宽度。展开宽度在 300mm 以内按延长米计算的，套用"装饰线条"定额项目：9－2－19（石灰砂浆）或 9－2－26（水泥砂浆）；展开宽度超过 300mm 以上，套用"零星抹灰"定额项目：9－2－25（水泥砂浆）、9－2－36（混合砂浆）、9－2－44（石膏砂浆）等。

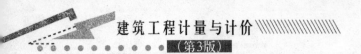

④ 栏板、栏杆（包括立柱、扶手或压项等）设计抹灰做法相同时，抹灰按垂直投影面积以平方米计算。设计抹灰做法不同时，按其他抹灰规定计算。

栏板、栏杆工程量＝栏板、栏杆长度×栏板、栏杆抹灰高度

此处指的是外表面抹灰的砖栏板、混凝土栏板、栏杆。当立柱、扶手或压项各部位的抹灰做法相同时，按照垂直投影面积以平方米计算，套用相应的抹灰定额项目；当各部位的抹灰做法不相同时，按其他抹灰规定计算，按照各部件的展开宽度的大小来计算延长米或者展开面积，套用"零星抹灰"定额项目。

⑤ 墙面勾缝按设计勾缝墙面的垂直投影面积计算。不扣除门窗洞口、门窗套、腰线等零星抹灰所占的面积，附墙柱和门窗洞口侧面的勾缝面积亦不增加。独立柱、房上烟囱勾缝，按图示尺寸以平方米计算。

墙面勾缝工程量＝墙面长度×墙面高度

墙面勾缝项目一般用于清水砖墙墙面或者其他设计图纸要求的情况，并非所有砌体都要计算勾缝项目。注意，此工程量按照墙面的垂直投影面积计算，不扣除洞口等面积。这是与其他项目计算规则不同之处。

（3）外墙装饰抹灰工程量按以下规则计算。

① 外墙各种装饰抹灰：均按设计外墙抹灰的垂直投影面积计算。计算时应扣除门窗洞口、空圈及单个面积大于 $0.3m^2$ 孔洞所占面积，其侧壁面积不另增加。附墙垛侧面抹灰面积并入外墙抹灰工程量内计算。

外墙装饰抹灰工程量＝外墙面长度×抹灰高度－门窗等面积＋
垛梁柱的侧面抹灰面积

此计算规则与一般抹灰规则相同。

② 挑檐、天沟、腰线、栏板、门窗套、窗台线、压顶等均按图示尺寸的展开面积以平方米计算。

该规则所述的部件均按展开面积计算，套用"零星项目装饰抹灰"项目。

③ 柱装饰抹灰按结构断面周长乘以设计柱抹灰高度，以平方米计算。

柱装饰抹灰工程量＝柱结构断面周长×设计柱抹灰高度

依此规则计算出工程量，按照是否为独立柱及柱的材质、外形、柱面抹灰材料，套用相应柱面抹灰的定额项目。

（4）块料面层工程量按以下规则计算。

① 墙面贴块料面层：按图示尺寸的实贴面积计算。

墙面贴块料工程量＝图示长度×装饰高度

特 别 提 示

墙面的块料面层仍按照实贴面积计算，该规则适用于内外墙面。在计算墙面贴块料工程量时，要扣减门窗洞口面积，也要加上洞口侧壁面积。

② 柱面贴块料面层：块料外围周长乘以装饰高度以平方米计算。

柱面贴块料工程量＝柱装饰块料外围周长×装饰高度

特 别 提 示

此处要注意的是"柱装饰块料外围周长"，也就是柱面装饰成活后的周长。一般图纸上注明的是柱的结构尺寸，在计算柱装饰块料外围周长时应在结构尺寸上再加上柱面装饰结合层厚度和块料材料的厚度。

（5）墙、柱饰面、隔断、幕墙工程量按以下规则计算。

① 墙、柱饰面龙骨按图示尺寸长度乘以高度，以平方米计算。定额龙骨按附墙、附柱考虑，若遇其他情况，按下列规定乘以系数处理。

a. 设计龙骨外挑时，其相应定额项目乘以系数1.15。

b. 设计木龙骨包圆柱，其相应定额项目乘以系数1.18。

c. 设计金属龙骨包圆柱，其相应定额项目乘以系数1.20。

墙、柱饰面龙骨工程量＝图示长度×高度×系数

② 墙、柱饰面基层板、造型层按图示尺寸面积，以平方米计算。面层按展开面积，以平方米计算。

墙、柱饰面基层面层工程量＝图示长度×高度

③ 间壁、隔断按图示尺寸长度乘以高度，以平方米计算。

木间壁、隔断工程量＝图示长度×高度－门窗面积

④ 玻璃间壁、隔断按上横档顶面至下横档底面之间的图示尺寸，以平方米计算。

⑤ 铝合金（轻钢）间壁、隔断、各种幕墙，按设计四周外边线的框外围面积计算。

铝合金（轻钢）间壁、隔断、幕墙＝净长度×净高度－门窗面积

⑥ 墙面保温项目，按设计图示尺寸以平方米计算。

13.2.3 工程量计算与定额应用

 应用案例 13-7

某建筑平面图剖面图分别如图13.11所示。图中砖墙厚为240mm。门窗框厚80mm，居墙中。

建筑物层高 2900mm。M—1：1.8m×2.4m；M—2：0.9m×2.1m；C—1：1.5m×1.8m，窗台离楼地面高为 900 毫米。装饰做法：内墙面为 1：2 水泥砂浆打底，1：3 石灰砂浆找平，抹面厚度共 20mm；内墙裙做法为 1：3 水泥砂浆打底 18mm，1：2.5 水泥砂浆面层 5mm。试计算内墙面、内墙裙抹灰工程量，确定定额项目。

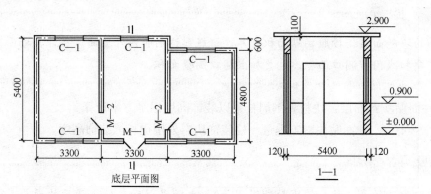

图 13.11　应用案例 13－7 附图

解：

（1）内墙面抹灰面积＝[(3.3−0.24)+(5.4−0.24)]×2×(2.9−0.1−0.9)×2+[(3.3−0.24)+(4.8−0.24)]×2×(2.9−0.1−0.9)−1.5×1.8×5−1.8×(2.4−0.9)−0.9×(2.1−0.9)×4＝62.472+28.956−20.52≈70.91(m²)

套用定额 9-2-1，墙面二遍，砖墙，厚度 16mm，石灰砂浆

定额基价＝133.36(元/10m²)

再套用定额 9-2-52 抹灰层 1：3 石灰砂浆每增减 1mm

定额基价＝4.85(元/10m²)，需增加 4mm

故定额直接费＝$\frac{70.91}{10}×133.36+\frac{70.91}{10}×4×4.85≈1083.22$(元)

（2）墙裙抹灰面积＝[(3.3−0.24)+(5.4−0.24)]×2×0.9×2+[(3.3−0.24)+(4.8−0.24)]×2×0.9−1.8×0.9−0.9×0.9×4＝29.592+13.716−4.86≈38.45(m²)

套用定额 9-2-20，墙裙二遍，砖墙，厚度 14＋6mm，水泥砂浆

定额基价＝165.75(元/10m²)

再套用定额 9-2-54 抹灰层 1：3 水泥砂浆每增减 1mm

定额基价＝5.83(元/10m²)，需增加 3mm

故定额直接费＝$\frac{38.45}{10}×165.75+\frac{38.45}{10}×3×5.83≈704.56$(元)

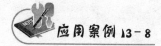
应用案例 13-8

某建筑物平面图和建筑详图如图 13.12 所示，外墙面抹水泥砂浆，底层为 1：3 水泥砂浆打底 12mm，素水泥浆二遍，1：1.5 水泥白石子 10mm 厚；分格嵌缝。窗台以下外墙面做法：1：3 水泥砂浆打底找平，1：2 水泥砂浆结合层粘贴凹凸假麻石。洞口侧壁为 80mm。试计算外墙面水刷石工程量；外墙裙工程量；确定定额项目。

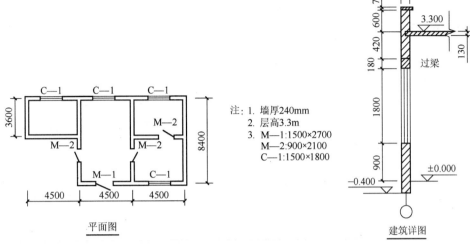

注：1. 墙厚240mm
    2. 层高3.3m
    3. M—1:1500×2700
       M—2:900×2100
       C—1:1500×1800

平面图

建筑详图

图13.12　应用案例13-8附图

解：

(1) 外墙面水刷石为装饰抹灰做法，按照规则计算外墙抹灰的垂直投影面积。

外墙面长度=(4.5×3+0.24)×2+(8.4+0.24)×2=44.76(m)

外墙面水刷石高度=(3.3+0.6+0.07)-0.9=3.07(m)

外墙面洞口面积=(1.5×1.8×4)+1.5×(2.7-0.9)+0.9×(2.1-0.9)=14.58(m²)

外墙面水刷石工程量=44.76×3.07-14.58≈122.83(m²)

套用定额9-2-74，水刷白石子，12mm+10mm，砖墙，装饰抹灰

定额基价=391.54(元/10m²)

故定额直接费=$\dfrac{122.83}{10}$×391.54≈4809.29(元)

(2) 水刷石分格嵌缝工程量=122.83(m²)

套用定额9-2-110水刷石分格嵌缝

定额基价=44.08(元/10m²)

故定额直接费=$\dfrac{122.83}{10}$×44.08≈541.43(元)

(3) 墙裙做法为粘贴块料面层，按照实贴面积计算，门洞侧壁面积也要算入。

门洞侧壁为80mm，0.9×0.08×2=0.144(m²)

墙裙工程量=44.76×(0.9+0.4)-1.5×0.9+0.144≈56.98(m²)

套用定额9-2-150，水泥砂浆粘贴，墙面墙裙，凹凸假麻石

定额基价=2623.01(元/10m²)

故定额直接费=$\dfrac{56.98}{10}$×2623.01≈14945.91(元)

应用案例13-9

假设上题的建筑物，外墙面水泥砂浆粘贴194×94深咖色全瓷外墙砖，灰缝10mm。试计算外墙面工程量；确定定额项目。

解：

外墙面为粘贴块料面层，按照实贴面积计算，门洞侧壁面积也要算入。

外墙面长度＝(4.5×3+0.24)×2+(8.4+0.24)×2＝44.76(m)

外墙面高度＝3.3+0.6+0.07+0.4＝4.37(m)

外墙面洞口面积＝(1.5×1.8×4)+1.5×2.7+0.9×2.1＝16.74(m²)

洞口侧壁面积＝0.08×[(1.5+1.8)×2×4+(2.7×2+1.5)+(2.1×2+0.9)]＝3.072(m²)

外墙面瓷砖工程量＝44.76×4.37−16.74+3.072≈181.93(m²)

套用定额9-2-217，194×94面砖，水泥砂浆粘贴，灰缝10mm以内

定额基价＝1091.03(元/10m²)

故定额直接费＝$\frac{181.93}{10}$×1091.03≈19849.11(元)

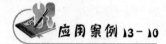 应用案例 13-10

某银行营业厅室内有四根圆柱：木龙骨30×40mm，间距250mm，成品木龙骨；细木工板基层，镜面不锈钢面层；柱高3.9m，如图13.13所示。计算工程量，确定定额项目。

图 13.13 圆柱断面图

解：

(1) 木龙骨工程量＝1.2×π×3.9×4×1.18＝69.40(m²)

按照定额说明，木龙骨包圆柱，其相应定额项目乘以系数1.18

木龙骨断面12cm²，间距250mm，套用定额9-2-248

定额基价＝203.89(元/10m²)

故定额直接费＝$\frac{69.40}{10}$×203.89≈1415.00(元)

(2) 细木工基层板工程量＝1.2×π×3.9×4≈58.81(m²)

木龙骨上细木工板做基层，套用定额9-2-268

定额基价＝375.95(元/10m²)

故定额直接费＝$\frac{58.81}{10}$×375.95≈2210.96(元)

(3) 镜面不锈钢面层工程量＝1.2×π×3.9×4≈58.81(m²)

镜面不锈钢，圆柱面，套用定额9-2-297

定额基价＝2688.87(元/10m²)

故定额直接费＝$\frac{58.81}{10}$×2688.87≈15813.24(元)

(4) 不锈钢卡口槽工程量＝4×3.9＝15.60(m)

不锈钢卡口槽，套用定额9-2-298

定额基价＝273.81(元/10m²)

故定额直接费＝$\frac{15.60}{10}$×273.81≈427.14(元)

 应用案例 13-11

如图13.14所示，轻钢龙骨双面石膏板隔墙，长4.5m，高2.8m。试计算隔墙工程量，确定定额项目。

图 13.14　应用案例 13-11 附图

解：

(1) 隔墙轻钢龙骨工程量＝(4.5×2.8)×1.15＝14.49(m²)

隔墙轻钢龙骨安装，套用定额 9-2-259

定额基价＝508.70(元/10m²)

故定额直接费＝$\dfrac{14.49}{10}$×508.70≈737.11(元)

(2) 隔墙双面石膏板工程量＝(4.5×2.8)×2＝25.20(m²)

轻钢龙骨安装石膏板，套用定额 9-2-269

定额基价＝299.99(元/10m²)

定额直接工程费＝$\dfrac{25.20}{10}$×299.99≈755.97(元)

13.3　顶　棚　工　程

【参考视频】

13.3.1　定额说明

(1) 本节包括顶棚抹灰、顶棚龙骨、顶棚饰面、采光天棚等内容。

① 顶棚抹灰包括各种砂浆抹灰、预制板勾缝、钢板网天棚、板条天棚及抹灰装饰线等 20 条子目。

② 顶棚龙骨包括木龙骨、轻钢龙骨、铝合金龙骨、烤漆龙骨等 59 条子目。

③ 顶棚饰面包括基层、造型层、饰面层、金属面层、其他面层及成品风口等 58 条子目。

④ 采光天棚包括 PC 耐力板、中空玻璃、钢化玻璃采光天棚等 5 条子目。

(2) 本节中凡注明砂浆种类、配合比、饰面材料型号规格的，设计规定与定额不同时，可按设计规定换算，其他不变。

●（特）（别）（提）（示）●┈┈┈┈┈┈┈┈┈┈┈┈┈┈┈┈┈┈┈┈┈┈┈┈┈

定额子目中注明砂浆种类、配合比、饰面材料型号规格的，可以按设计规定调整砂浆种类、砂浆配比、饰面材料型号规格，调整时人工的消耗数量和材料的消耗数量保持不变；未注明的子目不得调整。饰面材料型号规格的换算主要是指施工工艺相同，仅面层材料型号规格与定额不同的情况，例如：木夹板面层，定额中仅列榉木夹板，而工程实际中木夹板材质、品种很多，不可能在定额中一一列出，故允许换算饰面材料的品种、规格、价格，但消耗量不变。

（3）楼梯底面（包括侧面及连接梁、平台梁、斜梁的侧面）抹灰，按楼梯水平投影面积乘以系数1.31，并入相应顶棚抹灰工程量计算。

特 别 提 示

楼梯底面的抹灰按照楼梯水平投影面积乘以系数1.31这样的经验公式计算，体现了定额简明适用的原则。

（4）本节中龙骨是按常用材料及规格编制，设计规定与定额不同时，可以换算，其他不变。材料的损耗率分别为：木龙骨6%，轻钢龙骨6%，铝合金龙骨7%。

特 别 提 示

按照设计图纸计算出工程中龙骨的实际损耗率，据此增加龙骨的消耗量。

（5）定额中顶棚等级划分。
① 顶棚面层在同一标高者为"一级"顶棚。
② 顶棚面层不在同一标高，且龙骨有跌级高差者为"二级～三级"顶棚。

特 别 提 示

顶棚等级划分的标准是顶棚面层是否在同一标高上，且标高的不同是否由龙骨的跌级高差形成的。

（6）定额中顶棚龙骨、顶棚面层分别列项，使用时分别套用相应定额。对于二级及以上顶棚的面层，人工乘以系数1.1。

特 别 提 示

对于二级及以上顶棚的面层，应按其展开面积计算，但考虑高差跌级给面层施工带来的难度，故该项目人工增加10%，人工消耗量乘以系数1.1。

（7）轻钢龙骨、铝合金龙骨定额按双层结构编制（即中、小龙骨贴大龙骨底面吊挂），如采用单层结构时（大、中龙骨底面在同一水平面上），扣除定额内小龙骨及相应配件数量，人工乘以系数0.85。

特 别 提 示

龙骨的连接和构造可复习相关的装饰构造章节。

所谓单层结构是指双向龙骨形成的网片由吊筋与吊点固定的情况；双层结构是指双向龙骨形成的网片固定在单向设置的主龙骨上，主龙骨通过吊筋与吊点固定的情况。单层结构的龙骨扣除定额内小龙骨及相应连接配件数量，人工消耗量相应扣减，乘以系数0.85。

天棚龙骨用量可按实际用量调整，人工、机械用量不变，吊筋的材质、用量不同时可以调整。

13.3.2　工程量计算规则

【参考视频】

（1）顶棚抹灰工程量按以下规则计算。

① 顶棚抹灰面积，按主墙间的净面积计算；不扣除柱、垛、间壁墙、附墙烟囱、检查口和管道所占的面积。带梁顶棚，梁两侧抹灰面积，并入顶棚抹灰工程量内计算。

顶棚抹灰工程量＝主墙间的净长度×主墙间的净宽度＋梁侧面面积

（特）（别）（提）（示）

带梁的顶棚，梁底面积已含在主墙间的净面积内，所以只需加上梁的两侧面积。

② 密肋梁和井字梁顶棚抹灰面积，按展开面积计算。

井字梁顶棚抹灰工程量＝主墙间的净长度×主墙间的净宽度＋梁侧面面积

（特）（别）（提）（示）

对于密肋梁和井字梁顶棚，需要把纵横方向的梁的侧面面积并入顶棚抹灰面积内，梁与梁相交处面积要扣除，如图 13.15 所示。

图 13.15　密肋梁楼盖

③ 顶棚抹灰带有装饰线时，装饰线按延长米计算。装饰线的道数以一个突出的棱角为一道线。

$$装饰线工程量＝\sum（房间净长度＋房间净宽度）×2$$

（特）（别）（提）（示）

此处顶棚抹灰仍为平面抹灰，只是带有突出的装饰线条，装饰线条抹灰套用定额9－3－19，9－3－20，以延长米为单位。

④ 檐口顶棚及阳台、雨篷底的抹灰面积，并入相应的顶棚抹灰工程量内计算。

● 特 别 提 示

檐口顶棚及阳台、雨篷底的抹灰面积，按照设计的砂浆种类、厚度等，套用相应的顶棚抹灰定额。

⑤ 顶棚中的折线、灯槽线、圆弧形线、拱形线等艺术形式的抹灰，按展开面积计算，并入相应的顶棚抹灰工程量内。

● 特 别 提 示

此条所指的艺术形式顶棚是指顶棚为折线、弧形、拱形等非平面的顶棚抹灰，所以抹灰面积要按展开面积计算。

（2）各种吊顶顶棚龙骨按主墙间净空面积以平方米计算；不扣除间壁墙、检查口、附墙烟囱、柱、灯孔、垛和管道所占面积。

一级吊顶顶棚龙骨工程量＝主墙间的净长度×主墙间的净宽度

● 特 别 提 示

注意此规则中"不扣除间壁墙、检查口、附墙烟囱、附墙垛和管道所占面积"，同样由于上述部分所增加的工料也不增加。

①"二级～三级"顶棚龙骨的工程量，按龙骨跌级高差外边线所含最大矩形面积以平方米计算，套用"二级～三级"顶棚龙骨定额项目。

二级～三级顶棚龙骨工程量＝跌级高差最外边线长度×跌级高差最外边线宽度

一级吊顶顶棚龙骨工程量＝主墙间的净长度×主墙间的净宽度－

二级～三级顶棚龙骨工程量

● 特 别 提 示

若顶棚龙骨有几级跌级高差者，按最外层的龙骨跌级高差外边线的最大矩形面积计算，套用"二级～三级顶棚龙骨"项目；其余面积即主墙间净面积扣除二级～三级顶棚龙骨工程量后，套用"一级顶棚龙骨"项目。

② 计算顶棚龙骨时，顶棚中的折线、跌落、高低吊顶槽等面积不展开计算。

● 特 别 提 示

对于顶棚中的折线、跌落、高低吊顶槽等不展开计算面积，主要是因为定额中的"二级～三级顶棚龙骨"项目中已考虑了这些因素。

（3）顶棚饰面工程量按以下规则计算。

① 顶棚装饰面积，按主墙间设计面积以平方米计算；不扣除间壁墙、检查口、附墙

烟囱、附墙垛和管道所占面积，但应扣除独立柱、灯带、大于 0.3m² 的灯孔及与顶棚相连的窗帘盒所占的面积。如图 13.16 所示的某图书馆顶棚。

图 13.16 某图书馆顶棚

顶棚饰面工程量＝主墙间的净长度×主墙间的净宽度－独立柱等所占面积

注意此规则中"不扣除间壁墙、检查口、附墙烟囱、附墙垛和管道所占面积"，同样由于上述部分所增加的工料也不增加；独立柱所占面积扣除，附墙柱不扣除；灯带要扣除，灯带饰面按设计灯带饰面做法另套定额计算；"0.3m² 的灯孔"是指单个灯孔面积；"与顶棚相连的窗帘盒"是指暗窗帘盒。

② 顶棚中的折线、跌落、拱形、高低灯槽及其他艺术形式顶棚面层均按展开面积计算。

$$艺术形式顶棚饰面工程量＝\sum 展开长度×展开宽度$$

顶棚的饰面层均按照展开面积计算，其中折线、跌落等面层有高差且龙骨有跌级的二级~三级顶棚的面层工程量套用定额时人工还要乘以 1.1 系数。应注意，定额里龙骨和面层是分开列项的，两者的计算规则略有不同。

13.3.3 工程量计算与定额应用

应用案例 13-12

一带有主次梁的有梁板的结构平面图、剖面图如图 13.17 所示。现浇板底水泥砂浆抹灰。试计算顶棚抹灰工程量，确定定额项目。

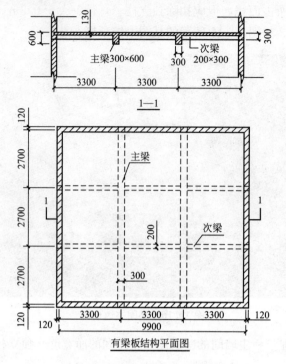

图 13.17　应用案例 13-12 附图

解：

顶棚抹灰工程量：

板抹灰工程量＝(3.3×3－0.24)×(2.7×3－0.24)≈75.93(m²)

主梁侧面抹灰工程量＝(2.7×3－0.24)×(0.6－0.13)×2×2－(0.3－0.13)×0.2×8

　　　　　　　　　≈14.50(m²)

次梁侧面抹灰工程量＝(9.9－0.24－0.3×2)×(0.3－0.13)×2×2≈6.16(m²)

顶棚抹灰工程量＝75.93＋14.50＋6.16＝96.59(m²)

套用定额 9-3-3，混凝土顶棚抹灰，水泥砂浆，现浇板

定额基价＝166.58(元/10m²)

定额直接费＝$\frac{96.59}{10}$×166.58＝1609.00(元)

 **应用案例 13-13**

某办公室顶棚如图 13.18 所示。吊顶做法为板底吊不上人装配式 U 形轻钢龙骨，网格尺寸 450×450，龙骨上固定石膏板，石膏板面刮腻子，手刷乳胶漆三遍。跌级高差均为 150mm。试计算顶棚工程量，确定定额项目。

解：

(1) 计算龙骨工程量。

二级～三级顶棚龙骨工程量＝跌级高差最外边线长度×跌级高差最外边线宽度

　　　　　　　　　＝5.28×(4.46＋0.15×2)≈25.13(m²)

套用定额 9-3-28，不上人装配式 U 形轻钢龙骨，网格尺寸 450×450，二级～三级

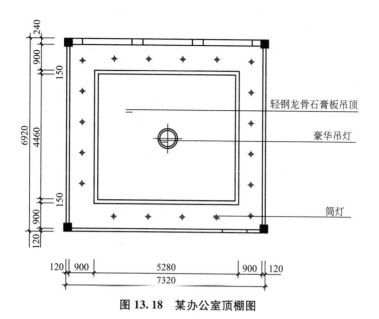

图中标注：
轻钢龙骨石膏板吊顶
豪华吊灯
筒灯

图 13.18 某办公室顶棚图

定额基价＝905.68(元/10m²)

定额直接费＝$\frac{25.13}{10}$×905.68≈2275.97(元)

一级吊顶顶棚龙骨工程量＝主墙间的净长度×主墙间的净宽度－二级～三级顶棚龙骨工程量

$$＝(7.32-0.12×2)×(6.92-0.24-0.12)-25.13≈21.31(m²)$$

套用定额 9－3－27，不上人装配式 U 形轻钢龙骨，网格尺寸 450×450，一级

定额基价＝788.96(元/10m²)

定额直接费＝$\frac{21.31}{10}$×788.96≈1681.27(元)

(2) 石膏板面层工程量＝主墙间净面积＋顶棚中的跌落处展开面积

$$＝46.44+(5.28+4.46+0.15×2)×2×0.15+(5.28-0.15×2+4.46)×2×0.15$$

$$＝46.44+3.012+2.832≈52.28(m²)$$

套用定额 9－3－87 铺钉纸面石膏面轻钢龙骨上

定额基价＝258.45(元/10m²)

定额直接费＝$\frac{52.28}{10}$×258.45≈1351.18(元)

 **应用案例 13－14**

某六层住宅楼，卫生间顶棚全部采用双向木楞，PVC 扣板面层。每个卫生间主墙间净面积为 5.60m²，其中顶吸式排气扇 350×350mm，共有卫生间三十六间。计算工程量，确定定额项目。

解:

(1) 龙骨工程量＝5.60×36＝201.60(m²)

套用定额 9－3－22，方木顶棚龙骨一级双层

定额基价＝301.54(元/10m²)

定额直接费＝$\frac{201.60}{10}$×301.54≈6079.05(元)

（2）PVC 扣板面层工程量＝(5.60－0.35×0.35)×36＝197.19(m²)

套用定额 9－3－127，PVC 扣板面层

定额基价＝528.73(元/10m²)

$$定额直接费＝\frac{197.19}{10}×528.73≈10426.03(元)$$

13.4 油漆、涂料及裱糊

13.4.1 定额说明

【参考视频】

（1）本节包括木材面、金属面、抹灰面油漆及裱糊等内容。

① 木材面油漆包括调和漆、磁漆、聚酯清漆、聚氨酯清漆、硝基清漆、木地板用油漆及防火涂料共 115 条子目。以油漆部分归纳为五类：单层木门、单层木窗、墙面墙裙、木扶手及其他木材面。

② 金属面油漆包括调和漆、醇酸磁漆、过氯乙烯漆及其他油漆共 28 条子目。以金属面(m²)和金属构件(T)划分子目，并对每种油漆设置了每增一遍的调整子目。

③ 抹灰面油漆及涂料包括抹灰面油漆、抹灰面涂料及喷塑共 52 条子目，按油漆、涂料的种类列项，以涂、刷的部位划分子目。

【参考视频】

④ 裱糊及其他包括墙面贴壁纸、锦缎和基层处理如刮腻子等，共 19 条子目，按裱糊部位(墙、柱、天棚)列项，以不同的裱糊材料划分子目。

（2）本节项目中刷涂料、刷油采用手工操作，喷塑、喷涂、喷油采用机械操作，实际操作方法不同时，不做调整。

（3）定额已综合考虑在同一平面上的分色及门窗内外分色的因素，如需做美术图案的另行计算。

（4）硝基清漆需增刷硝基亚光漆者，套用硝基清漆每增一遍子目，换算油漆种类，油漆用量不变。

（5）喷塑(一塑三油)大压花、中压花、喷中点的规格划分如下：

大压花：喷点压平、点面积在 1.2cm² 以上。

中压花：喷点压平、点面积在 1～1.2cm² 以内。

喷中点、幼点：喷点面积在 1cm² 以内。

知 识 链 接 13－5

什么是喷塑？

喷塑也称凹凸花纹涂料或浮雕涂料，有时也称喷塑涂料，是应用较广的建筑物内外墙涂料。它由多种涂层组成，对墙体有良好的保护作用，黏结强度高，并有良好的耐褪色性、耐久性、耐污染性、耐高低温性。其外观可以是凹凸花纹状、波纹状、橘皮状及环状等，其颜色可以是单色、双色或多色，其光泽可以是无光、半光、有光、珠光、金属光泽等。装饰效果豪华、庄重、立体感强。适用于水泥砂浆、混凝土、水泥石棉板等多种基层，利用喷涂、滚涂方法进行施工。

（6）墙面、墙裙、顶棚及其他饰面上的装饰线油漆与附着面的油漆种类相同时，装饰线油漆不单独计算；单独的装饰线油漆执行不带托板的木扶手油漆，套用定额时，宽度

50mm 以内的线条乘以系数 0.2，宽度 100mm 以内的线条乘以系数 0.35，宽度 200mm 内的线条乘以系数 0.45。

对于装饰线的油漆，如果装饰线与所在的饰面同时油漆的话，不另计算；如果装饰线单独油漆或与附着的装饰面油漆不同的话，油漆按照"不带托板的木扶手油漆"以延长米计算，按照装饰线的宽度乘以不同的折减系数。

（7）木踢脚线油漆按踢脚线的计算规则计算工程量，套用其他木材面油漆项目。木踢脚线油漆若与木地板油漆相同，并入地板工程量内计算，其工程量计算方法和系数不变。

木踢脚线油漆若与木地板油漆相同，木踢脚线油漆工程量按照长乘以高计算投影面积，套用"地板油漆项目"。

（8）抹灰面油漆、涂料项目中均未包括刮腻子内容，刮腻子按基层处理有关项目单独计算。木夹板、石膏板面刮腻子，套用相应定额，其人工乘以系数 1.1，材料乘以系数 1.2。

木夹板、石膏板面刮腻子，一般成活后表面易出现裂缝。所以为避免裂缝的出现，在施工工艺上会为此增加人工和材料，所以定额规定人工、材料都要乘以系数。

（9）其他木材面工程量系数表中的"零星木装饰"项目，指木材面油漆工程量系数表中未列的项目。

13.4.2　工程量计算规则

（1）楼地面、顶棚面、墙、柱面的喷（刷）涂料、油漆工程，其工程量按本章各自抹灰的工程量计算规则计算。涂料系数表中有规定的，按规定计算工程量并乘以系数表中的系数。裱糊项目工程量，按设计裱糊面积，以平方米计算。

$$涂刷工程量＝抹灰面工程量$$
$$裱糊工程量＝设计裱糊面积（实贴面积）$$

在抹灰面上喷（刷）涂料、油漆工程，工程量就按照本章第二节抹灰的工程量规则计算。

（2）木材面、金属面油漆的工程量分别按油漆、涂料系数表的规定，并乘以系数表内的系数以平方米计算。

$$油漆工程量＝代表项工程量×各项相应系数$$

● 特 别 提 示 ……………………………………………………………………

在木材面、金属面上喷（刷）涂料、油漆工程，要按照附表的规定计算。

（3）明式窗帘盒按延长米计算工程量，套用木扶手（不带托板）项目，暗式窗帘盒按展开面积计算工程量，套用其他木材面油漆项目。

● 知 识 链 接 13－6 ………………………………………………………………

什么是明式窗帘盒？什么是暗式窗帘盒？

按照与吊顶的关系，窗帘盒有两种形式：一种是房间有吊顶的，窗帘盒隐蔽在吊顶内，在做顶部吊顶时就一同完成，这称之为暗式窗帘盒，暗式窗帘盒与吊顶连接，下口与吊顶平齐或稍低于吊顶，而窗帘盒顶板标高一般高于与其连接的吊顶标高。另一种是房间未吊顶，窗帘盒固定在墙上，与窗框套成为一个整体，或者房间虽有吊顶，但窗帘盒在吊顶之下单独制作的，与天棚不相关联的帘盒，这称之为明窗帘盒。

（4）基层处理的工程量按其面层的工程量套用基层处理相应子目。

$$基层处理工程量＝面层工程量$$

● 特 别 提 示 ……………………………………………………………………

此处基层处理是指木材面上清漆封底、漂白褪色、墙面刮腻子等做法，其工程量按照相应的面层工程量计算。

（5）木材面刷防火涂料，按所刷木材面的面积计算工程量；木方面刷防火涂料，按木方所附墙、板面的投影面积计算工程量。

$$木材面刷防火涂料＝板方框外围投影面积$$

● 特 别 提 示 ……………………………………………………………………

此处要注意木方面刷防火涂料，并不是按照实际涂刷的面积计算木方面的展开面积，而是按木方所附墙、板面的投影面积计算工程量。

表13－2～表13－11为油漆涂料工程量系数表。

1）木材面油漆

表13－2 单层木门工程量系数表

定额项目	项目名称	系　数	工程量计算方法
单层木门	单层木门	1.00	按单面洞口面积
	一板一纱木门	1.36	
	单层全玻门	0.83	
	木百叶门	1.25	
	厂库大门	1.10	

表 13-3　单层木窗工程量系数表

定额项目	项目名称	系数	工程量计算方法
单层玻璃窗	单层玻璃窗	1.00	按单面洞口面积
	双层(一玻一纱)窗	1.36	
	双层(单裁口)窗	2.00	
	单层组合窗	0.83	
	双层组合窗	1.13	
	木百叶窗	1.50	

表 13-4　木扶手(不带托板)工程量系数表

定额项目	项目名称	系数	工程量计算方法
木扶手(不带托板)	木扶手(不带托板)	1.00	按延长米
	木扶手(带托板)	2.60	
	窗帘盒	2.04	
	封檐板、顺水板	1.74	
	挂衣板、黑板框	0.52	
	挂镜线、窗帘棍	0.35	

表 13-5　墙面墙裙工程量系数表

定额项目	项目名称	系数	工程量计算方法
墙面墙裙	无造型层墙面墙裙	1.00	长×宽
	有造型层墙面墙裙	1.25	投影面积

表 13-6　木地板工程量系数表

定额项目	项目名称	系数	工程量计算方法
木地板	木地板、木踢脚线	1.00	长×宽
	木楼梯(不包括底面)	2.30	投影面积

表 13-7　其他木材面工程量系数表

定额项目	项目名称	系数	工程量计算方法
其他木材面	木板、纤维板、胶合板顶棚、檐口	1.00	长×宽
	清水板条顶棚、檐口	1.07	
	木方格吊顶顶棚	1.20	
	吸音板墙面、顶棚面	0.87	
	鱼鳞板墙	2.48	
	窗台板、筒子板、盖板、门窗套、踢脚线	1.00	
	暖气罩	1.28	

（续）

定 额 项 目	项 目 名 称	系　　数	工程量计算方法
其他木材面	屋面板（带檩条）	1.11	斜长×宽
	木间壁、木隔断	1.90	单面 外围面积
	玻璃隔断露明墙筋	1.65	
	木栅栏、木栏杆带扶手	1.82	
木地板	木屋架	1.79	跨度（长）×中高×1/2
木地板	衣柜、壁柜	1.00	展开面积
木地板	零星木装修	1.00	展开面积

2）金属面油漆

表 13-8　单层钢门窗工程量系数表

定 额 项 目	项 目 名 称	系　　数	工程量计算方法
单层钢门窗	单层钢门窗	1.00	洞口面积
	双层（一玻一纱）钢门窗	1.48	
	钢百叶钢门	2.74	
	半截百叶钢门	2.22	
	满钢门或包铁皮门	1.63	
	钢折叠门	2.30	
	射线防护门	2.96	框（扇） 外围面积
	厂库房平开、推拉门	1.70	
	钢丝网大门	0.81	
	间壁	1.85	长×宽
	平板屋面	0.74	斜长×宽
	瓦垄板屋面	0.89	
	排水、伸缩缝盖板	0.78	展开面积
	吸气罩	1.63	水平投影面积

表 13-9　其他金属面工程量系数表

定 额 项 目	项 目 名 称	系　　数	工程量计算方法
其他金属面	钢屋架、天窗架、挡风架、屋架梁	1.00	质量/t
	支撑、檩条	1.00	
	墙架（空腹式）	0.50	
	墙架（格板式）	0.82	
	钢柱、吊车梁、花式梁、柱、空花构件	0.63	
	操作台、走台、制动梁、钢梁、车挡	0.71	
	钢栅栏门、栏杆、窗栅	1.71	
	钢爬梯	1.18	
	轻型屋架	1.42	
	踏步式钢扶梯	1.05	
	零星铁件	1.32	

表 13-10 平板屋面涂刷磷化、锌黄底漆工程量系数表

定额项目	项目名称	系数	工程量计算方法
平板屋面	平板屋面	1.00	斜长×宽
	瓦垄板屋面	1.20	
	排水、伸缩缝盖板	1.05	展开面积
	吸气罩	2.20	水平投影面积
	包镀锌铁皮门	2.20	洞口面积

3) 抹灰面油漆、涂料

表 13-11 抹灰面工程量系数表

定额项目	项目名称	系数	工程量计算方法
抹灰面	槽形底板、混凝土折板	1.30	长×宽
	有梁底板	1.10	
	密肋、井字梁底板	1.50	
	混凝土平板式楼梯底	2.20	水平投影面积

13.4.3 工程量计算与定额应用

 **应用案例 13-15**

某建筑物平面、剖面如图 13.19 所示。地面面层做法：在抹灰面上刮过氯乙烯腻子，涂刷过氯乙烯底漆和过氯乙烯树脂漆；墙面、顶棚满刮腻子，刷乳胶漆三遍。墙面与天棚相交处钉装木角线，50mm×50mm，木线刷硝基清漆。木墙裙面润油粉，硝基清漆六遍。木门(1.0m×2.7m)为单层镶板木门，润油粉，硝基清漆六遍；单层木窗(1.2m×1.8m)底油一遍，奶白色调和漆三遍。门窗洞口侧壁厚80mm。试计算工程量，确定定额项目。

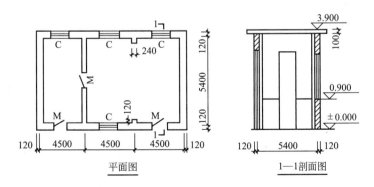

图 13.19 应用案例 13-15 附图

解：

(1) 地面涂料工程量＝(4.5×3－0.24×2)×(5.4－0.24)≈67.18(m²)

套用定额 9-4-186，地面涂刷过氯乙烯涂料

定额基价＝222.81(元/10m²)

定额直接费＝$\frac{67.18}{10}$×222.81≈1496.84(元)

(2) 墙面乳胶漆工程量＝[(4.5−0.24)×2+(5.4−0.24)×2]×(3.9−0.1−0.9)−1.2×1.8−1.0×(2.7−0.9)×2+[(4.5×2−0.24+0.12×2)×2+(5.4−0.24)×2]×2.9−3×1.2×1.8−2×1.0×1.8＝18.84×2.9−5.76+28.32×2.9−10.08＝48.876+72.048≈120.92(m²)

套用定额9−4−152，墙面乳胶漆二遍(光面)

定额基价＝67.77(元/10m²)

套用定额9−4−158，墙面乳胶漆每增一遍(光面)

定额基价＝35.53(元/10m²)

定额直接费＝$\frac{120.92}{10}$×(67.77+35.53)≈1249.10(元)

(3) 顶棚乳胶漆工程量＝(4.5×3−0.24×2)×(5.4−0.24)≈67.18(m²)

套用定额9−4−151，顶棚乳胶漆二遍(光面)

定额基价＝74.58(元/10m²)

套用定额9−4−157，顶棚乳胶漆每增一遍(光面)

定额基价＝38.96(元/10m²)

定额直接费＝$\frac{67.18}{10}$×(74.58+38.96)≈762.76(元)

(4) 墙裙油漆工程量＝18.84×0.9−1.0×0.9×2+0.08×4×0.9+28.32×0.9−2−1.0×0.9+0.08×4×0.9＝38.32(m²)

套用定额9−4−93，硝基清漆，润油粉、漆片、硝基清漆五遍、磨退出亮，墙面墙裙

定额基价＝488.08(元/10m²)

套用定额9−4−98，墙面墙裙硝基清漆每增一遍

定额基价＝34.67(元/10m²)

定额直接费＝$\frac{38.32}{10}$×(488.08+34.67)≈2003.18(元)

(5) 木门油漆工程量＝3×1.0×2.7×1.0(系数)＝8.10(m²)

套用定额9−4−91，硝基清漆，润油粉、漆片、硝基清漆五遍、磨退出亮，木门

定额基价＝815.55(元/10m²)

套用定额9−4−96，木门，硝基清漆每增一遍

定额基价＝71.41(元/10m²)

定额直接工程费＝$\frac{8.10}{10}$×(815.55+71.41)≈718.44(元)

(6) 木窗油漆工程量＝4×1.2×1.8×1.0(系数)＝8.64(m²)

套用定额9−4−7，调和漆刷面，调和漆三遍，单层木窗

定额基价＝375.50(元/10m²)

定额直接费＝$\frac{8.64}{10}$×375.50≈324.43(元)

(7) 木装饰线油漆工程量＝[(4.5×3−0.24×2 墙厚+0.12×2 墙垛)+(5.4−0.24)]×2×0.2 (系数)＝7.368(m)

套用定额9−4−94，硝基清漆，润油粉、漆片、硝基清漆五遍、磨退出亮，木扶手，不带托板

定额基价＝175.60(元/10m²)

$$定额直接费=\frac{7.368}{10}\times175.60\approx129.38(元)$$

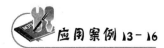

应用案例 13-16

假设上题中的建筑物，地面铺设地毯(单层不固定)；墙面粘贴壁纸。试计算工程量，确定定额项目。

解：

(1) 地面地毯工程量＝67.18(m²)

套用定额 9-1-134，楼、地面，不固定，地毯

定额基价＝1811.22(元/10m²)

$$定额直接费=\frac{67.18}{10}\times1811.22\approx12167.78(元)$$

(2) 墙面壁纸工程量按照实贴面积计算，所以应在上题墙面乳胶漆工程量的基础上增加门窗洞口侧壁面积。

墙面壁纸工程量＝120.92＋0.08×[(1.2+1.8×2)×4＋(1.0+2.7×2)×4](注：内门须两面均计算侧壁)＝120.92＋3.58≈124.50(m²)

套用定额 9-4-196，墙面贴装饰墙纸，不对花墙纸

定额基价＝270.97(元/10m²)

$$定额直接费=\frac{124.50}{10}\times270.97\approx3373.58(元)$$

13.5 配套装饰项目

13.5.1 定额说明

(1) 本节包括零星木装饰、装饰线条、卫生间零星装饰、工艺门扇、橱柜、木楼梯及栏杆扶手和其他项目等，共266条子目。本节主要内容。

① 零星木装饰包括门窗口套及贴脸、窗台板、暖气罩、窗帘盒、帘杆及窗帘共52条子目。

② 装饰线条包括木装饰线、石材装饰线、石膏线及灯盘角花、其他装饰线共54条子目。

③ 卫生间零星装饰包括大理石洗漱台、卫生间配件共17条子目。

④ 工艺门扇包括无框玻璃门扇及配件、夹板门扇制作、成品门扇安装、门扇工艺镶嵌、门扇五金配件安装共31条子目。

⑤ 橱柜包括橱柜骨架制作安装、围板及隔板制作安装、贴面板、抽屉、玻璃柜、橱柜五金安装列项，共33条子目。

⑥ 木楼梯及栏杆、扶手包括木楼梯、木柱、木梁、栏板、栏杆、扶手共30条子目。

⑦ 其他项目包括工艺柱、美术字、招牌、灯箱共49条子目。

(2) 本节定额中成品安装项目，实际使用的材料品种、规格与定额取定不同时，可以换算，但人工、机械的消耗量不变。

（3）本节定额中已包括刷防锈漆，均不包括油漆。油漆按本章消耗量定额第9章第4节相应项目执行。

（4）本节定额项目中均未包括收口线、封边条、线条边框的工料，使用时另行计算线条用量，套用本节装饰线条相应子目。

（5）本节定额中除有注明者外，龙骨均按木龙骨考虑，如实际采用细木工板、多层板等做龙骨，均执行定额不再调整。

（6）本节定额中玻璃均按成品加工玻璃考虑，并计入了安装时的损耗。

● 特 别 提 示

玻璃均按成品加工玻璃考虑，不计加工时的损耗，只计入了安装损耗。

（7）零星木装饰。

① 门窗口套、窗台板、暖气罩及窗帘盒是按基层、造型层和面层分别列项，使用时分别套用相应定额。

● 特 别 提 示

门窗口套及贴脸、窗台板，定额按基层、造型层、面层列项，以材料种类划分子目。使用时根据实际做法，分别选择各层次的子目组合。

暖气罩按基层、面层、散热口安装列项，以材料种类划分子目。使用时根据实际做法，分别选择各层次的子目组合。

● 知 识 链 接 13－7

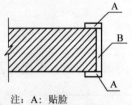

注：A: 贴脸
　　B: 筒子板
　　A和B面：门窗套

图13.20　门窗套

门窗套、筒子板、门窗贴脸的区别

筒子板是沿门窗框内侧周围加设的一层装饰性木板，在筒子板与墙接缝处用贴脸顶贴盖缝；贴脸也称门套线或窗套线，是沿樘子周边加钉的木线脚。用于盖住樘子与涂刷层之间的缝隙，使之整齐美观；筒子板与贴脸的组合即为门窗套。如图13.20所示，贴脸是指图中A面，门窗筒子板是指图中B面，门窗套是指A面和B面两部分。

② 门窗贴脸按成品线条编制，使用时套用本节装饰线条相应子目。

（8）装饰线条。

① 装饰线条均按成品安装编制。

② 装饰线条按直线安装编制，如安装圆弧形或其他图案者，按以下规定计算：

a. 顶棚面安装圆弧装饰线条，人工乘以系数1.4。

b. 墙面安装圆弧装饰线条，人工乘以系数1.2。

c. 装饰线条做艺术图案，人工乘以系数1.6。

特别提示

木装饰线按照平面线、角线、顶角线列项划分子目，顶角线专用于天棚角线。

石装饰线按照粘贴、挂贴、干挂列项，定额上粘贴方式采用大理石胶粘贴；挂贴采用膨胀螺栓固定，铜丝绑扎，水泥砂浆挂贴；干挂采用不锈钢挂件结合大理石胶固定。使用时注意区分不同的安装方式分别套用定额。

（9）卫生间零星装饰。

① 大理石洗漱台的台面及裙边与挡水板分别列项，台面及裙边子目中综合取定了钢支架的消耗量。洗漱台面按成品考虑，如需现场开孔，执行相应台面加工子目。

特别提示

大理石洗漱台设有台面及裙边、挡水板及现场开孔、磨边子目。台面及裙边子目综合了角钢支架的现场制作安装、固定及大理石安装，未包括大理石开孔、磨边的工料；挡水板按水泥砂浆直接固定在墙上考虑；现场开孔、磨边单独计算、套项。如图13.21所示，卫生间洗漱台。

图 13.21　卫生间洗漱台

② 卫生间配件按成品安装编制。

特别提示

卫生间配件包括浴帘杆、毛巾杆、皂盒、手纸盒、镜面等，定额均按成品配件安装考虑。镜面按带框、不带框划分子目，镜面均为成品镜面，只考虑安装损耗；带框的子目中框的工料为包括在子目中，应另套其他相应子目。

（10）工艺门扇。

定额木门扇安装子目中每扇按3个合页编制，如与实际不同时，合页用量可以调整，每增减10个合页，增减0.25工日。

特别提示

无框玻璃门扇及配件，定额按开启扇、固定扇、门扇配件及包门框列项。开启扇、固定扇的玻璃按成品考虑。只包含安装损耗未计入加工损耗。包门框为综合子目，子目中已综合考虑了角钢架制作安装、基层板、面层板的全部施工工艺。

夹板门扇制作，定额按木骨架、基层板、造型板、面层分别列项，使用时要组合套用，子目均为门扇的制作项目，门扇安装应再套本节成品门扇安装项目。门扇的实木线封边，使用时另套本节相应木线子目。

门扇工艺镶嵌，定额按照各种做法分别列项，各镶嵌子目均未包括工艺镶嵌周边固定时用的木线封口条，使用时另套本节相应木线子目。

(11) 橱柜。

① 橱柜定额按骨架制作安装、骨架围板、隔板制作安装、橱柜贴面层、抽屉、门扇龙骨及门扇安装、玻璃柜及五金件安装分别列项，使用时分别套用相应定额。

② 橱柜骨架中的木龙骨用量，设计与定额不同时可以换算，但人工、机械消耗量不变。

● 特 别 提 示

定额按照橱柜木骨架制作安装、围板及隔板制作安装、贴面板、抽屉、玻璃柜、橱柜五金安装以材料种类划分子目，使用时应组合套用，注意不要遗漏项目。

(12) 木楼梯斜长部分的栏板、栏杆、扶手，按平台梁与连接梁外沿之间的水平投影长度，乘以系数 1.15 计算。

● 特 别 提 示

定额按木楼梯、木梁、木柱、扶手列项，以材料种类划分子目，其木楼梯、栏杆、扶手项目为综合项。

(13) 美术字安装。

① 美术字定额按成品字安装固定编制，美术字不分字体。

② 外文或拼音字，以中文意译的单字计算。

③ 材质适用范围：泡沫塑料有机玻璃字，适用于泡沫塑料、硬塑料、有机玻璃、镜面玻璃等材料制作的字；木质字适用于软、硬质木、合成材等材料制作的字；金属字适用于铝铜材、不锈钢、金、银等材料制作的字。

(14) 招牌、灯箱。

① 招牌、灯箱分一般及复杂形式。一般形式是指矩形，表面平整无凹凸造型；复杂形式是指异形或表面有凹凸造型的情况。

② 招牌内的灯饰不包括在定额内。

● 特 别 提 示

招牌、灯箱定额按龙骨、基层、面层分别列项，定额为单项定额形式，使用时应组合套用；灯饰数量、价格、安装工料在电气工程中另计。

13.5.2　工程量计算规则

（1）基层、造型层及面层的工程量均按设计面积以平方米计算。

● 特 别 提 示 ||||||||||||||||||||||||||||||||||||||||||||||||

此处设计面积是指实际铺贴面积，即基层、造型层及面层若为弧面、折面等时均按实际铺贴面积展开计算。

（2）窗台板按设计长度乘以宽度以平方米计算；设计未注明尺寸时，按窗宽两边共加 100mm 计算长度（有贴脸的按贴脸外边线间宽度），凸出墙面的宽度按 50mm 计算。

$$窗台板工程量＝（窗宽＋0.1m）×（窗台宽＋0.05m）$$

● 特 别 提 示 ||||||||||||||||||||||||||||||||||||||||||||||||

计算窗台板面积时若板两端有切角时，"设计长度"应按照最大长度计算。计算窗台板宽度时，若板外挑边为弧形，宽度也算至最外边切线处。

（3）暖气罩各层按设计面积计算，与壁柜相连时，暖气罩算至壁柜隔板外侧，壁柜套用橱柜相应子目，散热口按其框外围面积单独计算。

● 特 别 提 示 ||||||||||||||||||||||||||||||||||||||||||||||||

暖气罩各层做法均应扣除散热口框外围面积。散热口单独计算面积，按照材质套用定额项目。

（4）百叶窗帘、网扣帘按设计尺寸面积计算，设计未注明尺寸时，按洞口面积计算；窗帘、遮光帘均按帘轨的长度以米计算（折叠部分已在定额内考虑）。

● 特 别 提 示 ||||||||||||||||||||||||||||||||||||||||||||||||

布窗帘、遮光窗帘定额单位为"m"，按照窗帘轨道长度计算，窗帘的折叠部分在定额的消耗量里考虑，如定额 9－5－49：布窗帘工程量每 10m，涤丝窗帘绸幅（宽 1400）消耗量为 20m；水平百叶窗帘、垂直百叶窗帘、网扣窗帘定额单位为"m²"，按照窗帘实际面积计算。

（5）明式窗帘盒按设计长度以延长米计算；与天棚相连的暗式窗帘盒，基层板（龙骨）、面层板按展开面积以平方米计算。

● 特 别 提 示 ||||||||||||||||||||||||||||||||||||||||||||||||

明式窗帘盒按实际长度以延长米计算，定额单位为"m"，定额项目为综合项，包含木龙骨、基层板内容；暗式窗帘盒按展开面积计算，定额单位为"m²"，分别套用木龙骨基层板、面板项目，组合使用，并相应扣除天棚的工程量。

（6）装饰线条应区分材质及规格，按设计延长米计算。

● 特 别 提 示 ··

装饰线条计算时首先要参照定额子目的划分，分别计算不同分类线条相应的工程量。装饰线条断部切角拼缝的，按照最大长度计算。如图13.22门套线所示。

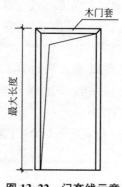

木门套

最大长度

图 13.22　门套线示意

（7）大理石洗漱台按台面及裙边的展开面积计算，不扣除开孔的面积；挡水板按设计面积计算。台面需现场开孔、磨孔边，按个计算。

● 特 别 提 示 ··

台面、裙边按展开面积计算合并套项，计算时不扣除洗漱台上的开孔面积，因为须有符合台面外形尺寸的板才满足要求，且切割下来的椭圆孔板属施工余料。大理石的导边以长度m为单位计算工程量，应按照实际发生的工机消耗做补充定额。

（8）不锈钢、塑铝板包门框按框饰面面积以平方米计算。

● 特 别 提 示 ··

"框饰面面积"是指所包门框的展开面积，该项目为综合项目，包含木龙骨、基层板、面板（不锈钢或塑铝板）。

（9）夹板门门扇木龙骨不分扇的形式，按扇面积计算；基层、造型层及面层按设计面积计算；扇安装按扇个数计算；门扇上镶嵌按镶嵌的外围面积计算。

（10）橱柜木龙骨项目按橱柜正立面的投影面积计算。基层板、造型层板及饰面板按实铺面积计算。抽屉按抽屉正面面板面积计算。

（11）木楼梯按水平投影面积计算，不扣除宽度小于300mm的楼梯井面积，踢脚板、平台和伸入墙内部分不另计算；栏杆、扶手按延长米计算；木柱、木梁按竣工体积以立方米计算。

（12）栏板、栏杆、扶手，按设计长度以延长米计算。

（13）美术字安装，按字的最大外围矩形面积以个计算。

特别提示

外文或拼音字，以中文意译的词语字数计算。美术字定额区分各种材质的美术字，按字的规格大小（按字的最大外围面积 m²）列项，以安装部位划分子目。美术字为成品，各子目为安装子目。定额价目表已包含美术字成品价格，工程中可按实际价格进行调整。

（14）招牌、灯箱的龙骨按正立面投影面积计算，基层及面层按设计面积计算。

特别提示

龙骨、基层、面层分别计算，分别套项，组合使用。

13.5.3　工程量计算与定额应用

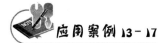应用案例13-17

某宾馆客房共六十间，客房门：900mm×2100mm，门贴脸做法为细木工基层板，面贴胡桃木面板；门套线为 80mm×8mm 的实木线，如图 13.23 所示。试计算工程量，确定定额项目。

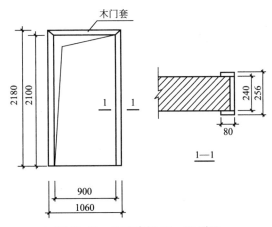

图 13.23　应用案例 13－17 附图

解：

(1) 基层工程量＝0.24×(2.1＋0.9×2)×60＝56.16(m²)

套用定额 9-5-6，基层，细木工板，木龙骨，门窗套及贴脸

定额基价＝697.03(元/10m²)

定额直接费＝$\frac{56.16}{10}$×697.03≈3914.52(元)

(2) 装饰面板工程量＝0.24×(2.1＋0.9×2)×

60＝56.16(m²)

套用定额 9-5-10，粘贴面层，装饰板，门窗套及贴脸

定额基价＝566.37(元/10m²)，定额为榉木面板，单价为 38.46(元/m²)

应换算为胡桃木面板价格，假设胡桃木单价为 65(元/m²)

换算定额基价＝566.37－11×38.46＋11×65＝858.31(元/10m²)

定额直接费＝$\frac{56.16}{10}$×858.31≈4820.27(元)

（3）门套木线工程量＝(2.18＋1.06×2)×60＝258.00(m)

套用定额 9－5－58，平面木装饰线，宽度 80mm 以内

定额基价＝112.05(元/10 m²)

定额直接费＝$\frac{285}{10}$×112.05≈3193.43(元)

应用案例 13－18

某公寓房间的窗帘盒如图 13.24 所示，采用木龙骨细木工板制作；面贴榉木夹板，12mm×10mm 榉木收口条。窗帘盒长度 3300mm，装有双层帘轨，房间共六十间。试计算工程量，确定定额项目。

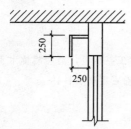

图 13.24　窗帘盒

解：

（1）基层板工程量＝(0.25＋0.25)×3.3×60＝99(m²)

套用定额 9－5－37，明式窗帘盒，细木工板，窗帘盒、帘轨、窗帘

定额基价＝200.65(元/10m²)

定额直接费＝$\frac{99}{10}$×200.65≈1986.44(元)

（2）面板工程量＝(0.25＋0.25)×3.3×60＝99.00(m²)

套用定额 9－5－40，明式窗帘盒，木龙骨，装饰板，窗帘盒、帘轨、窗帘

定额基价＝342.04(元/10m²)

定额直接费＝$\frac{99}{10}$×342.04≈3386.20(元)

（3）木收口条工程量＝3.3×60＝198.00(m)

套用定额 9－5－54，平面木装饰线，宽度 20mm 以内

定额基价＝80.12(元/10m)

定额直接费＝$\frac{198}{10}$×80.12≈1586.38(元)

（4）窗帘轨道工程量＝3.3×60＝198(m)

套用定额 9－5－47，帘轨、帘杆，金属双轨，窗帘盒、帘轨、窗帘

定额基价＝363.00(元/10m)

定额直接费＝$\frac{198}{10}$×363.00≈7187.40(元)

应用案例 13－19

如图 13.21 所示，卫生间洗漱台采用双孔"中国黑"大理石台面板，台面尺寸 2200×550mm；裙边、挡水板均为黑色大理石板，宽度 250mm，通长设置；墙面设置无框车边玻璃镜，单面镜子尺寸 1800×900mm，共两面镜子。试计算工程量，确定定额项目。

解：

（1）卫生间洗漱台面工程量＝2.2×0.55＝1.21(m²)

洗漱台裙边工程量＝(2.2＋0.55×2)×0.25＝0.825(m²)

套用定额9－5－107，大理石洗漱台，台面及裙边

定额基价＝4021.85(元/10m²)

$$定额直接费＝\frac{1.21＋0.825}{10}×4021.85≈818.45(元)$$

（2）洗漱台挡水板工程量＝2.2×0.25＝0.55(m²)

套用定额9－5－108，大理石洗漱台，挡水板

定额基价＝1789.91(元/10m²)

$$定额直接费＝\frac{0.55}{10}×1789.91≈98.45(元)$$

（3）卫生间洗漱台开孔、磨边工程量＝1(个)

套用定额9－5－110，大理石台面现场加工，磨孔边

定额基价＝216.10(元/10个)

$$定额直接费＝\frac{1}{10}×216.10≈21.61(元)$$

（4）无框镜子工程量＝(1.8×0.9)×2＝3.24(m²)

套用定额9－5－108，大理石洗漱台，挡水板

定额基价＝1789.91(元/10m²)

$$定额直接费＝\frac{0.55}{10}×1789.91≈98.45(元)$$

本章小结

本章主要介绍了楼地面、墙柱面、顶棚工程、油漆涂料裱糊工程、配套装饰工程等的工程量计算规则及定额套项的运用。主要计算规则。

（1）楼地面找平层和整体面层：均按主墙间净面积以 m² 计算，应扣除凸出地面的构筑物、设备基础等所占面积；不扣除柱、垛、间壁墙、附墙烟囱及面积在 0.3m² 以内的孔洞。不增加：门洞、空圈、暖气包槽、壁龛的开口部分。

（2）楼、地面块料面层，按设计图示尺寸实铺面积以 m² 计算。门洞、空圈、暖气包槽和壁龛的开口部分的工程量均计算。

（3）楼梯面层（包括踏步及最后一级踏步宽、休息平台、小于 500mm 宽的楼梯井），按水平投影面积计算。

（4）台阶面层（包括踏步及最上一层一个踏步宽）按水平投影面积计算。

台阶工程量＝台阶长×踏步宽×步数

（5）内墙抹灰工程量以平方米计算。计算时应扣除：门窗洞口和空圈所占的面积，

不扣除：踢脚板、挂镜线、单个面积在 0.3m² 以内的孔洞和墙与构件交接处的面积，洞侧壁和顶面亦不增加。墙垛和附墙烟囱侧壁面积与内墙抹灰工程量合并计。

（6）外墙抹灰工程量按设计外墙抹灰的垂直投影面积以平方米计算。计算时应扣除：门窗洞口、外墙裙和单个面积大于 0.3m² 孔洞所占面积；洞口侧壁面积不另增加；附墙垛、梁、柱侧面抹灰面积并入外墙面工程量内计算。

（7）内外墙面块料面层工程量按图示尺寸的实贴面积计算。

（8）顶棚抹灰面积，按主墙间的净面积计算；不扣除柱、垛、间壁墙、附墙烟囱、检查口和管道所占的面积。带梁顶棚，梁两侧抹灰面积，并入顶棚抹灰工程量内计算。

（9）吊顶棚龙骨、面层分开计算。各种吊顶棚龙骨按主墙间净空面积以平方米计算；不扣除间壁墙、检查口、附墙烟囱、柱、灯孔、垛和管道所占面积。

（10）顶棚装饰面积，按主墙间设计面积以平方米计算；不扣除间壁墙、检查口、附墙烟囱、附墙垛和管道所占面积，但应扣除独立柱、灯带、大于 $0.3m^2$ 的灯孔及与顶棚相连的窗帘盒所占的面积。

（11）涂料、油漆工程，其工程量按本章涂料系数表中的规定，计算工程量并乘以系数表中的系数。裱糊项目工程量，按设计裱糊面积，以平方米计算。

（12）零星木装饰如门窗口套、窗台板、暖气罩及窗帘盒是按基层、造型层和面层分别列项，使用时分别套相应定额。基层、造型层及面层的工程量均按设计面积以平方米计算。

在实际应用时，应注意相同部位采用不同装饰做法时计算规则的不同；且装饰工程定额多为单项定额，在运用时应按照各层做法和材料，分别计算组合套项。

习　题

一、选择题（至少有一个正确答案）

1. 下列不属于楼地面整体面层扣减范围的是（　　）。
   A. 设备基础　　　　　　　　　　B. 独立柱
   C. 250×250 的孔洞　　　　　　　D. 附墙垛

2. 下列不属于楼地面块料面层扣减范围的是（　　）。
   A. 设备基础　　　　　　　　　　B. 独立柱
   C. 250×250 的孔洞　　　　　　　D. 附墙垛

3. 楼梯面层计算时以水平投影面积计算，该面积不包括（　　）。
   A. 楼梯的牵边
   B. 休息平台
   C. 宽度小于 500mm 的楼梯井
   D. 宽度小于 300mm 的楼梯井

4. 踢脚板计算时，下列说法正确的是（　　）。
   A. 瓷砖踢脚板均按照面积计算
   B. 水泥踢脚板按照延长米计算
   C. 计算时扣除门洞尺寸，但不增加侧壁
   D. 计算时扣除门洞尺寸，增加侧壁

5. 墙面一般抹灰工程量计算时，不扣除（　　）。
   A. 空圈
   B. 踢脚板
   C. 挂镜线
   D. 孔洞

6. 有墙裙有吊顶的房间计算内墙面抹灰时，高度（　　）。

    A. 自楼地面算至吊顶底面

    B. 自墙裙顶面算至吊顶底面

    C. 自楼地面算至吊顶底面另加 100mm

    D. 自墙裙顶面算至吊顶底面另加 100mm

7. 计算外墙面抹灰工程量时，突出外墙面的线条（展开宽度 300mm 以内的）应（　　）。

    A. 按照展开面积，并入外墙面工程量

    B. 按照垂直面积，并入外墙面工程量

    C. 按照展开面积，并入其他抹灰工程量

    D. 按照延长米计算，并入其他抹灰工程量

8. 计算外墙面抹灰工程量时，突出外墙面的线条（展开宽度 300mm 以上的）应（　　）。

    A. 按照展开面积，并入外墙面工程量

    B. 按照垂直面积，并入外墙面工程量

    C. 按照展开面积，并入其他抹灰工程量

    D. 按照延长米计算，并入其他抹灰工程量

9. 顶棚抹灰面积，计算时不扣除的因素有（　　）。

    A. 柱、垛

    B. 内隔墙

    C. 600×600 的检查口

    D. 梁侧面面积

10. 顶棚龙骨工程量计算时，不扣除的有（　　）。

    A. 格栅灯

    B. 暗窗帘盒

    C. 独立柱

    D. 附墙烟囱

11. 顶棚面层工程量计算时，不扣除的有（　　）。

    A. 格栅灯

    B. 暗窗帘盒

    C. 独立柱

    D. 附墙烟囱

12. 单层木门的油漆工程量计算时（　　）。

    A. 按实际涂刷面积

    B. 按双面门扇面积计

    C. 按单面门扇面积计

    D. 按门洞面积计

13. 木墙面中的木线油漆工程量计算应（　　）。

    A. 按实际涂刷面积

    B. 和木门相同油漆时不单独计算

    C. 按展开面积计

    D. 按延长米计算

14. 招牌中的美术字工程量计算（   ）。

    A. 不论大小均按照字数计算

    B. 按字的外围面积计算

    C. 外文字按照字母个数计算

    D. 区分大小，按字数计算

15. 窗帘工程量计算时（   ）。

    A. 按照窗洞口面积计

    B. 按照窗帘的实际展开面积

    C. 按照窗帘轨道长以米计算

    D. 按窗帘悬挂面积计，折叠部分不考虑

二、简答题

1. 楼地面整体面层与块料面层工程量的计算主要差别在哪里？

2. 楼地面的点缀在工程量计算、定额套项时有哪些规定？

3. 楼地面"块料面层拼图案"在工程量计算、定额套项时有哪些规定？

4. 楼梯面层如何计算工程量？开敞楼梯间与走廊板的分界线在哪里？

5. 台阶面层如何计算工程量？其计算规则与楼梯有何异同？

6. 什么是地面点缀？如何计算其工程量？

7. 什么是块料面层拼图案？如何计算其工程量？

8. 计算内墙面一般抹灰时，长度、高度的取值有何规定？

9. 外墙面一般抹灰工程量如何计算？外墙面装饰抹灰工程量如何计算？两者计算规则有无差别？

10. 外墙面的块料面层工程量如何计算？和外墙面抹灰工程量的计算差别在哪？

11. 吊顶的龙骨和面层的工程量计算有何异同？

12. 实际工程中油漆、涂料的涂刷遍数与定额不一致时，如何套项？定额上有哪些规定？

13. 装饰工程中的橱柜工程量如何计算？计算哪些工程量？如何套用定额？

14. 招牌、灯箱的龙骨和面层分别如何计算？如何套用定额？

15. 零星木装饰中明窗帘盒与暗式窗帘盒的基层板、面板、油漆工程量计算时分别有哪些不同？定额套用时有哪些不同？

三、案例分析

已知某三层建筑平面图、1—1剖面图如图13.25所示。已知：

（1）砖墙厚为240mm。轴线居中。门窗框料厚度80mm。

（2）M—1：1.2m×2.4m，M—2：0.9m×2m，C—1：1.5 m×1.8 m。窗台离楼地面高为900毫米。

（3）装饰做法：一层地面为粘贴500×500全瓷地面砖，瓷砖踢脚板，高200mm，二三层楼面为现浇水磨石面层，水泥砂浆踢脚线高150mm；内墙面为混合砂浆抹面，刮腻

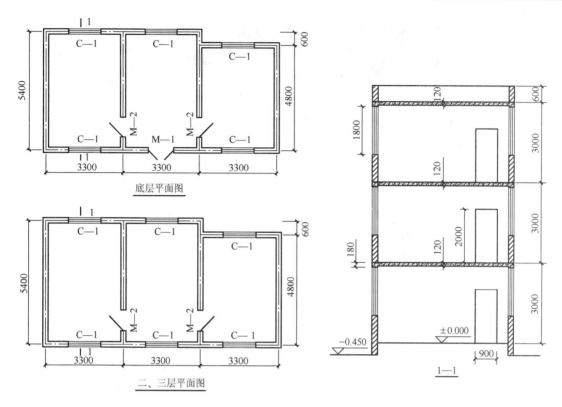

图 13.25 案例分析附图

子涂刷乳胶漆；外墙面粘贴米色 200×300 外墙砖。

试计算：

(1) 一、二层地面工程量，确定定额套项。

(2) 一、二层踢脚板工程量，确定定额套项。

(3) 一层内墙面抹灰工程量，确定定额套项。

(4) 外墙面粘贴外墙砖工程量确定定额套项。

(5) 假设三层房间为轻钢龙骨(450mm×450mm 单层龙骨)石膏板吊顶，吊顶距地面高度为 2800mm；墙面满贴壁纸；木墙裙高度 900mm，做法为细木工板基层，榉木板贴面，手刷硝基清漆六遍磨退出亮。试计算吊顶棚、墙面壁纸、木墙裙工程量，确定定额套项。

四、综合实训

实训目标：

运用定额计价模式计算某小型装饰工程的造价，巩固所学的装饰工程的造价知识，提高实践能力和操作水平。

实训要求：

(1) 计算下图装饰工程的分部分项工程量，注意不要有漏项，保证工程量的准确。

(2) 套用恰当的定额项目，编制装饰工程预算表，计算装饰工程直接工程费。

(3) 确定该装饰工程类别，选择各项费率系数，计算编制取费程序表，确定该装饰工程造价。（注：可不进行材料差价调整）

如图 13.26～图 13.29 所示为某会议室的装饰图，试计算该装饰工程造价。

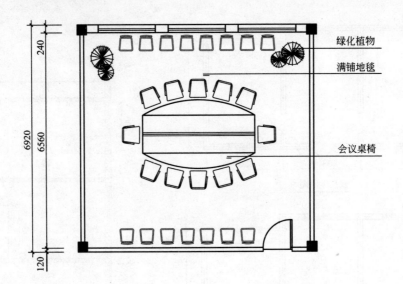

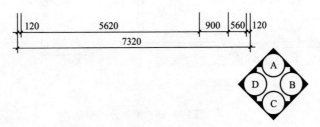

图 13.26 某会议室平面图

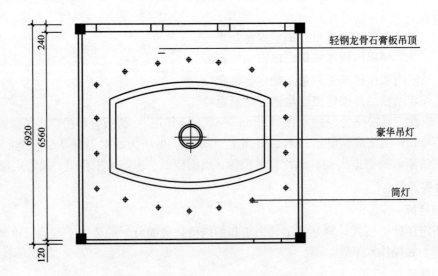

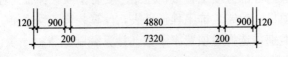

图 13.27 某会议顶面图

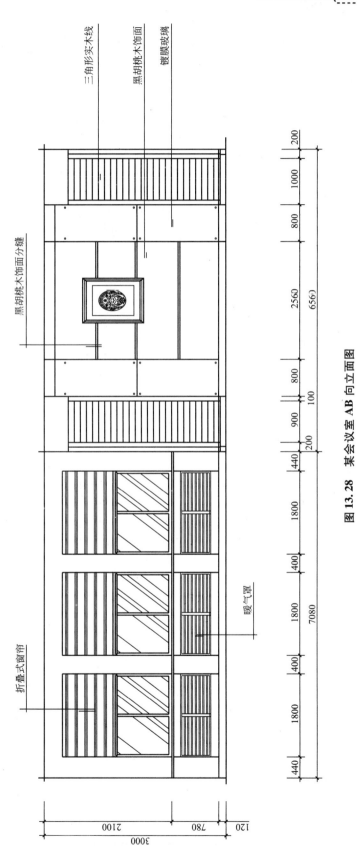

图 13.28 某会议室 AB 向立面图

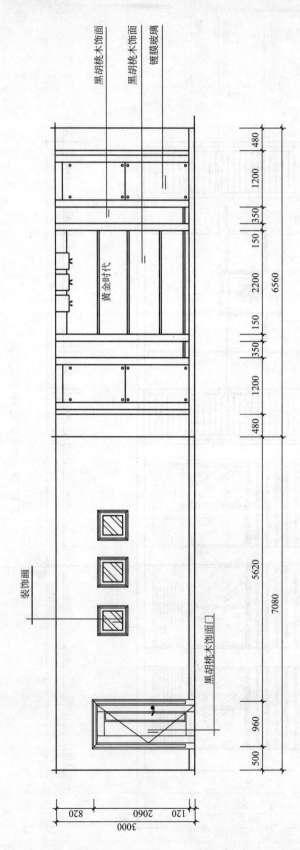

图 13.29 某会议室 CD 向立面图

第 14 章

施工技术措施项目

教学目标

掌握脚手架的种类及工程量的计算；掌握建筑物垂直运输机械、分部工程垂直运输机械、建筑物超高人工、机械增加工程量的计算；掌握构件运输和构件安装的计算规则；掌握混凝土模板工程量的计算；掌握施工技术措施项目的定额套项。

教学要求

能力目标	知识要点	相关知识	权重
掌握脚手架工程量的计算方法及计算规则	定额说明及计算规则	外脚手架、里脚手架、满堂脚手架、悬空脚手架、挑脚手架、防护架、依附斜道、安全网等	0.3
掌握垂直运输机械及超高增加的内容及计算方法	建筑物垂直运输机械；分部工程垂直运输机械；超高人工、机械增加	建筑面积计算规则；檐高；不同结构类型；人工、机械降效	0.2
掌握构件运输及安装工程量的计算方法、大型机械安装、拆卸及场外运输的定额说明	构件运输、预制混凝土构件安装、钢构件安装	预制混凝土构件、金属构件分类表、山东省建设工程施工机械台班单价表	0.1
掌握混凝土模板及支撑工程工程量的计算方法	现浇混凝土模板、现场预制混凝土模板及构筑物混凝土模板	混凝土模板含量参考表、超高次数	0.4

导入案例

某工程平面、立面示意图如图 14.1 所示，主楼 25 层，裙楼 8 层，女儿墙高 2m，屋顶电梯间、水箱间为砖砌外墙。在计算脚手架、安全网及垂直封闭等工程量时，主楼、裙楼和屋顶电梯间、水箱间是作为一个整体来考虑，还是分开单独考虑？这正是本章要重点研究的问题。

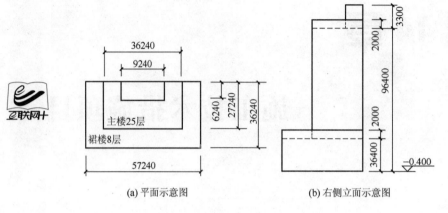

(a) 平面示意图　　　　　　　　　　(b) 右侧立面示意图

图 14.1　引例附图

14.1　脚手架工程

14.1.1　定额说明

【参考视频】

本节包括外脚手架、里脚手架、满堂脚手架、依附斜道、安全网、烟囱（水塔）脚手架、电梯井字架、主体工程外脚手架及外装饰工程脚手架等 10 项内容。

（1）脚手架按搭设材料分为木制、钢管式；按搭设形式及作用分为型钢平台挑钢管式脚手架、烟囱脚手架和电梯井字脚手架等。

（2）脚手架定额的工作内容中，包括底层脚手架下的平土、挖坑，实际与定额不同时，不得调整。

（3）外脚手架子目综合了上料平台和护卫栏杆等，在使用定额时不应再另行计算。但依附斜道、安全网和建筑物的垂直封闭等项目，应按相应规定另行计算。

（4）斜道是按依附斜道编制的，独立斜道按依附斜道子目人工、材料、机械乘以系数 1.8。

（5）水平防护架和垂直防护架指脚手架以外单独搭设的，用于车辆通行、人行通道、临街防护和施工与其他物体隔离等的防护。是否搭设和搭设的部位、面积，均应根据工程实际情况，按施工组织设计确定的方案计算。

（6）烟囱脚手架综合了垂直运输架、斜道、缆风绳、地锚等内容，在使用定额时不应再另行计算。

（7）水塔脚手架按相应的烟囱脚手架人工乘以系数 1.11，其他不变。倒锥壳水塔脚手架，按烟囱脚手架相应子目乘以系数 1.3。本节仅编制了烟囱脚手架项目，在遇水塔工程时，应按烟囱脚手架项目乘以相应系数。

(8) 消耗量定额第 3 章第 3 节砌轻质砖和砌块子目，除(一)砌实心轻质砖子目外，其余砌筑项目，应按不能留脚手架洞的轻质砌块墙确定其脚手架形式。

14.1.2 工程量计算规则

1. 一般规定

(1) 计算内、外墙脚手架时，均不扣除门窗洞口、空圈洞口等所占的面积。

(2) 同一建筑物高度不同时，应按不同高度分别计算。

(3) 总包施工单位承包工程范围不包括外墙装饰工程或外墙装饰不能利用主体施工脚手架施工的工程，可分别套用主体外脚手架或装饰外脚手架项目。

2. 外脚手架

(1) 建筑物外墙脚手架高度自设计室外地坪算至檐口(或女儿墙顶)，其工程量按外墙外边线长度(凸出墙面宽度大于 240mm 的墙垛等，按图示尺寸展开计算，并入外墙长度内)，乘以外脚手架高度以平方米计算。

● 特 别 提 示 ......

设计室外地坪标高不同时，有错坪的按不同标高分别计算；室外地坪为有坡度的，按平均标高计算。

外墙有女儿墙的，高度算至女儿墙压顶上表面；无女儿墙的，算至檐口板顶面；檐口有天沟的要算至沟翻檐的上坪。

坡屋面的山尖部分，其工程量按山尖部分的平均高度计算；但应按山尖顶坪高度套用定额。

高出屋面的电梯间、水箱间等，其脚手架按自身高度单独计算，套用相应定额项目。

同一建筑物高度不同时，应按不同高度分别计算。高低层交界处的高层外脚手架，高度应从低层屋面结构上坪算至檐口(或女儿墙顶)，工程量并入高层部分的外脚手架内，按设计室外地坪至檐口(或女儿墙顶)的高度套用相应的定额项目。

先主体、后回填，自然地坪低于设计室外地坪时，外脚手架的高度，自自然地坪算起。地下室外脚手架的高度，按其底板上坪至地下室顶板上坪之间的高度计算。

外脚手架按计算的外墙脚手架高度，套用相应高度(××m 以内)的定额项目。

(2) 砌筑高度在 10m 以下的按单排脚手架计算(山东省工程建设标准《建筑施工现场管理标准》中规定)；高度在 10m 以上或高度虽小于 10m，但外墙门窗及装饰面积超过外墙表面积 60% 以上(或外墙为现浇混凝土墙、轻质砌块墙)时，按双排脚手架计算；建筑物高度超过 30m 时，可根据工程情况按型钢挑平台双排脚手架计算。

(3) 若建筑物有挑出的外墙，挑出宽度大于 1.5m 时，外脚手架工程量按上部挑出外墙宽度乘以设计室外地坪至檐口或女儿墙表面高度计算，套用相应高度的外脚手架；下层缩入部分的外脚手架，工程量按缩入外墙长度乘以设计室外地坪至挑出层板底高度计算，不论实际需搭设单、双排脚手架，均按单排外脚手架定额项目执行。

特别提示

若建筑物仅上部几层挑出或挑出宽度小于 1.5m 时，应按施工组织设计确定的搭设方法，另行补充。

外挑阳台的外脚手架，按其外挑宽度，并入外墙外边线长度内计算，外挑阳台不分是否封闭。

（4）独立柱（现浇混凝土框架柱）按柱图示结构外围周长另加 3.6m，乘以设计柱高以平方米计算，套用单排外脚手架项目。

特别提示

独立柱包括现浇混凝土独立柱、砖砌独立柱、石砌独立柱。混凝土构造柱不计算柱脚手架。

设计柱高：基础上表面或楼板上表面至上层楼板上表面或屋面板上表面的高度。

混凝土独立基础高度超过 1m，按柱脚手架规则计算工程量（外围周长按最大底面周长），执行单排外脚手架子目。

（5）现浇混凝土梁、墙，按设计室外地坪或楼板上表面至楼板底之间的高度，乘以梁、墙净长以平方米计算，套用双排外脚手架项目，即：梁、墙净长度×（高度−上层板厚）。

特别提示

现浇混凝土单梁、连续梁的脚手架，按其相应规定计算；但梁下为混凝土墙（同一轴线）并与墙一起整浇时，不单独计算。

有梁板的板下梁，不计算脚手架。

已按相应规定计算了外脚手架的建筑物，其四周外围的现浇混凝土梁、框架梁、墙，以及砌筑墙体，不另计混凝土浇筑和墙体砌筑脚手架。

现浇混凝土圈梁、过梁，楼梯、雨篷、阳台、挑檐中的梁和挑梁，各种现浇混凝土板、现浇混凝土楼梯，均不单独计算脚手架。

（6）型钢平台外挑双排钢管架，按外墙外边线长度乘以设计高度以平方米计算。平台外挑宽度定额已综合取定，使用时按定额项目的设置高度分别套用。

特别提示

型钢平台外挑双排钢管架子目，一般适用于自然地坪或高层建筑的低层屋面不能承受外脚手架荷载，不能搭设落地脚手架等情况。计算型钢平台外挑脚手架高度应自挑出部位算至外脚手架顶；执行定额时，应自建筑物室外地坪算至外挑脚手架顶的高度。

施工单位投标报价时，根据施工组织设计规定确定是否使用。编制标底（招标控制价）时，外脚手架高度在 110m 以内按钢管架定额项目编制，高度 110m 以上的按型钢平台外挑双排钢管架定额项目编制。

3. 里脚手架

(1) 里脚手架工程量按墙面单面垂直投影面积计算，套用里脚手架项目。

(2) 里脚手架高度按设计室内地坪至顶板下表面计算(有山尖或坡度的按折算高度计算)。计算面积时不扣除门窗洞口、混凝土圈梁、过梁、构造柱及梁头等所占面积。

(3) 建筑物内墙脚手架，凡设计室内地坪至顶板下表面(或山墙高度1/2处)的高度在3.6m以下(非轻质砌块墙)时，按单排里脚手架计算。高度超过3.6m小于6m时，按双排里脚手架计算。

不能在内墙上留脚手架洞的各种轻质砌块墙等套用双排里脚手架项目。

若内墙砌体(非轻质砌块墙)高度超过6m时，其砌筑脚手架执行单排外脚手架子目。轻质砌块墙砌筑脚手架，高度超过6m时，执行双排外脚手架子目。

4. 装饰脚手架

(1) 高度超过3.6m的内墙面装饰不能利用原砌筑脚手架时，可按里脚手架计算规则计算装饰脚手架。装饰脚手架按双排里脚手架乘以系数0.3计算。

内墙装饰脚手架按装饰的结构面垂直投影面积(不扣除门窗洞口面积)计算。高度在3.6m以下的内墙面装饰按相应脚手架子目的30%计取。

(2) 室内天棚装饰面距设计室内地坪在3.6m以上时，可计算满堂脚手架。满堂脚手架按室内净面积计算，其高度在3.61～5.2m之间时，计算基本层。超过5.2m时，每增加1.2m按增加一层计算，不足0.6m的不计。

满堂脚手架适用于建筑物室内天棚吊顶、抹灰、刷涂、勾缝、构件安装等项目。

室内净高超过3.6m时，方可计算满堂脚手架。室内净高超过5.2m时，方可计算增加层。满堂脚手架增加层＝[室内净高度－5.2]÷1.2(单位：m)，计算结果0.5以内舍去。

计算室内净面积时，不扣除柱、垛所占面积。

按规定已计算满堂脚手架后，室内墙壁面装饰不再计算墙面装饰脚手架。

现浇混凝土楼板或屋面板不分高度是否大于3.6m均不计算满堂脚手架，浇筑混凝土板使用的满堂脚手架已含在板的模板当中。

天棚只作喷浆油漆、勾缝时可按相应满堂脚手架的30%计算。

(3) 外墙装饰不能利用主体脚手架施工时，可计算外墙装饰脚手架。外墙装饰脚手架按设计外墙装饰面积计算，套用相应定额项目。例如外墙局部玻璃幕墙的外装饰工程脚手架，按幕墙宽度两侧各加 1m，乘以幕墙高度，以平方米计算工程量，按设计室外地坪至幕墙上边缘高度执行定额。外墙油漆、涂刷者不计算外墙装饰脚手架。

5. 其他脚手架

（1）围墙脚手架，按室外自然地坪至围墙顶面的砌筑高度乘以长度以平方米计算。围墙脚手架套用单排里脚手架相应项目。

● 特 别 提 示

若围墙为石砌围墙或厚度为 2 砖以上砖围墙时，增加一面双排里脚手架。

（2）石砌墙体，凡砌筑高度在 1.0m 以上时，按设计砌筑高度乘以长度以平方米计算，套用双排里脚手架项目。石砌挡土墙高度超过 3m 以上时，按双排里脚手架计算。

● 特 别 提 示

建筑物上的石砌墙体（如各种石料墙座等）已按规定计算脚手架的，不得另计石砌墙体脚手架。

石砌基础高度超过 1m，执行双排里脚手架子目；超过 3m，执行双排外脚手架子目；边砌边回填时，不得计算脚手架。

各种石砌挡土墙的砌筑脚手架，按石砌基础的规定执行。

（3）水平防护架，按实际铺板的水平投影面积，以平方米计算。

（4）垂直防护架，按自然地坪至最上一层横杆之间的搭设高度，乘以实际搭设长度以平方米计算。

（5）挑脚手架，按搭设长度和层数，以延长米计算。

（6）悬空脚手架，按搭设水平投影面积以平方米计算。

● 特 别 提 示

挑脚手架、悬空脚手架，是可以移动使用的，故工程量是按使用部位尺寸进行计算的，而不是脚手架本身的尺寸。

（7）依附斜道区别不同高度以座计算。使用时应根据斜道所爬垂直高度计算，从下至上连成一个整体的斜道为 1 座。

● 特 别 提 示

投标报价时，施工单位应按照施工组织设计要求确定数量。编制标底（招标控制价）时，建筑物首层（不含地下室）建筑面积小于 1200m² 的按 1 座计算，超过 1200m² 按每500m² 以内增加 1 座。

（8）建筑物垂直封闭工程量按封闭面的垂直投影面积计算。若采用交替向上倒用时，工程量按倒用封闭过的垂直投影面积计算，套用定额项目中的封闭材料乘以相应系数计算（竹席 0.5、竹笆和密目网 0.33），其他不变。

特别提示

报价时由施工单位根据施工组织设计要求确定。编制标底(招标控制价)时，建筑物16层(檐高50m)以内的工程按固定封闭计算。建筑物层数在16层(檐高50m)以上的工程按交替封闭计算，封闭材料采用密目网。

高出屋面水箱间、电梯间，不计算垂直封闭。

垂直封闭工程量＝(外围周长＋1.50×8)×(建筑物脚手架高度＋1.5护栏高)。

(9) 立挂式安全网按架网部分的实际长度乘以实际高度以平方米计算。

(10) 挑出式安全网按挑出的水平投影面积计算。

特别提示

平挂式安全网(脚手架与建筑物外墙之间的安全网)按水平挂设的投影面积计算，套用10-1-46立挂式安全网定额子目。

投标报价时，施工单位根据施工组织设计要求确定。编制标底(招标控制价)时，按平挂式安全网计算，根据"扣件式钢管脚手架应用及安全技术规程"要求，随层安全网搭设数量按每层一道。平挂式安全网宽度按1.5m，工程量＝(外围周长×1.50＋1.50×1.50×4)×(建筑物层数－1)。

(11) 烟囱脚手架，区别不同搭设高度和直径以座计算。采用滑升模板施工的混凝土烟囱、筒仓、倒锥壳水塔支筒，定额按无井架施工编制，不另计算脚手架费用。

(12) 电梯井脚手架，按单孔以座计算。设备管道井不得套用。电梯井脚手架的搭设高度，系指电梯井底板上坪至顶板下坪(不包括建筑物顶层电梯机房)之间的高度。

(13) 砌筑贮仓脚手架，不分单筒或贮仓组均按单筒外边线周长，乘以设计室外地坪至储仓上口之间高度，以平方米计算，套用双排外脚手架项目。

(14) 贮水(油)池脚手架，按外壁周长乘以室外地坪至池壁顶面之间高度，以平方米计算。贮水(油)池凡距地坪高度超过1.2m以上时，套用双排外脚手架项目。

(15) 设备基础脚手架，按其外形周长乘以地坪至外形顶面边线之间高度，以平方米计算，套用双排里脚手架项目。大型现浇混凝土贮水(油)池、框架式设备基础的混凝土壁、柱、顶板、梁等混凝土浇筑脚手架，按现浇混凝土墙、柱梁的相应规定计算。

(16) 主体工程外脚手架、外装饰工程脚手架是指总包施工单位承包的工程范围不包括外墙装饰工程或外墙装饰不能利用主体施工脚手架的工程，可分别套用主体外脚手架和装饰外脚手架项目，其工程量计算执行外脚手架相关规定。

14.1.3 工程量计算与定额应用

应用案例 14-1

某建筑物平面图、1—1剖面图如图14.2所示，墙厚为240mm，室内外高差为0.6m，钢管脚手架，试计算外脚手架和里脚手架工程量，确定定额项目。

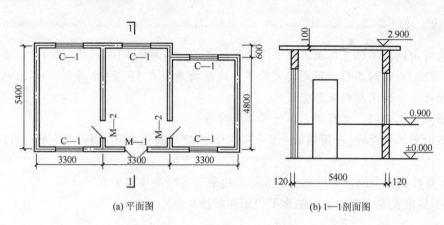

(a) 平面图   (b) 1—1 剖面图

图 14.2　应用案例 14-1 附图

解：

（1）计算外脚手架工程量。

$S_{外} = (3.3 \times 3 + 0.24 + 5.4 + 0.24) \times 2 \times (2.9 + 0.6) = 110.46 (m^2)$

套用定额 10-1-102，6m 以内钢管单排外脚手架

定额基价＝63.21（元/10m²）

定额措施费＝$\dfrac{110.46}{10} \times 63.21 \approx 698.22$（元）

（2）计算里脚手架工程量。

$S_{里} = (5.4 - 0.24 + 4.8 - 0.24) \times (2.9 - 0.1) \approx 27.22 (m^2)$

套用定额 10-1-21，3.6m 以内钢管单排里脚手架

定额基价＝44.25（元/10m²）

定额措施费＝$\dfrac{27.22}{10} \times 44.25 \approx 120.45$（元）

 应用案例 14-2

某工程现浇钢筋混凝土框架柱 20 根，设计柱高为 3.9m，柱断面尺寸为 400mm×500mm，钢管脚手架，试计算脚手架工程量，确定定额项目。

解：

脚手架工程量 $S = (0.4 \times 2 + 0.5 \times 2 + 3.6) \times 3.9 \times 20 = 421.2 (m^2)$

套用定额 10-1-102，6m 以内钢管单排外脚手架

定额基价＝63.21（元/10m²）

定额措施费＝$\dfrac{421.2}{10} \times 63.21 \approx 2662.41$（元）

 应用案例 14-3

某工程结构平面图和剖面图如图 14.3 所示，板顶标高为 6.3m，现浇板底抹水泥砂浆，搭设满堂钢管脚手架，试计算满堂钢管脚手架工程量，确定定额项目。

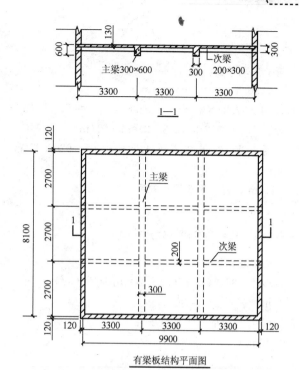

图 14.3　应用案例 14-3 附图

解：

(1) 计算满堂脚手架工程量。

$S = (9.9-0.24) \times (8.1-0.24)$

　　$\approx 75.93 (\text{m}^2)$

套用定额 10-1-27，钢管满堂脚手架

定额基价 $= 119.77 (\text{元}/10\text{m}^2)$

定额措施费 $= \dfrac{75.93}{10} \times 119.77 \approx 909.41 (\text{元})$

(2) 计算增加层。

$n = (6.3-0.13-5.2) \div 1.2 \approx 0.81 \approx 1$

套用定额 10-1-28，增加层

定额基价 $= 30.09 (\text{元}/10\text{m}^2)$

定额措施费 $= \dfrac{75.93}{10} \times 30.09 \approx 228.47 (\text{元})$

 综合应用案例

某工程平面、立面示意图如图 14.1 所示，主楼 25 层，裙楼 8 层，女儿墙高 2m，屋顶电梯间、水箱间为砖砌外墙。

(1) 计算外脚手架工程量(脚手架为钢管架)，确定定额项目。

(2) 编制标底(招标控制价)时计算依附斜道工程量，确定定额项目。

(3) 编制标底(招标控制价)时计算平挂式安全网工程量，确定定额项目。

(4) 编制标底(招标控制价)时计算密目网垂直封闭工程量，确定定额项目。

解：

1. 计算外脚手架工程量

（1）计算主楼部分外脚手架工程量。

正立面：$S_{主楼1}=36.24\times(96.4+2)\approx3566.02(m^2)$

其他三面：$S_{主楼2}=(36.24+27.24\times2)\times(96.4-36.4+2)=5624.64(m^2)$

电梯间、水箱间正立面：$S_{主楼3}=9.24\times(3.3-2)\approx12.01(m^2)$

主楼部分外脚手架工程量合计$=3566.02+5624.64+12.01=9202.67(m^2)$

高度$=96.4+2=98.4(m)$

套用定额10-1-11，110m以内钢管双排外脚手架

定额基价$=645.15(元/10m^2)$

定额措施费$=\dfrac{9202.67}{10}\times645.15\approx593710.26(元)$

（2）计算裙楼部分脚手架工程量。

$S_{裙楼}=[(36.24+57.24)\times2-36.24]\times(36.4+2)\approx5787.65(m^2)$

高度$=36.4+2=38.4(m)$

套用定额10-1-8，50m以内钢管双排外脚手架

定额基价$=228.22(元/10m^2)$

定额措施费$=\dfrac{5787.65}{10}\times228.22\approx132085.75(元)$

（3）计算电梯间、水箱间部分脚手架。

$S_{电梯间、水箱间}=(9.24+6.24\times2)\times3.3\approx71.68(m^2)$

套用定额10-1-102，6m以内钢管单排外脚手架

定额基价$=63.21(元/10m^2)$

定额措施费$=\dfrac{71.68}{10}\times63.21\approx453.09(元)$

2. 计算依附斜道工程量

主楼部分底面积$S=36.24\times27.24\approx987.18(m^2)<1200(m^2)$

裙楼部分底面积$S=57.24\times36.24\approx2074.38(m^2)>1200(m^2)$

全部斜道座数$n=1+(2074.38-1200)\div500=2.75(座)$，按3座计算，主楼部分1座，裙楼部分2座

主楼1座，套用定额10-1-45，110m以内钢管依附斜道

定额基价$=111840.64(元/座)$

定额措施费$=1\times111840.64=111840.64(元)$

裙楼2座，套用定额10-1-42，50m以内钢管依附斜道

定额基价$=16057.25(元/座)$

定额措施费$=2\times16057.25=32114.50(元)$

3. 计算平挂式安全网工程量

裙楼部分工程量$S=[(57.24+36.24)\times2\times1.5+1.5\times1.5\times4]\times(8-1)=2026.08(m^2)$

主楼部分工程量（层数$=25-8=17$层）

$S=[(27.24+36.24)\times2\times1.5+1.5\times1.5\times4]\times(17-1)+(36.24+1.5\times2)\times1.5=3249.90(m^2)$

电梯间、水箱间部分工程量$S=(9.24+1.5\times2)\times1.5=18.36(m^2)$

平挂式安全网工程量合计$S=2026.08+3249.9+18.36=5294.34(m^2)$

套用定额10-1-46，立挂式安全网

定额基价 $= 42.59$（元$/10\text{m}^2$）

定额措施费 $= \dfrac{5294.34}{10} \times 42.59 \approx 22548.59$（元）

4. 计算密目网垂直封闭工程量

(1) 计算裙楼部分工程量（小于 16 层按固定封闭计算）。

$S = [(57.24 + 36.24) \times 2 + 1.5 \times 8] \times (36.4 + 2 + 1.5) = 7938.50$（$\text{m}^2$）

套用定额 10-1-51，建筑物密目网垂直封闭

定额基价 $= 93.74$（元$/10\text{m}^2$）

定额措施费 $= \dfrac{7938.5}{10} \times 93.74 \approx 74415.50$（元）

(2) 计算主楼部分工程量（大于 16 层按交替封闭计算）。

$S = (36.24 + 27.24 \times 2 + 1.5 \times 6) \times (96.4 - 36.4 + 2 + 1.5) + (36.24 + 1.5 \times 2) \times (96.4 - 36.4) + (9.24 + 1.5 \times 2) \times (3.3 - 2) \approx 8702.53$（$\text{m}^2$）

套用定额 10-1-51，建筑物密目网垂直封闭（定额中密目网数量乘以系数 0.33）

定额基价 $= 93.74 - 10.5 \times 7.18 + 10.5 \times 0.33 \times 7.18 \approx 43.23$（元$/10\text{m}^2$）

定额措施费 $= \dfrac{8702.53}{10} \times 43.23 \approx 37621.04$（元）

如图 14.1 所示，按照施工组织设计要求，如果主楼在 8 层屋面上的三面外墙搭设型钢平台外挑双排钢管脚手架，其余部分为双排外钢管脚手架，试计算外脚手架工程量，确定定额项目。

解：

① 主楼正立面脚手架工程量 $= 3566.02 + 12.01 = 3578.03$（$\text{m}^2$）

套用定额 10-1-11，110m 以内钢管双排外脚手架

定额基价 $= 645.15$（元$/10\text{m}^2$）

定额措施费 $= \dfrac{3578.03}{10} \times 645.15 \approx 230836.61$（元）

② 主楼其他三面脚手架工程量 $= 5624.64$（m^2）

套用定额 10-1-14，110m 以内型钢平台外挑双排钢管架

定额基价 $= 660.07$（元$/10\text{m}^2$）

定额措施费 $= \dfrac{5624.64}{10} \times 660.07 \approx 371265.61$（元）

③ 裙楼部分脚手架工程量 $= 5787.65$（m^2）

套用定额 10-1-8，50m 以内钢管双排外脚手架

定额基价 $= 228.22$（元$/10\text{m}^2$）

定额措施费 $= \dfrac{5787.65}{10} \times 228.22 \approx 132085.75$（元）

④ 电梯间、水箱间部分脚手架工程量 $= 71.68$（m^2）

套用定额 10-1-102，6m 以内钢管单排外脚手架

定额基价 $= 63.21$（元$/10\text{m}^2$）

定额措施费 $= \dfrac{71.68}{10} \times 63.21 \approx 453.09$（元）

如图 14.1 所示，如果全部外墙装饰不能利用主体工程脚手架，试计算外脚手架及依附斜道工程量，确定定额项目。

解：

① 主楼部分外脚手架工程量＝9202.67(m²)

分别套用定额 10-1-80，110m 以内双排钢管主体工程外脚手架

定额基价＝569.49(元/10m²)

定额措施费＝$\frac{9202.67}{10}$×569.49≈524082.85(元)

套用定额 10-1-99，110m 以内双排钢管外装饰工程脚手架

定额基价＝296.77(元/10m²)

定额措施费＝$\frac{9202.67}{10}$×296.77≈273107.64(元)

② 裙楼部分外脚手架工程量＝5787.65(m²)

分别套用定额 10-1-77，50m 以内双排钢管主体工程外脚手架

定额基价＝208.17(元/10m²)

定额措施费＝$\frac{5787.65}{10}$×208.17≈120481.51(元)

套用定额 10-1-96，50m 以内双排钢管外装饰工程脚手架

定额基价＝123.79(元/10m²)

定额措施费＝$\frac{5787.65}{10}$×123.79≈71645.32(元)

③ 电梯间、水箱间部分脚手架工程量＝71.68(m²)

套用定额 10-1-102，6m 以内钢管单排外脚手架

定额基价＝63.21(元/10m²)

定额直接工程费＝$\frac{71.68}{10}$×63.21≈453.09(元)

④ 依附斜道工程量

主楼1座，套用定额 10-1-92，100m 以内主体工程钢管斜道

定额基价＝87938.18(元/座)

定额措施费＝1×87938.18＝87938.18(元)

裙楼2座，套用定额 10-1-89，50m 以内主体工程钢管斜道

定额基价＝13899.83(元/座)

定额措施费＝2×13899.83＝27799.66(元)

提示：外装饰工程不设斜道。

14.2　垂直运输机械及超高增加

14.2.1　定额说明

本节包括建筑物垂直运输机械，建筑物超高人工、机械增加及建筑物分部工程垂直运输机械三项内容。

1. 建筑物垂直运输机械

【参考视频】

本节所称檐口高度是指设计室外地坪至屋面板板底(坡屋面算至外墙与屋面板板底)的高度。突出建筑物屋顶的电梯间、水箱间等不计入檐口高度之内。对于先主体、后回填,或因地基原因垂直运输机械必须坐落于设计室外地坪以下的情况,执行定额时,其高度自垂直运输机械的基础上坪算起。

(1)檐口高度在3.6m以内的建筑物不计算垂直运输机械;建筑物结构施工采用泵送混凝土时,垂直运输机械项目中塔式起重机台班乘以系数0.8。

(2)同一建筑物檐口高度不同时应分别计算,工程量按高低层相交处以高层外墙外垂直面为分界线,分别计算。

(3)同一檐高建筑物有多种结构形式时,应按不同结构形式分别计算垂直运输机械工程量。

(4)±0.000以下垂直运输机械,适用于钢筋混凝土满堂基础和地下室工程的垂直运输机械。满堂基础混凝土垫层、软弱地基换填毛石混凝土,深度大于3m时,执行10-2-1子目;条形基础、独立基础,深度大于3m时,按10-2-1子目的50%计算垂直运输机械;条形基础垫层、独立基础垫层,深度大于3m时,按条形基础、独立基础的相应规定计算垂直运输机械。其中深度系指设计室外地坪至各自底坪的深度,工程量系指各自总体积,非指超深体积。

(5)20m以下垂直运输机械,包括混合结构、现浇混凝土结构、预制排架单层厂房及预制框架多层厂房的垂直运输机械定额项目,适用于檐高大于3.6m、小于20m的建筑物。其中,10-2-5子目适用于除现浇混凝土结构(10-2-6)、预制排架单层厂房(10-2-7)、预制框架多层厂房(10-2-8)以外的所有结构形式。

● 特 别 提 示

非预制排架单层厂房、非预制框架多层厂房的建筑物有预制混凝土(钢结构)构件,构件吊装一般应执行塔式起重机吊装项目。若采用轮胎起重机吊装构件时,应执行轮胎式起重机定额项目,相应垂直运输机械定额项目乘以系数0.85。预制排架单层厂房、预制框架多层厂房的建筑物,执行轮胎式起重机吊装项目。定额10-2-5、10-2-6子目,是指构件采用塔式起重机安装时的垂直运输机械情况;若采用轮胎式起重机安装,子目中的塔式起重机乘以系数0.85。定额10-2-7、10-2-8子目定额仅列有卷扬机台班,是指构件吊装完成后,围护结构砌筑、抹灰等用的垂直运输机械。

(6)20m以上垂直运输机械除混合结构及影剧院、体育馆以外,其余均以现浇框架外砌围护结构编制。若建筑物结构不同时按表14-1乘以相应系数。

表14-1 垂直运输机械系数表

结构类型	建筑物檐高(m)以内		
	20~40	50~70	80~150
全现浇	0.92	0.84	0.76
滑模	0.82	0.77	0.72

（续）

结构类型	建筑物檐高(m)以内		
	20～40	50～70	80～150
预制框(排)架	0.96	0.96	0.96
内浇外挂	0.71	0.71	0.71

● 特 别 提 示 ....

　　表14-1中的"预制框(排)架"结构，系数0.96系指采用塔式起重机安装的工程使用。若构件安装采用轮胎式起重机，执行10-2-7、10-2-8子目，并乘以系数1.05。

　　全现浇结构是指内、外墙及楼板均为现浇混凝土，局部内墙为砌体的结构类型。

　　滑模结构是指采用滑升钢模施工的内、外墙及楼板均为现浇混凝土，局部内墙为砌体的结构类型。

　　预制框(排)架结构是指采用吊装机械(含塔吊)安装预制构件，墙体为框架间砌筑的结构类型。

　　内浇外挂结构是指内墙为现浇混凝土剪力墙，外墙为预制混凝土挂板，局部内墙为砌体的结构类型。

　　框筒结构、框剪结构，凡外墙为砌体的均按框架结构类型套用。
....

　　(7) 预制钢筋混凝土柱、钢屋架的厂房按预制排架类型计算。

　　(8) 轻钢结构中有高度大于3.6m的砌体、钢筋混凝土、抹灰及门窗安装等内容时，其垂直运输机械按各自工程量，分别套用本节中轻钢结构建筑物垂直运输机械的相应项目。其轻钢结构的制作、安装，大多数由生产厂家来完成，并由建设单位直接发包，故本定额未编制轻钢结构部分安装所需用的垂直运输定额项目，其安装工程的垂直运输机械费由发承包双方合同约定价格。

　　(9) 构筑物垂直运输机械子目中，构筑物的高度是指设计室外地坪至构筑物结构顶面的高度；它包括砖混结构和钢筋混凝土结构的烟囱、水塔、筒仓，以及高度每增加1m的项目。

　　2. 建筑物超高人工、机械增加

　　(1) 建筑物设计室外地坪至檐口高度超过20m时，即为"超高工程"。本节定额项目适用于建筑物檐口高度20m以上的工程。

　　(2) 本节各项降效系数包括完成建筑物20m以上(除垂直运输、脚手架外)全部工程内容的降效。

　　(3) 本节其他机械降效系数是指除垂直运输机械及其所含机械以外的，其他施工机械的降效。

● 特 别 提 示 ....

　　由于建筑物垂直运输机械、脚手架是按高度设置项目，故在计算超高降效时，不包括该部分内容。另外，设计室内地坪(±0.000)以下的地面垫层、基础、地下室、构件运输、±0.000以上的构件制作(预制混凝土构件含：钢筋、混凝土搅拌和模板)及工程内容也不在计算超高降效范围内。

在编制工程预(结)算计算超高降效时，应将不计算超高增加的工程量与±0.000以上工程量分别列项。

同一建筑物，檐口高度不同时，其超高人工、机械增加工程量，应分别计算。为避免建筑物垂直分割，简化工程量计算，同一建筑物檐口高度不同时，可按建筑面积加权平均计算综合降效系数。

$$综合降效系数 = \sum(某檐高降效系数 \times 该檐高建筑面积) \div 总建筑面积$$

上式中：① 建筑面积，均指建筑物±0.000以上部分(不含地下室)的建筑面积。

② 不同檐高的建筑面积，应依高低层相交处高层外墙外垂直面为界，向下分别计算至±0.000。

③ 檐高小于20m部分的降效系数不计算。

单独施工的主体结构工程和外墙装饰工程，也应计算超高人工、机械增加，其计算方法和相应规定，同整体建筑物超高人工、机械增加。单独内装饰工程，不适用上述规定。

(4) 建筑物内装修工程超高人工增加，是指无垂直运输机械，无施工电梯上下的情况。它包括了层数在7层至46层的人工降效定额项目，适用于由建设单位对室内装饰进行分层招标和发包的情况。

特别提示

6层以下的单独内装饰工程，不计算超高人工增加。

定额中"×层～×层之间"，指单独内装饰施工所在的层数，非指建筑物总层数。例如：10-2-65项目，为14～16层数(之间)，即为在建筑物第14层、15层、16层进行内装修施工的人工降效系数。

3. 建筑物分部工程垂直运输机械

(1) 建筑物主体垂直运输机械项目、建筑物外墙装修垂直运输机械项目、建筑物内装修垂直运输机械项目，适用于建设单位单独发包的情况。

(2) 建筑物主体结构工程垂直运输机械，适用于±0.000以上的主体结构工程。定额按现浇框架外砌围护结构编制，若主体结构为其他形式，按垂直运输系数表乘以相应系数。

特别提示

建设单位将工程发包给一个施工单位(总包)承建时，应执行"建筑物垂直运输机械"定额项目，不得按"建筑物分部工程垂直运输"定额项目分别计算。

建筑物主体结构工程量计算、檐口高度、同一檐高多种结构、同一结构檐高不同、不同檐高多种结构、泵送系数等均与"建筑物垂直运输机械"的规定相同。

(3) 建筑物外墙装修工程垂直运输机械，适用于由外墙装修施工单位自设垂直运输机械施工的情况。外墙装修是指各类幕墙、镶贴或干挂各类板材等内容。

（4）建筑物内装修工程垂直运输机械，适用于建筑物主体工程完成后，由装修施工单位自设垂直运输机械施工的情况。

4. 其他

（1）建筑物主要构件柱、梁、板、墙（包括电梯井壁）施工时均采用泵送混凝土，其垂直运输项目中的塔式起重机台班乘以系数 0.8。若主要结构构件不全部采用泵送混凝土时，不乘以此系数。

（2）垂直运输机械定额项目中的其他机械包括排污设施及清理、临时避雷设施、夜间高空安全信号等内容。

14.2.2 工程量计算规则

1. 建筑物垂直运输机械

（1）凡定额计量单位为平方米的，均按"建筑面积计算规则"的规定计算；根据工程结构形式，分别套用相应定额项目。

（2）±0.000 以上工程垂直运输机械，按"建筑面积计算规则"计算出建筑面积后，根据工程结构形式，分别套用相应的定额项目。

（3）±0.000 以下工程垂直运输机械。

① 钢筋混凝土地下建筑，按其上口外墙（不包括采光井、防潮层及其保护墙）外围水平面积以平方米计算。

② 钢筋混凝土满堂基础，按其工程量计算规则计算出体积，以立方米计算。

● 特 别 提 示 ●

定额项目中钢筋混凝土地下室层数，是指地下室的总层数，不应分别计算工程量分套定额项目。地下室已含基础用塔式起重机台班，不应再另行计取垂直运输机械。地下室若不抹灰应扣除其卷扬机台班。

若同一工程，现浇钢筋混凝土地下室层数不同，应分别计算建筑面积并套用相应定额项目。不同层数相邻处混凝土地下室墙应按层数多的地下室外墙外垂直面为分界进行计算。

（4）构筑物垂直运输机械工程量以座为单位计算。当构筑物高度超过定额设置高度时，按每增高 1m 项目计算。当高度不足 1m 时，亦按 1m 计算。

● 特 别 提 示 ●

构筑物的高度，以设计室外地坪至构筑物的结构顶面高度为准。

构筑物（筒仓）的基础若为现浇混凝土满堂基础且深度大于 3m 时，可执行 10-2-1 定额项目计算垂直运输机械。

现浇混凝土贮水池的储水量，系指设计贮水量。设计贮水量大于 5000t 时，按 10-2-49 子目，增加塔式起重机的下列台班数量：10000t 以内，增加 35 台班；15000t 以内，增加 75 台班；15000t 以上，增加 120 台班。

2. 建筑物超高人工、机械增加

(1) 人工、机械降效按±0.000 以上的全部人工、机械(除脚手架、垂直运输机械外)数量乘以相应子目中的降效系数计算。因此，实体项目的超高人工、机械增加，仍属于实体项目；施工技术措施项目的超高人工、机械增加，仍属于施工技术措施项目。

(2) 建筑物内装修工程的人工降效，按施工层数的全部人工数量乘以定额内分层降效系数计算。

3. 建筑物分部工程垂直运输机械

(1) 建筑物主体结构工程垂直运输机械，按"建筑面积计算规则"计算出面积后，套用相应定额项目。

(2) 建筑物外装修工程垂直运输机械，按建筑物外墙装饰的垂直投影面积(不扣除门窗洞口，凸出外墙部分及侧壁也不增加)，以平方米计算。

定额项目"外墙装修高度(m)以内"是指设计室外地坪至装修顶面的高度；同一建筑物外墙装修高度不同时，应分别计算；高层与低层交界处的工程量，并入高层部分的工程量中，套用高层装修高度的定额项目；若建筑物局部装修时，工程量按装修部分的垂直投影面积计算，套用定额的高度从设计室外地坪至装修部分的顶面高度计算。

(3) 建筑物内装修工程垂直运输机械，按"建筑面积计算规则"计算出面积后，并按所装修建筑物的层数套用相应定额项目。

建筑物内装饰工程垂直运输机械子目中的层数，指建筑物(不含地下室)的总层数。同一建筑物，层数不同时，应分别计算工程量，套用不同层数的定额项目。

若为星级宾馆、写字楼等装修水平较高的Ⅰ类工程，其内装饰分部工程垂直运输机械乘以系数1.2。

14.2.3 工程量计算与定额应用

某工程有现浇钢筋混凝土地下室二层，其上口外墙外围水平面积为 $900m^2$，试计算地下室垂直运输机械工程量，确定定额项目。

解：

地下室垂直运输机械工程量 $S = 900 \times 2 = 1800(m^2)$

套用定额 10-2-3，钢筋混凝土地下室二层

定额基价 $= 276.59(元/10m^2)$

定额措施费 $= \dfrac{1800}{10} \times 276.59 = 49786.20(元)$

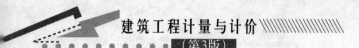
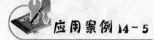 **应用案例 14-5**

某工程为现浇框架结构，主楼部分 20 层，檐口高度为 80m，裙楼部分 8 层，檐口高度为 36m，8 层以上每层建筑面积为 650m²，8 层部分每层建筑面积为 1000m²，试计算垂直运输机械工程量，确定定额项目。

解：

(1) 计算主楼部分工程量。

$S_{主} = 650 \times 20 = 13000 (m^2)$

套用定额 10-2-20，檐高 80m 以内混凝土其他框架结构

定额基价 $= 641.86 (元/10m^2)$

定额措施费 $= \dfrac{13000}{10} \times 641.86 = 834418.00 (元)$

(2) 计算裙楼部分工程量。

$S_{裙} = (1000 - 650) \times 8 = 2800 (m^2)$

套用定额 10-2-16，檐高 40m 以内混凝土其他框架结构

定额基价 $= 435.99 (元/10m^2)$

定额措施费 $= \dfrac{2800}{10} \times 435.99 = 122077.20 (元)$

 应用案例 14-6

已知条件同应用案例 14-5，如果建设单位单独发包主体结构工程，试计算主体工程垂直运输机械工程量，确定定额项目。

解：

(1) 计算主楼部分工程量。

$S_{主} = 650 \times 20 = 13000 (m^2)$

套用定额 10-2-82，檐高 80m 以内主体工程垂直运输机械

定额基价 $= 560.41 (元/10m^2)$

定额措施费 $= \dfrac{13000}{10} \times 560.41 = 728533.00 (元)$

(2) 计算裙楼部分工程量。

$S_{裙} = (1000 - 650) \times 8 = 2800 (m^2)$

套用定额 10-2-78，檐高 40m 以内主体工程垂直运输机械

定额基价 $= 368.26 (元/10m^2)$

定额措施费 $= \dfrac{2800}{10} \times 368.26 = 103112.80 (元)$

 应用案例 14-7

某四星级宾馆如图 14.1 所示，其内装修由建设单位单独发包，试计算垂直运输机械工程量，确定定额项目。

解:

(1) 计算主楼(25 层)部分工程量。

$S_{主楼} = 36.24 \times 27.24 \times 25 + 9.24 \times 6.24 \approx 24737.10 (m^2)$

套用定额 10-2-108，36 层以内内装修垂直运输机械，施工电梯乘以系数 1.2

定额基价 $= 191.97 - 0.146 \times 332.71 + 0.146 \times 332.71 \times 1.2 \approx 201.69 (元/10m^2)$

定额措施费 $= \dfrac{24737.10}{10} \times 201.69 \approx 498922.57 (元)$

(2) 计算裙楼(8 层)部分工程量。

$S_{裙楼} = (57.24 \times 36.24 - 36.24 \times 27.24) \times 8 = 8697.60 (m^2)$

套用定额 10-2-104，8 层以内内装修垂直运输机械，卷扬机乘以系数 1.2

定额基价 $= 94.62 \times 1.2 = 113.54 (元/10m^2)$

定额措施费 $= \dfrac{8697.6}{10} \times 113.54 \approx 98752.55 (元)$

14.3 构件运输及安装工程

14.3.1 定额说明

本节包括构件运输、预制混凝土构件安装及金属结构构件安装三项内容。

1. 构件运输

(1) 本节适用于构件堆放场地或构件加工厂至施工现场吊装点的运输，吊装点不能堆放构件时，可按构件 1km 运输项目计算场内运输，包括预制混凝土构件运输、金属构件运输、门窗运输和成型钢筋运输。

● 特 别 提 示

若预制混凝土成品构件的商品价是送至工地指定堆放点的价格，则不应计算构件运输。若木门窗、铝合金门窗、塑钢门窗的商品价是送至指定堆放点的价格，则不计算运输。

成型钢筋运输项目是指加工成型钢筋从加工厂(场)运至现场指定堆放点，以 t 为单位计算。

预制混凝土构件在吊装机械起吊点半径 15m 范围内的地面移动和就位，已包括在安装子目内。超过 15m 时的地面移动，按构件运输 1km 以内子目计算场内运输。起吊完成后，地面上各种构件的水平移动，无论距离远近，均不另行计算。

(2) 本节是按构件的类型和外形尺寸划分类别的，构件的类型及分类见表 14-2 和表 14-3。

(3) 本节定额综合考虑了城镇及现场运输道路等级、重车上下坡等各种因素。

(4) 构件运输过程中，如遇路桥限载(限高)而发生的加固、拓宽等有关费用，另行处理。

表 14-2 预制混凝土构件分类表

类别	项 目
Ⅰ	4m 内空心板、实心板
Ⅱ	6m 内的桩、屋面板、工业楼板、基础梁、吊车梁、楼梯休息板、楼梯段、阳台板
Ⅲ	6m 以上至 14m 的梁、板、柱、桩、各类屋架、桁架、托架(14m 以上另行处理)
Ⅳ	天窗架、挡风架、侧板、端壁板、天窗上下档、门框及单件体积在 0.1m³ 以内的小型构件
Ⅴ	装配式内、外墙板，大楼板，厕所板
Ⅵ	隔断板(高层用)

表 14-3 金属结构构件分类表

类别	项 目
Ⅰ	钢柱、屋架、托架梁、防风桁架
Ⅱ	吊车梁、制动梁、型钢檩条、钢支撑、上下档、钢拉杆栏杆、盖板、垃圾出灰门、倒灰门、篦子、爬梯、零星构件、平台、操作台、走道休息台、扶梯、钢吊车梯台、烟囱紧固箍
Ⅲ	墙架、挡风架、天窗架、组合檩条、轻型屋架、滚动支架、悬挂支架、管边支架

2. 构件安装

预制混凝土构件安装项目是按不同构件、不同体积(跨度)、不同吨位的轮胎起重机或塔式起重机安装，以及构件的灌缝列项；金属结构构件安装项目中是按不同构件、不同重量、不同吨位轮胎式起重机安装和拼装项目编制的。

(1) 混凝土构件安装项目中，凡注明现场预制的构件，其构件按消耗量定额第 4 章有关子目计算；凡注明成品的构件，按其商品价格计入安装项目内。

(2) 金属构件安装项目中，未包括金属构件的消耗量，金属构件制作按消耗量定额第 7 章有关子目计算，消耗量定额第 7 章未包括的构件，按其商品价格计入工程造价内。

(3) 本节定额的安装高度为 20m 以内。

(4) 本节定额中机械吊装是按单机作业编制的，若构件尺寸和重量确需采用多机作业时，双机作业轮胎式起重机台班数量乘以 2，三机作业时乘以 3。

(5) 本节定额是按机械吊中心回转半径 15m 以内的距离编制的。

(6) 定额中已包括每一项工作循环中机械必要的位移。

(7) 本节定额安装项目是以轮胎起重机、塔式起重机(塔式起重机台班消耗量包括在垂直运输机械项目内)分别列项编制的；如使用汽车式起重机时，按轮胎式起重机相应定额项目乘以系数 1.05。

(8) 本节定额中不包括起重机械、运输机械行驶道路的修整、垫铺工作所消耗的人工、材料和机械；若发生时，按实计算。

(9) 小型构件安装是指单体体积小于 0.1m³(人力安装)和 0.5m³(5t 汽车吊安装)，定额中未单独列项的构件。

(10) 10-3-201 升板预制柱加固是指柱安装后、至楼板提升完成期间所需要的加固搭设费用，工程量按提升混凝土板的体积计算。

(11) 钢屋架安装单榀重量在 1t 以下者，按轻钢屋架子目计算。

(12) 本节定额中的金属构件拼装和安装是按焊接编制的。

(13) 钢柱、钢屋架、天窗架安装子目中，不包括拼装工序，如需拼装时，按拼装子目计算。

(14) 预制混凝土构件和金属构件安装子目均不包括为安装工程所搭设的临时性脚手架及临时平台，发生时按有关规定另行计算。

(15) 钢柱安装在混凝土柱上时，其人工、机械乘以系数 1.43。

(16) 预制混凝土构件、钢构件必须在跨外安装就位时，按相应构件安装子目的人工、机械台班乘以系数 1.18，使用塔式起重机安装时，不再乘以系数。

(17) 各类预制混凝土构件安装就位后的灌缝，均套用相应构件的灌缝定额项目，其工程量按构件的体积计算；预制板灌缝子目中的钢筋，非指预制板纵向板缝中的加固(受力)筋，实际用量与定额不同时，不得调整；预制板纵向板缝中的加固(受力)筋，按现浇构件钢筋的相应规定，另行计算。

(18) 成品 H 形钢柱(梁)安装、现场制作的独立式 H 形钢柱(梁)安装、型钢混凝土柱(梁)中的 H 形钢柱(梁)安装，均执行钢柱(钢吊车梁)安装相应子目。

(19) 预制混凝土构件制作(含：钢筋、预制混凝土、预制混凝土模板等)或采购、运输、安装、灌缝各工序，按相应规则计算的工程量，应乘以表 14 - 4 规定的工程量系数。

图 14 - 4　各工序工程量系数

定额内容 构件类别	制作	运输	安装	灌缝
预制加工厂预制	1.015	1.013	1.005	1.000
现场(非就地)预制	1.012	1.010	1.005	1.000
现场就地预制	1.007	—	1.005	1.000
成品构件	采购：1.010	1.010	1.010	1.000

 特 别 提 示

以预制加工厂预制为例，如制作、运输、安装、灌缝为一家企业，则制作增加系数 $0.015 + 0.013 + 0.005 = 0.033$，运输增加系数 $0.013 + 0.005 = 0.018$，安装增加系数 0.005。

预制混凝土构件安装子目中，未计构件操作损耗，施工单位报价时，可根据构件、现场等具体情况，自行确定损耗率。编制标底(招标控制价)时，按以上规定办理。

(20) 预制混凝土(钢)构件安装机械的采用，编制标底(招标控制价)时，按下列规定执行：

① 檐高 20m 以下的建筑物，除预制排架单层厂房，预制框架多层厂房执行轮胎式起重机安装子目外，其他结构执行塔式起重机安装子目。

② 檐高 20m 以上的建筑物，预制框(排)架结构可执行轮胎式起重机安装子目，其他结构执行塔式起重机安装子目。

(21) 关于混凝土预制构件运输、安装的损耗问题，定额中未作说明。企业在运输、吊装构件时，可采用下列方法调查：①考虑采用加固措施，避免构件损坏，加固措施费用可计入工程报价内；②可根据现场及构件情况，自行确定运输、吊装构件的损耗率，计入工程报价内。

14.3.2 工程量计算规则

预制混凝土构件运输及安装均按图示尺寸，以实体积计算；钢构件按构件设计图示尺寸以吨计算，所需螺栓、电焊条等重量不另计算；成型钢筋按吨计算；门窗运输的工程量，以消耗量定额第 5 章门窗洞口面积为基数，分别乘以下列系数：木门，0.975；木窗，0.9715；铝合金门窗，0.9668。

1. 构件运输

（1）构件运输项目的定额运距为 10km 以内，超出时，按每增加 1km 子目累加计算。

（2）加气混凝土板(块)、硅酸盐块运输，每立方米折合混凝土构件体积为 0.4m³，按Ⅰ类构件运输计算。

2. 预制混凝土构件安装

（1）焊接成型的预制混凝土框架结构，其柱安装按框架柱计算；梁安装按框架梁计算。

（2）预制钢筋混凝土工字形柱、矩形柱、空腹柱、双肢柱、空心柱、管道支架等的安装，均按柱安装计算。

（3）组合屋架安装，以混凝土部分的实体积计算，钢杆件部分不另计算。

（4）预制钢筋混凝土多层柱安装，首层柱按柱安装计算，二层及二层以上按柱接柱计算。

特别提示

定额安装项目中注明安装高度三层以内、六层以内者，是指建筑物的总层数。例如，某五层高的建筑物混凝土过梁安装，套用"安装高度六层以内"的相应定额项目。

预制混凝土构件安装子目中的安装高度，指建筑物的总高度。

3. 钢构件安装

（1）钢构件安装按图示构件钢材重量以吨计算。

（2）依附于钢柱上的牛腿及悬臂梁等，并入柱身主材重量内计算。

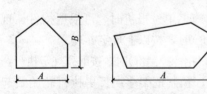

（3）金属构件中所用的钢板，设计为多边形者，按矩形计算，矩形的边长以设计构件尺寸的最大矩形面积计算，如图 14.4 所示，$S = A \times B$。

（4）钢网架定额拼装、安装项目是按焊接做法，分体吊装考虑的，若做法和施工方法不同时，可另行补充。

图 14.4 多边形钢板面积计算

特别提示

本节构件安装均未包括拼装和安装所需用的连接螺栓；应按设计要求另行计算螺栓铁件或高强度螺栓。

14.3.3 工程量计算与定额应用

 应用案例 14-8

某单层工业厂房，排架结构，采用大型屋面板共 200 块，每块体积为 0.6m³，如果采用轮胎式起重机吊装，吊装高度为 20m，试计算构件安装及灌缝工程量，确定定额项目。

解：

工程量 $V = 200 \times 0.6 = 120(\text{m}^3)$

套用定额 10-3-153，0.6m³ 以内大型屋面板轮胎起重机安装

定额基价 $= 7087.04(元/10\text{m}^3)$

定额措施费 $= \dfrac{120}{10} \times 7087.04 = 85044.48(元)$

套用定额 10 3 155，大型屋面板灌缝

定额基价 $= 1196.17(元/10\text{m}^3)$

定额措施费 $= \dfrac{120}{10} \times 1196.17 = 14354.04(元)$

 应用案例 14-9

某工程钢屋架 10 榀，每榀重 5t，由金属构件厂现场拼装，采用汽车吊跨外安装，安装高度 12m，试计算拼装、安装工程量，确定定额项目。

解：

工程量 $G = 10 \times 5 = 50(\text{t})$

套用定额 10-3-214，8t 以内钢屋架拼装

定额基价 $= 241.55(元/\text{t})$

定额措施费 $= 50 \times 241.55 = 12077.50(元)$

套用定额 10-3-217，8t 以内钢屋架安装

定额基价 $= 152.00 \times 1.05 \times 1.18 + 20.60 \times 1.05 + 142.67 \times 1.05 \times 1.18 \approx 386.73(元/\text{t})$

定额措施费 $= 50 \times 386.73 = 19336.50(元)$

（特）（别）（提）（示）

使用汽车式起重机时，按轮胎式起重机相应定额项目乘以系数 1.05；在跨外安装就位时，按相应构件安装子目的人工、机械台班乘以系数 1.18。

14.4 混凝土模板及支撑工程

14.4.1 定额说明

【参考图文】

本节包括现浇混凝土模板、现场预制混凝土模板及构筑物混凝土模板三项内容。

(1) 现浇混凝土模板，定额按不同构件，分别以组合钢模板、钢支撑、木支撑；复合木模板、钢支撑、木支撑；胶合板模板、钢支撑、木支撑；木模板、木支撑编制。使用时，施工企业应根据具体工程的施工组织设计（或模板施工方案）确定的模板种类和支撑方式套用相应定额项目。编制标底（招标控制价）时，一般可按组合钢模板、钢支撑套用相应定额项目。

● 特 别 提 示

【参考视频】

复合木模板，定额采用的是与组合钢模板同模数的钢框、12mm 厚竹胶板板面的模板，模板是按成品模板编制。

胶合板模板，定额是按方木框、18mm 厚防水胶合板板面、不同混凝土构件尺寸完成加工的成品模板编制。施工单位采用复合木模板、胶合板模板等自制成品模板时，其成品价应包括按实际使用尺寸制作的人工、材料、机械，并应考虑实际采用材料的质量和周转次数。

对拉螺栓为主的钢（木）支撑，定额是按塑料套管穿对拉螺栓紧固钢（木）支撑安装模板做法编制。

竹（胶）合板模板制作子目中的胶合板模板，定额按方木背框、板厚 18mm、防水性能较好的胶合板考虑。各市、地定额站可根据当地具体情况，测算发布当地的竹胶板模板参考摊销系数。

施工单位现场自制现浇混凝土竹胶板模板，按如下步骤计算模板费用。

① 以按相应规则计算的模板工程量，执行定额相应构件的胶合板模板子目，并扣除其中的胶合板模板定额消耗量，计算竹胶板模板的安装、拆除费用。现浇混凝土构造柱，定额未设置胶合板模板子目，可执行其复合木模板子目，扣除其中的复合木模板和组合钢模板。

② 以按下式计算的模板制作工程量，执行定额 10-4-310～316 竹胶板模板制作子目，计算竹胶板模板的制作费用：竹胶板模板制作工程量＝模板工程量×竹胶板模板摊销系数。

③ 现浇混凝土楼梯、阳台、雨篷、栏板、挑檐等其他构件，凡其模板子目按木模板、木支撑编制的，如实际使用竹胶板模板，仍执行定额相应模板子目，不另调整。

现浇混凝土模板，施工单位报价时，根据施工组织设计确定；编制标底（招标控制价）时，按以上规定、或按市地定额站相应规定办理。

(2) 现场预制混凝土模板，定额按不同构件分别以组合钢模板、复合木模板、木模板，并配制相应的混凝土地膜、混凝土胎膜、砖地膜、砖胎膜编制；使用时，施工企业除现场预制混凝土桩、柱按施工组织设计（或模板施工方案）确定的模板种类套用相应定额项目外，其余均按相应构件定额项目执行。编制标底（招标控制价）时，桩和柱按组合钢模板，其余套用相应构件定额项目。

(3) 现浇混凝土柱、梁、板、墙是按支模高度 3.6m 编制的，支模高度超过 3.6m 时，另行计算模板支撑超高部分的工程量，按确定的钢或木支撑套用相应的定额项目。

● 特 别 提 示

现浇混凝土柱、梁、板、墙定额项目中分别编制了钢支撑或木支撑高度超过 3.6m 每增 3m 的定额项目（不足 3m，按 3m 计算），若支模高度超过 3.6m 时，应从 3.6m 以上，执

行每增3m定额项目,计算模板支撑超高,超高支撑增加次数=(支模高度-3.6)÷3(遇小数进为1);超高每增3m的工程量,梁、板是按超高构件全部混凝土接触面积计算,即超高工程量=超高构件全部模板面积×超高次数;柱、墙工程量是按超高部分的混凝土接触面积计算,即超高工程量=$\sum$(相应模板面积×超高次数)。

构造柱、圈梁、大钢模板墙,不计算模板支撑超高。

支模高度:对于柱和墙是指地(楼)面支撑点至构件顶坪;对于梁是指地(楼)面支撑点至梁底;对于板是指地(楼)面支撑点至板底坪。

墙、板后浇带的模板支撑超高,并入墙、板支撑超高工程量内计算。

轻体框架柱(壁式柱)的模板支撑超高,执行10-4-148、149子目。

(4)采用钢滑升模板施工的烟囱、水塔及贮仓是按无井架施工编制的,定额内综合了操作平台,使用时不再计算脚手架及竖井架。

(5)用钢滑升模板施工的烟囱、水塔,提升模板使用的钢爬杆用量是按一次摊销编制的,贮仓是按两次摊销编制的,设计要求不同时,可以换算。

(6)倒锥壳水塔塔身钢滑升模板项目,也适用于一般水塔塔身滑升模板工程。

(7)烟囱钢滑升模板项目均已包括烟囱筒身、牛腿、烟道口;水塔钢滑升模板均已包括直筒、门窗洞口等模板用量。

(8)钢筋混凝土直形墙、电梯井壁等项目,模板及支撑是按普通混凝土考虑的,若设计要求防水、防油、防射线等混凝土时,则10-4-132、10-4-134、10-4-136子目增加对拉螺栓1.71kg;10-4-133、10-4-135、10-4-137子目增加对拉螺栓2.498kg。

特 别 提 示

现浇混凝土墙模板中的对拉螺栓,定额按周转使用编制。若工程需要,对拉螺栓(或对拉钢片)与混凝土一起整浇时,按定额"注"执行;对拉螺栓的端头处理,另行计算。

(9)组合钢模板、复合木模板项目,已包括回库维修费用。回库维修费的内容包括:模板的运输费,维修的人工、材料、机械费用等。

(10)对拉螺栓与钢、木支撑结合的现浇混凝土模板子目,定额按不同构件、不同模板材料和不同支撑工艺综合考虑,实际使用对拉螺栓、钢、木支撑的多少,与定额不同时,不得调整。

(11)定额10-4-316地下暗室模板拆除增加子目,是指没有自然采光、没有正常通风的地下暗室内的现浇混凝土构件,其模板拆除所需要增加的照明设施的安装、维护、拆除和人工降效等相应费用。地下暗室模板拆除增加,按地下暗室内的现浇混凝土构件的模板面积计算。地下室设有设计室外地坪以上的洞口(不含地下室外墙出入口)、地上窗的,不计取该费用。

(12)定额10-4-317对拉螺栓端头处理增加子目,是指现浇混凝土直形墙、电梯井壁,设计要求防水时,与混凝土一起整浇的普通对拉螺栓(或对拉钢片)端头处理所需要增加的费用。对拉螺栓端头处理增加,按设计要求防水的现浇混凝土直形墙、电梯井壁(含不防水面)的模板面积计算。设计要求使用止水螺栓,以及防油、防射线时的端头处理,另行单独计算。

14.4.2 工程量计算规则

(1) 现浇混凝土及预制钢筋混凝土模板工程量，除另有规定者外，应区别模板的材质，按混凝土与模板接触面的面积，以平方米计算。

⬤ 特 别 提 示 ▪▪

现浇混凝土带形基础的模板，按其展开高度乘以基础长度，以平方米计算，基础与基础相交时重叠的模板面积不扣除；直形基础端头的模板，也不增加。

定额附录中的混凝土模板含量参考表，系根据代表性工程测算而得，只能作为投标报价和编制标底（招标控制价）时的参考。

▪▪

(2) 现浇混凝土满堂基础（有梁式）定额项目是按上翻梁计算编制的，若梁在满堂基础下部（下翻梁）时，应套用无梁式满堂基础项目，由于下翻梁的模板无法拆除，且简易支模方式很多，施工单位应按施工组织设计确定的方式另行计算梁模板费用。

⬤ 特 别 提 示 ▪▪

现浇混凝土无梁式满堂基础模板子目，定额未考虑下翻梁的模板因素。

▪▪

杯形基础和高杯基础杯口内的模板，并入相应基础模板工程量内，若杯形基础杯口高度大于杯口长边长度的，套用高杯基础定额项目。

⬤ 特 别 提 示 ▪▪

杯形基础和高杯基础，杯口处的模板定额是按木模板（胶合板模板项目除外）考虑计算。故杯口处内模板面积并入基础面积工程量中，不需另行计算。

▪▪

现浇混凝土带形桩承台的模板，执行现浇混凝土带形基础（有梁式）模板子目。

(3) 现浇钢筋混凝土墙、板上单孔面积在 $0.3m^2$ 以内的孔洞，不予扣除，洞侧壁模板亦不增加；单孔面积在 $0.3m^2$ 以外时，应予扣除，洞侧壁模板面积并入墙、板模板工程量内计算。

⬤ 特 别 提 示 ▪▪

面积 $0.3m^2$ 以外的孔洞，包括墙上的门、窗洞口。各类现浇混凝土墙、板上的孔洞和门窗洞口的侧壁模板，除胶合板模板定额项目外（侧壁采用胶合板模板）其余模板均按木模板计算，综合考虑在定额项目中，故侧壁模板面积并入墙板模板面积内，套用相应材质模板和支撑方式的定额项目，不需分别计算。

▪▪

(4) 现浇钢筋混凝土框架及框架剪力墙分别按梁、板、柱、墙有关规定计算；凸出混凝土墙的附墙柱并入墙内工程量计算。

(5) 现浇混凝土柱模板，按柱四周展开宽度乘以柱高，以平方米计算。柱、梁相交时，不扣除梁头所占柱模板面积；柱、板相交时，不扣除板厚所占柱模板面积。

构造柱模板，按混凝土外露宽度，乘以柱高以平方米计算。

构造柱与砌体交错咬茬连接时，按混凝土外露面的最大宽度计算。构造柱与墙的接触面不计算模板面积。

构造柱模板子目，已综合考虑了各种形式的构造柱和实际支模大于混凝土外露面积等因素，适用于先砌砌体，后支模、浇筑混凝土的夹墙柱情况。

(6) 混凝土后浇带二次支模工程量按混凝土与模板接触面积计算，套用后浇带定额项目。

(7) 现浇混凝土梁(包括基础梁)模板，按梁三面展开宽度乘以梁长，以平方米计算。

单梁、支座处的模板不扣除，端头处的模板不增加。

梁、梁相交时，不扣除次梁梁头所占主梁模板面积。

梁、板连接时，梁侧壁模板算至板下坪。

现浇混凝土过梁模板，按现浇混凝土梁模板的相应规则计算；若与圈梁连接时，其过梁长度按洞口宽度两端共加 500mm 计算。

(8) 现浇混凝土板的模板，按混凝土与模板接触面积，以平方米计算。现浇混凝土有梁板定额项目是指梁(包括主次梁)与板构成一体的情况，其工程量以梁和板的模板接触面积总和计算；无梁板是指不带梁直接用柱头支撑板，其工程量以板和柱帽模板接触面积总和计算；平板是指无柱、梁，直接用墙支撑的板，其工程量以模板与混凝土接触面积计算。伸入梁、墙内的板头，不计算模板面积；周边带翻檐的板(如卫生间混凝土防水带等)，底板的板厚部分不计算模板面积，翻檐两侧的模板，按翻檐净高度，并入板的模板工程量内计算；板柱相交时，不扣除柱所占板的模板面积，但柱、墙相连时，柱与墙等厚部分的模板面积应予扣除。

现浇混凝土有梁板的板下梁，其模板支撑高度，自地(楼)面支撑点计算至板底，执行板的支撑高度超高子目。

若某开间现浇板下有一根现浇混凝土主梁的情况，不能按有梁板计算，应分别按平板和单梁计算。

10-4-315混凝土板的竹(胶)板模板子目定额是按有梁板和平板综合考虑的。

(9) 现浇混凝土墙模板，按混凝土与模板接触面积，以平方米计算。墙、柱连接时，柱侧壁按展开宽度，并入墙模板面积内计算；墙梁相交时，不扣除梁头所占墙模板面积。

(10) 现浇钢筋混凝土悬挑板(雨篷、阳台)按图示外挑部分尺寸的水平投影面积计算。挑出墙外的牛腿梁及板边模板不另计算；但嵌入墙体内的梁和牛腿梁伸入墙内部分应另行计算工程量，套用相应定额项目。

特 别 提 示

现浇混凝土悬挑板上有翻檐者，其翻檐工程量应另行计算，套用 10-4-211 挑檐、天沟定额项目；若翻檐高度超过 300mm，套用 10-4-206 栏板定额项目。

现浇混凝土挑檐、天沟按模板与混凝土的接触面以平方米计算。

(11) 现浇钢筋混凝土楼梯，以图示露明面尺寸的水平投影面积计算，不扣除小于 500mm 楼梯井所占面积。楼梯的踏步、踏步板、平台梁等侧面模板，不另计算。

特 别 提 示

楼梯工程量计算应包括每一跑的休息平台和相应的楼层板；楼层板和楼梯的分界线：有楼梯隔墙的以墙边线为界，无墙者以楼梯梁外边线为界。

(12) 现浇混凝土小型池槽模板，按构件外形体积计算，不扣池槽中间的空心部分，池槽内、外侧及底部的模板不另计算。

(13) 混凝土台阶(不包括梯带)，按图示台阶尺寸的水平投影面积计算，台阶端头两侧不另计算模板面积；若台阶与平台连接时，其分界线应以最上层踏步外沿加 300mm 计算。

(14) 现浇混凝土密肋板模板，按有梁板计算，斜板、折板模板，按平板模板计算，预制板板缝大于 40mm 时的模板，按平板后浇带模板计算。各种现浇混凝土板的倾斜度大于 15°时，其模板子目的人工乘以系数 1.30，其他不变。

(15) 轻体框架柱(壁式柱)子目已综合轻体框架中的梁、墙、柱内容，但不包括电梯井壁、单梁、挑梁。轻体框架柱的模板工程量均按混凝土和模板接触面积合并以平方米计算，套用壁式柱相应定额项目。

特 别 提 示

现浇混凝土电梯井壁模板工程量，按电梯井壁内外两侧的模板与混凝土接触面之和计算。

轻体框架柱(壁式柱)模板 10-4-150～155 子目，是消耗量定额第 4 章轻型框剪墙 4-2-35 子目的模板子目。

(16) 现场预制混凝土构件的模板工程量，按以下规定计算：

① 现场预制混凝土模板工程量，除注明者外均按混凝土实体体积以立方米计算。

② 预制桩按桩体积计算(不扣除桩尖虚体积部分)。

(17) 构筑物混凝土模板工程量，按以下规定计算。

① 构筑物的混凝土模板工程量，定额单位为立方米的，可直接利用消耗量定额第八章相应规则计算出的构件体积套用相应定额项目。例如：液压滑升钢模板施工的烟囱、倒锥壳水塔支筒、水箱、筒仓等均按混凝土体积，以立方米计算。

② 构筑物工程的水塔、贮水(油)池、贮仓的模板工程量按混凝土与模板的接触面积以平方米计算。

③ 大型池槽等分别按基础、墙、板、梁、柱等有关规定计算并套用相应定额项目。

④ 倒锥壳水塔的水箱提升按不同容积以座计算。

14.4.3　工程量计算与定额应用

应用案例14-10

某工程一层为钢筋混凝土墙体，层高4.5m，现浇混凝土板厚120mm，采用胶合板模板，钢支撑，经计算一层钢筋混凝土模板工程量为5000m²(其中超高面积为1000m²)，试计算胶合板模板工程量，确定定额项目。

解：

(1) 现浇混凝土墙体胶合板模板工程量 $S = 5000(\text{m}^2)$

套用10-4-136，直形墙、胶合板模板、钢支撑

定额基价=227.00(元/10m²)

定额措施费 $= \dfrac{5000}{10} \times 227.00 = 113500.00(\text{元})$

(2) 超高次数 $n = (4.5 - 3.6) \div 3 = 0.3 \approx 1$ 次(不足一次按一次计算)

超高工程量 $S = 1000(\text{m}^2)$

套用定额10-4-148，墙支撑高度超过3.6m每增3m钢支撑

定额基价=54.32(元/10m²)

定额措施费 $= \dfrac{1000}{10} \times 54.32 = 5432.00(\text{元})$

【案例拓展】

应用案例14-11

某工程现浇混凝土平板如图14.5所示，层高为3m，板厚为100mm，墙厚均为240mm，如果模板采用组合钢模板、钢支撑，试计算现浇混凝土平板模板工程量，确定定额项目。

解：

模板工程量 $= (3.6 \times 2 - 0.24 \times 2) \times (3.3 - 0.24) = 20.56(\text{m}^2)$

套用定额10-4-168，平板组合钢模板、钢支撑

定额基价=419.20(元/10m²)

定额措施费 $= \dfrac{20.56}{10} \times 419.20 \approx 861.88(\text{元})$

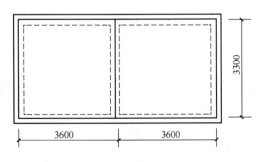

图14.5　应用案例14-11附图

14.5 大型机械安装、拆卸及场外运输

14.5.1 定额说明

（1）本节定额，依据《山东省建设工程施工机械台班单价表》编制。编制时，对机械种类不同、但其人工、材料、机械消耗量完全相同的子目，进行了合并。

（2）塔式起重机基础及拆除，指塔式起重机混凝土基础的搅拌、浇筑、养护及拆除，以及塔式起重机轨道式基础的铺设。

（3）大型机械安装、拆卸，指大型施工机械在施工现场进行安装、拆卸所需的人工，材料、机械、试运转，以及安装所需的辅助设施的折旧、搭设及拆除。

（4）大型机械场外运输，指大型施工机械整体或分体，自停放地运至施工现场，或由一施工现场运至另一施工现场 25km 以内的装卸、运输（包括回程）、辅助材料和架线等工作内容。

（5）本节定额的项目名称，未列明大型机械规格、能力等特点的，均涵盖各种规格、能力、构造和工作方式的同种机械。例如，5t、10t、15t、20t 四种不同能力的履带式起重机，其场外运输均执行 10-5-19 履带式起重机子目。

（6）定额未列子目的大型机械，不计算安装、拆卸及场外运输。

（7）大型机械安装、拆卸及场外运输，编制标底（招标控制价）时，按下列规定执行：

① 塔式起重机混凝土基础，建筑物首层（不含地下室）建筑面积 600m² 以内，计 1 座；超过 600m²，每增加 400m² 以内，增加 1 座。每座基础，按 10m³ 混凝土计算。

② 大型机械安装、拆卸及场外运输，按标底（招标控制价）机械汇总表中的大型机械，每个单位工程至少计 1 台次；工程规模较大时，按大型机械工作能力、工程量、招标文件规定的工期等具体因素确定。

（8）大型机械场外运输超过 25km 时，一般工业与民用建筑工程，不另计取。

（9）定额 10-5-1 子目，塔式起重机混凝土基础子目中，不含钢筋、地脚螺栓和模板，其工程量，按经过批准的施工组织设计计算。钢筋，执行现浇构件钢筋子目；模板，执行设备基础模板子目；地脚螺栓，执行补充子目 4-1-131（现浇混凝土埋设螺栓），并一并列入施工技术措施项目。

【知识拓展】

14.5.2 工程量计算与定额应用

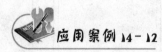
应用案例 14-12

某工程使用塔式起重机（8t）一台，该塔式起重机基础混凝土体积为 20m³，试计算工程量，确定定额项目。

解：

（1）塔式起重机基础混凝土工程量 $V = 20(m³)$

套用定额 10-5-1，塔式起重机混凝土基础

定额基价＝2757.91（元/10m³）

定额措施费 $=\dfrac{20}{10}\times2757.91=5515.82$(元)

(2) 塔式起重机安装、拆卸工程量＝1(台次)

套用定额 10-5-21,8t 塔式起重机安装、拆卸

定额基价＝14702.86(元/台次)

定额措施费＝1×14702.86＝14702.86(元)

(3) 塔式起重机场外运输工程量＝1(台次)

套用定额 10-5-21-1,8t 塔式起重机场外运输

定额基价＝13900.94(元/台次)

定额措施费＝1×13900.94＝13900.94(元)

本章小结

通过本章的学习,要求学生应掌握以下内容。

(1) 脚手架包括外脚手架、里脚手架、满堂脚手架、依附斜道、安全网、烟囱(水塔)脚手架、电梯井字架、主体工程外脚手架及外装饰工程脚手架等十项内容,要求掌握脚手架工程量的计算及定额套项。

(2) 垂直运输机械及超高增加包括建筑物垂直运输机械,建筑物超高人工、机械增加及建筑物分部工程垂直运输机械三项内容;要求掌握垂直运输机械及超高增加工程量的计算及定额套项。

(3) 掌握构件运输及安装工程量的计算及定额套项。

(4) 混凝土模板及支撑工程包括现浇混凝土模板、现场预制混凝土模板及构筑物混凝土模板三项内容,要求掌握模板及支撑工程工程量的计算及定额套项。

习题

一、填空题

1. 满堂脚手架按室内_____计算,不扣除柱、垛所占面积。

2. 计算内、外墙脚手架时,均不扣除_____、_____等所占面积。

3. 平挂式安全网按_____计算,套用_____定额项目。

4. 檐口高度在_____m 以内的建筑物不计算垂直运输机械。

5. 建筑物设计室外地坪至檐口高度超过_____m 时,即为"超高工程"。

6. 建筑物内装饰超高人工增加,适用于_____情况;定额中"×层～×层之间"是指_____,非指_____。

7. 小型构件安装是指单体体积小于_____ m³(人力安装)和_____ m³(5t 汽车吊安装),定额中未单独列项的构件。

8. 钢屋架安装单榀重量在_____ t 以下者,按轻钢屋架子目计算。

9. 现浇混凝土悬挑板的翻檐,其模板工程量按_____计算,执行_____定额项目;若翻檐高度超过_____时,执行_____定额项目。

10. 现浇混凝土柱、梁、板、墙定额项目中分别编制了钢支撑或木支撑高度超过

3.6m 每增 3m 的定额项目，若支模高度超过 3.6m 时，应从 3.6m 以上，执行＿＿＿＿定额项目，计算模板支撑超高。

二、简答题

1. 型钢平台外挑双排钢管脚手架适用于什么情况？

2. 外脚手架高度应怎样计算？

3. 外墙装饰脚手架工程量应怎样计算？

4. 依附斜道工程量应怎样计算？

5. 20m 以上的建筑物、构筑物垂直运输机械怎样计算？

6. 建筑物分部工程垂直运输机械适用于什么情况？

7. 现浇混凝土柱、构造柱模板工程量应怎样计算？

8. 现浇混凝土板模板工程量应怎样计算？

9. 现浇混凝土楼梯模板工程量应怎样计算？

10. 现浇混凝土梁模板工程量应怎样计算？

11. 现浇混凝土墙模板工程量应怎样计算？

12. 什么叫塔式起重机基础及拆除？

三、案例分析

1. 某工程已知条件同引例图 14.1，如果全部外墙装饰不能利用主体工程脚手架，试计算主体工程、外装饰工程脚手架及依附斜道工程量，确定定额项目。

2. 某工程平面和立面示意图如图 14.6 所示，有挑出的外墙，试计算外脚手架工程量，确定定额项目。

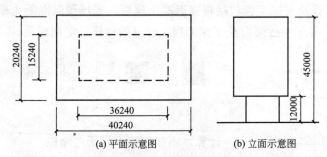

(a) 平面示意图　　　　(b) 立面示意图

图 14.6　案例分析(2)附图

3. 某办公楼，共计 20 层，每层建筑面积为 900m²，其内装修由建设单位单独发包，试计算垂直运输机械工程量，确定定额项目。

4. 某工程结构平面图和剖面图如图 14.3 所示，板顶标高为 6.3m，模板采用组合钢模板钢支撑，试计算现浇混凝土有梁板模板工程量，确定定额项目。

5. 某车间工程，三层，檐高 20m，设计采用预制钢筋混凝土柱接柱结构，每层共计 20 根柱，第一层柱单根体积为 2.5m³，第二层柱单根体积为 1.6m³，第三层柱单根体积为 1.65m³，若采用轮胎式起重机安装，试计算构件吊装工程量，确定定额项目。

第 15 章

建筑工程费用

教学目标

了解建筑工程费用的组成；掌握建筑工程类别的划分标准及费率；掌握建筑工程定额计价计算程序。

教学要求

能力目标	知识要点	相关知识	权重
了解建筑工程的费用组成	直接费、间接费、利润、税金	建筑工程费用项目组成表	0.3
掌握建筑工程类别的划分标准及费率	类别划分标准、费率	类别划分使用说明、建筑工程类别划分标准表、建筑工程费率	0.3
掌握建筑工程定额计价计算程序	建筑工程定额计价取费程序	消耗量定额、施工技术措施项目、费率	0.4

　　某住宅楼工程，砖混结构，两层，建筑面积为 200m²，利用山东省建筑工程消耗量定额及价目表计算出该工程直接费为 109890.98 元，该价格是否就是工程总价？如果不是，还需要计算哪些项目？如何计算？在本章中将重点阐述建筑工程相关费用问题。

15.1　建筑工程费用项目组成

　　建筑工程费用项目是指建筑工程施工阶段的费用项目。建筑工程费用由直接费、间接费、利润和税金组成，见表 15-1 和表 15-2。

表 15-1　建筑工程费用项目组成表

建筑工程费	直接费	直接工程费	1. 人工费
			2. 材料费
			3. 施工机械使用费
		措施费	1. 夜间施工费
			2. 二次搬运费
			3. 已完工程及设备保护费
			4. 冬、雨季施工增加费
			5. 总承包服务费
			6. 大型机械设备进出场及安拆费
			7. 施工排水、降水费
			8. 专业工程措施项目费（见表 15-2）
	间接费	企业管理费	1. 管理人员工资
			2. 办公费
			3. 差旅交通费
			4. 固定资产使用费
			5. 工具用具使用费
			6. 劳动保险费
			7. 工会经费
			8. 职工教育经费
			9. 财产保险费
			10. 财务费
			11. 税金
			12. 城市维护建设税、教育费附加、地方教育附加等
		规费	1. 安全文明施工费　（1）安全施工费
			（2）环境保护费
			（3）文明施工费
			（4）临时设施费
			2. 工程排污费
			3. 社会保障费　（1）养老保险费
			（2）失业保险费
			（3）医疗保险费
			（4）工伤保险费
			（5）生育保险费

（续）

建筑工程费	间接费		4. 住房公积金
			5. 危险作业意外伤害保险
	利润		
	税金		增值税

表 15 - 2　专业工程措施项目费一览表

序号	建筑、装饰工程
1	混凝土、钢筋混凝土模板及支架费
2	脚手架
3	垂直运输机械费
4	构件吊装机械费

15.1.1　直接费

直接费是指在工程施工过程中直接耗费的构成工程实体和有助于工程形成的各项费用。直接费由直接工程费和措施费组成。

1. 直接工程费

直接工程费是指施工过程中耗费的构成工程实体的各项费用，包括人工费、材料费、施工机械使用费。

$$直接工程费＝人工费＋材料费＋施工机械使用费$$

1) 人工费

人工费是指直接从事建筑安装工程施工的生产工人开支的各项费用，其内容包括以下几个方面。

（1）基本工资。它是指发放给生产工人的基本工资。

$$基本工资＝\frac{生产工人年人均基本工资}{年法定工作日}（元/人、工日）$$

● 特 别 提 示 ┈┈┈┈┈┈┈┈┈┈┈┈┈┈┈┈┈┈┈┈┈┈┈┈┈┈┈┈┈┈┈┈┈┈┈

法定节假日为元旦、春节、五一国际劳动节、国庆节共 10 日假日，以及每周双休日。法定节假日共计：$10+\frac{365}{7}×2≈114$（天）。法定节假日不包括由于工作职业、性别特殊规定的假日。

年法定工作日＝365－114＝251（天）。

人工单价的单位为：元/人、工日。

┈┈

（2）工资性补贴。它是指按规定标准发放的物价补贴，煤、燃气补贴、交通补贴、住房补贴、流动施工津贴等。

$$工资性津贴 = \frac{生产工人年人均津贴额}{年法定工作日}(元/人、工日)$$

（3）生产工人辅助工资。它是指生产工人除法定节假日以外非作业天数的工资，包括职工学习、培训期间的工资，调动工作、探亲、休假期间的工资，因气候影响的停工工资，女工哺乳期间的工资，病假在六个月以内的工资及产、婚、丧假期的工资。

$$辅助工资 = (基本工资 + 工资性津贴) \times \frac{年平均非工作天数}{年法定工作日}(元/人、工日)$$

（4）职工福利费。它是指按规定标准计提的职工福利费。

$$福利费 = \frac{按规定基数计提的生产工人年人均福利费额}{年法定工作日}(元/人、工日)$$

（5）生产工人劳动保护费。它是指按规定标准发放的劳动保护用品的购置费及修理费，徒工服装补贴，防暑降温费，在有碍身体健康环境中施工的保健费用等。

$$劳动保护费 = \frac{生产工人年人均劳动保险费用发放额}{年法定工作日}(元/人、工日)$$

2）材料费

材料费是指施工过程中耗费的构成工程实体的原材料、辅助材料、构配件、零件、半成品的费用，其内容包括：

（1）材料原价（或供应价格）。材料原价是指材料生产厂家直接销售的出厂价。供应价格是指经材料供销部门（公司）销售的材料价格，或由生产部门再次生产加工并由供销部门（公司）销售的材料价格。

（2）材料运杂费。它是指材料自来源地运至工地仓库或指定堆放地点所发生的全部费用。

材料运杂费 = 某产品或供货渠道的供货比例 × 相应的运价标准 × 相应的运输里程

（3）运输损耗费。它是指材料在运输装卸过程中不可避免的损耗。

运输、装卸损耗费 = 材料原价（或供应价）× 相应材料损耗率

（4）采购及保管费。它是指组织采购、供应和保管材料过程中所需要的各项费用。

包括：采购费、仓储费、工地保管费、仓储损耗。

采购及保管费 = （材料原价 + 材料运杂费）× 采购及保管费率（元/每计量单位）

（5）检验试验费。它是指对建筑材料、构件和建筑安装物进行一般鉴定、检查所发生的费用，包括自设实验室进行实验所消耗用的材料和化学药品等费用。不包括新结构、新材料的实验费和建设单位对具有出厂合格证明的材料进行检查，对构件做破坏性实验及其他特殊要求实验的费用。

$$检验试验费 = \frac{按规定每批材料抽验所需费用}{该批材料数量}(元/每计量单位)$$

● 特 别 提 示 ....

在计算材料运杂费时，要注意材料堆放的损耗。

在计算采购及保管费时，若施工现场无法堆放材料，要注意材料堆放场地和仓库租用时的费用。

若材料供应商直接将材料供应至施工现场材料堆放点时，仅计算材料运杂费中的堆放损耗。

在计算检验试验费时，要针对设计文件内容中所提及的材料名称、规格，依据规范对此类材料的检验要求和批量要求对设计用材料进行检验试验。

3）施工机械使用费

施工机械使用费是指施工机械作业所发生的机械使用费、机械安拆费和场外运输费。

施工机械台班单价应由下列七项费用组成。

（1）折旧费。它是指施工机械在规定的使用年限内，陆续收回其原值及购置资金的时间价值。

$$折旧费 = 预算价格 \times (1 - 残值率) \times \frac{时间价值系数}{耐用总台班}（元/台班）$$

 特　别　提　示

耐用总台班是指施工机械从开始投入使用至报废前使用的总台班数。

$$耐用总台班 = \frac{折旧年限}{年工作台班}$$

（2）大修理费。它是指施工机械按规定的大修理间隔台班进行必要的大修理，以恢复其正常功能所需要的费用。

$$大修理费 = 一次大修理费 \times \frac{寿命期内大修理次数}{耐用总台班}（元/台班）$$

（3）经常修理费。它是指施工机械除大修理以外的各级保养和临时故障排除所需的费用。包括为保障机械正常运转所需替换设备与随机配备工具附具的摊销与维护费用，机械运转中日常保护所需润滑与擦拭的材料费及机械停滞期间的维护和保养费用等。

$$经常修理费 = \frac{\left[\sum(各级保养一次费用 \times 寿命期内各级保养次数) + 临时故障排除费 + 替换设备台班摊销费 + 工具附具台班摊销费 + 例保辅料费\right]}{耐用总台班}（元/台班）$$

（4）安拆费及场外运费。安拆费是指施工机械在现场进行安装与拆卸所需的人工、材料、机械和试运转费用，以及机械辅助设施的折旧、搭设、拆除等费用；场外运费是指施工机械整体或分体自停放点运至施工现场或由一施工地点运至另一施工地点的运输、装卸、辅助材料及架线等费用。

$$机械安拆费及场外运费 = 一次安拆费及场外运输费 \times \frac{年平均安拆次数}{年工作台班}（元/台班）$$

（5）人工费。它是指机上司机（司炉）和其他操作人员的工作日人工费及上述人员在施工机械规定的年工作台班以外的人工费。

$$机上人工费 = 年工作台班机上人工 \times 人工单价 \times \left[1 + \frac{(法定工作日 - 年工作台班)}{年工作台班}\right]（元/台班）$$

（6）燃料动力费。它是指施工机械在运转作业中所消耗的固体燃料（煤、木柴）、液体燃料（汽油、柴油）及水、电等。

$$燃料动力费 = \sum(台班燃料动力消耗数量 \times 相应燃料单价)（元/台班）$$

（7）车船使用税。它是指施工机械按照国家规定和有关部门规定应缴纳的车船使用税、保险费及年检费等。

$$车船使用税=\frac{（车船使用税+年保险费+年检费用）}{年工作台班}（元/台班）$$

特 别 提 示 ....

施工过程中使用机械，不论是完成设计文件规定的全部工程内容所需机械，还是措施项目费中的所需机械，遇使用租赁机械情况时，机械台班单价按机械租赁单价计入。

2. 建筑工程措施项目费

措施费是指为完成工程项目施工，发生于该工程施工前和施工过程中非工程实体项目的费用，内容包括以下几个方面。

1）夜间施工费

夜间施工费是指因夜间施工所发生的夜班补助费、夜间施工降效、夜间施工照明设备摊销及照明用电费用。

夜间施工费=拟建工程生产工人夜间施工降效费+夜餐补助费+施工照明费（元）

2）二次搬运费

二次搬运费是指因施工场地狭小等特殊情况而发生的二次搬运费用。

二次搬运费=拟建工程主要材料人工装卸费+

搬运工具（机械）摊销费+材料搬运损耗费（元）

3）大型机械设备进出场及安拆费

大型机械设备进出场及安拆费是指机械整体或分体自停放场地运至施工现场或由一个施工地点运至另一施工地点，所发生的机械进出场运输转移费用及机械在施工现场进行安装、拆卸所需的人工费、材料费、试运转费和安装所需的辅助设施的费用。

一次安拆费=大型机械一次安装、拆卸费+机械试运转费+辅助设施摊销费

场外运输费=大型机械一次运输费+装卸费+辅助材料费+架线费

4）已完工程及设备保护费

已完工程及设备保护费是指竣工验收前，对已完工程及设备进行保护所需费用。

5）施工排水、降水费

施工排水、降水费是指为确保工程在正常条件下施工，采取各种排水、降水措施降低地下水位所发生的各种费用。

6）冬雨季施工增加费

冬雨季施工增加费指在冬雨季施工期间，为保证工程质量，采取保温、防护措施所增加的费用，以及因工效和机械作业效率降低所增加的费用。

冬季施工增加费=拟建工程合同工期内，冬季施工采取保温措施所需的人工费+材料费+

人工降效费+施工机械降效费+施工规范规定的技术措施费

雨季施工增加费=拟建工程合同工期内，雨季施工采取防护及排水措施所需的

人工费+材料费+人工降效费+机械降效费

● 特 别 提 示 ....

在冬季施工时，要注意冬季施工的技术规范要求，报价时要根据工程工期的长短、冬季施工的内容，确定冬季施工增加费的内容和费用。

7）混凝土、钢筋混凝土模板及支架费

混凝土、钢筋混凝土模板及支架费是指混凝土施工过程中所需要的各种钢模板、木模板、支架等的支、拆、运输费用及模板、支架的摊销（或租赁）费用。

混凝土、钢筋混凝土模板及支架费＝按工程量计算规则计算出的模板接触面积×模板、支架摊销（或租赁）单价＋一次性安拆费（元）

● 特 别 提 示 ....

模板、支架摊销单价＝摊销数量×模板、支架购置单价＋模板、支架养护维修费

一次性安拆费＝安拆人工费＋安拆材料费＋场外运输费及吊装费

模板、支架租赁单价＝每平方米模板租赁单价×租赁数量＋每平方米支架租赁单价×租赁数量

8）脚手架费

脚手架费是指施工需要的各种脚手架搭、拆、运输费用及脚手架的摊销（或租赁）费用。

9）垂直运输机械费

垂直运输机械费是指工程施工需要的垂直运输机械使用费。

10）构件吊装机械费

构件吊装机械费是指混凝土、金属构件等的机械吊装费用。

11）总承包服务费

总承包服务费是指总承包人为配合协调发包人进行的工程分包，自行采购的设备、材料等的管理、服务，以及施工现场管理，竣工资料汇总整理等服务所需的费用。

总承包服务费＝为配合分包单位施工、管理所需的人工费＋交叉施工的人工降效等

15.1.2 间接费

间接费由规费、企业管理费组成。

1. 规费

根据国家、省级有关行政主管部门规定必须计取或缴纳的，应计入工程造价的费用，内容包括以下几个方面。

1）安全文明施工费

（1）安全施工费。它是指按《建筑工程安全生产管理条例》规定，为保证施工现场安全施工所必需的各项费用。

（2）环境保护费。它是指施工现场为达到环保部门的要求所需要的各项费用。

环境保护费＝为保护拟建工程周围环境所需的各项费用＋
对已破坏环境修复所需发生的各项费用（元）

在计算该项费用时，不包括施工对环境造成污染后的罚款费用。

（3）文明施工费。它是指施工现场文明施工所需要的各项费用。

（4）临时设施费。它是指施工企业为进行建筑工程施工所必须搭设的生活和生产用的临时建筑物、构筑物和其他临时设施费用等。

临时设施包括临时宿舍、文化福利及公用事业房屋与构筑物、仓库、办公室、加工厂，以及规定范围内道路、水、电、管线等临时设施和小型临时设施。

临时设施费用包括临时设施的搭设、维修、拆除费或摊销费。

临时设施费的确定，先要根据施工现场的情况（包括业主提供水、电源供应情况等）进行施工组织方案设计，而后确定临时设施费用。

2）工程排污费

工程排污费是指施工现场按规定缴纳的工程排污费。

3）社会保障费

社会保障费是指企业按照国家规定标准为职工缴纳的社会保障费用，包括养老保险费、失业保险费、医疗保险费、工伤保险费、生育保险费。

4）住房公积金

住房公积金是指企业按照规定标准为职工缴纳的住房公积金。

$$住房公积金=\frac{按规定基数计提的生产工人年人均住房公积金额}{年法定工作日}（元/人，工日）$$

5）危险作业意外伤害保险

危险作业意外伤害保险是指按照建筑法规定，企业为从事危险作业的建筑安装施工人员支付的意外伤害保险费。

$$危险作业意外伤害保险费=\frac{从事危险作业人员年均意外伤害保险金额}{（年法定工作日×生产工人年平均人数）}（元/人、工日）$$

2. 企业管理费

企业管理费是指建筑安装企业组织施工生产和经营管理所需的费用。其内容包括以下几个方面。

1）管理人员工资

管理人员工资是指管理人员的基本工资、工资性补贴、职工福利费、劳动保护费等。

2）办公费

办公费是指企业管理办公用的文具、纸张、账表、印刷、邮电、书报、会议、水电、烧水和集体取暖（包括现场临时宿舍取暖）用煤等费用。

3）差旅交通费

差旅交通费是指职工因出差、调动工作的差旅费、住勤补助费，市内交通费和误餐补助费，职工探亲路费，劳动力招募费，职工离休、退休一次性路费，工伤人员就医路费，工地转移费，以及管理部门使用的交通工具的油料、燃料、养路费及牌照费。

4）固定资产使用费

固定资产使用费是指管理和实验部门及附属生产单位使用的属于固定资产的房屋、设备仪器等的折旧、大修、维修或租赁费。

5）工具用具使用费

工具用具使用费是指管理使用的不属于固定资产的生产工具、器具、家具、交通工具和检验、测绘、消防用具等的购置、维修和摊销费。

6）劳动保险费

劳动保险费是指由企业支付离退休职工的易地安家补助费、职工退休金、六个月以上的病假人员工资、职工死亡丧葬补助费、抚恤费、按规定支付给离退休干部的各项经费。

7）工会经费

工会经费是指企业按职工工资总额计提的工会经费。

$$工会经费 = \frac{按规定基数计提的生产工人年人均工会经费金额}{年法定工作日}(元/人·工日)$$

8）职工教育经费

职工教育经费是指企业为职工学习先进技术和提高文化，按职工工资总额计提的费用。

$$教育经费 = \frac{按规定基数计提的生产工人年人均教育经费金额}{年法定工作日}(元/人·工日)$$

9）财产保险费

财产保险费是指施工管理用财产、车辆保险。

10）财务费

财务费是指企业为筹集资金而发生的各种费用。

11）税金

税金是指企业按规定缴纳的房产税、车船使用税、土地使用税、印花税等。

12）其他

其他包括城市维护建设税、教育费附加、地方教育附加、技术转让费、技术开发费、业务招待费、绿化费、广告费、公证费、法律顾问费、审计费、咨询费等。

15.1.3 利润

利润是指施工企业完成承包工程所获得的盈利。

$$利润 = (直接工程费 + 措施费) \times 利润率$$

15.1.4 税金

税金是指国家税法规定的应计入建筑工程造价内的增值税。该费用由工程承包人代收，并按规定及时足额交纳给工程所在地的税务部门。

$$税金 = 税前造价(除税) \times 税率$$

15.2 建筑工程类别划分标准及费率

15.2.1 工程类别划分说明

工程类别划分标准，是根据不同的单位工程，按其施工难易程度，结合山东省建筑市场的实际情况确定的。工程类别划分标准是根据工程施工难易程度计取有关费用的依据；同时也是企业编制投标报价的参考。建筑工程的工程类别按工业建筑工程、装饰装修工程、民用建筑工程、构筑物工程、桩基础工程和单独土石方工程分列并分若干类别。

1. 类别划分

(1) 工业建筑工程。它是指从事物质生产和直接为物质生产服务的建筑工程。一般包括：生产(加工、储运)车间、实验车间、仓库、民用锅炉房和其他生产用建筑物。

（特）（别）（提）示

工业建筑工程类别中的钢结构是指由钢柱、钢梁、钢屋架(网架)构成的建筑物；其他结构是指预制排架结构、现浇混凝土框架结构，以及其他结构形式的工业建筑。使用时按单层、多层、檐高、跨度、建筑面积确定其类别。

(2) 装饰装修工程。它是指建筑主体结构完成后，在主体结构表面及相关部位进行抹灰、镶贴和铺挂面层等，以达到建筑设计效果的装饰装修工程。

(3) 民用建筑工程。它是指直接用于满足人们物质和文化生活需要的非生产性建筑物，一般包括住宅及各类公用建筑工程。

（特）（别）（提）示

科研单位独立的实验室、化验室按民用建筑工程确定工程类别。

(4) 构筑物工程。它是指与工业或民用建筑配套、或独立于工业与民用建筑工程的工程，一般包括烟囱、水塔、仓库、池类等。

(5) 桩基础工程。它是指天然地基上的浅基础不能满足建筑物和构筑物的稳定要求，而采用的一种深基础，主要包括现浇和预制混凝土桩及其他桩基础。

(6) 单独土石方工程。它是指建筑物、构筑物、市政设施等基础土石方以外的，且单独编制概预算的土石方工程，包括土石方的挖、填、运等。

（特）（别）（提）示

该部分内容是由消耗量定额第 1 章土石方工程第 1 节单独土石方计算出的部分。

2. 使用说明

(1) 工程类别的确定，以单位工程为划分对象。

(2) 与建筑物配套使用的零星项目，如化粪池、检查井等，按其相应建筑物的类别确

定工程类别。其他附属项目，如围墙、院内挡土墙、庭院道路、室外管沟架等，按建筑工程Ⅲ类确定类别。

（3）建筑物、构筑物高度，自设计室外地坪算起，至屋面檐口高度。高出屋面的电梯间、水箱间、塔楼等不计算高度。建筑物的面积，按建筑面积计算规则的规定计算。建筑物的跨度，按设计图示尺寸标注计算的轴线跨度计算。容积按设计净容积计算。桩长按设计桩的净长计算（预制混凝土桩包括桩尖长度）。

（4）非工业建筑的钢结构工程，参照工业建筑的钢结构工程确定工程类别。

● 特 别 提 示

非工业建筑的钢结构工程，是指钢结构公共建筑（如商场、办公楼等）。

（5）居住建筑的附墙轻型框架结构，按砖混结构的工程类别套用；但设计层数大于18层，或建筑面积大于12000m² 时，按居住建筑其他结构的Ⅰ类工程套用。

● 特 别 提 示

附墙轻型框架结构，是指在建筑结构设计中采用附墙（与墙体等厚度）的混凝土柱、T形（L形、一字形）墙及梁的结构形式。

（6）工业建筑的设备基础，单位混凝土体积大于1000m³，按构筑物Ⅰ类工程计算；单位混凝土体积大于600m³，按构筑物Ⅱ类工程计算；单位混凝土体积小于600m³、大于50m³ 按构筑物Ⅲ类工程计算；小于50m³ 的设备基础按相应建筑物或构筑物的工程类别确定。

● 特 别 提 示

工业建筑的设备基础，包括混凝土单体的块状基础，混凝土框架式网状基础，以及混凝土框架、墙等混合式基础等。

（7）确定建筑工程的工程类别时，首先应确定其结构形式同一建筑物结构形式不同时，按建筑面积大的结构形式确定工程类别。当用"建筑面积"指标衡量建筑物的建筑规模时，建筑物的建筑面积应为两种或几种不同结构形式的建筑面积的合计。

● 特 别 提 示

若同一建筑物结构形式不同，有两种甚至三种结构形式，而且几种结构形式所占总建筑面积的比例相差不大时，可以累计几种结构形式的建筑面积，套用其中一种结构形式的工程类别进行类别确定。

（8）强夯工程，均按单独土石方工程Ⅱ类执行。

（9）装饰工程有关说明如下。

① 民用建筑中的特殊建筑，包括影剧院、体育馆、展览馆、高级会堂等建筑的装饰工程类别，均按工类Ⅰ程确定。

② 民用建筑中的公用建筑，包括综合楼、办公楼、教学楼、图书馆等建筑的装饰工程类别，均按Ⅱ类工程确定。

③ 一般居住类建筑的装饰均按Ⅲ类工程确定。

④ 单独招牌、灯箱、美术字等工程，均按Ⅲ类工程确定。

⑤ 单独外墙装饰，包括幕墙工程，各种外墙干挂。

（10）工程类别划分标准中有两个指标的，确定类别时需要满足其中一个指标。

15.2.2 建筑工程类别划分标准

建筑工程类别划分标准见表 15-3。

表 15-3　建筑装饰工程类别划分标准

工程名称			单位	工程类别		
				Ⅰ	Ⅱ	Ⅲ
工业建筑工程	钢结构	跨度	m	＞30	＞18	≤18
		建筑面积	m²	＞16000	＞10000	≤10000
	其他结构	单层 跨度	m	＞24	＞18	≤18
		建筑面积	m²	＞10000	＞6000	≤6000
		多层 檐高	m	＞50	＞30	≤30
		建筑面积	m²	＞10000	＞6000	≤6000
民用建筑工程	公用建筑	砖混结构 檐高	m	—	30＜檐高＜50	≤30
		建筑面积	m²	—	6000＜面积＜10000	≤6000
		其他结构 檐高	m	＞60	＞30	≤30
		建筑面积	m²	＞12000	＞8000	≤8000
	居住建筑	砖混结构 层数	层	—	8＜层数＜12	≤8
		建筑面积	m²	—	8000＜面积＜12000	≤8000
		其他结构 层数	层	＞18	＞8	≤8
		建筑面积	m²	＞12000	＞8000	≤8000
构筑物工程	烟囱	混凝土结构高度	m	＞100	＞60	≤60
		砖结构高度	m	＞60	＞40	≤40
	水塔	高度	m	＞60	＞40	≤40
		容积	m³	＞100	＞60	≤60
	筒仓	高度	m	＞35	＞20	≤20
		容积（单体）	m³	＞2500	＞1500	≤1500
	贮池	容积（单体）	m³	＞3000	＞1500	≤1500

（续）

工程名称		单位	工程类别（%）		
			I	II	III
单独土石方工程	单独挖、填土石方	m³	＞15000	＞10000	5000＜体积≤10000
桩基础工程	桩长	m	＞30	＞12	≤12
装饰工程	工业与民用建筑		四星级宾馆以上	三星级宾馆	二星级宾馆以下
	单独外墙装饰		幕墙高度50m以上	幕墙高度30m以上	幕墙高度30m以下（含30m）

15.2.3 建筑工程费率

建筑工程费率见表15-4～表15-7。

表15-4 企业管理费、利润费率

费用名称及工程类别 专业名称	企业管理费（%）			利润（%）		
	I	II	III	I	II	III
工业、民用建筑工程	9.93	7.93	5.85	8.20	4.65	3.43
构筑物工程	7.94	7.17	4.75	6.87	5.54	2.66
单独土石方工程	6.62	4.75	3.00	5.09	3.65	1.55
桩基础工程	5.30	4.10	2.99	3.88	2.99	1.11
装饰工程	102.14	81.29	49.63	34	22	16

表15-5 税金费率

税金	费率（%）
增值税	11

表15-6 措施费费率 （%）

费用名称 专业名称		夜间施工费	二次搬运费	冬雨季施工增加费	已完工程及设备保护费	总承包服务费
建筑工程	建筑工程	0.7	0.6	0.8	0.15	3
	装饰工程	3.62	3.25	4.07	0.15	3

注：（1）建筑工程、装饰工程措施费中人工费含量：夜间施工费、冬雨季施工增加费及二次搬运费为20%，已完工程及设备保护费为10%。

（2）装饰工程已完工程及设备保护费计费基础为省价直接工程费。

表 15－7　规费费率

费用名称	专业名称	建筑工程(%)	装饰工程(%)
规费	1. 安全文明施工费	3.73	4.18
	其中：(1) 安全施工费	2.37	2.37
	(2) 环境保护费	0.11	0.12
	(3) 文明施工费	0.54	0.10
	(4) 临时设施费	0.71	1.59
	2. 工程排污费	按工程所在地设区市相关规定计算	
	3. 社会保障费	按建安工作量 3.09% 计算	
	4. 住房公积金	按工程所在地设区市相关规定计算	
	5. 危险作业意外伤害保险	按工程所在地设区市相关规定计算	

15.3　建筑工程定额计价计算程序

15.3.1　建筑工程费用计算程序表

建筑工程费用定额计价的计算程序，见表 15－8。

表 15－8　建筑工程费用定额计价计算程序

序号	费用名称	计算方法
一	直接费	(一) ＋ (二)
	(一) 直接工程费	$\sum\{工程量\times\sum[(定额工日消耗数量\times人工单价)＋(定额材料消耗数量\times材料单价)＋(定额机械台班消耗数量\times机械台班单价)]\}$
	计费基础 JF_1	按"计算程序说明"中"1. 计费基础及其计算方法"计算
	(二) 措施费	1.1＋1.2＋1.3＋1.4
	1.1 参照定额规定计取的措施费	按定额规定计算
	1.2 参照省发布费率计取的措施费	计费基础 JF_1 ×相应费率
	1.3 按施工组织设计（方案）计取的措施费	按施工组织设计（方案）计取
	1.4 总承包服务费	专业分包工程费（不包括设备费）×费率
	计费基础 JF_2	按"计算程序说明"中"1. 计费基础及其计算方法"计算
二	企业管理费	$[JF_1＋JF_2]$×管理费费率

（续）

序号	费用名称		计算方法
三	利润		$[JF_1+JF_2]\times$利润率
四	规费		$4.1+4.2+4.3+4.4+4.5$
	4.1	安全文明施工费	（一＋二＋三）×费率
	4.2	工程排污费	按工程所在地相关规定计算
	4.3	社会保障费	（一＋二＋三）×费率
	4.4	住房公积金	按工程所在地相关规定计算
	4.5	危险作业意外伤害保险	按工程所在地相关规定计算
五	税金		（一＋二＋三＋四）×税率
六	建筑工程费用合计		一＋二＋三＋四＋五

【计算程序说明】

1. 计费基础及其计算方法

计费基础及其计算方法，见表 15-9。

表 15-9 计费基础及其计算方法

专业名称	计费基础		计算方法
建筑工程	计费基础 JF_1	直接工程费	$\sum$（工程量×省基价）
装饰工程		人工费	$\sum$［工程量×（定额工日消耗数量×省价人工单价）］
建筑工程	计费基础 JF_2	措施费	按照省价人、材、机单价计算的措施费与按照省发布费率及规定计取的措施费之和
装饰工程		人工费	按照省价人工单价计算的措施费中人工费和按照省发布费率及规定计算的措施费中人工费之和

2. 有关措施费的说明

（1）参照定额规定计取的措施费是指消耗量定额中列有相应子目或规定有计算方法的措施项目费用。如建筑工程中混凝土、钢筋混凝土模板及支架费、混凝土泵送费、脚手架费、垂直运输机械费、构件吊装机械费等。

（注：本类中的措施费有些要结合施工组织设计或技术方案计算）

（2）参照省发布费率计取的措施费是指按省建设行政主管部门根据建筑市场状况和多数企业经营管理情况、技术水平等测算发布了费率的措施项目费用，包括夜间施工费、冬雨季施工增加费、二次搬运费，以及已完工程及设备保护费等。

（3）按施工组织设计（方案）计取的措施费是指按施工组织设计（方案）计算的措施

项目费用，如大型机械进出场及安拆费，施工排水、降水费，以及拟建工程实际需要采取的其他措施性项目费用等。

（4）措施费中的总承包服务费不计入计费基础 JF_2，并且不计取企业管理费和利润。

15.3.2 建筑工程费用定额计价计算过程

1. 计算直接工程费

按工程量计算规则分别计算出各分项工程量后，分别套用定额和单价（人工、材料、机械需要进行市场价差调整），求出各分部分项工程的人工费、材料费和机械费，将此三项费用合计为"（一）"项数据，即直接工程费合计。

2. 计算措施费

措施费包括以下四部分。

（1）参照定额规定计取的措施费项目，该项费用是用工程量乘以价目表中措施项目单价（人工、材料、机械需要进行市场价差调整）的累计额，即措施项目费用。

（2）参照省发布费率计取的措施费，该项费用可由省价直接工程费乘以建筑工程措施费率（见表15-6）得出。

（3）按施工组织设计（方案）计取的措施费，该项费用可按施工组织设计（方案）计取。

（4）总承包服务费，该项费用可用专业分包工程费（不包括设备费）乘以相应费率计取。

3. 计算企业管理费

企业管理费按省价直接工程费与省价措施费之和乘以管理费率计算。其中企业管理费费率的取定，应根据工程名称和工程类别，从建筑工程费率表15-4中查出。

4. 计算利润

利润按省价直接工程费与省价措施费之和乘以利润率计算。其中，利润率的取定，应根据工程名称和工程类别，从建筑工程费率表15-4中查出。

5. 计算规费

规费按工程所在地相关规定计算。其中，规费费率按表15-7的规定计算。

6. 计算税金

税金按不同的纳税地（工程所在地），以税前造价为基础乘以税率（见表15-5）计算。

以上各项费用的总和，即构成建筑工程费用合计。

本 章 小 结

通过本章的学习，要求学生应掌握以下内容。

（1）了解建筑工程费用的组成。其具体内容包括：直接费（直接工程费、措施费）、间接费（企业管理费、规费）、利润、税金。

（2）掌握建筑工程类别的划分标准及费率。其中，建筑工程类别是按工业建筑工程、装饰装修工程、民用建筑工程、构筑物工程、单独土石方工程、桩基础工程分列并分若干类别。

（3）掌握建筑工程定额计价计算程序。

一、选择题

1. 直接工程费不包括（　　）。

    A. 人工费   B. 材料费   C. 施工机械使用费   D. 税金

2. 脚手架费属于（　　）。

    A. 直接工程费   B. 措施费   C. 企业管理费   D. 规费

3. 工程排污费属于（　　）。

    A. 直接费   B. 措施费   C. 管理费   D. 规费

4. 工业建筑的设备基础，单位混凝土体积大于（　　）m^3，按建筑物Ⅰ类工程计算；单位混凝土体积大于（　　）m^3，按建筑物Ⅱ类工程计算；单位混凝土体积小于（　　）m^3、大于（　　）m^3 按建筑物Ⅲ类工程计算；小于（　　）m^3 的设备基础按相应建筑物或建筑物的工程类别确定。

    A. 1000   B. 600   C. 50   D. 60

5. 措施费中人工费含量：夜间施工增加费、冬雨季施工增加费及二次搬运费为（　　），其余为（　　）。

    A. 20％   B. 15％   C. 10％   D. 25％

二、简答题

1. 建筑工程费用包括哪些内容？

2. 工程类别划分标准是什么？

3. 简述建筑工程费用计算程序。

4. 简述材料费由哪几部分组成。

5. 什么叫检验试验费？

6. 临时设施包括哪些内容？

7. 什么叫附墙轻型框架结构？

8. 工业建筑的设备基础是怎样确定工程类别的？

9. 建筑物、构筑物的高度怎样计算？

10. 工程类别划分标准中有两个指标的，怎样确定工程类别？

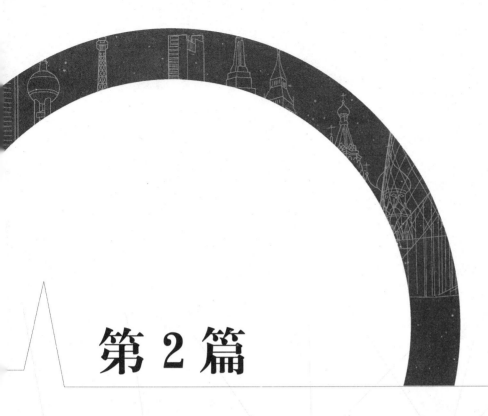

第 2 篇

建设工程工程量清单计价规范及应用

本篇共分 2 章。其中第 16 章主要阐述了建设工程工程量清单计价规范，内容包括《建设工程工程量清单计价规范》概述、建设工程工程清单编制及建设工程工程量清单计价等内容；第 17 章主要阐述了建设工程工程量清单计价办法的应用，内容包括分部分项工程量清单项目设置及消耗量定额，措施项目清单、其他项目清单、规费、税金项目清单的项目设置及消耗量定额，建筑工程费用等内容。

第16章

建设工程工程量清单计价规范

教学目标

    了解工程量清单计价的一般规定；掌握工程量清单的编制内容和方法；掌握工程量清单计价的编制内容和方法；掌握建筑工程招标控制价的编制内容和方法；掌握建筑工程合同价款的约定、工程计量、合同价款调整、合同价款中期支付、竣工结算与支付及合同价款争议的解决等内容。

教学要求

能力目标	知识要点	相关知识	权重
掌握工程量清单的编制内容和编制方法	工程量清单的格式；工程量清单的编制方法	封面；总说明；分部分项工程量清单与计价表；措施项目清单与计价表；其他项目清单与计价表；规费、税金项目清单与计价表等	0.3
掌握工程量清单计价的编制内容和编制方法	工程量清单计价的格式；工程量清单计价的编制方法	封面；总说明；投标总价；单项工程费；分部分项工程量清单与计价表；措施项目清单与计价表；其他项目清单与计价表；规费、税金项目清单与计价表等	0.3
掌握招标控制价的编制内容和编制方法	招标控制价的格式；招标控制价的编制方法	封面；总说明；招标控制价总价；单项工程费；分部分项工程量清单与计价表；措施项目清单与计价表；其他项目清单与计价表；规费、税金项目清单与计价表等	0.2
掌握建筑工程竣工结算的编制内容和编制方法	竣工结算的格式；竣工结算的编制内容	合同价款的约定、工程计量与价款支付；综合单价；索赔、现场签证、工程价款调整等	0.2

导 入 案 例

某工程采用 C30 混凝土灌注桩(按商品混凝土计价，机械打孔)，单根桩设计长度为 8.5m(包括桩尖)，桩截面为 φ800，共 10 根，在编制该项目工程量清单及工程量清单计价时，应采用何种格式？编制哪些内容？编制时应注意哪些细节问题？这正是本章要重点解决的问题。

16.1　《建设工程工程量清单计价规范》　概述

本节包括规范总则和一般规定两部分内容。

16.1.1　总则

1. 《建设工程工程量清单计价规范》(GB 50500—2013)总则

(1) 为规范建设工程造价计价行为、统一建设计价文件的编制原则和计价方法，根据《中华人民共和国建筑法》《中华人民共和国合同法》《中华人民共和国招标投标法》等法律法规，制定本规范。

(2) 本规范适用于建设工程发承包及实施阶段的计价活动。

● 特 ● 别 ● 提 ● 示

"工程量清单"计价是与"定额"计价共存于工程计价活动中的另一种计价方式，实际工作中，业主发包工程，可以采用"工程量清单"计价，也可以采用"定额"或其他计价方式。

(3) 建设工程发承包及实施阶段的工程造价由分部分项工程费、措施项目费、其他项目费、规费和税金组成。

(4) 招标工程量清单、招标控制价、投标报价、工程计量、合同价款调整工程价款结算与支付以及工程造价鉴定等工程造价文件的编制与核对应由具有资格的工程造价专业人员承担。

(5) 承担工程造价文件的编制与核对的工程造价人员及所在单位，应对工程造价文件的质量负责。

(6) 建设工程发承包及实施阶段的计价活动应遵循客观、公正、公平的原则。

(7) 建设工程发承包及实施阶段的计价活动，除应遵守本规范外，尚应符合国家现行有关标准的规定。

(8) 有关术语的定义：

① 工程量清单：建设工程的分部分项工程项目、措施项目、其他项目、规费项目和税金项目的名称和相应数量等的明细清单，见表 16-1。

表 16-1　分部分项工程量清单与计价表

工程名称：×××商厦建筑工程　　　　　　　　标段：　　　　　　　　第 1 页　共 1 页

序号	项目编码	项目名称	项目特征	计量单位	工程数量	金额(元)		
						综合单价	合价	其中：暂估价
			1. 土(石)方工程					
1	010101003001	挖沟槽土方	1. 土壤类别：坚土 2. 挖土深度：2m以内	m³	1560.00			
			……					
		(其他略)						
			4. 混凝土及钢筋混凝土工程					
21	010502001001	矩形柱	1. 混凝土类别：清水混凝土 2. 混凝土强度等级：C40	m³	480.00			
			……					
		(其他略)						

●特●别●提●示

　　分部分项工程："分部分项工程"是"分部工程"和"分项工程"的总称。"分部工程"是单位工程的组成部分，系按结构部位、路段长度及施工特点或施工任务将单位工程划分为若干分部的工程。例如，房屋建筑与装饰工程分为土石方工程、桩基工程、砌筑工程、混凝土及钢筋混凝土工程、楼地面装饰工程、天棚工程等分部工程。"分项工程"是分部工程的组成部分，系按不同施工方法、材料、工序及路段长度等分部工程划分为若干个分项或项目的工程。例如现浇混凝土基础分为带形基础、独立基础、满堂基础、桩承台基础、设备基础等分项工程。

　　措施项目：为完成工程项目施工，发生于该工程施工准备和施工过程中的技术、生活、安全、环境保护等方面的项目，如安全文明施工(山东省"安全文明施工"列入规费项目)、夜间施工、二次搬运、冬雨季施工、已完工程及设备保护、大型机械设备进出场及安拆、施工排水、施工降水等。

　　项目编码：①分部分项工程和措施项目工程量清单项目名称的阿拉伯数字标志，如挖沟槽土方的项目编码为：010101003001，其中第一、二位为专业工程代码，例如"01"代表房屋建筑与装饰工程、"02"代表仿古建筑工程、"03"代表通用安装工程、"04"代表市政工程、"05"代表园林绿化工程、"06"代表矿山工程、"07"代表构筑物工程、"08"代表城市轨道交通工程、"09"代表爆破工程；第三、四位为附录分类顺序码，例如附录A为"01"代表土石方工程、附录B为"02"代表地基处理与边坡支护工程等；第五、六位为分部工程顺序码，例如附录A中"01"代表土方工程、"02"代表石方工程、"03"代表回填等；第七、八、九位为分项工程项目名称顺序码，例如附录A土方工程项目编码"010101001"中"001"代表平整场地、"010101002"中"002"代表挖一般土方、"010101003"中"003"代表挖沟槽土方等；第十、十一、十二位为清单项目名称顺序码，例如001、002等。②当同一标段（或合同段）的一份工程量清单中含有多个单位工程且工程量清单是以单位工程为编制对象时，在编制工程量清单时应特别注意对项目编码十至十二位的设置不得有重码的规定。例如一个标段（或合同段）的工程量清单中含有三个单位工程，每一单位工程中都有项目特征相同的实心砖墙砌体，在工程量清单中又需反映三个不同单位工程的实心砖墙砌体工程量时，则第一个单位工程的实心砖墙的项目编码应为010401003001，第二个单位工程的实心砖墙的项目编码应为010401003002，第三个单位工程的实心砖墙的项目编码应为010401003003，并分别列出各单位工程实心砖墙的工程量。

项目特征：构成分部分项工程量清单项目、措施项目自身价值的本质特征。工程量清单的项目特征是确定一个清单项目综合单价不可缺少的重要依据，在编制工程量清单时，必须对项目特征进行准确和全面的描述。但有些项目特征用文字往往又难以准确和全面的描述清楚。因此，为达到规范、简捷、准确、全面描述项目特征的要求，在描述工程量清单项目特征时应按以下原则进行：①项目特征描述的内容应按附录中的规定，结合拟建工程的实际，能满足确定综合单价的需要；②若采用标准图集或施工图纸能够全部或部分满足项目特征描述的要求，项目特征描述可直接采用详见图集或图号的方式，对不能满足项目特征描述要求的部分，仍应用文字描述。如表16-1中挖沟槽土方需描述的项目特征为：土壤类别和挖土深度。

② 招标工程量清单：招标人依据国家标准、招标文件、设计文件以及施工现场实际情况编制的，随招标文件发布供投标报价的工程量清单。

③ 已标价工程量清单：构成合同文件组成部分的投标文件中已标明价格，经算术性错误修正（如有）且承包人已确认的工程量清单，包括对其的说明和表格。

④ 综合单价：完成一个规定计量单位的分部分项工程和措施清单项目所需的人工费、材料和工程设备费、施工机具使用费和企业管理费、利润以及一定范围内的风险费用。

特 别 提 示

按照计价规范规定，如果合同中对计价风险没有约定，发、承包双方发生争议时，按下列规定实施：材料、工程设备的涨幅超过招标时基准价格5%以上由发包人承担，5%以下由承包人承担；施工机械使用费涨幅超过招标时的基准价格10%以上由发包人承担，10%以下由承包人承担。

⑤ 工程量偏差：承包人按照合同签订时图纸（含经发包人批准由承包人提供的图纸）实施，完成合同工程应予计量的实际工程量与招标工程量清单列出的工程量之间的偏差。

⑥ 暂列金额：招标人在工程量清单中暂定并包括在合同价款中的一笔款项。用于施工合同签订时尚未确定或者不可预见的所需材料、设备、服务的采购，施工中可能发生的

工程变更、合同约定调整因素出现时的工程价款调整以及发生的索赔、现场签证确认等的费用，见表16-2。

表16-2 暂列金额明细表

工程名称：×××商厦建筑工程　　　　　　　标段：　　　　　　　第1页　共1页

序号	项目名称	计量单位	暂定金额/元	备 注
1	工程量清单中工程量偏差和设计变更	项	5000000.00	
2	国家的法律、法规、规章和政策发生变化时的调整及材料价格风险	项	2000000.00	
3	其他	项	2000000.00	
	合计		9000000.00	

特别提示

暂列金额的性质：包括在合同价款中，但并不直接属承包人所有。而是由发包人暂定并掌握使用的一笔款项。

⑦ 暂估价：招标人在工程量清单中提供的用于支付必然发生但暂时不能确定价格的材料、工程设备的单价以及专业工程的金额，见表16-3。

表16-3 材料(工程设备)暂估单价一览表

工程名称：×××商厦建筑工程　　　　　　　标段：　　　　　　　第1页　共1页

序号	材料(工程设备)名称、规格、型号	计量单位	单价/元	备 注
1	彩釉砖 300×300	块	3.84	拟用于地面项目。甲指乙供
2	4厚BAC双面自粘防水卷材	m²	80.00	拟用于防水项目。甲供
3	剁斧花岗石	m²	114.00	拟用于室外项目。甲指乙供
4	悬摆式防爆波活门	m²	8000.00	拟用于门窗项目。甲供
5	钢筋混凝土活门槛单扇密闭门	m²	5000.00	拟用于门窗项目。甲供
6	钢筋混凝土单扇密闭门	m²	4800.00	拟用于门窗项目。甲供
7	3厚BAC双面自粘防水卷材	m²	60.00	拟用于防水项目。甲供
	……			
	(其他略)			

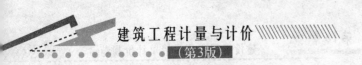
●特●别●提●示

"暂估价"是指在招标阶段预见肯定要发生，只是因为标准不明确或者需要由专业承包人完成，暂时又无法确定具体价格时采用的一种价格形式。

⑧ 计日工：在施工过程中，承包人完成发包人提出的施工图纸以外的零星项目或工作，按合同中约定的综合单价计价的一种方式，见表16-4。

表16-4 计日工表

工程名称：×××商厦建筑工程　　　　标段：　　　　　　　第1页 共1页

序号	项目名称	单 位	暂定数量	综合单价	合 价
一	人工				
1	普通工	工日	50		
2	技工(综合)	工日	30		
	人工小计				
二	材料				
1	水泥 42.5MPa	t	1		
2	中砂	m³	8		
	材料小计				
三	施工机械				
1	灰浆搅拌机(400L)	台班	10		
2	电动夯实机 20-62Nm	台班	40		
	施工机械小计				
	合计				

●特●别●提●示

"计日工"是指对零星项目或工作采取的一种计价方式，类似于定额计价中的签证记工。它包括以下含义：①完成计日作业所需的人工、材料、施工机械台班等，其单价由投标人通过投标报价确定；②"计日工"的数量按完成发包人发出的计日工指令的数量确定。

⑨ 总承包服务费：总承包人为配合协调发包人进行的专业工程分包，发包人自行采购的设备、材料等进行保管以及施工现场管理、竣工资料汇总整理等服务所需的费用，见表16-5。

表16-5 总承包服务费计价表

工程名称：×××商厦建筑工程　　　　标段：　　　　第1页 共1页

序号	项目名称	项目价值/元	服务内容	费率(%)	金额/元
1	发包人发包专业工程(室内精装修)	58400000.00	1. 按专业工程承包人的要求提供施工工作面并对施工现场进行统一管理，对竣工资料进行统一整理汇总。 2. 为专业工程承包人提供垂直运输机械和焊接电源接入点，并承担垂直运输费和电费		
2	发包人供应材料	150000.00	对发包人提供的材料进行验收、保管和使用发放		
合计					

特别提示

工程总承包根据总承包人承包建设工程不同阶段的工作内容具有不同的含义。该条"总承包服务费"是在工程建设的施工阶段实行施工总承包时，当招标人在法律、法规允许的范围内对工程进行分包和自行采购供应部分设备、材料时，要求总承包提供相关服务以及对施工现场进行协调和统一管理，对竣工资料进行统一整理等所需的费用。

⑩ 安全文明施工费：承包人按照国家法律、法规等规定，在合同履行中为保证安全施工、文明施工，保护现场内外环境等所采用的措施发生的费用。

知识链接

安全文明施工包括环境保护、文明施工、安全施工和临时设施四部分。

环境保护包含范围：现场施工机械设备降低噪声、防扰民措施费用；水泥和其他易飞扬细颗粒建筑材料密闭存放或采取覆盖措施等费用；工程防扬尘洒水费用；土石方、建渣外运车辆冲洗、防洒漏等费用；现场污染源的控制、生活垃圾清理外运、场地排水排污措施的费用；其他环境保护措施费用。

文明施工包含范围："五牌一图"的费用；现场围挡的墙面美化(包括内外粉刷、刷白、标语等)、压顶装饰费用；现场厕所便槽刷白、贴面砖，水泥砂浆地面或地砖费用，建筑物内临时便溺设施费用；其他施工现场临时设施的装饰装修、美化措施费用；现场生活卫生设施费用；符合卫生要求的饮水设备、淋浴、消毒等设施费用；生活用洁净燃料费用；防煤气中毒、防蚊虫叮咬等措施费用；施工现场操作场地的硬化费用；现场绿化费用、治安综合治理费用；现场配备医药保健器材、物品费用和急救人员培训费用；用于现场工人的防暑降温费、电风扇、空调等设备及用电费用；其他文明施工措施费用。

安全施工包含范围：安全资料、特殊作业专项方案的编制，安全施工标志的购置及安全宣传的费用；"三宝"（安全帽、安全带、安全网）、"四口"（楼梯口、电梯井口、通道口、预留洞口），"五临边"（阳台围边、楼板围边、屋面围边、槽坑围边、卸料平台两侧），水平防护架、垂直防护架、外架封闭等防护的费用；施工安全用电的费用，包括配电箱三级配电、两级保护装置要求、外电防护措施；起重机、塔吊等起重设备（含井架、门架）及外用电梯的安全防护措施（含警示标志）费用及卸料平台的临边防护、层间安全门、防护棚等设施费用；建筑工地起重机械的检验检测费用；施工机具防护棚及其围栏的安全保护设施费用；施工安全防护通道的费用；工人的安全防护用品、用具购置费用；消防设施与消防器材的配置费用；电气保护、安全照明设施费；其他安全防护措施费用。

临时设施包含范围：施工现场采用彩色、定型钢板，砖、混凝土砌块等围挡的安砌、维修、拆除费或摊销费；施工现场临时建筑物、构筑物的搭设、维修、拆除或摊销的费用；如临时宿舍、办公室、食堂、厨房、厕所、诊疗所、临时文化福利用房、临时仓库、加工厂、搅拌台、临时简易水塔、水池等。施工现场临时设施的搭设、维修、拆除或摊销的费用。如临时供水管道、临时供电管线、小型临时设施等；施工现场规定范围内临时简易道路铺设，临时排水沟、排水设施安砌、维修、拆除的费用；其他临时设施费搭设、维修、拆除或摊销的费用。

⑪ 施工索赔：在工程合同履行过程中，合同当事人一方因非己方的原因而遭受损失，按合同约定或法规规定应由对方承担责任，从而向对方提出补偿的要求。

⑫ 现场签证：发包人现场代表与承包人现场代表就施工过程中涉及的责任事件所作的签认证明。

特别提示

此处的"现场签证"是专指在工程建设施工过程中，发、承包双方的现场代表（或其委托人）对发包人要求承包人完成施工合同内容以外的额外工作及其产生的费用作出书面签字确认的凭证。

⑬ 提前竣工（赶工）费：承包人应发包人的要求，采取加快工程进度的措施，使合同工程工期缩短产生的，应由发包人支付的费用。

⑭ 误期赔偿费：承包人未按照合同工程的计划进度施工，导致实际工期大于合同工期与发包人批准的延长工期之和，承包人应向发包人赔偿损失发生的费用。

⑮ 企业定额：施工企业根据本企业的施工技术和管理水平而编制的人工、材料和施工机械台班等的消耗标准。

特别提示

本条的"企业定额"是专指施工企业定额。它是施工企业根据企业本身拥有的施工技术、机械装备和具有的管理水平而编制的，完成一个规定计量单位的工程项目所需要的人工、材料、机械台班等的消耗标准，是施工企业内部进行施工管理的标准，也是施工企业投标报价的依据之一。

⑯ 规费：根据省级政府或省级有关权力部门规定必须缴纳的，应计入建筑安装工程造价的费用。

● 特 别 提 示 ┈┈

　　国家计价规范中的规费包括工程排污费、社会保障费（养老保险费、失业保险费、医疗保险费）、住房公积金和工伤保险。

　　山东省计价规则中的规费包括安全文明施工费（安全施工费、环境保护费、文明施工费、临时设施费）、工程排污费、社会保障费（养老保险费、失业保险费、医疗保险费、工伤保险费、生育保险费）、住房公积金和危险作业意外伤害保险。

┈┈

　　⑰ 税金：国家税法规定的应计入建筑安装工程造价内的营业税、城市维护建设税及教育费附加等。

　　⑱ 发包人：具有工程发包主体资格和支付工程价款能力的当事人以及取得该当事人资格的合法继承人。

　　⑲ 承包人：被发包人接受的具有工程施工承包主体资格的当事人以及取得该当事人资格的合法继承人。

　　⑳ 工程造价咨询人：取得工程造价咨询资质等级证书，接受委托从事建设工程造价咨询活动的当事人以及取得该当事人资格的合法继承人。

　　㉑ 招标代理人：取得工程招标代理资质等级证书，接受委托从事建设工程招标代理活动的当事人以及取得该当事人资格的合法继承人。

　　㉒ 造价工程师：取得《造价工程师注册证书》，在一个单位注册从事建设工程造价活动的专业人员。

　　㉓ 造价员：取得《全国建设工程造价员资格证书》，在一个单位注册从事建设工程造价活动的专业人员。

　　㉔ 招标控制价：招标人根据国家或省级、行业建设主管部门颁发的有关计价依据和办法，以及拟定的招标文件和招标工程量清单，编制的招标工程的最高限价。

　　㉕ 投标价：投标人投标时报出的工程合同价。

　　㉖ 签约合同价：发、承包双方在施工合同中约定的，包括了暂列金额、暂估价、计日工的合同总金额。

　　㉗ 竣工结算价（合同价格）：发、承包双方依据国家有关法律、法规和标准规定，按照合同约定确定的，包括在履行合同过程中按合同约定进行的工程变更、索赔和价款调整，是承包人按合同约定完成了全部承包工作后，发包人应付给承包人的合同总金额。

● 知 识 链 接 ┈┈

　　建设项目从决策到竣工交付使用，都有一个较长的建设期。在整个建设期内，需对建设程序的各个阶段进行计价，以保证工程造价确定和控制的科学性。工程造价的多次性计价特点反映了不同的计价主体对工程造价的逐步深化、逐步细化、逐步接近和最终确定工程造价的过程。其中：

　　① 招标控制价是在工程采用招标发包的过程中，由招标人根据有关计价规定计算的工程造价，其作用是招标人用于对招标工程发包的最高限价。有的省、市也称为拦标价、预算控制价、最高报价值，其实质就是通常所称的标底。

　　② 投标价是在工程采用招标发包的过程中，由投标人按照招标文件的要求，根据工程特点，并

结合自身的施工技术、施工装备和施工管理水平，依据有关计价规定自主确定的工程造价，是投标人希望达成工程承包交易的期望价格，它不能高于招标人设定的招标控制价。

③ 合同价是在工程发包、承包交易过程中，由发包、承包双方以合同形式确定的工程承包价格。采用招标发包的工程，其合同价应为投标人的中标价，也即投标人的投标报价。

④ 竣工结算价是在承包人完成施工合同约定的全部工程承包内容，发包人依法组织竣工验收，并验收合格后，由发包、承包双方按照合同约定的工程造价确定条款，即合同价、合同价款调整内容以及工程索赔和现场签证等事项确定的最终工程造价。

2.《房屋建筑与装饰工程工程量计算规范》(GB 50854—2013)总则

(1) 为规范房屋建筑与装饰工程造价计量行为，统一房屋建筑与装饰工程工程量计算规则、工程量清单的编制方法，制定本规范。

(2) 本规范适用于房屋建筑与装饰工程发承包及实施阶段计价活动中的工程量清单编制和工程计量。

(3) 房屋建筑与装饰工程计价，必须按本规范规定的工程量计算规则进行工程量计算。

特 别 提 示

该条为强制性条文，必须严格执行。

该条规定了执行本规范的范围，明确了无论国有投资的资金和非国有资金投资的工程建设项目，其工程计量必须执行本规范。

(4) 房屋建筑与装饰工程计量活动，除应遵守本规范外，尚应符合国家现行有关标准的规定。

3. 规范用词说明

(1) 为便于在执行规范条文时区别对待，对要求严格程度不同的用词说明如下：

① 表示很严格，非这样做不可的用词：正面词采用"必须"，反面词采用"严禁"。

② 表示严格，在正常情况下均应这样做的用词：正面词采用"应"，反面词采用"不应"或"不得"。

③ 表示允许稍有选择，在条件许可时首先应这样做的用词：正面词采用"宜"，反面词采用"不宜"；表示有选择，在一条条件下可以这样做的用词，采用"可"。

(2) 本规范中指明应按其他有关标准、规范执行的写法为"应符合××××规定"或"应按×××执行"。

16.1.2 一般规定

1. 计价方式

(1) 使用国有资金投资的建设工程发承包，必须采用工程量清单计价。

特别提示

该条为强制性条文，必须严格执行。

《建设工程工程量清单计价规范》从资金来源方面，规定了强制实行工程量清单计价的范围。国有资金投资的工程建设项目范围：

（1）国有资金投资的工程建设项目包括：①使用各级财政预算资金的项目；②使用纳入财政管理的各种政府性专项建设资金的项目；③使用国有企事业单位自有资金，并且国有资产投资者实际又有控制权的项目。

（2）国家融资资金投资的工程建设项目包括：①使用国家发行债券所筹资金的项目；②使用国家对外借款或者担保所筹资金的项目；③使用国家政策性贷款的项目；④国家授权投资主体融资的项目；⑤国家特许的融资项目。

（3）国有资金（含国家融资资金）为主的工程建设项目是指国有资金占投资总额50%以上，或虽不足50%但国有投资者实质上拥有控股权的工程建设项目。

（2）非国有资金投资的建设工程，宜采用工程量清单计价。

特别提示

是否采用工程量清单计价由业主决定，当确定采用工程量清单计价，应执行建设工程工程量清单计价规范。

（3）不采用工程量清单计价的建设工程，应执行本规范除工程量清单等专门性规定外的其他规定。

特别提示

对于不采用工程量清单计价的工程，除不执行工程量清单计价的专门性规定外，还应执行建设工程工程量清单计价规范中的工程价款调整、工程计量和价款支付、索赔与现场签证、竣工结算以及工程计价争议处理等内容。

（4）工程量清单应采用综合单价计价。

特别提示

该条为强制性条文，必须严格执行。

《建筑工程施工发包与承包计价管理办法》（建设部令第107号）第五条规定：工程计价方法包括工料单价法和综合单价法。本条规定工程量清单计价应采用综合单价法。需要说明的是，《建设工程工程量清单计价规范》定义的综合单价与《建筑工程施工发包与承包计价管理办法》（建设部令第107号）规定的综合单价存在差异，差异之处在于前者不包括规费和税金，后者包括。

（5）措施项目清单中的安全文明施工费必须按照国家或省级、行业建设主管部门的规定计价，不得作为竞争性费用。

● 特 别 提 示

该条为强制性条文，必须严格执行。

● 知 识 链 接

根据《中华人民共和国安全生产法》《建设工程安全生产管理条例》等法规的规定，建设部印发了《建筑工程安全防护、文明施工措施费及使用管理规定》（建办[2005]89号），将安全文明施工费纳入国家强制性标准管理范围，其费用标准不予竞争。

《建设工程工程量清单计价规范》规定措施项目清单中的安全文明施工费应按国家或省级、行业建设主管部门的规定费用标准计价，招标人不得要求投标人对该项费用进行优惠，投标人也不得将该项目费用参与市场竞争。

（6）规费和税金必须按国家或省级、行业建设主管部门的规定计算，不得作为竞争性费用。

● 特 别 提 示

该条为强制性条文，必须严格执行。

2. 计价风险

（1）建设工程发承包，必须在招标文件、合同中明确计价中的风险内容及其范围（幅度），不得采用无限风险、所有风险或类似语句规定计价中的风险内容及其范围（幅度）。

● 知 识 链 接

本条规定了招标人采用工程量清单进行工程招标发包时，在招标文件中必须载明投标人在投标报价时应考虑的风险内容明细及其风险范围或风险幅度。

工程施工发包是一种期货交易行为，工程建设本身又具有单件性和建设周期长的特点。在工程施工过程中影响工程施工及工程造价的风险因素很多，但并非所有的风险都是承包人能预测、能控制和应承担其造成的损失。基于市场交易的公平性和工程施工过程中发、承包双方权、责的对等性要求，发、承包双方应合理分摊（或分担）风险，所以要求招标人在招标文件中禁止采用以所有风险或类似的语句规定投标人应承担的风险内容及其风险范围或风险幅度。

（2）由于下列因素出现，影响合同价款调整的应由发包人承担。

① 国家法律、法规、规章和政策变化。

② 省级或行业建设主管部门发布的人工费调整，但承包人对人工费或人工单价的报价高于发布的除外。

③ 由政府定价或政府指导价管理的原材料等价格进行了调整。

（3）由于市场物价波动影响合同价款，应由发承包双方合理分摊并在合同中约定。合同中没有约定，发、承包双方发生争议时，按下列规定实施。

① 材料、工程设备的涨幅超过招标时基准价格5%以上由发包人承担。

② 施工机械使用费涨幅超过招标时的基准价格 10％以上由发包人承担。

（4）由于承包人使用机械设备、施工技术以及组织管理水平等自身原因造成施工费用增加的，应由承包人全部承担。

根据我国工程建设特点，投标人应完全承担的风险是技术风险和管理风险，如管理费和利润；应有限度承担的是市场风险，如材料（工程设备）价格、施工机械使用费等的风险，材料（工程设备）价格的涨幅超过招标时基准价格 5％以上由发包人承担，5％以内由承包人承担，施工机械使用费的涨幅超过招标时基准价格 10％以上由发包人承担，10％以内由承包人承担；应完全不承担的是法律、法规、规章和政策变化的风险。

（5）不可抗力发生时，影响合同价款的，按下列规定执行。

因不可抗力事件导致的费用，发、承包双方应按以下原则分别承担并调整工程价款：

① 工程本身的损害、因工程损害导致第三方人员伤亡和财产损失以及运至施工场地用于施工的材料和待安装的设备的损害，由发包人承担。

② 发包人、承包人人员伤亡由其所在单位负责，并承担相应费用。

③ 承包人的施工机械设备损坏及停工损失，由承包人承担。

④ 停工期间，承包人应发包人要求留在施工场地的必要的管理人员及保卫人员的费用由发包人承担。

⑤ 工程所需清理、修复费用，由发包人承担。

16.2 建设工程招标工程量清单编制

16.2.1 一般规定

（1）招标工程量清单应由具有编制能力的招标人或受其委托，具有相应资质的工程造价咨询人编制。

本条规定了招标人应负责编制工程量清单，若招标人不具有编制工程量清单的能力时，根据《工程造价咨询企业管理办法》（建设部第 149 号令）的规定，可委托具有工程造价咨询资质的工程造价咨询企业编制。

（2）招标工程量清单必须作为招标文件的组成部分，其准确性和完整性由招标人负责。

该条为强制性条文，必须严格执行。

工程施工招标发包可采用多种方式，但采用工程量清单方式招标发包，招标人必须将工程量清单作为招标文件的组成部分，连同招标文件一并发（或售）给投标人。

招标人对编制的工程量清单的准确性（数量）和完整性（不缺项、漏项）负责，如委托工程造价咨询人编制，其责任仍由招标人承担。

投标人依据工程量清单进行投标报价，对工程量清单不负有核实义务，更不具有修改和调整的权利。

（3）招标工程量清单是工程量清单计价的基础，应作为编制招标控制价、投标报价、计算工程量、支付工程款、调整合同价款、办理竣工结算以及工程索赔等的依据之一。

● 知 识 链 接

工程量清单在工程量清单计价中起到基础性的作用，是整个工程量清单计价活动中的重要依据之一，贯穿于整个施工过程中。

工程量清单的执行力度在不断加强，对清单的研究，尤其是站在整个施工过程的角度上去研究、理解清单变得尤为重要。

清单编制的前期要加强对后期可能发生的变更、工程索赔等的考虑，招标文件不仅要满足投标、评标的要求，更要满足后期计量支付、竣工结算、变更索赔等的要求。

加强清单、合同编制思想的交底，以保证后期合同执行过程中监理、造价工程师等对前期指导思路的理解和有效执行。

（4）招标工程量清单应以单位（项）工程为单位编制，应由分部分项工程量清单、措施项目清单、其他项目清单、规费项目清单、税金项目清单组成。

（5）编制工程量清单应依据：

① 国家标准《建设工程工程量清单计价规范》和《房屋建筑与装饰工程工程量计算规范》。

② 国家或省级、行业建设主管部门颁发的计价定额和办法。

③ 建设工程设计文件及相关资料。

④ 与建设工程有关的标准、规范、技术资料。

⑤ 拟定的招标文件。

⑥ 施工现场情况、地勘水文资料、工程特点及常规施工方案。

⑦ 其他相关资料。

（6）工程量计算除依据国家标准《房屋建筑与装饰工程工程量计算规范》各项规定外，尚应依据以下文件：

① 经审定的施工设计图纸及其说明。

② 经审定的施工组织设计或施工技术措施方案。

③ 经审定的其他有关技术经济文件。

（7）国家标准《房屋建筑与装饰工程工程量计算规范》对现浇混凝土工程项目"工作内容"中包括模板工程的内容，同时又在措施项目中单列了现浇混凝土模板工程项目。对此，由招标人根据工程实际情况选用，若招标人在措施项目清单中未编列现浇混凝土模板项目清单，即表示现浇混凝土模板项目不单列，现浇混凝土工程项目的综合单价中应包括模板工程费用。如表16-6、表16-7所示。

表16-6　现浇混凝土柱(编号：010502)

项目编码	项目名称	项目特征	计量单位	工程量计算规则	工程内容
010502001	矩形柱	1. 混凝土类别 2. 混凝土强度等级	m³	按设计图示尺寸以体积计算。不扣除构件内钢筋，预埋铁件所占体积。型钢混凝土柱扣除构件内型钢所占体积。	1. 模板及支架(撑)制作、安装、拆除、堆放、运输及清理模内杂物、刷隔离剂等。 2. 混凝土制作、运输、浇筑、振捣、养护
010502002	构造柱	1. 混凝土类别 2. 混凝土强度等级	m³	柱高： 1. 有梁板的柱高，应自柱基上表面(或楼板上表面)至上一层楼板上表面之间的高度计算。 2. 无梁板的柱高，应自柱基上表面(或楼板上表面)至柱帽下表面之间的高度计算。	
010502003	异形柱	1. 柱形状 2. 混凝土类别 3. 混凝土强度等级	m³	3. 框架柱的柱高：应自柱基上表面至柱顶高度计算。 4. 构造柱按全高计算，嵌接墙体部分(马牙槎)并入柱身体积。 5. 依附柱上的牛腿和升板的柱帽，并入柱身体积计算	

注：混凝土类别指清水混凝土、彩色混凝土等，如在同一地区既使用预拌(商品)混凝土、又允许现场搅拌混凝土时，也应注明。

表16-7　混凝土模板及支架(撑)(编号：011703)

项目编码	项目名称	项目特征	计量单位	工程量计算规则	工程内容
011703007	矩形柱	柱截面尺寸	m²	按模板与现浇混凝土构件的接触面积计算。	1. 模板制作。 2. 模板安装、拆除、整理堆放及场内外运输。 3. 清理模板粘结物及模内杂物、刷隔离剂等
011703008	构造柱	柱截面尺寸	m²	① 现浇钢筋砼墙、板单孔面积≤0.3m2的孔洞不予扣除，洞侧壁模板亦不增加；单孔面积＞0.3m2时应予扣除，洞侧壁模板面积并入墙、板工程量内计算。	
011703009	异形柱	柱截面形状、尺寸	m²	② 现浇框架分别按梁、板、柱有关规定计算；附墙柱、暗梁、暗柱并入墙内工程量内计算。 ③ 柱、梁、墙、板相互连接的重叠部分，均不计算模板面积。 ④ 构造柱按图示外露部分计算模板面积	

特别提示

本条既考虑了各专业的定额编制情况，又考虑了使用者方便计价，对现浇混凝土模板采用两种方式进行编制，即：《房屋建筑与装饰工程工程量计算规范》对现浇混凝土工程项目，一方面"工作内容"中包括模板工程的内容，以立方米计量，与混凝土工程项目一起组成综合单价；另一方面又在措施项目中单列了现浇混凝土模板工程项目，以平方米计量，单独组成综合单价。此处有三层内容：一是招标人根据工程的实际情况在同一个标段（或合同段）中将两种方式中选择其一；二是招标人若采用单列现浇混凝土模板工程，必须按《房屋建筑与装饰工程工程量计算规范》所规定的计量单位，项目编码、项目特征描述列出清单，同时，现浇混凝土项目中不含模板的工程费用；三是若招标人不单列现浇混凝土模板工程项目，不再编列现浇混凝土模板项目清单，现浇混凝土工程项目的综合单价中包括了模板的工程费用。

【标准规范】

（8）国家标准《房屋建筑与装饰工程工程量计算规范》中预制混凝土构件按成品构件编制项目，构件成品价应计入综合单价中。若采用现场预制，包括预制构件制作的所有费用，编制招标控制价时，可按各省、自治区、直辖市或行业建设主管部门发布的计价定额和造价信息组价。

特 别 提 示

为了与目前建筑市场相衔接，本规范预制构件以成品构件编制项目，构件成品价计入综合单价中，即：成品的出厂价格及运杂费等等作为购置费进入综合单价。针对现场预制和各省、自治区、直辖市的定额编制情况，明确了如下规定：一是若采用现场预制，综合单价中包括预制构件制作的所有费用（制作、现场运输、模板的制、安、拆）；二是编制招标控制价时，可按省、自治区、直辖市或行业建设主管部门发布的计价定额和造价信息计算综合单价。

（9）国家标准《房屋建筑与装饰工程工程量计算规范》中金属结构构件按成品编制项目，构件成品价应计入综合单价中，若采用现场制作，包括制作的所有费用。

特 别 提 示

结合金属结构构件目前是以市场工厂成品生产的实际，按成品编制项目，购置费应计入综合单价，若采用现场制作，包括制作的所有费用应进入综合单价。

（10）国家标准《房屋建筑与装饰工程工程量计算规范》中门窗（橱窗除外）按成品编制项目，构件成品价应计入综合单价中。若采用现场制作，包括制作的所有费用。

特 别 提 示

结合目前"门窗均以工厂化成品生产"的市场情况，本规范门窗（橱窗除外）按成品编制项目，构件成品价应计入综合单价。若采用现场制作，包括制作的所有费，即：制作的所有费用应计入综合单价。

（11）房屋建筑与装饰工程涉及电气、给排水、消防等安装工程的项目，按照国家标准《通用安装工程工程量计算规范》的相应项目执行；涉及室外地（路）面、室外给排水等工程的项目，按国家标准《市政工程工程量计算规范》的相应项目执行。采用爆破法施工的石方工程按照国家标准《爆破工程工程量计算规范》的相应项目执行。

16.2.2 工程量清单的编制内容

1. 分部分项工程量清单的编制内容

（1）分部分项工程量清单必须载明项目编码、项目名称、项目特征、计量单位和工程量，见表16-8。

 特 别 提 示 ....

本条规定了构成一个分部分项工程量清单的五个要件——项目编码、项目名称、项目特征、计量单位和工程量，这五个要件在分部分项工程量清单的组成中缺一不可。

表 16-8 分部分项工程量清单与计价表

工程名称：×××工程　　　　　　　　标段：　　　　　　　第1页 共1页

序号	项目编码	项目名称	项目特征	计量单位	工程数量	金额/元		
						综合单价	合价	其中：暂估价
1	010101004001	挖基坑土方	1. 土壤类别：普通土 2. 挖土深度：0.7m	m³	235.66			
2	010101004002	挖基坑土方	1. 土壤类别：坚土 2. 挖土深度：0.9m	m³	302.99			
3	010103001001	回填方	1. 回填材料要求：就地取土 2. 回填质量要求：人工夯填	m³	359.51			
4	010501003001	独立基础	1. 混凝土类别：混凝土 2. 混凝土强度等级：C25(40)	m³	135.47			
5	010515001001	现浇构件钢筋	钢筋种类、规格：Φ12	t	4.848			
			小计					

（2）分部分项工程量清单必须根据国家标准《房屋建筑与装饰工程工程量计算规范》附录规定的项目编码、项目名称、项目特征、计量单位和工程量计算规则进行编制。

（3）分部分项工程量清单的项目编码，应采用十二位阿拉伯数字表示，一至九位应按国家标准《房屋建筑与装饰工程工程量计算规范》附录的规定设置，十至十二位应根据拟建工程的工程量清单项目名称和项目特征设置，同一招标工程的项目编码不得有重码。

（4）分部分项工程量清单的项目名称应按国家标准《房屋建筑与装饰工程工程量计算规范》附录的项目名称结合拟建工程的实际确定。

（5）分部分项工程量清单项目特征应按国家标准《房屋建筑与装饰工程工程量计算规范》附录中规定的项目特征，结合拟建工程项目的实际予以描述。

（6）分部分项工程量清单中所列工程量应按国家标准《房屋建筑与装饰工程工程量计算规范》附录中规定的工程量计算规则计算。

（7）分部分项工程量清单的计量单位应按国家标准《房屋建筑与装饰工程工程量计算规范》附录中规定的计量单位确定。

以上 7 条为强制性条文，必须严格执行。

（8）国家标准《房屋建筑与装饰工程工程量计算规范》附录中有两个或两个以上计量单位的，应结合拟建工程项目的实际情况，确定其中一个为计量单位。同一个工程项目的计量单位应一致，见表 16-9。

表 16-9　现浇混凝土楼梯（编号：010506）

项目编码	项目名称	项目特征	计量单位	工程量计算规则	工程内容
010506001	直形楼梯	1. 混凝土类别 2. 混凝土强度等级	1. m² 2. m³	1. 以平方米计量，按设计图示尺寸以水平投影面积计算。不扣除宽度≤500mm 的楼梯井，伸入墙内部分不计算。 2. 以立方米计量，按设计图示尺寸以体积计算	1. 模板及支架（撑）制作、安装、拆除、堆放、运输及清理模内杂物、刷隔离剂等。 2. 混凝土制作、运输、浇筑、振捣、养护
010506002	弧形楼梯				

注：整体楼梯（包括直形楼梯、弧形楼梯）水平投影面积包括休息平台、平台梁、斜梁和楼梯的连接梁。当整体楼梯与现浇楼板无梯梁连接时，以楼梯的最后一个踏步边缘加 300mm 为界。

当附录中有两个或两个以上计量单位的项目，在工程计量时，应结合拟建工程项目的实际情况，选择其中一个做为计量单位，在同一个建设项目（或标段、合同段）中，有多个单位工程的相同项目计量单位必须保持一致。

（9）工程计量时每一项目汇总的有效位数应遵守下列规定：

① 以"t"为单位，应保留小数点后三位数字，第四位小数四舍五入；

② 以"m、m²、m³、kg"为单位，应保留小数点后两位数字，第三位小数四舍五入；

③ 以"个、件、根、组、系统"为单位，应取整数。

（10）编制工程量清单出现国家标准《房屋建筑与装饰工程工程量计算规范》附录中未包括的项目，编制人应作补充，并报省级或行业工程造价管理机构备案，省级或行业工程造价管理机构应汇总报住房和城乡建设部标准定额研究所。

随着工程建设中新材料、新技术、新工艺等的不断涌现，国家标准《房屋建筑与装饰工程工程量计算规范》附录所列的工程量清单项目不可能包含所有项目。在编制工程量清单时，当出现本规范附录中未包括的清单项目时，编制人应作补充。

在编制补充项目时应注意以下三个方面：①补充项目的编码由国家标准《房屋建筑与装饰工程工程量计算规范》的代码01与B和三位阿拉伯数字组成，并应从01B001起顺序编制，同一招标工程的项目不得重码，如01B001、01B002等；②工程量清单中需附有补充项目的项目名称、项目特征、计量单位、工程量计算规则、工程内容，尤其是工程内容和工程量计算规则，以方便投标人报价和后期变更、结算；③将编制的补充项目报省级或行业工程造价管理机构备案。

2. 措施项目清单的编制内容

（1）措施项目中列出了项目编码、项目名称、项目特征、计量单位、工程量计算规则的项目，编制工程量清单时，应按照国家标准《房屋建筑与装饰工程工程量计算规范》中分部分项工程的规定执行。

该条为强制性条文，必须严格执行。

措施项目包括一般措施项目（安全文明施工、夜间施工、非夜间施工照明、二次搬运、冬雨季施工、大型机械设备进出场及安拆、施工排水、施工降水、地上地下设施建筑物的临时保护设施、已完工程及设备保护）、脚手架工程、混凝土模板及支架（撑）、垂直运输、超高施工增加。

（2）措施项目仅列出项目编码、项目名称，未列出项目特征、计量单位和工程量计算规则的项目，编制工程量清单时，应按国家标准《房屋建筑与装饰工程工程量计算规范》附录S措施项目规定的项目编码、项目名称确定，见表16-10。

表16-10　一般措施项目（编码：011707）

项目编码	项目名称	工程内容及包含范围
011707001	安全文明施工（含环境保护、文明施工、安全施工、临时设施）	1. 环境保护包含范围：现场施工机械设备降低噪声、防扰民措施费用；水泥和其他易飞扬细颗粒建筑材料密闭存放或采取覆盖措施等费用；工程防扬尘洒水费用；土石方、建渣外运车辆冲洗、防洒漏等费用；现场污染源的控制、生活垃圾清理外运、场地排水排污措施的费用；其他环境保护措施费用；

（续）

项 目 编 码	项 目 名 称	工程内容及包含范围
011707001	安全文明施工（含环境保护、文明施工、安全施工、临时设施）	2. 文明施工包含范围："五牌一图"的费用；现场围挡的墙面美化（包括内外粉刷、刷白、标语等）、压顶装饰费用；现场厕所便槽刷白、贴面砖，水泥砂浆地面或地砖费用，建筑物内临时便溺设施费用；其他施工现场临时设施的装饰装修、美化措施费用；现场生活卫生设施费用；符合卫生要求的饮水设备、淋浴、消毒等设施费用；生活用洁净燃料费用；防煤气中毒、防蚊虫叮咬等措施费用；施工现场操作场地的硬化费用；现场绿化费用、治安综合治理费用；现场配备医药保健器材、物品费用和急救人员培训费用；用于现场工人的防暑降温费、电风扇、空调等设备及用电费用；其他文明施工措施费用； 3. 安全施工包含范围：安全资料、特殊作业专项方案的编制，安全施工标志的购置及安全宣传的费用；"三宝"（安全帽、安全带、安全网）、"四口"（楼梯口、电梯井口、通道口、预留洞口），"五临边"（阳台围边、楼板围边、屋面围边、槽坑围边、卸料平台两侧），水平防护架、垂直防护架、外架封闭等防护的费用；施工安全用电的费用，包括配电箱三级配电、两级保护装置要求、外电防护措施；起重机、塔吊等起重设备（含井架、门架）及外用电梯的安全防护措施（含警示标志）费用及卸料平台的临边防护、层间安全门、防护棚等设施费用；建筑工地起重机械的检验检测费用；施工机具防护棚及其围栏的安全保护设施费用；施工安全防护通道的费用；工人的安全防护用品、用具购置费用；消防设施与消防器材的配置费用；电气保护、安全照明设施费；其他安全防护措施费用； 4. 临时设施包含范围：施工现场采用彩色、定型钢板，砖、混凝土砌块等围挡的安砌、维修、拆除费或摊销费；施工现场临时建筑物、构筑物的搭设、维修、拆除或摊销的费用；如临时宿舍、办公室、食堂、厨房、厕所、诊疗所、临时文化福利用房、临时仓库、加工厂、搅拌台、临时简易水塔、水池等。施工现场临时设施的搭设、维修、拆除或摊销的费用。如临时供水管道、临时供电管线、小型临时设施等；施工现场规定范围内临时简易道路铺设，临时排水沟、排水设施安砌、维修、拆除的费用；其他临时设施费搭设、维修、拆除或摊销的费用
011707002	夜间施工	1. 夜间固定照明灯具和临时可移动照明灯具的设置、拆除； 2. 夜间施工时，施工现场交通标志、安全标牌、警示灯等的设置、移动、拆除； 3. 包括夜间照明设备摊销及照明用电、施工人员夜班补助、夜间施工劳动效率降低等费用
011707003	非夜间施工照明	为保证工程施工正常进行，在如地下室等特殊施工部位施工时所采用的照明设备的安拆、维护、摊销及照明用电等费用

（续）

项目编码	项目名称	工程内容及包含范围
011707004	二次搬运	包括由于施工场地条件限制而发生的材料、成品、半成品等一次运输不能到达堆放地点，必须进行二次或多次搬运的费用
011707005	冬雨季施工	1. 冬雨（风）季施工时增加的临时设施（防寒保温、防雨、防风设施）的搭设、拆除； 2. 冬雨（风）季施工时，对砌体、混凝土等采用的特殊加温、保温和养护措施； 3. 冬雨（风）季施工时，施工现场的防滑处理、对影响施工的雨雪的清除； 4. 包括冬雨（风）季施工时增加的临时设施的摊销、施工人员的劳动保护用品、冬雨（风）季施工劳动效率降低等费用
011707006	地上、地下设施、建筑物的临时保护设施	在工程施工过程中，对已建成的地上、地下设施和建筑物进行的遮盖、封闭、隔离等必要保护措施所发生的费用
011707007	已完工程及设备保护	对已完工程及设备采取的覆盖、包裹、封闭、隔离等必要保护措施所发生的费用

注：①安全文明施工费是指工程施工期间按照国家现行的环境保护、建筑施工安全、施工现场环境与卫生标准和有关规定，购置和更新施工安全防护用具及设施、改善安全生产条件和作业环境所需要的费用。

② 施工排水是指为保证工程在正常条件下施工，所采取的排水措施所发生的费用。

③ 施工降水是指为保证工程在正常条件下施工，所采取的降低地下水位的措施所发生的费用。

（3）措施项目应根据拟建工程的实际情况列项，若出现国家标准《房屋建筑与装饰工程工程量计算规范》未列的项目，可根据工程实际情况对措施项目清单进行补充，且补充项目的有关规定及编码的设置规定同分部分项工程。

特 别 提 示 ···

措施项目中可以计算工程量的项目清单宜采用分部分项工程量清单的方式编制，列出项目编码、项目名称、项目特征、计量单位和工程量计算规则；不能计算工程量的项目清单，以"项"为计量单位。

是否采用分部分项工程量清单的方式取决于后期是否会发生大的变更，例如脚手架工程，如果判断工程变更的风险不大，就可以按项来计算，一口价包死，后期就不调整了。

3. 其他项目清单的编制内容

（1）其他项目清单应按照下列内容列项：暂列金额、暂估价（包括材料暂估单价、工程设备暂估单价、专业工程暂估价）、计日工、总承包服务费。

（2）暂列金额应根据工程特点，按有关计价规定估算。

（3）暂估价中的材料、工程设备暂估价应根据工程造价信息或参照市场价格估算；专业工程暂估价应分不同专业，按有关计价规定估算。

（4）计日工应列出项目和数量。

（5）出现第(1)条未列的项目，应根据工程实际情况补充。

● 知 识 链 接

暂列金额是为因一些不能预见、不能确定因素的价格调整而设立的。暂列金额由招标人根据工程特点，按有关计价规定进行估算，一般可以分部分项工程量清单费的 10%～15% 为参考；对于索赔费用、现场签证费用从此项扣支。

暂估价是指招标阶段直至签订合同协议时，招标人在招标文件中提供的用于支付必然要发生但暂时不能确定价格的材料以及需另行发包的专业工程金额。其中材料暂估价是招标人列出暂估的材料单价及使用范围，投标人按照此价格来进行组价，并计入相应清单的综合单价中，其他项目合计中不包括，只是列项；专业工程暂估价是按项列支，如玻璃幕墙、防水等，价格中包含除规费、税金外的所有费用，此费用计入其他项目合计中。

计日工是为了解决现场发生的对零星工作的计价而设立的。计日工对完成零星工作所消耗的人工工时、材料数量、机械台班进行计量，并按照计日工表中填报的适用项目的单价进行计价支付。计日工适用的所谓零星工作一般是指合同约定之外的或因变更而产生的、工程量清单中没有相应项目的额外工作，尤其是那些不允许事先商定价格的额外工作。

对于总承包服务费，一定要在招标文件中说明总包的范围，以减少后期不必要的纠纷。

在编制竣工结算时，对于变更、索赔项目，也应列入其他项目。

4. 规费项目清单的编制内容

（1）规费项目清单应按照下列内容列项：工程排污费、社会保障费（包括养老保险费、失业保险费、医疗保险费、工伤保险费、生育保险费）、住房公积金。

（2）出现第(1)条未列的项目，应根据省级政府或省级有关权力部门的规定列项。

5. 税金项目清单的编制内容

（1）税金项目清单应包括下列内容：营业税、城市维护建设税和教育费附加、地方教育附加。

（2）出现第(1)条未列的项目，应根据税务部门的规定进行列项。

16.2.3 招标工程量清单的编制格式

1. 封面的填写(见表 16 - 11)

表 16 - 11 封面

_____工程

招标工程量清单

工程造价

招 标 人: _____ 咨 询 人: _____
　　　　　(单位盖章)　　　　　　　(单位资质专用章)

法定代表人　　　　　　　法定代表人
或其授权人: _____　或其授权人: _____
　　　(签字或盖章)　　　　　　(签字或盖章)

编 制 人: _____ 复 核 人: _____
　(造价人员签字盖专用章)　(造价工程师签字盖专用章)

编制时间: 年 月 日　　　复核时间: 年 月 日

● 特 别 提 示 ●●●

　　封面应按规定的内容填写、签字、盖章,造价员编制的工程量清单应有负责审核的造价工程师签字、盖章。

2. 总说明的编制(见表 16 - 12)

表 16 - 12 总说明

工程名称:　　　　　　　　　　　　　　　　　　　　　　第 页 共 页

| |
| |

● 特 别 提 示 ●●●

　　总说明应按下列内容填写:

　　(1) 工程概况:建设规模、工程特征、计划工期、施工现场实际情况、自然地理条件、环境保护要求等。

　　(2) 工程招标和分包范围。

　　(3) 工程量清单编制依据:如采用的标准、施工图纸、标准图集等。

　　(4) 工程质量、材料、施工等的特殊要求。

　　(5) 其他需要说明的问题。

3. 分部分项工程量清单与计价表的编制（见表 16-13）

表 16-13　分部分项工程量清单与计价表

工程名称：　　　　　　　　标段：　　　　　　　　　第　页　共　页

序号	项目编码	项目名称	项目特征	计量单位	工程量	综合单价	合　价	其中：暂估价
本页小计								
合计								

表 16-13 说明：

1）本清单中的项目编码、项目名称、项目特征、计量单位及工程数量应根据国家标准《房屋建筑与装饰工程工程量计算规范》进行编制，是拟建工程分项"实体"工程项目及相应数量的清单，编制时应执行"五统一"的规定，不得因情况不同而变动。

2）本清单中项目编码的前 9 位应按国家标准《房屋建筑与装饰工程计量规范》中的项目编码进行填写，不得变动。后 3 位由工程量清单编制人，根据清单项目设置的数量进行编制。

3）项目特征描述技巧。

（1）必须描述的内容：

① 涉及正确计量的内容必须描述，如门窗洞口尺寸或框外围尺寸。

② 涉及结构要求的内容必须描述，如混凝土构件的混凝土强度等级，是使用 C20 还是 C30 或 C40 等，因混凝土强度等级不同，其价格也不同。

③ 涉及材质要求的内容必须描述，如油漆的品种，是调和漆还是硝基清漆等。

④ 涉及安装方式的内容必须描述，如管道工程中，钢管的连接方式是螺纹连接还是焊接等。

（2）可不详细描述的内容：

① 无法准确描述的可不详细描述，如土壤类别，由于我国幅员辽阔，南北东西差异较大，特别是对于南方来说，在同一地点，由于表层土与表层土以下的土壤，其类别是不相同的，要求清单编制人准确判定某类土壤的所占比例是困难的，在这种情况下，可考虑将土壤类别描述为综合，注明由投标人根据地质勘察资料自行确定土壤类别，决定报价。

② 施工图纸、标准图集标注明确，可不再详细描述，对这些项目可描述为见××图集××页××节点大样等。

③ 还有一些项目可不详细描述，但清单编制人在项目特征描述中应注明由招标人自定，如土（石）方工程中的"取土运距""弃土运距"等。

（3）可不描述的内容：

① 对计量计价没有实质影响的内容可以不描述，如对现浇混凝土柱的断面形状的特征规定可以不描述，因为混凝土构件是按"m³"计量，对此的描述实质意义不大。

② 应由投标人根据施工方案确定的可以不描述，如对石方的预裂爆破的单孔深度及装药量的特征规定，如清单编制人来描述是困难的，由投标人根据施工要求，在施工方案中确定，自主报价比较恰当。

③ 应由投标人根据当地材料和施工要求确定的可以不描述，如对混凝土构件中的混凝土拌合料使用的石子种类及粒径、砂的种类及特征规定可以不描述。因为混凝土拌合料使用砾石还是碎石，使用粗砂还是中砂、细砂或特细砂，除构件本身特殊要求需要指定外，主要取决于工程所在地砂、石子材料的供应情况。

⬤ 特 别 提 示 ⬤⬤

编制工程量清单时，在本表"工程名称"栏应填写详细具体的工程称谓，对于房屋建筑而言，习惯上并无标段划分，可不填写"标段"栏，但相对于管道敷设、道路施工，则往往以标段划分，此时，应填写"标段"栏，其他各表涉及此类设置，道理相同。

现行"消耗量定额"，其项目是按施工工序进行划分的，包括的工程内容一般是单一的，据此规定了相应的工程量计算规则，以该工程量计算规则计算出的工程数量，一般是施工中实际发生的数量。而工程量清单项目的划分，一般是以一个"综合实体"来考虑的，且包括多项工程内容，据此规定了相应的工程量计算规则，以该工程量计算规则计算出的工程数量，不一定是施工中实际发生的数量。应注意两者工程量的计算规则是有区别的。

根据住建部、财政部发布的《建筑安装工程费用项目组成》（建标［2013］44号）的规定，为计取规费等的使用，可在表中增设其中："直接费"、"人工费"或"人工费＋机械费"。

4. 措施项目清单与计价表的编制（见表 16－14、表 16－15）

表 16－14 总价措施项目清单与计价表

工程名称： 标段： 第 页 共 页

序号	项目编码	项 目 名 称	计算基础	费率(%)	金额/元	调整费率(%)	调整后金额/元	备注
1		安全文明施工费						
2		夜间施工费						
3		二次搬运费						
4		冬雨季施工						
5		大型机械设备进出场及安拆费						

（续）

序号	项目编码	项 目 名 称	计算基础	费率(%)	金额/元	调整费率(%)	调整后金额/元	备注
6		施工排水						
7		施工降水						
8		地上、地下设施及建筑物的临时保护设施						
9		已完工程及设备保护						
10		各专业工程的措施项目						
11								
12								
合计								

●特●别●提●示

影响措施项目设置的因素很多，除工程本身因素外，还涉及到水文、气象、环境及安全等方面，表中不可能把所有的措施项目一一列出，因情况不同，出现表中未列的措施项目，工程量清单编制人可作补充。

措施项目清单以"项"为计量单位。"计算基础"可为"直接费"、"人工费"、"或人工费＋机械费"。

表 16-15　单价措施项目清单与计价表

工程名称：　　　　　　　标段：　　　　　　　　第 页 共 页

序 号	项目编码	项目名称	项目特征	计量单位	工 程 量	金额/元	
						综合单价	合价
本页小计							
合计							

●特●别●提●示

表 16-15 适用于以综合单价形式计价的措施项目。

5. 其他项目清单与计价表的编制(见表16-16、表16-16-1、表16-16-2、表16-16-3、表16-16-4、表16-16-5)

表16-16　其他项目清单与计价汇总表

工程名称：　　　　　　　　　　标段：　　　　　　　　　　第　页　共　页

序号	项　目　名　称	金额/元	结算金额/元	备　注
1	暂列金额			明细详见表16-16-1
2	暂估价			
2.1	材料(工程设备)暂估价/结算价			明细详见表16-16-2
2.2	专业工程暂估价/结算价			明细详见表16-16-3
3	计日工			明细详见表16-16-4
4	总承包服务费			明细详见表16-16-5
合计				

特　别　提　示

材料暂估单价进入清单项目综合单价,此处不汇总。

表16-16-1　暂列金额明细表

工程名称：　　　　　　　　　　标段：　　　　　　　　　　第　页　共　页

序号	项　目　名　称	计量单位	暂定金额/元	备　注
1				例如："钢结构雨篷项目设计图纸有待完善"
2				
3				
4				
5				
合计				

特　别　提　示

此表由招标人填写,将暂列金额与拟用项目列出明细,如不能详列明细,也可只列暂定金额总额,投标人应将上述暂列金额计入投标总价中。

表 16 - 16 - 2　材料（工程设备）暂估单价及调整表

工程名称：　　　　　　　　　　标段：　　　　　　　　　　第　页　共　页

序号	材料(工程设备)名称、规格、型号	计量单位	数量		暂估/元		确认		差额(±)/元		备注
			暂估	确认	单价	合价	单价	合价	单价	合价	
1											
2											
3											
4											
5											

●特别提示

　　此表由招标人填写，并在备注栏说明暂估价的材料拟用在那些清单项目上，投标人应将上述材料暂估单价计入工程量清单综合单价报价中。

　　材料包括原材料、燃料、构配件以及按规定应计入建筑安装工程造价的设备。

表 16 - 16 - 3　专业工程暂估价及结算价表

工程名称：　　　　　　　　　　标段：　　　　　　　　　　第　页　共　页

序号	工程名称	工程内容	暂估金额/元	结算金额/元	差额(±)/元	备注
1						例如："消防工程项目设计图纸有待完善"
2						
3						
4						
5						
6						
	合计					

●特别提示

　　此表由招标人填写，投标人应将上述专业工程暂估价计入投标总价中。

表 16 - 16 - 4　计日工表

工程名称：　　　　　　　　　　标段：　　　　　　　　　　第　页　共　页

序号	项目名称	单位	暂定数量	实际数量	综合单价	合价/元	
						暂定	实际
一	人工						
1							

(续)

序号	项目名称	单位	暂定数量	实际数量	综合单价	合价/元 暂定	实际
2							
人工小计							
二	材料						
1							
2							
材料小计							
三	施工机械						
1							
2							
施工机械小计							
合计							

特 别 提 示

此表暂定项目、数量由招标人填写，编制招标控制价，单价由招标人按有关计价规定确定。

编制投标报价时，工程项目、数量按招标人提供数据计算，单价由投标人自主报价，计入投标总价中。

表 16-16-5 总承包服务费计价表

工程名称： 标段： 第 页 共 页

序号	项目名称	项目价值/元	服务内容	计算基础	费率(%)	金额/元
1	发包人发包专业工程					
2	发包人供应材料					
合计						

特 别 提 示

编制工程量清单时，招标人应将拟定进行专业分包的专业工程、自行采购的材料设备等决定清楚，填写项目名称、项目价值、服务内容，以便投标人决定报价。

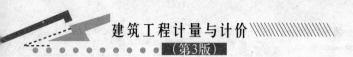

编制招标控制价时，招标人按有关计价规定计价。

编制投标报价时，由投标人根据工程量清单中的总承包服务内容，自主决定报价。

6. 规费、税金项目清单与计价表的编制（见表 16 - 17）

表 16 - 17　规费、税金项目清单与计价表

工程名称：　　　　　　　　　标段：　　　　　　　　　　第　页　共　页

序号	项目名称	计算基础	计算基数	计算费率(%)	金额/元
1	规费				
1.1	工程排污费				
1.2	社会保障费				
(1)	养老保险费				
(2)	失业保险费				
(3)	医疗保险费				
(4)	工伤保险费				
(5)	生育保险费				
1.3	住房公积金				
2	税金	分部分项工程费＋措施项目费＋其他项目费＋规费－按规定不计税的工程设备金额			
合计					

● 特 别 提 示

"计算基础"可为"直接费"、"人工费"、或"人工费＋机械费"。

7. 主要材料、工程设备一览表（见表 16-18）

表 16 - 18 - 1　发包人提供材料和工程设备一览表

工程名称：　　　　　　　　　标段：　　　　　　　　　　第　页　共　页

序号	材料(工程设备)名称、规格、型号	单位	数量	单价/元	交货方式	送达地点	备注
1							
2							

（续）

序号	材料(工程设备)名称、规格、型号	单位	数量	单价/元	交货方式	送达地点	备注

表16-18-2 承包人提供主要材料和工程设备一览表

（适用于造价信息差额调整法）

工程名称：　　　　　　　　　标段：　　　　　　　第 页 共 页

序号	名称、规格、型号	单位	数量	风险系数(%)	基准单价/元	投标单价/元	发承包人确认单价/元	备注
1								
2								

表16-18-3 承包人提供主要材料和工程设备一览表

（适用于价格指数差额调整法）

工程名称：　　　　　　　　　标段：　　　　　　　第 页 共 页

序号	名称、规格、型号	变值权重 B	基本价格指数 F_0	现行价格指数 F_t	备注
1					
2					
定值权重 A					
合计		1			

16.3　建设工程工程量清单计价

16.3.1　招标控制价

1. 招标控制价的编制内容

1）一般规定

（1）国有资金投资的建设工程招标，招标人必须编制招标控制价。

（2）招标控制价超过批准的概算时，招标人应将其报原概算审批部门审核。

我国对国有资金投资项目的投资控制实行的是投标概算审批控制制度，国有资金投资的工程，其投资原则上不能超过批准的投资概算。国有资金投资的工程在进行招标时，根据《中华人民共和国招标投标法》的规定，招标人可以设标底。当招标人不设标底时，为有利于客观、合理的评审投标标价和避免哄抬招标价，造成国有资产流失，招标人应编制招标控制价。

"招标控制价超过批准的概算时，招标人应将其报原概算审批部门审核"。这是因为我国对使用国有资金项目的投资控制实行投资概算控制制度，项目投资原则上不能超过批准的投资概算。因此，在工程施工招标时，当招标控制价超过批准的概算，招标人应当将其报原概算审批部门重新审核。

本条依据《中华人民共和国政府采购法》第36条的精神，国有资金投资的工程，投标人的投标不能高于招标控制价，否则，其投标将被拒绝。国有资金投资的工程，招标人编制并公开的招标控制价相当于招标人的采购预算，同时要求其不能超过批准的概算，因此，招标控制价是招标人在工程招标时能接受投标人报价的最高限价。

（3）招标控制价应由具有编制能力的招标人或受其委托具有相应资质的工程造价咨询人编制和复核。工程造价咨询人接受招标人委托编制招标控制价，不得再就同一工程接受投标人委托编制投标报价。

（4）招标控制价应在招标时公布，不应上调或下浮，招标人应将招标控制价及有关资料报送工程所在地或有该工程管辖权的行业管理部门工程造价管理机构备查。

为体现招标的公开、公平、公正性，防止招标人有意抬高或压低工程造价，给投标人以错误的信息，因此规定招标人应在招标文件中如实公布招标控制价，同时应公布招标控制价的各组成部分的详细内容，不得只公布招标控制总价，不得对所编制的招标控制价进行上浮或下调。

2）编制与复核

（1）招标控制价应根据下列依据编制与复核：

① 国家标准《建设工程工程量清单计价规范》。

② 国家或省级、行业建设主管部门颁发的计价定额和计价办法。

③ 建设工程设计文件及相关资料。

④ 拟定的招标文件及招标工程量清单。

⑤ 与建设项目相关的标准、规范、技术资料。

⑥ 施工现场情况、工程特点及常规施工方案。

⑦ 工程造价管理机构发布的工程造价信息；工程造价信息没有发布的，参照市场价。

⑧ 其他的相关资料。

（2）分部分项工程和措施项目中的单价项目应根据拟定的招标文件和招标工程量清单项目中的特征描述及有关要求确定综合单价计算。

综合单价中应包括招标文件中划分的应由投标人承担的风险范围及费用。招标文件中没有明确的，如是工程造价咨询人编制，应提请招标人明确；如是招标人编制，应予明确。

综合单价的组成内容是完成一个规定计量单位的分部分项工程量清单项目所需的人工费、材料费、施工机械使用费和企业管理与利润，以及招标文件确定范围内的风险因素费用。

（3）措施项目费应根据拟定的招标文件中的措施项目清单按国家标准《建设工程工程量清单计价规范》的规定计价，即措施项目清单应采用综合单价计价、措施项目清单中的安全文明施工费不得作为竞争性费用。

（4）其他项目费应按下列规定计价：

① 暂列金额应按招标工程量清单中列出的金额填写。

② 暂估价中的材料、工程设备单价应按招标工程量清单中列出的单价计入综合单价。

③ 暂估价中的专业工程金额应按招标工程量清单中列出的金额填写。

④ 计日工应按招标工程量清单中列出的项目根据工程特点和有关计价依据确定综合单价计算。

⑤ 总承包服务费应根据招标工程量清单列出的内容和要求估算。

特 别 提 示

暂列金额：一般可按分部分项工程费的 $10\%\sim15\%$ 作为参考。

总承包服务费：当招标人仅要求对分包的专业工程进行总承包管理和协调时，可按分包的专业工程估算造价的 1.5% 进行计算；当招标人要求对分包的专业工程进行总承包管理和协调，并同时要求提供配合服务时，根据招标文件列出的配合服务内容和提出的要求，可按分包的专业工程估算造价的 $3\%\sim5\%$ 进行计算；当招标人自行供应材料时，可按招标人供应材料价值的 1% 进行计算。

（5）规费和税金应按国家或省级、行业建设主管部门的规定计算，不得作为竞争性费用。

2. 招标控制价的投诉与处理

（1）投标人经复核认为招标人公布的招标控制价未按照国家标准《建设工程工程量清单计价规范》的规定进行编制的，应当在招标控制价公布后 5 天内向招投标监督机构和工程造价管理机构投诉。

（2）投诉人投诉时，应当提交书面投诉书，包括以下内容：

① 投诉人与被投诉人的名称、地址及有效联系方式。

② 投诉的招标工程名称、具体事项及理由。

③ 投诉依据相关请求和主张及证明材料。

投诉书必须由单位盖章和法定代表人或其委托人的签名或盖章。

（3）投诉人不得进行虚假、恶意投诉，阻碍投标活动的正常进行。

（4）工程造价管理机构在接到投诉书后应在二个工作日内进行审查，对有下列情况之一的，不予受理：

① 投诉人不是所投诉招标工程的投标人。

② 投诉书提交的时间不符合上述第(1)条规定的。

③ 投诉书不符合上述第(2)条规定的。

④ 投诉事项已进入行政复议或行政诉讼程序的。

（5）工程造价管理机构决定受理投诉后，应在不迟于结束审查的次日将受理情况书面通知投诉人、被投诉人以及负责该工程招投标监督的招投标管理机构。

（6）工程造价管理机构受理投诉后，应立即对招标控制价进行复查，组织投诉人、被投诉人或其委托的招标控制价编制人等单位人员对投诉问题逐一核对。有关当事人应当予以配合，并保证所提供资料的真实性。

（7）工程造价管理机构应当在受理投诉的十天内完成复查(特殊情况下可适当延长)，并作出书面结论通知投诉人、被投诉人及负责该工程招投标监督的招投标管理机构。

（8）当招标控制价复查结论与原公布的招标控制价误差＞±3％的，应当责成招标人改正。

（9）招标人根据招标控制价复查结论，需要修改公布的招标控制价的，且最终招标控制价的发布时间至投标截止时间不足十五天的，应当延长投标文件的截止时间。

3. 招标控制价的编制格式(见表 16 - 19～表 16 - 29)

（1）封面的填写(见表 16 - 19)。

表 16 - 19　封面

＿＿＿＿＿＿工程

招标控制价

招标控制价(小写)：＿＿＿＿＿＿＿＿＿＿＿＿＿＿＿＿＿＿

（大写)：＿＿＿＿＿＿＿＿＿＿＿＿＿＿＿＿＿＿

工程造价

招 标 人：＿＿＿＿＿＿＿＿　咨 询 人：＿＿＿＿＿＿＿

　　　　(单位盖章)　　　　　　　　(单位资质专用章)

法定代表人　　　　　　　　　法定代表人

或其授权人：＿＿＿＿＿＿＿　或其授权人：＿＿＿＿＿＿＿

　　　　(签字或盖章)　　　　　　　　(签字或盖章)

编 制 人：＿＿＿＿＿＿＿　复 核 人：＿＿＿＿＿＿＿

　　(造价人员签字盖专用章)　　　(造价工程师签字盖专用章)

编制时间：　年 月 日　　　复核时间：　年 月 日

特别提示

　　封面应按规定的内容填写、签字、盖章，除承包人自行编制的投标报价和竣工结算外，受委托编制的招标控制价、投标报价、竣工结算若为造价员编制的，应有负责审核的造价工程师签字、盖章以及工程造价咨询人盖章。

　　(2) 总说明的编制(见表 16-20)。

表 16-20　总说明

工程名称：　　　　　　　　　　　　　　　　　　　　　　　　　　第　页　共　页

特别提示

　　总说明应按下列内容填写：

　　① 工程概况：建设规模、工程特征、计划工期、合同工期、实际工期、施工现场及变化情况、施工组织设计的特点、自然地理条件、环境保护要求等。

　　② 清单计价范围、编制依据，如采用的材料来源及综合单价中风险因素、风险范围(或幅度)等。

　　(3) 工程项目招标控制价汇总表的编制(见表 16-21)。

表 16-21　工程项目招标控制价汇总表

工程名称：　　　　　　　　　　　　　　　　　　　　　　　　　　第　页　共　页

序　号	单项工程名称	金额/元	其中/元		
			暂估价	安全文明施工费	规费
	合计				

特别提示

　　本表适用于工程项目招标控制价或投标报价的汇总。

　　(4) 单项工程招标控制价汇总表的编制(见表 16-22)。

表 16 - 22 单项工程招标控制价汇总表

工程名称：   第 页 共 页

| 序 号 | 单项工程名称 | 金额/元 | 其中/元 | | |
			暂估价	安全文明施工费	规费
合计					

● 特 别 提 示

本表适用于单项工程招标控制价或投标报价的汇总。暂估价包括分部分项工程中的暂估价和专业工程暂估价。

（5）单位工程招标控制价汇总表编制（见表 16 - 23）。

表 16 - 23 单位工程招标控制价汇总表

工程名称：   标段：   第 页 共 页

序 号	汇总内容	金额/元	其中：暂估价/元
1	分部分项工程		
1.1			
1.2			
…	…		
2	措施项目		
2.1	其中：安全文明施工费		
3	其他项目		
3.1	其中：暂列金额		
3.2	其中：专业工程暂估价		
3.3	其中：计日工		
3.4	其中：总承包服务费		
4	规费		
5	税金		
招标控制价合计＝1＋2＋3＋4＋5			

● 特 别 提 示

本表适用于单位工程招标控制价或投标报价的汇总。如无单位工程划分，单项工程也使用本表汇总。

（6）分部分项工程量清单与计价表的编制（见表16－24）。

表16－24　分部分项工程量清单与计价表

工程名称：　　　　　　　　　标段：　　　　　　　　　　　　第　页　共　页

序号	项目编码	项目名称	项目特征	计量单位	工程量	金额/元		
						综合单价	合价	其中：暂估价
本页小计								
合计								

特 别 提 示

为计取规费等的使用，可在表中增设其中："直接费""人工费"或"人工费＋机械费"。

（7）工程量清单综合单价分析表的编制（见表16－25）。

表16－25　工程量清单综合单价分析表

工程名称：　　　　　　　　　标段：　　　　　　　　　　　　第　页　共　页

项目编码		项目名称		计量单位		工程量

清单综合单价组成明细

定额编号	定额名称	定额单位	数量	单价/元				合价/元			
				人工费	材料费	机械费	管理费和利润	人工费	材料费	机械费	管理费和利润
人工单价			小　计								
元/工日			未计价材料费								
清单项目综合单价											

材料费明细	主要材料名称、规格、型号		单位	数量	单价/元	合价/元	暂估单价/元	暂估合价/元
	其他材料费				—		—	
	材料费小计				—		—	

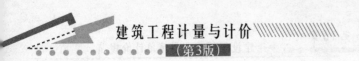

● 特 别 提 示

如不使用省级或行业建设主管部门发布的计价依据，可不填定额项目、编号等。

招标文件提供了暂估单价的材料，按暂估的单价填入表内"暂估单价"栏及"暂估合价"栏。

（8）措施项目清单与计价表的编制（见表16-26、表16-27）。

表 16-26 总价措施项目清单与计价表

工程名称：　　　　　　　　　　　　标段：　　　　　　第 页 共 页

序号	项目编码	项目名称	计算基础	费率(%)	金额/元	调整费率(%)	调整后金额/元	备注
1		安全文明施工费						
2		夜间施工费						
3		二次搬运费						
4		冬雨季施工						
5		大型机械设备进出场及安拆费						
6		施工排水						
7		施工降水						
8		地上、地下设施、建筑物的临时保护设施						
9		已完工程及设备保护						
10		各专业工程的措施项目						
		合计						

表 16-27 单价措施项目清单与计价表

工程名称：　　　　　　　　　　　　标段：　　　　　　第 页 共 页

序号	项目编码	项目名称	项目特征	计量单位	工程量	金额/元		
						综合单价	合价	其中：暂估价
		本页小计						
		合计						

（9）其他项目清单与计价表的编制（见表16-28、表16-28-1、表16-28-2、表16-28-3、表16-28-4、表16-28-5）。

表 16-28 其他项目清单与计价汇总表

工程名称： 标段： 第 页 共 页

序号	项 目 名 称	金额/元	结算金额/元	备 注
1	暂列金额			明细详见表16-28-1
2	暂估价			
2.1	材料(工程设备)暂估价/结算价			明细详见表16-28-2
2.2	专业工程暂估价/结算价			明细详见表16-28-3
3	计日工			明细详见表16-28-4
4	总承包服务费			明细详见表16-28-5
	合计			

表 16-28-1 暂列金额明细表

工程名称： 标段： 第 页 共 页

序号	项 目 名 称	计量单位	暂定金额/元	备 注
1				例如："钢结构雨篷项目设计图纸有待完善"
2				
3				
4				
5				
	合计			

表 16-28-2 材料(工程设备)暂估单价及调整表

工程名称： 标段： 第 页 共 页

序号	材料(工程设备)名称、规格、型号	计量单位	数量		暂估/元		确认		差额(±)/元		备注
			暂估	确认	单价	合价	单价	合价	单价	合价	
1											
2											
3											
4											
5											

表 16 - 28 - 3　专业工程暂估价及结算价表

工程名称：　　　　　　　　　标段：　　　　　　　　　　　　　第 页 共 页

序号	工程名称	工程内容	暂估金额/元	结算金额/元	差额(±)/元	备注
1						例如："消防工程项目设计图纸有待完善"
2						
3						
4						
5						
6						
合计						

表 16 - 28 - 4　计日工表

工程名称：　　　　　　　　　标段：　　　　　　　　　　　　　第 页 共 页

序号	项目名称	单位	暂定数量	实际数量	综合单价	合价/元	
						暂定	实际
一	人工						
1							
2							
	人工小计						
二	材料						
1							
2							
	材料小计						
三	施工机械						
1							
2							
	施工机械小计						
	合计						

表 16 - 28 - 5　总承包服务费计价表

工程名称：　　　　　　　　　标段：　　　　　　　　　第　页　共　页

序号	项目名称	项目价值/元	服务内容	计算基础	费率(%)	金额/元
1	发包人发包专业工程					
2	发包人供应材料					
合计						

（10）规费、税金项目清单与计价表的编制（见表 16 - 29）。

表 16 - 29　规费、税金项目清单与计价表

工程名称：　　　　　　　　　标段：　　　　　　　　　第　页　共　页

序号	项目名称	计算基础	计算基数	计算费率(%)	金额/元
1	规费				
1.1	工程排污费				
1.2	社会保障费				
(1)	养老保险费				
(2)	失业保险费				
(3)	医疗保险费				
(4)	工伤保险费				
(5)	生育保险费				
1.3	住房公积金				
2	税金	分部分项工程费＋措施项目费＋其他项目费＋规费－按规定不计税的工段设备金额			
合计					

（11）主要材料、工程设备一览表（见表 16 - 30）。

表 16 - 30 - 1　发包人提供材料和工程设备一览表

工程名称：　　　　　　　　　标段：　　　　　　　　　第　页　共　页

序号	材料(工程设备)名称、规格、型号	单位	数量	单价/元	交货方式	送达地点	备注
1							
2							

（续）

序号	材料(工程设备)名称、规格、型号	单位	数量	单价/元	交货方式	送达地点	备注

表 16 - 30 - 2　承包人提供主要材料和工程设备一览表

（适用于造价信息差额调整法）

工程名称：　　　　　　　　　　标段：　　　　　　　　第　页　共　页

序号	名称、规格、型号	单位	数量	风险系数（%）	基准单价/元	投标单价/元	发承包人确认单价/元	备注
1								
2								

表 16 - 30 - 3　承包人提供主要材料和工程设备一览表

（适用于价格指数差额调整法）

工程名称：　　　　　　　　　　标段：　　　　　　　　第　页　共　页

序号	名称、规格、型号	变值权重 B	基本价格指数 F_0	现行价格指数 F_t	备注
1					
2					
	定值权重 A				
	合计	1			

16.3.2 投标报价

1. 投标报价的编制内容

（1）投标价应由投标人或受其委托具有相应资质的工程造价咨询人编制。

（2）除国家标准《建设工程工程量清单计价规范》强制性规定外，投标人应依据招标文件及其招标工程量清单自主确定投标报价。

（3）投标报价不得低于工程成本。

该条为强制性条文，必须严格执行。

本条规定了投标报价的确定原则：投标人自主报价，它是市场竞争形成价格的体现。同时按照《中华人民共和国反不正当竞争法》第11条规定："经营者不得以排挤竞争对手为目的，以低于成本的价格销售商品"。

《中华人民共和国招标投标法》第41条规定："中标人的投标应当能够满足招标文件的实质性要求，并且经评审的投标价格最低；但是投标价格低于成本的除外。"的规定，要求投标人的投标报价不得低于成本。

（4）投标人应按招标工程量清单填报价格。项目编码、项目名称、项目特征、计量单位、工程量必须与招标工程量清单一致。

该条为强制性条文，必须严格执行。

实行工程量清单招标，招标人在招标文件中提供工程量清单，其目的是使各投标人在投标报价中具有共同的竞争平台。因此，要求投标人在投标报价时填写的工程量清单中的项目编码、项目名称、项目特征、计量单位、工程数量必须与招标人招标文件中提供的一致。

（5）投标人的投标报价高于招标控制价的应予废标。

（6）投标报价应根据下列依据编制和复核：

① 国家标准《建设工程工程量清单计价规范》。

② 国家或省级、行业建设主管部门颁发的计价办法。

③ 企业定额，国家或省级、行业建设主管部门颁发的计价定额。

④ 招标文件、工程量清单及其补充通知、答疑纪要。

⑤ 建设工程设计文件及相关资料。

⑥ 施工现场情况、工程特点及拟定的投标施工组织设计或施工方案。

⑦ 与建设项目相关的标准、规范等技术资料。

⑧ 市场价格信息或工程造价管理机构发布的工程造价信息。

⑨ 其他的相关资料。

（7）分部分项工程和措施项目中的单价项目，应依据招标文件及其招标工程量清单中

的特征描述确定综合单价计算。综合单价中应包括招标文件中投标人承担的风险范围及费用，招标文件中没有明确的，应提请招标人明确。

●知识链接

分部分项工程费报价的最重要依据之一是该项目的特征描述，投标人应依据招标文件中分部分项工程量清单项目的特征描述确定清单项目的综合单价，当出现招标文件中分部分项工程量清单项目的特征描述与设计图纸不符时，应以工程量清单项目的特征描述为准；当施工中施工图纸或设计变更与工程量清单项目的特征描述不一致时，发、承包双方应按实际施工的项目特征，依据合同约定重新确定综合单价。

投标人在自主决定投标报价时，还应考虑招标文件中要求投标人承担的风险内容及其范围（幅度）以及相应的风险费用。在施工过程中，当出现的风险内容及其范围（幅度）在招标文件规定的范围内时，综合单价不得变更，工程价款不做调整。

（8）措施项目费应根据招标文件及投标时拟定的施工组织设计或施工方案采用综合单价计价，其中安全文明施工费不得作为竞争性费用。

●特别提示

措施项目费应根据招标文件中的措施项目清单及投标时拟定的施工组织设计或施工方案按国家标准《建设工程工程量清单计价规范》中的规定应采用综合单价计价。

措施项目费的计算包括：

① 措施项目的内容应依据招标人提供的措施项目清单和投标人投标时拟定的施工组织设计或施工方案。

② 措施项目清单费的计价方式应根据招标文件的规定，凡可以精确计量的措施清单项目采用综合单价方式报价，其余的措施清单项目采用以"项"为计量单位的方式报价。

③ 措施项目清单费的确定原则是由投标人自主确定，但其中安全文明施工费应按国家或省级、行业建设主管部门的规定确定，不得作为竞争性费用。

（9）其他项目费应按下列规定报价：

① 暂列金额应按招标工程量清单中列出的金额填写。

② 材料、工程设备暂估价应按招标工程量清单中列出的单价计入综合单价；专业工程暂估价应按招标工程量清单中列出的金额填写。

③ 计日工按招标工程量清单中列出的项目和数量，自主确定综合单价并计算计日工费用。

④ 总承包服务费根据招标工程量清单中列出的内容和提出的要求自主确定。

●特别提示

暂列金额和暂估价不得变动和更改。

总承包服务费应依据招标人在招标文件中列出的分包专业工程内容和供应的材料、设备等情况，按照招标人提出的协调、配合与服务要求及施工现场管理需要，由投标人自主确定。

（10）规费和税金应按国家或省级、行业建设主管部门的规定计算，不得作为竞争性费用。

（11）招标工程量清单与计价表中列明的所有需要填写的单价和合价的项目，投标人均应填写且只允许有一个报价。未填写单价和合价的项目，视为此项费用已包含在已标价工程量清单中其他项目的单价和合价之中。竣工结算时，此项目不得重新组价予以调整。

（12）投标总价应当与分部分项工程费、措施项目费、其他项目费和规费、税金的合计金额一致。

●●●（特）（别）（提）（示）••

此条本质上是禁止在工程总价基础上进行优惠（或降价、让利），投标人对投标总价的任何优惠（或降价、让利），应当反映在相应清单项目的综合单价中，以方便后期的变更和结算。

••

2. 投标报价的编制格式（见表 16-31～表 16-41）

（1）封面的填写（见表 16-31）。

表 16-31　封面

投标总价

招　标　人：＿＿＿＿＿＿＿＿＿＿＿＿＿＿＿＿＿

工 程 名 称：＿＿＿＿＿＿＿＿＿＿＿＿＿＿＿＿＿

投 标 总 价(小写)：＿＿＿＿＿＿＿＿＿＿＿＿＿＿

　　　　　(大写)：＿＿＿＿＿＿＿＿＿＿＿＿＿＿

投　标　人：＿＿＿＿＿＿＿＿＿＿＿＿＿＿＿＿＿

　　　　　　　(单位盖章)

　　　　　　　法定代表人

或其授权人：＿＿＿＿＿＿＿＿＿＿＿＿＿＿＿＿＿

　　　　　　　(签字或盖章)

编　制　人：＿＿＿＿＿＿＿＿＿＿＿＿＿＿＿＿＿

　　(造价人员签字盖专用章)

编 制 时 间：　　年　月　日

（2）总说明的编制（见表 16-32）。

表 16-32　总说明

工程名称：　　　　　　　　　　　　　　　　　　　　　　　　　　　第　页　共　页

| |
| |
| |
| |
| |

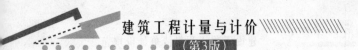

特别提示

总说明应按下列内容填写：

① 工程概况：建设规模、工程特征、计划工期、合同工期、实际工期、施工现场及变化情况、施工组织设计的特点、自然地理条件、环境保护要求等。

② 清单计价范围、编制依据，如措施项目的依据、综合单价中包括的风险因素及风险范围（幅度）等。

（3）工程项目投标报价汇总表的编制（见表16-33）。

表16-33　工程项目投标报价汇总表

工程名称：　　　　　　　　　　　　　　　　　　　　　　　　　　　　　第　页　共　页

序　号	单项工程名称	金额/元	其中/元		
			暂估价	安全文明施工费	规费
合计					

（4）单项工程投标报价汇总表的编制（见表16-34）。

表16-34　单项工程投标报价汇总表

工程名称：　　　　　　　　　　　　　　　　　　　　　　　　　　　　　第　页　共　页

序　号	单项工程名称	金额/元	其中/元		
			暂估价	安全文明施工费	规费
合计					

特别提示

本表适用于单项工程招标控制价或投标报价的汇总。暂估价包括分部分项工程中的暂估价和专业工程暂估价。

（5）单位工程投标报价汇总表编制（见表16-35）。

表16-35　单位工程投标报价汇总表

工程名称：　　　　　　　　标段：　　　　　　　　　　　　　　　　第　页　共　页

序　号	汇总内容	金额/元	其中：暂估价/元
1	分部分项工程		
1.1			
1.2			

（续）

序　号	汇总内容	金额/元	其中：暂估价/元
...	...		
2	措施项目		
2.1	其中：安全文明施工费		
3	其他项目		
3.1	其中：暂列金额		
3.2	其中：专业工程暂估价		
3.3	其中：计日工		
3.4	其中：总承包服务费		
4	规费		
5	税金		
招标控制价合计＝1＋2＋3＋4＋5			

特别提示

本表适用于单位工程招标控制价或投标报价的汇总。如无单位工程划分，单项工程也使用本表汇总。

（6）分部分项工程量清单与计价表的编制（见表16-36）。

表16-36　分部分项工程量清单与计价表

工程名称：　　　　　　　　　标段：　　　　　　　　第　页　共　页

序号	项目编码	项目名称	项目特征	计量单位	工程量	金额/元		
						综合单价	合价	其中：暂估价
本页小计								
合计								

特别提示

为计取规费等的使用，可在表中增设其中："直接费""人工费"或"人工费＋机械费"。

（7）工程量清单综合单价分析表的编制（见表16-37）。

表16-37　工程量清单综合单价分析表

工程名称：　　　　　　　　　标段：　　　　　　　　　第　页　共　页

项目编码		项目名称		计量单位		工程量	

清单综合单价组成明细

定额编号	定额名称	定额单位	数量	单价/元				合价/元			
				人工费	材料费	机械费	管理费和利润	人工费	材料费	机械费	管理费和利润

人工单价		小　　计					
元/工日		未计价材料费					

清单项目综合单价

材料费明细	主要材料名称、规格、型号	单位	数量	单价/元	合价/元	暂估单价/元	暂估合价/元
	其他材料费			—		—	
	材料费小计			—		—	

（特）（别）（提）（示）

如不使用省级或行业建设主管部门发布的计价依据，可不填定额项目、编号等。

招标文件提供了暂估单价的材料，按暂估的单价填入表内"暂估单价"栏及"暂估合价"栏。

投标人应按照招标文件的要求，附工程量清单综合单价分析表。

分部分项工程量清单计价，其核心是综合单价的确定。综合单价的计算一般应按下列顺序进行：

① 确定工程内容。根据工程量清单项目名称和拟建工程实际，或参照"分部分项工程量清单项目设置及其消耗量定额"表中的"工程内容"，确定该清单项目主体及其相关工程内容。

② 计算工程数量。根据现行山东省建筑工程消耗量定额工程量计算规则的规定，分别计算工程量清单项目所包含的每项工程内容的工程数量。

③ 计算单位含量。分别计算工程量清单项目每计量单位应包含的各项工程内容的工程数量。

计算单位含量＝第②步计算的工程数量÷相应清单项目的工程数量

④ 选择定额。根据第①步确定的工程内容，参照"分部分项工程量清单项目设置及其消耗量定额"表中的定额名称和编号，选择定额，确定人工、材料和机械台班的消耗量。

⑤ 选择单价。人工、材料、机械台班单价选用省信息价或市场价。

⑥ 计算清单项目每计量单位所含某项工程内容的人工、材料、机械台班价款。

"工程内容"的人、材、机价款＝∑（第④步确定的人、材、机消耗量×第⑤步选择的人、材、机单价）×第③步计算含量

⑦ 计算工程量清单项目每计量单位人工、材料、机械台班价款。

工程量清单项目人、材、机价款＝第⑥步计算的各项工程内容的人、材、机价款之和

⑧ 选定费率。应根据《建设工程费用项目组成及计算规则》，并结合本企业和市场的实际情况，确定管理费率和利润率。

⑨ 计算综合单价。

a. 建筑工程综合单价＝第⑦步计算的人、材、机价款×（1＋管理费率＋利润率）

b. 装饰装修工程综合单价＝第⑦步计算的人、材、机价款＋第⑦步中的人工费×（管理费率＋利润率）

⑩ 合价＝综合单价×相应清单项目工程数量

● 特 别 提 示 ●●

综合单价详细的计算步骤和方法详见第17章案例。

●●●

（8）措施项目清单与计价表的编制（见表 16－38、表 16－39）。

表 16－38 　总价措施项目清单与计价表

工程名称： 　　　　　　　　　　标段： 　　　　　　　　　　　第 页 共 页

序号	项目编码	项目名称	计算基础	费率（%）	金额/元	调整费率（%）	调整后金额/元	备注
1		安全文明施工费						
2		夜间施工费						
3		二次搬运费						
4		冬雨季施工						
5		大型机械设备进出场及安拆费						
6		施工排水						
7		施工降水						
8		地上、地下设施、建筑物的临时保护设施						
9		已完工程及设备保护						
10		各专业工程的措施项目						
		合计						

表 16 - 39　单价措施项目清单与计价表

工程名称：　　　　　　　　　　标段：　　　　　　　　　第 页 共 页

序号	项目编码	项目名称	项目特征	计量单位	工程量	金额/元		
						综合单价	合价	其中：暂估价
			本页小计					
			合计					

特 别 提 示

(1) 表 16 - 38 中的措施项目费可按费用定额的计费基础和工程造价管理机构发布的费率进行计算，如山东省建筑工程工程量清单计价办法提供了以下计算方法：

a. 建筑工程措施项目费＝按省价计算的分部分项工程费合计中的(人工费＋材料费＋机械台班费)×相应措施项目费率×(1＋管理费费率＋利润率)

b. 装饰装修工程措施项目费＝按省价计算的分部分项工程费合计中的人工费×相应措施项目费率×[1＋措施费中人工费含量×(管理费费率＋利润率)]

(2) 表 16 - 39 中的综合单价的确定同分部分项工程量清单计价表中的综合单价的确定方法相似，一般按下列顺序进行：

a. 应根据措施项目清单和拟建工程的施工组织设计，确定措施项目。

b. 确定该措施项目所包含的工程内容。

c. 根据现行的山东省建筑工程消耗量定额工程量计算规则，分别计算该措施项目所含每项工程内容的工程量。

d. 根据第 b 步确定的工程内容，参照"措施项目设置及其消耗量定额(计价方法)"表中的消耗量定额，确定人工、材料和机械台班消耗量。

e. 应根据山东省建筑工程工程量清单计价办法的费用组成，参照其计算方法，或参照工程造价主管部门发布的信息价格，确定相应单价。

f. 计算措施项目所含某项工程内容的人工、材料和机械台班的价款。

"工程内容"的人、材、机价款＝∑(第 d 步确定的人、材、机消耗量×第 e 步选择的人、材、机单价)×第 c 步工程量

g. 措施项目人工、材料和机械台班价款

措施项目人、材、机价款＝第 f 步计算的各项工程内容的人、材、机价款之和

h. 应根据山东省建筑工程工程量清单计办法的费用组成，参照其计算方法，或参照工程造价主管部门发布的相关费率，并结合本企业和市场的实际情况，确定管理费率和利润率。

i. 金额

(a) 建筑工程金额＝第 g 步计算的措施项目人、材、机价款×(1＋管理费率＋利润率)

(b) 装饰装修工程金额＝第 g 步计算的措施项目人、材、机价款＋第 g 步措施项目中的人工费×(管理费率＋利润率)

（9）其他项目清单与计价表的编制（见表 16-40、表 16-40-1、表 16-40-2、表 16-40-3、表 16-40-4、表 16-40-5）。

表 16-40 其他项目清单与计价汇总表

工程名称：　　　　　　　　　　标段：　　　　　　　　　　　第 页 共 页

序号	项 目 名 称	金额	结算金额/元	备 注
1	暂列金额			明细详见表 16-40-1
2	暂估价			
2.1	材料（工程设备）暂估价			明细详见表 16-40-2
2.2	专业工程暂估价			明细详见表 16-40-3
3	计日工			明细详见表 16-40-4
4	总承包服务费			明细详见表 16-40-5
合计				

表 16-40-1 暂列金额明细表

工程名称：　　　　　　　　　　标段：　　　　　　　　　　　第 页 共 页

序号	项 目 名 称	计 量 单 位	暂定金额/元	备 注
1				例如："钢结构雨篷项目设计图纸有待完善"
2				
3				
4				
5				
合计				

表 16-40-2 材料（工程设备）暂估单价及调整表

工程名称：　　　　　　　　　　标段：　　　　　　　　　　　第 页 共 页

序号	材料（工程设备）名称、规格、型号	计量单位	数量		暂估/元		确认		差额（±）/元		备注
			暂估	确认	单价	合价	单价	合价	单价	合价	
1											
2											
3											
4											
5											

表 16 - 40 - 3　专业工程暂估价及结算价表

工程名称：　　　　　　　标段：　　　　　　　　　　第　页　共　页

序号	工程名称	工程内容	暂估金额/元	结算金额/元	差额(±)/元	备注
1						例如："消防工程项目设计图纸有待完善"
2						
3						
4						
5						
6						
	合计					

表 16 - 40 - 4　计日工表

工程名称：　　　　　　　标段：　　　　　　　　　　第　页　共　页

序号	项目名称	单位	暂定数量	实际数量	综合单价	合价/元	
						暂定	实际
一	人工						
1							
2							
	人工小计						
二	材料						
1							
2							
	材料小计						
三	施工机械						
1							
2							
	施工机械小计						
	合计						

表 16-40-5 总承包服务费计价表

工程名称： 　　　　　　　标段： 　　　　　　　　　　第 页 共 页

序号	项目名称	项目价值/元	服务内容	计算基础	费率(%)	金额/元
1	发包人发包专业工程					
2	发包人供应材料					
	合计					

(10) 规费、税金项目清单与计价表的编制(见表 16-41)。

表 16-41 规费、税金项目清单与计价表

工程名称： 　　　　　　　标段： 　　　　　　　　　　第 页 共 页

序号	项目名称	计算基础	计算基数	计算费率(%)	金额/元
1	规费				
1.1	工程排污费				
1.2	社会保障费				
(1)	养老保险费				
(2)	失业保险费				
(3)	医疗保险费				
(4)	工伤保险费				
(5)	生育保险费				
1.3	住房公积金				
2	税金	分部分项工程费+措施项目费+其他项目费+规费-按规定不计税的工程设备金额			
	合计				

(11) 总价项目进度款支付分解表（见表 16-42)。

表 16-42 总价项目进度款支付分解表

工程名称： 　　　　　　　标段： 　　　　　　　　　　单位：元

序号	项目名称	总价金额	首次支付	二次支付	三次支付	四次支付	五次支付	
	安全文明施工费							
	夜间施工增加费							
	二次搬运费							

（续）

序号	项目名称	总价金额	首次支付	二次支付	三次支付	四次支付	五次支付	
	……							
	社会保险费							
	住房公积金							
	……							
合计								

编制人(造价人员)：   复核人(造价工程师)：

（12）主要材料、工程设备一览表（见表16-43）。

表16-43-1 发包人提供材料和工程设备一览表

工程名称：   标段：   第 页 共 页

序号	材料(工程设备)名称、规格、型号	单位	数量	单价/元	交货方式	送达地点	备注
1							
2							

表16-43-2 承包人提供主要材料和工程设备一览表
（适用于造价信息差额调整法）

工程名称：   标段：   第 页 共 页

序号	名称、规格、型号	单位	数量	风险系数(%)	基准单价/元	投标单价/元	发承包人确认单价/元	备注
1								
2								

表16-43-3 承包人提供主要材料和工程设备一览表
（适用于价格指数差额调整法）

工程名称：   标段：   第 页 共 页

序号	名称、规格、型号	变值权重 B	基本价格指数 F_0	现行价格指数 F_t	备注
1					
2					

（续）

序号	名称、规格、型号	变值权重 B	基本价格指数 F_0	现行价格指数 F_t	备注
	定值权重 A				
	合计	1			

16.3.3 合同价款

1. 合同价款约定

1）一般规定

（1）实行招标的工程合同价款应在中标通知书发出之日起 30 日内，由发承包双方依据招标文件和中标人的投标文件在书面合同中约定。

● 特 别 提 示 ....

合同约定不得违背招、投标文件中关于工期、造价、质量等方面的实质性内容。招标文件与中标人投标文件不一致的地方，以投标文件为准。

（2）不实行招标的工程合同价款，在发、承包双方认可的工程价款基础上，由发承包双方在合同中约定。

（3）实行工程量清单计价的工程，应当采用单价合同。合同工期较短、建设规模较小、技术难度较低，且施工图设计已审查完备的建设工程可以采用总价合同；紧急抢险、救灾以及施工技术特别复杂的建设工程可以采用成本加酬金合同。

● 特 别 提 示 ....

所谓总价合同是指总价包干或总价不变合同，适用于规模不大、工序相对成熟、工期较短、施工图纸完备的工程施工项目。

采用单价合同形式时，工程量清单是合同文件必不可少的组成内容，其中工程量具备合同约束力（量可调），工程结算时工程量应按照合同约定应予计量的实际完成的工程量进行调整。而对总价合同形式，工程量清单中的工程量不具备合同约束力（量不可调），工程量以签订合同时施工图纸标示的内容为准，发生图示工程量以外的其他内容均赋予合同约束力，应以合同变更予以工程计量和计价。

● 知 识 链 接 ....

单价（总价）合同的计量

（1）一般规定：

① 工程量必须按照国家标准《房屋建筑与装饰工程工程量计算规范》规定的工程量计算规则计算。

② 工程计量可选择按月或按工程形象进度分段计量，具体计量周期在合同中约定。

③ 因承包人原因造成的超范围施工或返工的工程量，发包人不予计量。

（2）单价合同的计量：

① 工程量必须以承包人完成合同工程应予计量的工程量确定。

② 工程计量时，若发现招标工程量清单中出现缺项、工程量偏差，或因工程变更引起工程量的增减，应按承包人在履行合同过程中实际完成的工程量计算。

③ 承包人应当按照合同约定的计量周期和时间，向发包人提交当期已完工程量报告。

● 特 别 提 示

发包人应在收到报告后 7 天内核实，并将核实计量结果通知承包人。发包人未在约定时间内进行核实的，则承包人提交的计量报告中所列的工程量视为承包人实际完成的工程量。

---

④ 发包人认为需要进行现场计量核实时，应在计量前 24 小时通知承包人，承包人应为计量提供便利条件并派人参加。双方均同意核实结果时，则双方应在上述记录上签字确认。

● 特 别 提 示

承包人收到通知后不派人参加计量，视为认可发包人的计量核实结果。发包人不按照约定时间通知承包人，致使承包人未能派人参加计量，计量核实结果无效。

---

⑤ 如承包人认为发包人的计量结果有误，应在收到计量结果通知后的 7 天内向发包人提出书面意见，并附上其认为正确的计量结果和详细的计算资料。发包人收到书面意见后，应对承包人的计量结果进行复核后通知承包人。承包人对复核计量结果仍有异议的，按照合同约定的争议解决办法处理。

⑥ 承包人完成已标价工程量清单中每个项目的工程量后，发包人应要求承包人派员共同对每个项目的历次计量报表进行汇总，以核实最终结算工程量。发承包双方应在汇总表上签字确认。

（3）总价合同的计量。

① 采用工程量清单方式招标形成的总价合同，其工程量应按照"单价合同的计量"的规定计算。

② 采用经审定批准的施工图纸及其预算方式发包形成的总价合同，除按照工程变更规定的工程量增减外，总价合同各项目的工程量应为承包人用于结算的最终工程量。

③ 总价合同约定的项目计量应以合同工程经审定批准的施工图纸为依据，发承包双方应在合同中约定工程计量的形象目标或时间节点进行计量。

④ 承包人应在合同约定的每个计量周期内对已完成的工程进行计量，并向发包人提交达到工程形象目标完成的工程量和有关计量资料的报告。

⑤ 发包人应在收到报告后 7 天内对承包人提交的上述资料进行复核，以确定实际完成的工程量和工程形象目标。对其有异议的，应通知承包人进行共同复核。

2）约定内容

（1）发承包双方应在合同条款中对下列事项进行约定：

① 预付工程款的数额、支付时间及抵扣方式。

② 安全文明施工措施的支付计划，使用要求等。

③ 工程计量与支付工程进度款的方式、数额及时间。

④ 工程价款的调整因素、方法、程序、支付及时间。

⑤ 施工索赔与现场签证的程序、金额确认与支付时间。

⑥ 承担计价风险的内容、范围以及超出约定内容、范围的调整办法。

⑦ 工程竣工价款结算编制与核对、支付及时间。

⑧ 工程质量保证(保修)金的数额、预扣方式及时间。

⑨ 违约责任以及发生工程价款争议的解决方法及时间。

⑩ 与履行合同、支付价款有关的其他事项等。

(2) 合同中没有按照第(1)条的要求约定或约定不明的，若发承包双方在合同履行中发生争议由双方协商确定；协商不能达成一致的，按国家标准《建设工程工程量清单计价规范》中关于"工程价款争议的解决"的规定执行。

2. 合同价款调整

本部分包括一般规定、法律法规变化、物价变化、工程变更、项目特征描述不符、工程量清单缺项、工程量偏差、暂列金额、暂估价、计日工、现场签证、施工索赔、不可抗力(详细内容见前面所述的"计价风险")、提前竣工(赶工补偿)、误期赔偿等15项内容。

1) 一般规定

(1) 以下事项(但不限于)发生，发承包双方应当按照合同约定调整合同价款：法律法规变化、工程变更、项目特征描述不符、工程量清单缺项、工程量偏差、物价变化、暂估价、计日工、现场签证、不可抗力、提前竣工(赶工补偿)、误期赔偿、施工索赔、暂列金额、发承包双方约定的其他调整事项。

(2) 出现合同价款调增事项(不含工程量偏差、计日工、现场签证、施工索赔)后的14天内，承包人应向发包人提交合同价款调增报告并附上相关资料。

●(特)(别)(提)(示)▪▪

若承包人在14天内未提交合同价款调增报告的，视为承包人对该事项不存在调整价款。

(3) 发包人应在收到承包人合同价款调增报告及相关资料之日起14天内对其核实，予以确认的应书面通知承包人。如有疑问，应向承包人提出协商意见。

●(特)(别)(提)(示)▪▪

发包人在收到合同价款调增报告之日起14天内未确认也未提出协商意见的，视为承包人提交的合同价款调增报告已被发包人认可。

发包人提出协商意见的，承包人应在收到协商意见后的14天内对其核实，予以确认的应书面通知发包人。如承包人在收到发包人的协商意见后14天内既不确认也未提出不同意见的，视为发包人提出的意见已被承包人认可。

(4) 如发包人与承包人对不同意见不能达成一致的，只要不实质影响发承包双方履约的，双方应实施该结果，直到其按照合同争议的解决被改变为止。

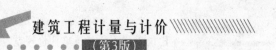
（5）出现合同价款调减事项（不含工程量偏差、施工索赔）后的 14 天内，发包人应向承包人提交合同价款调减报告并附相关资料。

特别提示

若发包人在 14 天内未提交合同价款调减报告的，视为发包人对该事项不存在调整价款。

（6）经发承包双方确认调整的合同价款，作为追加（减）合同价款，与工程进度款或结算款同期支付。

2）法律法规变化

（1）招标工程以投标截止日前 28 天，非招标工程以合同签订前 28 天为基准日，其后国家的法律、法规、规章和政策发生变化引起工程造价增减变化的，发承包双方应当按照省级或行业建设主管部门或其授权的工程造价管理机构据此发布的规定调整合同价款。

（2）因承包人原因导致工期延误，且第（1）条规定的调整时间在合同工程原定竣工时间之后，合同价款调增的不予调整；合同价款调减的予以调整。

3）物价变化

（1）合同履行期间，因人工、材料、工程设备和机械台班价格波动影响合同价款时，应根据合同约定，按"价格指数调整价格差额"或"造价信息调整价格差额"调整合同价款。

（2）承包人采购材料和工程设备的，应在合同中约定主要材料、工程设备价格变化的范围或幅度。

特别提示

如没有约定，则按照《建设工程工程量清单计价规范》规定，材料、工程设备单价变化超过 5％，则超过部分的价格应予调整。该情况下，应按照价格指数调整法或造价信息差额调整法（具体方法见条文说明）计算调整材料、工程设备费。

（3）执行《建设工程工程量清单计价规范》规定时，发生合同工程工期延误的，应按照下列规定确定合同履行期用于调整的价格：

① 因非承包人原因导致工期延误的，则计划进度日期后续工程的价格，应采用计划进度日期与实际进度日期两者的较高者。

② 因承包人原因导致工期延误的，则计划进度日期后续工程的价格，应采用计划进度日期与实际进度日期两者的较低者。

（4）发包人供应材料和工程设备的，《建设工程工程量清单计价规范》中"物价变化"的第（1）条、第（2）条规定均不适用，应由发包人按照实际变化调整，列入合同工程的工程造价内。

4）工程变更

（1）工程变更引起已标价工程量清单项目或其工程数量发生变化，应按照下列规定调整：

① 已标价工程量清单中有适用于变更工程项目的，采用该项目的单价；但当工程变更导致该清单项目的工程数量发生变化，且工程量偏差超过 15％，此时，该项目单价的调整应按照《建设工程工程量清单计价规范》中"工程量偏差"第 2 条的规定调整。

"工程量偏差"第2条规定：

对于任一招标工程量清单项目，如果因本条规定的工程量偏差和《建设工程工程量清单计价规范》中规定的工程变更等原因导致工程量偏差超过15%，调整的原则为：当工程量增加15%以上时，其增加部分的工程量的综合单价应予调低；当工程量减少15%以上时，减少后剩余部分的工程量的综合单价应予调高。此时，按下列公式调整结算分部分项工程费：

a. 当 $Q_1 > 1.15Q_0$ 时，$S = 1.15Q_0 \times P_0 + (Q_1 - 1.15Q_0) \times P_1$

b. 当 $Q_1 < 0.85Q_0$ 时，$S = Q_1 \times P_1$

式中：S——调整后的某一分部分项工程费结算价。

　　Q_1——最终完成的工程量。

　　Q_0——招标工程量清单中列出的工程量。

　　P_1——按照最终完成工程量重新调整后的综合单价。

　　P_0——承包人在工程量清单中填报的综合单价。

② 已标价工程量清单中没有适用、但有类似于变更工程项目的，可在合理范围内参照类似项目的单价。

③ 已标价工程量清单中没有适用也没有类似于变更工程项目的，由承包人根据变更工程资料、计量规则和计价办法、工程造价管理机构发布的信息价格和承包人报价浮动率提出变更工程项目的单价，报发包人确认后调整。

承包人报价浮动率可按下列公式计算：

a. 招标工程：承包人报价浮动率 $L = (1 - 中标价/招标控制价) \times 100\%$

b. 非招标工程：承包人报价浮动率 $L = (1 - 报价值/施工图预算) \times 100\%$

④ 已标价工程量清单中没有适用也没有类似于变更工程项目，且工程造价管理机构发布的信息价格缺价的，由承包人根据变更工程资料、计量规则、计价办法和通过市场调查等取得有合法依据的市场价格提出变更工程项目的单价，报发包人确认后调整。

新增的分部分项工程量清单项目综合单价的确定原则：

① 直接采用适用项目单价的前提是其采用的材料、施工工艺和方法相同，也不因此增加关键线路上的施工时间；② 参照类似项目综合单价的前提是其采用的材料、施工工艺和方法基本相似，不增加关键线路上的施工时间。可就仅变更后的差异部分，参考类似项目单价由承发包双方协商新的单价；③ 无法找到适用或类似项目的综合单价时，应采用招投标时的基础资料，按成本加利润的原则，由承发包双方协商新的综合单价。

（2）工程变更引起施工方案改变，并使措施项目发生变化的，承包人提出调整措施项目费的，应事先将拟实施的方案提交发包人确认，并详细说明与原方案措施项目相比的变化情况。拟实施的方案经发承包双方确认后执行。该情况下，应按照下列规定调整措施项目费：

① 安全文明施工费，按照实际发生变化的措施项目调整。

② 采用单价计算的措施项目费，按照实际发生变化的措施项目按《建设工程工程量清单计价规范》中"工程变更"的第 1 条的规定确定单价。

③ 按总价（或系数）计算的措施项目费，按照实际发生变化的措施项目调整，但应考虑承包人报价浮动因素，即调整金额按照实际调整金额乘以《建设工程工程量清单计价规范》中"工程变更"的第 1 条规定的承包人报价浮动率计算。

如果承包人未事先将拟实施的方案提交给发包人确认，则视为工程变更不引起措施项目费的调整或承包人放弃调整措施项目费的权利。

（3）如果发包人提出的工程变更，因为非承包人原因删减了合同中的某项原定工作或工程，致使承包人发生的费用或（和）得到的收益不能被包括在其他已支付或应支付的项目中，也未被包含在任何替代的工作或工程中，则承包人有权提出并得到合理的利润补偿。

5）清单与计价表中项目特征描述不符、清单缺项和工程量偏差引起的合同价款调整

（1）项目特征描述不符。

① 承包人在招标工程量清单中对项目特征的描述，应被认为是准确的和全面的，并且与实际施工要求相符合。承包人应按照发包人提供的工程量清单，根据其项目特征描述的内容及有关要求实施合同工程，直到其被改变为止。

② 合同履行期间，出现实际施工设计图纸（含设计变更）与招标工程量清单任一项目的特征描述不符，且该变化引起该项目的工程造价增减变化的，应按照实际施工的项目特征重新确定相应工程量清单项目的综合单价，计算调整的合同价款。

例如：某工程在招标时，某现浇混凝土构件项目特征中描述混凝土强度等级为 C25，但施工过程中发包人变更混凝土强度等级为 C30，很明显，这时应该重新确定综合单价，因为 C25 与 C30 混凝土，其价格是不一样的。

（2）工程量清单缺项。

① 合同履行期间，由于招标工程量清单项目缺项新增分部分项工程量清单项目的，发承包双方应调整合同价款。

② 新增分部分项工程量清单项目后，引起措施项目发生变化的，应按照《建设工程工程量清单计价规范》中"工程变更"的第 2 条规定在承包人提交的实施方案被发包人批准后调整合同价款。

③ 由于招标工程量清单中措施项目出现缺项，应按照《建设工程工程量清单计价规范》中"工程变更"的第 1、2 条的规定，承包人应将新增措施项目实施方案提交发包人批准后，计算调整合同价款。

（3）工程量偏差。

① 合同履行期间，出现工程量偏差，且符合"工程量偏差"第 2 条、第 3 条规定的，发承包双方应调整合同价款。出现《建设工程工程量清单计价规范》中"工程变更"第 3 条情形的，应先按照其规定调整，再按照本条规定调整。

② 对于任一招标工程量清单项目，如果因本条规定的工程量偏差和《建设工程工程量清单计价规范》中规定的工程变更等原因导致工程量偏差超过 15%，调整的原则为：

当工程量增加 15% 以上时，其增加部分的工程量的综合单价应予调低；当工程量减少 15% 以上时，减少后剩余部分的工程量的综合单价应予调高。此时，按下列公式调整结算分部分项工程费：

a. 当 $Q_1 > 1.15Q_0$ 时，$S = 1.15Q_0 \times P_0 + (Q_1 - 1.15Q_0) \times P_1$

b. 当 $Q_1 < 0.85Q_0$ 时，$S = Q_1 \times P_1$

式中：S——调整后的某一分部分项工程费结算价。

Q_1——最终完成的工程量。

Q_0——招标工程量清单中列出的工程量。

P_1——按照最终完成工程量重新调整后的综合单价。

P_0——承包人在工程量清单中填报的综合单价。

③ 如果工程量出现"工程量偏差"第 2 条的变化，且该变化引起相关措施项目相应发生变化，如按系数或单一总价方式计价的，工程量增加的措施项目费调增，工程量减少的措施项目费适当调减。

6）其他项目清单与计价表中暂列金额、暂估价、计日工、现场签证、索赔等引起的合同价款调整

（1）暂列金额。

① 已签约合同价中的暂列金额由发包人掌握使用。

② 发包人按照《建设工程工程量清单计价规范》中"合同价款调整"的规定所作支付后，暂列金额如有余额归发包人，确定价格，并应以此为依据取代暂估价，调整合同价款。

（2）暂估价。

① 发包人在招标工程量清单中给定暂估价的材料、工程设备属于依法必须招标的，应由发承包双方以招标的方式选择供应商。

特别提示

中标价格与招标工程量清单中所列的暂估价的差额以及相应的规费、税金等费用，应列入合同价格。

② 发包人在招标工程量清单中给定暂估价的材料和工程设备不属于依法必须招标的，应由承包人按照合同约定采购，经发包人确认单价后取代暂估价，调整合同价款。

特别提示

经发包人确认的材料和工程设备价格与招标工程量清单中所列的暂估价的差额以及相应的规费、税金等费用，应列入合同价格。

③ 发包人在工程量清单中给定暂估价的专业工程不属于依法必须招标的，应按照《建设工程工程量清单计价规范》中"工程变更"的相应条款的规定确定专业工程价款，并应以此为依据取代专业工程暂估价，调整合同价款。

特别提示

经确认的专业工程价款与招标工程量清单中所列的暂估价的差额以及相应的规费、税金等费用，应列入合同价格。

④ 发包人在招标工程量清单中给定暂估价的专业工程，依法必须招标的，应当由发承包双方依法组织招标选择专业分包人，并接受有管辖权的建设工程招标投标管理机构的监督。

● 特 别 提 示 ……………………………………………………………………

除合同另有约定外，承包人不参与投标的专业工程分包招标，应由承包人作为招标人，但招标文件评标工作、评标结果应报送发包人批准。与组织招标工作有关的费用应当被认为已经包括在承包人的签约合同价（投标总报价）中。

承包人参加投标的专业工程发包招标，应由发包人作为招标人，与组织招标工作有关的费用由发包人承担。同等条件下，应优先选择承包人中标。

应以专业工程发包中标价为依据取代专业工程暂估价，调整合同款。

（3）计日工。

① 发包人通知承包人以计日工方式实施的零星工作，承包人应予执行。

② 采用计日工计价的任何一项变更工作，承包人应在该项变更的实施过程中，每天提交以下报表和有关凭证送发包人复核：

a. 工作名称、内容和数量。

b. 投入该工作所有人员的姓名、工种、级别和耗用工时。

c. 投入该工作的材料名称、类别和数量。

d. 投入该工作的施工设备型号、台数和耗用台时。

e. 发包人要求提交的其他资料和凭证。

③ 任一计日工项目持续进行时，承包人应在该项工作实施结束后的 24 小时内，向发包人提交有计日工记录汇总的现场签证报告一式三份。

● 特 别 提 示 ……………………………………………………………………

发包人在收到承包人提交现场签证报告后的 2 天内予以确认并将其中一份返还给承包人，作为计日工计价和支付的依据。

发包人逾期未确认也未提出修改意见的，视为承包人提交的现场签证报告已被发包人认可。

④ 任一计日工项目实施结束。发包人应按照确认的计日工现场签证报告核实该类项目的工程数量，并根据核实的工程数量和承包人已标价工程量清单中的计日工单价计算，提出应付价款；已标价工程量清单中没有该类计日工单价的，由发承包双方按《建设工程工程量清单计价规范》中"工程变更"的规定商定计日工单价计算。

⑤ 每个支付期末，承包人应按照《建设工程工程量清单计价规范》中"合同价款中期支付"的"进度款"的规定向发包人提交本期间所有计日工记录的签证汇总表，以说明本期间自己认为有权得到的计日工价款，列入进度款支付。

（4）现场签证。

① 承包人应发包人要求完成合同以外的零星项目、非承包人责任事件等工作的，发包人应及时以书面形式向承包人发出指令，提供所需的相关资料；承包人在收到指令后，应及时向发包人提出现场签证要求。

② 承包人应在收到发包人指令后的 7 天内，向发包人提交现场签证报告，报告中应写明所需的人工、材料和施工机械台班的消耗量等内容。

特 别 提 示

发包人应在收到现场签证报告后的 48 小时内对报告内容进行核实，予以确认或提出修改意见。

发包人在收到承包人现场签证报告后的 48 小时内未确认也未提出修改意见的，视为承包人提交的现场签证报告已被发包人认可。

③ 现场签证的工作如已有相应的计日工单价，则现场签证中应列明完成该类项目所需的人工、材料、工程设备和施工机械台班的数量。

如现场签证的工作没有相应的计日工单价，应在现场签证报告中列明完成该签证工作所需的人工、材料设备和施工机械台班的数量及其单价。

④ 合同工程发生现场签证事项，未经发包人签证确认，承包人便擅自施工的，除非征得发包人同意，否则发生的费用由承包人承担。

⑤ 现场签证工作完成后的 7 天内，承包人应按照现场签证内容计算价款，报送发包人确认后，作为追加合同价款，与工程进度款同期支付。

⑥ 在施工过程中，当发现合同工程内容因场地条件、地质水文、发包人要求等不一致时，承包人应提供所需的相关材料，并提交发包人签证认可，作为合同价款调整的依据。

（5）施工索赔。

① 合同一方向另一方提出索赔时，应有正当的索赔理由和有效证据，并应符合合同的相关约定。

② 根据合同约定，承包人认为非承包人原因发生的事件造成了承包人的损失，应按以下程序向发包人提出索赔：

a. 承包人应在索赔事件发生后 28 天内，向发包人提交索赔意向通知书，说明发生索赔事件的事由。

特 别 提 示

承包人逾期未发出索赔意向通知书的，丧失索赔的权利。

b. 承包人应在发出索赔意向通知书后 28 天内，向发包人正式提交索赔通知书。索赔通知书应详细说明索赔理由和要求，并附必要的记录和证明材料。

c. 索赔事件具有连续影响的，承包人应继续提交延续索赔通知，说明连续影响的实际情况和记录。

d. 在索赔事件影响结束后的 28 天内，承包人应向发包人提交最终索赔通知书，说明最终索赔要求，并附必要的记录和证明材料。

③ 承包人索赔应按下列程序处理：

a. 发包人收到承包人的索赔通知书后，应及时查验承包人的记录和证明材料。

b. 发包人应在收到索赔通知书或有关索赔的进一步证明材料后的 28 天内，将索赔处理结果答复承包人。

特 别 提 示

如果发包人逾期未作出答复，视为承包人索赔要求已经发包人认可。

c. 承包人接受索赔处理结果的，索赔款项在当期进度款中进行支付；承包人不接受索赔处理结果的，按合同约定的争议解决方式办理。

④ 承包人要求赔偿时，可以选择以下一项或几项方式获得赔偿：

a. 延长工期。

b. 要求发包人支付实际发生的额外费用。

c. 要求发包人支付合理的预期利润。

d. 要求发包人按合同的约定支付违约金。

⑤ 若承包人的费用索赔与工期索赔要求相关联时，发包人在作出费用索赔的批准决定时，应结合工程延期，综合作出费用赔偿和工程延期的决定。

⑥ 发承包双方在按合同约定办理了竣工结算后，应被认为承包人已无权再提出竣工结算前所发生的任何索赔。

承包人在提交的最终结清申请中，只限于提出竣工结算后的索赔，提出索赔的期限自发承包双方最终结清时终止。

⑦ 根据合同约定，发包人认为由于承包人的原因造成发包人的损失，应参照承包人索赔的程序进行索赔。

⑧ 发包人要求赔偿时，可以选择以下一项或几项方式获得赔偿：

a. 延长质量缺陷修复期限。

b. 要求承包人支付实际发生的额外费用。

c. 要求承包人按合同的约定支付违约金。

⑨ 承包人应付给发包人的索赔金额可从拟支付给承包人的合同价款中扣除，或由承包人以其他方式支付给发包人。

（6）提前竣工（赶工补偿）

① 发包人要求承包人提前竣工，应征得承包人同意后与承包人商定采取加快工程进度的措施，并修订合同工程进度计划。

② 合同工程提前竣工，发包人应承担承包人由此增加的费用，并按照合同约定向承包人支付提前竣工（赶工补偿）费。

③ 发承包双方应在合同中约定提前竣工每日历天应补偿额度。

除合同另有约定外，提前竣工补偿的最高限额为合同价款的 5%。此项费用列入竣工结算文件中，与结算款一并支付。

（7）误期赔偿。

① 如果承包人未按照合同约定施工，导致实际进度迟于计划进度的，发包人应要求承包人加快进度，实现合同工期。

合同工程发生误期，承包人应赔偿发包人由此造成的损失，并按照合同约定向发包人支付误期赔偿费。即使承包人支付误期赔偿费，也不能免除承包人按照合同约定应承担的

任何责任和应履行的任何义务。

② 发承包双方应在合同中约定误期赔偿费，明确每日历天应赔额度。

除合同另有约定外，误期赔偿费的最高限额为合同价款的 5%。误期赔偿费列入竣工结算文件中，在结算款中扣除。

③ 如果在工程竣工之前，合同工程内的某单位工程已通过了竣工验收，且该单位工程接收证书中表明的竣工日期并未延误，而是合同工程的其他部分产生了工期延误，则误期赔偿费应按照已颁发工程接收证书的单位工程造价占合同价款的比例幅度予以扣减。

3. 合同价款中期支付

（1）预付款。

① 预付款用于承包人为合同工程施工购置材料、工程设备，购置或租赁施工设备、修建临时设施以及组织施工队伍进场等所需的款项。

包工包料工程的预付款的支付比例不得低于签约合同价（扣除暂列金额）的 10%，不宜高于签约合同价（扣除暂列金额）的 30%。承包人对预付款必须专用于合同工程。

② 承包人应在签订合同或向发包人提供与预付款等额的预付款保函(如有)后向发包人提交预付款支付申请。

发包人应对在收到支付申请的 7 天内进行核实后向承包人发出预付款支付证书，并在签发支付证书后的 7 天内向承包人支付预付款。

③ 发包人没有按时支付预付款的，承包人可催告发包人支付。

若发包人在付款期满后的 7 天内仍未支付的，承包人可在付款期满后的第 8 天起暂停施工。发包人应承担由此增加的费用和(或)延误的工期，并向承包人支付合理利润。

④ 预付款应从每支付期应支付给承包人的工程进度款中扣回，直到扣回的金额达到合同约定的预付款金额为止。

⑤ 承包人的预付款保函(如有)的担保金额根据预付款扣回的数额相应递减，但在预付款全部扣回之前一直保持有效。发包人应在预付款扣完后的 14 天内将预付款保函退还给承包人。

（2）安全文明施工费。

① 安全文明施工费的内容和范围，应符合国家有关文件和计量规范的规定。

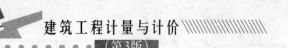
② 发包人应在工程开工后的 28 天内预付不低于当年的安全文明施工费总额的 60%，其余部分应按照提前安排的原则进行分解，并应与进度款同期支付。

③ 发包人没有按时支付安全文明施工费的，承包人可催告发包人支付。

● 特 别 提 示

发包人在付款期满后的 7 天内仍未支付的，若发生安全事故的，发包人应承担相应责任。

④ 承包人应对安全文明施工费专款专用，在财务账目中单独列项备查，不得挪作他用，否则发包人有权要求其限期改正；逾期未改正的，造成的损失和延误的工期应由承包人承担。

（3）总承包服务费

① 发包人应在工程开工后的 28 天内向承包人预付总承包服务费的 20%，分包进场后，其余部分与进度款同期支付。

② 发包人未按合同约定向承包人支付总承包服务费，承包人可不履行总包服务义务，由此造成的损失（如有）由发包人承担。

（4）进度款。

① 进度款支付周期，应与合同约定的工程计量周期一致。

● 特 别 提 示

工程量的正确计量是发包人向承包人支付工程进度款的前提和依据。计量和付款周期可采用分段或按月结算的方式，当采用分段结算方式时，应在合同中约定具体的工程分段划分，付款周期与计量周期一致。

发承包双方应按合同约定的时间、程序和方法，根据工程计量结果，办理期中价款结算支付进度款。

已标价工程量清单中的单价项目，承包人应按工程计量确认的工程量等综合单价计算；综合单价发生调整的，以发承包双方确认调整的综合单价计算进度款。

已标价工程量清单中的总价项目和总价合同，承包人按合同中约定的进度款支付分解，分别列入进度款支付申请中的安全文明施工费和本周期应支付的总价项目金额中。

发包人提供的甲供材料金额，应按照发包人签约提供的单价和数量从进度款支付中扣除，列入本周期应扣减的金额中。

承包人现场签证和得到发包人确认的索赔金额应列入本周期应增加的金额中。

进度款的支付比例按照合同约定，按期中结算价款总额计，不低于 60%，不高于 90%。

② 承包人应在每个计量周期到期后的 7 天内向发包人提交已完工程进度款支付申请一式四份，详细说明此周期自己认为有权得到的款额，包括分包人已完工程的价款。

● 知 识 链 接

支付申请包括以下 12 项内容：

a. 累计已完成工程的工程价款；

b. 累计已实际支付的工程价款；

c. 本期间完成的工程价款；

d. 本期间已完成的计日工价款;

e. 应支付的调整工程价款;

f. 本期间应扣回的预付款;

g. 本期间应支付的安全文明施工费;

h. 本期间应支付的总承包服务费;

i. 本期间应扣留的质量保证金;

j. 本期间应支付的、应扣除的索赔金额;

k. 本期间应支付或扣留(扣回)的其他款项;

l. 本期间实际应支付的工程价款。

③ 发包人应在收到承包人进度款支付申请后的 14 天内根据计量结果和合同约定对申请内容予以核实。确认后向承包人出具进度款支付证书。

④ 发包人应在签发进度款支付证书后的 14 天内,按照支付证书列明的金额向承包人支付进度款。

⑤ 若发包人逾期未签发进度款支付证书,则视为承包人提交的进度款支付申请已被发包人认可,承包人可向发包人发出催告付款的通知。发包人应在收到通知后的 14 天内,按照承包人支付申请阐明的金额向承包人支付进度款。

⑥ 发包人未按照《建设工程工程量清单计价规范》中的"进度款"的第3、4条、第5条规定支付进度款的,承包人可催告发包人支付,并有权获得延迟支付的利息。

 特 别 提 示

发包人在付款期满后的 7 天内仍未支付的,承包人可在付款期满后的第 8 天起暂停施工。发包人应承担由此增加的费用和(或)延误的工期,向承包人支付合理利润,并承担违约责任。

⑦ 发现已签发的任何支付证书有错、漏或重复的数额,发包人有权予以修正,承包人也有权提出修正申请。经发承包双方复核同意修正的,应在本次到期的进度款中支付或扣除。

16.3.4 竣工结算与支付

1. 竣工结算的编制内容

(1) 合同工程完工后,发承包双方必须在合同约定时间内办理工程竣工结算,承包人应在经发承包双方确认的合同工程期中价款结算的基础上汇总、编制完成竣工结算文件,应在提交竣工验收申请的同时向发包人提交竣工结算文件。

 特 别 提 示

承包人未在规定的时间内提交竣工结算文件,经发包人催促后 14 天内仍未提交或没有明确答复,发包人有权根据已有资料编制竣工结算文件,作为办理竣工结算和支付结算款的依据,承包人应予以认可。

(2) 发包人应在收到承包人提交的竣工结算文件后的 28 天内审核完毕。

特别提示

发包人经核实，认为承包人还应进一步补充资料和修改结算文件，应在上述时限内向承包人提出核实意见，承包人在收到核实意见后的 14 天内按照发包人提出的合理要求补充资料，修改竣工结算文件，并再次提交给发包人复核后批准。

办理竣工结算的时间如果合同另有约定，必须按合同约定时间办理。

（3）发包人应在收到承包人再次提交的竣工结算文件后的 28 天内予以复核，并将复核结果通知承包人。

① 发包人、承包人对复核结果无异议的，应在 7 天内在竣工结算文件上签字确认，竣工结算办理完毕。

② 发包人或承包人对复核结果认为有误的，无异议部分按照本条第 1 款规定办理不完全竣工结算。

有异议部分由发承包双方协商解决，协商不成的，按照合同约定的争议解决方式处理。

（4）发包人在收到承包人竣工结算文件后的 28 天内，不审核竣工结算或未提出审核意见的，视为承包人提交的竣工结算文件已被发包人认可，竣工结算办理完毕。

特别提示

承包人在收到发包人提出的核实意见后的 28 天内，不确认也未提出异议的，视为发包人提出的核实意见已被承包人认可，竣工结算办理完毕。

（5）发包人委托造价咨询人审核竣工结算的，工程造价咨询人应在 28 天内审核完毕，审核结论与承包人竣工结算文件不一致的，应提交给承包人复核，承包人应在 14 天内将同意审核结论或不同意见的说明提交工程造价咨询人。

特别提示

工程造价咨询人收到承包人提出的异议后，应再次复核，复核无异议的，按《建设工程工程量清单计价规范》中"竣工结算"第 3 条第 1 款规定办理，复核后仍有异议的，按《建设工程工程量清单计价规范》中"竣工结算"第 3 条第 2 款规定办理。

承包人逾期未提出书面异议，视为工程造价咨询人审核的竣工结算文件已经承包人认可。

（6）对发包人或造价咨询人指派的专业人员与承包人经审核后无异议的竣工结算文件，除非发包人能提出具体、详细的不同意见，发包人应在竣工结算文件上签名确认，拒不签名确认的，承包人可不交付竣工工程。承包人并有权拒绝与发包人或其上级部门委托的工程造价咨询人重新核对竣工结算文件。

特别提示

承包人拒不签认的，发包人要求办理竣工验收备案的，承包人不得拒绝提供竣工验收材料，否则，由此造成的损失，承包人承担相应责任。

同一工程竣工结算核对完成，发、承包双方签字确认后，禁止发包人又要求承包人与另一个或多个工程造价咨询人重复核对竣工结算。

知识链接

竣工结算的核对是工程造价计价中发、承包双方应共同完成的重要工作。按照交易的一般原则，任何交易结束，都应做到钱、货两清，工程建设也不例外。工程施工发、承包双方作为期货交易行为，当工程竣工验收合格后，承包人将工程移交给发包人时，发、承包双方应将工程价款结算清楚，即竣工结算办理完毕。本条按照交易结束时钱、货两清的原则，规定了发、承包双方在竣工结算核对过程中的权、责。主要体现在以下方面：

(1) 竣工结算的核对主体(发包人)：发包人可自行直接核对竣工结算，也可委托工程造价咨询人核对竣工结算。工程造价咨询人接受发包人委托核对竣工结算时，必须按照《工程造价咨询企业管理办法》(建设部令第149号)的规定，在其资质许可的范围内接受发包人的委托核对竣工结算。

(2) 竣工结算的核对时限要求：按发、承包双方合同约定或本条规定的时限完成。

如果合同中对核对竣工结算时限没有约定或约定不明，按财政部、建设部印发的《建设工程价款结算暂行办法》(财建[2004]369号)中以下规定时限进行核对并提出核对意见：

(1) 工程竣工结算书金额500万元以下：从接到竣工结算报告书之日起20天；

(2) 工程竣工结算书金额500万元～2000万元：从接到竣工结算书之日起30天；

(3) 工程竣工结算书金额2000万元～5000万元：从接到竣工结算书之日起45天；

(4) 工程竣工结算书金额5000万元以上：从接到竣工结算书之日起60天。

(7) 发承包双方或一方对工程造价咨询人出具的竣工结算文件有异议时，可向当地工程造价管理机构投诉，申请对其进行执业质量鉴定。

(8) 工程造价管理机构受理投诉后，应当组织专家对投诉的竣工结算文件进行质量鉴定，并作出鉴定意见。

(9) 竣工结算办理完毕，发包人应将竣工结算书报送工程所在地(或有该工程管辖权的行业主管部门)工程造价管理机构备案，竣工结算书作为工程竣工验收备案、交付使用的必备文件。

特别提示

工程竣工结算是反映工程造价计价规定执行情况的最终文件。根据《中华人民共和国建筑法》第61条："交付竣工验收的建筑工程，必须符合规定的建筑工程质量标准，有完整的工程技术经济资料和经签署的工程保修书，并具备国家规定的其他竣工条件"的规定，本条规定了将工程竣工结算书作为工程竣工验收备案、交付使用的必备条件。

知识链接

(1) 工程竣工结算的编制依据：

① 国家标准《建设工程工程量清单计价规范》；

② 施工合同；

③ 工程竣工图纸及资料；

④ 双方确认的工程量；

⑤ 双方确认追加(减)的工程价款；

⑥ 双方确认的索赔、现场签证事项及价款；

⑦ 投标文件；

⑧ 招标文件；

⑨ 其他依据。

（2）分部分项工程和措施项目中的单价项目应依据双方确认的工程量、合同约定的综合单价计算；如发生调整的，以发、承包双方确认调整的综合单价计算。

（3）措施项目中的总价项目应依据合同约定的项目和金额计算；如发生调整的，以发、承包双方确认调整的金额计算，其中安全文明施工费不得作为竞争性费用。

办理竣工结算时，措施项目费的计价原则：

（1）明确采用综合单价计价的措施项目，应依据发、承包双方确认的工程量和综合单价计算；

（2）明确采用"项"计价的措施项目，应依据合同约定的措施项目和金额或发、承包双方确认调整后的措施项目费金额计算；

（3）措施项目费中的安全文明施工费应按照国家或省级、行业建设主管部门的规定计算。施工过程中，国家或省级、行业建设主管部门对安全文明施工费进行了调整的，措施项目费中的安全文明施工费应作相应调整。

（4）其他项目费用应按"合同价款调整"中的规定计算。

（5）规费和税金应按国家或省级、行业建设主管部门的规定计算，不得作为竞争性费用。规费中的工程排污费应按工程所在地环境保护部门规定的标准缴纳后按实列入。

（6）发承包双方在合同工程实施过程中已经确认的工程计量结果和合同价款，在竣工结算办理中应直接进入结算。

2. 结算款支付

（1）承包人应根据办理的竣工结算文件，向发包人提交竣工结算款支付申请。

知 识 链 接

结算款支付申请应包括下列内容：

① 竣工结算合同价款总额；

② 累计已实际支付的合同价款；

③ 应预留的质量保证金；

④ 实际应支付的竣工结算款金额。

（2）发包人应在收到承包人提交竣工结算款支付申请后7天内予以核实，向承包人签发竣工结算支付证书。

（3）发包人签发竣工结算支付证书后的14天内，应按照竣工结算支付证书列明的金额向承包人支付结算款。

（4）发包人在收到承包人提交的竣工结算款支付申请后7天内不予核实，不向承包人签发竣工结算支付证书的，视为承包人的竣工结算款支付申请已被发包人认可；发包人应在收到承包人提交的竣工结算支付申请7天后的14天内，按照承包人提交的竣工结算款支付申请列明的金额向承包人支付结算款。

（5）发包人未按照《建设工程工程量清单计价规范》中的"结算款支付"的第3、4条规定支付竣工结算款的，承包人可催告发包人支付，并有权获得延迟支付的利息。

特 别 提 示

竣工结算支付证书签发后56天内仍未支付的，除法律另有规定外，承包人可与发包人协商将该工程折价，也可直接向人民法院申请将该工程依法拍卖。承包人就该工程折价或拍卖的价款优先受偿。

● 知 识 链 接

竣工结算办理完毕后，发包人应按合同约定向承包人支付工程价款。发包人按合同约定应向承包人支付而未支付的工程款视为拖欠工程款。根据《最高人民法院关于审理建设工程施工合同纠纷案件适用法律问题的解释》(法释[2004]14号)第17条规定："当事人对欠付工程价款利息计付标准有约定的，按照约定处理：没有约定的，按照银行发布的同期同类贷款利率计息。发包人应向承包人支付拖欠工程款的利息，并承担违约责任。"

根据《中华人民共和国合同法》第286条规定："发包人未按照合同约定支付价款的，承包人可以催告发包人在合理期限内支付价款、发包人逾期不支付的，除按照建设工程的性质不宜折价、拍卖的以外，承包人可以与发包人协议将该工程折价，也可以申请人民法院将该工程依法拍卖。建设工程的价款就该工程折价或者拍卖的价款优先受偿。"

3. 质量保证(修)金

(1) 承包人未按照法律法规有关规定和合同约定履行质量保修义务的，发包人有权从质量保证金中扣留用于质量保修的各项支出。

(2) 发包人应按照合同约定的质量保修金比例从每支付期应支付给承包人的进度款或结算款中扣留，直到扣留的金额达到质量保证金的金额为止。

(3) 在保修责任期终止后的14天内，发包人应将剩余的质量保证金返还给承包人。剩余质量保证金的返还，并不能免除承包人按照合同约定应承担的质量保修责任和应履行的质量保修义务。

4. 最终结清

(1) 缺陷责任期终止后，承包人应按照合同约定的期限向发包人提交最终结清支付申请。发包人对最终结清支付申请有异议的，有权要求承包人进行修正和提供补充资料。承包人修正后，应再次向发包人提交修正后的最终结清支付申请。

(2) 发包人应在收到最终结清支付申请后的14天内予以核实，向承包人签发最终结清证书。

(3) 发包人应在签发最终结清支付证书后的14天内，按照最终结清支付证书列明的金额向承包人支付最终结清款。

(4) 若发包人未在约定的时间内核实，又未提出具体意见的，视为承包人提交的最终结清支付申请已被发包人认可。

(5) 发包人未按期最终结清支付的，承包人可催告发包人支付，并有权获得延迟支付的利息。最终结清时，承包人被预留的质量保证金不足以抵减发包人工程缺陷修复费用的，承包人应承担不足部分的补偿责任。

(6) 承包人对发包人支付的最终结清款有异议的，按照合同约定的争议解决方式处理。

5. 合同解除的价款结算与支付

(1) 发承包双方协商一致解除合同的，按照达成的协议办理结算和支付工程款。

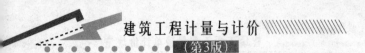

（2）由于不可抗力解除合同的，发包人应向承包人支付合同解除之日前已完成工程但尚未支付的工程款，并退回质量保证金。

● 特 别 提 示

发包人还应支付下列款项：

① 已实施或部分实施的措施项目应付款项；

② 承包人为合同工程合理订购且已交付的材料和工程设备货款。发包人一经支付此项货款，该材料和工程设备即成为发包人的财产；

③ 承包人为完成合同工程而预期开支的任何合理款项，且该项款项未包括在本款其他各项支付之内；

④ 由于不可抗力规定的任何工作应支付的款项；

⑤ 承包人撤离现场所需的合理款项，包括雇员遣送费和临时工程拆除、施工设备运离现场的款项。

发承包双方办理结算工程款时，应扣除合同解除之日前发包人向承包人收回的任何款项。当发包人应扣除的款项超过了应支付的款项，则承包人应在合同解除后的56天内将其差额退还给发包人。

（3）因承包人违约解除合同的，发包人应暂停向承包人支付任何款项。

● 特 别 提 示

发包人应在合同解除后28天内核实合同解除时承包人已完成的全部工程款以及已运至现场的材料和工程设备货款，并扣除误期赔偿费（如有）和发包人已支付给承包人的各项款项，同时将结果通知承包人。

发承包双方应在28天内予以确认或提出意见，并办理结算工程款。

如果发包人应扣除的款项超过了应支付的款项，则承包人应在合同解除后的56天内将其差额退还给发包人。

（4）因发包人违约解除合同的，发包人除应按照《建设工程工程量清单计价规范》中的"合同解除的价款结算与支付"的第2条规定向承包人支付各项款项外，还应支付给承包人由于解除合同而引起的损失或损害的款项。该笔款项由承包人提出，发包人核实后与承包人协商确定后的7天内向承包人签发支付证书。协商不能达成一致的，按照合同约定的争议解决方式处理。

6. 竣工结算的编制格式

（1）封面的填写（见表16-44）。

表16-44　封面

_____工程

竣工结算总价

签约合同价（小写）：_____　（大写）：_____

竣工结算价（小写）：_____　（大写）：_____

工程造价

发包人：＿＿＿＿＿＿　　承包人：＿＿＿＿＿＿　　咨询人：＿＿＿＿＿＿

　　（单位盖章）　　　　　　（单位盖章）　　　　　（单位资质专用章）

法定代表人　　　　　　　　法定代表人　　　　　　　法定代表人

或其授权人：＿＿＿＿＿　　或其授权人：＿＿＿＿＿　　或其授权人：＿＿＿＿＿

　　（签字或盖章）　　　　　（签字或盖章）　　　　　（签字或盖章）

编 制 人：＿＿＿＿＿＿　　　　　　核 对 人：＿＿＿＿＿＿

　　（造价人员签字盖专用章）　　　　　（造价工程师签字盖专用章）

编制时间：　年　月　日　　　　　核对时间：　年　月　日

（2）总说明的编制（见表 16 - 45）。

表 16 - 45　总说明

工程名称：　　　　　　　　　　　　　　　　　　　　　　第 页 共 页

| |
| |

特 别 提 示

总说明应按下列内容填写：

① 工程概况：建设规模、工程特征、计划工期、合同工期、实际工期、施工现场及变化情况、施工组织设计的特点、自然地理条件、环境保护要求等。

② 编制依据。

③ 工程变更。

④ 工程价款调整。

⑤ 索赔。

⑥ 其他等。

（3）工程项目竣工结算汇总表的编制（见表 16 - 46）。

表 16 - 46　工程项目竣工结算汇总表

工程名称：　　　　　　　　　　　　　　　　　　　　　　第 页 共 页

序　　号	单项工程名称	金额/元	其中/元	
			安全文明施工费	规　　费
合计				

（4）单项工程竣工结算汇总表（见表 16 - 47）。

表 16 - 47　单项工程竣工结算汇总表

工程名称：　　　　　　　　　　　　　　　　　　　　　　　　　　第 页 共 页

序　号	单项工程名称	金额/元	其中/元	
			安全文明施工费	规　费
合计				

（5）单位工程竣工结算汇总表（见表 16 - 48）。

表 16 - 48　单位工程竣工结算汇总表

工程名称：　　　　　　标段：　　　　　　　　　　　　　　第 页 共 页

序　号	汇总内容	金额/元
1	分部分项工程	
1.1		
1.2		
…	…	
2	措施项目	
2.1	其中：安全文明施工费	
3	其他项目	
3.1	其中：专业工程结算价	
3.2	其中：计日工	
3.3	其中：总承包服务费	
3.4	其中：索赔与现场签证	
4	规费	
5	税金	
招标控制价合计＝1＋2＋3＋4＋5		

特 别 提 示

如无单位工程划分，单项工程也使用本表汇总。

（6）分部分项工程量清单与计价表的编制（见表 16 - 49）。

表16-49 分部分项工程量清单与计价表

工程名称：　　　　　　　　　标段：　　　　　　　　　第　页　共　页

序号	项目编码	项目名称	项目特征	计量单位	工程量	金额/元		
						综合单价	合价	其中：暂估价
本页小计								
合计								

⬤⬤⬤ 特 别 提 示 ·······································

为计取规费等的使用，可在表中增设其中："直接费"、"人工费"或"人工费＋机械费"。

·······································

（7）工程量清单综合单价分析表的编制（见表16-50）。

表16-50 工程量清单综合单价分析表

工程名称：　　　　　　　　　标段：　　　　　　　　　第　页　共　页

项目编码		项目名称		计量单位		工程量	

清单综合单价组成明细

定额编号	定额名称	定额单位	数量	单价/元				合价/元			
				人工费	材料费	机械费	管理费和利润	人工费	材料费	机械费	管理费和利润
人工单价		小　计									
元/工日		未计价材料费									
清单项目综合单价											

材料费明细	主要材料名称、规格、型号			单位	数量	单价/元	合价/元	暂估单价/元	暂估合价/元
	其他材料费					—		—	
	材料费小计					—		—	

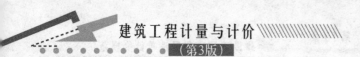

特别提示

如不使用省级或行业建设主管部门发布的计价依据，可不填定额项目、编号等。

招标文件提供了暂估单价的材料，按暂估的单价填入表内"暂估单价"栏及"暂估合价"栏。

（8）措施项目清单与计价表的编制（见表16-51、表16-52和表16-53）。

表16-51　总价措施项目清单与计价表

工程名称：　　　　　　　　　　标段：　　　　　　　　第　页　共　页

序号	项目编码	项目名称	计算基础	费率(%)	金额/元	调整费率(%)	调整后金额/元	备注
1		安全文明施工费						
2		夜间施工费						
3		二次搬运费						
4		冬雨季施工						
5		大型机械设备进出场及安拆费						
6		施工排水						
7		施工降水						
8		地上、地下设施、建筑物的临时保护设施						
9		已完工程及设备保护						
10		各专业工程的措施项目						
		合计						

表16-52　单价措施项目清单与计价表

工程名称：　　　　　　　　　　标段：　　　　　　　　第　页　共　页

序号	项目编码	项目名称	项目特征	计量单位	工程量	金额/元		
						综合单价	合价	其中：暂估价
				本页小计				
				合计				

表 16－53 综合单价调整表

工程名称： 标段： 第 页 共 页

序号	项目编码	项目名称	已标价清单综合单价/元					调整后综合单价/元				
			综合单价	其中				综合单价	其中			
				人工费	材料费	机械费	管理费和利润		人工费	材料费	机械费	管理费和利润

造价工程师(签章)： 发包人代表(签章)： 造价人员(签章)： 承包人代表(签章)：

日期： 日期：

（9）其他项目清单与计价表的编制（见表 16－54、表 16－54－1、表 16－54－2、表 16－54－3、表 16－55、表 16－55－1、表 16－55－2）。

表 16－54 其他项目清单与计价汇总表

工程名称： 标段： 第 页 共 页

序号	项 目 名 称	金额/元	结算金额/元	备注
1	暂列金额		—	
2	暂估价			
2.1	材料(工程设备)暂估价/结算价			明细详见表 16－54－1
2.2	专业工程结算价			明细详见表 16－54－2
3	计日工			明细详见表 16－54－3
4	总承包服务费			明细详见表 16－54－4
5	索赔与现场签证			明细详见表 16－55
6				
合计				

特 别 提 示

专业工程暂估价更名为专业工程结算价。

表 16 - 54 - 1 材料(工程设备)暂估单价及调整表

工程名称：　　　　　　　　　标段：　　　　　　　　　第　页　共　页

序号	材料(工程设备)名称、规格、型号	计量单位	数量		暂估/元		确认		差额(±)/元		备注
			暂估	确认	单价	合价	单价	合价	单价	合价	
1											
2											
3											
4											
5											

表 16 - 54 - 2 专业工程暂估价及结算价表

工程名称：　　　　　　　　　标段：　　　　　　　　　第　页　共　页

序号	工程名称	工程内容	暂估金额/元	结算金额/元	差额(±)/元	备注
1						例如："消防工程项目设计图纸有待完善"
2						
3						
4						
5						
6						
	合计					

表 16 - 54 - 3 计日工表

工程名称：　　　　　　　　　标段：　　　　　　　　　第　页　共　页

序号	项目名称	单位	暂定数量	实际数量	综合单价	合价/元	
						暂定	实际
一	人工						
1							
2							
	人工小计						
二	材料						

（续）

序号	项目名称	单位	暂定数量	实际数量	综合单价	合价/元	
						暂定	实际
1							
2							
材料小计							
三	施工机械						
1							
2							
施工机械小计							
合计							

表 16-54-4　总承包服务费计价表

工程名称：　　　　　　　标段：　　　　　　第　页　共　页

序号	项目名称	项目价值/元	服务内容	计算基础	费率(%)	金额/元
1	发包人发包专业工程					
2	发包人供应材料					
合计						

表 16-55　索赔与现场签证计价汇总表

工程名称：　　　　　　　标段：　　　　　　第　页　共　页

序号	索赔及签证项目名称	计量单位	数量	单价/元	合价/元	索赔及签证依据
1						
2						
3						
4						
5						
6						
本页小计						
合计						

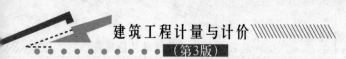
● 特 别 提 示 ....

签证及索赔依据是指经双方认可的签证单和索赔依据的编号。

● ●

表 16 - 55 - 1 费用索赔申请（核准）表

工程名称：   标段：   第　页　共　页

致：_____（发包人全称）

根据施工合同条款第_____条的约定，由于_____原因，我方要求索赔金额（大写）_____

元，（小写）_____，请予核准。

附：1. 费用索赔的详细理由和依据：

2. 索赔金额的计算：

3. 证明材料：

承包人（章）

造价人员_____承包人代表_____

日　　期_____

复核意见：	复核意见：
根据施工合同条款第_____条的约定，你方提出的费用索赔申请经复核： □不同意此项索赔，具体意见见附件。 □同意此项索赔，索赔金额的计算，由造价工程师复核。 <div align="right">监理工程师_____ 日　　期_____</div>	根据施工合同条款第_____条的约定，你方提出的费用索赔申请经复核，索赔金额为（大写）_____元，（小写）_____元。 <div align="right">造价工程师_____ 日　　期_____</div>

审核意见：

□不同意此项索赔。

□同意此项索赔，与本期进度款同期支付。

发包人（章）

发包人代表_____

日　　期_____

● 特 别 提 示 ....

在选择栏中的"□"内作标志"√"。

本表一式四份，由承包人填报，发包人、监理人、造价咨询人、承包人各存一份。

● ●

表 16-55-2　现场签证表

工程名称：　　　　　　　　　　标段：　　　　　　　　　　第　页　共　页

| 施 工 单 位 | | 日　期 | |

致：_____（发包人全称）

　　根据_____（指令人姓名），___年___月___日的口头指令或你方_____（或监理人）___年___月___日的书面通知，我方要求完成此项功能工作应支付价款金额为（大写）_____元，（小写）_____元，请予核准。

附：1. 签证事由及原因

　　2. 附图及计算式

承包人（章）

造价人员_____承包人代表_____

日　　期_____

| 复核意见：
　　你方提出的费用索赔申请经复核：
□不同意此项索赔，具体意见见附件。
□同意此项索赔，索赔金额的计算，由造价工程师复核。

　　　　　　　　　监理工程师_____
　　　　　　　　　日　　期_____ | 复核意见：
　　□此项签证按承包人中标的计日工单价计算，金额为（大写）_____元，（小写）_____元。
　　□此项签证因无计日工单价，金额为（大写）_____元（小写）_____元。

　　　　　　　　　造价工程师_____
　　　　　　　　　日　　期_____ |

审核意见：

　　□不同意此项索赔。

　　□同意此项索赔，与本期进度款同期支付。

发包人（章）

发包人代表_____

日　　期_____

特别提示

在选择栏中的"□"内作标志"√"。

本表一式四份，由承包人收到发包人（监理人）的口头或书面通知后填写，发包人、监理人、造价咨询人、承包人各存一份。

（10）规费、税金项目清单与计价表的编制（见表16-56）。

表 16-56　规费、税金项目清单与计价表

工程名称：　　　　　　　　　　标段：　　　　　　　　　　第　页　共　页

序号	项 目 名 称	计 算 基 础	计算基数	计算费率(%)	金额/元
1	规费				
1.1	工程排污费				
1.2	社会保障费				
(1)	养老保险费				
(2)	失业保险费				

（续）

序号	项目名称	计算基础	计算基数	计算费率(%)	金额/元
(3)	医疗保险费				
(4)	工伤保险费				
(5)	生育保险费				
1.3	住房公积金				
2	税金	分部分项工程费＋措施项目费＋其他项目费＋规费－按规定不计税的工程设备金额			
合计					

（11）工程计量申请（核准）表（见表 16-57）。

表 16-57　工程计量申请（核准）表

工程名称：　　　　　　　　　　标段：　　　　　　　　第 页 共 页

序号	项目编码	项目名称	计量单位	承包人申报数量	发包人核实数量	发承包人确认数量	备注

承包人代表：　　　监理工程师：　　　造价工程师：　　　发包人代表：

日期：　　　　　　日期：　　　　　　日期：　　　　　　日期：

（12）合同价款支付申请（核准）表（见表 16-58）。

表 16-58-1　预付款支付申请（核准）表

工程名称：　　　　　　　　　　标段；　　　　　　　　编号：

致：＿＿＿＿＿＿＿＿＿＿＿＿＿＿＿（发包人全称）

我方根据施工合同的约定，现申请支付工程预付款为（大写）＿＿＿＿元，（小写）＿＿＿＿元，请予核准。

序号	名 称	申请金额/元	复核金额/元	备注
1	已签约合同价款金额			
2	其中：安全文明施工费			
3	应支付的预付款			
4	应支付的安全文明施工费			
5	合计应支付的预付款			

（续）

序号	名　称	申请金额/元	复核金额/元	备注

造价人员_____　　　承包人代表_____

承包人（章）
日　期_____

复核意见：	复核意见：
□ 与合同约定不相符，修改意见见附件。 □ 与合同约定相符，具体金额由造价工程师复核。 监理工程师_____ 日　期_____	你方提出的支付申请经复核，应支付金额为（大写）_____元，（小写）_____元。 造价工程师_____ 日　期_____

审核意见：
□ 不同意。
□ 同意，支付时间为本表签发后的 15 天内。

包人（章）_____
发包人代表_____
日　期_____

● 特 别 提 示 ························

在选择栏中的"□"内作标识"√"。

本表一式四份，由承包人填报，发包人、监理人、造价咨询人、承包人各存一份。

表 16-58-2　总价项目进度款支付分解表

工程名称：　　　　　　　标段：　　　　　　　单位：元

序号	项目名称	总价金额	首次支付	二次支付	三次支付	四次支付	五次支付	
	安全文明施工费							
	夜间施工增加费							
	二次搬运费							
	……							
	社会保险费							
	住房公积金							
	……							

（续）

序号	项目名称	总价金额	首次支付	二次支付	三次支付	四次支付	五次支付	
合计								

编制人（造价人员）：　　　　　　　　　　　　　　复核人（造价工程师）：

表 16-58-3　进度款支付申请（核准）表

工程名称：　　　　　　　　标段：　　　　　　　　编号：

致：＿＿＿＿＿＿＿＿＿＿＿（发包人全称）

我方于＿＿＿＿至＿＿＿＿期间已完成了＿＿＿＿工作，根据施工合同的约定，现申请支付本周期的合同款额为（大写）＿＿＿＿元，（小写）＿＿＿＿元，请予核准。

序号	名称	实际金额/元	申请金额/元	复核金额/元	备注
1	累计以完成的合同价款				
2	累计已实际支付的合同价款				
3	本周期合计完成的合同价款				
3.1	本周期已完成单价项目的金额				
3.2	本周期应支付的总价项目的金额				
3.3	本周期已完成的计日工价款				
3.4	本周期应支付的安全文明施工费				
3.5	本周期应增加的合同价款				
4	本周期合计应扣减的金额				
4.1	本周期应抵扣的预付款				
4.2	本周期应扣减的金额				
5	本周期应支付的合同价款				

附：上述 3、4 详见附件清单

　　　　　　　　　　　　　　　　　　　　　　　　　承包人（章）
造价人员＿＿＿＿＿　　承包人代表＿＿＿＿＿　　日　　期＿＿＿＿＿

复核意见： □ 与实际施工情况不相符，修改意见见附件。 □ 与实际施工情况相符，具体金额由造价工程师复核。 　　　　　监理工程师＿＿＿＿＿ 　　　　　日　　期＿＿＿＿＿	复核意见： 　你方提出的支付申请经复核，本周期已完成合同款额为（大写）＿＿＿＿元，（小写）＿＿＿＿元，本周期应支付金额为（大写）＿＿＿＿元，（小写）＿＿＿＿元。 　　　　　造价工程师＿＿＿＿＿ 　　　　　日　　期＿＿＿＿＿

审核意见：
□ 不同意。
□ 同意，支付时间为本表签发后的 15 天内。

　　　　　　　　　　　　　　　　　　　　　　　　　发包人（章）＿＿＿＿＿
　　　　　　　　　　　　　　　　　　　　　　　　　发包人代表＿＿＿＿＿
　　　　　　　　　　　　　　　　　　　　　　　　　日　　期＿＿＿＿＿

●**特別提示**●●

在选择栏中的"□"内作标识"√"。

本表一式四份，由承包人填报，发包人、监理人、造价咨询人、承包人各存一份。

表 16－58－4 竣工结算款支付申请(核准)表

工程名称：＿＿＿＿＿＿＿ 标段：＿＿＿＿＿＿ 编号：＿＿＿＿＿

致：＿＿＿＿＿＿＿＿＿＿＿＿＿＿（发包人全称）

我方于＿＿＿＿至＿＿＿＿期间已完成了合同约定的工作，根据施工合同的约定，现申请支付竣工结算合同款额为(大写)＿＿＿＿ 元，(小写)＿＿＿＿ 元，请予核准。

序号	名称	申请金额/元	复核金额/元	备注
1	竣工结算合同价款总额			
2	累计已实际支付的合同价款			
3	应预留的质量保证金			
4	应支付的竣工结算款金额			

造价人员＿＿＿＿＿＿ 承包人代表＿＿＿＿＿＿

承包人(章)
日　期＿＿＿＿＿＿

复核意见： □ 与实际施工情况不相符，修改意见见附件。 □ 与实际施工情况相符，具体金额由造价工程师复核。 监理工程师＿＿＿＿＿＿ 日　期＿＿＿＿＿＿	复核意见： 　你方提出的竣工结算款支付申请经复核，竣工结算款总额为(大写)＿＿＿＿元，(小写)＿＿＿＿元，扣除前期支付以及质量保证金后应支付金额为(大写)＿＿＿＿元，(小写)＿＿＿＿ 元。 造价工程师＿＿＿＿＿＿ 日　期＿＿＿＿＿＿

审核意见：
□ 不同意。
□ 同意，支付时间为本表签发后的 15 天内。

发包人(章)＿＿＿＿＿＿
发包人代表＿＿＿＿＿＿
日　期＿＿＿＿＿＿

特别提示

在选择栏中的"□"内作标识"√"。

本表一式四份，由承包人填报，发包人、监理人、造价咨询人、承包人各存一份。

表 16 - 58 - 5　最终结清支付申请（核准）表

工程名称：　　　　　　　　　标段：　　　　　　　　　　编号：

致：＿＿＿＿＿＿＿＿＿＿＿＿＿（发包人全称）

我于＿＿＿＿至＿＿＿＿期间已完成了缺陷修复工作，根据施工合同的约定，现申请支付最终结清合同款额为（大写）＿＿＿＿元，（小写）＿＿＿＿元，请予核准。

序号	名称	申请金额/元	复核金额/元	备注
1	已预留的质量保证金			
2	应增加因发包人原因造成缺陷的修复金额			
3	应扣减承包人不修复缺陷、发包人组织修复的金额			
4	最终应支付的合同价款			

上述 3、4 详见附件清单

承包人（章）

造价人员＿＿＿＿＿　承包人代表＿＿＿＿＿　　　日　　期＿＿＿＿＿

复核意见： □ 与实际施工情况不相符，修改意见见附件。 □ 与实际施工情况相符，具体金额由造价工程师复核。 　　　　　　　监理工程师＿＿＿＿＿ 　　　　　　　日　　期＿＿＿＿＿	复核意见： 　　你方提出的支付申请经复核，最终应支付金额为（大写）＿＿＿＿元，（小写）＿＿＿＿元。 　　　　　　　造价工程师＿＿＿＿＿ 　　　　　　　日　　期＿＿＿＿＿

审核意见：
□ 不同意。
□ 同意，支付时间为本表签发后的 15 天内。

发包人（章）＿＿＿＿＿
发包人代表＿＿＿＿＿
日　　期＿＿＿＿＿

特别提示

在选择栏中的"□"内作标识"√"。

本表一式四份，由承包人填报，发包人、监理人、造价咨询人、承包人各存一份。

（13）主要材料工程设备一览表（见表 16-59）。

表 16-59-1　发包人提供材料和工程设备一览表

工程名称：　　　　　　　　　　　　　　标段：　　　　　　　　　第　页　共　页

序号	材料(工程设备)名称、规格、型号	单位	数量	单价/元	交货方式	送达地点	备注
1							
2							

表 16-59-2　承包人提供主要材料和工程设备一览表
（适用于造价信息差额调整法）

工程名称：　　　　　　　　　　　　　　标段：　　　　　　　　　第　页　共　页

序号	名称、规格、型号	单位	数量	风险系数(%)	基准单价/元	投标单价/元	发承包人确认单价/元	备注
1								
2								

表 16-59-3 承包人提供主要材料和工程设备一览表
（适用于价格指数差额调整法）

工程名称：　　　　　　　　　　　　　　标段：　　　　　　　　　第　页　共　页

序号	名称、规格、型号	变值权重 B	基本价格指数 F_0	现行价格指数 F_t	备注
1					
2					
	定值权重 A				
	合计	1			

16.3.5 合同价款争议的解决

1. 监理或造价工程师暂定

（1）若发包人和承包人之间就工程质量、进度、价款支付与扣除、工期延期、索赔、价款调整等发生任何法律上、经济上或技术上的争议，首先应根据已签约合同的规定，提交合同约定职责范围内的总监理工程师或造价工程师解决，并抄给另一方。

（特）（别）（提）（示）

总监理工程师或造价工程师在收到此提交件后 14 天之内应将暂定结果通知发包人和承包人。发承包双方对暂定结果认可的，应以书面形式予以确认，暂定结果成为最终决定。

（2）发承包双方在收到总监理工程师或造价工程师的暂定结果通知之后的 14 天内，未对暂定结果予以确认也未提出不同意见的，视为发承包双方已认可该暂定结果。

（3）发承包双方或一方不同意暂定结果的，应以书面形式向总监理工程师或造价工程师提出，说明自己认为正确的结果，同时抄送另一方，此时该暂定结果成为争议。

（特）（别）（提）（示）

在暂定结果不实质影响发承包双方当事人履约的前提下，发承包双方应实施该结果，直到其被改变为止。

2. 管理机构的解释或认定

（1）计价争议发生后，发承包双方可就下列事项以书面形式提请下列机构对争议作出解释或认定：

① 有关工程安全标准等方面的争议应提请建设工程安全监督机构作出；

② 有关工程质量标准等方面的争议应提请建设工程质量监督机构作出；

③ 有关工程计价依据等方面的争议应提请建设工程造价管理机构作出。

上述机构应对上述事项就发承包双方书面提请的争议问题作出书面解释或认定。

（2）发承包双方或一方在收到管理机构书面解释或认定后仍可按照合同约定的争议解决方式提请仲裁或诉讼。除上述管理机构的上级管理部门作出了不同的解释或认定，或在仲裁裁决或法院判决中不予采信的外，第（1）条规定的管理机构作出的书面解释或认定是最终结果，对发承包双方均有约束力。

3. 和解协商

（1）计价争议发生后，发承包双方任何时候都可以进行协商。协商达成一致的，双方应签订书面协议，书面协议对发承包双方均有约束力。

（2）如果协商不能达成一致协议，发包人或承包人都可以按合同约定的其他方式解决争议。

4. 调解

（1）发承包双方应在合同中约定争议调解人，负责双方在合同履行过程中发生争议的调解。

特 别 提 示

对任何调解人的任命，可以经过双方相互协议终止，但发包人或承包人都不能单独采取行动。除非双方另有协议，在最终结清支付证书生效后，调解人的任期即终止。

（2）如果发承包双方发生了争议，任一方可以将该争议以书面形式提交调解人，并将副本送另一方，委托调解人做出调解决定。

特 别 提 示

发承包双方应按照调解人可能提出的要求，立即给调解人提供所需要的资料、现场进入权及相应设施。调解人应被视为不是在进行仲裁人的工作。

（3）调解人应在收到调解委托后 28 天内，或由调解人建议并经发承包双方认可的其他期限内，提出调解决定，发承包双方接受调解意见的，经双方签字后作为合同的补充文件，对发承包双方具有约束力，双方都应立即遵照执行。

（4）如果任一方对调解人的调解决定有异议，应在收到调解决定后 28 天内，向另一方发出异议通知，并说明争议的事项和理由。但除非并直到调解决定在友好协商或仲裁裁决中作出修改，或合同已经解除，承包人应继续按照合同实施工程。

（5）如果调解人已就争议事项向发承包双方提交了调解决定，而任一方在收到调解人决定后 28 天内，均未发出表示异议的通知，则调解决定对发承包双方均具有约束力。

5. 仲裁、诉讼

（1）如果发承包双方的友好协商或调解均未达成一致意见，其中的一方已就此争议事项根据合同约定的仲裁协议申请仲裁，应同时通知另一方。

（2）仲裁可在竣工之前或之后进行，但发包人、承包人、调解人各自的义务不得因在工程实施期间进行仲裁而有所改变。如果仲裁是在仲裁机构要求停止施工的情况下进行，则对合同工程应采取保护措施，由此增加的费用由败诉方承担。

（3）在《建设工程工程量清单计价规范》中的"合同价款争议的解决"的第 1~4 部分规定的期限之内，上述有关的暂定或友好协议或调解决定已经有约束力的情况下，如果发承包中一方未能遵守暂定或友好协议或调解决定，则另一方可在不损害他可能具有的任何其他权利的情况下，将未能遵守暂定或不执行友好协议或调解达成书面协议的事项提交仲裁。

（4）发包人、承包人在履行合同时发生争议，双方不愿和解、调解或者和解、调解不成，又没有达成仲裁协议的，可依法向人民法院提起诉讼。

知 识 链 接

《中华人民共和国合同法》第 128 条规定："当事人可以通过和解或者调解解决合同争议。当事人不愿和解、调解或者和解、调解不成的，可以根据仲裁协议向仲裁机构申请仲裁。……当事人没有订立仲裁协议或者仲裁协议无效的，可以向人民法院起诉"。需要指出的是，发、承包一方或双方申请仲裁时，应遵守《中华人民共和国仲裁法》第 4 条："当事人采用仲裁方式解决纠纷，应当双方自愿，达成仲裁协议。没有仲裁协议，一方申请仲裁的，仲裁委员会不予受理"；第 5 条："当事人达成仲裁协议，一方向人民法院起诉的，人民法院不予受理，但仲裁协议无效的除外"。

6. 造价鉴定

（1）在合同纠纷案件处理中，需作工程造价鉴定的，应委托具有相应资质的工程造价咨询人进行。

（2）工程造价鉴定应根据合同约定作出，如合同条款约定出现矛盾或约定不明确，应根据《建设工程工程量清单计价规范》的规定，结合工程的实际情况作出专业判断，形成鉴定结论。

16.3.6 工程计价资料与档案

1. 计价资料

（1）发承包双方应当在合同中约定各自在合同工程中现场管理人员的职责范围，双方现场管理人员在职责范围内的签字确认的书面文件，是工程计价的有效凭证，但如有其他有效证据，或经实证证明其是虚假的除外。

（2）发承包双方不论在何种场合对与工程计价有关的事项所给予的批准、证明、同意、指令、商定、确定、确认、通知和请求，或表示同意、否定、提出要求和意见等，均应采用书面形式，口头指令不得作为计价凭证。

（3）任何书面文件由人面交应取得对方收据，通过邮寄应采用挂号传送，或发承包双方商定的电子传输方式发送、交付、传送或传输至指定的接收人的地址。如接收人通知了另外地址时，随后通信信息应按新地址发送。

（4）发承包双方分别向对方发出的任何书面文件，均应将其抄送现场管理人员，如系复印件应加盖合同工程管理机构印章，证明与原件同样。双方现场管理人员向对方所发任何书面文件，亦应将其复印件发送给发承包双方。复印件应加盖其合同工程管理机构印章，证明与原件同样。

（5）发承包双方均应当及时签收另一方送达其指定接收地点的来往信函，拒不签收的，送达信函的一方可以采用特快专递或者公证方式送达，所造成的费用增加（包括被迫采用特殊送达方式所发生的费用）和（或）延误的工期由拒绝签收一方承担。

（6）书面文件和通知不得扣压，一方能够提供证据证明另一方拒绝签收或已送达的，视为对方已签收并承担相应责任。

2. 计价档案

（1）发承包双方以及工程造价咨询人对具有保存价值的各种载体的计价文件，均应收集齐全，整理立卷后归档。

（2）发承包双方和工程造价咨询人应建立完善的工程计价档案管理制度，并符合国家和有关部门发布的档案管理相关规定。

（3）工程造价咨询人归档的计价文件，保存期不宜少于五年。

（4）归档的工程计价成果文件应包括纸质原件和电子文件。其他归档文件及依据可为纸质原件、复印件或电子文件。

（5）归档文件必须经过分类整理，并应组成符合要求的案卷。

（6）归档可以分阶段进行，也可以在项目结算完成后进行。

（7）向接受单位移交档案时，应编制移交清单，双方签字、盖章后方可交接。

综合应用案例

某住宅楼工程地处闹市区，为五层砖混结构，建筑面积为 3578m²，基础为墙下钢筋混凝土条形基础，计划施工工期为 120 日历天。施工现场临近公路，交通运输方便，拟建建筑物东 30m 为原有建筑物，西 70m 为城市交通干道，南 10m 处有围墙，北 20m 为原有建筑物，施工中应注意采取相应的防噪和排污措施。现将该工程的工程量清单和投标报价的部分内容列举如下：

1. 工程量清单（见表 16-60～表 16-66）

表 16-60 封面

×××住宅楼工程

工程量清单

工程造价

招　标　人：　×××单位公章　　咨　询　人：＿＿＿＿＿＿＿＿

　　　　　　（单位盖章）　　　　　　　（单位资质专用章）

法定代表人　×××单位　　　　法定代表人

或其授权人：　法定代表人　　　或其授权人：＿＿＿＿＿＿＿＿

　　　　　　（签字或盖章）　　　　　　（签字或盖章）

　　　　　　×××签字

　　　　　　盖造价工程师

编　制　人：　或造价员专用章　　复　核　人：　盖造价工程师专用章

　　　　　（造价人员签字盖专用章）　　　（造价工程师签字盖专用章）

编制时间：××××年××月××日　复核时间：××××年××月××日

表 16-61 总说明

工程名称：×××住宅楼工程　　　　　　　　　　　　　第1页　共1页

1. 工程概况：本工程地处闹市区，为五层砖混结构的住宅楼，建筑面积为 3578m²，基础为墙下钢筋混凝土条形基础，计划施工工期为 120 日历天。施工现场临近公路，交通运输方便，拟建建筑物东 30m 为原有建筑物，西 70m 为城市交通干道，南 10m 处有围墙，北 20m 为原有建筑物，施工中应注意采取相应的防噪和排污措施。

2. 工程招标和分包范围：本次招标范围为施工图范围内的建筑工程、装饰装修工程和安装工程，其中弱电工程另进行专业分包。

3. 工程量清单编制依据：国家标准《建设工程工程量清单计价规范》和《房屋建筑与装饰工程计量规范》、施工图纸及施工现场情况等。

4. 工程质量应达到合格标准。

5. 招标人自行采购现浇构件中的全部钢筋、塑钢门窗，由招标人运至施工现场，由承包人进行验收和保管，钢筋单价暂定为 4600 元/t，塑钢门窗单价暂定为 220 元/m²。

6. 考虑到施工中可能发生的设计变更、工程量清单有误、政策性调整及材料价格风险等因素，暂列金额 15 万元。

7. 其他：总承包人应按专业工程承包人的要求提供施工工作面、垂直运输机械等，并对施工现场进行统一管理，对竣工资料进行统一整理和汇总，并承担相应的垂直运输机械费用。

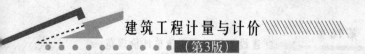
表 16-62　分部分项工程量清单与计价表

工程名称：×××住宅楼工程　　　　　标段：　　　　　　　第 1 页　共 1 页

序号	项目编码	项目名称	项目特征	计量单位	工程量	综合单价	合价	其中：暂估价
						金额/元		
		A. 土(石)方工程						
1	010101001001	平整场地	1. 土壤类别：Ⅱ类土 2. 土方就地挖填找平	m²	716			
2	010101003001	挖沟槽土方	1. 土壤类别：Ⅲ类土 2. 挖土深度：2m 以内	m³	720			
		(其他略)						
		分部小计						
		D. 砌筑工程						
3	010401001001	砖基础	1. 砖品种、规格、强度等级：MU15 机制红砖 240×115×53 2. 基础类型：条形基础 3. 砂浆强度等级：M10 水泥砂浆	m³	268			
		(其他略)						
		分部小计						
		E. 混凝土及钢筋混凝土工程						
4	010502001001	矩形柱	1. 混凝土类别：普通混凝土，现场搅拌 2. 混凝土强度等级：C25	m³	34.56			
		(其他略)						
		分部小计						
		(其他略)						
		本页小计						
		合计						

表 16-63 总价措施项目清单与计价表

工程名称：×××住宅楼工程　　　　　　　标段：　　　　　　　第1页　共1页

序号	项目编码	项目名称	计算基础	费率（%）	金额/元	调整费率(%)	调整后金额/元	备注
1	011707001001	安全文明施工费						
2	011707002001	夜间施工费						
3	011707004001	二次搬运费						
4	011707005001	冬雨季施工						
5	011705001001	大型机械设备进出场及安拆费						
6	011706001001	施工排水						
7	011706002001	施工降水						
8	011707006001	地上、地下设施、建筑物的临时保护设施						
9	011707007001	已完工程及设备保护						
10		各专业工程的措施项目						
(1)	011701001001	综合脚手架						
(2)	011703001001	垂直运输机械						
		合计						

表 16-64 措施项目清单与计价表（二）

工程名称：×××住宅楼工程　　　　　　　标段：　　　　　　　第1页　共1页

序号	项目编码	项目名称	项目特征	计量单位	工程量	金额/元	
						综合单价	合价
1	011703021001	平板模板及支架	矩形板，支模高度2.9m	m²	1800		
		（其他略）					
		本页小计					
		合计					

表 16-65 其它项目清单与计价汇总表

工程名称：×××住宅楼工程　　　　　　　标段：　　　　　　　第1页　共1页

序号	项目名称	计量单位	金额/元	备注
1	暂列金额	项	150000	明细详见表 16-65-1
2	暂估价		30000	
2.1	材料(工程设备)暂估价		—	明细详见表 16-65-2
2.2	专业工程暂估价	项	30000	明细详见表 16-65-3

（续）

序号	项目名称	计量单位	金额/元	备注
3	计日工			明细详见表 16-65-4
4	总承包服务费			明细详见表 16-65-5
	合计			

表 16-65-1　暂列金额明细表

工程名称：×××住宅楼工程　　　　　　标段：　　　　　　第1页　共1页

序号	项目名称	计量单位	金额/元	备注
1	设计变更、工程量清单有误	项	50000	
2	国家的法律、法规、规章和政策发生变化时的调整及材料价格风险	项	60000	
3	索赔与现场签证等	项	40000	
	合计		150000	—

表 16-65-2　材料（工程设备）暂估单价及调整表

工程名称：　　　　　　标段：　　　　　　第　页　共　页

序号	材料（工程设备）名称、规格、型号	计量单位	数量		暂估/元		确认		差额(±)/元		备注
			暂估	确认	单价	合价	单价	合价	单价	合价	
1	钢筋（规格、型号综合）	t			4600						用于所有现浇混凝土钢筋清单项目
2	塑钢门窗	m²			220						用于所有塑钢门窗项目
3											
4											
5											

表 16-65-3　专业工程暂估价及结算价表

工程名称：　　　　　　标段：　　　　　　第　页　共　页

序号	工程名称	工程内容	暂估金额/元	结算金额/元	差额(±)/元	备注
1	弱电工程	配管、配线等	30000			例如："消防工程项目设计图纸有待完善"
2						
3						
4						

（续）

序号	工程名称	工程内容	暂估金额/元	结算金额/元	差额(±)/元	备注
5						
6						
合计						

表 16-65-4　计日工表

工程名称：　　　　　　标段：　　　　　　　　　　第　页　共　页

序号	项目名称	单位	暂定数量	实际数量	综合单价	合价/元	
						暂定	实际
一	人工						
1	普通工	工日	50				
2	技工(综合)	工日	30				
人工小计							
二	材料						
1	水泥 42.5MPa	t	1				
2	中砂	m³	8				
材料小计							
三	施工机械						
1	灰浆搅拌机(400L)	台班	1				
2							
施工机械小计							
合计							

表 16-65-5　总承包服务费计价表

工程名称：　　　　　　标段：　　　　　　　　　　第　页　共　页

序号	项目名称	项目价值/元	服务内容	计算基础	费率(%)	金额/元
1	发包人发包专业工程(弱电工程)	30000	总承包人应按专业工程承包人的要求提供施工工作面、垂直运输机械等，并对施工现场进行统一管理，对竣工资料进行统一整理和汇总，并承担相应的垂直运输机械费用。			

（续）

序号	项目名称	项目价值/元	服务内容	计算基础	费率(%)	金额/元
2	发包人供应材料（钢筋、塑钢门窗）	700000	由招标人运至施工现场，由承包人进行验收和保管			
	合计					

表 16 - 66　规费、税金项目清单与计价表

工程名称：×××住宅楼工程　　　　　　标段：　　　　　　第1页　共1页

序号	项目名称	计算基础	计算基数	计算费率(%)	金额/元
1	规费				
1.1	工程排污费				
1.2	社会保障费				
(1)	养老保险费				
(2)	失业保险费				
(3)	医疗保险费				
(4)	工伤保险费				
(5)	生育保险费				
1.3	住房公积金				
2	税金	分部分项工程费＋措施项目费＋其他项目费＋规费－按规定不计税的工程设备金额			
	合计				

2. 投标报价（见表 16 - 67～表 16 - 78）

表 16 - 67　封面

投标总价

招 标 人：×××单位

工程名称：×××单位住宅楼工程

投标总价（小写）：2604786 元

　　　　（大写）：贰佰陆拾万肆仟柒佰捌拾陆元

投 标 人：×××建筑公司单位公章

　　　　　（单位盖章）

法定代表人

或其授权人：×××建筑公司法定代表人

（签字或盖章）

编　制　人：×××签字 盖造价工程师或造价员专用章

（造价人员签字盖专用章）

编制时间：××××年××月××日

表 16－68　总说明

工程名称：×××住宅楼工程　　　　　　　　　　　　　　　　第 1 页　共 1 页

1. 工程概况：本工程地处闹市区，为五层砖混结构的住宅楼，建筑面积为 3578m^2，基础为墙下钢筋混凝土条形基础，招标计划工期为 120 日历天，投标工期为 115 日历天。施工现场临近公路，交通运输方便，拟建建筑物东 30m 为原有建筑物，西 70m 为城市交通干道，南 10m 处有围墙，北 20m 为原有建筑物，施工中采取了相应的防噪和排污措施。

2. 工程投标报价范围：为本次招标工程施工图范围内的建筑工程、装饰装修工程和安装工程。

3. 投标报价的编制依据：

（1）招标文件、工程量清单及有关报价的要求；

（2）招标文件的补充通知和答疑纪要；

（3）施工图纸及投标的施工组织设计；

（4）建设工程工程量清单计价规范、山东省建设工程工程量清单计价办法、消耗量定额、省（市）定额站发布的价格信息及有关计价文件等；

（5）有关的技术标准、规范和安全管理规定等。

表 16－69　工程项目投标报价汇总表

工程名称：×××住宅楼工程　　　　　　　　　　　　　　　　第 1 页　共 1 页

序号	单项工程名称	金额/元	其中/元		
			暂估价	安全文明施工费	规费
1	×××住宅楼工程	3287038	730000	93772	93502
	合计	3287038	730000	93772	93502

表 16－70　单项工程投标报价汇总表

工程名称：×××住宅楼工程　　　　　　　　　　　　　　　　第 1 页　共 1 页

序号	单项工程名称	金额/元	其中/元		
			暂估价	安全文明施工费	规费
1	×××住宅楼工程	3287038	730000	93772	93502
	合计	3287038	730000	93772	93502

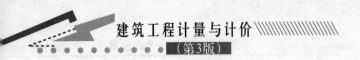

表 16-71　单位工程投标报价汇总表

工程名称：×××住宅楼工程　　　　　　标段：　　　　　　　　第1页　共1页

序号	汇 总 内 容	金额/元	其中：暂估价/元
1	分部分项工程	2604786	700000
1.1	A. 土(石)方工程	39622	
1.2	D. 砌筑工程	238561	
1.3	E. 混凝土及钢筋混凝土工程	828130	400000
	（其他略）		
2	措施项目	285879	
2.1	其中：安全文明施工费	93772	
3	其他项目	193557	
3.1	其中：暂列金额	150000	
3.2	其中：专业工程暂估价	30000	
3.3	其中：计日工	5057	
3.4	其中：总承包服务费	8500	
4	规费	93502	
5	税金	109314	
	投标报价合计＝1＋2＋3＋4＋5	3287038	700000

表 16-72　分部分项工程量清单与计价表

工程名称：×××住宅楼工程　　　　　　标段：　　　　　　　　第1页　共1页

序号	项目编码	项目名称	项目特征	计量单位	工程量	金额/元		
						综合单价	合价	其中：暂估价
			A. 土(石)方工程					
1	010101001001	平整场地	1. 土壤类别：Ⅱ类土 2. 土方就地挖填找平	m²	716	1.22	873.52	
2	010101003001	挖沟槽土方	1. 土壤类别：Ⅲ类土 2. 挖土深度：2m 以内	m³	720	50.26	36187.2	
			（其他略）					
			分部小计				39622	

（续）

序号	项目编码	项目名称	项目特征	计量单位	工程量	金额/元		
						综合单价	合价	其中：暂估价
			D. 砌筑工程					
3	010401001001	砖基础	1. 砖品种、规格、强度等级：MU15 机制红砖 240×115×53 2. 基础类型：条形基础 3. 砂浆强度等级：M10 水泥砂浆	m³	268	259.91	69655.88	
			（其他略）					
			分部小计				238561	
			E. 混凝土及钢筋混凝土工程					
4	010502001001	矩形柱	1. 混凝土类别：普通混凝土，现场搅拌 2. 混凝土强度等级：C25	m³	34.56	283.09	9783.59	
			（其他略）					
			分部小计				828130	
			（其他略）					
			本页小计				2604786	700000
			合计				2604786	700000

表 16-73　总价措施项目清单与计价表

工程名称：×××住宅楼工程　　　　　标段：　　　　　　　　第 1 页　共 1 页

序号	项目编码	项目名称	计算基础	费率（%）	金额/元	调整费率（%）	调整后金额/元	备注
1	011707001001	安全文明施工费	定额人工费	30	93772			
2	011707002001	夜间施工费	定额人工费	0.7	2188			
3	011707004001	二次搬运费	定额人工费	0.6	1875			
4	011707005001	冬雨季施工	定额人工费	0.8	2501			

（续）

序号	项目编码	项目名称	计算基础	费率(%)	金额/元	调整费率(%)	调整后金额/元	备注
5	011705001001	大型机械设备进出场及安拆费			17765			
6	011706001001	施工排水			0			
7	011706002001	施工降水			0			
8	011707006001	地上、地下设施、建筑物的临时保护设施			1500			
9	011707007001	已完工程及设备保护			489			
10		各专业工程的措施项目			100000			
(1)	011701001001	综合脚手架			65000			
(2)	011703001001	垂直运输机械			35000			
		合计			220090			

特 别 提 示

　　表16-73中的计算基础和费率以省发布的最新通知为准。按《山东省建设工程费用项目组成及计算规则》的规定，安全文明施工费属于规费，其计算基础为"分部分项工程费＋措施项目费＋其他项目费"，费率为建筑工程3.73%，装饰工程4.18%；夜间施工费、二次搬运费、冬雨季施工增加费、已完工程及设备保护费的计算基础为：建筑工程为分部分项工程费合计中的人、材、机费用之和，费率分别为0.7%、0.6%、0.8%、0.15%；装饰工程为分部分项工程费合计中的人工费，费率分别为3.62%、3.25%、4.07%、0.15%；其他措施费根据施工单位编制的施工组织设计或施工方案的规定计算。

表16-74　单价措施项目清单与计价表

工程名称：×××住宅楼工程　　　　　　　标段：　　　　　　　　第1页　共1页

序号	项目编码	项目名称	项目特征	计量单位	工程量	综合单价	合价	其中:暂估价
						金额/元		
1	011702016001	平板模板及支架	矩形板，支模高度2.9m	m²	1800	21.07	37926	
		（其他略）						
		本页小计					65789	
		合计					65789	

表 16 - 75　其他项目清单与计价汇总表

工程名称：×××住宅楼工程　　　　　　　标段：　　　　　　　第1页　共1页

序号	项 目 名 称	金额/元	结算金额/元	备　注
1	暂列金额	150000		明细详见表 16 - 75 - 1
2	暂估价	30000		
2.1	材料暂估价	—		明细详见表 16 - 75 - 2
2.2	专业工程暂估价	30000		明细详见表 16 - 75 - 3
3	计日工	5057		明细详见表 16 - 75 - 4
4	总承包服务费	8500		明细详见表 16 - 75 - 5
	合计			

表 16 - 75 - 1　暂列金额明细表

工程名称：×××住宅楼工程　　　　　　　标段：　　　　　　　第1页　共1页

序号	项目名称	计量单位	暂定金额/元	备　注
1	设计变更、工程量清单有误	项	50000	
2	国家的法律、法规、规章和政策发生变化时的调整及材料价格风险	项	60000	
3	索赔与现场签证等	项	40000	
	合计		150000	—

表 16 - 75 - 2　材料(工程设备)暂估单价及调整表

工程名称：　　　　　　　标段：　　　　　　　第　页　共　页

序号	材料(工程设备)名称、规格、型号	计量单位	数量		暂估/元		确认		差额(±)/元		备注
			暂估	确认	单价	合价	单价	合价	单价	合价	
1	钢筋(规格、型号综合)	t			4600						用于所有现浇混凝土钢筋清单项目
2	塑钢门窗	m²			220						用于所有塑钢门窗项目
3											
4											
5											

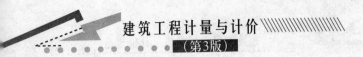

表16-75-3 专业工程暂估价及结算价表

工程名称：　　　　　　标段：　　　　　　　　　　　　　　第 页 共 页

序号	工程名称	工程内容	暂估金额/元	结算金额/元	差额(±)/元	备 注
1	弱电工程	配管、配线等	30000			
2						
3						
4						
5						
6						
	合计					

表16-75-4 计日工表

工程名称：　　　　　　标段：　　　　　　　　　　　　　　第 页 共 页

序号	项目名称	单位	暂定数量	实际数量	综合单价	合价/元 暂定	合价/元 实际
一	人工						
1	普通工	工日	50		44	2200	
2	技工(综合)	工日	30		65	1950	
	人工小计					4150	
二	材料						
1	水泥42.5MPa	t	1		270	270	
2	中砂	m³	8		73	584	
	材料小计					854	
三	施工机械						
1	灰浆搅拌机(400L)	台班	1		53	53	
2							
	施工机械小计					53	
	合计					5057	

表 16 - 75 - 5　总承包服务费计价表

工程名称：　　　　　　　　　标段：　　　　　　　　　　　　第　页　共　页

序号	项目名称	项目价值/元	服务内容	计算基础	费率（%）	金额/元
1	发包人发包专业工程（弱电工程）	30000	总承包人应按专业工程承包人的要求提供施工工作面、垂直运输机械等，并对施工现场进行统一管理，对竣工资料进行统一整理和汇总，并承担相应的垂直运输机械费用。		5	1500
2	发包人供应材料（钢筋、塑钢门窗）	700000	由招标人运至施工现场，由承包人进行验收和保管		1	7000
		合计				8500

表 16 - 76　规费、税金项目清单与计价表

工程名称：×××住宅楼工程　　　　　　标段：　　　　　　　第 1 页　共 1 页

序号	项目名称	计算基础	计算基数	计算费率(%)	金额/元
1	规费				93502
1.1	工程排污费	按工程所在地环保部门规定按实计算			2857
1.2	社会保障费	（1）＋(2)+(3)			68765
(1)	养老保险费	定额人工费	14		43760
(2)	失业保险费	定额人工费	2		6251
(3)	医疗保险费	定额人工费	6		18754
(4)	工伤保险费	定额人工费	10.5		1563
(5)	生育保险费	定额人工费	10.5		1563
1.3	住房公积金	定额人工费	6		18754
2	税金	分部分项工程费＋措施项目费＋其他项目费＋规费－按规定不计税的工程设备金额	3.44		109314
	合计				202816

●　特　别　提　示　⋯⋯⋯⋯⋯⋯⋯⋯⋯⋯⋯⋯⋯⋯⋯⋯⋯⋯⋯⋯⋯⋯⋯⋯⋯

表 16 - 76 中的项目名称、计算基础和费率以省（市）发布的最新通知为准。按《山东省建设工程费用项目组成及计算规则》的规定，规费一共包括 5 项：

① 安全文明施工费属于规费项目，计算方法同前；

② 工程排污费的计算方法为"按工程所在地设区市相关规定计算"，济南市的计算基

础为"分部分项工程费＋措施项目费＋其他项目费"，费率为 0.28%；

③ 社会保障费的计算基础为"分部分项工程费＋措施项目费＋其他项目费"，费率为 3.09%；

④ 住房公积金的计算方法为"按工程所在地设区市相关规定计算"，济南市的计算基础为"分部分项工程费＋措施项目费＋其他项目费"，费率为 0.22%；

⑤ 危险作业意外伤害保险的计算方法为"按工程所在地设区市相关规定计算"，济南市的计算基础为"分部分项工程费＋措施项目费＋其他项目费"，费率为 0.16%。

表 16-77 工程量清单综合单价分析表

工程名称：×××住宅楼工程　　　　标段：　　　　　　　　　　　第1页　共2页

项目编码	010101003001	项目名称	挖沟槽土方	计量单位	m³	工程量	720

清单综合单价组成明细

定额编号	定额名称	定额单位	数量	单价/元				合价/元			
				人工费	材料费	机械费	管理费和利润	人工费	材料费	机械费	管理费和利润
1—2—12	挖土方	10m³	0.13	279.40	0	0.49	23.23	36.32	0	0.06	3.02
1—4—4	基底钎探	10眼	0.2	50.16	0	0	4.16	10.03	0	0	0.83
人工单价		小计						46.35	0	0.06	3.85
44元/工日		未计价材料费									
清单项目综合单价								50.26			

材料费明细	主要材料名称、规格、型号	单位	数量	单价/元	合价/元	暂估单价/元	暂估合价/元
	其他材料费			—		—	
	材料费小计			—		—	

表 16-78 工程量清单综合单价分析表

工程名称：×××住宅楼工程　　　　标段：　　　　　　　　　　　第2页　共2页

项目编码	010502001001	项目名称	矩形柱	计量单位	m³	工程量	34.56

清单综合单价组成明细

定额编号	定额名称	定额单位	数量	单价/元				合价/元			
				人工费	材料费	机械费	管理费和利润	人工费	材料费	机械费	管理费和利润
4—2—17	浇注柱	10m³	0.1	843.04	1569.38	9.91	201.05	84.30	156.94	0.99	20.11

（续）

4-4-16	现场制作混凝土	10m³	0.1	100.76	31.08	59.67	15.90	10.08	3.11	5.97	1.59
人工单价			小计					94.38	160.05	6.96	21.70
44元/工日			未计价材料费								
清单项目综合单价								283.09			

	主要材料名称、规格、型号	单位	数量	单价/元	合价/元	暂估单价/元	暂估合价/元
材料费明细	C25 现浇混凝土	m³	1	153.31	153.31		
	1：2 水泥砂浆	m³	0.015	209.04	3.14		
	黄砂(过筛中砂)	m³	(0.3625)	63	(22.84)		
	普通硅酸盐水泥 32.5MPa	t	(0.3923)	252	(98.86)		
	碎石 20～40	m³	(0.973)	35	(34.06)		
	其他材料费			—	3.60	—	
	材料费小计			—	160.05	—	

本 章 小 结

通过本章的学习，要求学生应掌握以下内容：

1. 了解工程量清单计价的一般规定；

2. 掌握工程量清单的编制内容和方法，其编制内容具体包括：封面、总说明、分部分项工程量清单与计价表、措施项目清单与计价表、其他项目清单与计价表及规费、税金项目清单与计价表等；

3. 掌握工程量清单报价的编制内容和方法，其编制内容具体包括：封面、总说明、工程项目投标报价汇总表、单项工程投标报价汇总表、单位工程投标报价汇总表、分部分项工程量清单与计价表、措施项目清单与计价表、其他项目清单与计价表及规费、税金项目清单与计价表等；

4. 掌握建筑工程招标控制价的编制内容和方法，其编制内容具体包括：封面、总说明、工程项目招标控制价汇总表、单项工程招标控制价汇总表、单位工程招标控制价汇总表、分部分项工程量清单与计价表、措施项目清单与计价表、其他项目清单与计价表及规费、税金项目清单与计价表等；

5. 掌握建筑工程竣工结算的编制内容和方法，其编制内容具体包括：封面、总说明、工程项目竣工结算汇总表、单项工程竣工结算汇总表、单位工程竣工结算汇总表、分部分项工程量清单与计价表、措施项目清单与计价表、其他项目清单与计价表及规费、税金项目清单与计价表、工程款支付申请(核准)表、费用索赔申请(核准)表及现场签证表等。

6. 掌握合同价款调整的相关规定，其内容包括：一般规定、法律法规变化、物价变化、工程变更、项目特征描述不符、工程量清单缺项、工程量偏差、暂列金额、暂估价、计日工、现场签证、施工索赔、不可抗力、提前竣工（赶工补偿）、误期赔偿等15项内容。

习 题

一、填空题

(1) 工程量清单是建设工程的_____、措施项目、其他项目、_____项目的名称和相应数量等的明细清单。

(2) "国有资金投资为主"的工程是指国有资金占投资额_____以上或虽不足50％，但国有资产投资者实质上拥有_____的工程。

(3) 综合单价是完成_____的分部分项工程量清单项目或措施清单项目所需的人工费、材料费、施工机械使用费和_____，以及_____的风险费用。

(4) 招标控制价是招标人根据国家或省级、行业建设主管部门颁发的有关计价依据和办法，按_____计算的，对招标工程限定的_____。

(5) 暂估价是招标人在工程量清单中提供的用于支付必然发生但暂时不能确定的_____的单价以及_____的金额。

(6) 采用工程量清单方式招标，工程量清单应作为招标文件的组成部分，其准确性和完整性由_____负责。

(7) 招标文件中的工程量清单标明的工程量是_____的共同基础，竣工结算的工程量按发、承包双方在合同中约定_____的工程量确定。

(8) 规费和税金应按_____的规定计算，不得作为竞争性费用。

(9) 承包人应发包人要求完成合同以外的零星工作或非承包人责任事件发生时，承包人应按_____约定及时向发包人提出_____。

(10) 工程价款调整报告应由受益方在合同约定时间内向合同的另一方提出，经对方确认后调整合同价款。受益方未在_____约定时间内提出工程价款调整报告的，视为_____。

二、简答题

(1) 简述项目编码、项目特征的含义。

(2) 什么叫总承包服务费？

(3) 什么叫暂估价？

(4) 简述工程量清单编制具体包括哪些内容。

(5) 总说明具体包括哪些内容？

(6) 简述工程量清单报价编制具体包括哪些内容。

(7) 简述承包方索赔的具体程序。

(8) 简述竣工结算的核对时限要求。

(9) 简述办理竣工结算时，措施项目费的计价原则。

(10) 发、承包双方发生工程造价合同纠纷时，应如何解决？

第17章

建设工程工程量清单计价办法的应用

✿ 教学目标

　　了解各分部工程的适用范围及包含的内容；掌握各分部分项工程工程量的计算规则及注意事项；熟练掌握分部分项工程量清单及清单计价表的编制。掌握措施项目清单项目的设置内容及计价方法；掌握其他项目清单项目的设置内容及计价方法；掌握规费、税金项目清单项目的设置内容及计价方法。熟悉并掌握综合单价费用组成及其计算方法；掌握建筑工程费用项目组成内容。

✿ 教学要求

能力目标	知识要点	相关知识	权重
掌握清单工程量的计算规则及注意事项	清单工程量的计算规则；各分部工程的注意事项	定额计价办法中各分部分项工程工程量的计算规则	0.2
掌握分部分项工程量清单和计价表的编制	项目编码、项目名称、项目特征、计量单位、工程数量及工程内容的确定	综合单价的确定；各工程内容定额编号的选择	0.4
掌握措施项目清单项目、其他项目清单项目、规费、税金项目的设置内容及计价方法	各项目的设置内容和计价方法	通用措施项目、专业工程措施项目；暂列金额、暂估价、计日工、总承包服务费	0.2
掌握建筑工程费用项目组成及综合单价的费用组成	分部分项工程费、措施项目费、其他项目费、规费、税金	人工费、材料费、施工机械使用费、管理费和利润	0.2

17.1 分部分项工程量清单项目设置及消耗量定额

导入案例

某工程屋面为卷材防水、膨胀珍珠岩保温，轴线尺寸为 30m×12m，墙厚 240mm，四周女儿墙，防水卷材上卷 250mm。屋面做法如下：预制钢筋混凝土屋面板；1:10 水泥膨胀珍珠岩找坡 2%，最薄处 40mm 厚（平均厚 100mm）；100mm 厚憎水珍珠岩块保温层；20mm 厚水泥砂浆找平；SBS 改性沥青防水卷材二层；20mm 厚 1:2 水泥砂浆抹光压平，6m×6m 分格，油膏嵌缝。如果利用定额计价办法计算工程量，如憎水珍珠岩块保温层工程量＝$(30-0.24)×(12-0.24)×0.1≈35.00(m^3)$，SBS 改性沥青防水卷材工程量＝$(30-0.24)×(12-0.24)+(30+12-0.48)×2×0.25≈370.74(m^2)$。如果利用清单计价办法计算其工程量，其结果是否一致？

17.1.1 土石方工程

本节适用于建筑物和构筑物的土石方开挖及回填工程，包括土方工程、石方工程及土石方回填等项目。

1. 注意事项

1) 土方工程（编码：010101）

（1）分项工程项目中的土壤类别，应按现行《建设工程工程量清单计价规范》中"土壤及岩石(普氏)分类表"的规定确定。

（2）土石方体积应按挖掘前的天然密实体积计算。土石方体积如需换算，参照现行建筑工程量计算规则中的"土石方体积折算系数表"确定。

（3）"场地平整"项目(项目编码为 010101001-000，1 至 9 位应按《建设工程工程量清单计价规范》附录中的项目编码填写，后 3 位由工程量清单编制人，根据清单项目设置的数量，自 001 起顺序编制，下同)：适用于建筑物场地平均厚度在 ±30cm 以内的挖、填、运、找平。当施工组织设计规定超面积平整场地时，招标人在计算清单工程量时仍按建筑物首层面积计算，只是投标人在投标报价时，按施工组织设计确定的施工方案计算超面积平整，且超出部分包含在投标报价内；当出现 ±30cm 以内挖方和填方不平衡，需外运土方或借土回填时，这部分的运输应包括在报价内。

（4）"挖土方"项目(项目编码为 010101002-000)：适用于设计室外地坪标高以上 ±30cm 以上的竖向布置挖土或山坡切土。在计算工程量时，应按平均厚度乘以设计底面积以体积计算，其中平均厚度按设计地面标高至自然地面测量标高之间的平均高度确定；当地形起伏变化大，不能提供平均挖土厚度时，应提供方格网法或断面法施工的设计文件。

（5）"挖基础土方"项目(项目编码为 010101003-000)：适用于设计室外地坪以下各种基础(包括带形基础、独立基础、满堂基础、设备基础及人工挖孔桩)的土方开挖。在计算清单工程量时，不考虑工作面、放坡，按图示尺寸以基础垫层底面积乘以挖土深度计算。由于工程量计算中未包括根据施工组织(方案)规定的放坡、操作工作面和机械挖土进出场施工工作面的坡道等增加的挖土量，其挖土增量及相应弃土增量的费用应包括在基础土方报价内；对于深基础的支护结构，应列入措施项目清单费用内。

（6）"管沟土方"项目（项目编码为 010101006 – 000）：适用于管沟土方开挖、回填。

① 计算管沟土方工程量时，不论有无管沟设计均按长度计算，其开挖加宽的工作面、放坡和接口处加宽的工作面，应包括在管沟土方的报价内。

② 管沟开挖宽度，当设计无规定时，其宽度参照现行建筑工程量计算规则中的"管道沟槽底宽度表"确定。

③ 挖沟平均深度，当有管沟设计时，平均深度以沟垫层底表面标高至交付施工标高计算；当无管沟设计时，直埋管（无沟盖板，管道安装好后直接回填土）深度应按管底外表面标高至交付施工场地标高的平均高度计算。

（7）"挖土方"、"挖基础土方"等土方工程，如出现干、湿土，应分别编码列项，干、湿土的界限应按地质资料提供的地下常水位为界，以上为干土，以下为湿土。

2）石方工程（编码：010102）

（1）"石方开挖"项目（项目编码为 010102002 – 000）：适用于人工凿石、人工打眼爆破、机械打眼爆破等。

① 当设计规定需光面爆破的坡面、需摊座的基底，应在工程量清单中进行描述。

② 石方爆破的超挖量，应包括在报价内。

● 特 别 提 示 ▪▪

光面爆破，是指按照设计要求，某一坡面（多为垂直面）需要实施光面爆破，在这个坡面设计开挖边线，加密炮眼和缩小排间距离，控制药量，达到爆破后该坡面比较规整的要求。

基底摊座，是指开挖炮爆破后，在需要设置基础的基底进行剔打找平，使基底达到设计标高要求，以便基础垫层的浇筑。

▪▪

（2）基础土方、石方开挖的深度，应按设计底标高至设计室外标高间的距离计算，当施工现场标高达不到设计要求时，应按交付施工时的场地标高计算。

（3）当采用减震方式减弱爆破震动时，应按"预裂爆破"项目编码列项（项目编码为 010102001 – 000）。

● 特 别 提 示 ▪▪

预裂爆破，是指为降低爆震波对周围已有建筑物或构筑物的影响，按照设计的开挖边线，钻一排预裂炮眼，炮眼均需按设计规定药量装炸药，在开挖炮爆破前，预先爆裂一条缝，在开挖炮爆破时，这条缝能够反射阻隔爆震波。

▪▪

3）土石方回填（编码：010103）

"土石方回填"项目（项目编码为 010103001 – 000）：适用于场地回填、室内回填和基础回填，并包括指定范围内的土方运输和借土回填的土方开挖。

（1）室内回填土工程量以主墙间净面积乘以填土厚度计算，其中"主墙"是指结构厚度在 120mm 以上（不含 120mm）的各类墙体。

（2）基础土方操作工作面、放坡等增加的工程量，应包括在报价内。

（3）因地质情况变化或设计变更引起的土方工程量的变更，由发包人和承包人现场签证，依据合同条件进行调整。

2. 应用案例

应用案例 17-1

某工程基础平面图和断面图如图 17.1 所示，根据招标人提供的地质资料，土壤类别为三类，查看现场无地面积水，场地已平整，并达到设计地面标高（无需支挡土板，不考虑土方运输），要求：①编制"挖基础土方"工程量清单；②编制"挖基础土方"工程量清单计价表。

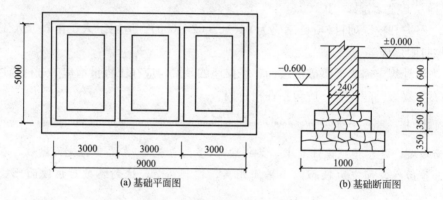

(a) 基础平面图　　　　　　　　　　(b) 基础断面图

图 17.1　应用案例 17-1 附图

解：

1. 编制"挖基础土方"分部分项工程量清单

建筑工程工程量清单计价办法中"5.1.1 土方工程"所包含的内容见表 17-1。

表 17-1　"5.1.1 土方工程"

项 目 编 码	项 目 名 称	项 目 特 征	计量单位	工 程 数 量	工 程 内 容
010101003-000	挖基础土方	1. 土壤类别 2. 基础类型 3. 挖土深度	m³	按设计图示尺寸以基础垫层底面积乘以挖土深度计算	1. 排地表水 2. 土方开挖 3. 挡土板支拆 4. 截（凿）桩头 5. 基底钎探 6. 钎探灌砂 7. 土方运输

结合工程实际，确定以下几项内容。

（1）该项目编码为 010101003001。

（2）土壤类别为三类土，基础形式为带形，挖土深度为 1.0m。

（3）工程数量 $= (L_{中} + L_{净垫层}) \times$ 垫层宽 $\times$ 挖土深度

$$= [(9+5) \times 2 + (5-1) \times 2] \times 1 \times 1 = 36.00 \ (m^3)$$

（4）工程内容为土方开挖、基底钎探和钎探灌砂。

将上述结果及相关内容填入"分部分项工程量清单与计价表"中,见表17-2。

表17-2 分部分项工程量清单与计价表

工程名称:某工程　　　　　　　　　　　标段:　　　　　　　　　第1页 共1页

序号	项目编码	项目名称	项目特征	计量单位	工程数量	金额/元		
						综合单价	合价	其中:暂估价
1	010101003001	挖基础土方	1. 土壤类别:三类土 2. 基础类型:带形 3. 挖土深度:1.0m	m³	36			0

2. 编制"挖基础土方"分部分项工程量清单计价表

综合单价计算:

(1)确定工程内容。该项目发生的工程内容为土方开挖、基底钎探和钎探灌砂。

(2)计算工程数量。根据现行山东省建筑工程量计算规则的规定,分别计算工程量清单项目所包含的每项工程内容的工程数量。

挖土方:$[(9+5)×2+(5-1)×2]×(1+0.15×2)×1=46.80(m^3)$

基底钎探:按规范要求,假设按垫层底每米打2眼,该段基底需打眼$36×2=72$(眼)

钎探灌砂:72(眼)

(3)计算单位含量。分别计算工程量清单项目每计量单位应包含的各项工程内容的工程数量。

挖土方:$46.8÷36=1.3(m^3/m^3)$

基底钎探:$72÷36=2(眼/m^3)$

钎探灌砂:$72÷36=2(眼/m^3)$

(4)选择定额。根据"5.1.1土方工程"选定额,确定人工、材料、机械台班的消耗量。

挖土方:1-2-12

基底钎探:1-4-4

钎探灌砂:1-4-17

(5)选择单价。人工、材料、机械台班单价选用山东省信息价或市场价。

(6)计算清单项目每计量单位所含各项工程内容的人工、材料、机械台班价款(按山东省2016年价目表计算)。

挖土方

人工费:$48.26×1.3≈62.74(元/m^3)$

机械费:$0.04×1.3≈0.05(元/m^3)$

小计:$62.74+0.05=62.79(元/m^3)$

基底钎探

人工费:$8.66×2=17.32(元/m^3)$

钎探灌砂

人工费:$0.17×2=0.34(元/m^3)$

材料费:$0.1×2=0.20(元/m^3)$

小计:$0.34+0.2=0.54(元/m^3)$

(7)计算工程量清单项目每计量单位人工、材料、机械台班价款。

$62.79+17.32+0.54=80.65(元/m^3)$

填写"工程量清单综合单价分析表",见表17-3。

表 17 - 3　工程量清单综合单价分析表

序号	编码	名称	单位	工程量	综合单价组成/元					综合单价/（元/m³）
					人工费	材料费	机械费	计费基础	管理费和利润	
1	010101003001	挖基础土方	m³	36	80.40	0.20	0.05	80.65	7.48	88.13
	1-2-12	挖土方	m³	1.3	62.74	0	0.05	62.79		
	1-4-4	基底钎探	眼	2	17.32	0	0	17.32		
	1-4-17	钎探灌砂	眼	2	0.34	0.20	0	0.54		

（8）选定费率。根据企业情况确定管理费和利润率，假定工程类别为三类，管理费率 5.85% 和利润率 3.43%。

（9）计算综合单价。

管理费和利润＝80.65×（5.85%＋3.43%）≈7.48（元/m³）

建筑工程综合单价＝80.65＋7.48＝88.13（元/m³）

（10）合价＝综合单价×相应清单项目工程数量＝88.13×36＝3172.68（元）

根据清单计价办法的要求，将上述计算结果及相关内容填入"分部分项工程量清单与计价表"中，见表 17 - 4。

表 17 - 4　分部分项工程量清单与计价表

工程名称：某工程　　　　　　　　　标段：　　　　　　　　　　第 1 页　共 1 页

序号	项目编码	项目名称	项目特征	计量单位	工程数量	金额/元		
						综合单价	合价	其中：暂估价
1	010101003001	挖基础土方	1. 土壤类别：三类土 2. 基础类型：带形 3. 挖土深度：1.0m	m³	36	88.13	3172.68	0

● 特 别 提 示 ....

如果不需要进行工程量清单综合单价分析，其综合单价可按如下简化步骤计算。

① 确定工程内容。

该项目发生的工程内容为土方开挖、基底钎探和钎探灌砂

② 计算工程数量。

土方开挖工程量＝46.80（m³）

基底钎探工程量＝72（眼）

钎探灌砂工程量＝72（眼）

③ 选择定额，确定基价。

挖土方：套用定额 1-2-12，省基价＝483.03（元/10m³）

基底钎探：套用定额 1-4-4，省基价＝86.64（元/10眼）

钎探灌砂：套用定额 1-4-17，省基价＝2.63(元/10 眼)

④ 选定费率。根据工程类别确定管理费率和利润率。

⑤ 计算综合单价。

$$综合单价＝(\frac{工程内容1基价}{定额单位}×\frac{按定额计价计算规则计算的工程量}{按清单计价计算规则计算的工程量}+$$

$$\frac{工程内容2基价}{定额单位}×\frac{按定额计价计算规则计算的工程量}{按清单计价计算规则计算的工程量}+\cdots)×$$

$$(1＋管理费率＋利润率)$$

$$＝(\frac{工程内容1基价}{定额单位}×按定额计价计算规则计算的工程量＋$$

$$\frac{工程内容2基价}{定额单位}×按定额计价计算规则计算的工程量＋\cdots)/$$

按清单计价计算规则计算的工程量×(1＋管理费率＋利润率)

＝定额直接工程费/按清单计价计算规则计算的工程量×

(1＋管理费率＋利润率)

$$＝(483.03/10×46.8＋86.64/10×72＋2.63/10×72)/36×(1＋5.85\%$$

$$＋3.43\%)$$

$$≈88.13(元/m^3)$$

如果综合单价中人工、材料或机械需要进行市场价差调整的话，则

$$综合单价＝(\frac{工程内容1市价}{定额单位}×按定额计价计算规则计算的工程量＋$$

$$\frac{工程内容2市价}{定额单位}×按定额计价计算规则计算的工程量＋\cdots)/$$

按清单计价计算规则计算的工程量＋

$$(\frac{工程内容1基价}{定额单位}×按定额计价计算规则计算的工程量＋$$

$$\frac{工程内容2基价}{定额单位}×按定额计价计算规则计算的工程量＋\cdots)/$$

按清单计价计算规则计算的工程量×(管理费率＋利润率)

＝市价直接工程费/按清单计价计算规则计算的工程量＋

省价直接工程费/按清单计价计算规则计算的工程量×(管理费率＋利润率)

17.1.2 桩与地基基础工程

本节适用于地基与边坡的处理、加固，包括混凝土桩、其他桩和地基与边坡处理等项目。

1. 注意事项

1) 混凝土桩(编码：010201)

(1)"预制钢筋混凝土桩"项目(项目编码为 010201001-000)：适用于预制混凝土方桩、管桩和板桩等。

① 试桩应按"预制钢筋混凝土桩"项目编码单独列项。

② 试桩与打桩之间的间歇时间、机械在现场的停滞时间，应包括在打试桩报价内。

③ 打钢筋混凝土预制板桩是指留滞原位（即不拔出）的板桩，板桩应在工程量清单中描述其单桩垂直投影面积。

④ 预制桩刷防护材料，其费用应包括在报价内。

（2）"混凝土灌注桩"项目（项目编码为010201003-000）：适用于人工挖孔灌注桩、钻孔灌注桩、爆扩灌注桩、打管灌注桩及振动灌注桩等。

① 人工挖孔时采用的护壁（如砖砌护壁、预制钢筋混凝土护壁、现浇钢筋混凝土护壁、钢模周转护壁及竹笼护壁等）应包含在报价内。

② 钻孔固壁泥浆的搅拌、运输，泥浆池、泥浆沟槽的砌筑、拆除及清理，应包括在报价内。

③ 桩钢筋的制作、安装，应按钢筋工程项目编码列项。

2）其他桩（编码：010202）

（1）"砂石灌注桩"（项目编码为010202001-000）的砂石级配、密实系数均应包括在报价内。

（2）"灰土挤密桩"（项目编码为010202002-000）的灰土级配、密实系数均应包括在报价内。

3）地基与边坡处理（编码：010203）

（1）"地基强夯"项目（项目编码为010203003-000）：当设计无夯击能量、夯点数量及夯击次数要求时，应按地耐力要求编码列项。

（2）"锚杆支护"（项目编码为010203004-000）、"土钉支护"（项目编码为010203005-000）项目中的钻孔、布筋、锚杆安装、灌浆张拉等需要搭设的脚手架，应列入措施项目清单费用内；"地下连续墙"（项目编码为010203001-000）作为深基础支护结构，也应列入措施项目清单费用内。

（3）地下连续墙、锚杆支护、土钉支护的锚杆及钢筋网等的制作、安装，应按钢筋工程项目编码列项。

（4）各种桩的充盈量、爆扩桩扩大头的混凝土量，应包括在报价内。

（5）振动沉管、锤击沉管，若使用预制钢筋混凝土桩尖时，应包括在报价内。

2. 应用案例

应用案例 17-2

某工程采用C30混凝土灌注桩（按商品混凝土计价，机械打孔），单根桩设计长度为8.5m（包括桩尖），桩截面为φ800，共10根，要求：① 编制"混凝土灌注桩"工程量清单；② 编制"混凝土灌注桩"工程量清单计价表。

解：

1. 编制"混凝土灌注桩"分部分项工程量清单

建筑工程工程量清单计价办法中"5.2.1混凝土桩"所包含的内容见表17-5。

表 17-5 "5.2.1 混凝土桩"

项目编码	项目名称	项目特征	计量单位	工程数量	工程内容
010201003-000	混凝土灌注桩	1. 桩的种类 2. 桩长 3. 桩径 4. 桩壁及桩芯材料(用于人工挖孔桩) 5. 混凝土、砂浆强度等级	m³	按设计桩长(包括桩尖)乘以桩径,以 m³ 计算	1. 混凝土制作 2. 混凝土运输 3. 灌注混凝土桩

结合工程实际,确定以下几项内容。

(1) 该项目编码为 010201003001。

(2) 桩的种类为混凝土灌注桩,桩长为 8.5m,桩径为 $\phi800$,混凝土强度等级为 C30。

(3) 工程数量＝3.14×0.4×0.4×8.5×10＝42.7(m³)。

(4) 工程内容为混凝土制作、运输、成孔、灌注。

将上述结果及相关内容填入"分部分项工程量清单与计价表"中,见表 17-6。

表 17-6 分部分项工程量清单与计价表

工程名称:某工程　　　　　　　　标段:　　　　　　　　第1页 共1页

序号	项目编码	项目名称	项目特征	计量单位	工程数量	金额/元 综合单价	合价	其中:暂估价
1	010201003001	混凝土灌注桩	1. 桩的种类:混凝土灌注桩 2. 桩长:8.5m 3. 桩径:$\phi800$ 4. 混凝土强度等级:C30	m³	42.7			0

2. 编制"混凝土灌注桩"分部分项工程量清单计价表

综合单价计算:

(1) 确定工程内容。该项目发生的工程内容为混凝土制作、运输、成孔、灌注。

(2) 计算工程数量。根据现行山东省建筑工程量计算规则的规定,分别计算工程量清单项目所包含的每项工程内容的工程数量。

工程数量＝3.14×0.4×0.4×8.5×10≈42.70(m³)

(3) 计算单位含量。分别计算工程量清单项目每计量单位应包含的各项工程内容的工程数量。

单位含量＝42.70÷42.70＝1(m³/m³)

(4) 选定定额。根据"5.2.1 混凝土桩"选定额,确定人工、材料、机械台班的消耗量。

C30 商品混凝土:353.95 元/m³

机械打孔灌注桩(桩长 10m 内):2-3-17

(5) 选择单价。人工、材料、机械台班单价选用省信息价或市场价。

(6) 计算清单项目每计量单位所含各项工程内容的人工、材料、机械台班价款。(按山东省 2016 年价目表计算)

混凝土制作、运输:按商品混凝土计价,人工、材料、机械已包含在成品价中成孔、灌注：

人工费：246.01×1=246.01(元/m³)

材料费：235.37+1.22×(353.95−205.16)≈383.39(元/m³)

机械费：201.87(元/m³)

小计：246.01+383.39+201.87=831.27(元/m³)

（7）计算工程量清单项目每计量单位人工、材料、机械台班价款。

填写"工程量清单综合单价分析表"，见表17-7。

表17-7　工程量清单综合单价分析表

序号	编　码	名　称	单位	工程量	综合单价组成/元					综合单价/（元/m³）
					人工费	材料费	机械费	计费基础	管理费和利润	
1	010201003001	混凝土灌注桩	m³	42.7	246.01	383.39	201.87	831.27	34.08	865.35
	2-3-17	机械打孔灌注桩（桩长10m内）	m³	1	246.01	383.39	201.87	831.27		

（8）选定费率。根据企业情况确定管理费率和利润率，工程类别为三类，管理费率为2.99%，利润率为1.11%。

（9）计算综合单价。

管理费和利润=831.27×(2.99%+1.11%)≈34.08(元/m³)

建筑工程综合单价=831.27+34.08=865.35(元/m³)

（10）合价=综合单价×相应清单项目工程数量=865.35×42.7=36950.45(元)

根据清单计价办法的要求，将上述计算结果及相关内容填入"分部分项工程量清单与计价表"中，见表17-8。

表17-8　分部分项工程量清单与计价表

工程名称：某工程　　　　　　标段：　　　　　　第1页　共1页

序号	项目编码	项目名称	项目特征	计量单位	工程数量	金额/元		
						综合单价	合价	其中：暂估价
1	010201003001	混凝土灌注桩	1. 桩的种类：混凝土灌注桩 2. 桩长：8.5m 3. 桩径：φ800 4. 混凝土强度等级：C30	m³	42.7	865.35	36950.45	0

17.1.3　砌筑工程

本节适用于建筑物、构筑物的砌筑工程，包括砖基础、砖砌体、砖构筑物、砌块砌体、石砌体、砖散水、地坪、地沟及轻质墙板等项目。

1. 注意事项

1）基础垫层计入与之相连的基础项目内

2）砌筑界限划分

（1）砖基础与砖墙身划分应以设计室内地坪为界（有地下室的以地下室室内设计地坪为界），以下为基础，以上为墙身；当基础与墙身使用不同材料时，位于设计室内地坪±300mm以内时以不同材料为界，超过±300mm，应以设计室内地坪为界；砖围墙应以设计室外地坪为界，以下为基础，以上为墙身。

（2）柱基础与柱身的划分：室内柱以设计室内地坪为界，室外柱以设计室外地坪为界，以下为基础，以上为柱身。

（3）水塔基础与塔身划分：以砖砌体的扩大部分顶面为界，以上为塔身，以下为基础。

（4）石基础、石勒脚、石墙身的划分：基础与勒脚应以设计室外地坪为界，勒脚与墙身应以设计室内地坪为界；石围墙内外地坪标高不同时，应以较低地坪标高为界，以下为基础；内外标高之差为挡土墙时，挡土墙以上为墙身。

3）砖基础（编码：010301）

适用于各种类型的砖基础，包括柱基础、墙基础、烟囱基础、管道基础、水塔基础等。

4）砖砌体（编码：010302）

（1）"实心砖墙"项目（项目编码为010302001-000）：适用于各种类型的实心砖墙，包括外墙、内墙、围墙、单面清水墙、混水墙、直形墙及弧形墙等。

特别提示

不论三皮砖以下或三皮砖以上的腰线、挑檐突出墙面部分均不计算体积。

内墙算至楼板隔层板顶。

女儿墙的砖压顶、围墙的砖压顶突出墙面部分不计算体积，压顶顶面凹进墙面的部分也不扣除。

墙内砖平碹、砖过梁的体积不扣除。

（2）"空斗墙"项目（项目编码为010302002-000）：适用于各种砌法的空斗墙，空斗墙工程量以空斗墙外形体积计算，包括墙角、内外墙交接处、门窗洞口立边、窗台砖、屋檐实砌部分的体积。

特别提示

窗间墙、窗台下、楼板下、梁头下的实砌部分，应另按"零星砌砖"项目编码列项（项目编码为010302006-000）。

（3）"空花墙"项目（项目编码为010302003-000）：适用于各种类型的空花墙。

特别提示

"空花部分的外形体积"应包括空花的外框。

使用混凝土花格砌筑的空花墙，其实砌墙体与混凝土花格应分别编码列项，混凝土花格按混凝土及钢筋混凝土工程中预制"其他构件"编码列项（项目编码为 010414002 - 000）。

（4）"零星砌砖"项目：适用于台阶、台阶挡墙、梯带、锅台、炉灶、蹲台、池槽、池槽腿、花台、花池、楼梯栏板、阳台栏板、地垄墙、屋面隔热板下的砖墩、$0.3m^2$ 以内的孔洞填塞等。

（5）框架外表面的镶贴砖部分，应单独按清单计价办法"5.3.2"中的"零星砌砖"项目编码列项。

5）砖构筑物（编码：010303）

（1）砖烟囱。

① 砖烟囱应以设计室外地坪为界，以下为基础，以上为筒身；砖烟囱体积可按下式分段计算：$V = \sum H \times C \times \pi \times D$，式中，$V$ 表示筒身体积，H 表示每段筒身垂直高度，C 表示每段筒壁厚度，D 表示每段筒壁平均直径。

② 砖烟道与炉体的划分应按第一道闸门为界。

③ 砖烟囱、烟道及其砖内衬采用的楔形砖，其加工费应包括在报价内。

（2）"砖窨井、检查井"（项目编码为 010303003 - 000）、"砖水池、化粪池"（项目编码为 010303004 - 000）项目适用于各类砖砌窨井、检查井、砖水池、化粪池、沼气池等。

特 别 提 示

井、池内的爬梯按本章"金属结构工程"中相关项目编码列项；构件内的钢筋按"混凝土及钢筋混凝土工程"中的相关项目编码列项。

6）砌块砌体（编码：010304）

（1）"空心砖墙、砌块墙"（项目编码为 010304001 - 000），计算工程量时，嵌入空心砖墙、砌块墙的实心砖不扣除。

（2）"空心砖柱、砌块柱"（项目编码为 010304002 - 000），计算工程量时，扣除混凝土及钢筋混凝土梁头、梁垫、板头所占体积；但梁头、板头下镶嵌的实心砖体积不扣除。

7）石砌体（编码：010305）

（1）"石基础"项目（项目编码为 010305001 - 000）：适用于各种规格（毛石、料石等）、各种材质（砂石、青石等）和各种类型（柱基、墙基、直形、弧形等）基础，如发生简易起重架搭拆，其价款应计入报价内。

（2）"石勒脚"（项目编码为 010305002 - 000）、"石墙"（项目编码为 010305003 - 000）项目适用于各种规格（毛石、料石等）、各种材质（砂石、青石、大理石、花岗石等）和各种类型（直形、弧形等）勒脚和墙体。

（3）"石挡土墙"项目（项目编码为 010305004 - 000）：适用于各种规格（毛石、料石、卵石等）、各种材质（砂石、青石、石灰石等）和各种类型（直形、弧形、台阶形等）挡土墙。

（特）（别）（提）（示）

变形缝、泄水孔、压顶抹灰应包括在报价内。

挡土墙若有滤水层要求，其费用应包括在报价内。

若发生简易起重架搭拆，其费用应包括在报价中。

（4）"石柱"（项目编码为010305005－000），计算工程量时，应扣除混凝土梁头、板头和梁垫所占体积。

（5）"石栏杆"项目（项目编码为010305006－000）：适用于无雕饰的一般石栏杆。

（6）"石台阶"项目（项目编码为010305008－000）包括石梯带，不包括石梯膀，石梯膀按"石挡土墙"项目编码列项。

（特）（别）（提）（示）

石梯带，是指在石梯的两侧或一侧，与石梯斜度完全一致的石梯封头的条石称为石梯带。

石梯膀，石梯的两侧面形成的两直角三角形称为石梯膀。石梯膀的工程量计算以石梯带下边线为斜边，与地坪相交的直线为一直角边，石梯与平台相交的垂线为另一直角边形成一个三角形，三角形的面积乘以砌石的宽度即为石梯膀的工程量。

2. 应用案例

应用案例 17－3

【参考视频】

某工程基础平面图如图17.1(a)所示，断面图如图17.2所示，内外墙基础均为砖条形基础，用M5.0水泥砂浆砌筑，基底铺设3：7灰土垫层300mm厚，基础防潮层采用抹防水砂浆20mm厚。要求：① 编制"砖基础"工程量清单；② 编制"砖基础"工程量清单计价表。

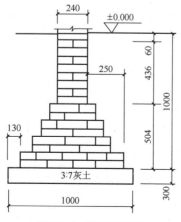

图 17.2 基础断面图

解：

1. 编制"砖基础"分部分项工程量清单

建筑工程工程量清单计价办法中"5.3.1 砖基础"所包含的内容见表 17 - 9。

表 17 - 9 "5.3.1 砖基础"

项目编码	项目名称	项目特征	计量单位	工程数量	工程内容
010301001 - 000	砖基础	1. 基础形式 2. 砖品种、规格 3. 砂浆强度等级	m³	按设计图示尺寸以体积计算。包括附墙垛基础宽出部分体积，扣除地梁（圈梁）、构造柱所占体积，不扣除基础大放脚 T 形接头处的重叠部分及嵌入基础内的钢筋、铁件、管道、基础砂浆防潮层和单个面积 0.3m² 以内的孔洞所占体积，靠墙暖气沟的挑檐不增加。 基础长度：外墙按中心线，内墙按净长线计算	1. 砂浆制作 2. 原土夯实 3. 垫层铺设 4. 砌筑 5. 抹防潮层

结合工程实际，确定以下几项内容。

(1) 该项目编码为 010301001001。

(2) 基础形式为带形，砖品种、规格为机制标准红砖，砂浆强度等级为 M5.0 水泥砂浆。

(3) 工程数量：

$L_{中}=(9+5)\times2=28(m)$，$L_{内}=(5-0.24)\times2=9.52(m)$，$L_{净垫层}=(5-1)\times2=8(m)$

$S_{断}=1\times0.24+0.25\times(0.504+0.504/4)\approx0.398(m^2)$

$V_{砖基础}=(L_{中}+L_{内})\times S_{断}=(28+9.52)\times0.398\approx14.93(m^3)$

(4) 工程内容为砌筑、垫层铺设、抹防潮层。

将上述结果及相关内容填入"分部分项工程量清单与计价表"中，见表 17 - 10。

表 17 - 10 分部分项工程量清单与计价表

工程名称：某工程 标段： 第 1 页 共 1 页

序号	项目编码	项目名称	项目特征	计量单位	工程数量	金额/元		
						综合单价	合价	其中：暂估价
1	010301001001	砖基础	1. 基础形式：带形 2. 砖品种、规格：机制标准红砖 3. 砂浆强度等级：M5.0 水泥砂浆	m³	14.93			0

2. 编制"挖基础土方"分部分项工程量清单计价表

综合单价计算：

(1) 确定工程内容。该项目发生的工程内容为砌筑、垫层铺设、抹防潮层。

(2) 计算工程数量。根据现行山东省建筑工程量计算规则的规定，分别计算工程量清单项目所包含的每项工程内容的工程数量。

砌砖基础：$(28+9.52)×0.398≈14.93(m^3)$

3：7 灰土垫层铺设：$(28+8)×1×0.3=10.80(m^3)$

抹防水砂浆防潮层：$(28+9.52)×0.24=9.00(m^2)$

(3) 计算单位含量。分别计算工程量清单项目每计量单位应包含的各项工程内容的工程数量。

砌砖基础：$14.93÷14.93=1(m^3/m^3)$

3：7 灰土垫层铺设：$10.8÷14.93≈0.72(m^3/m^3)$

抹防水砂浆防潮层：$9÷14.93≈0.6(m^2/m^3)$

(4) 选择定额。根据"5.3.1 砖基础"选定额，确定人工、材料、机械台班的消耗量。

砌砖基础：3－1－1

3：7 灰土垫层铺设：2－1－1

抹防水砂浆防潮层：6－2－5

(5) 选择单价。人工、材料、机械台班单价选用省信息价或市场价。

(6) 计算清单项目每计量单位所含各项工程内容的人工、材料、机械台班价款。(按山东省 2016 年价目表计算)

砌砖基础：

人工费：$92.57×1=92.57(元/m^3)$

材料费：$167.57×1=167.57(元/m^3)$

机械费：$3.63×1=3.63(元/m^3)$

小计：$92.57+167.57+3.63=263.77(元/m^3)$

3：7 灰土垫层铺设：

人工费：$63.61×0.72≈45.80(元/m^3)$

材料费：$78.90×0.72≈56.81(元/m^3)$

机械费：$1.05×0.72≈0.76(元/m^3)$

小计：$45.80+56.81+0.76=103.37(元/m^3)$

抹防水砂浆防潮层：

人工费：$8.21×0.6≈4.93(元/m^3)$

材料费：$6.32×0.6≈3.79(元/m^3)$

机械费：$0.43×0.6≈0.26(元/m^3)$

小计：$4.93+3.79+0.26=8.98(元/m^3)$

(7) 计算工程量清单项目每计量单位人工、材料、机械台班价款。

填写"工程量清单综合单价分析表"，见表 17－11。

表 17－11 工程量清单综合单价分析表

序号	编码	名称	单位	工程量	综合单价组成/元					综合单价/ (元/m³)
					人工费	材料费	机械费	计费基础	管理费和利润	
1	010301001001	砖基础	m³	14.93	143.30	228.17	4.65	376.12	34.90	411.02
	3－1－1	砌砖基础	m³	1	92.57	167.57	3.63	263.77		
	2－1－1	3：7 灰土垫层	m³	0.72	45.80	56.81	0.76	103.37		
	6－2－5	抹防水砂浆防潮层	m²	0.6	4.93	3.79	0.26	8.98		

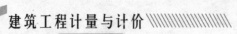

建筑工程计量与计价
（第3版）

(8) 选定费率。根据企业情况确定管理费率和利润率（假定工程类别为三类，管理费率为5.85%，利润率为3.43%）。

(9) 计算综合单价。

管理费和利润＝376.12×(5.85%＋3.43%)≈34.90(元/m³)

建筑工程综合单价＝376.12＋34.90＝411.02(元/m³)

(10) 合价＝综合单价×相应清单项目工程数量＝411.02×14.93≈6136.53(元)

根据清单计价办法的要求，将上述计算结果及相关内容填入"分部分项工程量清单与计价表"中，见表17－12。

表 17－12　分部分项工程量清单与计价表

工程名称：某工程　　　　　　　　标段：　　　　　　　　第1页　共1页

序号	项 目 编 码	项目名称	项 目 特 征	计量单位	工程数量	金额/元		
						综合单价	合价	其中：暂估价
1	010301001001	砖基础	1. 基础形式：带形 2. 砖品种、规格：机制标准红砖 3. 砂浆强度等级：M5.0水泥砂浆	m³	14.93	411.02	6136.53	0

17.1.4　混凝土及钢筋混凝土工程

【参考视频】

混凝土及钢筋混凝土工程包括各种现浇混凝土构件（如现浇混凝土基础、现浇混凝土柱、现浇混凝土梁、现浇混凝土墙、现浇混凝土板、现浇混凝土楼梯、现浇混凝土其他构件及后浇带等）、预制混凝土构件（如预制混凝土柱、预制混凝土梁、预制混凝土屋架、预制混凝土板、预制混凝土楼梯及其他预制构件等）、混凝土构筑物及钢筋、螺栓铁件等项目。适用于建筑物、构筑物的钢筋及混凝土工程。

1. 注意事项

1）混凝土垫层计入与之相连的基础项目内

2）现浇混凝土基础（编码：010401）

(1) "带形基础"项目（项目编码为 010401001－000）：适用于各种带形基础。墙下板式基础包括浇筑在一字排桩上面的带形基础，在计算工程量时，不扣除浇入带形基础体积内的桩头所占体积。

(2) "满堂基础"项目（项目编码为 010401003－000）：适用于地下室的箱式、筏式基础等。对于箱式满堂基础可按满堂基础、柱、梁、墙、板分别编码列项。

(3) "设备基础"项目（项目编码为 010401004－000）：适用于设备的块体基础、框架式基础等。对于框架式设备基础，可按设备基础、柱、梁、墙、板分别编码列项。

(4) "桩承台基础"项目（项目编码为 010401005－000）：适用于浇筑的组桩（如梅花桩）上的承台，在计算工程量时，不扣除浇入承台体积内桩头所占体积。

3）现浇混凝土柱（编码：010402）

"矩形柱"（项目编码为 010402001－000）、"异形柱"（项目编码为 010402002－000）项目，除无梁板的柱高计算至柱帽下表面，其余柱均按全高计算。

特别提示

构造柱按"矩形柱"项目编码列项。

单独的薄壁柱按"矩形柱"项目编码列项。

混凝土柱上的混凝土牛腿并入柱身体积计算，钢牛腿按本章"金属结构工程"中"零星钢构件"编码列项（项目编码为010606012-000）。

柱帽的工程量包括在无梁板体积内。

4）现浇混凝土板（编码：010405）

（1）现浇挑檐板、天沟板、雨篷、阳台与板（包括屋面板、楼板）连接时，以外墙外边线为分界线；与圈梁（包括其他梁）连接时，以梁外边线为分界线，外边线以外为挑檐板、天沟板、雨篷或阳台；主梁次梁的分界线，以主梁的侧面与次梁的相交线为界。

（2）当混凝土板采用浇筑复合高强薄型空心管时，其工程量应扣除管所占体积，复合高强薄型空心管应包括在报价内；当轻质材料浇筑在有梁板内时，轻质材料应包括在报价内。

5）现浇混凝土楼梯（编码：010406）

现浇整体楼梯的水平投影面积，包括休息平台、平台梁、斜梁和楼梯的连接梁。当无连接梁时，以楼梯的最后一个踏步边缘加300mm计算；弧形楼梯按其楼梯部分的水平投影面积乘以周数计算。

6）现浇混凝土其他构件（编码：010407）

（1）"电缆沟、地沟"（项目编码为010407003-000）内侧需抹面时，其费用应包括在报价内。

（2）现浇构件中固定位置的支撑钢筋、双层钢筋用的"铁马"、伸出构件的锚固钢筋、预制构件的吊钩等，应并入钢筋工程量内。

7）预制混凝土构件

（1）预制混凝土构件（如柱、梁、板等）项目中，凡是构件安装注明成品安装的，均包括构件本身的商品价格；凡购入的商品构配件均以商品价进入报价内。

（2）三角形屋架应按"折线形屋架"项目编码列项（项目编码为010411001-000）。

（3）不带肋的预制遮阳板、雨篷板、挑檐板、栏板等应按"平板"项目编码列项（项目编码为010412001-000）。

（4）预制F形板、双T形板、单肋板和带反挑檐的雨篷板、挑檐板、遮阳板等，应按"带肋板"项目编码列项（项目编码为010412006-000）。

（5）预制钢筋混凝土楼梯，按楼梯段、平台板分别编码列项。

（6）预制钢筋混凝土小型池槽、压顶、扶手、垫块、隔热板、花格等，应按"其他构件"项目编码列项（项目编码为010414002-000）。

（7）预制构件安装"定额"项目中所含的吊装机械，投标报价时须扣除，列入措施项目清单中。

（8）预制构件的吊装机械（如履带式起重机、轮胎式起重机、汽车起重机、塔式起重机等）应列入措施项目清单中。

8）混凝土构筑物（编码：010415）

（1）贮水（油）池的池底、池壁、池盖应分别编码列项。

（2）贮仓立壁和贮仓漏斗应分别编码列项，以相互交点的水平面线为界，壁上圈梁应并入漏斗体积内。

（3）滑模筒仓按"贮仓"项目编码列项；滑模烟囱按"烟囱"项目编码列项。

（4）水塔基础、塔身、水箱应分别编码列项。

（5）滑模的提升设备（如千斤顶、液压操作台等），应列入措施项目清单中。

（6）钢网架在地面组装后的整体提升、倒锥壳水箱在地面就位预制后的提升设备（如液压千斤顶及操作台等），应列入措施项目清单中。

2. 应用案例

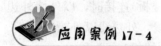 **应用案例 17－4**

某工程现浇混凝土矩形柱，截面尺寸为 400mm×600mm，柱高为 7.2m，共 20 根，混凝土强度等级为 C25，全部为搅拌机现场搅拌。要求：① 编制"现浇混凝土柱"工程量清单；② 编制"现浇混凝土柱"工程量清单计价表。

解：

1. 编制"现浇混凝土柱"分部分项工程量清单

建筑工程工程量清单计价办法中"5.4.2 现浇混凝土柱"所包含的内容见表 17－13。

表 17－13　"5.4.2 现浇混凝土柱"

项目编码	项目名称	项目特征	计量单位	工程数量	工程内容
010402001－000	矩形柱	1. 柱种类、断面 2. 混凝土强度等级	m³	按设计图示尺寸以体积计算，不扣除构件内钢筋、预埋铁件所占体积。 柱高： 　1. 有梁板的柱高，应自柱基上表面（或楼板上表面）至上一层楼板上表面之间的高度计算 　2. 无梁板的柱高，应自柱基上表面（或楼板上表面）至柱帽下表面之间的高度计算 　3. 框架柱的柱高，应自柱基上表面至柱顶高度计算 　4. 构造柱按全高计算，嵌接墙体部分并入柱身体积 　5. 依附柱上的牛腿，并入柱身体积计算	1. 混凝土制作 2. 混凝土运输 3. 浇筑

结合工程实际，确定以下几项内容。

（1）该项目编码为 010402001001。

（2）柱种类、断面为矩形柱，400mm×600mm，混凝土强度等级为 C25。

（3）工程数量＝0.4×0.6×7.2×20＝34.56（m³）。

（4）工程内容为混凝土现场制作、浇筑。

将上述结果及相关内容填入"分部分项工程量清单与计价表"中，见表17-14。

表17-14 分部分项工程量清单与计价表

工程名称：某工程　　　　　　　　　　　　　　标段：　　　　　　　　　第1页　共1页

序号	项目编码	项目名称	项目特征	计量单位	工程数量	综合单价	合价	其中：暂估价
						金额/元		
1	010402001001	矩形柱	1. 柱种类、断面：矩形柱，400mm×600mm 2. 混凝土强度等级：C25	m³	34.56			0

2. 编制"现浇混凝土柱"分部分项工程量清单计价表

综合单价计算：

(1) 确定工程内容。该项目发生的工程内容为混凝土现场制作、浇筑柱。

(2) 计算工程数量。根据现行山东省建筑工程量计算规则的规定，分别计算工程量清单项目所包含的每项工程内容的工程数量。

浇筑柱：$0.4 \times 0.6 \times 7.2 \times 20 = 34.56 (\text{m}^3)$

现场制作混凝土：$34.56 \times 1.0 = 34.56 (\text{m}^3)$

(3) 计算单位含量。分别计算工程量清单项目每计量单位应包含的各项工程内容的工程数量。

浇筑柱：$34.56 \div 34.56 = 1 (\text{m}^3/\text{m}^3)$

现场制作混凝土：$34.56 \div 34.56 = 1 (\text{m}^3/\text{m}^3)$

(4) 选择定额。根据"5.4.2现浇混凝土柱"选定额，确定人工、材料、机械台班的消耗量。

浇筑柱：4-2-17

现场制作混凝土：4-4-16

(5) 选择单价。人工、材料、机械台班单价选用省信息价或市场价。

(6) 计算清单项目每计量单位所含各项工程内容的人工、材料、机械台班价款。（按山东省2016年价目表计算）

浇筑柱：

人工费：$145.62 \times 1 = 145.62 (\text{元}/\text{m}^3)$

材料费：$197.16 \times 1 = 197.16 (\text{元}/\text{m}^3)$

机械费：$1.15 \times 1 = 1.15 (\text{元}/\text{m}^3)$

小计：$145.62 + 197.16 + 1.15 = 343.93 (\text{元}/\text{m}^3)$

现场制作混凝土：

人工费：$17.40 \times 1 = 17.40 (\text{元}/\text{m}^3)$

材料费：$3.49 \times 1 = 3.49 (\text{元}/\text{m}^3)$

机械费：$9.68 \times 1 = 9.68 (\text{元}/\text{m}^3)$

小计：$17.40 + 3.49 + 9.68 = 30.57 (\text{元}/\text{m}^3)$

(7) 计算工程量清单项目每计量单位人工、材料、机械台班价款。

填写"工程量清单综合单价分析表"，见表17-15。

表 17-15　工程量清单综合单价分析表

序号	编码	名称	单位	工程量	综合单价组成/元					综合单价/（元/m³）
					人工费	材料费	机械费	计费基础	管理费和利润	
1	010402001-000	矩形柱	m³	34.56	163.02	200.65	10.83	374.50	34.75	409.25
	4-2-17	浇筑柱	m³	1	145.62	197.16	1.15	343.93		
	4-4-16	现场制作混凝土	m³	1	17.40	3.49	9.68	30.57		

（8）选定费率。根据企业情况确定管理费率和利润率（假定工程类别为三类，管理费率为5.85%，利润率为3.43%）。

（9）计算综合单价。

管理费和利润＝374.50×（5.85%＋3.43%）≈34.75（元/m³）

建筑工程综合单价＝374.50＋34.75＝409.25（元/m³）

（10）合价＝综合单价×相应清单项目工程数量＝409.25×34.56≈14143.68（元）

根据清单计价办法的要求，将上述计算结果及相关内容填入"分部分项工程量清单与计价表"中，见表 17-16。

表 17-16　分部分项工程量清单与计价表

工程名称：某工程　　　　　　　　　　　　　标段：　　　　　　　　　　　　第1页　共1页

序号	项目编码	项目名称	项目特征	计量单位	工程数量	金额/元		
						综合单价	合价	其中：暂估价
1	010402001001	矩形柱	1. 柱种类、断面：矩形柱，400mm×600mm 2. 混凝土强度等级：C25	m³	34.56	409.25	14143.68	0

17.1.5　厂库房大门、特种门和木结构工程

本节适用于建筑物、构筑物的特种门、木结构等工程，包括厂库房大门、特种门、木屋架和木构件。

注意事项：

1）厂库房大门、特种门（编码：010501）

（1）"木板大门"项目（项目编码为 010501001-000）：适用于厂库房的平开、推拉、带采光窗和不带采光窗等各类型木板大门。

（2）"钢木大门"项目（项目编码为 010501002-000）：适用于厂库房的平开、推拉、单面铺木板、双面铺木板、防风型、防寒型等各类型钢木大门。

特 别 提 示

钢骨架制作、安装应包括在报价内。

钢骨架需刷防火漆、木板面内侧需刷防火涂料时，其价款应计入报价内。

（3）冷藏库门、冷藏冻结间门、保温隔声门、变电室门、密闭钢门、射线防护门等，按"特种门"项目编码列项（项目编码为 010501004 - 000）。

特 别 提 示

特种门中含有钢骨架的，钢骨架应包括在报价内。

钢骨架需刷防火漆、木板面内侧需刷防火涂料时，其价款应计入报价内。

门安装需采用附框安装时，附框的制作、安装费应计入报价内。

（4）"围墙铁丝门"项目（项目编码为 010501005 - 000）：适用于钢管骨架铁丝门、角钢骨架铁丝门及木骨架铁丝门等。

2）木屋架（编码：010502）

（1）"木屋架"（项目编码为 010502001 - 000）项目中与屋架相连接的挑檐木应包括在报价内；钢夹板构件、连接螺栓应包括在报价内。

（2）"钢木屋架"（项目编码为 010502002 - 000）项目中下弦钢拉杆、受拉腹杆、钢夹板连接螺栓应包括在报价内；屋架中钢杆件和木杆件需刷防火漆或防火涂料时，其价款应计入报价内。

3）木构件（编码：010503）

（1）"木柱"（项目编码为 010503001 - 000）、"木梁"（项目编码为 010503002 - 000）项目中接地、嵌入墙内部分的防腐应包括在报价内。

（2）"木楼梯"（项目编码为 010503003 - 000）需做防滑条时，其价款应计入报价内；"木楼梯"的栏杆（栏板）、扶手按"装饰装修工程工程量清单计价办法"中的相关项目编码列项。

4）其他

（1）门配件设计有特殊要求时，应计入相应项目报价内；厂库房大门、特种门中的五金配件，应包括在报价内。

（2）厂库房大门、特种门及木构件面层需刷油漆时，按"装饰装修工程工程量清单计价办法"中的相关项目编码列项；木材防腐、防火处理，钢构件（钢骨架、钢拉杆）防腐、防火处理，其所需费用应计入报价内。

（3）设计规定使用经干燥处理的木材时，其干燥损耗及干燥费应计入报价内；木材的后备长度、刨光损耗、制作安装损耗等应包括在报价内。

17.1.6 金属结构工程

本节适用于建筑物、构筑物的钢结构工程，包括钢屋架、钢网架、钢托架、钢桁架、钢柱、钢梁、压型钢板楼板、墙板、钢构件及金属网等项目。

1. 注意事项

1) 钢柱（编码：010603）

"钢管柱"项目（项目编码为010603003-000）：适用于钢管柱和钢管混凝土柱，其中钢管混凝土柱的盖板、底板、穿心板、横隔板、加强环、明（暗）牛腿均应包括在报价内。

2) 钢梁（编码：010604）

"钢吊车梁"项目（项目编码为010604002-000）：适用于钢吊车梁及吊车梁的制动梁、制动板、制动桁架，车挡应包括在报价内。

3) 压型钢板楼板（编码：010605）

"压型钢板楼板"项目（项目编码为010605001-000）：适用于现浇混凝土楼板，使用压型钢板做永久性模板，并与混凝土叠合后组成共同受力的构件。

4) 钢构件（编码：010606）

(1) "钢天窗架"（项目编码为010606003-000）项目名称中单榀质量是指拼装或安装时的单榀质量。

(2) "钢墙架"（项目编码为010606005-000）项目包括墙架柱、墙架梁及连接杆件。

(3) "钢栏杆"（项目编码为010606009-000）项目适用于工业厂房平台栏杆。

5) 其他

(1) 钢筋混凝土组合屋架的钢拉杆，应按屋架"钢支撑"编码列项（项目编码为010606001-000）。

(2) 加工铁件等小型构件，应按"零星钢构件"编码列项（项目编码为010606012-000）。

(3) 钢构件的除锈刷防锈漆，应包括在报价内，在使用消耗量定额时，钢构件一般除锈刷一遍防锈漆已包括在相应项目内，若设计要求特殊除锈时，其价款应计入报价内。

(4) 金属构件设计要求探伤时，其所需费用应计入报价内。

(5) 金属构件面层刷油漆，按"装饰装修工程工程量清单计价办法"中的相关项目编码列项。

(6) 金属构件如发生运输，其所需费用应计入相应项目报价内。

(7) 钢构件拼装台的搭拆和材料摊销应列入措施项目清单中。

(8) 金属构件的拼装、安装，在参照消耗量定额报价时，定额项目内应扣除垂直运输机械台班数量。

2. 应用案例

应用案例 17-5

某厂房实腹钢柱（主要以16mm厚钢板制作），共20根，每根重3t，由附属加工厂制作并运输至安装地点，运距为3km。要求：①编制"实腹钢柱"工程量清单；②编制"实腹钢柱"工程量清单计价表。

解：

1. 编制"实腹钢柱"分部分项工程量清单

建筑工程工程量清单计价办法中"5.6.3 钢柱"所包含的内容见表17-17。

表 17 – 17   "5.6.3 钢柱"

项目编码	项目名称	项目特征	计量单位	工程数量	工程内容
010603001 – 000	实腹柱	1. 钢材品种、规格 2. 单根质量	t	按设计图示尺寸以质量计算。不扣除孔眼、切边、切肢的质量，焊条、铆钉、螺栓等不另增加质量，不规则或多边形钢板以其外接矩形面积乘以厚度乘以单位理论质量计算，依附在钢柱上的牛腿及悬臂梁等并入钢柱工程量内	1. 制作、安装 2. 探伤

结合工程实际，确定以下几项内容。

(1) 该项目编码为 010603001001。

(2) 钢材品种、规格：钢板，厚 16。

(3) 工程数量 = 3×20 = 60(t)。

(4) 工程内容为制作、运输、安装。

将上述结果及相关内容填入"分部分项工程量清单与计价表"中，见表 17 – 18。

表 17 – 18   分部分项工程量清单与计价表

工程名称：某工程   标段：   第1页 共1页

序号	项目编码	项目名称	项目特征	计量单位	工程数量	金额/元		
						综合单价	合价	其中：暂估价
1	010603001001	实腹柱	1. 钢材品种、规格：钢板，厚16 2. 单根质量：3t	t	60			0

2. 编制"实腹钢柱"分部分项工程量清单计价表

综合单价计算：

(1) 确定工程内容。该项目发生的工程内容为制作、运输、安装。

(2) 计算工程数量。根据现行山东省建筑工程量计算规则的规定，分别计算工程量清单项目所包含的每项工程内容的工程数量。

由于现行计算规则与清单计算规则一致，因此根据现行计算规则，其制作、安装工程量均为 60t。

(3) 计算单位含量。分别计算工程量清单项目每计量单位应包含的各项工程内容的工程数量。

制作：60÷60 = 1(t/t)

运输：60÷60 = 1(t/t)

安装：60÷60 = 1(t/t)

(4) 选择定额。根据"5.6.3 钢柱"选定额，确定人工、材料、机械台班的消耗量。

制作：7 – 1 – 1

运输：10 – 3 – 26

安装：10 – 3 – 203

(5) 选择单价。人工、材料、机械台班单价选用省信息价或市场价。

（6）计算清单项目每计量单位所含各项工程内容的人工、材料、机械台班价款。（按山东省2016年价目表计算）

制作：

人工费：1056.40×1＝1056.40（元/t）

材料费：5394.41×1＝5394.41（元/t）

机械费：1155.87×1＝1155.87（元/t）

小计：1056.40＋5394.41＋1155.87＝7606.68（元/t）

运输：

人工费：14.14×1＝14.14（元/t）

材料费：5.47×1＝5.47（元/t）

机械费：71.80×1＝71.80（元/t）

小计：14.14＋5.47＋71.80＝91.41（元/t）

安装：

人工费：272.08×1＝272.08（元/t）

材料费：192.87×1＝192.87（元/t）

机械费：扣除垂直运输机械台班费955.26×0.06≈57.32（元/t），即

（74.46－57.32）×1＝17.14（元/t）

小计：272.08＋192.87＋17.14＝482.09（元/t）

（7）计算工程量清单项目每计量单位人工、材料、机械台班价款。

填写"工程量清单综合单价分析表"，见表17-19。

表17-19　工程量清单综合单价分析表

序号	编　　码	名　　称	单位	工程量	综合单价组成/元					综合单价/（元/m³）
					人工费	材料费	机械费	计费基础	管理费和利润	
1	010603001001	实腹柱	t	60	1342.62	5592.75	1244.81	8180.18	759.12	8939.30
	7-1-1	制作	t	1	1056.40	5394.41	1155.87	7606.68		
	10-3-26	运输	t	1	14.14	5.47	71.80	91.41		
	10-3-203	安装	t	1	272.08	192.87	17.14	482.09		

（8）选定费率。根据企业情况确定管理费率和利润率（假定工程类别为三类，管理费率为5.85%，利润率为3.43%）。

（9）计算综合单价。

管理费和利润＝8180.18×（5.85%＋3.43%）≈759.12（元/t）

建筑工程综合单价＝8180.18＋759.12＝8939.30（元/t）

（10）合价＝综合单价×相应清单项目工程数量＝8939.30×60＝536358.00（元）

根据清单计价办法的要求，将上述计算结果及相关内容填入"分部分项工程量清单与计价表"中，见表17-20。

表 17-20 分部分项工程量清单与计价表

工程名称：某工程　　　　　　　　　标段：　　　　　　　　　第1页 共1页

序号	项目编码	项目名称	项目特征	计量单位	工程数量	金额/元		
						综合单价	合价	其中：暂估价
1	010603001001	实腹柱	1. 钢材品种、规格：钢板，厚16 2. 单根质量：3t	t	60	8939.30	536358.00	0

17.1.7 屋面及防水工程

本节包括瓦屋面、型材屋面、屋面防水、墙、地面防水（潮）。

1. 注意事项

1）瓦、型材屋面（编码：010701）

（1）黏土瓦、水泥瓦、西班牙瓦、英红瓦、三曲瓦、琉璃瓦等按"瓦屋面"项目编码列项（项目编码为 010701001-000）。

① 瓦屋面基层包括檩条、椽子、木屋面板、顺水条、挂瓦条等，其费用应包括在报价内。

② 木构件防腐、防火处理，金属构件防锈、防火处理，其价款应计入相应项目报价内。

（2）彩钢波纹瓦、彩钢夹心板、石棉瓦、玻璃钢波纹瓦、塑料波纹瓦、镀锌铁皮屋面，按"型材屋面"项目编码列项（项目编码为 010701002-000）。

（特）（别）（提）（示）

钢檩条、混凝土檩条、螺栓、挂钩等应包括在报价内，在参照消耗量定额报价时，彩钢波纹瓦、彩钢夹心板定额项目已包括钢檩条制作安装，其他型材屋面项目，檩条需另行计算。

木檩条防腐、防火处理，钢檩条防锈、防火处理，其价款应计入相应项目报价内。

（3）"膜结构屋面"项目（项目编码为 010701003-000）：适用于膜布屋面。其工程量计算按设计图示尺寸以需要覆盖的水平投影面积进行计算。

（特）（别）（提）（示）

膜结构也称索膜结构，是一种以膜布与支撑（柱、网架等）和拉结结构（拉杆、钢丝绳等）组成的屋盖、篷顶结构。

索膜结构中支撑和拉固膜布的钢柱、拉杆、金属网架、钢丝绳等应包括在报价内。

支撑柱的钢筋、混凝土柱基、锚固的钢筋混凝土基础和地脚螺栓等按"混凝土及钢筋混凝土"相关项目编码列项。

2）屋面防水（编码：010702）

（1）"屋面卷材防水"项目（项目编码为010702001－000）：适用于利用胶结材料粘贴卷材进行防水的屋面，如SBS改性沥青卷材防水屋面。

① 屋面找平层、基层处理（清理修补、刷基层处理剂）；檐沟、天沟、水落口、泛水收头、变形缝等处的卷材附加层；浅色、反射涂料保护层、绿豆砂保护层、细砂、云母及蛭石等费用应包括在报价内。

② 水泥砂浆（细石混凝土）保护层应包括在报价内。

③ 在使用消耗量定额报价时，基层处理及卷材附加层已包括在相应卷材铺贴项目中；抹找平层、水泥砂浆（细石混凝土）保护层可按相应定额项目计算，计入报价内。

（2）涂膜防水是指在基层上涂刷防水涂料，经固化后形成具有防水效果的薄膜。

"屋面涂膜防水"项目（项目编码为010702002－000）：适用于厚质涂料、薄质涂料和有加强材料的涂膜防水屋面。

① 屋面找平层、基层处理（清理修补、刷基层处理剂）；加强材料；浅色、反射涂料保护层、绿豆砂保护层、细砂、云母及蛭石；水泥砂浆（细石混凝土）保护层等费用应包括在报价内。

② 在使用消耗量定额报价时，注意事项同"屋面卷材防水"。

（3）"屋面刚性防水"（项目编码为010702003－000）项目中屋面的分格缝、泛水、变形缝部位的防水卷材、密封材料、背衬材料、沥青麻丝等费用应包括在刚性防水屋面的报价内。

（4）"屋面排水管"（项目编码为010702004－000）项目中的排水管、雨水口、箅子板、水斗、埋设管卡箍、裁管、接嵌缝等应包括在报价内。

（5）"屋面天沟、檐沟"项目（项目编码为010702005－000）：适用于卷材、玻璃钢及镀锌铁皮等天沟；塑料、镀锌铁皮、玻璃钢等檐沟。

① 天沟、檐沟固定卡件、支撑件、接缝、嵌缝材料应包括在报价内。

② 天沟、檐沟表面需刷防护材料时，其价款应计入报价内。

3）墙、地面防水（潮）（编码：010703）

（1）墙、地面"卷材防水"（项目编码为010703001－000）、"涂膜防水"（项目编码为010703002－000）项目适用于基础、楼地面、墙面等部位的防水。

● 特 别 提 示 ┄┄┄┄┄┄┄┄┄┄┄┄┄┄┄┄┄┄┄┄┄┄┄┄┄

抹找平层、刷基层处理剂、刷胶粘剂、胶粘防水卷材、特殊处理部位的嵌缝材料、附加卷材衬垫等应包括在报价内。

永久性保护层（如砖墙）应按相关项目编码列项。

工程内容中的"抹找平层"所涉及的定额项目只适用于楼、地面防水工程。墙面防水做找平层时，可参照上述定额项目，其价款计入墙面防水项目报价内。

┄┄

（2）"砂浆防水（潮）"（项目编码为010703003－000）项目中防水（潮）层的外加剂；设计要求加钢丝网片，其费用应包括在报价内。

（3）"变形缝"（项目编码为010703004－000）项目中嵌缝材料填塞、止水带安装、盖板制作安装应包括在报价内；表面需刷防护材料时，其价款应计入报价内。

2. 应用案例

 应用案例 17-6

某工程屋面为卷材防水、膨胀珍珠岩保温，轴线尺寸为 30m×12m，墙厚 240mm，四周女儿墙，防水卷材上卷 250mm。屋面做法如下：预制钢筋混凝土屋面板；1∶10 水泥膨胀珍珠岩找坡 2%，最薄处 40mm 厚(平均厚 100mm)；100mm 厚憎水珍珠岩块保温层；20mm 厚水泥砂浆找平；SBS 改性沥青防水卷材二层；20mm 厚 1∶2 水泥砂浆抹光压平，6m×6m 分格，油膏嵌缝。要求：①编制"屋面卷材防水"工程量清单；②编制"屋面卷材防水"工程量清单计价表。

解：

1. 编制"屋面卷材防水"分部分项工程量清单

建筑工程工程量清单计价办法中"5.7.2 屋面防水"所包含的内容见表 17-21。

表 17-21 "5.7.2 屋面防水"

项目编码	项目名称	项目特征	计量单位	工程数量	工程内容
010702001-000	屋面卷材防水	1. 卷材品种 2. 防水层做法	m²	按设计图示尺寸以面积计算。 1. 斜屋面(不包括平屋顶找坡)按斜面积计算，平屋顶按水平投影面积计算 2. 不扣除房上烟囱、风帽底座、风道、屋面小气窗和斜沟所占面积 3. 屋面女儿墙、伸缩缝和天窗等处的弯起部分，并入屋面工程量内	1. 基层处理 2. 混凝土制作 3. 混凝土运输 4. 抹找平层 5. 卷材铺贴 6. 保护层

并结合工程实际，确定以下几项内容。

(1) 该项目编码为 010702001001。

(2) 卷材品种、防水层做法：SBS 改性沥青卷材，二层。

(3) 工程数量＝(30−0.24)×(12−0.24)＋(30＋12−0.48)×2×0.25≈370.74(m²)。

(4) 工程内容为抹找平层、卷材铺贴、保护层。

将上述结果及相关内容填入"分部分项工程量清单与计价表"中，见表 17-22。

表 17-22 分部分项工程量清单与计价表

工程名称：某工程 　　　　　　　　　标段： 　　　　　　　　　第1页 共1页

序号	项目编码	项目名称	项目特征	计量单位	工程数量	金额/元		
						综合单价	合价	其中：暂估价
1	010702001001	屋面卷材防水	1. 卷材品种：SBS 改性沥青卷材 2. 防水层做法：二层	m²	370.74			0

2. 编制"屋面卷材防水"分部分项工程量清单计价表

综合单价计算：

(1) 确定工程内容。该项目发生的工程内容为抹找平层、卷材铺贴、保护层。

(2) 计算工程数量。根据现行山东省建筑工程量计算规则的规定，分别计算工程量清单项目所包含的每项工程内容的工程数量。

抹找平层：按卷材铺贴面积为 370.74m²。

卷材铺贴：由于现行计算规则与清单计算规则一致，因此铺贴面积为 370.74m²。

保护层：按卷材铺贴面积为 370.74m²。

(3) 计算单位含量。分别计算工程量清单项目每计量单位应包含的各项工程内容的工程数量。

抹找平层：370.74÷370.74＝1(m²/m²)

卷材铺贴：370.74÷370.74＝1(m²/m²)

保护层：370.74÷370.74＝1(m²/m²)

(4) 选择定额。根据"5.7.2 屋面防水"选定额，确定人工、材料、机械台班的消耗量。

抹找平层：9－1－2

卷材铺贴：6－2－32

保护层：6－2－3

(5) 选择单价。人工、材料、机械台班单价选用省信息价或市场价。

(6) 计算清单项目每计量单位所含各项工程内容的人工、材料、机械台班价款。（按山东省2016年价目表计算）

抹找平层(20mm 厚)：

人工费：6.08×1＝6.08(元/m²)

材料费：5.38×1＝5.38(元/m²)

机械费：0.52×1＝0.52(元/m²)

小计：6.08＋5.38＋0.52＝11.98(元/m²)

卷材铺贴：

人工费：4.64×1＝4.64(元/m²)

材料费：64.48×1＝64.48(元/m²)

小计：4.64＋64.48＝69.12(元/m²)

保护层：

人工费：11.86×1＝11.86(元/m²)

材料费：8.19×1＝8.19(元/m²)

机械费：0.39×1＝0.39(元/m²)

小计：11.86＋8.19＋0.39＝20.44(元/m²)

(7) 计算工程量清单项目每计量单位人工、材料、机械台班价款。

填写"工程量清单综合单价分析表"，见表 17-23。

表 17-23 工程量清单综合单价分析表

序号	编 码	名 称	单位	工程量	综合单价组成/元					综合单价/(元/m³)
					人工费	材料费	机械费	计费基础	管理费和利润	
1	010702001001	屋面卷材防水	m²	370.74	22.58	78.05	0.91	101.54	9.42	110.96

(续)

序号	编码	名称	单位	工程量	综合单价组成/元					综合单价/(元/m³)
					人工费	材料费	机械费	计费基础	管理费和利润	
	9-1-2	抹找平层	m²	1	6.08	5.38	0.52	11.98		
	6-2-32	卷材铺贴	m²	1	4.64	64.48	0	69.12		
	6-2-3	保护层	m²	1	11.86	8.19	0.39	20.44		

(8)选定费率。根据企业情况确定管理费率和利润率(假定工程类别为三类,管理费率为5.85%,利润率为3.43%)。

(9)计算综合单价。

管理费和利润=101.54×(5.85%+3.43%)≈9.42(元/m²)

建筑工程综合单价=101.54+9.42=110.96(元/m²)

(10)合价=综合单价×相应清单项目工程数量=110.96×370.74≈41137.31(元)

根据清单计价办法的要求,将上述计算结果及相关内容填入"分部分项工程量清单与计价表"中,见表17-24。

表17-24 分部分项工程量清单与计价表

工程名称:某工程　　　　　　标段:　　　　　　　　　第1页 共1页

序号	项目编码	项目名称	项目特征	计量单位	工程数量	金额/元		
						综合单价	合价	其中:暂估价
1	010702001001	屋面卷材防水	1. 卷材品种:SBS改性沥青卷材 2. 防水层做法:二层	m²	370.74	110.96	41137.31	0

17.1.8 防腐、隔热、保温工程

本节适用于工业与民用建筑的基础、地面、墙面防腐,楼地面、墙体、屋盖的保温隔热工程,包括防腐面层、其他防腐及隔热、保温工程。

1. 注意事项

1)防腐面层(编码:010801)

(1)"防腐混凝土面层"(项目编码为010801001-000)、"防腐砂浆面层"(项目编码为010801002-000)、"防腐胶泥面层"(项目编码010801003-000)项目适用于平面或立面的水玻璃混凝土(砂浆、胶泥)、沥青混凝土(砂浆、胶泥)、树脂混凝土(砂浆、胶泥)和聚合物水泥砂浆等防腐工程。

因防腐材料不同，带来的价格差异就会很大，因而清单项目中必须列出混凝土、砂浆、胶泥的材料种类。

如遇池槽防腐，池底、池壁可合并列项。

防腐工程需酸化处理、养护的费用应包含在费用中。

（2）"玻璃钢防腐面层"项目（项目编码为 010801004 - 000）：适用于树脂胶料与增强材料（如玻璃纤维丝、布等）复合塑制而成的玻璃钢防腐。

（3）"块料防腐面层"项目（项目编码为 010801006 - 000）：适用于地面、沟槽、基础的各类块料防腐工程。

2）其他防腐（编码：010802）

（1）"隔离层"项目（项目编码为 010802001 - 000）：适用于楼地面的沥青类、树脂玻璃钢类防腐工程隔离层。

（2）"防腐涂料"项目（项目编码为 010802003 - 000）：如需刮腻子时，其价款应计入报价内。

3）隔热保温（编码：010803）

（1）"保温隔热屋面"（项目编码为 010803001 - 000）项目中，屋面保温隔热层上的防水层应按屋面的防水项目单独编码列项；保温隔热层的找坡或找平层应包括在报价内；保温隔热层下需做隔气层或隔离层时，可参照本章 17.1.7 屋面防水中"卷材铺贴"和"膜涂防水"相关定额项目执行，其价款可计入屋面防水项目报价内；混凝土板上的架空隔热层按"保温隔热屋面"编码列项。

（2）"保温隔热天棚"项目（项目编码为 010803002 - 000）：适用于各种材料的下贴式或吊顶上搁置式的保温隔热天棚。

下贴式如需底层抹灰时，应在项目特征中描述抹灰材料的种类、厚度（可参照现行建筑工程消耗量定额相关项目），其费用包括在保温隔热天棚项目报价内。

保温隔热材料需加药物防虫剂时，清单编制人应在清单中进行描述，其费用计入相应项目报价内。

下贴式如需钉木龙骨时，木龙骨的制作、安装，以及防腐、防火处理应包括在报价内。

保温面层外的装饰面层按装饰工程相关项目编码列项。

（3）"保温隔热墙"（项目编码为 010803003 - 000）项目中，外墙外保温和内保温的面层应包括在保温隔热墙项目报价内，其装饰层应按"装饰装修工程工程量清单计价办法"中的相关项目编码列项；内保温的内墙保温踢脚线应包括在保温隔热墙项目报价内；外保温、内保温、内墙保温的基层抹灰或刮腻子应包括在该项目报价内；保温隔热墙如需做木龙骨时，木龙骨的制作安装及防腐、防火处理应包括在报价内。

（4）柱帽保温隔热应并入天棚保温隔热工程量内。

（5）池槽保温隔热，池壁、池底应分别编码列项，池壁并入墙面保温隔热工程量内，池底并入地面保温隔热工程量内。

2. 应用案例

应用案例 17-7

条件同应用案例 17-6。要求：①编制"保温隔热屋面"工程量清单；②编制"保温隔热屋面"工程量清单计价表。

解：

1. 编制"保温隔热屋面"分部分项工程量清单

建筑工程工程量清单计价办法中"5.8.3 隔热、保温"所包含的内容，见表 17-25。

表 17-25 "5.8.3 隔热、保温"

项目编码	项目名称	项目特征	计量单位	工程数量	工程内容
010803001-000	保温隔热屋面	1. 保温隔热形式 2. 材料品种、规格	m^2	按设计图示尺寸以面积计算。不扣除柱、垛所占面积	1. 清理基层 2. 铺贴保温层 3. 混凝土板上架空隔热

结合工程实际，确定以下几项内容。

（1）该项目编码为 010803001001。

（2）保温隔热形式，材料品种、规格：混凝土板上铺贴，憎水珍珠岩块 100mm 厚。

（3）工程数量＝$(30-0.24)\times(12-0.24)\approx349.98(m^2)$。

（4）工程内容为找坡、保温层铺贴。

将上述结果及相关内容填入"分部分项工程量清单与计价表"中，见表 17-26。

表 17-26 分部分项工程量清单与计价表

工程名称：某工程　　　　　　　　标段：　　　　　　　　　　　　第1页　共1页

序号	项目编码	项目名称	项目特征	计量单位	工程数量	金额/元		
						综合单价	合价	其中：暂估价
1	010803001001	保温隔热屋面	1. 保温隔热形式：混凝土板上铺贴 2. 材料品种、规格：憎水珍珠岩块 100mm 厚	m^2	349.98			0

2. 编制"保温隔热屋面"分部分项工程量清单计价表

综合单价计算：

（1）确定工程内容。该项目发生的工程内容为找坡、保温层铺贴。

（2）计算工程数量。根据现行山东省建筑工程量计算规则的规定，分别计算工程量清单项目所包含的每项工程内容的工程数量。

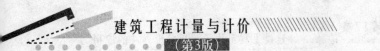

找坡：$(30-0.24)\times(12-0.24)\times0.1\approx35.00(\mathrm{m}^3)$

保温层铺贴：$(30-0.24)\times(12-0.24)\times0.1\approx35.00(\mathrm{m}^3)$

（3）计算单位含量。分别计算工程量清单项目每计量单位应包含的各项工程内容的工程数量。

找坡：$35.00\div349.98\approx0.1(\mathrm{m}^3/\mathrm{m}^2)$

保温层铺贴：$35.00\div349.98\approx0.1(\mathrm{m}^3/\mathrm{m}^2)$

（4）选择定额。根据"5.8.3 隔热、保温"选定额，确定人工、材料、机械台班的消耗量。

找坡：6-3-15

保温层铺贴：6-3-5

（5）选择单价。人工、材料、机械台班单价选用省信息价或市场价。

（6）计算清单项目每计量单位所含各项工程内容的人工、材料、机械台班价款。（按山东省2016年价目表计算）

找坡：

人工费：$54.64\times0.1\approx5.46(\mathrm{元/m}^2)$

材料费：$141.32\times0.1\approx14.13(\mathrm{元/m}^2)$

小计：$5.46+14.13=19.59(\mathrm{元/m}^2)$

保温层铺贴：

人工费：$115.52\times0.1\approx11.55(\mathrm{元/m}^2)$

材料费：$334.68\times0.1\approx33.47(\mathrm{元/m}^2)$

小计：$11.55+33.47=45.02(\mathrm{元/m}^2)$

（7）计算工程量清单项目每计量单位人工、材料、机械台班价款。

填写"工程量清单综合单价分析表"，见表17-27。

表17-27　工程量清单综合单价分析表

序号	编　　码	名　　称	单位	工程量	综合单价组成/元					综合单价/（元/m³）
					人工费	材料费	机械费	计费基础	管理费和利润	
1	010803001001	保温隔热屋面	m²	349.98	17.01	47.60	0	64.61	6.00	70.61
	6-3-15	找坡	m³	0.1	5.46	14.13	0	19.59		
	6-3-5	保温层铺贴	m³	0.1	11.55	33.47	0	45.02		

（8）选定费率。根据企业情况确定管理费率和利润率（假定工程类别为三类，管理费率为5.85%，利润率为3.43%）。

（9）计算综合单价。

管理费和利润＝$64.61\times(5.85\%+3.43\%)\approx6.00(\mathrm{元/m}^2)$

建筑工程综合单价＝$64.61+6.00=70.61(\mathrm{元/m}^2)$

（10）合价＝综合单价×相应清单项目工程数量＝$70.61\times349.98\approx24712.09$（元）

根据清单计价办法的要求，将上述计算结果及相关内容填入"分部分项工程量清单与计价表"中，见表17-28。

表 17-28 分部分项工程量清单与计价表

工程名称：某工程　　　　　　标段：　　　　　　　　　　　　　　第 1 页　共 1 页

序号	项目编码	项目名称	项目特征	计量单位	工程数量	金额/元		
						综合单价	合价	其中：暂估价
1	010803001001	保温隔热屋面	1. 保温隔热形式：混凝土板上铺贴 2. 材料品种、规格：憎水珍珠岩块 100mm 厚	m²	349.98	70.61	24712.09	0

17.1.9 装饰装修工程

1. 楼地面工程

1) 楼地面工程内容

包括整体面层、块料面层、橡塑面层、其他材料面层、踢脚线、楼梯装饰、扶手、栏杆、栏板装饰、台阶装饰及零星装饰项目等九项内容。

2) 注意事项

(1) 楼地面工程应按有垫层和无垫层分别编码列项。

(2) 有填充层和隔离层的楼地面，当发生二层找平层时，其所需费用，应计入相应项目报价内。

(3) 单跑楼梯不论中间是否有休息平台，其工程量与双跑楼梯计算相同。

(4) 楼梯、阳台、走廊、回廊及其他装饰性扶手、栏杆、栏板，应按扶手、栏杆、栏板装饰项目中相应分项工程项目编码列项。

(5) 楼梯和台阶的牵边、侧面装饰、池槽、蹲台等装饰项目应按零星装饰项目中相应分项工程项目编码列项。

2. 墙、柱面工程

1) 墙柱面工程内容

包括墙面抹灰、柱面抹灰、零星抹灰、墙面镶贴块料、柱面镶贴块料、零星镶贴块料、墙饰面、柱(梁)饰面、隔断、幕墙等十项内容。

2) 注意事项

(1) 墙面工程。

① "墙面一般抹灰"项目(项目编码为 020201001-000)：适用于石灰砂浆、水泥砂浆、水泥混合砂浆、聚合物水泥砂浆、麻刀石灰浆、纸筋石灰浆、石膏灰等的抹灰。

② "墙面装饰抹灰"项目(项目编码为 020201002-000)：适用于水刷石、斩假石、干粘石、拉条灰等项目。

③ 墙面基层处理，其所需价款应计入相应项目报价款内。

④ 墙面抹灰不扣除与构件交接处的面积，即指墙与梁的交接处所占的面积。

(2) 柱面工程。

① 柱面抹灰项目、石材柱面项目、块料柱面项目适用于矩形柱、异形柱(包括圆形

柱、半圆形柱等）。

② 装饰板柱面按设计图示外围饰面尺寸乘以高度以面积计算，其中外围饰面尺寸是指饰面的外表面尺寸。

（3）零星工程。

① 0.5m² 以内小面积抹灰或镶贴块料面层，应按零星抹灰或零星镶贴块料相应分项工程项目编码列项。

② 各种壁柜、碗柜、过人洞、暖气壁龛、池槽、花台和挑檐、天沟、窗台线、压项、栏板、扶手、遮阳板、雨篷周边抹灰或镶贴块料面层，应按零星抹灰或零星镶贴块料相应分项工程项目编码列项。

特 别 提 示

石材门窗套应按"装饰装修工程工程量清单计价办法"所含"门窗工程"中的石材门窗套项目编码列项。

墙、柱面勾缝是指清水砖墙（柱）和石墙（柱）的加浆勾缝，如凸缝、凹缝、平缝等，不包括清水砖墙（柱）和石墙（柱）的原浆勾缝。

墙、柱饰面中的各类装饰线应按"装饰装修工程工程量清单计价办法"所含"其他工程"中的相应分项工程项目编码项目。

设置在隔断、幕墙上的门窗，应按"装饰装修工程工程量清单计价办法"所含"门窗工程"中的相应分项工程项目编码列项。

3. 天棚工程

1）天棚工程内容

包括天棚抹灰、天棚吊顶及天棚其他装饰等三个项目。

2）注意事项

（1）天棚抹灰（编码：020301）。

① "天棚抹灰"（项目编码为 020301001 - 000）项目中的基层类型是指混凝土现浇板、混凝土预制板、钢板网、板条及其他木材面；面层材料种类是指面层砂浆种类；钢板网、板条及其他木材面上抹石灰砂浆时要填写抹灰遍数，抹装饰线的要注明线的道数。

② "抹装饰线条"线角的道数以一个突出的棱角为一道线。

（2）天棚吊顶（编码：020302）。

① 天棚吊顶项目中的吊顶形式是指上人或不上人、一级或二三级等，其中龙骨材料种类是指木龙骨、轻钢龙骨、铝合金龙骨及材料外形、网格尺寸等；面层材料种类是指木质、金属、其他饰面及面层规格和要求等。

② 天棚检查孔、天棚吊筋、木材面刷防护材料所需的价款，应计入相应项目报价款内。

③ 消耗量定额中烤漆龙骨为综合项，已包括龙骨及面层，计价时应注意。

（3）天棚其他装饰（编码：020303）。

特 别 提 示

天棚面层油漆防护，应按"装饰装修工程工程量清单计价办法"所含"油漆、涂料及裱糊工程"中相应分项工程项目编码列项。

天棚压线、装饰线，应按"装饰装修工程工程量清单计价办法"所含"其他工程"中相应分项工程项目编码列项。

当天棚设置保温隔热吸声层时，应按"建筑工程工程量清单计价办法"所含"防腐、隔热及保温工程"中相应分项工程项目编码列项。

4. 门窗工程

1）门窗工程内容

包括木门、金属门、金属卷帘门、其他门、木窗、金属窗、门窗套、窗帘盒、窗帘轨、窗台板 10 个项目。

2）注意事项

（1）门工程。

① 木质防火门、钢质防火门等，应按有框和无框分别编码列项。

② 金玻门的门框制作、安装应按"门窗套"中的相应项目编码列项。

③ 凡门安装玻璃，其项目名称中均要表述玻璃的种类和厚度。

④ 玻璃、百叶面积占其门扇面积一半以内者应为半玻门或半百叶门，超过一半时应为全玻门或全百叶门。

⑤ 钢质防火门安装中已包括门框及扇的五金配件。

⑥ 成品铝合金门的裁安玻璃已包含在"安装"中。

⑦ 金属推拉门的框、导轨，其价款应计入相应门扇的报价款内。

（2）窗工程。

① 门窗框与洞口之间的填塞，其价款应计入相应门窗的报价款内。

② 塑钢门窗中的各种配件及玻璃，其价款应计入相应门窗扇成品价格内。

③ 窗的制作已考虑木材的自然干燥、刨光损耗、下料后备长度及安装损耗，当需要人工进行干燥时，其价款应计入相应窗的制作报价款内。

④ 门窗及细木作构件均包含制作完成刷一道防护性底漆，实际不发生时，应扣除清油及油漆溶剂油的用量。

⑤ 成品铝合金卷闸门、塑料门窗、彩板门窗、钢门窗的场外运输费，应计入成品价格内。

（3）其他。

① 防护材料分为防火、防腐、防潮等材料，其价款应计入相应项目的报价款内。

② 本部分未包括面层的油漆，发生时可参照"装饰装修工程工程量清单计价办法"中"油漆、涂料及裱糊工程"的相关项目编码列项。

③ 窗台板、门窗套的底层抹灰，已包括在墙柱面工程的相应项目内。

④ 门窗套"以展开面积计算"，即按其铺钉面积计算。

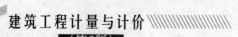

⑤ 窗台板按设计长度乘以宽度以平方米计算，设计未注明尺寸时，按窗宽两边共加100mm 计算长度，凸出墙面的宽度按 50mm 计算。

●特别提示●·······

木门五金应包括：折页、插销、风钩、弓背拉手、吸门器、搭扣、木螺丝、弹簧折页（自动门）、管子拉手（自由门、地弹门）、地弹簧（地弹门）、角铁、门扎头（地弹门、自由门）等。

木窗五金应包括：折页、插销、风钩、木螺钉、滑轮滑轨（推拉窗）等。

铝合金窗五金应包括：卡锁、滑轮、拉手、铰拉、风撑、角码等。

铝合金门五金应包括：地弹簧、门锁、拉手、门插、门铰、螺钉等。

"其他门"五金应包括：L 形执手锁、球形锁、地锁、电子锁、防盗门扣、闭门器、门视镜、门吸及装饰拉手等。

"特殊五金"项目是指贵重五金及业主认为应单独列项的五金配件。

门窗五金件，其价款应计入相应门窗的报价款内。

·······

5. 油漆、涂料及裱糊工程

1) 油漆、涂料及裱糊工程内容

包括门油漆、窗油漆、木扶手及其他板条线条油漆、木材面油漆、金属面油漆、抹灰面油漆、喷刷、涂料、花饰、线条刷涂料及裱糊九个项目。

2) 注意事项

(1) 门油漆（编码：020501）。

① 门油漆应区分单层木门、双层（一板一纱）门、双层（单裁口）木门、单层全玻木门、半玻门、木百叶门、厂库木门、装饰门及有框或无框等，分别编码列项。

② 门连窗应按门油漆项目编码列项。

(2) 窗油漆（编码：020502）。

应区分单层玻璃窗、双层（一玻一纱）窗、双层（单裁口）窗、三层（二玻一纱）窗、单层组合窗、双层组合窗、木百叶窗等，分别编码列项。

(3) 木扶手及其他板条线条油漆（编码：020503）。

① 木扶手应区别带托板与不带托板分别编码列项。

② 窗帘盒应区分明式与暗式分别编码列项。

(4) 木材面油漆（编码：020504）。

① 木护墙、木墙裙油漆应区分有造型与无造型分别编码列项。

② 木板、纤维板、胶合板油漆应依据其使用部位不同分别按木材面油漆的相应项目编码列项。

③ 木地板、木楼梯油漆应区分地板面、楼梯面分别编码列项。

(5) 金属面油漆（编码：020505）。

应依据金属面油漆调整系数的不同区分金属面和金属构件分别编码列项。

(6) 抹灰线条油漆（项目编码为 020506002 - 000）是指宽度 300mm 以内者，当宽度超过 300mm 时，应按图示尺寸的展开面积并入相应抹灰油漆内。

墙面、墙裙、顶棚及其他饰面上的装饰线油漆与附着面的油漆种类相同时，装饰线条不单独编码列项，否则应按不同宽度 50mm 以内、100mm 以内、200mm 以内等分别编码列项。

（7）喷塑清单项目名称中应表述面层形式，即区分大压花、中压花、喷中点和幼点、平面等。

特 别 提 示

油漆要求需说明基层处理要求、底油和面油遍数、打磨遍数和要求。

浮雕喷涂需说明面层形式即大点或小点等。

喷刷部位是指内外墙面、顶棚、柱面等；基层类型是指抹灰面、拉毛面、光面等。

楼梯木扶手工程量按设计图示尺寸以长度计算，弯头长度应计算在扶手长度内。

博风板工程量按中心线斜长计算，有大刀头的每个大刀头增加长度 50cm。

台板、筒子板、盖板、门窗套、踢脚线油漆按水平或垂直投影面积（门窗套的贴脸板和筒子板垂直投影面积合并）计算。

暖气罩油漆，垂直面按垂直投影面积计算，突出墙面的水平面按水平投影面积计算，不扣除空洞所占面积。

清水板条天棚、檐口油漆、木方格吊顶天棚油漆以水平投影面积计算，不扣除空洞所占面积。

6. 其他工程

1）其他工程内容

包括柜类、货架、暖气罩、浴厕配件、压条、装饰线、雨篷、旗杆、招牌、灯箱及美术字等项目。

2）注意事项

（1）橱柜面层为软包或金属面时应参考"装饰装修工程工程量清单计价办法"所含"墙、柱面工程"中的相应项目分别编码列项；橱柜连接件、配件等其价款应计入相应项目的报价内。

（2）酒柜、吧台背柜、酒吧吊柜等橱柜照明灯具，应按"安装工程工程量清单计价办法"中的相应项目编码列项。

（3）木橱柜、暖气罩、木线等木材面油漆应按"装饰装修工程工程量清单计价办法"所含"油漆、涂料及裱糊工程"中的相应项目编码列项。

（4）橱柜压线、柜门扇收口线、暖气罩压线等装饰线，应按"装饰装修工程工程量清单计价办法"所含"油漆、涂料及裱糊工程"中"木材面油漆"相应项目编码列项。

（5）壁柜和吊柜以嵌入墙内的为壁柜，以支架固定在墙上的为吊柜，吊柜的支架制作、安装应包括在报价内。

（6）美术字的字体规格以字的外接矩形长、宽和厚度表示。

（7）洗漱台现场开孔、磨边，其价款应计入该项目的报价款内。

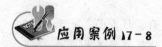

特别提示 ··

台柜工程量以个计算，即按能分离的同规格的单体个数计算。

洗漱台挡板是指镜面玻璃下边沿台面的侧墙与台面接触部位的竖挡板；吊沿板是指台面外边下方的竖挡板，即消耗量定额的裙边；挡板、裙边均以面积并入台面面积内进行计算。

··

7. 应用案例

应用案例 17-8

某工程大厅楼地面设计为大理石拼花图案，地面面积为 $360m^2$，地面中有钢筋混凝土柱 10 根，柱直径为 1m。楼地面找平层为 C20 细石混凝土 40mm 厚（现场搅拌），其中大理石图案为圆形，直径为 2m，图案的外边线为 2.4m×2.4m，共 4 个，其余为规格块料点缀图案，规格块料尺寸为 600mm×600mm，点缀 100 个，尺寸为 100mm×100mm。要求：①编制"大理石地面"工程量清单；②编制"大理石地面"工程量清单计价表。

解：

1. 编制"大理石地面"分部分项工程量清单

装饰装修工程工程量清单计价办法中"5.1.2 块料面层"所包含的内容见表 17-29。

表 17-29 "5.1.2 块料面层"

项目编码	项目名称	项目特征	计量单位	工程数量	工程内容
020102001-000	石材楼地面	1. 面层形式、材料种类、规格 2. 结合层材料种类	m^2	按设计图示尺寸以面积计算。扣除凸出地面构筑物、设备基础、室内铁道、地沟等所占面积，不扣除间壁墙和 $0.3m^2$ 以内的柱、垛、附墙烟囱及孔洞所占面积。门洞、空圈、暖气包槽、壁龛的开口部分不增加面积	1. 垫层 2. 找平层 3. 面层 4. 面层防护处理

结合工程实际，确定以下几项内容。

(1) 该项目编码为 020102001001。

(2) 面层形式、材料种类、规格：大理石地面拼花图案，规格材料，点缀；结合层材料种类：水泥砂浆。

(3) 工程数量 $=360-10×3.14×0.5^2=352.15(m^2)$。

(4) 工程内容为铺设找平层、大理石面层、地面酸洗打蜡。

将上述结果及相关内容填入"分部分项工程量清单与计价表"中，见表 17-30。

表 17－30　分部分项工程量清单与计价表

工程名称：某工程　　　　　　标段：　　　　　　　　　　第1页　共1页

序号	项目编码	项目名称	项目特征	计量单位	工程数量	金额/元		
						综合单价	合价	其中：暂估价
1	020102001001	石材楼地面	1. 面层形式、材料种类、规格：大理石地面拼花图案，规格材料，点缀 2. 结合层材料种类：水泥砂浆	m²	352.15			0

2. 编制"大理石地面"分部分项工程量清单计价表

综合单价计算：

(1) 确定工程内容。该项目发生的工程内容为铺设找平层、大理石面层、地面酸洗打蜡。

(2) 计算工程数量。根据现行山东省建筑工程量计算规则的规定，分别计算工程量清单项目所包含的每项工程内容的工程数量。

找平层：$360-10\times3.14\times0.5^2=352.15(\mathrm{m}^2)$

其中细石混凝土搅拌工程量$=0.404\times352.15/10\approx14.23(\mathrm{m}^3)$

大理石面层：

图案外边线：$2.4\times2.4\times4=23.04(\mathrm{m}^2)$

其中图案：$3.14\times1^2\times4=12.56(\mathrm{m}^2)$

异形块料：$23.04-12.56=10.48(\mathrm{m}^2)$

规格块料：$352.15-23.04=329.11(\mathrm{m}^2)$

大理石点缀：$0.1\times0.1\times100=1.00(\mathrm{m}^2)$

图案周边异形大理石块料消耗量：

图案周边异形大理石块料面积：$2.4\times2.4-3.14\times1^2=2.62(\mathrm{m}^2)$

大理石规格块料面积：$0.6\times0.6\times12=4.32(\mathrm{m}^2)$

故图案周边异形大理石块料消耗量：$4.32/2.62\times10.2\approx16.82(\mathrm{m}^2/10\mathrm{m}^2)$

大理石地面酸洗打蜡：352.15m²

(3) 选择定额。根据装饰装修工程工程量清单计价办法中"5.1.2块料面层"选定额，确定人工、材料、机械台班的消耗量。

找平层：9－1－4

混凝土搅拌：4－4－17

大理石图案：9－1－49

图案周边异形块料：9－1－36

异形块料另加工料：9－1－50

大理石地面：9－1－36

点缀：9－1－40

地面酸洗打蜡：9－1－160

(4) 选择单价。人工、材料、机械台班单价选用省信息价或市场价。

(5) 计算清单项目所含各项工程内容的人工、材料、机械台班价款。（按山东省2016年价目表计算）

找平层：

人工费：$\dfrac{78.28}{10}\times352.15\approx2756.63(元)$

材料费：$\dfrac{93.02}{10} \times 352.15 \approx 3275.70$（元）

机械费：$\dfrac{0.28}{10} \times 352.15 \approx 9.86$（元）

小计：$2756.63 + 3275.70 + 9.86 = 6042.19$（元）

混凝土搅拌：

人工费：$\dfrac{174.04}{10} \times 14.23 \approx 247.66$（元）

材料费：$\dfrac{34.93}{10} \times 14.23 \approx 49.71$（元）

机械费：$\dfrac{153.61}{10} \times 14.23 \approx 218.59$（元）

小计：$247.66 + 49.71 + 218.59 = 515.94$（元）

大理石图案：

人工费：$\dfrac{231.04}{10} \times 12.56 \approx 290.19$（元）

材料费：$\dfrac{2414.85}{10} \times 12.56 \approx 3033.05$（元）

机械费：$\dfrac{4.18}{10} \times 12.56 \approx 5.25$（元）

小计：$290.19 + 3033.05 + 5.25 = 3328.49$（元）

图案周边异形块料：

人工费：$\dfrac{182.40}{10} \times 10.48 \approx 191.16$（元）

材料费：$\dfrac{1484.90 + (16.82 - 10.20) \times 160.00}{10} \times 10.48 \approx 2666.22$（元）

机械费：$\dfrac{12.33}{10} \times 10.48 \approx 12.92$（元）

小计：$191.16 + 2666.22 + 12.92 = 2870.30$（元）

异形块料另加工料：

人工费：$\dfrac{234.08}{10} \times 10.48 \approx 245.32$（元）

材料费：$\dfrac{11.37}{10} \times 10.48 \approx 11.92$（元）

机械费：$\dfrac{103.85}{10} \times 10.48 \approx 108.83$（元）

小计：$245.32 + 11.92 + 108.83 = 366.07$（元）

大理石地面：

人工费：$\dfrac{182.40}{10} \times 329.11 \approx 6002.97$（元）

材料费：$\dfrac{1484.90}{10} \times 329.11 \approx 48869.54$（元）

机械费：$\dfrac{12.33}{10} \times 329.11 \approx 405.79$（元）

小计：$6002.97 + 48869.54 + 405.79 = 55278.30$（元）

点缀：

人工费：$\dfrac{210.52}{10} \times 1 \approx 21.05$（元）

材料费：$\dfrac{1460.80}{10} \times 1 = 146.08$(元)

机械费：$\dfrac{12.33}{10} \times 1 = 1.23$(元)

小计：$21.05 + 146.08 + 1.23 = 168.36$(元)

地面酸洗打蜡：

人工费：$\dfrac{33.44}{10} \times 352.15 \approx 1177.59$(元)

材料费：$\dfrac{6.05}{10} \times 352.15 \approx 213.05$(元)

小计：$1177.59 + 213.05 = 1390.64$(元)

（6）将上述计算结果及相关内容填入表 17-31。

表 17-31　费用组成

项目名称	项目特征	工程内容	定额编号	计量单位	数量	费用组成/元			
						人工费	材料费	机械费	小计
石材楼地面	1. 面层形式、材料种类、规格：大理石地面拼花图案，规格材料，点缀 2. 结合层材料种类：水泥砂浆	找平层	9-1-4	m²	352.15	2756.63	3275.70	9.86	6042.19
		混凝土搅拌	4-4-17	m³	14.23	247.66	49.71	218.59	515.94
		大理石图案	9-1-49	m²	12.56	290.19	3033.05	5.25	3328.49
		异形块料	9-1-36调	m²	10.48	191.16	2666.22	12.92	2870.30
		另加工料	9-1-50	m²	10.48	245.32	11.92	108.83	366.07
		大理石地面	9-1-36	m²	329.11	6002.97	48869.54	405.79	55278.30
		点缀	9-1-40	m²	1	21.05	146.08	1.23	168.36
		地面酸洗打蜡	9-1-160	m²	352.15	1177.59	213.05	0	1390.64
合　计						10933.04	58265.27	762.47	69960.78

（7）选定费率。根据企业情况确定管理费率和利润率（假定工程类别为三类，管理费率为 49.63%，利润率为 16%）。

（8）计算综合单价。

综合单价 = $[69960.78 + 10933.04 \times (49.63\% + 16\%)] / 352.15 \approx 219.04$(元/m²)

（9）合价 = 综合单价 × 相应清单项目工程数量 = $219.04 \times 352.15 \approx 77134.94$(元)

根据清单计价办法的要求，将上述计算结果及相关内容填入"分部分项工程量清单与计价表"中，见表 17-32。

表 17-32　分部分项工程量清单与计价表

工程名称：某工程　　　　　标段：　　　　　　　　　　　　　　　第1页　共1页

序号	项目编码	项目名称	项目特征	计量单位	工程数量	金额/元		
						综合单价	合价	其中：暂估价
1	020102001001	石材楼地面	1. 面层形式、材料种类、规格：大理石地面拼花图案，规格材料，点缀 2. 结合层材料种类：水泥砂浆	m²	352.15	219.04	77134.94	0

17.2 措施项目清单、其他项目清单及规费、税金项目清单的项目设置及消耗量定额

　　某工程为二层框架结构，一层层高为4.8m，二层层高为3.9m，建筑面积为1578m²，基础为筏板基础，施工工期为4个月。施工现场临近公路，交通运输方便，拟建建筑物东30m为原有建筑物，西70m为城市交通道路，南10m处有围墙，北20m为原有建筑物。在计算该工程措施费时，根据工程特点，考虑现场施工的实际情况，在列措施项目时：①安全文明施工（含环境保护、文明施工、安全施工、临时设施）是必需的措施项目；②因该工程为框架结构，柱、梁、板是现浇混凝土，应列混凝土、钢筋混凝土模板及支架项目；③施工时需要搭设脚手架，为解决垂直运输问题需要垂直运输机械，因此，应列脚手架、垂直运输机械项目。除了以上明显的措施项目外，还应包括哪些措施项目呢？这正是本章要重点解决的问题。

17.2.1 措施项目清单的项目设置及消耗量定额（计价方法）

　　措施项目清单是指为完成工程项目施工，发生于该工程施工前和施工过程中的非工程实体项目的明细清单，包括技术、安全、生活、环境保护等方面的相关非实体项目。"措施项目清单项目设置及消耗量定额（计价方法）"表是依据"《建设工程工程量清单计价规范》第3.3节"和山东省建筑工程消耗量定额进行编制的，是招标人编制措施项目清单的依据，是投标人报价的参考。全部项目按统一的格式表示，其内容包括项目名称、消耗量定额（计价方法）。措施项目清单项目设置及消耗量定额（计价方法）见表17-33。

表17-33　措施项目清单项目设置及消耗量定额（计价方法）

序号	项目名称	消耗量定额（计价方法）
1	安全文明施工（含环境保护、文明施工、安全施工、临时设施）	根据施工组织设计或参照工程造价管理部门发布的系数计算
2	夜间施工	根据施工组织设计或参照工程造价管理部门发布的系数计算
3	二次搬运	根据施工组织设计或参照工程造价管理部门发布的系数计算
4	冬雨季施工	根据施工组织设计或参照工程造价管理部门发布的系数计算
5	大型机械设备进出场及安拆	根据施工组织设计计算
6	施工排水	参照建筑工程消耗量定额第二章第六节"排水与降水"计算
7	施工降水	参照建筑工程消耗量定额第二章第六节"排水与降水"计算
8	地上、地下设施、建筑物的临时保护设施	根据施工组织设计或参照工程造价管理部门发布的系数计算
9	已完工程及设备保护	根据施工组织设计或参照工程造价管理部门发布的系数计算
10	脚手架	参照建筑工程消耗量定额第十章第一节"脚手架工程"计算

（续）

序号	项目名称	消耗量定额(计价方法)
11	混凝土、钢筋混凝土模板及支架	参照建筑工程消耗量定额第十章第四节"混凝土模板及支撑"计算
12	垂直运输机械	根据施工组织设计或参照建筑工程消耗量定额第十章第二节"垂直运输机械及超高费"计算
13	泵送混凝土输送机械	根据施工组织设计计算

表17-33中的项目名称是措施项目的项目名称，措施项目中可以计算工程量的项目清单宜采用分部分项工程量清单的方式编制，列出项目编码、项目名称、项目特征、计量单位和工程量计算规则；不能计算工程量的项目清单，以"项"为计量单位；消耗量定额是指现行消耗量定额。由于影响措施项目设置的因素很多，在编制措施项目清单时，应结合拟建工程实际进行选用；对于表中未列出的措施项目，工程量清单编制人可作补充。

对于装饰装修工程措施项目清单项目设置，可将表17-33中第11项和第13项去掉，加上"室内空气污染测试费"项目。

国家计价规范中"安全文明施工"属于措施费，山东省清单计价规则中属"规费"（下同）。

17.2.2 其他项目清单及规费、税金项目清单的项目设置及计价方法

1. 其他项目清单

其他项目清单是指分部分项工程项目、措施项目以外，因招标人的特殊要求而发生的与建设工程有关的其他费用项目和相应数量的清单。"其他项目清单项目设置及计价方法"表是依据"《建设工程工程量清单计价规范》第3.4节"进行编制的，是招标人编制其他项目清单和投标人报价的依据。其他项目清单项目设置及计价方法见表17-34。

表17-34 其他项目清单项目设置及计价方法

序号	项目名称	计价方法
1	暂列金额	按"暂列金额明细表"中的合计金额填写。该费用由招标人填写，投标人应将该费用计入投标总价中
2	暂估价 (1) 材料暂估价 (2) 专业工程暂估价	(1)"材料暂估单价表"中的材料暂估单价由招标人填写，投标人应将材料暂估单价计入相应工程量清单综合单价报价中 (2) 按"专业工程暂估价表"中的合计金额填写。该表由招标人填写，投标人应将专业工程暂估价计入投标总价中
3	计日工	按"计日工表"中的合计金额填写。此表中的项目名称、数量由招标人填写，编制招标控制价，单价由招标人按有关计价规定确定。投标时，项目名称、数量按招标人提供数据计算，单价由投标人自主报价，计入投标总价中
4	总承包服务费	按"总承包服务费计价表"中的合计金额填写

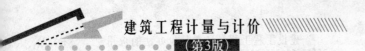
 特 别 提 示

在编制其他项目清单时，不同的工程其工程建设的标准高低、复杂程度、工期长短等都影响到其他项目清单内容的设置，因此在编制其他项目清单时，应结合拟建工程实际进行考虑。

2. 规费、税金项目清单

规费包括工程排污费、社会保障费、住房公积金、危险作业意外伤害保险和工程定额测定费五部分；税金包括营业税、城市维护建设税和教育费附加三部分。"计算基础"可为"直接费"、"人工费"或"人工费＋机械费"；税金的计算基础为"分部分项工程费＋措施项目费＋其他项目费＋规费"。

应用案例 17-9

某工程为二层框架结构，一层层高为 4.8m，二层层高为 3.9m，建筑面积为 1578m²，基础为筏板基础，施工工期为 4 个月。施工现场临近公路，交通运输方便，拟建建筑物东 30m 为原有建筑物，西 70m 为城市交通道路，南 10m 处有围墙，北 20m 为原有建筑物。试编制该工程措施项目清单。

解：

根据工程特点，考虑现场施工的实际情况，措施项目清单在通常情况下所列的项目有：

(1) 安全文明施工是必需的措施项目。

(2) 为保证施工质量，浇筑混凝土时会有夜间施工现象，故应列夜间施工项目。

(3) 因施工场地较狭小会出现材料的二次搬运，故应列二次搬运项目。

(4) 该工程为筏板基础，基坑开挖时需采用机械大开挖的方式，选用履带式反铲挖掘机，因而应列大型机械设备进出场及安拆项目。

(5) 由于该工程周围有较密集的原有建筑物，因此需列地上、地下设施及建筑物的临时保护设施项目。

(6) 工程竣工验收前，需对已完工程及设备进行保护，因此需列已完工程及设备保护项目。

(7) 因该工程为框架结构，柱、梁、板是现浇混凝土，应列混凝土、钢筋混凝土模板及支架项目。

(8) 该工程为二层框架结构，一层层高为 4.8m，二层层高为 3.9m，施工时需要搭设脚手架，为解决垂直运输问题需要垂直运输机械，因此，应列脚手架、垂直运输机械项目。

(9) 考虑到室内地面、墙面的装饰等，需对室内进行空气污染测试，应列室内空气污染测试费项目。该工程措施项目清单详见表 17-35 和表 17-36。

表 17-35 措施项目清单与计价表(一)

工程名称：某工程　　　　　　　　　　　　　　　　　　　　　第1页　共1页

序号	项 目 名 称	计 算 基 础	费率(%)	金额/元
1	安全文明施工费			
2	夜间施工费			

（续）

序号	项目名称	计算基础	费率(%)	金额/元
3	二次搬运费			
4	大型机械设备进出场及安拆费			
5	地上、地下设施及建筑物的临时保护设施			
6	已完工程及设备保护			
7	室内空气污染测试费			
8	脚手架			
9	垂直运输机械			
	合　计			

表 17-36　措施项目清单与计价表(二)

工程名称：某工程　　　　　　　　　　　　　　　　　　　第1页　共1页

序号	项目编码	项目名称	项目特征描述	计量单位	工程量	金额/元	
						综合单价	合　价
1	AB001	混凝土、钢筋混凝土模板及支架	矩形板、支模高度4.7m	m²	500		
		（其他略）					
		本页小计					
		合　计					

17.3　建筑工程费用

导入案例

某市区办公楼工程，框架结构，5层，建筑面积5329m²，建筑工程分部分项工程量清单计价合计为3076587.56元，措施项目清单计价合计为865768.86元，其他项目费中暂列金额合计为100000元，专业工程暂估价合计为400000元，计日工项目费为12568.78元，规费费率假设文件规定为4.39%，则该建筑工程费用(投标价)如何计算？

17.3.1　工程费用组成

建筑工程费用由分部分项工程费、措施项目费、其他项目费、规费和税金五部分组成。建筑工程费用项目组成见表17-37。

表 17 - 37 建筑工程费用项目组成表

建 筑 工 程 费 用 项 目 组 成	分部分项工程费	1. 人工费	
		2. 材料费	
		3. 施工机械使用费	
		4. 管理费	
		5. 利润	
	措施项目费	1. 安全文明施工费(含环境保护、文明施工、安全施工、临时设施)	
		2. 夜间施工费	
		3. 二次搬运费	
		4. 冬雨季施工费	
		5. 大型机械设备进出场及安拆费	
		6. 施工排水	
		7. 施工降水	
		8. 地上、地下设施及建筑物的临时保护设施	
		9. 已完工程及设备保护	
		10. 脚手架	
		11. 混凝土、钢筋混凝土模板及支架	
		12. 垂直运输机械	
		13. 泵送混凝土输送机械	
	其他项目费	1. 暂列金额	
		2. 暂估价	
		3. 计日工	
		4. 总承包服务费	
		5. 其他：如索赔、现场签证	
	规 费	1. 工程排污费	
		2. 社会保障费	1. 养老保险费
			2. 失业保险费
			3. 医疗保险费
			4. 生育保险费
			5. 工伤保险费
		3. 住房公积金	
		4. 危险作业意外伤害保险	
	税 金	增值税	

特别提示

　　工程量清单计价办法中建筑工程费用项目组成的划分，一是完全与《建设工程工程量清单计价规范》相吻合，不违背住房和城乡建设部、财政部建标〔2013〕44号"关于印发《建筑安装工程费用项目组成》的通知"的精神；二是把实体消耗所需费用、非实体消耗所需费用、招标人特殊要求所需费用分别列出，清晰、简单，更能突出非实体消耗的竞争性；三是分部分项工程费、措施项目费、其他项目费，能实行综合单价的均实行综合单价，体现了与国际惯例做法的一致性；四是考虑了我国实际情况，将规费和税金单独列出。

17.3.2 综合单价费用组成

综合单价费用组成是工程量清单计价活动中的依据，实行综合单价是工程量清单计价的特点之一，综合单价包括完成清单项目一个规定计量单位合格产品所需的全部费用。根据我国的实际情况，《建设工程工程量清单计价规范》规定，综合单价由人工费、材料费、施工机械使用费、管理费和利润组成(详见表 17-38)，各分项的综合单价是否均能发生上述五项费用，视分项工程不同而定。工程量清单计价办法的综合单价组成与《建设工程工程量清单计价规范》是一致的。

表 17-38 综合单价费用组成

综合单价费用组成	1. 人工费： 它是指直接从事建筑安装工程施工的生产工人开支的各项费用	1. 基本工资
		2. 工资性补贴
		3. 生产工人辅助工资
		4. 职工福利费
		5. 生产工人劳动保护费
	2. 材料费： 它是指材料自来源地运至工地仓库或指定堆放地点所发生的全部费用	1. 材料原价(或供应价格)
		2. 材料运杂费
		3. 运输损耗费
		4. 采购及保管费
		5. 检验试验费
	3. 施工机械使用费： 它是指施工机械作业所发生的机械使用费、机械安拆费和场外运费	1. 折旧费
		2. 大修理费
		3. 经常修理费
		4. 安拆费及场外运费
		5. 人工费
		6. 燃料动力费
		7. 养路费及车船使用税
	4. 管理费： 它是指建筑安装企业组织施工生产和经营管理所需费用	1. 管理人员工资
		2. 办公费
		3. 差旅交通费
		4. 固定资产使用费
		5. 工具用具使用费
		6. 劳动保险费
		7. 工会经费
		8. 职工教育经费
		9. 财产保险费
		10. 财务费
		11. 税金
		12. 城市维护建设税、教育费附加、地方教育附加、技术转让、业务招待等其他费用
	5. 利润： 是指施工企业完成所承包的工程获得的盈利	

17.3.3 综合单价费用计算方法

综合单价费用计算方法是工程造价管理机构测算相关费用并进行发布的依据，是投标报价计算相关费用的参考，其人工费、材料费、施工机械使用费、管理费和利润的具体计算方法详见表17-39。

表17-39　综合单价费用计算方法

综合单价费用计算方法	1. 人工费＝人工消耗量×人工费单价； 其中，人工费单价＝1＋2＋3＋4＋5(元/工日)	1. 基本工资＝生产工人年人均基本工资/年法定工作日(元/工日)
		2. 工资性补贴＝生产工人年人均补贴额/年法定工作日(元/工日)
		3. 生产工人辅助工资＝(1＋2)×生产工人年人均非工作天数/年法定工作日(元/工日)
		4. 职工福利费＝按规定计提的生产工人年人均福利费额/年法定工作日(元/工日)
		5. 生产工人劳动保护费＝生产工人年人均支出劳动保护费额/年法定工作日(元/工日)
	2. 材料费＝∑(材料消耗量×相应材料单价)； 其中，材料单价＝1＋2＋3＋4＋5(元/每计量单位)	1. 材料原价(或供应价格)(元/每计量单位)
		2. 材料运杂费(元/每计量单位)
		3. 运输损耗费＝(材料原价＋材料运杂费)×材料运输损耗率(元/每计量单位)
		4. 采购及保管费＝(1＋2＋3)×采购及保管费率(元/每计量单位)
		5. 检验试验费＝按规定每批材料抽验所需费用/该批材料数量(元/每计量单位)
	3. 施工机械使用费＝∑(机械台班使用量×相应机械台班单价)； 其中，机械台班单价＝1＋2＋3＋4＋5＋6＋7(元/台班)	1. 折旧费
		2. 大修理费
		3. 经常修理费
		4. 安拆费及场外运费
		5. 人工费
		6. 燃料动力费
		7. 养路费及车船使用税
	4. 管理费＝(人工费＋材料费＋施工机械使用费)×管理费率； 其中，管理费率＝企业年管理费支出总额/相应年份建筑产值中(人工费＋材料费＋施工机械使用费)总额	
	5. 利润＝(人工费＋材料费＋施工机械使用费)×利润率；其中，利润率应根据实际情况确定	

特　别　提　示

综合单价计算中：

年法定工作日按251天计算，即全年365天，按52个星期计算，每个星期休假2天，共计休假52×2＝104天；节日：春节3天，元旦1天，五一节3天，国庆节3天，共计10天。因此，年法定工作日＝365－104－10＝251(天)。

非工作天数按26天计算，即气候影响停工12天，开会学习4天，其他10天，共计26天。计算式中"生产工人年人均"，可以是基期年上一年的年人均，也可以是基期年上两年平均的年人均。

17.3.4　工程量清单计价取费程序

以山东省为例，建设工程工程量清单计价取费程序见表 17 - 40，取费程序及各项费用如需调整，另行文件公布。

表 17 - 40　建设工程工程量清单计价计算程序表

序号	费用项目名称	计 算 方 法
一	分部分项工程费合计	$\sum (J_i \times L_i)$
	分部分项工程综合单价(J_i)	1.1＋1.2＋1.3＋1.4＋1.5
	1.1 人工费	清单项目每计量单位 $\sum$（工日消耗量×人工单价）
	1.1′ 人工费	清单项目每计量单位 $\sum$（工日消耗量×省价人工单价）
	1.2 材料费	清单项目每计量单位 $\sum$（材料消耗量×材料单价）
	1.2′ 材料费	清单项目每计量单位 $\sum$（材料消耗量×省价材料单价）
	1.3 施工机械使用费	清单项目每计量单位 $\sum$（施工机械台班消耗量×机械台班单价）
	1.3′ 施工机械使用费	清单项目每计量单位 $\sum$（施工机械台班消耗量×省价机械台班单价）
	1.4 企业管理费	计费基础 JFQ1×管理费费率
	1.5 利润	计费基础 JFQ1×利润率
	分部分项工程量(L_i)	按工程量清单数量计算
二	措施项目清单计价合计	$\sum$ 单项措施费
	单项措施费	1. 按费率计取的措施费：计费基础 JFQ2×措施费费率×［1＋H×（管理费费率＋利润率）］ 2. 参照定额或按施工方案取取的措施费：措施项目的人工、材料、机械费之和＋计费基础 JFQ3×（管理费费率＋利润率）
三	其他项目费	3.1＋3.2＋3.3＋3.4 （结算时 3.2＋3.3＋3.4＋3.5＋3.6）
	3.1 暂列金额	按省清单计价规则规定
	3.2 特殊项目费用	同上
	3.3 计日工	同上
	3.4 总承包服务费	专业分包工程费（不包括设备费）×费率
	3.5 索赔与现场签证	按省清单计价规则规定
	3.6 价格调整费用	同上
四	规费	4.1＋4.2＋4.3＋4.4＋4.5
	4.1 安全文明施工费	（一＋二＋三）×费率
	4.2 工程排污费	按工程所在地相关规定计算
	4.3 社会保障费	（一＋二＋三）×费率
	4.4 住房公积金	按工程所在地相关规定计算
	4.5 危险作业意外伤害保险	按工程所在地相关规定计算
五	税金	（一＋二＋三＋四）×税率
六	建筑工程费用合计	一＋二＋三＋四＋五

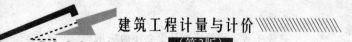

 特 别 提 示

计费基础 JFQ1：

建筑工程为 $(1.1' + 1.2' + 1.3')$；

装饰工程为 $1.1'$。

计费基础 JFQ2：

建筑工程为按省价计算的分部分项工程费合计中的人工、材料、机械费之和；

装饰工程为按省价计算的分部分项工程费合计中的人工费。

计费基础 JFQ3：

建筑工程为按省价计算的措施项目的人工、材料、机械费之和；

装饰工程为按省价计算的措施项目的人工费。

按费率计取的措施费公式中的 H：

建筑工程为 1.0；

装饰工程为措施费中人工费含量。

各具体含量见"第 15 章建筑工程费用"中措施费的费率说明。

应用案例 17-10

条件同引例，试确定该建筑工程费用（投标价）合计。

解：

该工程位于市区，从建筑工程费率表中可查得该工程的税率为 11%，该工程的费用计算见表 17-41。

表 17-41　建筑工程工程量清单计价取费程序表（案例）

序号	费用项目名称			计 算 方 法	费用/元
一	分部分项工程量清单计价合计			$\sum$（分部分项工程费单价 J_i ×分部分项工程量 L_i）	3076587.56
二	措施项目清单计价合计			$\sum$ 单项措施费	865768.86
三	其他项目清单计价合计			1+2	532568.78
	1＝(1)＋(2)＋(3)	(1) 暂列金额		由招标人根据建设工程实际计列	100000
		(2) 专业工程暂估价		由招标人根据建设工程实际计列	400000
		(3) 其他		由招标人根据建设工程实际计列	0
	2＝(4)＋(5)＋(6)	(4) 总承包服务费		(2)×5%	20000
		(5) 计日工		零星工作人工费＋零星工作省价人工费×（管理费率＋利润率）＋材料费＋施工机械使用费	12568.78
		(6) 其他		由投标人根据建设工程实际计列	0
四	规费			（一＋二＋三）×4.39%	196449.43

（续）

序号	费用项目名称	计 算 方 法	费用/元
五	税金	（一＋二＋三＋四）×11％	513851.74
六	建筑工程费用合计	一＋二＋三＋四＋五	5185231.17

本章小结

通过本章的学习，要求学生应了解、掌握以下内容。

（1）了解各分部工程的适用范围及包含的内容。

（2）掌握工程量清单计价办法中各分项工程工程量的计算规则，并注意与定额计价办法中工程量计算规则的异同。

（3）掌握各分部工程"注意事项"中应计入清单报价内的各项内容。

（4）熟练掌握分部分项工程量清单的编制，其编制内容包括确定项目编码、项目名称、项目特征、计量单位、工程数量及工程内容。

（5）熟练掌握分部分项工程量清单计价表的编制，其编制重点是综合单价的确定。

（6）了解措施项目清单项目设置及消耗量定额（计价方法）是依据"《建设工程工程量清单计价规范》第3.3节"和山东省建筑工程消耗量定额进行编制的；其他项目清单项目设置及计价方法是依据"《建设工程工程量清单计价规范》第3.4节"进行编制的。

（7）掌握措施项目清单项目的设置内容及计价方法，其中：安全文明施工、二次搬运、已完工程及设备保护、脚手架、混凝土、钢筋混凝土模板及支架、垂直运输机械等项目是正常情况下都要发生的。

（8）掌握其他项目清单、规费、税金项目清单的设置内容及计价方法，其中：规费和税金不得作为竞争性费用；暂列金额和暂估价是由招标人预估该项目所需的金额，由投标人计入报价中的费用项目，具有不可竞争性（材料暂估价除外）；计日工和总承包服务费是由招标人提出费用项目的数量和内容，由投标人进行报价，计入报价中的费用项目，具有可竞争性。

（9）建筑工程费用由分部分项工程费、措施项目费、其他项目费、规费和税金组成。

（10）综合单价费用由人工费、材料费、施工机械使用费、管理费和利润组成。

（11）工程量清单计价取费程序由分部分项工程量清单计价合计、措施项目清单计价合计、其他项目清单计价合计、规费和税金组成。在计算时注意建筑工程和装饰工程取费程序中管理费、利润和单项措施费的取费基础，前者中的管理费和利润的计费基础是以省价目表中的人工费、材料费和施工机械使用费之和为基础，单项措施费以省价措施费基价为基础；后者中管理费和利润的计费基础是以省价目表中的人工费为基础，单项措施费以省价人工费为基础。

习　题

一、填空题

1. 挖基础土方项目中，在计算清单工程量时，不考虑_____、_____，按图示尺寸以基础垫层底面积乘以挖土深度计算。

2. 锚杆支护和土钉支护项目中的钻孔、布筋、锚杆安装、灌浆张拉等需要搭设的脚手架，应列入_____费用内；地下连续墙作为深基础支护结构，也应列入_____费用内。

3. 空斗墙项目适用于各种砌法的空斗墙，空斗墙工程量以_____计算，包括墙角、内外墙交接处、_____、窗台砖和_____的体积。

4. 当混凝土板采用浇筑复合高强薄型空心管时，其工程量应_____所占体积，_____应包括在报价内；当轻质材料浇筑在有梁板内时，轻质材料应包括在报价内。

5. 索膜结构中支撑和拉固膜布的_____、_____、_____和钢丝绳等应包括在报价内。

6. 在保温隔热屋面项目中，保温隔热层下需做隔气层或隔离层时，可参照_____定额项目执行，其价款可计入_____项目报价内。

7. 综合单价中的管理费和利润是以_____作为计算基础。

8. 综合单价由人工费、材料费、施工机械使用费和_____、_____组成。

9. 分部分项工程量清单综合单价分析表中的项目编码、项目名称等应按_____内容填写。

10. 凡"措施项目清单项目设置及其消耗量定额（计价方法）"表中措施项目能与定额衔接的，费用分析时，应按_____分析；不能与定额衔接的，可以_____分析。

二、简答题

1. 简述综合单价的确定方法。

2. 预制钢筋混凝土桩项目中，哪些内容应包括在清单报价内？

3. 简述砌筑工程中砌筑界限的划分标准。

4. 现浇挑檐板、天沟板、雨篷、阳台与板（包括屋面板、楼板）、圈梁（包括其他梁）连接时，其划分的界限是什么？

5. 在编制屋面防水卷材清单报价时，哪些内容应包括在报价内？

6. 在编制保温隔热天棚清单报价时，应注意哪些内容？

7. 什么是措施项目清单？一般建筑工程中的措施项目，通用措施项目包括哪些？

8. 什么是其他项目清单？其他项目清单分为哪几部分？

9. 在编制措施项目清单及其他项目清单时，对于表中未列出的项目应如何处理？

10. 简述什么是总承包服务费和计日工。

11. 简述措施项目费用包括哪些内容。

12. 什么是综合单价？综合单价由哪几部分组成？

13. 材料费由哪几部分组成?

14. 简述人工费单价的确定方法。

15. 分部分项工程费单价由哪几部分组成? 各部分是如何计算的?

三、案例分析

1. 某工程基础平面图及剖面图如图 17.3 所示。已知土壤类别为 Ⅱ 类土，土方运距 3km，条形基础下设 C15 素混凝土垫层，内、外墙基础上均设圈梁，体积为 2m³。要求：①编制"挖基础土方"工程量清单及工程量清单计价表；②编制"砖基础"工程量清单及工程量清单计价表。

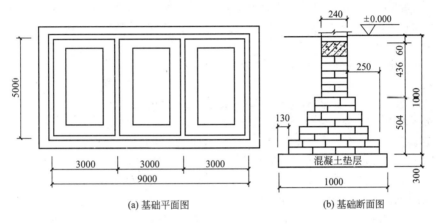

(a) 基础平面图   (b) 基础断面图

图 17.3 案例分析 1 附图

2. 某工程屋面为卷材防水、聚苯乙烯泡沫塑料板保温，轴线尺寸为 20m×12m，墙厚 240mm，四周女儿墙，防水卷材上卷 250mm。屋面做法如下：现浇钢筋混凝土板；60mm 厚聚苯乙烯泡沫塑料板保温层；1∶6 水泥焦渣找坡 2%，最薄处 30mm；20mm 厚 1∶3 水泥砂浆找平层；4mm 厚高聚物改性沥青卷材防水层一道。要求：①编制"屋面卷材防水"工程量清单及工程量清单计价表；②编制"保温屋面"工程量清单及工程量清单计价表。

3. 某装饰工程设计有造型木墙裙，刷亚光聚酯色漆，经计算工程量为 50m²，按透明腻子一遍，底漆一遍，面漆三遍的要求施工。要求编制"造型木墙裙油漆"工程量清单及工程量清单计价表。

参 考 文 献

[1] 中华人民共和国住房和城乡建设部，中华人民共和国国家质量监督检验检疫总局．建设工程工程量清单计价规范(GB 50500—2013) [S]．北京：中国计划出版社，2013．

[2] 中华人民共和国住房和城乡建设部，中华人民共和国国家质量监督检验检疫总局．建筑工程建筑面积计算规范(GB/T 50353—2013) [S]．北京：中国计划出版社，2014．

[3] 规范编制组．2013 建设工程计价规范辅导 [M]．北京：中国计划出版社，2013．

[4] 山东省建设厅．山东省建筑工程消耗量定额 [M]．北京：中国建筑工业出版社，2003．

[5] 山东省建设厅．山东省建筑工程工程量清单计价办法 [M]．北京：中国建筑工业出版社，2009．

[6] 山东省建设厅．山东省装饰装修工程工程量清单计价办法 [M]．北京：中国建筑工业出版社，2004．

[7] 王朝霞．建筑工程计量与计价 [M]．北京：机械工业出版社，2008．

[8] 黄伟典．建设工程计量与计价 [M]．北京：中国环境科学出版社，2006．

[9] 丁春静．建筑工程计量与计价 [M]．北京：机械工业出版社，2008．

[10] 邢莉燕，陈起俊．工程估价 [M]．北京：中国电力出版社，2004．

[11] 薛淑萍．建筑装饰工程计量与计价 [M]．北京：电子工业出版社，2006．

[12] 袁建新．建筑工程计量与计价 [M]．北京：人民交通出版社，2007．

[13] 华均．建筑工程计价与投资控制 [M]．北京：中国建筑工业出版社，2006．

[14] 姜早龙．建设工程质量、投资、进度控制 [M]．大连：大连理工大学出版社，2006．

[15] 袁建新．建筑工程预算 [M]．北京：中国建筑工业出版社，2007．

[16] 夏清东．工程造价管理 [M]．北京：科学出版社，2007．

[17] 山东省工程建设标准定额站．山东省建设工程工程量清单计价办法，2004．

[18] 山东省建设厅．山东省建筑工程消耗量定额补充册，2006．

[19] 山东省工程建设标准定额站．山东省建筑工程价目表，2011．

[20] 山东省建设厅．山东省建筑工程量计算规则，2003．

[21] 山东省住房和城乡建设厅．山东省建设工程费用项目组成及计算规则，2011．

[22] 山东省工程建设标准定额站．山东省建筑工程计价依据交底培训资料，2003．

[23] 山东省建设厅．山东省建筑工程消耗量定额补充册．2008．

[24] 山东省住房和城乡建设厅．山东省建设工程工程量清单计价规则．2011．

[25] 山东省工程建设标准定额站．山东省建设工程工程量清单计价规则宣贯辅导教材，2011．

[26] 中华人民共和国住房和城乡建设部，中华人民共和国国家质量监督检验检疫总局．建筑工程建筑面积计算规范(GB/T 50353—2013)[S]．北京：中国计划出版社，2014．

北京大学出版社高职高专土建系列教材书目

序号	书名	书号	编著者	定价	出版时间	配套情况
	"互联网+"创新规划教材					
1	建筑构造(第二版)	978-7-301-26480-5	肖 芳	42.00	2016.1	ppt/APP/二维码
2	建筑装饰构造(第二版)	978-7-301-26572-7	赵志文等	39.50	2016.1	ppt/二维码
3	建筑工程概论	978-7-301-25934-4	申淑荣等	40.00	2015.8	ppt/二维码
4	市政管道工程施工	978-7-301-26629-8	雷彩虹	46.00	2016.5	ppt/二维码
5	市政道路工程施工	978-7-301-26632-8	张雪丽	49.00	2016.5	ppt/二维码
6	建筑三维平法结构图集	978-7-301-27168-1	傅华夏	65.00	2016.8	APP
7	建筑三维平法结构识图教程	978-7-301-27177-3	傅华夏	65.00	2016.8	APP
8	建筑工程制图与识图(第2版)	978-7-301-24408-1	白丽红	34.00	2016.8	APP/二维码
9	建筑设备基础知识与识图(第2版)	978-7-301-24586-6	靳慧征等	47.00	2016.8	二维码
10	建筑结构基础与识图	978-7-301-27215-2	周 晖	58.00	2016.9	APP/二维码
11	建筑构造与识图	978-7-301-27838-3	孙 伟	40.00	2017.1	APP/二维码
12	建筑工程施工技术(第三版)	978-7-301-27675-4	钟汉华等	66.00	2016.11	APP/二维码
13	工程建设监理案例分析教程(第二版)	978-7-301-27864-2	刘志麟等	50.00	2017.1	ppt
14	建筑工程质量与安全管理(第二版)	978-7-301-27219-0	郑 伟	55.00	2016.8	ppt/二维码
15	建筑工程计量与计价——透过案例学造价(第2版)	978-7-301-23852-3	张 强	59.00	2014.4	ppt
16	城乡规划原理与设计(原城市规划原理与设计)	978-7-301-27771-3	谭婧婧等	43.00	2017.1	ppt/素材
17	建筑工程计量与计价	978-7-301-27866-6	吴育萍等	49.00	2017.1	ppt/二维码
18	建筑工程计量与计价(第3版)	978-7-301-25344-1	肖明和等	65.00	2017.1	APP/二维码
	"十二五"职业教育国家规划教材					
1	★建筑工程应用文写作(第2版)	978-7-301-24480-7	赵立等	50.00	2014.8	ppt
2	★土木工程实用力学(第2版)	978-7-301-24681-8	马景善	47.00	2015.7	ppt
3	★建设工程监理(第2版)	978-7-301-24490-6	斯 庆	35.00	2015.1	ppt/答案
4	★建筑节能工程与施工	978-7-301-24274-2	吴明军等	35.00	2015.5	ppt
5	★建筑工程经济(第2版)	978-7-301-24492-0	胡六星等	41.00	2014.9	ppt/答案
6	★建设工程招投标与合同管理(第3版)	978-7-301-24483-8	宋春岩	40.00	2014.9	ppt/答案/试题/教案
7	★工程造价概论	978-7-301-24696-2	周艳冬	31.00	2015.1	ppt/答案
8	★建筑工程计量与计价(第3版)	978-7-301-25344-1	肖明和等	65.00	2017.1	APP/二维码
9	★建筑工程计量与计价实训(第3版)	978-7-301-25345-8	肖明和等	29.00	2015.7	
10	★建筑装饰施工技术(第2版)	978-7-301-24482-1	王 军	37.00	2014.7	ppt
11	★工程地质与土力学(第2版)	978-7-301-24479-1	杨仲元	41.00	2014.7	ppt
	基 础 课 程					
1	建设法规及相关知识	978-7-301-22748-0	唐茂华等	34.00	2013.9	ppt
2	建设工程法规(第2版)	978-7-301-24493-7	皇甫婧琪	40.00	2014.8	ppt/答案/素材
3	建筑工程法规实务	978-7-301-19321-1	杨陈慧等	43.00	2011.8	ppt
4	建筑法规	978-7-301-19371-6	董伟等	39.00	2011.9	ppt
5	建设工程法规	978-7-301-20912-7	王先恕	32.00	2012.7	ppt
6	AutoCAD 建筑制图教程(第2版)	978-7-301-21095-6	郭 慧	38.00	2013.3	ppt/素材
7	AutoCAD 建筑绘图教程(第2版)	978-7-301-24540-8	唐英敏等	44.00	2014.7	ppt
8	建筑CAD项目教程(2010版)	978-7-301-20979-0	郭 慧	38.00	2012.9	素材
9	建筑工程专业英语(第二版)	978-7-301-26597-0	吴承霞	24.00	2016.2	ppt
10	建筑工程专业英语	978-7-301-20003-2	韩薇等	24.00	2012.2	ppt
11	建筑识图与构造(第2版)	978-7-301-23774-8	郑贵超	40.00	2014.2	ppt/答案
12	房屋建筑构造	978-7-301-19883-4	李少红	26.00	2012.1	ppt
13	建筑识图	978-7-301-21893-8	邓志勇等	35.00	2013.1	ppt
14	建筑识图与房屋构造	978-7-301-22860-9	贠禄等	54.00	2013.9	ppt/答案
15	建筑构造与设计	978-7-301-23506-5	陈玉萍	38.00	2014.1	ppt/答案
16	房屋建筑构造	978-7-301-23588-1	李元玲等	45.00	2014.1	ppt
17	房屋建筑构造习题集	978-7-301-26005-0	李元玲等	26.00	2015.8	ppt/答案
18	建筑构造与施工图识读	978-7-301-24470-8	南学平	52.00	2014.8	ppt
19	建筑工程识图实训教程	978-7-301-26057-9	孙伟	32.00	2015.12	ppt
20	建筑工程制图与识图(第2版)	978-7-301-24408-1	白丽红	34.00	2016.8	APP/二维码
21	建筑制图习题集(第2版)	978-7-301-24571-2	白丽红	25.00	2014.8	
22	建筑制图(第2版)	978-7-301-21146-5	高丽荣	32.00	2013.3	ppt

序号	书名	书号	编著者	定价	出版时间	配套情况
23	建筑制图习题集(第 2 版)	978-7-301-21288-2	高丽荣	28.00	2013.2	
24	◎建筑工程制图(第 2 版)(附习题册)	978-7-301-21120-5	肖明和	48.00	2012.8	ppt
25	建筑制图与识图(第 2 版)	978-7-301-24386-2	曹雪梅	38.00	2015.8	
26	建筑制图与识图习题册	978-7-301-18652-7	曹雪梅等	30.00	2011.4	
27	建筑制图与识图(第二版)	978-7-301-25834-7	李元玲	32.00	2016.9	ppt
28	建筑制图与识图习题集	978-7-301-20425-2	李元玲	24.00	2012.3	ppt
29	新编建筑工程制图	978-7-301-21140-3	方筱松	30.00	2012.8	ppt
30	新编建筑工程制图习题集	978-7-301-16834-9	方筱松	22.00	2012.8	
		建 筑 施 工 类				
1	建筑工程测量	978-7-301-16727-4	赵景利	30.00	2010.2	ppt/答案
2	建筑工程测量(第 2 版)	978-7-301-22002-3	张敬伟	37.00	2013.2	ppt/答案
3	建筑工程测量实验与实训指导(第 2 版)	978-7-301-23166-1	张敬伟	27.00	2013.9	答案
4	建筑工程测量	978-7-301-19992-3	潘益民	38.00	2012.2	ppt
5	建筑工程测量	978-7-301-13578-5	王金玲等	26.00	2008.5	
6	建筑工程测量实训(第 2 版)	978-7-301-24833-1	杨凤华	34.00	2015.3	答案
7	建筑工程测量(附实验指导手册)	978-7-301-19364-8	石 东等	43.00	2011.10	ppt/答案
8	建筑工程测量	978-7-301-22485-4	景 铎等	34.00	2013.6	ppt
9	建筑施工技术(第 2 版)	978-7-301-25788-7	陈雄辉	48.00	2015.7	ppt
10	建筑施工技术	978-7-301-12336-2	朱永祥等	38.00	2008.8	ppt
11	建筑施工技术	978-7-301-16726-7	叶 雯等	44.00	2010.8	ppt/素材
12	建筑施工技术	978-7-301-19499-7	董 伟等	42.00	2011.9	ppt
13	建筑施工技术	978-7-301-19997-8	苏小梅	38.00	2012.1	ppt
14	建筑施工机械	978-7-301-19365-5	吴志强	30.00	2011.10	ppt
15	基础工程施工	978-7-301-20917-2	董 伟等	35.00	2012.7	ppt
16	建筑施工技术实训(第 2 版)	978-7-301-24368-8	周晓龙	30.00	2014.7	
17	建筑力学(第 2 版)	978-7-301-21695-8	石立安	46.00	2013.1	ppt
18	土木工程力学	978-7-301-16864-6	吴明军	38.00	2010.4	ppt
19	PKPM 软件的应用(第 2 版)	978-7-301-22625-4	王 娜等	34.00	2013.6	
20	◎建筑结构(第 2 版)(上册)	978-7-301-21106-9	徐锡权	41.00	2013.4	ppt/答案
21	◎建筑结构(第 2 版)(下册)	978-7-301-22584-4	徐锡权	42.00	2013.6	ppt/答案
22	建筑结构学习指导与技能训练(上册)	978-7-301-25929-0	徐锡权	28.00	2015.8	ppt
23	建筑结构学习指导与技能训练(下册)	978-7-301-25933-7	徐锡权	28.00	2015.8	ppt
24	建筑结构	978-7-301-19171-2	唐春平等	41.00	2011.8	ppt
25	建筑结构基础	978-7-301-21125-0	王中发	36.00	2012.8	ppt
26	建筑结构原理及应用	978-7-301-18732-6	史美东	45.00	2012.8	ppt
27	建筑结构与识图	978-7-301-26935-0	相秉志	37.00	2016.2	
28	建筑力学与结构(第 2 版)	978-7-301-22148-8	吴承霞等	49.00	2013.4	ppt/答案
29	建筑力学与结构(少学时版)	978-7-301-21730-6	吴承霞	34.00	2013.2	ppt/答案
30	建筑力学与结构	978-7-301-20988-2	陈水广	42.00	2012.8	ppt
31	建筑力学与结构	978-7-301-23348-1	杨丽君等	44.00	2014.1	ppt
32	建筑结构与施工图	978-7-301-22188-4	朱希文等	35.00	2013.3	ppt
33	生态建筑材料	978-7-301-19588-2	陈剑峰等	38.00	2011.10	ppt
34	建筑材料(第 2 版)	978-7-301-24633-7	林祖宏	35.00	2014.8	ppt
35	建筑材料与检测(第 2 版)	978-7-301-25347-2	梅 杨等	33.00	2015.2	ppt/答案
36	建筑材料检测试验指导	978-7-301-16729-8	王美芬等	18.00	2010.10	
37	建筑材料与检测(第二版)	978-7-301-26550-5	王 辉	40.00	2016.1	ppt
38	建筑材料与检测试验指导	978-7-301-20045-2	王 辉	20.00	2012.2	
39	建筑材料选择与应用	978-7-301-21948-5	申淑荣等	39.00	2013.3	ppt
40	建筑材料检测实训	978-7-301-22317-8	申淑荣等	24.00	2013.4	
41	建筑材料	978-7-301-24208-7	任晓菲	40.00	2014.7	ppt/答案
42	建筑材料检测试验指导	978-7-301-24782-2	陈东佐等	20.00	2014.9	ppt
43	◎建设工程监理概论(第 2 版)	978-7-301-20854-0	徐锡权等	42.00	2012.8	ppt/答案
44	建设工程监理概论	978-7-301-15518-9	曾庆军等	24.00	2009.9	
45	◎地基与基础(第 2 版)	978-7-301-23304-7	肖明和等	42.00	2013.11	ppt/答案
46	地基与基础	978-7-301-16130-2	孙平平等	26.00	2010.10	ppt
47	地基与基础实训	978-7-301-23174-6	肖明和等	25.00	2013.10	ppt
48	土力学与地基基础	978-7-301-23675-8	叶火炎等	35.00	2014.1	ppt
49	土力学与基础工程	978-7-301-23590-4	宁培淋等	32.00	2014.1	ppt
50	土力学与地基基础	978-7-301-25525-4	陈东佐	45.00	2015.2	ppt/答案
51	建筑工程质量事故分析(第 2 版)	978-7-301-22467-0	郑文新	32.00	2013.9	ppt
52	建筑工程施工组织设计	978-7-301-18512-4	李源清	26.00	2011.2	ppt
53	建筑工程施工组织实训	978-7-301-18961-0	李源清	40.00	2011.6	ppt

序号	书名	书号	编著者	定价	出版时间	配套情况
54	建筑施工组织与进度控制	978-7-301-21223-3	张廷瑞	36.00	2012.9	ppt
55	建筑施工组织项目式教程	978-7-301-19901-5	杨红玉	44.00	2012.1	ppt/答案
56	钢筋混凝土工程施工与组织	978-7-301-19587-1	高 雁	32.00	2012.5	ppt
57	钢筋混凝土工程施工与组织实训指导(学生工作页)	978-7-301-21208-0	高 雁	20.00	2012.9	ppt
58	建筑施工工艺	978-7-301-24687-0	李源清等	49.50	2015.1	ppt/答案
	工 程 管 理 类					
1	建筑工程经济(第2版)	978-7-301-22736-7	张宁宁等	30.00	2013.7	ppt/答案
2	建筑工程经济	978-7-301-24346-6	刘晓丽等	38.00	2014.7	ppt/答案
3	施工企业会计(第2版)	978-7-301-24434-0	辛艳红等	36.00	2014.7	ppt/答案
4	建筑工程项目管理(第2版)	978-7-301-26944-2	范红岩等	42.00	2016.3	ppt
5	建设工程项目管理(第2版)	978-7-301-24683-2	王 辉	36.00	2014.9	ppt/答案
6	建设工程项目管理	978-7-301-19335-8	冯松山等	38.00	2011.9	ppt
7	建筑施工组织与管理(第2版)	978-7-301-22149-5	翟丽旻等	43.00	2013.4	ppt/答案
8	建设工程合同管理	978-7-301-22612-4	刘庭江	46.00	2013.6	ppt/答案
9	建筑工程资料管理	978-7-301-17456-2	孙 刚等	36.00	2012.9	ppt
10	建筑工程招投标与合同管理	978-7-301-16802-8	程超胜	30.00	2012.9	ppt
11	工程招投标与合同管理实务	978-7-301-19035-7	杨甲奇等	48.00	2011.8	ppt
12	工程招投标与合同管理实务	978-7-301-19290-0	郑文新等	43.00	2011.8	ppt
13	建设工程招投标与合同管理实务	978-7-301-20404-7	杨云会等	42.00	2012.4	ppt/答案/习题
14	工程招投标与合同管理	978-7-301-17455-5	文新平	37.00	2012.9	ppt
15	工程项目招投标与合同管理(第2版)	978-7-301-24554-5	李洪军等	42.00	2014.8	ppt/答案
16	工程项目招投标与合同管理(第2版)	978-7-301-22462-5	周艳冬	35.00	2013.7	ppt
17	建筑工程商务标编制实训	978-7-301-20804-5	钟振宇	35.00	2012.7	ppt
18	建筑工程安全管理(第2版)	978-7-301-25480-6	宋 健等	42.00	2015.8	ppt/答案
19	施工项目质量与安全管理	978-7-301-21275-2	钟汉华	45.00	2012.10	ppt/答案
20	工程造价控制(第2版)	978-7-301-24594-1	斯 庆	32.00	2014.8	ppt/答案
21	工程造价管理(第二版)	978-7-301-27050-9	徐锡权等	44.00	2016.5	ppt/答案
22	工程造价控制与管理	978-7-301-19366-2	胡新萍等	30.00	2011.11	ppt
23	建筑工程造价管理	978-7-301-20360-6	柴 琦等	27.00	2012.3	ppt
24	建筑工程造价管理	978-7-301-15517-2	李茂英等	24.00	2009.9	
25	工程造价案例分析	978-7-301-22985-9	甄 凤	30.00	2013.8	ppt
26	建设工程造价控制与管理	978-7-301-24273-5	胡芳珍等	38.00	2014.6	ppt/答案
27	◎建筑工程造价	978-7-301-21892-1	孙咏梅	40.00	2013.2	ppt
28	建筑工程计量与计价	978-7-301-26570-3	杨建林	46.00	2016.1	ppt
29	建筑工程计量与计价综合实训	978-7-301-23568-3	龚小兰	28.00	2014.1	
30	建筑工程估价	978-7-301-22802-9	张 英	43.00	2013.8	ppt
31	安装工程计量与计价(第3版)	978-7-301-24539-2	冯 钢等	54.00	2014.8	ppt
32	安装工程计量与计价综合实训	978-7-301-23294-1	成春燕	49.00	2013.10	素材
33	建筑安装工程计量与计价	978-7-301-26004-3	景巧玲等	56.00	2016.1	ppt
34	建筑安装工程计量与计价实训(第2版)	978-7-301-25683-1	景巧玲等	36.00	2015.7	
35	建筑水电安装工程计量与计价(第二版)	978-7-301-26329-7	陈连姝	51.00	2016.1	ppt
36	建筑与装饰装修工程工程量清单(第2版)	978-7-301-25753-1	翟丽旻等	36.00	2015.5	ppt
37	建筑工程清单编制	978-7-301-19387-7	叶晓容	24.00	2011.8	ppt
38	建设项目评估	978-7-301-20068-1	高志云等	32.00	2012.2	ppt
39	钢筋工程清单编制	978-7-301-20114-5	贾莲英	36.00	2012.2	ppt
40	混凝土工程清单编制	978-7-301-20384-2	顾 娟	28.00	2012.5	ppt
41	建筑装饰工程预算(第2版)	978-7-301-25801-9	范菊雨	44.00	2015.7	ppt
42	建筑装饰工程计量与计价	978-7-301-20055-1	李茂英	42.00	2012.2	ppt
43	建设工程安全监理	978-7-301-20802-1	沈万岳	28.00	2012.7	ppt
44	建筑工程安全技术与管理实务	978-7-301-21187-8	沈万岳	48.00	2012.9	ppt
	建 筑 设 计 类					
1	中外建筑史(第2版)	978-7-301-23779-3	袁新华等	38.00	2014.2	ppt
2	◎建筑室内空间历程	978-7-301-19338-9	张伟孝	53.00	2011.8	
3	建筑装饰CAD项目教程	978-7-301-20950-9	郭 慧	35.00	2013.1	ppt/素材
4	建筑设计基础	978-7-301-25961-0	周圆圆	42.00	2015.7	
5	室内设计基础	978-7-301-15613-1	李书青	32.00	2009.8	ppt
6	建筑装饰材料(第2版)	978-7-301-22356-7	焦 涛等	34.00	2013.5	ppt
7	设计构成	978-7-301-15504-2	戴碧锋	30.00	2009.8	ppt
8	基础色彩	978-7-301-16072-5	张 军	42.00	2010.4	
9	设计色彩	978-7-301-21211-0	龙黎黎	46.00	2012.9	ppt
10	设计素描	978-7-301-22391-8	司马金桃	29.00	2013.4	ppt

序号	书名	书号	编著者	定价	出版时间	配套情况
11	建筑素描表现与创意	978-7-301-15541-7	于修国	25.00	2009.8	
12	3ds Max 效果图制作	978-7-301-22870-8	刘 晗等	45.00	2013.7	ppt
13	3ds max 室内设计表现方法	978-7-301-17762-4	徐海军	32.00	2010.9	
14	Photoshop 效果图后期制作	978-7-301-16073-2	脱忠伟等	52.00	2011.1	素材
15	3ds Max & V-Ray 建筑设计表现案例教程	978-7-301-25093-8	郑恩峰	40.00	2014.12	ppt
16	建筑表现技法	978-7-301-19216-0	张 峰	32.00	2011.8	ppt
17	建筑速写	978-7-301-20441-2	张 峰	30.00	2012.4	
18	建筑装饰设计	978-7-301-20022-3	杨丽君	36.00	2012.2	ppt/素材
19	装饰施工读图与识图	978-7-301-19991-6	杨丽君	33.00	2012.5	ppt
规 划 园 林 类						
1	居住区景观设计	978-7-301-20587-7	张群成	47.00	2012.5	ppt
2	居住区规划设计	978-7-301-21031-4	张 燕	48.00	2012.8	ppt
3	园林植物识别与应用	978-7-301-17485-2	潘利等	34.00	2012.9	ppt
4	园林工程施工组织管理	978-7-301-22364-2	潘利等	35.00	2013.4	ppt
5	园林景观计算机辅助设计	978-7-301-24500-2	于化强等	48.00	2014.8	ppt
6	建筑·园林·装饰设计初步	978-7-301-24575-0	王金贵	38.00	2014.10	
房 地 产 类						
1	房地产开发与经营(第 2 版)	978-7-301-23084-8	张建中等	33.00	2013.9	ppt/答案
2	房地产估价(第 2 版)	978-7-301-22945-3	张 勇等	35.00	2013.9	ppt/答案
3	房地产估价理论与实务	978-7-301-19327-3	褚菁晶	35.00	2011.8	ppt/答案
4	物业管理理论与实务	978-7-301-19354-9	裴艳慧	52.00	2011.9	ppt
5	房地产测绘	978-7-301-22747-3	唐春平	29.00	2013.7	ppt
6	房地产营销与策划	978-7-301-18731-9	应佐萍	42.00	2012.8	ppt
7	房地产投资分析与实务	978-7-301-24832-4	高志云	35.00	2014.9	ppt
8	物业管理实务	978-7-301-27163-6	胡大见	44.00	2016.6	
9	房地产投资分析	978-7-301-27529-0	刘永胜	47.00	2016.9	ppt
市 政 与 路 桥						
1	市政工程施工图案例图集	978-7-301-24824-9	陈亿琳	43.00	2015.3	pdf
2	市政工程计量与计价(第 2 版)	978-7-301-20564-8	郭良娟等	42.00	2012.8	ppt
3	市政工程计价	978-7-301-22117-4	彭以舟等	39.00	2013.3	ppt
4	市政桥梁工程	978-7-301-16688-8	刘 江等	42.00	2010.8	ppt/素材
5	市政工程材料	978-7-301-22452-6	郑晓国	37.00	2013.5	ppt
6	道桥工程材料	978-7-301-21170-0	刘水林等	43.00	2012.9	ppt
7	路基路面工程	978-7-301-19299-3	偶昌宝等	34.00	2011.8	ppt/素材
8	道路工程技术	978-7-301-19363-1	刘 雨等	33.00	2011.12	ppt
9	城市道路设计与施工	978-7-301-21947-8	吴颖峰	39.00	2013.1	ppt
10	建筑给排水工程技术	978-7-301-25224-6	刘 芳等	46.00	2014.12	ppt
11	建筑给水排水工程	978-7-301-20047-6	叶巧云	38.00	2012.2	ppt
12	市政工程测量(含技能训练手册)	978-7-301-20474-0	刘宗波等	41.00	2012.5	ppt
13	公路工程任务承揽与合同管理	978-7-301-21133-5	邱 兰等	30.00	2012.9	ppt/答案
14	数字测图技术应用教程	978-7-301-20334-7	刘宗波	36.00	2012.8	ppt
15	数字测图技术	978-7-301-22656-8	赵 红	36.00	2013.6	ppt
16	数字测图技术实训指导	978-7-301-22679-7	赵 红	27.00	2013.6	ppt
17	水泵与水泵站技术	978-7-301-22510-3	刘振华	40.00	2013.5	ppt
18	道路工程测量(含技能训练手册)	978-7-301-21967-6	田树涛等	45.00	2013.2	ppt
19	道路工程识图与 AutoCAD	978-7-301-26210-8	王容玲等	35.00	2016.1	ppt
交 通 运 输 类						
1	桥梁施工与维护	978-7-301-23834-9	梁 斌	50.00	2014.2	ppt
2	铁路轨道施工与维护	978-7-301-23524-9	梁 斌	36.00	2014.1	ppt
3	铁路轨道构造	978-7-301-23153-1	梁 斌	32.00	2013.10	ppt
建 筑 设 备 类						
1	建筑设备识图与施工工艺(第 2 版)(新规范)	978-7-301-25254-3	周业梅	44.00	2015.12	ppt
2	建筑施工机械	978-7-301-19365-5	吴志强	30.00	2011.10	ppt
3	智能建筑环境设备自动化	978-7-301-21090-1	余志强	40.00	2012.8	ppt
4	流体力学及泵与风机	978-7-301-25279-6	王 宁等	35.00	2015.1	ppt/答案

注：★为"十二五"职业教育国家规划教材；◎为国家级、省级精品课程配套教材，省重点教材；✐为"互联网+"创新规划教材。

相关教学资源如电子课件、电子教材、习题答案等可以登录 www.pup6.com 下载或在线阅读。如您需要样书用于教学，欢迎登录第六事业部门户网(www.pup6.cn)申请，并可在线登记选题来出版您的大作，也可下载相关表格填写后发到我们的邮箱，我们将及时与您取得联系并做好全方位的服务。

联系方式：010-62756290，010-62750667，85107933@qq.com，pup_6@163.com，欢迎来电来信咨询。网址：http://www.pup.cn，http://www.pup6.cn